大麦生理生化生态及遗传育种栽培研究与应用

曹连莆　齐军仓　等著

经济管理出版社

图书在版编目（CIP）数据

大麦生理生化生态及遗传育种栽培研究与应用/曹连莆，齐军仓等著．—北京：经济管理出版社，2012.5

ISBN 978－7－5096－1967－4

Ⅰ.①大… Ⅱ.①曹… ②齐… Ⅲ.①大麦—生理生化特性—研究 ②大麦—植物生态学—研究 ③大麦—遗传育种—研究 ④大麦—栽培技术—研究 Ⅳ.①S512.3

中国版本图书馆 CIP 数据核字(2012)第 107930 号

组稿编辑：曹　靖
责任编辑：张　马
责任印制：杨国强
责任校对：陈　颖

出版发行：经济管理出版社
（北京市海淀区北蜂窝 8 号中雅大厦 A 座 11 层 100038）
网　　址：www.E－mp.com.cn
电　　话：（010）51915602
印　　刷：三河市延风印装厂
经　　销：新华书店
开　　本：787mm×1092mm/16
印　　张：26.25
字　　数：655 千字
版　　次：2012 年 12 月第 1 版　　2012 年 12 月第 1 次印刷
书　　号：ISBN 978－7－5096－1967－4
定　　价：50.00 元

大麦生理生化生态及遗传育种栽培研究与应用

主　编：曹连莆（石河子大学农学院）
　　　　齐军仓（石河子大学农学院）

副主编：闫　洁（石河子大学生命科学学院）
　　　　张　莉（石河子大学农学院）
　　　　石培春（石河子大学农学院）

作　者：（按姓名拼音字母顺序排名）
　　　　艾尼瓦尔　曹连莆　靳正忠　李　诚　李培玲　李守明
　　　　李尉霞　　李召锋　梁　维　孟宝民　聂石辉　齐军仓
　　　　石培春　　王佩玲　王荣栋　王　仙　王祥军　魏凌基
　　　　闫　洁　　俞天胜　张　莉

序 

大麦是人类栽培的最古老的作物之一。无论在全世界或在我国，大麦的生产分布都十分广泛，其播种面积和总产量都居禾谷类作物第四位。由于大麦具有食用、饲用、酿造用及医药用等多种用途，而且有早熟、抗逆性强等特点，所以大麦生产在国民经济中具有特殊的意义。

大麦是我国原产作物之一，在我国至少有5000多年的栽培历史。新中国成立后，我国在大麦研究领域虽取得了重大成就，但由于相对其他发达国起步较晚，在国内也远滞后于其他禾谷类作物的研究。特别是面临我国啤酒产业迅猛发展、国产啤酒大麦原料严重缺口的局面，大麦科技工作者更要抓住机遇，认真应对严峻的挑战。

新疆栽培大麦的历史也很悠久。在新疆适于发展啤酒大麦生产地区的气候条件十分有利于优良酿造品质的形成，这些地区的水土资源也较丰富，所以新疆有着发展啤酒大麦生产的巨大潜力。虽然新疆大麦研究工作起步又落后于全国，但通过近30年的努力，新疆大麦的研究已取得长足的进展，在全国大麦的科技舞台上拥有一席之地。

自20世纪80年代后期以来，石河子大学麦类作物研究所曹连莆教授带领他的科研团队一直坚持大麦研究，并在90年代后期育成了新疆第一个自育的啤酒大麦品种。近10年来，该团队的教师和研究生们，除继续开展大麦新品种的选育外，还特别加强了关于大麦应用基础理论的研究、例如关于大麦抗逆性状的研究、大麦光合性状的研究、大麦生化物质基因型与环境效应的研究、大麦群体产量源库特性及栽培技术的研究等。

作者们在系统总结和提炼自己研究成果的基础上，借鉴相近领域的国内外研究文献，合著了《大麦生理生化生态及遗传育种栽培研究与应用》一书。书中有关大麦抗旱性的生理生化机制、大麦光合性状的数量遗传、大麦籽粒酚酸及生育酚的基因型差异和环境变异等国内外研究的前沿内容，均有显著创新与发展；关于在新疆特殊生态条件下大麦的生育特点及高产优质栽培技术的研究，地域特色鲜明。全书具有较高的学术水平。相信本书的出版，对促进大麦的研发和生产，特别对充分开发新疆大麦生产的巨大潜力将发挥积极作用。

中国科学院遗传与发育生物学研究所研究员
前中国作物学会大麦专业委员会第一、二、三届主任委员
国际大麦遗传学大会第四、五、六、七届理事会理事

邵启全

2012年4月于北京

前 言

大麦无论是在世界上还是在我国，都是种植地域最广泛的作物之一。大麦的用途很多，在近代食用大麦相对减少，酿造用啤酒大麦和饲料加工用的饲用大麦越来越受重视，生产和研究都发展很快。

我国大麦种植历史十分悠久，但近100年来，我国大麦种植面积总体上是在波动起伏中逐渐下降。当今，我国作为世界啤酒生产第一大国，啤酒大麦原料严重依靠进口的局面必须扭转，大麦科技工作者为此也要担当重大的责任。

石河子大学麦类作物研究所的前身系石河子大学麦类作物育种课题组，是在20世纪80年代后期才开始大麦引育工作的，于1997年育成并通过审定新疆第一个自育的啤酒大麦品种——新啤1号。课题组除大力开展大麦品种的遗传改良外，还结合研究生学位论文的完成开展了大麦应用基础理论的研究，其中部分领域属国内外研究前沿的内容。这些研究为本书多数章节的撰写奠定了良好基础。

本书除绪言外共分12章。第一章为干旱胁迫下大麦生理特性的研究，第二章为盐胁迫对大麦种子萌发及幼苗生理生化特性的影响，第三章为大麦光合性状变化动态及其数量遗传分析，第四章为大麦遗传多样性研究，第五章为大麦磷高效种质筛选及其生理特性研究，第六章为大麦籽粒蛋白质及其组分含量的基因型和环境效应研究，第七章为啤酒大麦籽粒醇溶蛋白组分和麦芽品质的基因型和环境变异研究，第八章为大麦籽粒酚酸的基因型差异及环境效应研究，第九章为大麦籽粒生育酚含量的基因型和环境变异，第十章为不同生态条件下大麦群体产量的源库特性，第十一章为新疆大麦生长发育特点及优质高产栽培技术，第十二章为新疆大麦病虫害的防治。

本书是一部集体撰写的科技专著，作者以石河子大学教师为主，还有一部分为在各地工作的从石河子大学毕业的硕士及博士，还有两位新疆农科院奇台试验场从事大麦研发的科技人员。曹连莆、齐军仓、石培春三位同志对各位作者按统一要求分别撰写的初稿进行了统稿，力求全书内容与格式的协调一致。本书的主要内容都是各位作者在总结提炼自身研究成果的基础上撰写的，不过分强调全书内容的完整性和系统性，而是根据作者研究所涉及的领域进行的总结与论述。由于作者在各领域研究的广度和深度有限，因此各章节撰写中都不同程度地引用了他人的研究文献，个别章节以引用他人的研究文献为主。本书主要面向农学类科技、教育、推广、管理人员及研究生和本科生。

本书所涉及的研究成果主要来自石河子大学麦类作物研究所承担的各类关于大麦的科研项目，这些项目先后得到国家948项目、国家自然科学基金、农业部公益性行业科研专项、农业部大麦产业化技术体系建设资金和新疆生产建设兵团及石河子大学等单位多项科研基金的资助。新疆生产建设兵团绿洲生态农业重点实验室为上述科研项目的实施提供了良好的研究条件。中国科学院遗传与发育生物学研究所研究员、前中国作物学会大麦专业委员会第一、二、三届主任委员、国际大麦遗传学大会第四、五、六、七届理事会理事邵启全先生热情为本书作序。中国农科院马得泉和张京两位研究员对绪言的撰写提出了宝贵意见。本书的出版得到石河子大学211工程建设资金及作物学国家级教学团队建设资金资助，并得到经济管理出版社的鼎力支持，在此一并表示最诚挚的谢意。

由于作者研究水平及写作能力有限，书中不妥及疏漏之处在所难免，恳请同行专家及广大读者批评指正。

曹连莆

2012年3月于石河子

目 录

绪 言

一、大麦概述

（一）大麦的起源及栽培历史

大麦是禾本科大麦属作物的总称，学名 Hordeum L. ，草本植物，一年生或多年生，在属内 29 个种中，栽培大麦只有一个普通大麦种 *H. vulgare L.* ，二倍体，2n = 2x = 14。

根据野生大麦的分布及考古资料，世界上许多学者对大麦的起源提出多种学说，《中国大麦学》将栽培的地理起源中心归为三类：一为近东起源中心，即近东地区弧形地带的“新月沃地”；二为中国起源中心，主要指中国中西部青藏高原及邻近地区；三为非中心，根据 Harlan（1971）提出的中心和非中心作物起源理论，将非洲东部及北部和南美洲大麦的起源中心纳入非中心学说范畴，分别称为非洲非中心及南美洲非中心。

关于大麦由野生到栽培的进化问题，一直存在争议：一种为二棱起源说，有学者认为栽培大麦起源于野生二棱大麦；另一种为六棱双源说，有学者认为栽培大麦的祖先应为六棱型，还有学者认为二棱型和六棱型各有其起源。

大麦是人类栽培的最古老的作物之一。世界各地考古发现，有不少公元前 5000 年前栽培大麦的遗物，甚至在 1984 年还报道在埃及阿斯旺地区发现了公元前 15000 年前的栽培大类遗物。说明当人类从事农耕的早期就开始种植大麦了。古代栽培的大麦以六棱大麦为主，主要栽培在东亚和西亚古文明地区，以后分别向西方和东方传播扩散，主要由中东地区传入欧美，由中国传入朝鲜、日本。

（二）大麦的类别

1. 大麦属的植物学分类

大麦在分类上属于禾本科、小麦族、大麦属，现知全世界约 29 个种，既有一年生的栽培和近缘野生种，又有多年生的野生种。

大麦属分布广泛、生态多样、类型庞杂，1753 年，Linnaeus《植物种志》（Sp. Pl. ）中首次报道了栽培大麦的 4 个种，后来对它的分类虽经两个多世纪众多学者努力研究，尚存在不少分歧。当前，就世界范围的分类系统来看，较全面的首推 R. von Bothmer 等的系统，简单明了，种间界限清楚，分组特征明确，能为多数人所接受。该系统将全世界大麦划为 4 个组（禾谷组、异颖组、弯软颖组、直刺颖组）、28 个种，只有一个栽培种。

就中国范围的分类来看，以 1987 年蔡联炳等发表的大麦分类系统较为全面。该系统依据外部形态、叶表皮解剖及淀粉粒三方面性状，对中国大麦属各类群（包括引进种）进行分类处理，划为3个组，以1986年发表的新种内蒙古大麦自成一新组双花组，将世界分类原隶属于弯软颖组和异颖组的一些类群归并到直刺组，保留了禾谷组。该系统包含15个种，其中9个种从国外引进，6个种为中国原产。

2. 栽培大麦植物学分类

1982年徐廷文教授依据现代细胞遗传学和生化遗传学的实验作为划分种的原则，采用种、亚种和变种的三级分类体系，将栽培大麦和近缘野生大麦同属 *H. vulgare* 一个种，种下包括二棱大麦、中间型大麦、多棱大麦、野生二棱大麦和野生六棱大麦5个亚种，亚种下再分若干变种。该分类系统得到了我国大麦界的认可和普遍采用。

我国学者将栽培大麦按照小穗着生位置和排列特征、侧小穗的结实习性和发育程度，分为多棱大麦、中间型大麦和二棱大麦三个亚种：①多棱大麦，指穗轴的每个节片上都有3个结实的小穗。根据侧小穗的排列位置，又分为两类。一类为每节片上的三个小穗围绕穗轴等距离着生，穗的断面呈六角形，故称六棱大麦；另一类为每节片上的中间小穗贴近穗轴，上下节片上的两侧小穗彼此靠近，甚至上下重叠，穗的横断面看起来像四角形，故称四棱大麦。②中间型大麦，指穗轴每个节片上中间小穗结实正常，侧小穗结实不一定正常。③二棱大麦，指穗轴每个节片仅中间小穗结实，侧小穗不育。

为了实践的需要，一般又把每一亚种按籽粒稃壳的粘连或分离情况划分成皮大麦和裸大麦2个变种群，这样就分成了6个变种群，即多棱皮大麦、多棱裸大麦、中间型皮大麦、中间型裸大麦、二棱皮大麦和二棱裸大麦。每一变种群再按小穗着生密度、护颖宽窄、芒形和芒性、穗和芒的颜色、籽粒颜色、侧小穗的缺失性和育性、侧小穗柄、毛颖、分枝型等鉴定标准划分为若干变种。自1953年至1991年，国外学者有效报道世界栽培大麦拥有3个亚种447个变种。我国学者在1959年至1998年期间有效报道国内栽培大麦拥有3个亚种826个变种，其中新变种691个，前人定名变种135个。

3. 近缘野生大麦的植物学分类

世界多数学者（Bowden，1956；Bakhteyev，Takahashi，Harlan，1969；Simods，1974；Briggs，1978；徐廷文，1982）主张把 *H. spontaneum*，*H. agriocrithon* 和 *H. lagunculiforme* 这些碎穗的近缘野生大麦归入 *H. valgare* 种内，成为2个亚种：即野生二棱大麦亚种 *ssp. spontaneum* 和野生六棱大麦亚种 *ssp. agriocrithon*。世界近缘野生大麦有一个天然分布区，其范围是从北非至中国青藏高原一线，中心是近东和青藏高原。我国学者邵启全、徐廷文、马得泉等先后对其开展了分类研究，据马得泉《中国西藏大麦遗传资源》书中报道，我国3443份近缘野生大麦资源属于2个亚种428个变种。事实证明了青藏高原是世界近缘野生大麦最丰富的地区之一。

4. 其他实用的大麦类别

（1）皮大麦与裸大麦。

凡颖果成熟时内外颖与籽粒粘合的类型称皮大麦，我国不同地区又分别称为草大麦，不露仁麦、谷麦等。与籽粒粘连的颖壳在制麦芽时保护麦芽鞘，在酿造啤酒时对麦芽汁有过滤作用。

凡颖果成熟时内外颖与籽粒分离的类型称裸大麦，我国不同地区又分别称为露仁麦、米麦、元麦、糖麦，藏族聚居地区称为青稞。

（2）冬性大麦与春性大麦。

根据通过春化阶段所需要的温度及其持续的时间，将大麦分为冬性或春性。冬性大麦需要在2～4℃，经过25～30d通过春化阶段；春性大麦需要6～8℃，经过15d通过春化阶段；弱春性大麦介于二者之间。我国北方秋播的冬大麦属于冬性或弱冬性品种，南方秋播的冬大麦大部分属于春性品种，北方春播的春大麦全部属于春性品种。

（3）啤酒大麦、饲用大麦和食用大麦。

根据大麦的主要用途，将大麦分为啤酒大麦、饲用大麦和食用大麦。

（三）大麦的用途

1. 大麦具有良好的食用价值

世界许多国家都有用大麦制作面包的传统，有的国家至今仍将大麦作为主食，更有些食品加工企业将大麦加工成珍珠米、麦精、麦片、膨化快餐食品，很受欢迎。

我国在公元前，大麦就是黄河流域先民主食之一，东南沿海一直有食用元麦（裸大麦）的习惯。至今，青稞仍是藏族同胞主食糌粑的原料。

2. 大麦是优良的饲料

大麦籽粒所含能量稍低于玉米，适口性稍差，但其蛋白质含量和消化蛋白明显高于玉米，必需氨基酸含量、维生素及主要微量元素含量均高于玉米。从综合营养价值看，大麦可与玉米互补，因此，大麦在配合饲料中具有重要价值。皮大麦多用作喂家畜，裸大麦多用作喂家禽。另外，野生的或栽培的一年生或多年生大麦草，耐低温，生长繁茂，是优良的牧草。

3. 大麦是酿造啤酒的必需原料

啤酒由于营养价值高，有“液体面包”的美誉。酿造啤酒使用大麦制成的麦芽，由于酶活性强，富含淀粉、糖类和氨基酸等，大麦皮壳也有助于糖汁过滤，一直是酿造啤酒的主料。专用优质啤酒大麦，不仅对外观品质有很高的要求，而且对酿造的理化品质更有特殊的严格要求。生产优质的啤酒大麦原料，不仅要有优质的啤酒大麦专用品种，还要有适宜的生态条件和合理的栽培条件。

另外，大麦在综合利用上还有许多用途。例如，大麦还是制作威士忌酒的重要原料；在医药上，可以制造酒精、酵母、核苷酸、乳酸钙等；在纺织业上，可制作麦浆；在保健品开发上，可用大麦绿苗制作麦绿素；在化工上，可以提取超氧化物歧化酶及核工业需用的重水；大麦茎秆可用于造纸和编织。

（四）大麦在种植业中的特殊地位

大麦的广泛用途充分表明其在国民经济中的重要意义。另外，由于大麦的广适性、早熟性、抗逆性，使其在种植业中具有特殊的地位。

大麦具有比其他任何禾谷类作物都要广泛的适应性，在全球50°S～70°N范围都有大麦种植。在垂直分布上从海拔1～2m到4000m以上，我国西藏海拔4750m地区种植的青稞，是世界上农作物分布的最高限。

大麦一般比小麦早熟7～15d，除苗期外其他生育时期耐低温的能力均优于小麦，故在高纬度或高海拔的无霜期短、有效积温低的地区也能种植。尤其是早熟的青稞品种，只要全生育期≥0℃的积温达到940℃，就能生长成熟。同时，由于其全生育期短，是一年多熟制的理想头茬作物，而且与小麦相比，能使后作产量提高5%～10%。在既种啤酒大麦又种甜菜的地区，二者轮作效果很好，既能提高甜菜的含糖量，又能降低啤酒大麦的蛋白质含量。

所以，大麦在提高复种指数及轮作中具有重要作用。

大麦的抗酸能力和耐湿性不及小麦，但大麦的抗旱性、耐瘠性及耐盐碱能力优于小麦，在土地 pH 值不小于6，含盐量达 0.5% 的土地上仍能生长。所以，在较干旱、较瘠薄的土地上种植小麦生长不良，往往能种植大麦，特别是在盐碱较重的新垦荒地或收复弃耕地上，大麦成为首选种植的先锋作物。

凡适于种小麦的地区都可以种大麦，而种大麦比种小麦省水、省肥、耗地力少，管理省工。收获同等产量，大麦的投入成本比小麦省 15% ~20%；特别在同等的中下等肥力条件下，大麦产量往往比小麦提高 10% 左右。所以在适于麦类作物生长的地方，常把小麦种在好地上，把大麦种在差地上，这样的作物布局更能充分发挥两种作物各自的优势。

二、世界大麦生产与研究的发展

（一）世界大麦生产的发展

前面已讲到，大麦是世界上适应性最广泛的禾谷类作物，除南极洲以外，其他六大洲都有分布。在各大洲种植大麦面积的分布中，欧洲占世界面积的 50% 左右，亚洲占 20% ~25%，美洲占 10% ~15%，非洲和大洋洲各占 5% 左右。大麦生产大国的面积以俄罗期居首位，几乎占世界大麦面积的 1/6。

在世界范围内，现种植约 60000khm^2 以上，总产 15000 万 t 以上，仅次于小麦、水稻和玉米，为世界的第四大谷类作物。总产量最高的国家与地区是俄罗斯、加拿大、欧盟、澳大利亚和美国等国，俄罗斯大麦总产 1800 万 t 左右。世界上单产较高的国家都集中在欧洲，其中德国、英国、法国的单产都已达到 6000kg/hm^2 左右，加拿大和美国单产处于中等水平，3000 ~4000kg/hm^2，澳大利亚单产在 2000kg/hm^2 以下。

综观 20 世纪初以来的百余年间，世界大麦生产经历了一个“慢—快—稳”的发展过程。以上世纪初至 40 年代，大麦生产发展缓慢，面积与单产都提高较慢。第二次世界大战以后，特别是进入 60 年代以后，由于配合饲料工业及啤酒工业快速发展，促进世界大麦迅猛发展，使大麦在谷物生产中的地位由第 6 位上升至第 4 位。进入 80 年代以后，大麦的面积和产量趋于相对稳定。不过近 30 年来，大麦种植面积也有起伏，20 世纪 90 年代大麦面积最高曾达 90000khm^2 以上。

在 20 世纪 50 年代以前，世界上少数国家生产的大麦作为商品进入国际市场的较少。到 50 年代以后，大麦的进出口贸易渐趋活跃，到 80 年代以后大麦贸易额猛增数倍。世界上当前出口大麦最多国家是欧盟的英、法等国、加拿大和澳大利亚，几乎垄断了国际大麦出口市场。进口国原来以欧美为主，现逐渐扩大到各大洲，尤以亚洲进口量较大。这种国际贸易由当初单一出口大麦原料逐步转变为进行不同深度的加工产品出口，如将啤酒大麦粗加工成麦芽或深加工成啤酒出口，将饲料大麦加工成配合饲料喂饲畜禽，转化为畜禽产品再出口，达到增值的目的。

（二）世界大麦研究的发展

1. 世界大麦分类、起源及种质资源的研究

世界上对大麦开展现代意义的科学研究，最早应是从研究大麦的分类及栽培大麦的起源开始的。

1753 年，Carl Linnaeus 将栽培大麦分为 4 个种，2 个变种，奠定了大麦分类的基础。在

以后的200多年间，多位学者对栽培大麦经过从多种到一种，又从一种到多种的若干次更改，至今仍没有一个所有学者公认的系统，只有R. von Bothmer等人的分类系统能为多数人所接受。

20世纪二三十年代，原苏联著名遗传学家Wavilov通过对世界作物种质资源进行广泛考察、收集和分析，提出作物起源中心学说，并认为近东地区是二棱大麦和弯穗大麦的起源地，中国中西部山区及其毗邻的低陆是栽培六棱大麦的起源中心。以后的学者虽对他的作物起源中心学说进行过修改和补充，对大麦起源中心也有新的观点，但至今看来他提出大麦起源的近东中心和中国中心还是正确的，只不过1971年Harlan提出中心和非中心作物起源理论后，补充了大麦非洲非中心和南美洲非中心。

世界上发达国家有计划地收集、保存和研究作物种质资源的工作始于19世纪末期，例如美国农业部下属机构1984年最早引入大麦种质资源，以后通过多种途径、多种形式的收集，使美国农业部国家种子贮藏实验室在20世纪80年代掌握的大麦种质资源达25000份以上，并在1972年美国农业部的大麦收集并入国际植物种质收集系统。

收集、保存大麦种质资源在2万份以上的有英国、美国、巴西、加拿大、原苏联及叙利亚国际干旱农业研究中心等。其中，英国剑桥植物育种研究所保存的大麦资源在6万份以上。种质收集库或基因库分为两种形式；一种主要目的为积累和长期保存种质资源的基础种质收集库，如美国农业部的国家种子贮藏实验室；另一种主要目的为收集、评价、繁殖和分配种质资源的应用种质收集库，如美国农业部大麦收集库。美国在这两个库中都保存有大麦种质资源2万多份。

2. 世界大麦新品种选育

世界上有目的、有计划地开展大麦科学的育种工作始于20世纪初。最初的育种目标主要突出高产，后来根据各国不同需要分别开展了早熟育种和抗病育种。饲料大麦的品质育种突出选育高蛋白质和高赖氨酸的“双高”品种，而啤酒大麦育种则突出选育酿造品质优良的品种。在微型制麦设备及快速测定仪器使用后，使啤酒大麦的品质鉴定和选择从早代就能开始进行。日本从1971年开始对麦芽品质进行检测，经过十几年的努力，麦芽的浸出率从1971年的73%提高到1984年的84%，使每吨大麦可多产800kg啤酒。

世界上啤酒大麦育种是随着啤酒工业的发展而兴起的，以欧洲开展啤酒大麦育种最早，育成的品种也最多，其次是北美洲的美国和加拿大，有后来居上之势，日本和澳大利亚则紧随其后，发展也很迅速。西方各国的啤酒大麦育种有两类机构：一类是国家公立的农业科研单位；另一类是各大啤酒公司所属的研究单位，许多公司研究单位的实力与条件远远超过公立的科研单位。全球还有一个特殊的大麦育种机构，即设在墨西哥的国际玉米小麦改良中心（CIMMYT），该中心于1972年开始大麦的育种工作，与设在叙利亚的国际干旱地区农业研究中心（ICARDA）合作进行，ICARDA收集的大麦种质资源达2万多份。CIMMYT的育种工作向世界各国开放，特别向发展中国家开放。仅在开展大麦育种第10年的1981年，该中心的大麦国际试验圃已在各大洲的79个国家设立了404个试验点，其工作效率很高。

各国大麦育种方法当今仍以常规的杂交育种为主，还有一些其他辅助的育种新方法和新技术。1970年Kasha等首先报道用球茎大麦法产生大麦单倍体的方法，此后不到10年就有公司用此法育成了加倍的大麦单倍体品种，后来，这种方法在有些国家的大麦育种中得到广泛应用。1973年Clapham报道了花药培养取得大麦单倍体植株的方法，几年后便有用花培方法育成的大麦品种。用物理或化学诱变方法获得了大麦突变体，在大麦早熟育种、高赖氨酸育种及抗病育种中都取得了很好的成绩。另外，在大麦的种间杂交育种或属间杂交育种，多倍体育种等方面，均获得了一些优良品种。近20年来，生物技术的发展与应用，推动了大麦染色体工程、组织培养、细胞培养、分子标记辅助育种等方法与技术的发展。

3. 世界大麦应用基础理论研究

由于大麦具有二倍体性质、染色体数目较少（2n = 14）、染色体相对较大（6 ~ 8μm）、严格自花授精、易于杂交等特点，在所有植物中，栽培大麦是用于遗传研究的主要实验植物之一。在各类作物中，大麦是遗传方面研究得较为深入的作物之一。有关研究在欧美及日本等发达国家开展较早，也比较系统、深入。在大麦细胞遗传方面，主要研究了大麦细胞染色体的形态、数量、结构及其变异，还有基因的位置及其与性状的连锁等。《中国大麦学》引用了丹麦的Carlsborg实验室对基因分析的综合报道，当时已知大麦基因1156个，其中已定位于各染色体上的基因443个。

大麦生化遗传的研究始于20世纪60年代，主要是植物同工酶的研究推动了大麦生化遗传学的发展。例如，对大麦酯酶及其同工酶和大麦淀粉酶及其同功酶部分基因在染色体上定位的研究，对大麦淳溶蛋白主要基因在染色体上定位的研究，对硝酸还原酶、天冬氨酸激酶基因突变体的研究等，均有重大进展。

大麦分子遗传研究始于20世纪70年代，大麦分子遗传研究是以当时分子遗传理论和初步实验技术为基础发展起来的，1976年Bennett和Ranjeker等首次报道了对大麦核DNA特性的研究结果。美国的Kleinhofs等研究认为，大麦遗传物质可分为核、叶绿体和线粒体三个基因组。近二十年中，对大麦核基因组研究得比较深入，在大麦叶绿体基因组和线粒体基因组的研究方面，随着基因组学的发展也有很大进展。另外，随着分子生物工程的不断发展，大麦的遗传转化更是取得诸多成绩。

4. 关于国际大麦遗传学大会

国际大麦遗传学大会是全球大麦学科的最高学术会议，是各国大麦科学家进行学术交流和促进合作的平台，又是主办国或地区展示大麦科学研究成果和生产成就的窗口。第一届国际大麦遗传学大会于1963年在荷兰瓦格宁根召开，此后分别在美国（第二届，1968）、德国（第三届，1975）、英国（第四届，1981）、日本（第五届，1986）、瑞典（第六届，1991）、加拿大（第七届，1996）、澳大利亚（第八届，2000）、捷克（第九届，2004）和埃及（第十届，2008）召开了10次大会。第六届大会以来，每届会议代表均在300 ~ 500人，覆盖了全世界40多个国家和地区。

每次国际大麦遗传学大会的主要议题都有10个左右，包括大麦种质和遗传资源、大麦细胞遗传和染色体工程、大麦基因分析与基因定位、大麦分子遗传与分子育种、大麦基因组学、大麦突变与诱变育种、大麦单倍体育种、大麦对病虫抗性、大麦非生物胁迫耐性、大麦生理学与生物化学、麦芽品质与营养品质、杂交大麦、大麦种间与属间杂交、大麦利用与产品、大麦栽培技术、大麦生产发展等议题。

中国科学院遗传与发育生物学研究所邵启全研究员曾任国际大麦遗传学大会第四、五、六、七届理事会理事。2008年4月在埃及亚历山大召开的第十届国际大麦遗传学大会上，我国浙江大学张国平教授当选为第十届（2008 ~ 2012）国际大麦遗传学大会理事会秘书长。2012年5月在我国杭州召开了第十一届大会，张国平教授当选为十一届（2012 ~ 2016）理事会主席。

三、中国大麦生产与研究的发展

（一）中国大麦生产的发展

1. 中国大麦的起源与种植历史

前文已经论述，中国是栽培大麦起源中心之一。具有双花特性的内蒙古大麦，是世界上迄今发现多年生野生大麦中最原始的种。早在20世纪二三十年代，Wavilov就指出，中国的中西部山区是栽培六棱大麦的起源中心。后来，我国学者从20世纪50年代开始，几代人历时40多年，对青藏高原和四川西部进行了大量实地考察，发现了极其丰富的二棱、六棱和中间型野生大麦资源，得出青藏高原野生二棱大麦是中国栽培大麦的近缘祖先的结论。50年代庄巧生教授、60年代程天庆研究员、70年代邵启全研究员和徐廷文教授、80年代马得泉研究员等、90年代李富全研究员等，在有关不断深入的考察研究中，取得了卓著的成效。

中国栽培大麦的历史悠久，据出土文物考证，我国栽培大麦的历史至少有5000多年。早在4000年前的象形文字及3300多年前的殷商甲骨文就有代表大麦的文字，在2300多年前的《吕氏春秋》中已正式有“大麦”一词。从考古和文字记载看，中国栽培大麦大体是从西向东传播的。我国原有的栽培大麦以多棱型为主，皮、裸型皆有，二棱大麦自20世纪50年代以来才陆续从国外大量引入，种植面积逐年扩大。

2. 中国大麦的分布

中国大麦的分布地区十分辽阔，遍及全国所有省、市、自治市。20世纪50年代，原浙江农学院根据播种期，兼顾皮、裸大麦类型，将全国大麦地理分布划分为四个区，即青藏高原及四川西北部的春播裸大麦区，中国北部的春播大麦区，中国南部的冬播大麦区，中国春冬大麦过渡地带的春冬大麦混合区。

20世纪80年代，中国农科院与多单位进行协作，开展大麦区划试验，并在此基础上将全国大麦栽培区划分为三个大区十二个生态区：①裸大麦区：即青藏高原裸大麦区；②春大麦区：包括东北平原大麦区、晋冀北部春大麦区、西北春大麦区、内蒙古高原春大麦区、新疆干旱荒漠春大麦区；③冬大麦区：包括黄淮冬大麦区、秦巴山地冬大麦区、长江中下游冬大麦区、四川盆地冬大麦区、西南高原冬大麦区、华南冬大麦区。

中国栽培大麦虽分布广泛，但种植区域并不平衡，集中种植大麦面积较大的省份也在不断变化。我国生产的大麦传统上主要作食用和饲用，除青藏高原一直种植裸大麦（青稞）外，其他地区以长江流域各省种植大麦较多，特别是江苏、浙江、上海历史上都曾是大麦的主产区。在20世纪80年代初期，种植大麦面积大的省市依次为江苏、云南、河南、浙江、湖北、四川、西藏、上海等省市。以后随着大麦栽培面积的下降及啤酒大麦的发展，大麦集中种植区域有较大变化。在1997年，大麦种植面积大的省依次为河南、江苏、浙江、四川、安徽等省。近几年，传统大麦主产区的浙江面积很小，上海几乎已经不种大麦，但江苏、云南、西藏仍然保持大麦主产区的优势。不过，西北地区的甘肃和新疆，东北地区的黑龙江及内蒙古的呼伦贝尔盟成了新的啤酒大麦优势主产区，特别是甘肃省已成为全国啤酒大麦和麦芽最大的调出省。2008年，种植面积排在前10位的省份依次为内蒙古、江苏、西藏、云南、甘肃、湖北、新疆、四川、青海和黑龙江。在全国种植大麦的面积中，啤酒大麦约占1/2，饲用大麦和裸大麦各占1/4。但实际消费情况并非这一比例，由于相当一部分啤酒大麦因酿造品质不合格或做啤酒原料未能售出，而改做饲用大麦，裸大麦中也有一部分做饲用，故在很多年份全国生产的大麦实际上半数以上用作饲料。

3. 中国大麦生产发展状况

中国大麦种植面积和总产量一直排在水稻、小麦和玉米之后，居第四位。

据历史资料统计，1914～1918年平均种植大麦面积8037khm^2，单产1125kg/hm^2，总产904.5万t；1936年据全国22个省的不完全统计，种植面积6540khm^2，总产一度居当时世界之首；1950年，种植面积下降至3673khm^2，单产993kg/hm^2，总产345万t；到70年代中期，全国大麦面积有所恢复和发展，1975～1977年3年平均种植面积为6500khm^2，单产1523.1kg/hm^2，总产990万t；到80年代初又再度下降，全国大麦种植面积约3333khm^2，单产2100kg/hm^2，总产约700万t；1990年，全国大麦面积降至约2000khm^2，单产3229.5kg/hm^2，总产约645万t；以后种植面积逐年下降，2001年为最低值770khm^2；后有所回升，2005年面积830khm^2，单产4144.5kg/hm^2，总产344万t；2008年面积恢复至1625khm^2。

由上可见，近100年来我国大麦的种植面积在波动起伏中逐渐下降，而单产由于品种不断更换，栽培技术和投入逐渐提高，自20世纪50年代以来明显增高，自20世纪初至70年代单产才达到1500kg/hm^2；从70年代至90年代初，单产超过3000kg/hm^2，而到2005年，单产达到4144.5kg/hm^2。中国小面积单产最高纪录于1981年出现在西藏日喀则农科所，在0.08hm^{2}土地上种植青稞，创造12067.5kg/hm^{2}的单产纪录。2009年，云南腾冲县固东镇罗坪村种植的13.73hm^{2}啤饲兼用大麦云大麦2号，平均单产9439.5kg/hm^2，最高单产10812kg/hm^2。

4. 中国大麦生产面临的挑战与发展前景

啤酒大麦是酿造啤酒最主要的原料，而近30年来，我国啤酒大麦贸易市场的变化巨大。1980年，当我国啤酒制造业尚处于起步阶段时，全国啤酒年产仅69万t。随后，我国啤酒生产迅猛发展，到1993年已发展到年产1190.1万t，居世界第二位。到2002年，啤酒年产2386.8万t，超过美国，居世界第一位。2011年产啤酒4957.6万t，并且还在逐年递增。

前面已经讲过，我国大麦生产是在起伏中逐年下降。虽然面对啤酒生产的飞速发展，各级有关领导部门及科技人员都很关注啤酒大麦生产的发展。但国产啤酒大麦原料严重供不应求的局面始终未能扭转。所以，我国啤酒生产的大麦原料缺口，主要靠大规模进口啤酒大麦来解决。特别在20世纪90年代，国产啤酒原料中进口大麦一度占到60%～70%。近几年，进口啤酒大麦仍占国产啤酒原料的50%左右。就以年产4000万t啤酒计，所需大麦原料最少要400万t以上。当前国际大麦贸易市场上，啤酒大麦的年净交易量仅400万t，我国进口大麦的需求量占其50%以上。这是一种十分危险的状况。有的年份曾因啤酒大麦主要出口国受灾严重减产，造成我国进口的啤酒大麦数量锐减，价格飙升，质量下降，使我国啤酒业遭受重创。

在国内，各方有识之士早在20年前就呼吁抓好国内啤酒大麦生产基地建设，但基地建设一直落实不了，农民种植大麦缺乏积极性。其原因在于：第一，我国传统上把大麦作为杂粮，近20年来也仅把啤酒大麦作为工艺原料由市场进行调节，政府部门对大麦生产不像对水稻、小麦等粮食作物的生产那样积极扶持，既缺少投入又没有政策保护；第二，我国大麦生产的成本比大麦主产国偏高，我国东北和西北地区生产的大麦陆地运输比进口大麦海运成本也高，所以当啤酒大麦主产国丰收的年份，国产啤酒大麦在市场价格竞争中没有优势；第三，由于国产啤酒大麦市场不稳定，价格波动极大，在大量进口啤酒大麦的冲击下，国产的啤酒大麦滞销积压或亏本销售。即使大麦进口严重不足的年份，对行情信息灵通的中间销售商往往抢先以较低价格从农民手中收购大麦，然后转手以高价卖给啤酒或麦芽企业，种植大麦的农户并未得到多少实惠。所以，农民对种植大麦心中无数，不敢多种。

据了解，现在我国几乎没有单纯用国产大麦原料的啤酒企业。为什么我国的啤酒企业都热衷于使用进口原料呢？特别在啤酒大麦主产国丰收、进口啤酒大麦价格相对便宜的年份，我国啤酒企业对有限的国产大麦原料不愿大力收购。除了一些企业习惯于使用进口原料外，主要是认为国产啤酒大麦没有进口大麦的质量好。

对于国产啤酒大麦的质量不能一概而论。因为我国不少地区一些规模生产的大麦原料质量完全可与进口的啤酒大麦媲美。不过，许多农户生产的啤酒大麦质量确实存在不少问题，主要原因是：优质的啤酒大麦品种虽不少，但农民往往喜欢选用品质一般而产量高的品种，而且分散的农户选用的品种多，收购时不同品种的大麦原料混在一起，不利于麦芽和啤酒的生产；小规模生产的农户追求高产而不顾及产品质量，如超量施氮肥，特别是大麦生育后期施氮，致使蛋白质含量严重超标；缺乏大型的烘干机、清选机，若收获期遇雨，大麦籽粒皮色差，发芽率低；我国大麦原料收购中多数还是只看外观品质，不进行内在品质检测，无法保证收购原料的酿造品质。这些原因促使相当多的国产啤酒大麦原料质量没保证，特别在进口大麦原料锐减、国产啤酒大麦紧俏的年份，一些种植户和中间经销商掺杂使假，更使国产啤酒大麦的声誉受损。

根据中国啤酒生产对大麦原料的巨大需求，必须改变主要依靠进口原料的被动局面，一定要大力发展我国啤酒大麦的生产。国家要尽早出台《中国啤酒大麦生产发展规划》，政府要对大麦生产给予切实的扶持政策，加大对大麦科研的投入，积极推进大麦产业化体系建设，大力加强“龙头企业 + 生产基地 + 农户”的一体化建设，在规模化生产基础上实施良种良法配套的大麦生产技术。总之，需要政府管理部门、科研机构、大麦生产单位和大麦加工企业多方面配合，积极努力，切实从数量上和质量上满足我国啤酒生产对大麦原料的巨大需求。

同时，根据我国养殖业及配合饲料加工业的发展，必须抓好饲用大麦的生产。对于藏族同胞主要粮食青稞的生产，更要从质量上和数量上予以充分保证。

（二）中国大麦研究的发展

由于至今尚未见到一篇关于我国大麦研究历史与成就的综合报道，加之笔者在大麦研究队伍中阅历不深，掌握资料有限，所以本书对中国大麦研究的历史沿革，大麦研究队伍的形成发展，以及对我国大麦研究成就的总结与表述，会有偏颇及疏漏之处。

前文已述，我国大麦生产已有5000年以上的历史，我们的先辈对大麦的栽培利用有十分丰富的经验。早在公元6世纪30年代的《齐民要术》及南宋嘉泰年间的《会稽志》等书中，就有了大麦原始分类、栽培技术及种植利用经验的记载。但是，我国真正开展现代科学意义的大麦研究工作不过70～80年的历史。

1. 中国大麦研究的历程

中国大麦的科学研究最早起步于20世纪30年代，至今经历了四个时期。

（1）艰难起步时期，指新中国成立前，即上世纪30～40年代。

这一时期虽有少数单位开展了大麦育种工作，如浙江稻麦改良场于1937年开始大麦品种改良，但进展十分缓慢。少数研究人员即使在大麦育种栽培研究方面有些零星成果，也难以推广应用。虽然起步十分艰难，成果有限，但是我国大麦研究工作毕竟是从这个起点发展壮大的。

（2）初步奠基时期，指新中国成立至改革开放前，即20世纪50～70年代。

新中国成立后，先后设立了一批不同层次的大麦研究机构，逐渐形成了一支专业的大麦研究队伍，特别在北京地区及江、浙、沪地区大麦研究初具规模，在四川、西藏、青海等地对大麦、青稞也开展了研究，至1966年各地在大麦种质资源征集、考察及新品种选育方面都开展了不少有成效的工作。十年“文革”使大麦研究受到了严重摧残，但一些大麦科技工作者顶着重重压力，在“文革”后期把大麦研究工作开始恢复起来。

（3）恢复繁荣时期，指改革开放后至20世纪末，即20世纪70年代后期至90年代末。

十一届三中全会以后，我国进入改革开放时期，也迎来了大麦研究的春天。特别从20世纪80年代初开始，我国啤酒产业迅猛发展，带动啤酒大麦生产及研究也加快发展。从事大麦研究的机构也从北京及江、浙、沪等核心地区发展到全国各地，几乎遍及所有省、市、自治区。特别可喜的是，一些地、市级单位的农科所异军突起，在大麦新品种的引育及良种良法配套方面成效显著。从事大麦研究的科技队伍人数在这20年间翻了几番，全国总人数在千人以上。大麦育种及种质资源研究先后分别列入国家攻关课题和“863”计划，大麦细胞遗传学、分子生物学及大麦育种新技术的研究有不少突破性进展，啤酒大麦加工与饲料大麦加工的研究也与大麦研究交叉融合，联系日益密切。

这一时期有四件事与大麦研究的发展关系密切，而且影响着以后大麦研究的发展，应载入史册。

第一件是中国作物学会大麦专业委员会的建立与发展。1985年9月全国的大麦科技工作者在武汉举行第一次学术研讨会，并成立中国大麦专业委员会。本会是由中国大麦科教、生产、经营和企业（含公司）工作者自愿组成的依法登记的具有法人资格的公益性、学术性科技与生产和企业相结合的团体，下设遗传育种与生理栽培科技、大麦原料生产、进口大麦、麦芽工业和设备、期刊信息等工作部。全国大麦专业委员会自成立至今，已先后召开过6次全国会员代表大会暨学术研讨会，每届大会参会人员150～200人，会议除大会专题报告外，还有各工作部的交流讨论，而且在会后出一册《中国大麦文集》。这些活动有力地促进了全国大麦学科科研、生产及加工的发展。邵启全任全国大麦产业委员会第一、二、三届主任委员，刘旭任第四、五届主任委员，李恩普任第六届主任委员，他们为我国大麦科研和生产的发展做出了很大的贡献。在大麦专业委员会的建立和发展过程中，先后还有陆炜、刘自强、殷瑞昌、黄志仁、马得泉、白普一、张京、张国平等大麦专家，多年为学会工作操劳，付出了大量心血。

第二件是建立了国家大麦改良中心。1995年，国家决定开展种子产业化工程建设，建设的重要内容之一就是要建立主要农作物的国家改良中心。杭州国家大麦改良中心依托单位为浙江农科院作物与核技术利用研究所，现在中心主任为杨建明。另外，还设有大麦改良分中心。这些中心与分中心的建立，为我国大麦的遗传改良发挥了积极作用。

第三件是创办了一种大麦专业性的学术期刊。1984年12月创刊，原名《大麦通讯》，1988年4月更名为《大麦科学》，2006年3月又更名为《大麦与谷类科学》。该杂志是中国作物学会大麦专业委员会的技术性期刊，面向国内外公开发行，由江苏省农科院主管，江苏沿海地区农科所主办。多年来，该杂志为推动我国大麦学科的科研、生产、加工和种子产业化发展做出了重要贡献。

第四件是出版了一部综合总结我国大麦科研成果的专著。1996 年，系统地总结我国数十年大麦研究成果的专著《中国大麦学》出版发行。该书由卢良恕院士主编，由 20 世纪八九十年代中国主要的大麦专家 30 多人参加撰写，历时多年，先后 3 次修改和审稿。该书以总结概括我国大麦生产和科研成就为主，并有选择地汲取世界大麦科研成果，是一部具有中国特色的理论著作，对我国大麦科研、教学及生产具有重要指导意义。

（4）快速发展时期，指 21 世纪初叶，即 2001 年以来十余年。

自进入 21 世纪以来，全国的大麦研究工作快速发展，这一时期有三大特点：一是高投入，高产出。品种改良纳入国家“863”计划，农业部及各省、市、自治区对大麦科研投入倍增，因此科研成果显著，特别是育出一批高水平的大麦品种。二是建立了全国性的大麦研究协作网。2006 年，当开展由 10 余个单位参加的大麦“948”引种项目时，构建了协作网的雏形。2007 年，开展国家公益性行业（农业行业）大麦专项研究时，有 21 个单位参加，全国性的协作网初具规模。2008 年，全国大麦产业技术体系的建设正式启动，全国共有 16 个省、市、自治区的 38 个单位参加，协作网基本完善。三是更加注重大麦科技的产业化建设。坚持走产、学、研一体化的道路，强化科技成果尽快转化为现实生产力，把大麦研究的论文写在田野的大地上。

为了提升国家和区域创新能力，增强农业科技自主创新能力，保障国家粮食安全、食品安全，实现农民增收和农业可持续发展，2007 年 12 月，农业部和财政部联合下发了《现代农业产业技术体系建设实施方案》。大麦产业技术体系建设于 2008 年正式启动。当前该体系中的国家大麦青稞产业技术研发中心，依托中国农科院作物科学研究所，首席科学家为张京。该中心下设 4 个功能研究室：育种与种子研究室，依托浙江农科院，主任为杨建明，有 8 名岗位科学家；病虫害防控研究室，依托中国农业大学，主任为高希武，有 2 名岗位科学家；栽培与土肥研究室，依托浙江大学，主任为张国平，有 6 名岗位科学家；综合研究室依托浙江大学，主任为朱睦元，有 2 位岗位科学家。该体系当前还设有 20 个国家大麦青稞产业技术综合试验站，各有一名站长。

2. 新中国大麦研究队伍形成与发展

我国从事大麦研究最早的专家，首推我国作物育种学和生物统计学奠基人之一的王绶教授，他在 20 世纪 30 年代就选育出“王氏大麦”品种；在 1936 年发表了关于大麦性状遗传规律的研究论文；同年，由他编著出版的我国第一部《中国作物育种学》中，把大麦育种法单列一章。但在新中国成立前，我国从事大麦研究的科技人员屈指可数，谈不上研究队伍。而且部分在 20 世纪 40 年代大学毕业的人员，直到新中国成立后才有机会和较好的条件从事大麦研究。按照从事研究工作的年代，大体上可把新中国成立后大麦研究队伍划分为三个梯队。

第一个梯队，是我国大麦研究开拓的一代。属于这一梯队的专家有少数解放前大学毕业的，绝大多数是 20 世纪 50～60 年代大学毕业的，且以 60 年代毕业的居多。这批人中除少数人在 50 年代开始大麦研究的，多数人在 60 年代开始大麦研究。部分成绩突出者在 80 年代至 90 年代前期成为各大麦研究单位的领军人物，是第一届至第四届全国大麦专业委员会的主要成员，《中国大麦学》也是由这批专家撰写的。属于这个梯队的科技人员以北京地区和江、浙、沪地区最多，例如中国农科院陆炜、马得泉、孙立军、徐新宇，中国科学院遗传与发育生物学研究所的邵启全、李安生，北京农学院的白普一，浙江大学的汪丽泉、俞志隆、徐阿炳、丁守仁、徐绍英，浙江农科院的沈秋泉、赵理清，扬州大学的黄志仁、刘自强，江苏盐城市农科所的唐宗奎、朱凤台，上海农科院的黄培忠等。而在全国其他大麦产区，也有不少科技人员先后加入这个研究梯队，并做出了许多成绩。例如四川农业大学的徐廷文，四川农业管理干部学院的唐子恺，四川南充市农科所的熊寿福，西南大学的傅大雄，福建农科院的张绍南，福建莆田市农科所的陈炳坤，河南驻马店市农科所的翟德昌，甘肃农科院的李守谦、王效宗，山东农科院的林玉福，山东农业大学的赵檀方，黑龙江红兴隆农科所的胡祖华，吉林农科院的郭希坚，陕西西安市农科所的崔学智，湖北农科院的秦盈卜，江西农科院的李忠娴，中国科学院西北高原生物研究所郭本兆等，是第一个梯队中有代表性的专家。

第二个梯队，是我国大麦研究发展的一代。属于这个梯队的专家除少数在20世纪70年末开始从事大麦研究外，绝大多数是80年代前期至90年代前期大学本科或研究生毕业后从事大麦研究的，是第一个梯队的接班队伍。在20世纪90年代中后期逐渐成为各单位大麦研究的技术骨干，有的成为大麦研究学术带头人，其他成绩卓著者进入20世纪后也成为各单位大麦研究的领军人物。当前，全国大麦产业技术体系中的首席科学家、岗位科学家、综合试验站长以及全国作物学会大麦专业委员会的委员就是由这批专家担任的。例如，中国农科院的张京，浙江大学的张国平、朱睦元，浙江农科院的杨建明，扬州大学的许如根，江苏沿海地区农科所的陈和，上海农科院的黄剑华，四川农业大学的冯宗云，华中农业大学的孙东发，湖北农科院的李梅芳，甘肃农科院的潘永东，甘肃农垦农业研究院的张碎成，云南农科院的曾亚文，黑龙江红兴隆农科所的李作安，青海农科院的迟德钊，西藏农牧科学院的强小林，河南驻马店市农科所的王树杰，内蒙古农牧科学院的张凤英，福建农科院的张秋英，中国科学院西北高原生物研究所的蔡联炳，中国食品发酵研究院的张五九等，是第二个梯队中有代表性的专家。

第三个梯队，是我国大麦研究传承的一代。属于这个梯队的大麦科技工作者，基本上是20世纪90年代后期及21世纪前期参加大麦研究队伍的，其中不少人学历层次高，总体看来有很大的发展潜力。当前，他们是各大麦研究单位的生力军，有的已崭露头角，成为本单位的技术骨干，再过5～10年，这些骨干力量就会陆续成为各大麦研究单位的学术带头人。

3. 中国大麦研究的主要成就

新中国成立以来，经大麦科技界几代人的辛勤努力，大麦研究主要取得三方面成就。

（1）大麦种质资源研究。

中国大麦种质资源研究的主要成就包括：

编目保存。历经几代人40余年的努力，到2000年为止，①国家编目国内外大麦种质资源16188份。其中国内品种9837份，国外引进品种6351份。中国已列入世界大麦种质资源收集和保存最多的国家之一，也是世界上裸大麦占有最多、地方品种收集和保存最多的国家。国家长期库保存栽培大麦15088份。②国家编目近缘野生大麦种质资源3443份，其中国外引进资源9份。在编目资源中，包括野生二棱大麦1000份（西藏占976份），野生六棱大麦2443份（西藏占2119份）。编目资源已有3098份入国家长期库保存，并在中级库保存有全部编目资源。

分类研究。我国学者在栽培大麦分类研究方面取得突破性进展是20世纪80年代。1981

年国家起动的西藏作物品种资源考察和1980年全国作物品种资源补征、编目，带动和加速了大麦分类研究。1982年徐廷文教授提出了中国栽培大麦及其近缘野生大麦的分类体系。1983年初，马得泉编译了世界栽培大麦435个变种的检索表。这为开展我国大麦分类研究奠定了信息基础。据陆炜等（1991）报道，国内29个省市区37个单位80余人参加了该项研究。经鉴定检索，中国栽培大麦拥有3个亚种826个变种，其中国外学者有效定名变种135个，中国学者有效定名的新变种691个。中国近缘野生大麦隶属2个亚种428个变种，包括野生二棱大麦亚种有122个变种，其中新变种116个（含西藏特有变种109个）。野生六棱大麦亚种有306个变种，其中新变种302个（含西藏特有变种281个）。这充分证明了中国是世界栽培大麦及其近缘野生大麦变种即表型多样性中心之一。中国大麦分类研究曾获得国家科技进步二等奖和四川省科技进步二等奖。

鉴定评价。研究了大麦主要育种性状的基本遗传特性，开展了大麦黄花叶病抗源的鉴定与筛选，优异种质综合评价，出版了《中国大麦遗传资源和优异种质》和《中国大麦品种志》，制定出版了《大麦种质资源描述规范与数据标准》。大麦育种主要矮源及其矮秆基因的鉴定筛选。采用SSR分析技术，对世界3000份大麦核心种质进行基因型鉴定和遗传多样性分析，初步了解34个国家大麦种资源的等位基因变异，对株高等主要农艺性状进行分子标记和QTL定位。采用先进仪器观察啤酒大麦和饲用大麦籽粒的淀粉粒结构；分析了啤酒大麦醇溶蛋白的遗传多样性；克隆出大麦脱水诱导启动子，构建成其瞬间表达载体。此外，还进行了抗大麦赤霉病、黄矮病、条纹病的鉴定和抗病资源筛选，抗逆性（盐、旱、湿）鉴定和抗逆资源筛选，大麦籽粒品质分析和优质资源筛选等都取得了一定成就。

国内从事大麦种质资源、大麦起源及大麦分类研究的主要有中国农科院作物科学研究所、中国科学院遗传与发育生物学研究所、四川农业大学、中国科学院西北高原生物研究所等单位。邵启全等完成的“西藏野生大麦”项目于1986年获中国科学院科技进步奖特等奖，并于1988年获国家自然科学一等奖；马得泉等著的《中国西藏大麦遗传资源》一书，被庄巧生和董玉琛两院士认为是“当代中国论述西藏大麦遗传资源具有较高学术价值的第一部专著”；浙江农科院和青海农科院主编的《中国大麦品种志》，陆炜、孙立军、张京等编著的《中国大麦遗传资源目录》，孙立军编著的《中国大麦遗传资源和优质种质》等专著，为我国大麦种质资源的进一步研究、开发、利用奠定了良好的基础。

（2）大麦的遗传改良。

扬州大学黄志仁教授将20世纪我国大麦品种演变和品种改良划分为5个时期：20世纪初到50年代中期为农家品种时期，这时期大麦生产上应用的全部是农家品种；50年代后期至60年代为农家优良品种为主，品种改良初见成效时期。进行了农家优良品种的评选、示范和大面积推广，同时对优良农家品种通过系统选择和杂交改良，育成一批品种在60年代后期推广；70年代至80年代中期为农家优良品种与改良品种并存时期，这时期江、浙、沪、青、藏等地已转向杂交育种为主，同时注意发挥引进优良品种的作用，如浙江农科院经原轻工业部发酵研究所引进的日本品种早熟3号，曾创造全国大麦种植面积之最，并成为当时啤酒大麦杂交育种的主要亲本；80年代中期至90年代后期为改良品种时期，从1986年起大麦育种被列入国家重大科技攻关项目，各地育成一批啤用、饲用、食用大麦品种，成为推广的主栽品种，如江苏沿海地区农科所用早熟3号辐射处理，育成的盐辐矮早3，1982年审定，是我国最早育成并在长江流域推广的啤酒大麦主栽品种。同时，从国外引入的一批啤酒大麦品种，也先后在东北和西北春大麦区推广；90年代后期开始进入专用型品种为主时期，为解决国产啤酒大麦原料问题，进一步加大品质育种力度。至今全国已育成一批品质优良的啤用和饲用大麦品种，基本上实现了专用型品种的普及和推广。

大麦育种目标由开始偏重高产为主，逐渐演变为以高产为基础，以优质为前提，以抗病、抗逆为保证的高产、稳产、优质育种目标。育种方法当前仍以常规的杂交育种为主，但都加强了各种育种新技术，特别是生物技术的运用、相互交叉、渗透、配合，如用单倍体育种方法育成的我国第一个大麦花培品种单二，一直是江浙地区推广的主栽品种之一。另外，大麦的辐射诱变育种、化学诱变育种、远缘杂交育种、杂种优势利用等都取得一定成绩。

从20世纪70年代末期开始，大麦品种的改良工作由少数地区推向全国各地，并在全国范围内逐步形成了大麦育种科研网络。除浙江农科院、扬州大学、甘肃农科院、西藏农牧科学研究院等省级研究单位在品种改良上成绩突出外，一批地市级研究单位的大麦育种也成效卓著，例如江苏沿海地区农科所、黑龙江农垦总局红兴隆农科所、河南驻马店市农科所、福建莆田市农科所等都选育出一批优良品种，并成为所在省的主栽品种。

全国近20多年育成的大麦品种数以百计，仅江苏省统计，在“七五”至“十五”的20年中，全省共育成并通过审（认）定的大麦品种30个。育成大麦品种在10个以上的单位在全国也不少见。然而，大量育成的品种中，由于种种原因多数品种推广面积不大，累计推广面积达10万hm^2以上的品种只占少数，累计推广面积达50万hm^2以上的寥寥无几。少数大面积推广的品种产生了显著的经济效益和社会效益而获得奖励，例如由浙江引进的早熟3号和上海育成的沪麦4号在20世纪80年代曾获国家科学技术进步奖，更有数十个育种成果获得省、市、自治区级科技进步奖。

（3）大麦应用基础理论研究。

关于大麦性状遗传规律的研究除王绶教授在我国率先报道外，汪丽泉教授和徐廷文教授也是我国早期研究大麦性状遗传的专家。新中国成立后，我国在大麦细胞遗传、大麦的生化遗传及大麦的分子遗传及其应用方面都取得重大进展。另外，早在20世纪50年代，原浙江农学院等单位就开始了大麦生长发育特性及品种生态区划的研究，还有良种良法配套技术的研究，大麦抗病机理的研究等，都为大麦育种和栽培提供了理论依据。由浙江农科院、江苏沿海地区农科所等单位联合完成的“我国大麦黄花叶病毒株系鉴定、抗源筛选、抗病品种应用及其分子生物学研究”项目，2001年获国家科技进步奖二等奖。

由俞志隆、黄培忠等编著的《大麦遗传与改良》，朱睦元、黄培忠著的《大麦育种与生物工程》及张国平、李承道著的《啤酒大麦的遗传和改良》（英文版）等专著，在吸收国外最新研究成果的同时，也充分地反映了我国大麦应用基础理论研究的成果。

另外，关于大麦籽粒理化特性及加工品质的研究，特别是对啤酒大麦酿造品质的研究，我国虽然起步较晚，但近20年来也取得许多成果，成为大麦研究内容的重要组成部分。

四、新疆大麦生产与研究的发展

（一）新疆大麦生产的发展

1. 新疆大麦生产概况

新疆大麦栽培的历史也十分悠久。1979年在新疆哈密市五堡乡墓葬内，曾出土新石器时代含彩陶文化的青稞穗壳，这是在我国出土年代最久远的栽培大麦遗物之一，说明新疆栽培大麦的历史至少有3000多年。过去，新疆种植大麦主要用作喂马饲料，种植面积很小。在20世纪80年代以前，新疆的大麦以哈密地区较多，在塔城、伊犁地区也有种植。

新疆大麦生产是随着啤酒生产及麦芽生产的兴起而发展的。1985年，新疆农科院奇台试验场率先在新疆试种啤酒大麦品种，如今已发展为国家大麦原种生产基地。该场还在新疆建立了第一个小型的麦芽厂，以后又在奇台县境内相继建立了几家麦芽厂，从而带动奇台县的啤酒大麦生产，奇台县境内（含生产兵团农场）种植大麦面积最大时达3.5万hm^2，加之奇台地区生产的啤酒大麦和小麦质量较好，因此在2001年奇台县被国家6部委联合组织的“中国特产之乡推荐宣传活动组织委员会”命名为“中国大麦、小麦之乡”。紧随奇台县之后，新疆其他地区的啤酒大麦生产也很快发展起来，至20世纪90年代中期，在焉耆盆地、塔额盆地、巴里坤盆地及五家渠周边的乡镇和兵团农场都种植了较多的大麦。1994年，根据国务院有关部委在北方农垦系统建立国产啤酒大麦生产基地的规划，新疆生产建设兵团也制定了一个建立100万亩面积，年产30万t啤酒大麦生产基地的方案，而且农业部也开始投资在农六师102团和农九师167团修建大麦种子加工厂，但由于种种原因，这一规划方案未能实现。不过，由于90年代前期啤酒大麦行情不错，新疆大麦种植面积在80年代后期至90年代中期发展很快，1996年地方加兵团的大麦面积达9万hm^2以上。

但是在全国啤麦市场受进口原料严重冲击的形势影响下，新疆大麦价格极不稳定，与经济作物比较效益较低，农民种植大麦的积极性受到严重挫伤。凡能种植棉花等经济作物的大麦产区都重新调整了种植作物结构，在较早发展啤酒大麦的焉耆盆地及五家渠周边地区，进入21世纪后很少种植大麦。即使在只适宜麦类作物种植的气候温凉的地区，在大麦市场低迷的情况下，原来种植大麦的农户也纷纷改种价格稳定的小麦。所以在90年代后期，新疆种植大麦的面积急剧下滑，至2000年前后面积下隆至3万hm^2上下。以后，随着大麦市场价格的波动，大麦种植面积也起伏不定。2000年以后大麦价格低时1元/kg左右，高时达2.5~3元/kg，因此全疆种植面积大体在3.5万~6万hm^2范围内变化。

由于大麦种植面积变化很大，新疆啤酒大麦的总产也波动极大，近10余年新疆啤酒大麦总产大体在12万t~25万t。由于大麦多种植在干旱地及雨养农业区，在平原地区也多种在中低产田上，故当前全疆大麦单产平均为3750~4500kg/hm^2。而在中上等肥力条件下一般单产可达6000kg/hm^2，部分高产田大面积单产可达7500kg/hm^2，甚至达9000kg/hm^2以上。例如，2009年地处昭苏盆地的兵团农四师76团场，在雨养条件下（当年降水较多）全场3460hm^2甘啤4号大麦平均单产7500kg/hm^2，其中在14.27hm^2面积上单产达10159.5kg/hm^2。

2. 新疆发展啤酒大麦生产的潜力及对策

（1）新疆发展啤酒大麦生产的区域优势。

第一，适宜发展啤酒大麦生产地区的气候条件十分有利于优良酿造品质的形成。新疆当前种植的啤酒大麦均为春性品种，故在新疆的春麦区和冬春麦兼种区，如昌吉州东部、哈密地区北部、博州西部、伊犁地区东部及南部、塔额盆地、焉耆盆地、天山北坡及南坡半山区等地，气候条件都适于啤酒大麦生产。这些区域的无霜期及全年≥0℃的活动积温不仅能满足大麦生育需求，且温凉的气温和较大的昼夜温差，使籽粒千粒重高，蛋白质含量低，浸出率高。大麦生育期间，日照率为60%~80%，特别在生育后期天气明朗，日照充足，成熟度好，色泽鲜亮。各地降水量虽有差异，但总体上降水量少，蒸发量大，利于通过人工灌溉调控大麦生长，减少倒伏及病虫发生。特别在收获季节晴朗干燥的天气，保证大麦籽粒含水量低，发芽率高。由上可见，新疆大麦产区温光水条件对优良酿造品质的形成都很有利，只要选用优良品种，栽培技术得当，完全可以生产出与进口啤酒大麦品质相媲美的产品来。例如，位于哈密地区北部巴里坤县的兵团农十三师红山农场，生产的法瓦维特啤酒大麦因品质优良，曾获国家农业博览会奖。

第二，适于发展大麦生产的地区土地及水利资源较丰富。由于这些地区处于山区或半山区的居多，相对于新疆经济发达区而言人口较少，人均耕地较多。新疆粮食自给有余，在非宜棉区还有可能腾出较多土地面积开发啤酒大麦生产。新疆境内的天山、阿尔泰山等山区的降水，高山夏季融化的积雪，为农区提供了较丰富的水源，尤以伊犁河和额尔齐斯河的水量最为丰富。随着节水技术的推广，水的利用率不断提高。地处山区雨养条件下种植的大麦，更省掉了灌溉的成本。

第三，新疆发展啤酒大麦生产已有较好的基础。20 多年来，大麦科技工作者已引育成功一批高产优质的啤酒大麦品种，为提高新疆啤酒大麦的产量和品质发挥了显著作用。而且，全疆适宜大麦生产的地区都多少不等地种植过大麦，各地的科技工作者与大麦种植户结合，摸索出了适于不同地区生态条件的大麦种植经验，特别在兵团农场积累了一套规模化经营、机械化生产、科学化种植、现代化管理的经验，这都进一步为加大啤酒大麦生产发展的力度奠定了坚实的基础。

第四，新疆啤酒业和制麦业对本地生产的大麦原料有巨大的需求。由于嘉士伯啤酒集团和燕京啤酒集团先后落户新疆，使新疆年产啤酒约 50 万 t。多个年产能力 5 万 t 以上的麦芽企业先后投产，加上一些小型麦芽厂，新疆麦芽年生产能力在 30 万 t 以上。但由于新疆的麦芽企业使用进口大麦原料很少，新疆生产的大麦原料缺口很大，对发展新疆啤酒大麦生产有着巨大需求。如果能协调好大麦生产和麦芽生产之间的供需关系，必定会带来新疆啤酒大麦生产新的大发展机遇。

（2）新疆啤酒大麦生产存在的问题及不利因素。

第一，新疆啤酒大麦的产业化体系远未形成，啤酒大麦原料的供需矛盾较大，没有相对稳定的规模化大麦生产基地。一方面，麦芽制造企业大麦原料缺口较大，制麦设备大量闲置；另一方面，由于大麦原料价格巨幅波动，有的年份农户种植大麦不仅严重亏损，而且产品大量积压，所以种植大麦的热情受到极大打击。1994 年，时任国务院副总理的朱镕基同志就批示“抓紧落实建立啤酒大麦生产基地”，至今新疆也未落实一处大麦生产基地。

第二，尽管新疆有条件生产优质的啤酒大麦产品，但实际上有不少作原料的大麦品质较差。主要原因在于，种植的大麦品种多乱杂，加之种植大麦的主体小而分散，大麦原料批间差异大，不利于加工。前文已经提到的为追求高产而过量施氮，大麦原料紧俏时掺杂使假的情况在新疆也时常发生。

第三，新疆大麦原料或麦芽往东部各啤酒生产基地的运距远，成本高。新疆地域辽阔，不少大麦产区距生产啤酒的中心城市距离达 600 ~ 1000km，也增加了运输成本。

要解决这些问题，首先是政府部门应当重视大麦生产的发展，积极引导和推动大麦产业体系建设，建立稳定的大麦生产基地，保证大麦生产稳定增长。新疆发展啤酒大麦生产的优势十分明显，只要政策对路，各方面齐心协力，一定能使新疆成为我国最主要的啤酒大麦产区之一。

（二）新疆大麦研究的发展

1. 新疆大麦研究发展的历程

相对北京及江、浙、沪、川、藏等地区，新疆的大麦研究工作开展要晚得多，直到20世纪80年代中期，当全国大麦研究开始形成热潮时，新疆的啤酒大麦研究才刚起步。新疆农业大学农学院的陈柔、新疆农科院粮作所的徐正蓉、新疆农垦科学院作物所的穆廷文、新疆农科院奇台麦类试验站的刘敬权等是新疆最早推广啤酒大麦品种的引种人，特别是刘敬权通过试种啤酒大麦和创建麦芽厂，带动了新疆大麦生产和制麦业的发展。陈柔是新疆最早的中国作物学会大麦专业委员会的委员。石河子大学农学院的王荣栋则从20世纪80年代后期开始，对新疆大麦的生育规律和栽培技术进行了较为系统的研究。

在20世纪90年代，担任中国作物学会大麦专业委员会委员的新疆成员有石河子大学农学院的曹连莆，新疆农科院粮作所的方伏荣，新疆农科院奇台麦类试验站的杨军善等。曹连莆的啤酒大麦育种项目于90年代前期，得到新疆生产建设兵团立项资助，使育种工作得到较快发展，以后又在国家948引种项目及农业部大麦育种专项的资助下，带领他的科研团队在大麦的品种引育及应用基础研究方面均取得显著成绩。

进入21世纪后，新疆大麦研究发展迅速，引育了一大批高产、优质的啤酒大麦品种。2010年，国家大麦改良中心乌鲁木齐分中心建设启动，建设依托单位为新疆农科院粮作所，负责人为季良。2008年，全国大麦产业技术体系在新疆境内的第一个试验站——石河子综合试验站开始建设，建设依托单位为石河子大学，站长为石河子大学农学院齐军仓。该站所属大麦示范县（团场）有奇台县、农四师76团、农六师奇台总场、农九师165团、农十三师巴里坤红山农场。2009年，在石河子大学召开了全国大麦产业技术体系建设年度总结交流会，会议对石河子综合试验站的工作给予了充分肯定。2011年，新疆境内第二个试验站——奇台综合试验站开始建设，建设依托单位为新疆农科院奇台麦类试验站，站长为奇台试验场李培玲。该站所属示范县为木垒县、吉木萨尔县、巴里坤县、额敏县、塔城市。齐军仓和李培玲当前都是中国作物学会大麦专业委员会委员，并且都是《大麦与谷类科学》编委。

2. 新疆大麦研究的主要成就

新疆各研究单位主要是结合新品种引育开展了一些种质资源研究工作，单独开展大麦种质资源研究很少。所以，新疆大麦研究主要在新品种引育方面有较多成就，同时也开展了一些应用基础理论研究。

（1）大麦新品种的引育。

在20世纪80年代以前，新疆主要种植塔城二棱、昭苏六棱、哈密大麦等地方品种。80年代中期以后，开始了大麦的引育工作，先后经新疆农作物品种审定委员会审定或认定及经新疆非主要农作物品种登记委员会登记的大麦品种共有24个。新疆大麦品种的命名分为三类：第一类为国外品种引到新疆首次审定或登记的，命名为“新引D”，在D（大麦拼音第一个字母）的右下编号；第二类为其他省份已经审定命名的品种，都用外省的命名，如由黑龙江省引进的瑞典品种“黑引瑞”，由甘肃省引进该省农科院选育的“甘啤3号”等；第三类为新疆研究单位自育品种，包括利用国内外引进的杂交后代材料继续选育而成的品种，命名为“新啤一号”。

新疆在20世纪80年代中期开始发展啤酒大麦时，利用的几乎全是国外引进品种，如新引D_1（斯梯甫克）为美国引进品种，新引D_3（卡拉克奇）为南斯拉夫引进品种，黑引瑞为瑞典引进品种。到90年代初大力推广的甘啤1号，实际上是由匈牙利转引的荷兰品种法瓦维特，该品种在新疆适应性良好，至今已推广20余年仍有不少种植面积。1997年，石河子大学的曹连莆与在新疆工作的日本专家石村·实合作自育成功了新疆第一个啤酒大麦品种新啤1号，该品种曾获新疆生产建设兵团（省部级建制，计划单列）科技进步奖二等奖。以后，各单位又自育成功多个大麦品种。不过，在进入21世纪后，新疆种植面积最大的大麦品种是由新疆农科院奇台麦类试验站牵头联合引进的甘啤3号和由石河子大学农学院牵头联合引进的甘啤4号。2007年，石河子大学的“六个啤酒大麦新品种的引育与推广”项目获新疆生产建设兵团科技进步奖三等奖。2011年，新疆农科院奇台麦类试验站等单位的“法瓦维特、甘啤3号啤酒大麦新品种的引进与推广”项目获新疆维吾尔自治区科技进步奖二等奖。

20多年来，新疆先后有多家单位开展大麦新品种的引育，其中以石河子大学农学院和新疆农科院奇台试验场两单位引育成功的新品种数量最多，新疆的自育大麦品种也都是这两个单位育成的。2009年，石河子大学麦类作物研究所在原麦类作物育种课题组基础上成立，必将进一步促进大麦育种工作的发展。另外，新疆农科院粮作所、新疆农业大学农学院、新疆农垦科学院作物所、兵团农四师农科所先后也都或多或少有引种成功的大麦品种。

（2）大麦应用基础理论及相关技术的研究。

近十多年来，石河子农学院对大麦应用基础理论及相关技术研究较多，其中先后在曹连莆和齐军仓两位博士生导师指导下，有十余位博士生和硕士生开展的理论研究较为系统和深入。这些研究包括大麦的生理生态、生化及酿造品质、性状遗传规律、水肥调控等内容。其他单位也结合大麦育种工作开展了一些关于遗传育种规律及栽培技术研究，对大麦新品种引育和良种良法配套有重要指导意义。

1994年，为实施新疆生产建设兵团100万亩啤酒大麦生产基地建设的方案做准备，受兵团科技局委托，石河子大学农学院王荣栋、曹连莆和新疆农垦科学院作物所穆廷文任主编，在兵团内部出版发行了《啤酒大麦文集》，发放到兵团大麦主产区科技人员及科技示范户的手中。1997年，由王荣栋、曹连莆和李国英编著的《啤酒大麦栽培技术》由新疆人民出版社出版，作为农村奔小康丛书供广大大麦种植户阅读。2002年，由石河子大学王荣栋、曹连莆、吕新主编的《麦类作物栽培育种研究》一书出版，其中收录本校师生的大麦研究论文18篇。另外，在《作物学报》、《麦类作物学报》、《大麦与谷类科学》等期刊上也发表了一批大麦学术研究论文。近十多年来，石河子大学师生公开发表大麦学术研究论文60多篇。另外，新疆农科院奇台麦类试验站起草的“优质、高产啤酒大麦栽培技术规程”和“啤酒大麦原种生产技术规程”两个地方标准，经新疆维吾尔自治区质量技术监督局发布，于2008年11月1日起实施。

虽然新疆大麦研究工作起步很晚，基础薄弱。但通过新疆大麦科技工作者的努力，已经取得可喜的进展，相信在发展大麦生产需求的推动下，今后一定会取得更多的成就，向着国内先进水平的目标迈进。

第一章

干旱胁迫下大麦生理特性的研究

第一节 干旱胁迫下大麦生理特性研究概况与进展

干旱缺水是植物生存环境中遇到的主要逆境因子之一。干旱缺水对植物的生长、发育有着严重的影响，是限制农业生产的主要因素之一。旱灾是当今世界面临的一个严峻问题，而且随着环境的恶化，旱灾对作物产量及品质的影响越来越大（Hu，等，2006）。

如何合理科学地利用日趋严峻的水资源，提高作物的水分利用效率，实现作物高抗旱性和丰产性，以有效的水分消耗换取较大的经济、生态和社会效益，是当前及今后农业可持续发展的一个重要方向（何茜，2008）。大麦是世界第四大作物，特别在地中海气候地区是主要麦类作物，因为大麦相比于其他作物在干旱胁迫下具有独特的生存策略，是一种公认的抗逆性较强的作物（Agueda González，等，1999；Woldeyesus Sinebo，2005；Katerji，等，2009）。在我国，大麦作为啤酒工业的主要原料和牲畜饲料被广泛种植。在与农业生产有关的诸环境因子中，水分是限制新疆大麦产量和品质的最突出的因素。水分亏缺对大麦籽粒产量和品质以及稳产性的影响是巨大的。

一、土壤水分胁迫下大麦碳、氮代谢的生理反应

碳素和氮素代谢是植物体内最主要的两大代谢过程，碳、氮化合物的合成、积累与作物的产量、品质密切相关。水分胁迫能显著影响植物体内的氮代谢和碳代谢，导致水解作用加强，合成作用减弱或受阻，如可溶性蛋白和游离氨基酸（如脯氨酸）含量趋于增加，淀粉和多糖类物质的水解作用增强等。研究和实践表明，土壤水分胁迫使光合速率和呼吸速率下降，导致光合物质生产能力降低，影响光合产物的运输，同时籽粒的贮存容量和物质转化能力也受到影响。Savin（1996）就短期干旱对2个啤酒大麦品种籽粒生长和淀粉积累方面的影响做过研究报道；Febrero（1994）曾经研究比较过灌溉和旱作条件下的大麦籽粒产量及成熟籽粒碳同位素的含量；Awasthi（1993）等研究水分胁迫条件下大麦对氮的反应后指出，水分亏缺降低了植株的吸氮能力，硝酸盐还原和蛋白质的合成作用也被抑制，改变了氮素在植物体内的分配。逐步发展的干旱胁迫常常会限制籽粒淀粉沉积，促进植株氮素的再运转，籽粒蛋白质含量增加（Broods，等，1981），但严重的干旱胁迫也会抑制氮素运转（Tully，等，1979）。闫洁等（2004，2005，2006）利用防雨棚研究土壤水分胁迫下大麦籽粒形成期碳氮代谢生理特性的变化结果表明，淀粉和蛋白质沉积的生理机制的明显差异是导致干旱胁

迫下大麦籽粒淀粉沉积降低，蛋白质积累增加的内在因素，同时籽粒形成后期的碳氮代谢互作在竞争和能量方面的差异也对籽粒淀粉沉积减少，蛋白质含量增加起一定的作用。

二、土壤水分胁迫下内源激素与同化物的转化、运输、积累之间的关系

大多数的研究认为籽粒内脱落酸（ABA）与籽粒灌浆密切相关。ABA 对光合产物的运输和积累有明显的促进作用。Ackerson（1985）研究认为 ABA 可提高蔗糖转化酶活性，促进蔗糖向葡萄糖的转化。

在籽粒灌浆阶段，随籽粒淀粉积累加快，籽粒中生长素（IAA）、赤霉素（GA）、ABA 含量均表现与籽粒灌浆和干物质增加有一定的相关性，但对各种激素在籽粒灌浆中的确切作用，尚有争论。

以往研究表明，在大麦籽粒发育形成过程中，ABA 可以调节或抑制一些水解酶的活性，而有利于淀粉和蛋白质的合成与累积；GA_3 则可诱导产生或激活 α－淀粉酶等水解酶而不利于淀粉和蛋白质的合成和累积。在水稻、小麦籽粒物质运输和积累方面激素作用研究得比较多，杨建昌等（1999）研究表明水稻籽粒中内源 ABA 和 GA_3 对籽粒灌浆起调控作用，并且与粒重的决定密切相关。王国忠等（1997）研究发现 ABA 含量与水稻籽粒淀粉积累呈正相关。刘仲齐等（1992）认为小麦籽粒中 IAA 对淀粉积累具有促进作用。虽然由于测试手段所限，激素研究工作开展得比较晚，但就上述目前激素研究工作所开展的情况看，在激素研究中也已取得了一定进展。但从研究成果来看，多数停留在生理现象上，缺乏深入系统的研究。

闫洁（2006）等利用蛋白质含量不同的两种啤酒大麦品种，对籽粒形成期籽粒蛋白质含量的贮积过程与内源激素的变化进行了比较研究。结果表明：两品种籽粒形成期间，法瓦维特籽粒蛋白质含量始终高于新啤 1 号；与其明显高的赤霉素（GA_4）含量之间有密切关系，而且法瓦维特的 IAA 含量也始终处于高水平状态，但 ABA 含量总体低于新啤 1 号，并且籽粒形成初期双氢玉米素核苷（DHZR）含量也处于较低的水平，激素间的互效作用可能是蛋白质含量贮积较多的生理基础。

三、作物对干旱胁迫的生理响应机制

干旱胁迫是田间条件下的作物在其生长过程中发生频率最高的非生物逆境因子。当外界的干旱胁迫达到一定程度时，植物蒸腾消耗的水分大于吸收的水分，造成植物体内水分亏缺，植物也相应地发生一系列的生理生化响应，并从形态、生理、代谢、细胞等多种水平上反映出来。但植物在长期进化过程中，在形态、生理生化以及细胞等水平上也相应形成一系列的逆境适应策略和机制，其中由胁迫介导的代谢调整最为普遍（侯夫云，等，2005，2007）。干旱等逆境条件诱导超氧化物歧化酶（SOD）、抗坏血酸氧化酶（APX）、谷胱甘肽转移酶（GST）和谷胱甘肽氧化酶（GPX）等抗氧化酶的大量表达，减轻或阻止了逆境下过量产生的活性氧对细胞结构和功能造成的伤害。另一策略是植物在逆境下重新建立起细胞体内平衡体系：诱导脯氨酸、甜菜碱、多胺等渗透保护剂在植物体内的表达和积累，降低了渗透压，促进细胞吸水（侯夫云，等，2005，2007）。

聂石辉等（2009）通过模拟干旱胁迫对大麦幼苗生理特性进行了一系列研究，研究主要集中在反映作物耐旱生理机制的渗透调节能力、参与作物体内抗氧化保护反应的酶类

（如 SOD、POD、CAT）、反映作物体内水分状况以及膜完整性等生理指标。利用隶属函数法对与大麦抗旱性相关的生理生化指标进行综合评价，从而为抗旱高产大麦新品种选育筛选提供理论方法依据。

四、本研究的目的及意义

在水分亏缺条件下，大麦的生长发育和产量同其他作物一样也会受到影响。尤其是近年来，工业化进程加快，对自然资源的掠夺加剧，生态环境遭到破坏更加严重，导致了干旱、沙漠化和盐碱土地的增加，全球气候异常，大麦的生长及产量受到的环境胁迫的制约越来越严重。因此，深入系统地研究水分胁迫对大麦籽粒产量和品质形成的物质代谢的生理特性，研究大麦的抗旱生理机制以及抗旱性鉴定指标体系，培育筛选高产抗旱品种，提高水分利用率、节省水资源，缓解以致解决干旱危害，实现农业的可持续发展，对新疆发展大麦生产具有十分重要的理论和现实意义。

第二节　土壤水分胁迫对大麦籽粒形成期氮碳代谢及其互作的影响

淀粉和蛋白质是成熟大麦籽粒中的主要物质。一般而言，大麦籽粒中的淀粉占粒重（按干物质计）的 58% ~65%，是主要贮藏物质（卢良恕，1996）；用于酿造啤酒的大麦，蛋白质含量一般在 8% ~12% 比较合适，是衡量品质的主要指标。因此，两者含量的多寡决定大麦产量的高低和品质的优劣。在稻麦籽粒灌浆期，光合产物以蔗糖的形式通过韧皮部运输进入胚乳细胞的自由空间，通过转化进行淀粉大量积累，籽粒淀粉储藏量决定了产量的高低，籽粒蛋白质含量与氮素吸收、同化和再运转密切相关（李英，等，1991；薛青武，等，1990）。

碳素和氮素代谢是植物体内最主要的两大代谢过程，碳、氮化合物的合成、积累与作物的产量、品质密切相关。水分胁迫能显著影响植物体内的氮代谢和碳代谢，导致水解作用加强，合成作用减弱或受阻，如可溶性蛋白和游离氨基酸（如脯氨酸）含量趋于增加，淀粉和多糖类物质的水解作用增强等。研究和实践表明（薛青武，等，1990），土壤水分胁迫使光合速率和呼吸速率下降，导致光合物质生产能力降低，影响光合产物的运输，同时籽粒的贮存容量和物质转化能力也受到影响。

闫洁等（2005）以 4 个大麦品种（系）ND13297、91 -122、新啤 1 号和法瓦维特为材料，设计正常灌水（对照）和土壤干旱胁迫两种处理，对照保持土壤含水量为最大持水量的 70% ~80%，干旱胁迫处理从拔节初期开始控水，土壤相对含水量以每天约 2% 的速度逐渐下降，至灌浆期保持在 35% ~45%。从抽穗后第 3d 起开始取样，每隔 2d 取样一次，烘干粉碎过 100 目筛后，测定籽粒中可溶性糖、淀粉及全 N，全 N 含量再换算为蛋白质含量。

一、土壤水分胁迫降低大麦籽粒淀粉沉积的内在生理反应

淀粉的含量及质量直接影响作物的产量和经济价值，淀粉是成熟大麦籽粒的主要成分，籽粒淀粉储藏量的多寡决定了大麦产量的高低。大麦生育期受旱对大麦生产具有较大影响，

水分胁迫对大麦籽粒淀粉积累的影响与水分胁迫处理的时间、强度以及大麦基因型有关。

（一）籽粒可溶性糖含量的动态变化

从图 1－1 中可以看出，ND13297 和 91－122 两品种在土壤水分胁迫下，籽粒灌浆过程中的可溶性糖含量均以抽穗后第 3d 时的含量最高，对照处理则在抽穗后第 6d 时为最高；新啤 1 号和法瓦维特则在土壤水分胁迫处理下均以抽穗后第 6d 时籽粒中的含量最高。由抽穗后第 3d 到第 18d 表现为迅速下降。随后下降幅度转慢，籽粒成熟时降至最低值。4 个不同品种大麦可溶性糖含量在籽粒发育的整个过程中，在抽穗后 18d 以前，土壤水分胁迫下的各品种籽粒可溶性糖含量明显低于对照组，两处理间差异达显著水平，ND13297、91－122、新啤 1 号和法瓦维特 4 个品种的可溶性糖含量降低幅度分别为 26.6%、19.17%、15.36% 和 24.27%。在抽穗后 18d 至籽粒成熟时的这段时间内，土壤水分状况对品种籽粒可溶性糖含量的影响只表现出微小差异，且成熟时品种内两处理间籽粒可溶性糖含量差异甚少。

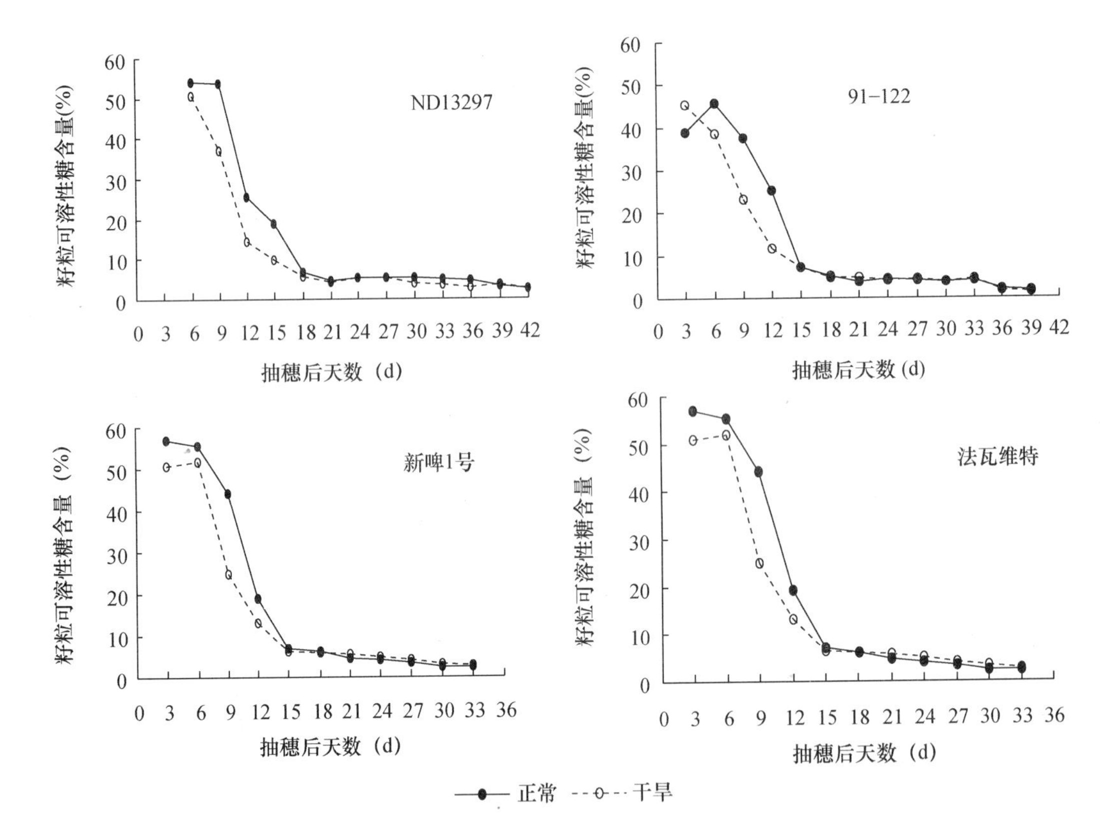

图 1－1　不同土壤水分条件下大麦籽粒可溶性糖含量的动态变化（闫洁，等，2005）

（二）籽粒淀粉含量的动态变化

从图 1－2 中可以看出，籽粒淀粉含量变化与可溶性糖含量变化相反，一直呈上升趋势，上升速度由快到慢，收获成熟时达到最大值。籽粒中淀粉含量的变化曲线与籽粒的增重曲线基本吻合。土壤水分胁迫下各品种在籽粒灌浆前期就有较高的淀粉积累，之后淀粉增重量才低于对照。淀粉积累速率的变化呈抛物线变化，抽穗后 6～21d 是淀粉快速积累期，土壤水分胁迫使各品种淀粉积累速率降低。

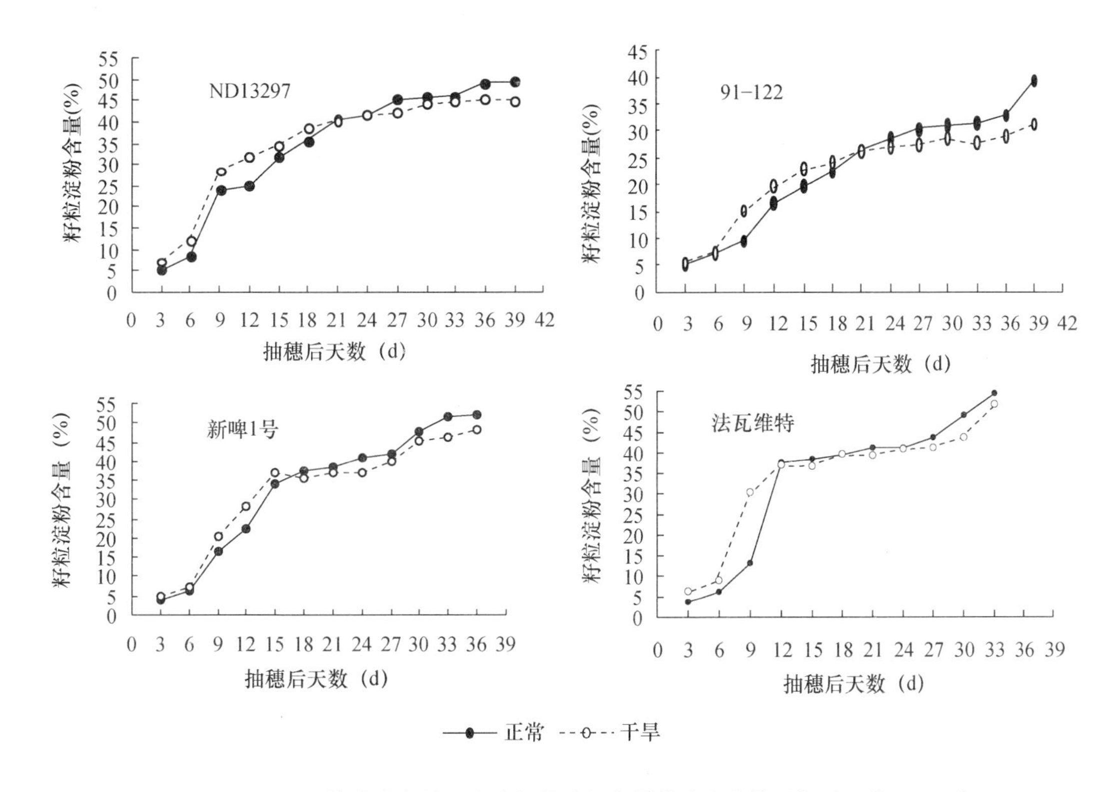

图1－2　不同土壤水分条件下大麦籽粒淀粉含量的动态变化（闫洁，等，2005）

（三）籽粒可溶性糖与淀粉含量之间的关系

由图1－1和图1－2可以看出，抽穗后3～18d4个大麦品种籽粒可溶性糖含量急剧下降，同时对应时期的淀粉含量快速上升，说明淀粉含量的增加是可溶性糖转化的结果。土壤水分胁迫下此阶段各大麦品种可溶性糖含量均低于对照处理，而淀粉含量则均高于对照处理，二者正好相反。后期当可溶性糖含量缓慢下降时，其相应淀粉含量增加的幅度很小。说明可溶性糖作为淀粉合成的底物，其含量多少与淀粉含量密切相关，同时也说明水分在影响籽粒可溶性糖与淀粉含量方面起着很重要的作用。籽粒灌浆过程中的淀粉积累的增加与可溶性糖含量的下降趋势相吻合，可认为淀粉和可溶性糖含量之间存在着较密切的关系。但不可能是直接的简单关系，中间过程可能较复杂（姜东，等，2001）。王志琴等（2001）在研究水分胁迫对稻茎中碳的运转与淀粉水解酶活性的影响时认为，可溶性糖含量的前期储备对淀粉的后期积累并不存在直接线形相关。刘仲齐等（1992）研究也表明，在淀粉含量呈直线增长的时期，可溶性糖含量与淀粉积累速率没有显著的相关关系。Jenner等（1991）曾指出，籽粒中蔗糖浓度梯度、胚乳中运输系统和合成系统的动力学特性影响着淀粉积累速率。土壤水分胁迫明显地影响籽粒内可溶性糖含量与淀粉含量高低的变化，淀粉积累速率对水分胁迫表现出的差异都进一步表明，由可溶性糖转化成淀粉的中间过程是重要的。可溶性糖作为淀粉合成的重要底物向淀粉的转化更多地表现为依赖籽粒库利用和合成能力的大小。

（四）土壤水分胁迫降低籽粒淀粉沉积的内在生理反应

水分在影响籽粒可溶性糖转化与淀粉积累方面起着很重要的作用，闫洁等（2005）研究表明，从抽穗至抽穗后18d，在籽粒可溶性糖急剧下降的同时，对应时期淀粉含量快速上升的这一阶段，土壤干旱显著降低籽粒可溶性糖含量，却提高籽粒淀粉含量。说明从抽穗至抽穗后 18d 这一时期，土壤水分胁迫加快了籽粒可溶性糖向淀粉的转化。因此在灌浆干物质积累方面，表现为干旱开始有增加粒重，促进干物质积累的作用。随后当籽粒可溶性糖含量缓慢下降时，对应着籽粒淀粉含量增幅也减慢，此阶段土壤干旱对籽粒可溶性糖含量影响不明显，却使得对应时期的淀粉含量明显低于对照，此阶段可溶性糖含量与淀粉积累量没有显著的相关关系，说明此阶段（即淀粉含量呈直线增长的时期）在土壤水分胁迫下，源的供应能力基本满足籽粒的需求量，籽粒本身库功能是限制淀粉积累的主要因素。

二、土壤水分胁迫提高大麦籽粒蛋白质贮积的内在生理反应

籽粒蛋白质是衡量大麦品质优劣的重要指标之一，籽粒蛋白质含量不仅影响大麦的营养品质，而且对大麦加工品质也有很大影响。大麦籽粒蛋白质含量受品种遗传特性和栽培环境的共同影响，是品种基因型和环境条件的综合表现。有大量研究表明，灌浆期间不同大麦品种籽粒蛋白质含量变化动态基本一致，均呈现高—低—高的趋势，适度的土壤干旱可提高籽粒的蛋白质含量。但是，这些研究大多是在本底水分条件较好或有灌溉条件下进行的；在旱地生产条件下，大麦籽粒蛋白质积累少有报道。

（一）籽粒全 N 含量的动态变化

由图 1－3 中可以看出籽粒全 N 含量的变化呈高—低—高的趋势，曲线呈“凹”形。籽粒全 N 含量的变化曲线反映了籽粒 C、N 积累的动态特点。籽粒灌浆初期，光合产物向籽粒的运转缓慢，碳水化合物积累减少，籽粒具有较高的全 N 含量；建籽期以后，光合产物输入加快，碳水化合物的积累增加；籽粒全 N 含量逐渐下降，至抽穗后 15d 或 18d 左右，全 N 含量下降到最低点；此后光合产物的输入变慢且趋于停止，籽粒全 N 含量又逐渐回升。在土壤水分胁迫下，抽穗后 12d 之前，籽粒全 N 含量低于对照处理，在降至最低点之后，籽粒全 N 含量始终高于对照处理。这与土壤水分胁迫促进籽粒前期同化物积累有关。

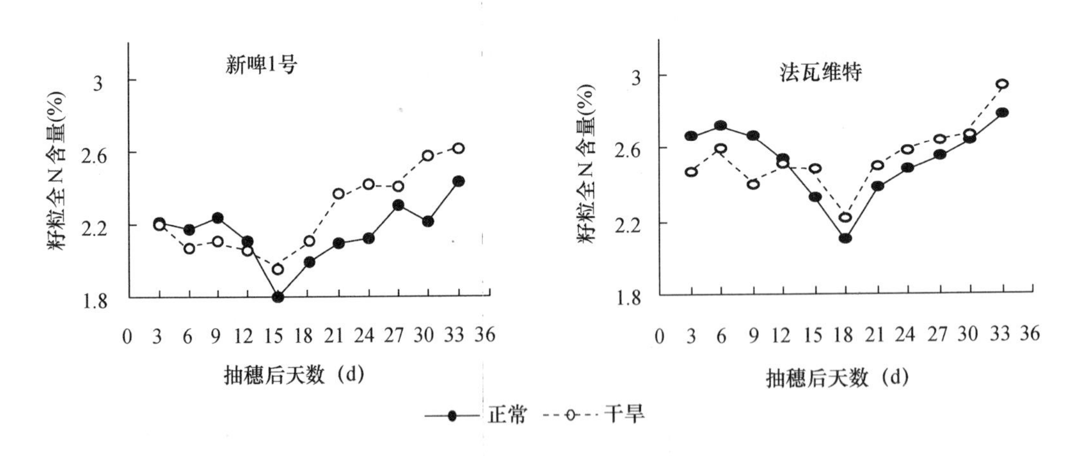

图 1－3　不同土壤水分条件下大麦籽粒全 N 含量的动态变化（闫洁，等，2005）

（二）籽粒全 N 的积累动态变化

籽粒全 N 积累是一个渐进的过程，在整个灌浆过程中呈慢—快—慢的趋势。用三次多项式 $y = a + b_1x + b_2x^2 + b_3x^3$ 拟合籽粒全 N 积累动态，曲线呈“S”形。

（三）籽粒蛋白质含量的动态变化

籽粒灌浆过程中蛋白质的积累动态不同于可溶性糖和淀粉的积累过程。以蛋白质占籽粒干重百分含量的方法表示，在籽粒发育过程中大麦籽粒蛋白质百分含量动态变化呈“V”字形，先高后低，继而又高（图1－4）。这种变化与籽粒干物质积累相对应。抽穗后3d时蛋白质含量较高，15～18d时降至最低，之后蛋白质含量回升直至成熟。这与前人的研究结果一致（齐军仓，1999；汪军妹，等，1999）。在籽粒灌浆成熟过程中，两个供试的大麦品种籽粒蛋白质含量的积累规律基本一致，这反映了籽粒充实过程中氮素代谢总趋势的一致性。

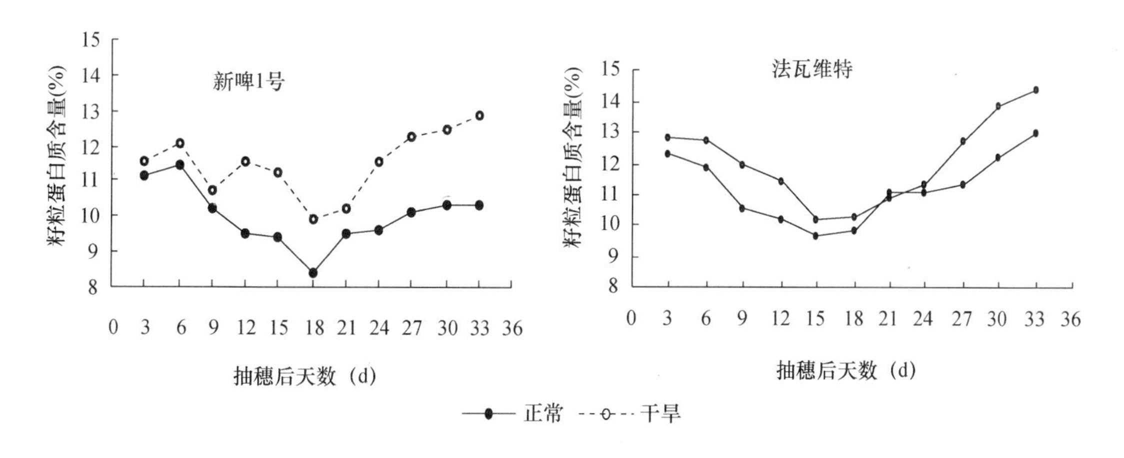

图1－4　不同土壤水分条件下大麦籽粒蛋白质含量的动态变化（闫洁，等，2005）

在籽粒形成初期（抽穗后9d左右），主要是胚乳细胞大量形成进行籽粒“库容”的建造。籽粒中全N的积累较粒重的增长过程快，碳水化合物积累量少，蛋白质积累量相对较高；进入籽粒灌浆的快速期之后，粒重增长速率超过了全N的积累速率，从而引起了籽粒内全N的“稀释效应”，导致蛋白质百分含量相对下降；此后碳水化合物积累变慢，而全N仍保持相对较高的积累速率，于是蛋白质百分含量再度回升直到成熟。土壤水分胁迫使籽粒蛋白质含量提高。

在生育前期贮藏在营养器官中的全N在抽穗开花后不久即开始向外运转，运往发育中的穗部或籽粒。大麦籽粒形成期持续干旱在限制籽粒淀粉沉积的同时，也会促使叶片全N的再运转，从而导致籽粒蛋白质百分含量提高。当然也应考虑到由于水分亏缺，引起叶片过早衰老，同化面积减少，光合产物积累少，灌浆中后期又处于高温天气，叶片蒸腾作用加强，灌浆过程提前结束等因素影响，导致籽粒中淀粉形成停止，蛋白质所占比例提高。

（四）土壤水分胁迫提高大麦籽粒蛋白质贮积的内在生理反应

土壤干旱提高籽粒蛋白质含量包括两个方面的作用：一是直接影响全N代谢过程；二是通过影响籽粒淀粉积累而间接影响蛋白质含量。大麦籽粒形成期持续干旱缩短籽粒灌浆期，籽粒的淀粉沉积量减少，籽粒蛋白质百分含量提高。相关分析表明，在大麦籽粒发育形成过程中，叶片含氮量和籽粒蛋白质含量的动态变化存在负相关，土壤水分胁迫使得叶片含氮量最后阶段骤然下降，籽粒蛋白质含量显著上升，与土壤水分胁迫增强蛋白酶的活性，从而提高叶片全N向籽粒的再运转率有高度相关性。因此，闫洁等（2005）认为籽粒蛋白质沉积主要决定于全N物质供给水平。或者说，与淀粉沉积相反，蛋白质的沉积更多地直接依赖于供应源的限制。

当然，其他因素如胚乳中沉积空间大小、蛋白体的结构差异也与蛋白质沉积有关。

三、土壤水分胁迫对大麦生育后期氮碳代谢互作的影响

从大麦籽粒 C、N 物质来源看，籽粒中的氮素物质主要来自于开花前贮藏氮素的再运转，而籽粒中的碳水化合物主要来自于开花后的光合产物。籽粒中沉积的蛋白质部分来自 Rubisco（RUBP 梭化酶—加氧酶），土壤水分胁迫提高了旗叶可溶性蛋白含量，其中 Rubisco 酶占很大部分（王万里，1986），该酶固定 CO_2 以产生光合产物，而灌浆期的光合产物既为蛋白质合成提供碳架，又为蛋白质和淀粉合成提供能量，且蛋白质沉积需能多，比合成等量的淀粉至少多一倍。同时，碳同化所需的能量与硝酸还原所需的大部分能量都来自光合链中所产生的高能电子。因此在碳、氮同化之间，不仅存在着物质（底物）的竞争，而且还存在着能量的竞争。在土壤干旱使后期氮素同化增加的情况下，会增加能量的消耗，消耗大量光合产物，导致籽粒中碳水化合物的供应不足，使后期灌浆速率降低，提早结束灌浆。同时在营养器官氮素再运转方面，干旱条件下较高的蛋白酶活性也使氮素向籽粒的分配较高（姜东，等，2001）。因此，可以认为土壤干旱在缩短籽粒灌浆期的情况下，后期的碳氮代谢互作也使得籽粒的淀粉沉积量减少，籽粒蛋白质含量增加。

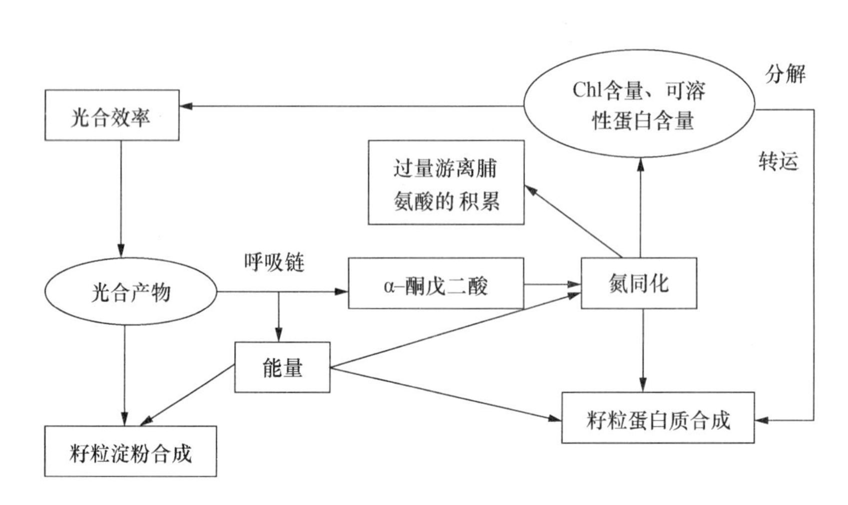

图 1－5　大麦籽粒形成期的碳氮代谢互作（闫洁，等，2005）

第三节　土壤水分胁迫对大麦旗叶碳素、氮素代谢的影响及其与内源激素含量变化的关系

无论是在啤用、饲用还是食用的大麦品种中，其品质要求均与籽粒中的蛋白质含量有关。随着大麦专用型品种的选育，人们对籽粒蛋白质含量的要求极为重视。大麦籽粒发育过程伴随活跃的生理生化代谢活性，是大麦品质和产量形成的关键时期。大麦开花后，物质的分配中心转移到籽粒，蛋白质是主要内含物。从大麦籽粒物质转化角度而言，蛋白质的形成与同化产物多寡，氮素同化转移效率的高低有密切关系。大麦籽粒的生长发育是细胞分裂、

分化、膨大和内含物不断充实的结果，其内部机理较为复杂。许多研究表明，禾谷类作物的籽粒发育过程受内源激素的调控（柏新付，等，1989；刘仲齐，等，1992；潘庆民，等，2000）。而内源激素不仅能调节细胞的分裂和分化，还对营养器官细胞内含物的转移（蔡可，1992），同化物的运输分配，籽粒贮积性碳水化合物和蛋白质的形成及积累均具有重要的调控作用（赵毓桔，1992）。参与有机物质的分布与合成。

闫洁等（2005）对土壤水分胁迫下大麦旗叶（芒）碳素、氮素代谢及内源激素含量的变化进行了研究，其结果如下：

一、土壤水分胁迫对大麦旗叶（及芒）叶绿素（Chl）含量的影响

碳同化物在植物体内的运输和分配是一个复杂的生理过程，它不但决定于植物的本身遗传特性，而且也受到多种外界因素的影响，当禾谷类作物籽粒需要大量光合产物供应时，水分亏缺导致植物上部叶片的光合功能迅速衰退，最终引起同化物的形成速率和形成量降低。

如图1-6所示，在大麦灌浆及籽粒形成过程中，旗叶叶绿素（CHl）含量初期稍有上升，以后持续下降。土壤水分胁迫下旗叶叶绿素含量降低，并且随着水分胁迫时间的延长，灌浆后期叶绿素含量降幅加大。叶片全展至枯黄的整个过程，可明显划分为缓慢下降和迅速下降两个阶段。张荣铣等（1992）分别将之称为叶绿素含量缓降期（RSP）和速降期（SFP），其中叶绿素含量缓降期为光合作用高效功能期。从图中可以看出，在抽穗后约18d内，土壤水分胁迫处理不同品种大麦旗叶叶绿素含量减少很少，甚至有些品种（如ND13297

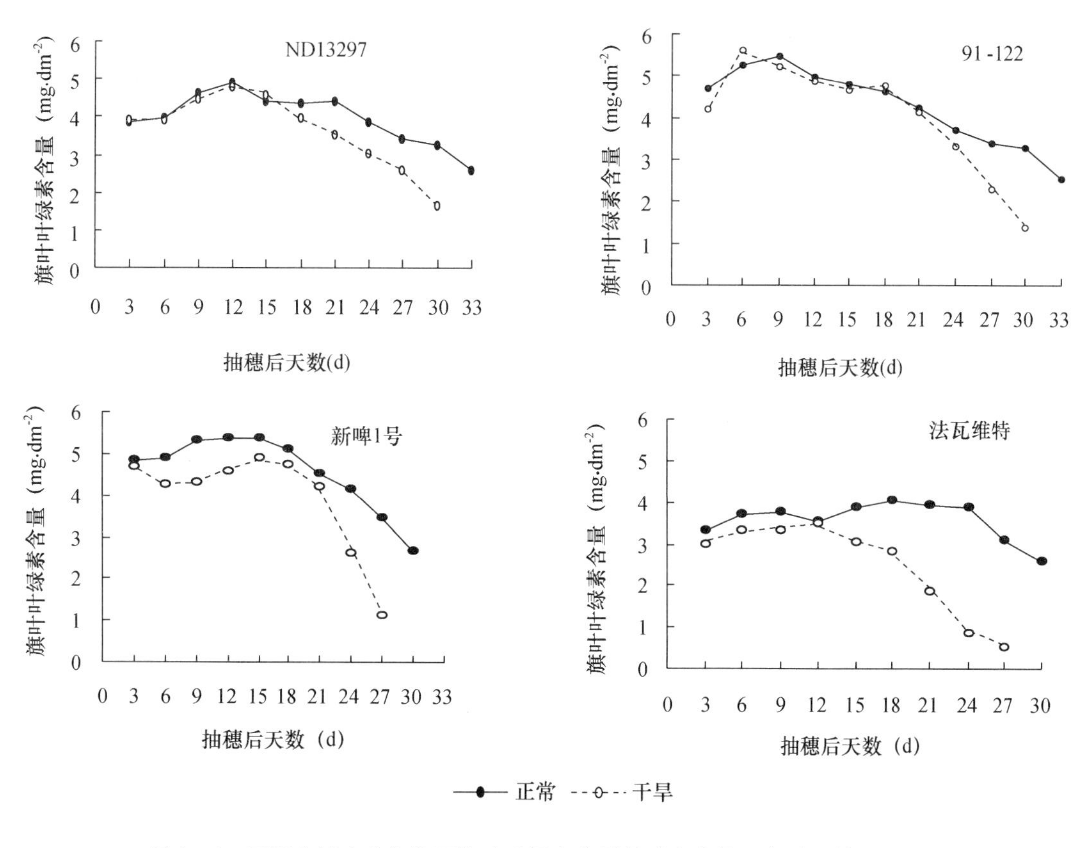

图1-6 不同土壤水分条件下旗叶叶绿素含量的动态变化（闫洁，等，2005）

和 91 - 122）旗叶中的叶绿素含量在某一时期要略高于对照组，与正常灌水处理相比并没有明显变化，表现出缓降期的特性，旗叶中叶绿素含量处于相对稳定期。其后，旗叶叶绿素含量下降速度加快，土壤水分胁迫条件下的叶片中叶绿素含量下降得尤为迅速，叶绿素含量变化进入速降期。若以叶绿素含量下降至叶片全展时的 80% 所需的天数代表缓降期（张荣铣，等，1992），则土壤水分胁迫处理之后，ND13297、91 - 122、新啤 1 号和法瓦维特叶绿素含量缓降期分别缩短 21.18%、10.35%、8.85% 和 36.80%。土壤水分胁迫使 4 个大麦品种的旗叶叶绿素含量下降，叶绿素缓降期缩短。这些结果与商振清（2000）的研究报道一致。叶绿素含量的变化是引起光合作用强弱的重要因子。干旱大大缩短了叶绿素缓降期，加速叶片衰老。叶片过早失绿，功能丧失，从而导致光合速率下降，使产量降低。

由表 1 - 1 分析可以得出缓降期的叶绿素含量降低主要是由于 Chla 的降低引起，旗叶内 Chla 的降低早于 Chlb，Chla/Chlb 的降低也说明了这一点，这与 Loonnie 和 Irwinp（1987）的报道相一致。与对照相比，土壤水分胁迫使旗叶叶绿素含量高值低，持续期短，高值之后降幅大，导致最终叶绿素含量很低，新啤 1 号和法瓦维特抽穗后 27d，ND13297 和 91 - 122 抽穗后 30d 趋近零值。

表 1 - 1　土壤水分胁迫下大麦旗叶叶绿素含量变化状况（单位 $mg \cdot dm^{-2}$）（闫洁，等，2005）

品种	处理	叶绿素	抽穗后天数（d）										
			3	6	9	12	15	18	21	24	27	30	33
ND13297	对照	a	2.9572	3.0438	3.5491	3.7648	3.3655	3.3108	3.3125	2.8821	2.5360	2.3893	1.8654
		b	0.8802	0.9045	1.0489	1.1339	1.0473	1.0572	1.0703	0.9587	0.8794	0.8556	0.7340
		a+b	3.8347	3.9483	4.5980	4.8987	4.4128	4.3680	4.3828	3.8408	3.4154	3.2449	2.5994
		a/b	3.3597	3.3652	3.3836	3.3203	3.2136	3.1318	3.0951	3.0063	2.8837	2.7925	2.5416
	干旱	a	3.1326	2.9904	3.3766	3.6604	3.4477	3.0146	2.6226	2.3031	1.9280	1.2161	
		b	0.7815	0.8952	1.0620	0.1279	1.0965	0.9397	0.8868	0.7421	0.6452	0.4078	
		a+b	3.9141	3.8856	4.4386	4.7884	4.5442	3.9543	3.5049	3.0452	2.5732	1.6239	
		a/b	4.0083	3.3403	3.1795	3.2452	3.1441	3.2081	2.9575	3.1034	2.9880	2.9818	
91 - 122	对照	a	3.6339	4.0842	4.2412	3.8125	3.6641	3.4744	3.1822	2.7881	2.5461	2.4350	1.8929
		b	1.0737	1.1919	1.2389	1.1593	1.1307	1.1389	1.0519	0.9152	0.8355	0.8400	0.6654
		a+b	4.7076	5.2761	5.4801	4.9718	4.7948	4.6133	4.2341	3.7033	3.3816	3.2750	2.5583
		a/b	3.3845	3.4266	3.4234	3.2886	3.2405	3.0506	3.0251	3.0464	3.0473	2.8988	2.8447
	干旱	a	3.2109	4.3191	4.0165	3.7065	3.5106	3.5819	3.1441	2.5042	1.7035	1.0028	
		b	0.9765	1.2787	1.2217	1.1672	1.1600	1.1937	0.9979	0.8196	0.5757	0.3600	
		a+b	4.1874	5.5978	5.2382	4.8737	4.6706	4.7756	4.1420	3.3238	2.2792	1.3628	
		a/b	3.2882	3.3777	3.2876	3.1755	3.0264	3.0007	3.1507	3.0554	2.9590	2.7856	
新啤 1 号	对照	a	3.6574	3.7137	3.9574	4.0703	3.9922	3.8499	3.3273	3.0537	2.5404	1.8978	
		b	1.1503	1.1680	1.3316	1.3050	1.3657	1.2688	1.1820	1.0816	0.9218	0.7774	
		a+b	4.8077	4.8817	5.289	5.3753	5.3579	5.1187	4.5093	4.1353	3.4622	2.6752	
		a/b	3.1795	3.1795	2.97191	3.1190	2.9232	3.0343	2.81497	2.8233	2.7559	2.4412	

续表

品种	处理	叶绿素	抽穗后天数（d）										
			3	6	9	12	15	18	21	24	27	30	33
新啤1号	干旱	a	3.5631	3.2066	3.2485	3.4664	3.7633	3.5632	3.1210	1.9374	0.8355		
		b	1.0861	1.0403	1.0648	1.1054	1.1464	1.1636	1.0557	0.6584	0.3004		
		a+b	4.6492	4.2469	4.3133	4.5718	4.9097	4.7268	4.1767	2.5958	1.1359		
		a/b	3.2806	3.0823	3.0508	3.1358	3.2827	3.0622	2.9563	2.9425	2.7812		
法瓦维特	对照	a	2.5189	2.7857	2.8132	2.6655	2.9150	2.9942	2.8632	2.8127	2.2259	1.8172	
		b	0.7951	0.9033	0.9198	0.8645	0.9620	1.1458	1.0388	1.0333	0.8359	0.7445	
		a+b	3.3140	3.6890	3.7330	3.5300	3.8770	4.1400	3.9020	3.8460	3.0618	2.5617	
		a/b	3.16803	3.0839	3.0585	3.0833	3.0301	2.6132	2.7563	2.7221	2.6629	2.4408	
	干旱	a	2.2796	2.4851	2.5050	2.6221	2.2974	2.0696	1.3983	0.5795	0.3456		
		b	0.7024	0.7959	0.8128	0.8619	0.7506	0.7154	0.4797	0.2605	0.1744		
		a+b	2.9820	3.2810	3.3178	3.4840	3.0480	2.7850	1.8780	0.8400	0.5200		
		a/b	3.2454	3.1224	3.0819	3.0422	3.0608	2.8929	2.9149	2.2246	1.9817		

从抽穗后不同时间测定结果看，各品种在两种水分处理之后，其叶绿素含量高值出现的时间不完全一致，但干旱均使多数品种叶绿素含量最高值低于正常水分处理（91－122 例外）。

测试的 4 个大麦品种在土壤水分胁迫下芒叶绿素含量（表 1－2）变化规律基本同于相应叶片，但表现出较为明显的单峰曲线的变化形式，这与灌浆期芒的生长发育有关。芒叶绿素含量低，持续时间短，土壤水分胁迫对新啤 1 号和法瓦维特芒叶绿素含量影响较为明显，下降幅度比较大；ND13297 和 91－122 两个品种芒中叶绿素含量的变化对土壤水分胁迫不敏感，只分别在抽穗后 24d 和 27d 才表现出对干旱胁迫的不适。

表 1－2　不同土壤水分条件下大麦芒的叶绿素含量（单位 $mg \cdot g^{-1}FW$）（闫洁，等，2005）

品种	处理	抽穗后天数（d）									
		3	6	9	12	15	18	21	24	27	30
ND13297	对照	1.4718	1.7419	2.4373	2.6245	2.2248	1.8602	1.4744	1.1830	0.7006	0.7071
	干旱	1.4970	1.8482	2.4260	2.4622	2.2088	2.0281	1.5987	0.8423	0.4723	—
91－122	对照	1.4030	1.9391	2.2946	2.2042	1.8711	1.4494	1.1953	0.9879	0.8058	0.7498
	干旱	1.5031	1.9749	2.3252	2.2634	2.2134	1.9514	1.5295	1.0858	0.5183	—
新啤 1 号	对照	1.6464	1.7102	2.3759	2.6327	2.5003	2.4014	2.3199	1.8002	1.5356	—
	干旱	1.8169	1.8937	1.8924	2.0466	1.9874	1.7781	1.6985	1.1375	0.6014	—
法瓦维特	对照	1.4112	2.3110	2.4886	2.5489	2.3654	2.2267	2.0127	1.5803	0.8211	—
	干旱	1.5468	1.9337	2.0348	1.9443	1.5970	1.3016	1.0428	0.5492	—	—

综上所述，较高的叶绿素含量和较长的叶绿素含量缓降期是大麦叶片同化更多光合产物的生理基础。大麦灌浆期旱害主要是上部功能叶片早衰早枯，细胞结构遭到破坏，正常的物

质代谢无法进行，光合作用减弱，光合产物减少，籽粒充实所需的有机物得不到满足，导致产量下降。正常适水处理能延缓旗叶的衰老，延长叶片叶绿素含量的缓降期，也使得叶片的光合速率高值持续期得以延长，从而增加了叶片的碳素同化总量。

二、土壤水分胁迫对大麦旗叶（及芒）中硝酸还原酶活性（NRA）的影响

硝酸还原酶活性（NRA）代表了氮素同化水平（并对其他代谢有重要影响），其活性大小直接影响着植株N素的同化利用。NRA能反映植物体内氮素代谢状况，硝酸还原酶（NR）是植物氮代谢中一个重要的调节酶和限速酶。NR对植物生长发育、产量形成和蛋白质的含量都有重要影响。Martinoia（2006）认为，细胞质体的NO_3^-是体内NR活性的主要限制因子。NR的催化反应导致硝酸盐的同化形成氨基酸，以后再形成细胞中的蛋白质，因此，它可作为一个研究作物干旱条件下氮代谢方面比较合适的酶系统。

从图1-7、图1-8可以看出，不论土壤干旱与否，在大麦籽粒建成期，即籽粒灌浆渐增期，旗叶与芒中NRA最高。这种现象是由大麦生育特点所决定的，此时大麦进入生殖的最关键时期，代谢过程十分旺盛，也就使包括硝酸还原酶在内的各种酶保持较高的活性。表明此期大麦体内NRA能维持一个较高的水平，体内N素代谢能力较强。土壤水分胁迫对不同品种NRA影响不一样，ND13297和91-122旗叶NRA敏感指数较大（分别为38.25%和20.7%），这一时期土壤水分胁迫使ND13297和91-122中的NRA降低，却明显提高了新啤1号和法瓦维特旗叶当中的NRA。

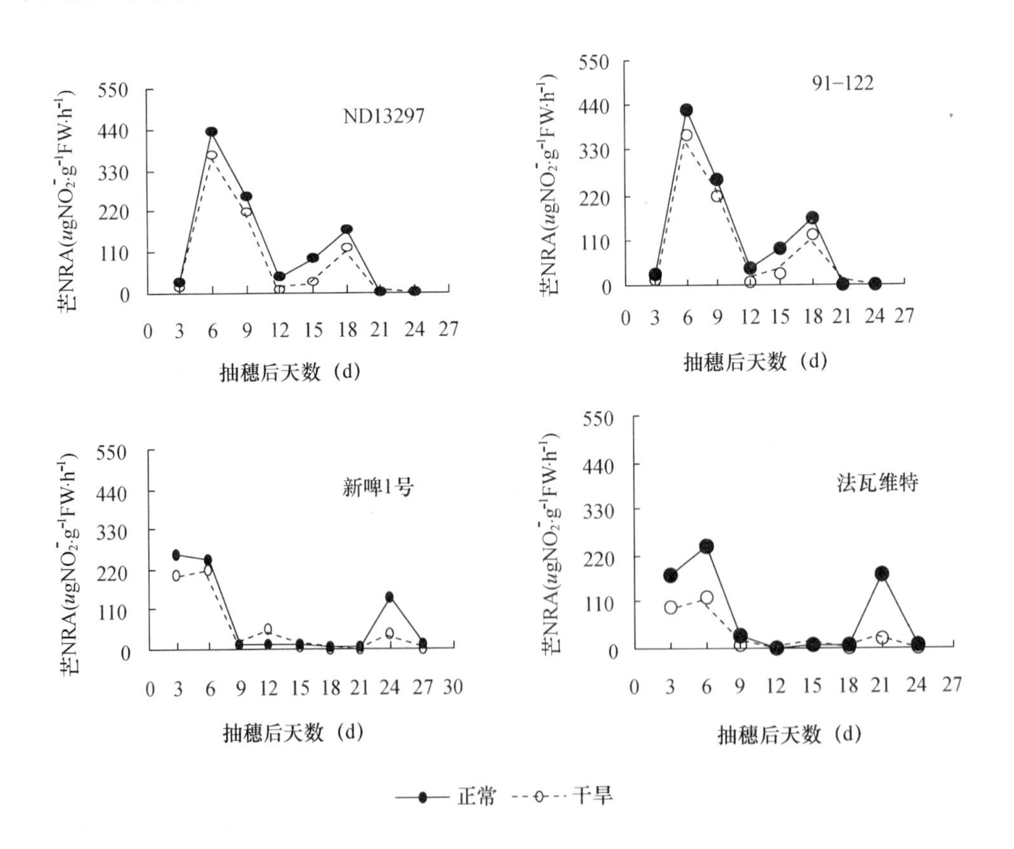

图1-7　不同土壤水分条件下芒硝酸还原酶活性的动态变化（闫洁，等，2005）

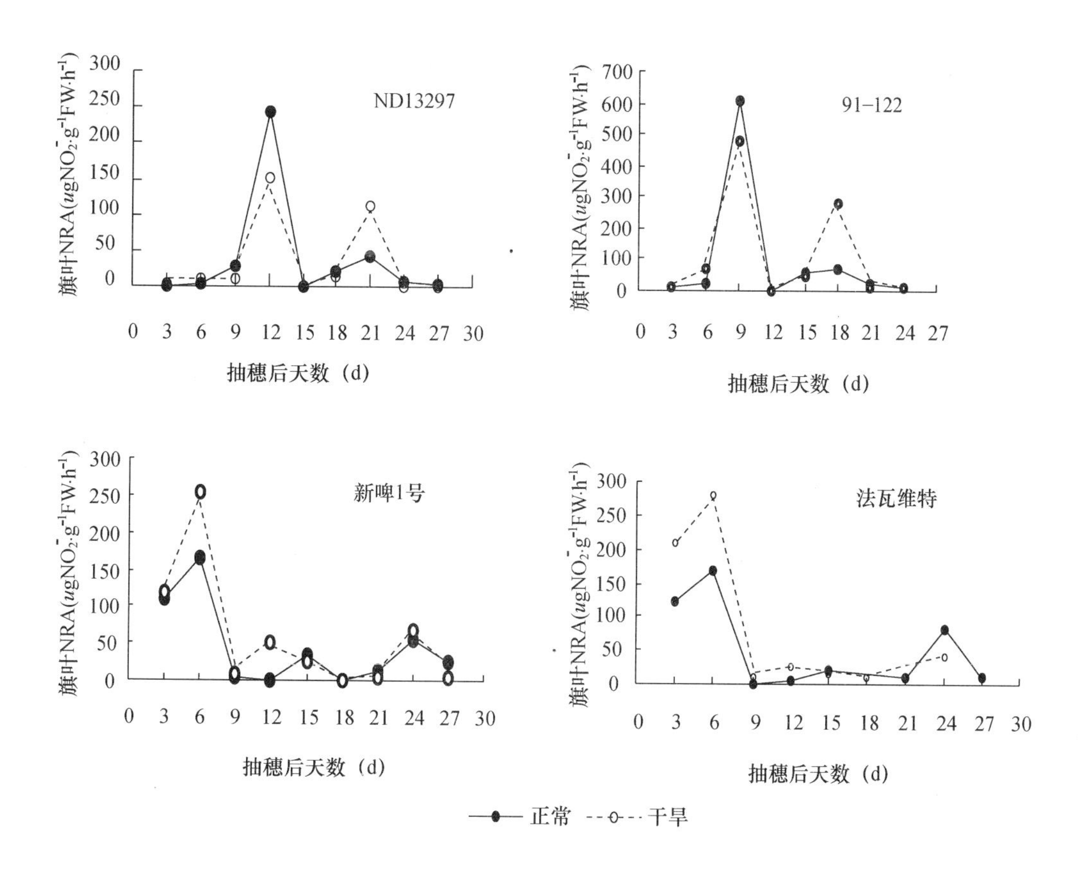

图1-8　不同土壤水分条件下大麦旗叶的硝酸还原酶活性的动态变化（闫洁，等，2005）

从大麦在整个灌浆期内芒存活的这一段时期来看，除ND13297从抽穗开始至以后15d这一段时间里，土壤水分胁迫下的芒NRA高于对照处理外，其他3个品种土壤水分胁迫均降低芒NRA，随着干旱胁迫持续时间的延长，NRA迅速下降。

伴随着籽粒灌浆速率最大值（R_{max}）的到来，NRA在R_{max}之后又出现了一小高峰（91-122的NRA几乎与R_{max}同时出现），此时的峰值比前一峰值要低。大麦灌浆盛期后，由于叶片光合的衰退以及根系吸收活力的下降，叶片产物对籽粒灌浆的作用日益减小，灌浆物质主要来源于贮存物质的转运，此期NRA急剧衰减，土壤干旱胁迫表现得甚强。从图中可以看到：①在这一时期内，正常灌水情况下，4个品种旗叶当中NRA大致处在同一水平（$50 \sim 85ugNO_2^- \cdot g^{-1}FW \cdot h^{-1}$），同一品种芒当中NRA在高于旗叶NRA 2~3倍的基础上处于另一水平（$140 \sim 280ugNO_2^- \cdot g^{-1}FW \cdot h^{-1}$之间）。土壤水分胁迫使各品种NRA增强（法瓦维特例外），土壤水分胁迫使各品种芒NRA减弱。②从NRA出现了两个峰值之外的其他时期来看，土壤干旱基本上使NRA降低，这与前人的研究相一致。

前人研究证明，缺水干旱可使多核蛋白质水平降低，因而蛋白质合成受到抑制。NRA的降低可能是与合成降低及酶的钝化有关，各种酶对缺水的不同反应，导致对氮代谢活动的显著影响。

通过对大麦抽穗期至成熟期旗叶及芒中NRA周期性变化规律的研究认为，不同品种的大麦在灌浆的不同时期及不同水分状况下NR变化区间及变化速率不同，NRA变化并不是按起始高低顺序呈平行变化规律，变化速率和变化极差的排列并非完全对应。

由于 NR 的还原作用，有利于旗叶、芒当中氨基酸、蛋白质的合成，同时又将旗叶、芒当中光合作用生产的大量碳水化合物，制造成较多的有机物运往籽粒，土壤水分胁迫使大麦生育后期旗叶、芒当中 NRA 急剧下降甚至丧失，是引起大麦利用氮素能力下降，导致产量下降和品质变化的重要原因。

三、土壤水分胁迫对大麦旗叶碳水化合物及全氮含量的影响

（一）可溶性糖和淀粉含量的动态变化

可溶性糖和淀粉是植株重要的碳代谢产物，是光合产物三碳化合物进一步同化的方向之一。光合产物三碳化合物一方面用于可溶性糖和淀粉的合成；另一方面用于 NH_3 同化为氨基酸和蛋白质，植株体内淀粉和糖的含量受光合生产、碳代谢及氮代谢的共同影响。

由图 1－9 可以看出，在土壤水分胁迫下，旗叶中可溶性糖一直处于比较高的水平，说明土壤干旱提高了旗叶可溶性糖的含量，且随着土壤水分胁迫时间的延长而增加。到了旗叶生长的后期，由于叶片迅速衰老，可溶性糖含量才有所下降。正常灌水处理旗叶可溶性糖含量随着生育进程的推进缓慢增加，后期略有下降，相对来说变幅不大。

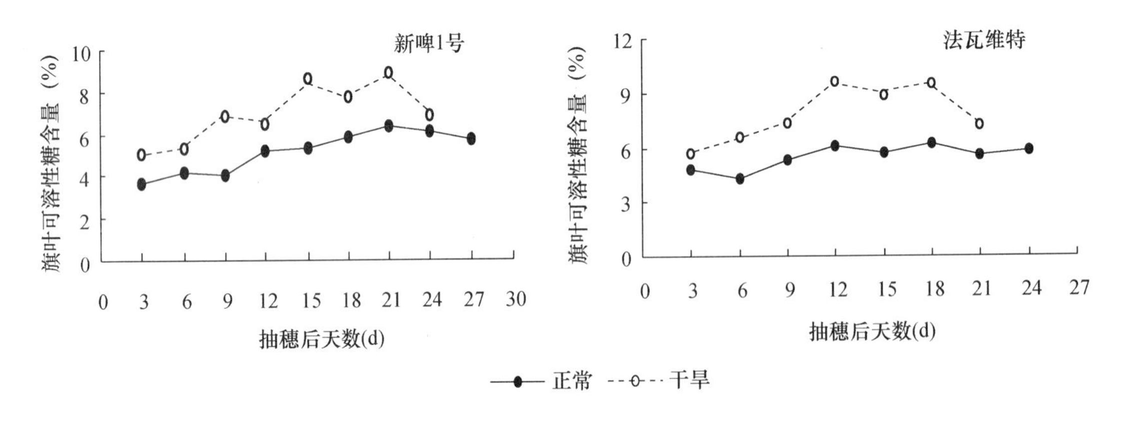

图 1－9　不同土壤水分条件下旗叶可溶性糖含量的动态变化（闫洁，等，2005）

由图 1－10 可以看出，不论土壤干旱与否，旗叶当中淀粉含量均呈缓慢上升趋势。土壤水分胁迫使旗叶当中淀粉含量略高于正常灌水处理。但总体来说，水分对旗叶淀粉含量影响不如可溶性糖明显。

一般认为水分胁迫可加速淀粉的水解，并促使更多新固定的碳用于蔗糖的合成。干旱胁迫加强了旗叶碳代谢的能力，植物细胞中可溶性糖（主要是蔗糖）含量迅速增加，对细胞具有保护作用。渗透调节是植物抗旱性的一种重要生理机制（张玉梅，等，2006；Rekika，1998），可溶性糖作为一种渗透调节物质，有助于维持细胞较高的渗透调节能力。

（二）全 N 含量的变化

在叶片 N 转化和再利用方面，测定了大麦籽粒形成期从穗抽出始至叶片衰老枯黄止约 27d 过程中全 N 的变化，发现叶片全 N 含量的变化有较强的规律性，叶片完全展开后含量达到最大值，然后逐渐下降，与旗叶中 NRA 变化和叶片衰老顺序一致，这与籽粒形成期，由于籽粒氮库的调运，N 素已开始向籽粒转移有关。

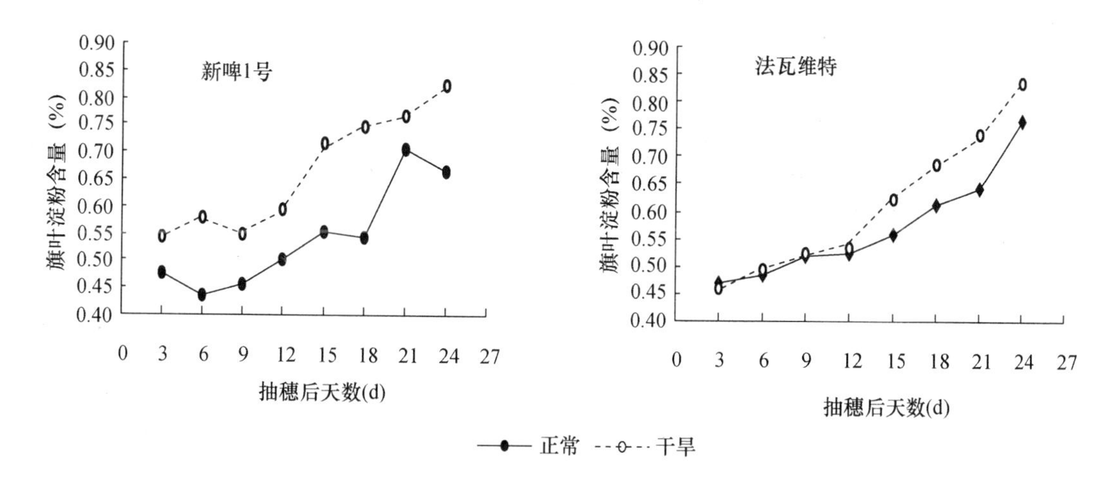

图1-10　不同土壤水分条件下旗叶淀粉含量的动态变化（闫洁，等，2005）

叶N量标志N代谢的水平，是反映生育后期叶片功能的重要生理参数。叶N量高，光合功能强，植株应能合成较多的碳水化合物，从而可用来吸收同化更多的N素。土壤水分的亏缺引起大麦体内代谢发生一系列的变化，植物在吸收水分的同时也将土壤中的N素和矿质元素吸入体内，土壤水分不足，根系活力下降，营养元素的吸收受到阻碍。土壤水分胁迫使旗叶中全N的百分含量降低（图1-11）。

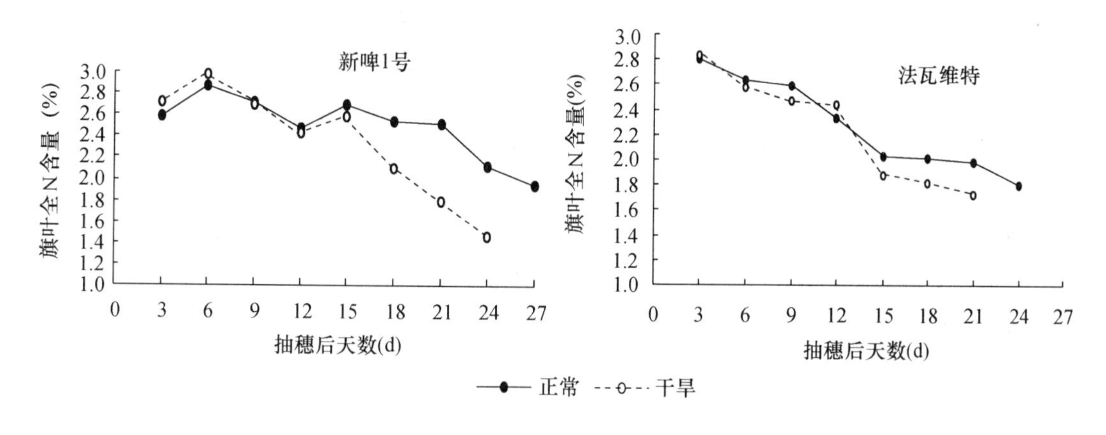

图1-11　不同土壤水分条件下旗叶全N含量的动态变化（闫洁，等，2005）

（三）土壤水分胁迫对大麦旗叶C/N比值的影响

以总糖含量与总氮之比作为大麦旗叶中碳氮代谢协调程度的指标，土壤水分胁迫使旗叶内C/N值增大，且随灌浆进展旗叶C/N值逐渐增加。说明水分胁迫使植株受抑，N代谢受阻，光合积累大量的可溶性糖，使C/N增大。

四、土壤水分胁迫对旗叶蛋白质代谢的影响

（一）可溶性蛋白含量的变化

旗叶可溶性蛋白含量的变化反映了生育过程中叶片的N素状况，其高低基本上可反映叶片对N的同化能力。

由图 1－12 可知，由于水分状况的差异，导致了在两种土壤水分处理下的大麦旗叶可溶性蛋白含量明显的差别。土壤水分胁迫使旗叶可溶性蛋白含量均高于对照处理，且两种水分条件下旗叶可溶性蛋白含量的变化趋势相似。法瓦维特旗叶可溶性蛋白质在两种土壤水分处理中均于抽穗后 6d、21d 出现高峰，新啤 1 号则于抽穗后 9d 出现高峰。由于品种的差异，灌浆后期两品种旗叶中可溶性蛋白质含量的变化略有差异。

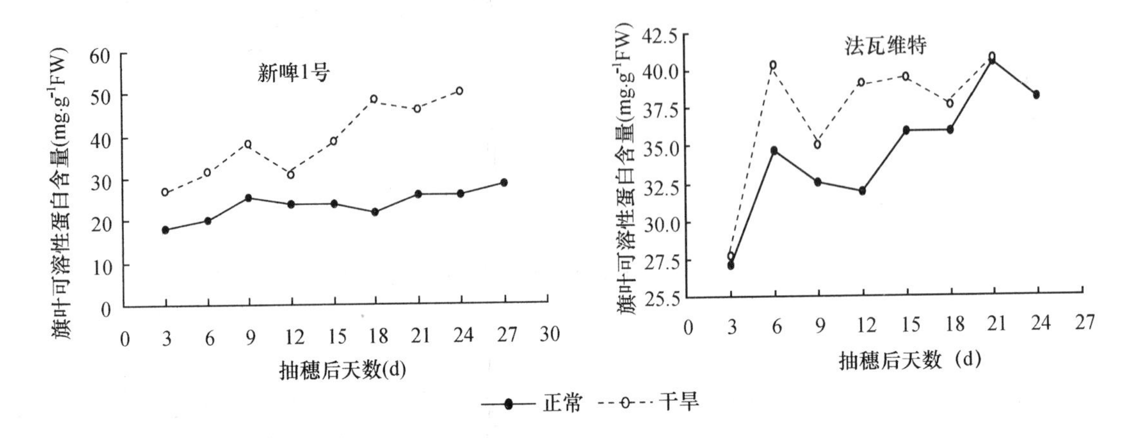

图 1－12　不同土壤水分条件下大麦旗叶可溶性蛋白含量的动态变化（闫洁，等，2005）

由于干旱胁迫，灌浆期叶片衰老进程加快，使叶绿体结构过早遭到破坏，植物叶片叶绿素含量下降，光合作用降低，但叶片当中可溶性蛋白仍维持其他代谢所需的能量和碳架。同时旗叶当中可溶性糖含量在土壤干旱胁迫下有所提高，保证植物具有较强的渗透调节能力（OA），使植物在比较低的水势条件下叶片能维持一定的膨压，保证叶片的气体交换功能能够得以实现，使籽粒灌浆所利用的植株贮藏的有机物质运转顺利进行。

（二）旗叶蛋白酶活性的变化

以酪蛋白为底物的蛋白酶活性测定结果表明，两品种蛋白酶活性在水分胁迫下一直都远高于正常灌水处理，且水分胁迫下蛋白酶活性呈增高趋势。两品种对照处理则分别在抽穗后 12d、24d 有所下降（图 1－13）。

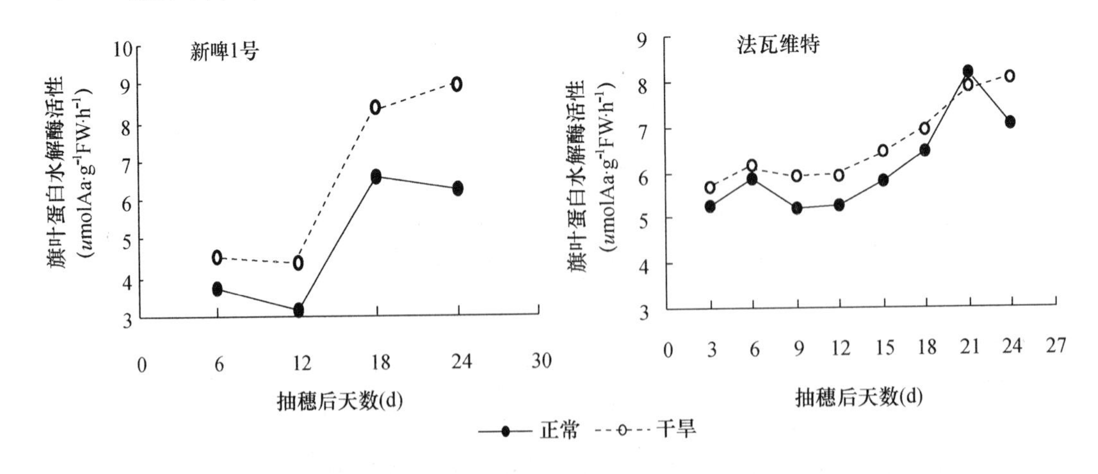

图 1－13　不同土壤水分条件下大麦旗叶蛋白酶活性的动态变化（闫洁，等，2005）

以上结果表明，两种土壤水分处理下旗叶蛋白质代谢活性有差异。蛋白质作为催化生物体内诸多生化反应过程的酶类，在各种生理代谢过程中起着重要作用。蛋白质代谢受多种因素的影响和调控，越来越多的证据表明，环境胁迫（干旱、涝、盐渍、紫外辐射）会影响蛋白质代谢。闫洁等（2005）的研究结果也表明水分胁迫导致大麦旗叶蛋白质代谢发生改变，水分胁迫提高了蛋白水解酶活性，任东涛（1997）研究水分胁迫对春小麦旗叶蛋白质代谢影响的结果，前期水分亏缺提高蛋白酶活性的同时也抑制了蛋白质合成活性和氨肽酶活性，认为这与前期水分亏缺时优先供给幼嫩叶片，致使幼叶不受严重水分胁迫有关。旗叶生长后期，对照蛋白水解酶活性下降，而水分胁迫下蛋白质水解酶活性继续增高，以往研究者的工作还表明同时伴有蛋白质合成活性的升高，这与叶片衰老启动时蛋白质合成与水解活性增高的特征很相似，说明水分胁迫在后期促使旗叶过早衰老，供水却延缓了这一过程。

蛋白质含量在体内是由合成与降解的平衡所控制。大量研究认为，水分胁迫下可溶性蛋白含量下降，但也有证据表明，轻度水分胁迫下可溶性蛋白含量增加（任东涛，等，1997），结论并不一致。但可以肯定的是，由于试验材料的不同，所得结论会有所差别。闫洁等（2005）的结果支持了后一种结论，水分胁迫显著影响植物旗叶中的氮代谢和碳代谢，导致水解作用加强，合成作用减弱或受阻，使旗叶当中可溶性蛋白含量趋于增加，使淀粉和多糖类物质的水解作用增强。Hsiao（1973）早就表明，即使是轻度的水分胁迫，也可以使多核糖体向有利于单核糖体的方向改变，反映了蛋白质合成受到抑制。

对比图 1－12、图 1－13 结果可知，水分胁迫下可溶性蛋白含量变化与其降解活性变化规律并不一致，是否由于水分胁迫下蛋白水解酶主要作用于非水溶性的结构蛋白，致使细胞诸多结构破坏，而增加了细胞内可溶性蛋白（图 1－12），尚待进一步确证。

五、土壤水分胁迫对旗叶内源激素的影响

植物遭受逆境变化时，首先由其敏感部位感知逆境的变化，并通过信号转导系统将其效应传递到周身，已经证明植物逆境信号传递首先靠性能特异的激素释放。在植物对水分胁迫的响应过程中，植物激素起着胁迫信号传导的重要作用。

（一）异戊烯基腺苷（iPA）含量的动态变化

细胞分裂素（CTK）与植物体内的生理代谢关系极为密切，在已知的几大种类激素当中，iPA 的含量尽管不高，但其生理活性极高（Babcock，等，1970；Vreman，等，1972）。Skoog（1970）认为它在翻译水平上起作用，可影响许多酶的活性表达与蛋白质合成。

由图 1－14 可知，土壤水分胁迫降低了旗叶 iPA 含量，从抽穗后第 3d 至第 9d，两种水分条件下旗叶 iPA 含量均迅速升高，然后才开始下降。干旱胁迫使 iPA 含量迅速下降至抽穗后 18d 才趋于缓慢直至成熟。而对照处理则在抽穗后 15d iPA 含量又开始升高，至 18d 出现一峰值之后，才降低直至成熟。

对照不同土壤水分条件下旗叶 iPA 含量与蛋白酶活性的变化曲线可以看出，在抽穗第 9d 后，随着旗叶 iPA 含量的逐渐降低，蛋白酶活性逐渐增强。在土壤水分胁迫下，这种变化趋势一直进行至叶片枯黄时为止。分析法瓦维特在正常灌水处理条件下 iPA 含量和蛋白酶活性的动态变化曲线，可以看出抽穗后 15d iPA 含量与蛋白酶活性的变化趋势基本相一致。

（二）脱落酸（ABA）含量的动态变化

由图 1－15 可以得出，两种水分处理从抽穗后 3～6d 旗叶 ABA 含量迅速下降，然后缓

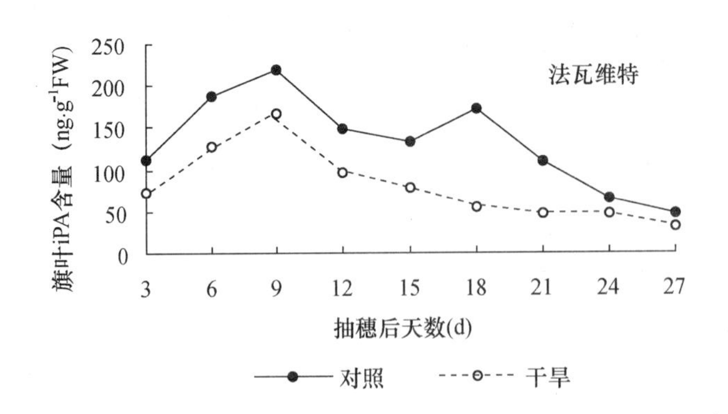

图1－14　不同土壤水分条件下大麦旗叶 iPA 含量的动态变化（闫洁，等，2005）

慢升高，至抽穗后 12d 又下降。土壤水分胁迫下旗叶 ABA 含量迅速升高，均在抽穗后 21d 出现峰值，然后 ABA 含量降低；对照在抽穗后 15d 旗叶 ABA 含量一直升高。水分胁迫诱导旗叶产生大量的 ABA，抑制了旗叶多种酶的活性（柏新付，等，1989），导致旗叶早衰。水分胁迫下旗叶生长后期 ABA 含量降低，是由于旗叶衰老死亡所致。

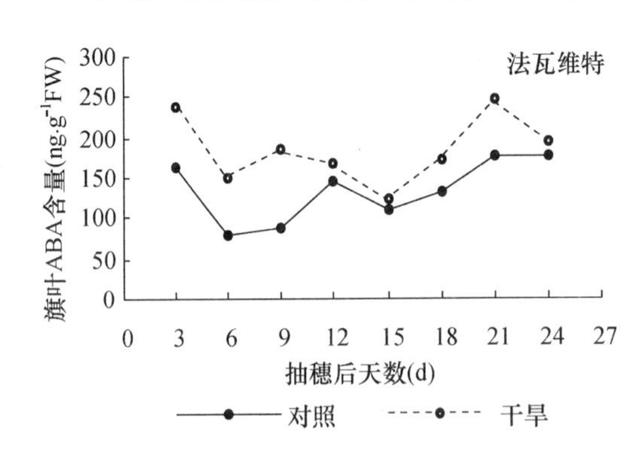

图1－15　不同土壤水分条件下大麦旗叶 ABA 含量的动态变化（闫洁，等，2005）

（三）旗叶 ABA 含量与 NRA 的关系

对比土壤水分胁迫下大麦旗叶 ABA 含量与旗叶 NRA 的变化（图 1－15、图 1－8）可知，旗叶中 ABA 含量的动态变化与旗叶 NRA 的变化趋势基本一致。相关分析表明，同一水分处理旗叶中 ABA 含量与旗叶 NRA 呈极显著正相关。

许多研究者认为，ABA 能在水分胁迫下使气孔阻力、光合速率、叶绿素含量和 NRA 增加，蒸腾速率降低。由于叶片 NRA 与籽粒蛋白质含量有着密切的关系，因此可以认为，土壤水分胁迫通过提高植株 ABA 含量，进而改变 NRA，来影响籽粒蛋白质含量的变化。

第四节　土壤水分胁迫下籽粒内源激素变化与灌浆特性之间的关系

有关激素在小麦穗发育和籽粒生长过程中的作用的研究表明，籽粒的发育与退化受内源激素系统的调控，逆境对籽粒灌浆过程的影响也与激素有关（张德颐，1983）。大多数研究认为籽粒内 ABA 与籽粒灌浆密切相关，但逆境条件下激素调控籽粒灌浆的机理及激素调控作用与籽粒灌浆作用的关系目前并不清楚。水分胁迫时，谷类作物穗部各器官中的 ABA 大量增加，叶子新合成的 ABA 也运输到谷粒中，导致谷粒生长停止和成熟提前。一些报道表明，小麦籽粒生长及最终粒重大小与籽粒内源 IAA 水平有密切关系，但也有报道表明，籽粒 IAA 水平与粒重并没有明确的正相关性。

在籽粒灌浆阶段，随籽粒淀粉积累加快，籽粒中 IAA、GA_4、ABA 含量均表现与籽粒灌浆和干物质增加有一定的相关性，但对各种激素在籽粒灌浆中的确切作用，尚有争论。采用测定内源激素含量变化的方法，从人们普遍关注的干旱胁迫下籽粒灌浆速率的动态特性，进一步研究有关内源激素的种类以及激素间的平衡对籽粒灌浆速率的调控尤为必要。

闫洁等（2005）在土壤水分胁迫下测定了大麦籽粒中内源激素的变化，研究其与灌浆特性之间的关系。供试材料和土壤水分设计与第二节相同。

一、土壤水分胁迫对籽粒内源激素与籽粒发育关系的影响

（一）土壤水分胁迫下籽粒内源激素含量的变化

大麦籽粒的生长发育是细胞分裂、分化、膨大和内含物不断充实的结果，而内源激素不仅能调节细胞的分裂和分化，还参与有机物质的分布与合成，许多研究结果认为，细胞分裂素（CTK）、赤霉素（GA）、生长素（IAA）和脱落酸（ABA）四大内源激素对小麦穗粒发育过程都有调控作用，其含量的变化对小麦籽粒中干物质的积累强度及成熟过程都产生重要的影响（王桂林等，1991；刘仲齐，1992）。大麦开花后，物质的分配中心转移到籽粒，淀粉和蛋白质是主要内含物，从大麦籽粒发育角度而言，籽粒内含物的形成、分配与贮积，除了同化物多寡、氮素同化转运效率的高低外，内源激素的作用不容忽视。

1. 生长素（IAA）含量变化

由图 1－16 所示，抽穗后 3～9d，两种水分处理条件下，籽粒内 IAA 含量上升，土壤水分胁迫下的籽粒 IAA 含量高于对照处理组。之后，均在籽粒灌浆高值期升高。于抽穗后 15d 出现峰值，与籽粒的灌浆速率高峰一致（干旱胁迫使法瓦维特 IAA 高值期提早 6d 出现）。以后随籽粒成熟内源 IAA 含量下降。抽穗 12d 以后，籽粒 IAA 含量一直低于对照处理。

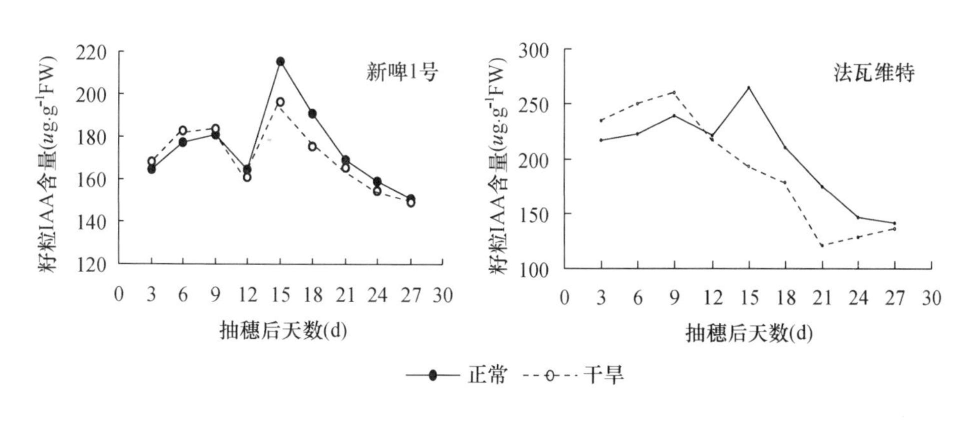

图 1－16　土壤水分胁迫下大麦籽粒 IAA 含量的动态变化（闫洁，等，2006）

2. 异戊烯基腺苷（iPA）含量变化

大麦籽粒发育过程中 iPA 含量前期高，然后迅速下降。抽穗后 15d 出现一峰值，以后随

籽粒脱水迅速降低，后期 iPA 含量变化较为平缓，基本维持在一个较低的含量水平。

由图 1－17 可以看出，在土壤水分胁迫下，籽粒 iPA 含量下降，变化范围较小。峰值出现时间早，除在抽穗后 6d 出现一个较小的峰值外，其他各测定时间基本是在对照水平之下呈较小幅度波动，后期略微高于对照。

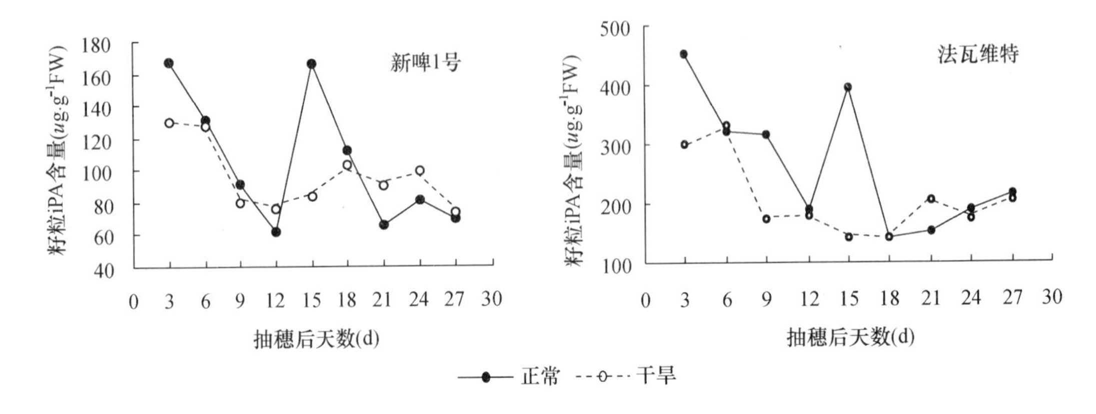

图 1－17　不同土壤水分条件下大麦籽粒 iPA 含量的动态变化（闫洁，等，2006）

3. 玉米素核苷（ZR）含量变化

由图 1－18 可以看出，在整个籽粒形成过程中，ZR 含量出现两个峰值，一个在抽穗后 9d，另一个在抽穗后 18d（新啤 1 号第 2 个峰值要推迟 3d 出现），前期 ZR 含量比较高，第 2 个峰值出现后，ZR 呈持续降低的变化趋势，直至籽粒成熟。土壤干旱缺水对籽粒 ZR 含量影响较为明显，在整个籽粒形成期间，均低于正常灌水处理，在抽穗后 3～18d，波动幅度不大，抽穗后 18d ZR 含量平稳下降，直至籽粒成熟。

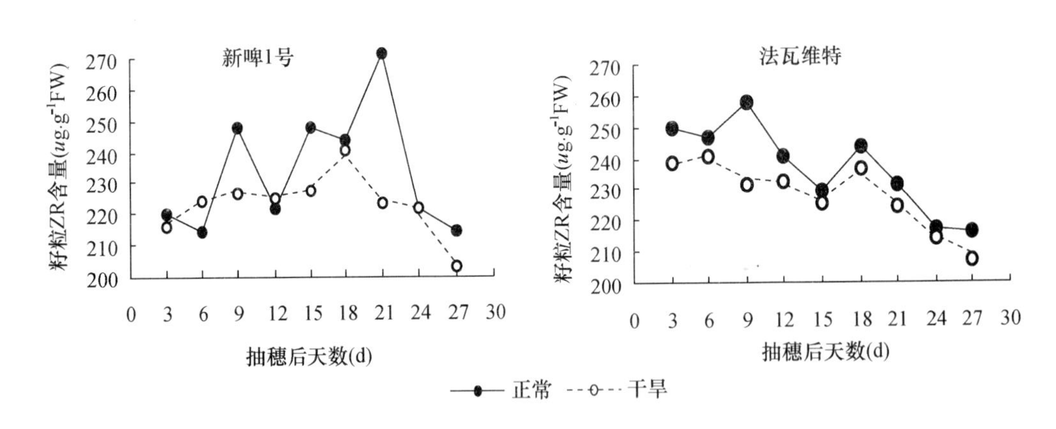

图 1－18　不同土壤水分条件下大麦籽粒 ZR 含量的动态变化（闫洁，等，2006）

4. 双氢玉米素核苷（DHZR）含量变化

图 1－19 是籽粒发育过程中 DHZR 含量的变化，籽粒内 DHZR 含量先升高，至抽穗后第 9d 达最高峰，随后迅速降低。从籽粒灌浆期以后，DHZR 含量平稳下降。土壤水分胁迫下籽粒 DHZR 含量下降，如果以抽穗后 15d 为界限，则在此之前（即从抽穗后 3d 至 12d），籽粒 DHZR 均高于此后的 2～3 倍。

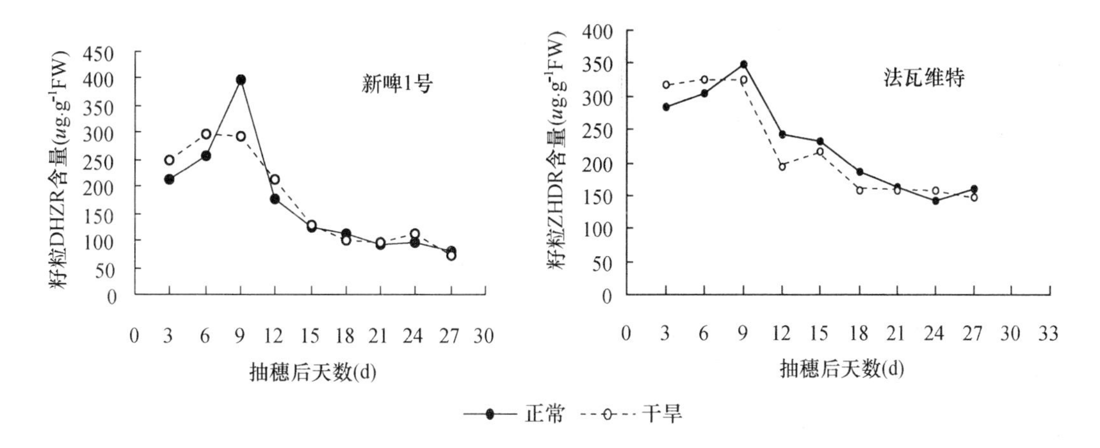

图 1-19　不同土壤水分条件下大麦籽粒 DHZR 含量的动态变化（闫洁，等，2006）

在抽穗后 3～9d 的时间内，不论土壤干旱与否，籽粒内 DHZR 含量均处于相对比较高的水平，此时籽粒内可溶性糖、蛋白质也正处于相对比较高的水平，正是光合产物运输、积累最活跃的时期。由此表明，细胞分裂素能促进籽粒内碳水化合物代谢，强化“库”的活动。后期，水分胁迫处理的新啤 1 号籽粒内 DHZR 含量与对照相差无几，由此也说明水分对新啤 1 号的影响没有法瓦维特大。

5. 赤霉素（GA_4）含量变化

籽粒中内源 GA_4 含量随胚和胚乳细胞的分化逐渐升高。如图 1-20 所示，两品种籽粒内 GA_4 含量变化动态略有不同，新啤 1 号籽粒内 GA_4 含量一直呈上升趋势，峰值出现于抽穗后 15d。而法瓦维特则在抽穗后 12d 和 15d 出现了两个峰值。两品种抽穗 15d 以后的 GA_4 含量变化趋势基本一致，只是法瓦维特早 3d 出现 GA_4 含量回升的趋势。

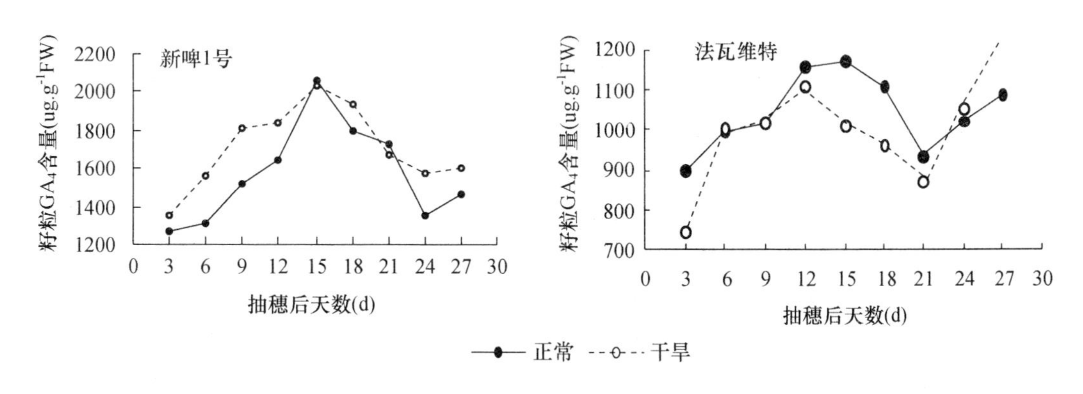

图 1-20　不同土壤水分条件下大麦籽粒 GA_4 含量的动态变化（闫洁，等，2006）

土壤水分胁迫对两品种籽粒内 GA_4 含量的影响程度不同。缺水后，法瓦维特籽粒内 GA_4 含量除抽穗后 6d 和 24d 高于正常灌水外，其余各测定时间籽粒内 GA_4 含量均低于正常对照。而新啤 1 号在整个籽粒形成过程中，GA_4 含量变化呈高而平稳的抛物线形式，除抽穗后 15d 和 21d 外，其余含量均高于正常灌水处理。

6. 脱落酸（ABA）含量变化

图 1-21 表明，抽穗后 3～12d ABA 含量随籽粒发育逐渐降低，之后升高。新啤 1 号于

抽穗后15d出现峰值，而法瓦维特籽粒内ABA含量逐步回升，于抽穗后21d出现峰值，然后下降，成熟时再出现一个高峰。土壤水分胁迫对两品种大麦籽粒内ABA含量的影响略有不同，但总体变化均表现为ABA含量高于正常灌水处理。

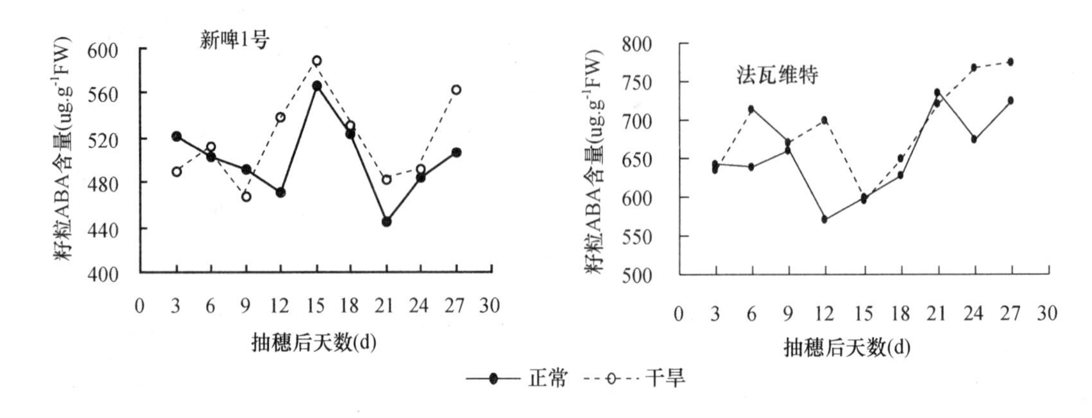

图1-21 不同土壤水分条件下大麦籽粒ABA含量的动态变化（闫洁，等，2006）

（二）土壤水分胁迫下籽粒内源激素变化与籽粒发育的关系

众多研究表明，内源激素IAA、GA、CTK、ABA和ETH几乎参与植物生命周期的各个过程，它们与禾谷类作物的籽粒发育关系密切（Leopold和Kriedema 1975；Jones和Brenner，1987；King，1979）。干旱是限制大麦籽粒产量的主要环境因素之一，灌浆期是大麦籽粒产量形成的关键时期，水分胁迫下籽粒内源激素水平发生剧烈变化，其生长发育也受到相应影响。对照籽粒形成过程中内源激素含量变化和籽粒发育过程，可明显看出，内源激素含量变化与籽粒发育阶段的发育密切相关。

1. 籽粒建成过程中内源激素变化与籽粒发育的关系

自大麦抽穗至抽穗后9d是籽粒建成过程，又称为“建籽期”，此期主要还建造籽粒的果皮、种皮、胚，并大量形成胚乳细胞。这段时间籽粒体积迅速增大，籽粒含水量急剧增多，干物质积累不多。闫洁等（2006）测得抽穗后3d正常灌水处理籽粒内源激素iPA含量处于自身含量的高水平，该结论与前人的研究相符（王志敏，1994），表明细胞分裂素有利于胚乳细胞数目增加，促进细胞分裂，为扩大籽粒体积奠定基础。土壤水分胁迫使同属于细胞分裂素的DHZR含量前期处于一个较高的水平，较高的DHZR含量促进胚乳细胞的分化。因此，干旱对籽粒建成阶段的胚乳细胞的分裂及库容增大具有促进作用。籽粒在发育的同时由于体积的增大，因而单位鲜重的iPA与ZR含量均有降低趋势。同时，籽粒内IAA与GA_4含量随籽粒发育而提高。土壤水分胁迫使得此期籽粒内的IAA和GA_4均显著提高，显然较高的IAA和GA_4含量协同细胞分裂素一起完成了籽粒建成过程的调节。水分胁迫处理时，籽粒iPA含量峰值出现早，说明胚乳母细胞完成减数分裂早，即生育进程快，成熟早，从而导致籽粒灌浆不足，产量降低。

2. 籽粒灌浆过程中内源激素变化与籽粒发育的关系

籽粒发育中期，与籽粒灌浆速率迅速升高相对应的是籽粒内DHZR水平的降低与GA_4、IAA、ABA水平的升高，且籽粒灌浆速率峰值与IAA含量峰值同时（法瓦维特）或稍推迟3d

（新啤 1 号）出现，这与前人研究的部分结果一致（柏新付，等，1989），表明 GA_4、ABA 含量与籽粒灌浆有关。土壤水分胁迫下此期 IAA 含量低于对照处理，不利于同化物的运输及其在籽粒内的转化和积累，因而可以认为土壤水分胁迫下灌浆速率低与此期各种内源激素低有关。

在激素平衡变化（表 1－3）上，此阶段较高的 IAA/DHZR 值和较低的 DHZR/GA_4 值对籽粒干物质积累有利。GA_4/ABA 值也维持相对较高的水平，可见较高的 GA_4 含量在籽粒灌浆阶段起主要作用。

表 1－3　不同土壤水分条件下大麦籽粒形成期内源激素平衡的动态变化（法瓦维特）（闫洁，等，2006）

项目	处理	抽穗后天数（d）				
		3	9	15	21	27
IAA/DHZR	对照	0.774	0.454	1.705	1.793	1.856
	干旱	0.676	0.624	1.528	1.718	2.112
IAA/GA_4	对照	0.129	0.119	0.105	0.098	0.103
	干旱	0.125	0.101	0.097	0.098	0.093
DHZR/GA_4	对照	0.167	0.261	0.061	0.054	0.056
	干旱	0.184	0.162	0.063	0.057	0.044
IAA/ABA	对照	0.315	0.368	0.381	0.380	0.298
	干旱	0.342	0.393	0.333	0.342	0.264
GA_4/ABA	对照	2.44	3.107	3.639	3.889	3.417
	干旱	2.75	3.887	3.447	3.472	2.835
IAA/ZR	对照	0.681	0.612	0.728	0.631	0.657
	干旱	0.719	0.724	0.769	0.670	0.721
iPA/GA_4	对照	0.131	0.06	0.08	0.038	0.048
	干旱	0.097	0.044	0.041	0.054	0.046

从籽粒粒重增加和灌浆强度变化上也表明在抽穗后 15～21d 最大（见表 1－4），从而验证了籽粒灌浆过程与内源激素变化的密切关系。

表 1－4　不同土壤水分条件下大麦籽粒形成期粒重与灌浆速率（法瓦维特）（闫洁，等，2006）

项目	处理	抽穗后天数（d）					
		3	9	15	21	27	33
粒重（mg）	对照	0.8769	4.5206	18.8618	36.5637	55.4345	51.0843
	干旱	1.0126	8.3821	22.5706	39.0130	53.0695	50.2525
灌浆速率	对照		0.3489	1.5970	3.0970	2.6462	1.4979
$(mg \cdot grain^{-1} \cdot d^{-1})$	干旱		0.3823	1.7980	3.0124	2.3504	1.2915

随着籽粒灌浆速率的降低，IAA 水平降低，iPA 水平也降低，ABA 含量达到峰值之后降低。柏树付等（1989）认为，在籽粒发育的不同阶段，ABA 的作用不同。闫洁等（2006）

研究，土壤水分胁迫下灌浆速率上升阶段 ABA 水平低，ABA 水平的升高与籽粒达到灌浆速率高峰值之后的降低过程相伴发生，表明灌浆高峰之前较低的 ABA 水平不利于灌浆速率的升高，而灌浆高峰之后较高的 ABA 水平也不利于维持较高的灌浆速率高峰期。ABA 水平升高时间滞后和后期 ABA 水平高是否是土壤干旱条件下籽粒灌浆速率低与高值持续期短的生理原因，有待于进一步探讨。

前人的研究认为（Helmut，1987；王志敏，1994；康华，1996），IAA 能调节籽粒同化物的积累，促进有机物质向籽粒运转。籽粒内源 IAA 含量在抽穗后 9d 积累到一峰值，这时正是籽粒灌浆开始，籽粒含水率开始缓慢下降，IAA 含量自抽穗后 10d 开始逐渐下降，可能对干物质向籽粒运输有促进作用。这段时间内，土壤水分胁迫下籽粒 IAA 含量高于对照处理，此后由于土壤水分胁迫使得籽粒 IAA 含量逐渐下降。保持土壤一定的含水量，在籽粒灌浆后期 IAA 含量又出现另一高峰，可能对延长灌浆时间，延缓植株衰老有利。

种子里内源 GA_4 含量在抽穗后 15d 出现高峰，对籽粒灌浆过程中促进同化物运输和向籽粒积累，同时对籽粒发育、灌浆过程和生理活性有积极作用。

3. 籽粒成熟过程中内源激素变化与籽粒发育的关系

籽粒最大鲜重出现后，随胚乳细胞的充实，籽粒灌浆速率降至很低，同时籽粒水分迅速降低，籽粒鲜重也随之减少，干重增加缓慢。籽粒内源 IAA、GA_4 含量自然下降，ABA 含量迅速上升，这标志着籽粒活性下降，籽粒灌浆强度也大幅度下降，可能与籽粒急剧失水，籽粒中累积干物质进行生化转化，变成贮存性物质有关。GA_4 含量后期出现回升可能与胚的最后成熟程度有关。

土壤水分胁迫使同属于细胞分裂素的 DHZR 含量前期处于相对比较高的水平，较高的 DHZR 含量促进籽粒建成阶段胚乳细胞的分裂及库容增大。与灌浆进程的比较可知，IAA 含量的峰值与灌浆高峰基本一致，干旱胁迫使 IAA 含量前期较高，较高的 IAA 含量促进了光合产物向籽粒的运转，加大了灌浆强度。土壤水分胁迫提高了前期籽粒 GA_4 含量，前期籽粒 GA_4 含量高有助于增加籽粒调运物质的能力，增强籽粒灌浆活性，促进前期籽粒的灌浆。虽然干旱下籽粒建成阶段较高的 DHZR、IAA 及 GA_4 有利于胚乳的分裂，形成较大的库容，提高了籽粒前期的灌浆，但干旱下并未形成最高粒重。闫洁等（2006）表明，土壤水分胁迫降低了籽粒灌浆后期 IAA 含量，进一步的分析表明，籽粒生长及最终粒重大小与籽粒内源 IAA 水平有密切关系。

土壤水分胁迫下籽粒 ABA 含量变化呈多峰曲线，籽粒 ABA 在灌浆前期出现一峰值，且随后 ABA 很快达最高水平，故认为干旱胁迫下，籽粒 ABA 的快速升高及提早出现高峰，可能对灌浆前期干物质累积非常有利，后期再度快速上升，则会加速籽粒的脱水，使灌浆时间缩短。因此，可以认为大麦籽粒灌浆前期，干旱胁迫下较高的内源 ABA 含量对籽粒灌浆速率表现为正效应，而后期较高的 ABA 含量则表现负效应。

从激素平衡上看（表 1－3），土壤水分胁迫使得 IAA/DHZR 值在建籽期比在灌浆阶段要低，而土壤干旱又使得 DHZR/GA_4 值在建籽期比在灌浆阶段要高得多，同时又使得建籽期的 DHZR/GA_4 值高于对照，可见在建籽期较高的 DHZR 含量对细胞分裂和胚乳细胞数目起主要作用。土壤水分胁迫下，前期 GA_4/ABA 比值较对照要高，较高的 GA_4/ABA 比值可能增强了籽粒对物质的调运能力，增加了籽粒对干物质的积累。

二、土壤水分胁迫对籽粒内源激素与同化物运输、转化、分配之间关系的影响

同化物向贮存器官中的运输是决定粒重的重要因素。据前人研究，碳水化合物从韧皮组织中的“卸出”对于碳水化合物向籽粒中的运输是特别重要的，因而这种“卸出”常常被认为是碳水化合物运输的限制因素。有人提出，激素参与韧皮部物质的卸出，并且还有人设想GA和IAA参与碳水化合物透过细胞膜的过程（Wood，1972），最终改变酶的合成和活性，影响灌浆过程。还有人发现，籽粒的最大增长速率与生长素和赤霉素之间具有密切关系（Wheeler，1972；Monuld等，1973；Radmacher，1978）。这些结果都表明激素参与籽粒的灌浆过程。

（一）粒重的增长动态过程的变化

大麦籽粒灌浆特性的构成：以抽穗后的天数（假设抽穗期为零）为自变量，每次所得千粒重为变量，根据Darroch等（1990）并参照莫惠栋（1992）的方法，用Logistic方程 $Y=K/(1+e^{A-Bt})$ 进行拟合（王信理，1986；朱庆森等，1988）。其中，K为最大千粒重；t为抽穗后天数；A、B为回归参数，与灌浆持续时间和灌浆速率有关。对Logistic方程求三阶导数，得籽粒灌浆速率变化曲线的两个拐点出现的时间分别为 $T_1=[A-Ln(2+\sqrt{3})]/B$ 和 $T_2=[A-Ln(2-\sqrt{3})]/B$，据此将籽粒灌浆过程划分为渐增期、快增期和缓增期三个阶段。对Logistic方程求一阶导数，得灌浆速率方程：$V(t)=-B \cdot K \cdot e^{A+Bt})/(1+e^{A+Bt})2$。由Logistic方程和灌浆速率方程推导出一些次级灌浆参数。R_{max}为最大灌浆速率；$T_{max \cdot R}$为灌浆速率达最大值的时间；T为整个灌浆过程持续的天数；R为整个灌浆过程持续天数的平均速率；t_1、t_2、t_3分别表示灌浆渐增期、快增期、缓增期的持续天数；T_2为灌浆快增期结束的时间，R_0为起始生长势。

大麦籽粒灌浆过程呈“慢—快—慢”的节律性变化，适合用Logistic生长曲线拟合。籽粒增重的Logistic方程参数如表1-5所示。

表1-5　籽粒增重的Logistic方程参数与次级参数（闫洁，等，2006）

参数	新啤1号		法瓦维特	
	正常	干旱	正常	干旱
A	4.2659	4.0401	3.6168	3.2196
B	0.2365	0.2414	0.2161	0.2132
K（g/103. grains）	56.853	55.434	53.677	50.06
Rmax（g/103grains. d）	3.361	3.345	2.900	2.668
Tmax. R（d）	18.037	16.650	16.736	15.101
R（g/103grains. d）	1.741	1.648	1.540	1.542
T（d）	30.486	28.932	30.360	28.910
t_1（d）	12.469	11.280	10.643	8.924
t_2（d）	11.136	10.912	12.187	12.354
t_3（d）	6.881	6.740	7.530	7.632
T_2（d）	23.605	22.192	22.830	21.278
R_0（g/103grains. d）	0.2977	0.1740	0.1936	0.1424

从表1－5的结果可以看出，土壤干旱对大麦的籽粒充实参数有显著影响。对大麦增长过程用Logistic生长曲线描述（表1－6）可分为渐增期、快增期、缓增期3个阶段。对照处理情况下，抽穗开始至抽穗后10～12d内籽粒以增加库容为主，粒重增加较少，是粒重的渐增期。由表1－5可以看出，土壤干旱对渐增期时间的长短影响较大，比对照缩短1.189～1.719d。从抽穗后11～13d到抽穗后23～26d随着灌浆速度的加快，粒重迅速增加，为粒重的快增期。土壤干旱对快增期时间的长短影响不大，比对照均缩短0.224～0.167d。此后干物质积累速度减慢，籽粒增重很少，到完熟期甚至略有下降。

表1－6　大麦不同品种在不同土壤水分条件下籽粒增重动态回归方程（闫洁，等，2006）

品种	处理	Logistic方程	r
新啤1号	正常	$Y=56.853/(1+e^{4.2659-0.2365t})$	0.9969**
	干旱	$Y=55.434/(1+e^{4.0401-0.2414t})$	0.9934**
法瓦维特	正常	$Y=53.677/(1+e^{3.6168-0.2161t})$	0.9974**
	干旱	$Y=50.060/(1+e^{3.2169-0.2132t})$	0.9903**

注：**表示在0.01水平上差异显著。

干旱对大麦不同品种籽粒千粒重积累动态的影响表现为：在干旱胁迫下，不同大麦品种从抽穗至成熟一般历时28.91～28.932d，比正常水分处理缩短1.450～1.554d，比正常水分处理提前1.387～1.635d籽粒增重达最大值。这一结果充分反映出干旱开始有增加粒重，促进干物质积累的作用。随后表现出抑制，持续的干旱迫使籽粒过早结束了灌浆。最后，由于粒重增长的加快不足以弥补灌浆过程缩短的损失，表现为最终粒重比正常水分处理的低1.387～3.617mg。

（二）籽粒灌浆速率的变化

对Logistic方程求一阶导数，可以得到灌浆速率的方程 $V(t)=-[B\cdot K\cdot e^{A+Bt}]/[(1+e^{A+Bt})^2]$。

V（t）表示大麦籽粒的灌浆速率。两种水分处理不同大麦品种籽粒灌浆速率见图1－22，由此，可进一步显示出随灌浆进程籽粒的灌浆速率以及水分对灌浆速率的影响。

无论土壤干旱与否，大麦籽粒灌浆速率的变化均呈单峰曲线，呈正态分布，曲线的高峰值是籽粒灌浆日增重的极值（图1－22），由图1－22可以看出，土壤水分胁迫下，灌浆前期籽粒灌浆速率快，抽穗后9～11d开始进入快速灌浆期，灌浆速率高峰值出现的时间早，最大灌浆速率减弱，随后籽粒日增重逐渐减慢。抽穗后21～23d灌浆速率急剧下降，提早2～3d进入灌浆后期。干旱使得大麦籽粒灌浆速率上升得快，下降得早。因此，土壤水分亏缺条件下大麦籽粒灌浆持续时间短。

大麦在水分供应正常的情况下，源库关系比较协调，同时其同化产物向籽粒分配的效率也比较高（大的灌浆速度和长的灌浆持续期）。土壤水分胁迫不仅降低了源和库的大小，而且直接影响同化产物向籽粒分配的效率。低的灌浆速率说明干旱降低了光合产物向籽粒的调运效率。

（三）土壤水分胁迫下籽粒内源激素与同化物运输、转化、分配之间的关系

很多的结果认为脱落酸（ABA）对灌浆持续期的控制具有根本性的作用，在籽粒成熟之

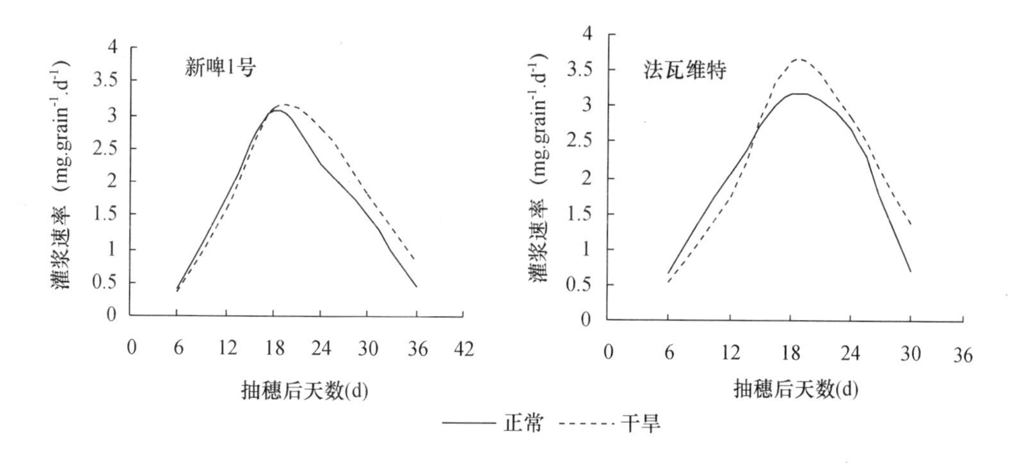

图 1－22　不同土壤水分条件下大麦籽粒灌浆速率（闫洁，等，2006）

前，诱导膜结构、透性及其酶的活性发生改变，结果使绿色组织同化期缩短，籽粒灌浆期缩短（Radley，1976；Itai，等，1973；Evans，1974；Tollenaar，1977）。土壤水分胁迫下，干旱提高籽粒 ABA 含量，使得籽粒成熟快，较早地达到最终粒重，因而粒重低。ABA 含量与灌浆持续期和粒重之间具有相当密切的关系。

大麦籽粒中淀粉积累速率的变化表现为单峰曲线，与 IAA、DHZR 及 GA_4 含量的变化有相似之处。对两个基因型的 10 个测定点（酶活性为 9 个测定点）进行综合分析的结果表明，在抽穗后 3d 到籽粒成熟的整个发育过程中，IAA 水平与籽粒淀粉含量积累呈极显著正相关（表 1－7），DHZR 的水平与可溶性糖含量及酸性转化酶的活性呈正相关。说明 IAA 和 DHZR 对大麦籽粒中的淀粉积累有明显的促进作用，这种促进作用首先是通过加快蔗糖裂解的速度，提高底物的可利用性来实现的。

表 1－7　内源激素与淀粉含量、可溶性糖含量、转化酶活性及蛋白质的含量相关（法瓦维特）（闫洁，等，2006）

性状	处理	IAA	iPA	ZR	DHZR	GA_4	ABA
淀粉含量	对照	0.728**	－0.129	0.482	0.566*	0.678**	0.403
	干旱	0.889**	－0.329	0.318	0.521*	0.721**	0.518*
可溶性糖含量	对照	－0.527*	0.237	0.406	0.873**	－0.581*	－0.518*
	干旱	－0.679**	0.392	0.287	0.729**	－0.623**	－0.577*
酸性转化酶活性	对照	0.432*	0.442	0.328	0.881**	－0.527*	0.318
	干旱	0.518*	0.408	0.301	0.710**	0.419	0.429
蛋白质含量	对照	0.293	0.387	－0.328	0.187	－0.678**	0.682*
	干旱	0.208	0.496	－0.456	0.165	－0.728**	0.734**

注：*、**分别表示在 0.05 和 0.01 水平上相关性显著。

土壤干旱提高了前期籽粒当中 IAA 的含量水平，这以后（即籽粒发育中后期）籽粒当中 IAA 含量一直低于对照，从对照籽粒当中淀粉含量的变化可以看出籽粒 IAA 含量与淀粉积累具有非常密切的关系。在大麦籽粒形成前期，土壤水分胁迫下较高的IAA促进淀粉积累。抽穗12d后，由于籽粒当中IAA受干旱胁迫含量降低，因此籽粒淀粉含量也随之下降。

在籽粒物质转化方面，DHZR的作用非常明显。这可以从不同水分状况对籽粒酸性转化酶活性的影响及可溶性糖含量的变化方面得到证实。籽粒形成前期，籽粒内正处于同化物转化、运输最活跃的时期，籽粒内DHZR也正处于含量最高的时期。相关分析表明，DHZR与酸性转化酶活性及可溶性糖含量达极显著正相关。由此表明，DHZR能促进籽粒内碳水化合物代谢，强化“库”的活动。干旱胁迫降低了酸性转化酶活性及可溶性糖的含量水平，而使代谢的顺利进行受到影响。

GA_4与ABA同可溶性糖含量的负相关达到了0.05的显著水平，GA_4同籽粒淀粉含量却达极显著正相关，因此GA_4与ABA是否对光合产物的运输以及转化的中间过程有不利效应，尚待进一步的研究。

已有的研究认为，内源激素通过影响核酸即DNA、RNA的转录、翻译过程来影响蛋白质的合成；Cyt处理绿豆黄化子叶可显著增加多聚核糖体水平，使RNA含量增加30%，IAA提高了DNA模板的活性（谭保才，等，1992）；GA调节IAA水平，参与RNA的合成，ABA抑制RNA聚合酶的活性和蛋白质的合成（白宝璋，1992）。闫洁等（2006）研究认为，籽粒蛋白质含量的变化受多种内源激素的调节，土壤干旱造成大麦籽粒蛋白质含量升高，可能与籽粒发育初期较高的iPA含量及明显低的GA_4含量有关，而整个灌浆期间土壤水分胁迫造成明显高的ABA水平可能是籽粒蛋白质沉积的生理作用。当然，内源激素的这种作用也可能是通过其影响酶活性和调节基因表达的间接作用，对于各种激素间相互协调来影响植物的生理生化机制问题目前还不十分清楚，需作进一步深入研究。

土壤水分胁迫对大麦籽粒形成期体内各种激素含量都产生不同程度的影响，不同激素对植株体内碳、氮化合物的同化，转运和分配的调控作用以及籽粒发育不同时段对激素变化的敏感性是不一样的，土壤水分胁迫下大麦籽粒形成期蔗糖降解特点、碳素和氮素同化及运转的能力表现在激素作用的生理机制上可能通过图1-23所示的途径进行调控。这进一步说明了土壤干旱通过内源激素对籽粒发育的诱导起着重要的作用。

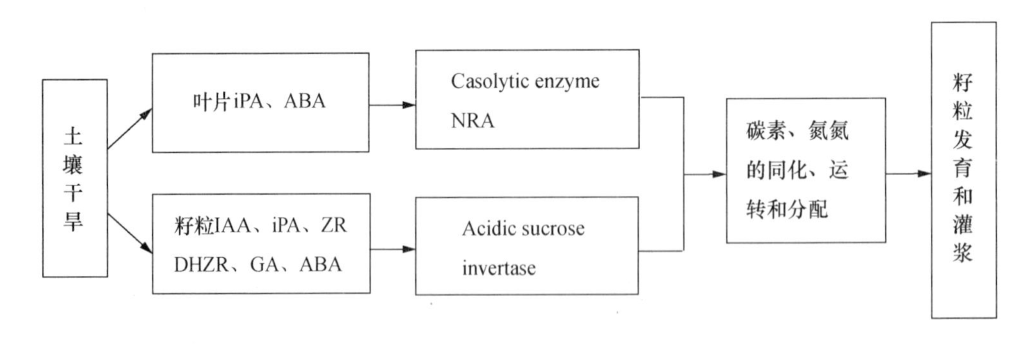

图1-23　土壤水分胁迫影响大麦籽粒发育和灌浆的途径（闫洁，等，2006）

三、合理适时化控，提高抗旱能力

新疆属绿洲灌溉农业，多数地区大麦生产依赖于灌溉，而水资源有限的客观现实，使得大麦种植必须走节水农业的道路。抗旱节水化控技术是诸多节水技术中的一种。大量的报道表明应用外源激素提高作物抗旱能力，调节同化物运输、提高灌浆强度，增加粒重是可行的（Biswas，1990；王志敏，1994；康华，1996；梁振兴，1994）。

植物生长调节剂是一类人工合成的、具有类似于植物内源激素功能的化合物，对植物生长发育的各个方面都具有重要作用。如使用得当，可达到调节作物水分平衡，改善作物水分状况的目的。天然植物生长剂 ABA 和 GA 都具有这种作用。如小麦开花期叶施 GA，可改变内源激素含量水平，表明对同化物输送有利，能促进籽粒灌浆，提高了灌浆强度等，可缓解干旱所造成的不利影响。除天然的植物生长调节剂外，一些人工合成的植物生长抑制剂如矮壮素（CCC）、B9、Phosphon－D 等，在抑制地上部分生长的同时，可促进根系的生长，增强根系的吸水能力，因而可以起到节水抗旱和增产增收的良好效果。

第五节　土壤水分胁迫对大麦产量及蛋白质含量的影响

淀粉和蛋白质是成熟大麦籽粒中的主要物质。一般而言，大麦籽粒中的淀粉占粒重（按干物质计）的 58%～65%，是主要贮藏物质（卢良恕，1996）；用于酿造啤酒的大麦，蛋白质含量一般在 8%～12% 比较合适，是衡量品质的主要指标。因此，两者含量的多寡决定大麦产量的高低和品质的优劣。水分亏缺对大麦籽粒产量和品质以及稳产性的影响是巨大的，在与农业生产有关的诸环境因子中，水分是限制新疆大麦产量和品质的最突出的因素。

一、土壤水分胁迫对产量及产量构成因素的影响

大麦作为世界第四大粮食作物，多种植于干旱与半干旱地区，水分不足常限制其产量潜力的发挥。生产实践证明，大麦高产稳产的物质基础是获得较高的生物产量，而生物产量高低则在很大程度上取决于环境因子的变化，其中土壤水分对大麦产量的影响比其他环境因子更为敏感。大麦地上部的生长发育与产量形成过程相互促进、相互制约、矛盾统一的最终结果表现在籽粒产量上。张和平（1993）研究指出，拔节期以前干旱处理显著抑制小麦生物量的增加；而灌浆期严重的水分胁迫则显著降低千粒重，使产量下降。

（一）土壤水分胁迫对大麦株高、穗颈长的影响

1. 株高

土壤水分胁迫对植株高度有明显影响，干旱处理抑制了大麦的生长，大麦株高降低幅度不同，ND13297、91－122、新啤 1 号和法瓦维特株高分别降低 24.3%、23%、30.1% 和 10.9%，表明不同大麦茎秆伸长对干旱的敏感程度不同。小麦茎秆不同组成节间伸长对干旱的反应也不同，干旱缺水主要影响了第一、二、三节间的伸长。

2. 穗颈长

田间观测记载表明，土壤水分胁迫使穗颈长（穗基部与旗叶鞘顶部之间的距离）变短，与对照相比，ND13297、91－122、新啤 1 号和法瓦维特平均缩短了 2.571cm、1.783cm、6.314cm 和 5.063cm。影响正常抽穗，麦穗迟迟不能及时抽出，使同样作为重要光合作用器官的穗部不能充分利用光照，同时部分麦穗卡在旗叶鞘内，影响了穗的正常生长发育，导致了灌浆能力不足。

（二）土壤水分胁迫对大麦单株成穗的影响

从表1-8可见，土壤水分胁迫造成不同品种大麦的总茎数及有效茎数都有不同程度的减少，无效茎数在与对照处理基本持平的基础上略有增大（法瓦维特例外），成穗率降低，这是干旱导致大麦减产的主要原因之一。法瓦维特虽然总茎数和有效茎数均低于对照处理，成穗率却略高于对照。

表1-8　土壤水分胁迫下大麦单株成穗状况（闫洁，等，2006）

品种	处理	总茎数（个）	茎数（个）		成穗率（%）
			有效	无效	
ND13297	对照	14.65	11.3	3.35	77.1
	干旱	10.80	7.30	3.50	67.6
91-122	对照	14.65	10.35	4.30	70.6
	干旱	10.64	6.11	4.53	57.4
新啤1号	对照	15.13	9.86	5.27	65.2
	干旱	11.90	6.35	5.55	53.4
法瓦维特	对照	12.35	7.60	4.75	61.5
	干旱	10.70	6.60	4.10	61.7

（三）土壤水分胁迫对大麦不同部位干物质累积能力的影响

以灌浆过程中各部位最大重量和完熟时重量之差来衡量其源的大小，从表1-9可见，4个大麦品种各部位的减重量从大到小分别为茎、叶鞘、旗叶和穗轴。新啤1号各部位的减重量最大，说明其营养体贮存的物质运往籽粒的多，源的潜力大，干旱胁迫对品种叶鞘的减重量影响因品种而有差异，干旱使ND13297和法瓦维特的叶鞘减重量减小，而使91-122和新啤1号的增大，但对于茎、旗叶、穗轴和芒颖来说，干旱均增大其减重量。

表1-9　土壤水分胁迫下大麦品种各部位的减重量（克/5株）（闫洁，等，2006）

品种	处理	旗叶	茎	叶鞘	穗轴	芒+颖
ND13297	对照	0.272	3.318	1.122	0.094	0.533
	干旱	0.372	3.931	0.858	0.132	0.571
91-122	对照	0.291	4.044	1.227	0.194	0.402
	干旱	0.384	4.412	1.271	0.249	0.427
新啤1号	对照	0.415	6.368	2.167	0.358	0.832
	干旱	0.471	6.566	2.236	0.372	0.988
法瓦维特	对照	0.119	3.490	1.259	0.184	0.512
	干旱	0.132	3.827	0.799	0.219	0.549

土壤干旱促进了营养体物质的分解，导致植物用于完善组织机构和维持各器官自身生命活动的物质基础缺乏，破坏了大麦源库关系的协调，造成营养体早衰。同时也更进一步表

明，土壤干旱严重减少绿叶干重，同时下部叶片早衰，随干旱胁迫时间的持续，枯叶占总叶干重比率增加，说明土壤水分胁迫使光合有效面积减少，即同化物代谢源受阻，成为限制产量的主要因素。鞘作为植株的储藏器官之一，其干物质对水分条件不敏感，甚至水分不足有助于鞘干物质的积累，而到成熟期水分不足减小其干物质重，说明干旱缺水并未阻碍其干物质的运出以供应穗部这个生长中心。

（四）土壤水分胁迫对大麦产量及产量构成因素的影响

干旱条件下，大麦产量及产量构成因素发生了较大变化。土壤水分胁迫对大麦产量及产量构成因素影响见表1－10，干旱条件下4个大麦品种穗数均显著低于对照，ND13297、91－122、新啤1号和法瓦维特降低幅度分别为35.40%、46.17%、35.60%和13.16%。穗粒数受干旱胁迫影响不明显，甚至个别品种穗粒数反而增加（如91－122和法瓦维特）。干旱对4个大麦品种千粒重的影响程度不同，新啤1号、91－122和法瓦维特干旱处理千粒重显著小于对照（$P<0.05$），降低幅度分别为10.14%、6.52%和4.61%，ND13297干旱处理千粒重降低幅度略小，为1.64%。干旱处理显著降低了4个大麦品种的产量，ND13297、91－122、新啤1号和法瓦维特减产幅度分别为27.81%、26.59%、26.45%和19.11%。以上结果也表明，干旱对大麦产量的影响主要是通过减少成穗数和千粒重造成的，而对穗粒数的影响程度较小。

表1－10　土壤水分胁迫对产量及产量构成因素的影响（闫洁，等，2006）

品种	处理	有效穗数/株	穗粒数（个）	千粒重（g）	产量（kg/hm^2）	产量差（%）
ND13297	对照	11.3	24.9	50.390	5082.05	—
	干旱	7.3	24.5	49.566	3519.45	－27.81
91－122	对照	11.35	23.85	56.348	4086.60	—
	干旱	6.11	24.16	52.675	3000.15	－26.59
新啤一号	对照	9.86	28.09	53.071	4481.70	—
	干旱	6.35	27.75	47.688	3296.40	－26.45
法瓦维特	对照	7.6	28.04	46.751	4456.95	—
	干旱	6.6	28.45	44.596	3605.10	－19.11

在干旱胁迫下，不同大麦品种从抽穗至成熟一般历时27.8～30.4d，比正常水分处理缩短1.5～5.1d。比正常水分处理提前1.4～4.1d籽粒增重达最大值。这一结果充分反映出干旱开始有增加粒重，促进干物质积累的作用。随后表现出抑制，持续的干旱迫使籽粒过早结束了灌浆，最后，由于粒重增长的加快不足以弥补灌浆过程缩短造成的损失，因此表现为最终粒重比正常水分处理的低2.5～4.2mg。

二、土壤水分胁迫造成减产的原因与机制

（一）土壤水分胁迫引起大麦减产的原因

大麦籽粒形成期，干旱胁迫造成减产的主要原因是成穗数和穗粒重的减少，而穗粒重的减少则因籽粒灌浆速率降低和灌浆期缩短所致。干旱胁迫下当前光合产物和开花期前储存的

碳水化合物转移可维持一定量的灌浆。大麦籽粒在开花后开始充实，其干物质的70%～90%来自当前积累的光合产物。Tohrukobata 等（1982）指出开花后水分胁迫将减少小麦当前的C同化，但不影响C向籽粒的转移。闫洁等（2006）的研究结果表明，土壤水分胁迫使大麦旗叶内C/N值增大，干旱胁迫加强了旗叶碳同化代谢的能力，但由于干旱导致旗叶叶绿素含量降低，叶绿素含量缓降期缩短，从而导致光合作用减弱。干旱使得大麦籽粒灌浆速率降低，导致光合产物向籽粒的调运效率减弱。由此可知，土壤水分胁迫造成大麦减产是因开花期后光合作用和同化物转移量的减少所致。

（二）土壤水分胁迫造成大麦减产的机制

水分亏缺对大麦籽粒发育的信息传递遵从从微观到宏观顺序表现的规律，即从细胞结构改变或破坏到代谢生理，再到形态生理，最后到产量生理，具有时间上的顺序性（图1－24）。大麦籽粒形成期土壤水分胁迫引起大麦植株吸水困难，使细胞结构发生变化，对原生质的透性增大，改变或破坏了细胞器和膜系统的超微结构。由于膜系统及细胞器结构的改变或破坏，一方面致使在细胞内消除了代谢分室（或区隔）内的水解酶释放并激活，某些和物质转化有关的酶活性增加或降低；同时膜透性的增加也改变了植株体内激素水平，变化了的内源激素在对籽粒发育起调控作用的同时，也通过改变相应酶活性大小，调控和籽粒发育密切有关的物质代谢。由于叶绿体结构的破坏，导致叶片光合速率下降，叶片光合速率的降低使大麦植株的生长速率下降，反过来又引起植株的叶生长量不足。缺水降低光合产物的总积累量和库的大小。决定光合产物积累的三个主要参数是源的大小（或总叶面积）、源的强度（或单位叶面积的净同化率）和源的持续时间（或叶片的寿命），源的持续时间明显影响源的大小（裴阿卫，等，1993）。籽粒形成期持续干旱使植株生长受抑，缩短源的持续期，降低源的大小和强度，光合产物累积和库容下降，导致大麦“源库两弱”，植株没有充足的“源”（叶片）提供光合产物以满足“库”（籽粒）的需要，造成株穗数减少，千粒重降低，最终引起减产。

三、土壤水分胁迫对籽粒蛋白质含量的影响

由表1－11可以看出，籽粒蛋白质含量与旗叶NRA呈正相关。比较旗叶NRA动态变化曲线与籽粒蛋白质含量动态变化曲线可以看出（图1－8、图1－4），叶片NRA的变化动态和蛋白质含量变化动态在灌浆前中期是较为一致的，只是在灌浆后期由于趋于成熟，叶片NRA逐渐减弱才与蛋白质含量的变化动态有所不同。土壤水分胁迫提高了旗叶NRA，尤其是灌浆前期，由图1－24也可看出，水分胁迫处理下蛋白质含量提高，说明叶片NRA与籽粒蛋白质含量的关系密切。当然也应考虑到由于水分亏缺，引起叶片过早衰老，同化面积减少，光合产物积累少，灌浆中后期又处于高温天气，叶片蒸腾作用加强，灌浆过程提前结束等因素关系，导致籽粒中淀粉形成停止，蛋白质所占比例提高。

在生育前期贮藏在营养器官中的氮素在开花后不久即开始向外运转，运往发育中的穗部或籽粒。大麦籽粒形成期持续干旱在限制籽粒淀粉沉积的同时，也会促使叶片氮素的再运转，从而导致籽粒蛋白质百分含量提高。在营养器官氮素再运转中，蛋白酶起着重要作用，蛋白酶活性与氮素再运转能力有密切的相关性，Dalling 等（1995）的研究也证明营养体氮素的丢失量与蛋白酶活性高度相关。

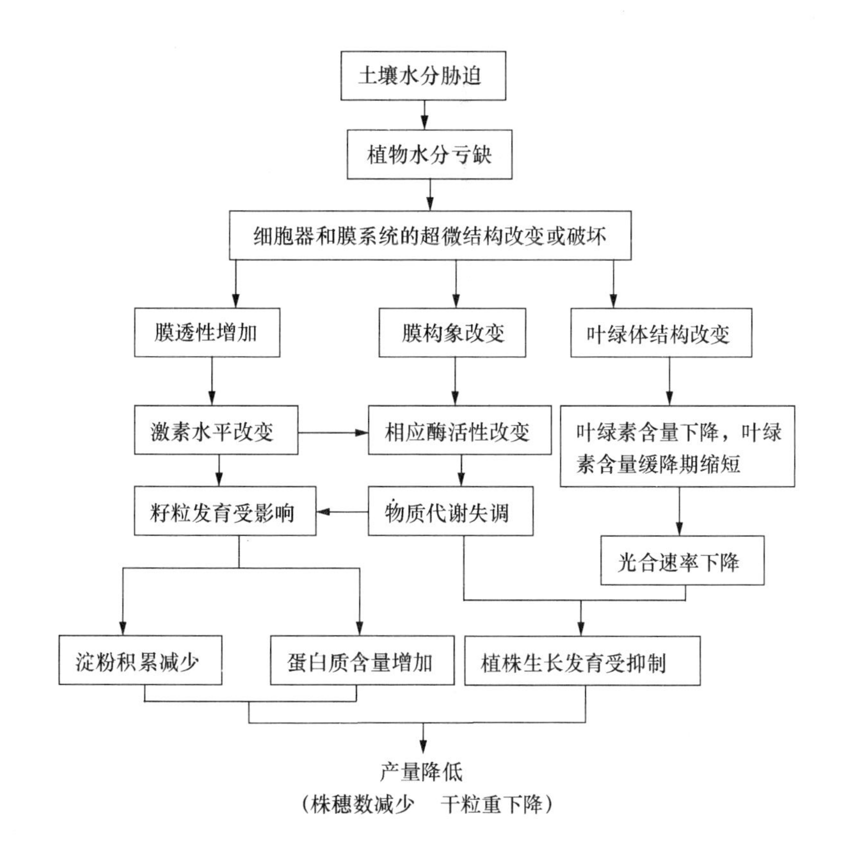

图 1－24　土壤水分胁迫对大麦籽粒产量降低影响的作用机理（闫洁，等，2006）

表 1－11　籽粒蛋白质含量与旗叶含氮量、旗叶 NRA、籽粒蛋白酶的相关关系（闫洁，等，2006）

性状	处理	籽粒蛋白质含量	
		新啤 1 号	法瓦维特
旗叶含氮量	对照	－0.598	－0.512
	干旱	－0.673	－0.627
旗叶 NRA	对照	0.5793	0.5623
	干旱	0.8133	0.6587
旗叶蛋白酶活性	对照	0.7029	0.7534
	干旱	0.8352	0.8821

四、减少土壤干旱危害的农业措施

干旱是大麦生产的主要限制因素之一，如何更好地揭示大麦抗旱机制，为其抗旱性的改良积累理论和实践支撑，尚需要研究人员进行大量的工作。随着对植物抗旱分子机理认识的不断深入，通过基因工程手段改良植物抗旱性的应用前景非常广阔，采用常规育种与遗传工程相结合的方法培育抗旱高产大麦新品种，将是促进大麦持续稳产的重要途径。

但就目前而言，在生产实践中可采用以下措施：第一，尽量选用对水分亏缺不太敏感的品种，如4个供试品种中法瓦维特各项物质代谢生理指标受干旱影响相对较小，对干旱的适应能力要强一些，在水资源贫乏的地区推广种植，对抗旱保稳产具有重要意义。第二，按照大麦生长发育需要适时灌水。闫洁等（2006）研究结果表明，在灌浆中期以前，土壤干旱有加速物质运输，促进籽粒灌浆的作用，随后干旱的抑制作用才表现出来。根据大麦灌浆期土壤干旱有使籽粒灌浆“先促后抑”的特点，山仑等（1987）在小麦上进行的旱后复水试验结果表明，小麦单产提高10%左右。因此，根据水分条件与物质运输关系的研究结果，在大麦灌浆期采取促进和抑制相结合的供水方法，以增强营养物质向生殖器官转移，并保证较旺盛的代谢活力，避免有机体早衰，这可能是挖掘大麦生产潜力的一条途径。在大麦节水栽培实践中，提倡在灌抽穗水或扬花水的基础上把灌浆水适当延迟至灌浆中后期进行，在灌浆期间适度的控制麦田水分不仅对于提高水分利用率有较好作用，而且对增高营养体中的氮素向籽粒中的转运效率具有重要意义，从而达到节水和改善营养品质的双重功效。第三，在可能发生土壤干旱的情况下，适时采取化控措施是提高作物抗旱能力的有效措施。

第六节　模拟干旱胁迫对大麦幼苗生理特性的影响

干旱胁迫下植物体内会发生一系列的生理生化反应，直接或间接地植株起调节作用，来增强大麦的抗旱性，以维持基本正常的生长发育进程。所以，干旱胁迫下，这些生理生化指标的含量可作为大麦抗旱性鉴定指标之一。抗旱性是作物对旱害的一种适应，通过生理生化的适应变化减少干旱对作物所产生的危害。研究大麦的抗旱生理机制以及抗旱性鉴定指标，主要集中在反映作物耐旱生理机制的渗透调节能力、参与作物体内抗氧化保护反应的酶类（如SOD、POD、CAT）、反映作物体内水分状况以及膜完整性等生理指标。

为了研究大麦幼苗期在干旱胁迫下的耐旱生理机制，聂石辉等（2009）以较抗旱品种Tevcel、矮秆早和抗旱性较弱的品种广麦7号、Cmebc为材料。挑选籽粒饱满的种子用0.1% $HgCl_2$ 消毒10min，用无菌水浸泡15min，冲洗3遍。取灭菌的培养皿铺两层滤纸用无菌水浸润，每皿播30粒种子，25℃恒温培养箱中催芽48h。将洗净的石英砂高温灭菌后装入塑料盒中，每盒1.36kg，然后将露白一致的种子播种在盒中，每盒25粒。培养液为Hoagland营养液，在光照培养箱中培养，光照强度12000lx，光暗周期14h/10h，昼夜温度19℃/15℃，相对湿度60%。待幼苗长至二叶一心时对每个品种进行干旱处理，处理前24h不浇营养液，通过称重法控制胁迫程度。试验采用20%（w/v）PEG6000的Hoagland营养液进行人工模拟干旱胁迫处理，每组重复2次。处理开始后每隔12h取大麦幼苗地上部分及根，取至72h，每次均用液氮速冻并置于-80℃冰箱中保存，待测。在4种浓度梯度和5种胁迫时间下，人工模拟干旱胁迫，测定了一些苗期生理指标。

一、PEG6000模拟干旱胁迫对不同基因型大麦幼苗抗氧化防御系统的影响

一些学者认为，干旱引起膜伤害是由于生物自由基引起膜中不饱和脂肪酸过氧化和保护酶系统活性下降造成的（陈少裕，1989）。干旱胁迫将破坏植物体内活性氧代谢平衡，引起膜脂过氧化，对膜系统、细胞和器官甚至整株植物造成伤害。植物可以通过动员酶促防护体系来控制膜脂过氧化水平，抵抗干旱诱导的膜脂过氧化伤害，二者均与植物的耐旱性密切相关。所

以，抗氧化酶活性以及某些特征代谢物的含量在植物抗旱性鉴定中应具有重要的意义。

（一）干旱胁迫下大麦幼苗叶中丙二醛（MDA）含量的变化

植物细胞的细胞质膜具有选择透性的特性，植物细胞与外界环境之间的一切物质交换都必须通过质膜进行。在水分亏缺的伤害机理中，关键是引起膜伤害，导致其他生理生化过程的失调。在水分胁迫条件下，植物细胞的质膜透性变大，细胞的电解质和小分子有机物的外渗，造成细胞代谢紊乱甚至死亡。

表1-12 PEG6000胁迫对不同基因型大麦叶片MDA含量（μmol/g FW）的影响（聂石辉，等，2009）

PEG6000处理时间	品种	PEG6000处理			
		0	10%	20%	30%
12h	Tevcel	3.52a	4.13a（17.3）	4.36a** （23.8）	4.62a** （131.2）
	矮秆早	4.02a	4.28a（6.4）	4.56a** （13.4）	4.68a** （116.4）
	广麦7号	3.06a	3.57a（16.6）	3.75a** （22.5）	3.75a** （122.5）
	Cmebc	3.03a	4.03a（33）	4.13a** （36.3）	4.25a** （140.2）
	平均	3.41	4.00（17.3）	4.20（23.1）	4.33（126.9）
24h	Tevcel	3.77a	4.42ab（17.2）	4.89a** （29.7）	5.00b** （132.6）
	矮秆早	4.11a	5.08b（23.6）	3.69bc** （-10.2）	4.57b** （111.1）
	广麦7号	3.08a	3.76a（22.1）	2.94c** （-4.5）	3.35a** （108.7）
	Cmebc	3.88a	4.34ab（50.6）	4.08ab** （41.6）	6.22c** （215.9）
	平均	3.46	4.40（27.1）	3.90（12.7）	4.79（13.8）
36h	Tevcel	3.85a	6.26b++ （62.6）	7.33b**++ （90.3）	7.69b**++ （199.7）
	矮秆早	4.02a	6.33b++ （57.4）	8.46c**++ （110.4）	6.55a**++ （162.9）
	广麦7号	3.02a	4.13a++ （36.7）	5.37a**++ （77.8）	7.22ab**++ （239.0）
	Cmebc	3.20a	6.33b++ （97.8）	8.21bc**++ （156.5）	9.56c**++ （298.7）
	平均	3.52	5.76（63.6）	7.34（108.5）	7.75（220.1）
48h	Tevcel	3.54a	12.06a**++ （240.6）	8.19b**++ （131.3）	9.32b**++ （263.2）
	矮秆早	8.34b	7.44b++ （-10.7）	11.28c**++ （35.25）	7.93a++ （95.1）
	广麦7号	3.03a	5.24c++ （72.94）	7.06a**++ （133）	10.26bc**++ （338.6）
	Cmebc	3.13a	6.83b++ （118.2）	11.21c**++ （258.1）	11.01c**++ （351.7）
	平均	4.51	7.89（74.9）	9.43（109.1）	9.63（213）
72h	Tevcel	3.69a	8.41b++ （127.9）	9.58a**++ （159.6）	10.96b**++ （297.0）
	矮秆早	4.02a	5.90a++ （46.7）	14.92c**++ （271.1）	8.79a**++ （218.6）
	广麦7号	3.45a	7.84b++ （127.2）	11.25b**++ （226.1）	14.50c**++ （420.1）
	Cmebc	3.25a	12.82c++ （294.5）	11.86b**++ （264.9）	15.24c**++ （468.9）
	平均	3.60	8.74（142.7）	11.90（230.5）	12.37（343.61）

注：括号内数值为10%、20%和30%浓度PEG6000处理与对照相比增减百分数；a、b、c，表示0.05水平品种间差异显著（SSR法）；*和**分别表示在0.05和0.01水平上PEG6000处理间差异显著（LSD法）；++表示在0.01水平上同一品种时间处理间差异显著（LSD法）。

MDA是植物细胞膜质过氧化反应的重要产物，因此水分胁迫条件下MDA含量的高低经常被用来表示细胞膜受伤害的程度，进而用作鉴定植物抗旱性的指标，相同水分胁迫条件下，MDA含量低或者相对于对照增加幅度小的植物被认为是抗旱性强的植物。由表1-12可以看出，未用PEG6000处理时基因型间MDA含量差异显著，不抗旱性品种受到干旱胁迫时MDA含量迅速上升且上升幅度明显大于抗旱性品种，如在10%浓度水平PEG6000下，Cmebc MDA含量平均比对照增加达118.82%。并且10%浓度水平PEG6000处理后24~72h间基因型间MDA含量差异显著，且20%和30%浓度水平PEG6000处理后从24h开始各基因型间MDA含量差异显著，以抗旱性较弱品种Cmebc受影响最大，30%浓度水平处理72小时后MDA含量增加约4.7倍，而相应的矮秆早MDA含量增加约2.2倍；随时间的延长，各基因型大麦叶片MDA含量累积呈上升趋势，且36~48h处理下，MDA含量与对照比差异显著，如30%浓度水平PEG6000处理72h时，4个基因型平均MDA含量比对照增加达343%。这表明，干旱胁迫程度越重，受旱时间越长，大麦幼苗叶片MDA累积量越多，并加剧细胞膜脂过氧化。抗旱性较强品种在受旱时，特别是重度干旱胁迫下其叶片中MDA的清除速度要高于抗旱性较弱品种。

较抗旱品种由于具有较强的清除自由基的能力，减轻了对细胞生物大分子如DNA、蛋白质、脂肪酸的伤害，从而避免了干旱胁迫，叶片MDA含量在轻度胁迫时没有显著增加，只有在重度胁迫时才有显著增加，而抗旱性较弱品种由于清除自由基的能力较差，膜受到伤害，所以MDA含量增加显著。

（二）干旱胁迫下大麦幼苗叶中超氧化物歧化酶（SOD）活性的变化

目前普遍认为SOD是细胞内防御$O_2 \cdot^-$等活性氧自由基对细胞膜伤害的重要酶类之一，它与过氧化物酶（POD）和过氧化氢酶（CAT）等酶协同作用可抵御活性氧及其他过氧化物自由基对细胞膜系统的伤害，在抗氧化酶类中处于核心地位。在生物细胞保持正常的生长发育中发挥着重要的作用。

由表1-13可知，各基因型大麦叶片SOD活性，各处理随处理时间延长及胁迫浓度的加深呈先升高后下降的趋势，即12~36h间酶活性呈升高趋势；20% PEG浓度处理下，12~72h各基因型间SOD活性差异显著，广麦7号和Cmebc受影响较大，与对照相比较Tevcel和矮秆早活性下降较大。方差分析结果表明，10%浓度PEG6000处理下，与对照相比SOD活性差异不显著，20%和30%浓度PEG6000处理下，与对照相比SOD活性差异显著，且各基因型随时间的继续延长酶活性开始下降，即36~72h后酶活性迅速下降，且与对照相比差异显著。说明随胁迫时间的延长，大麦叶片衰老加深，酶保护系统遭到破坏，酶活性下降。在10%~30%浓度PEG6000处理间，各基因型在20% PEG6000浓度处理下SOD活性达到最大值，且基因型间差异显著。

（三）干旱胁迫下大麦幼苗叶中过氧化物酶（POD）活性的变化

逆境条件下，POD作为活性氧清除的一种重要酶，是SOD的一种协同保护酶，能有效清除植物体内过多的H_2O_2等过氧化物，有效降低膜脂过氧化等伤害，对生活细胞起保护作用。

由表1-14可知，20%浓度PEG6000处理下POD活性与对照相比差异显著，且在12~48h间，POD活性的均值最大，表明随干旱胁迫程度的加剧POD活性呈现先升高后下降趋势；而随胁迫时间的延长POD活性也呈现先上升后下降趋势，胁迫36h及72h后，POD活

表 1-13 PEG6000 胁迫对不同基因型大麦叶片 SOD 活性（u/g FW）的影响（聂石辉，等，2009）

PEG6000 处理时间	品种	PEG6000 处理			
		0	10%	20%	30%
12h	Tevcel	247.56a	244.44a（-1.3）	243.58a**（-1.6）	225.27a**（-0.9）
	矮秆早	230.74a	250.70a（8.7）	254.65a**（10.4）	232.13a**（0.6）
	广麦 7 号	220.75a	220.75b（1.4）	253.78b**（15）	196.96a**（-10.8）
	Cmebc	220.33a	213.50b（-3.1）	202.67b**（-0.8）	244.51b**（11）
	平均	229.84	232.35（1.1）	238.67（3.8）	224.72（-2.2）
24h	Tevcel	242.53a	238.15a（-1.8）	246.00a**（1.4）	250.32a**（3.2）
	矮秆早	232.12a	250.15a（7.8）	243.37a**（4.8）	175.43b**（-24.4）
	广麦 7 号	225.03a	236.51a（5.1）	162.64b**（-27.7）	78.02c**（-65.3）
	Cmebc	240.60a	149.90b**（-37.7）	129.42c**（-46.2）	249.27a**（3.6）
	平均	235.07	218.68（-7）	195.36（-16.9）	188.26（-19.9）
36h	Tevcel	238.81a	239.76ab++（0.4）	229.25a**++（-4）	236.70ab**++（-0.9）
	矮秆早	241.93a	260.61b++（7.7）	251.16b**++（3.8）	231.07a**++（-4.5）
	广麦 7 号	249.01a	256.36ab++（3）	252.79b**++（1.5）	247.02ab**++（-0.8）
	Cmebc	236.83a	240.43a++（1.5）	254.52b**++（7.5）	249.70b**++（5.4）
	平均	241.65	249.29（3.2）	246.93（2.2）	241.12（-0.2）
48h	Tevcel	237.21a	230.24a++（-2.9）	212.53a**++（-10.4）	162.30b**++（-31.6）
	矮秆早	240.37a	210.33b++（-12.5）	169.33b**++（-29.6）	126.31a**++（-47.5）
	广麦 7 号	246.24a	203.02bc++（-17.6）	154.29b**++（-37.3）	200.12c**++（-18.7）
	Cmebc	235.46a	186.32c**++（-20.9）	163.56b**++（-30.5）	203.58c**++（-13.5）
	平均	239.82	207.48（-13.5）	174.93（-27.1）	173.08（-27.8）
72h	Tevcel	237.35a	184.40a++（-22.3）	129.52b**++（-45.4）	75.24a**++（-68.3）
	矮秆早	232.50a	165.58b**++（-28.8）	116.31b**++（-49.9）	80.23a**++（-65.5）
	广麦 7 号	235.46a	155.56b++（-33.9）	96.00a**++（-59.2）	185.71c**++（-21.1）
	Cmebc	230.35a	165.71b++（-28.1）	131.43b**++（-42.9）	220.29c**++（-4.4）
	平均	233.92	167.81（-28.3）	118.32（-49.4）	140.37（-40）

注：酶活力单位 u 表示 560nm 下吸光度值下降 0.01，括号内数值为 10%、20% 和 30% 浓度 PEG6000 处理与对照相比增减百分数；a、b、c，表示 0.05 水平品种间差异显著（SSR 法）；* 和 ** 分别表示在 0.05 和 0.01 水平上 PEG6000 处理间差异显著（LSD 法）；++ 表示在 0.01 水平上同一品种时间处理间差异显著（LSD 法）。

性与对照相比差异显著，并且在胁迫 48h 后各品种 POD 达到最大值，48~72h 迅速下降；在干旱胁迫处理下，不同基因型间 POD 活性存在显著差异，表现为较抗旱品种 Tevcel 和矮秆早 POD 活性的变化幅度高于秆旱性较弱品种广麦 7 号和 Cmebc，表明较抗旱品种在受旱时 POD 活性迅速增加以清除细胞内多余 H_2O_2 等对细胞有毒害作用物质，并且在干旱时间进一步延长时，其 POD 活性下降速度较不抗旱性较弱品种慢。

表1-14 PEG6000胁迫对不同基因型大麦叶片POD活性（u/g FW·min）的影响（聂石辉，等，2009）

PEG6000处理时间	品种	PEG6000处理			
		0	10%	20%	30%
12h	Tevcel	1370.00a	1507.50a（10）	1585.00b**（115.7）	1225.00a（-10.6）
	矮秆早	1377.50a	1632.50b（18.5）	2137.50c**（55.2）	1377.50a（100）
	广麦7号	1712.50b	1615.00b（-5.7）	1832.50c**（7.0）	1721.30b（0.5）
	Cmebc	1685.00b	1980.00c（17.5）	2675.00d**（58.8）	1480.00ab（87.8）
	平均	1536.25	1683.75（9.6）	2057.5（33.9）	1450.95（-5.5）
24h	Tevcel	1324.00a	1452.00a（9.7）	1620.00b**（122.4）	1501.00a（13.4）
	矮秆早	1320.00a	1723.50b（30.6）	2235.50c**（69.4）	1205.50a（91.3）
	广麦7号	1829.00ab	1928.00c（5.4）	2012.50b**（10）	1752.50b（95.8）
	Cmebc	1752.00b	1842.50c（5.2）	2752.00d**（57.1）	1322.00a（75.5）
	平均	1556.25	1736.50（11.6）	2125.25（36.6）	1475.00（94.8）
36h	Tevcel	1402.00a	1674.50b++（19.4）	1577.00b**++（12.5）	1510.00b++（7.7）
	矮秆早	1322.50a	1461.00a++（10.5）	1235.00a**++（-6.6）	1011.00a++（76.4）
	广麦7号	1824.00b	1712.00b++（-6.1）	1663.00c**++（-8.8）	1005.00a++（55.1）
	Cmebc	1980.00b	2042.50c++（3.2）	1684.00c**++（-14.9）	1562.5b++（-21.1）
	平均	1657.13	1722.50（3.9）	1492.63（-9.9）	1319.25（79.6）
48h	Tevcel	1398.00a	1572.50b（12.4）	1315.00a**（-5.9）	1640.00a（17.3）
	矮秆早	1300.00a	1967.50c（51.3）	1615.00b**（24.2）	2910.00b（223.8）
	广麦7号	1845.00b	1007.50a（-45.4）	2725.00c**（47.7）	3515.00c（190.5）
	Cmebc	1895.00b	1877.50c（-0.09）	2892.50c**（52.6）	1652.50a（-12.8）
	平均	1535.75	1606.25（4.6）	2136.88（39.1）	2429.38（158.2）
72h	Tevcel	1425.00a	1562.50b++（9.6）	1660.00b**++（16.5）	1732.50b++（121.6）
	矮秆早	1352.00a	912.50c++（-32.5）	645.00c**++（-52.3）	2705.00d++（200）
	广麦7号	1759.00b	922.50c++（-47.6）	732.50c**++（-58.4）	935.00a++（53.2）
	Cmebc	1737.50b	1735.00a++（-0.1）	1912.50a**++（10.0）	2367.50c++（136.2）
	平均	1393.38	1283.13（-7.9）	1237.50（-11.2）	1935.00（138.9）

注：酶活力单位u表示560nm下吸光度值下降0.01，括号内数值为10%、20%和30%浓度PEG6000处理与对照相比增减百分数；a、b、c，表示0.05水平品种间差异显著（SSR法）；*和**分别表示在0.05和0.01水平上PEG6000处理间差异显著（LSD法）；++表示在0.01水平上同一品种时间处理间差异显著（LSD法）。

（四）干旱胁迫下大麦幼苗叶中过氧化氢酶（CAT）活性的变化

CAT是一种分解过氧化氢专一性极强的酶，它能催化对有机体有毒害的过氧化氢分解成水和分子氧，起着解毒作用。CAT与SOD、POD协同作用防御活性氧或其他过氧化物自由基对细胞膜系统的伤害，从而提高植物抗性。

由表1-15可知，品种间CAT活性存在显著差异，较抗旱品种Tevcel和矮秆早CAT活性比抗旱性较弱品种较高；各浓度PEG6000处理间CAT活性差异并不显著，各时间处理间CAT活性差异也不显著，但各品种在未受干旱胁迫时CAT维持较低水平，12~48h处理间各品种随胁迫浓度的加深 CAT 活性升高，当胁迫时间达到 72h 时，随胁迫浓度的加深 CAT 活性迅速下降，且较抗旱品种下降速度低于抗旱性较弱品种。因此可将 CAT 活性的变化作为大麦抗旱性的指标之一。

表 1－15　PEG6000 胁迫对不同基因型大麦叶片 CAT 活性（u/g FW·min）的影响（聂石辉，等，2009）

PEG6000 处理时间	品种	PEG6000 处理			
		0	10%	20%	30%
12h	Tevcel	91.20a	61.20a（－32.9）	83.00a（－9.0）	85.20a（－6.6）
	矮秆早	79.00b	93.80c（18.7）	84.00a（6.3）	86.60a（9.6）
	广麦 7 号	75.20b	79.20b（5.3）	83.00a（10.4）	85.20a（13.3）
	Cmebc	93.00a	87.40bc（－6.0）	52.60b（－43.4）	84.00a（－9.7）
	平均	84.60	80.40（－0.5）	75.65（－10.6）	85.25（0.8）
24h	Tevcel	94.15a	120.80a（28.3）	128.80b（36.8）	140.50a（49.2）
	矮秆早	76.75b	141.60b（84.5）	114.80a（49.6）	136.60a（78.0）
	广麦 7 号	78.30b	126.00a（60.9）	141.00c（80.1）	118.00b（50.7）
	Cmebc	96.20a	160.20c（66.5）	145.60c（51.4）	134.60a（39.9）
	平均	86.35	137.15（58.8）	132.55（53.5）	132.43（53.4）
36h	Tevcel	94.30a	136.80a（45.1）	126.60a（34.3）	109.40a（16.0）
	矮秆早	68.60c	125.00b（82.2）	125.00ab（82.2）	117.40a（71.1）
	广麦 7 号	78.50b	128.00ab（63.1）	116.60bc（48.5）	141.00b（79.6）
	Cmebc	99.40a	62.20c（－37.4）	40.60c（－59.2）	117.20a（17.9）
	平均	85.20	113.00（32.6）	102.20（20.0）	121.25（42.3）
48h	Tevcel	98.95a	57.40b（－42.0）	53.20b（－46.2）	66.40bc（－32.9）
	矮秆早	75.20b	64.00bc（－14.9）	87.60d（16.5）	58.60b（－22.1）
	广麦 7 号	78.60b	41.20a（－47.6）	72.80c（－7.4）	45.00a（－42.7）
	Cmebc	94.30a	67.40c（－28.5）	36.80a（－61）	74.00c（－21.5）
	平均	86.76	57.50（－33.7）	62.60（－27.8）	61.00（－29.7）
72h	Tevcel	95.20a	50.20a（－47.3）	41.20a（－56.7）	40.10a（－57.9）
	矮秆早	74.20b	51.20a（－31）	45.20a（－39.1）	35.10a（－52.7）
	广麦 7 号	75.20b	35.20b（－53.2）	12.10b（－83.9）	11.20b（－85.1）
	Cmebc	92.10a	50.10a（－45.6）	15.10b（－83.6）	10.30b（－88.8）
	平均	84.18	46.68（－44.5）	28.40（－66.3）	24.18（－71.3）

注：酶活力单位 u 表示 560nm 下吸光度值下降 0.01，括号内数值为 10%、20% 和 30% 浓度 PEG6000 处理与对照相比增减百分数；a、b、c，表示 0.05 水平品种间差异显著（SSR 法）。

（五）不同干旱胁迫处理与不同基因型大麦幼苗膜脂过氧化及保护酶的方差分析

方差分析（表 1－16）表明，品种、胁迫浓度、胁迫时间、品种与胁迫浓度的互作、品种与胁迫时间的互作以及胁迫浓度与胁迫时间的互作对 MDA 含量和 POD 活性的影响都达到了显著或极显著水平；除品种间 SOD 活性差异不显著外，胁迫浓度、胁迫时间、品种与胁迫浓度的互作、品种与胁迫时间的互作以及胁迫浓度与胁迫时间的互作对 SOD 活性的影响都达到了显著或极显著水平；除胁迫浓度间 CAT 活性差异不显著外，品种、胁迫时间、品种与胁迫浓度的互作、品种与胁迫时间的互作以及胁迫浓度与胁迫时间的互作对 CAT 活性的影响都达到了显著或极显著水平。

表 1－16　4 个大麦品种干旱胁迫处理 MDA 含量、SOD 活性、POD 活性和 CAT 活性的方差分析（聂石辉，等，2009）

	均方值				F 值			
	MDA	SOD	POD	CAT	MDA	SOD	POD	CAT
品种	27.09	1458.72	1641589.18	1014.3316	9.05 **	0.74 *	2.92 *	1.6515 *
胁迫浓度	415.62	36120.06	825981.41	493.1681	138.86 **	18.41 **	1.47 *	0.8030
胁迫时间	676.15	124248.34	2034030.11	58597.7131	169.43 **	47.49 **	2.71 *	71.5544 **
C×SL	43.17	17247.57	2168346.34	4847.6603	4.81 **	2.93 **	1.21 *	2.6309 *
C×ST	37.50	21898.18	2315804.21	5154.0701	3.13 **	2.79 **	1.03 *	2.0979 *
SL×ST	249.34	59785.03	4425014.11	20653.5999	20.82 **	7.62 *	1.97 *	8.4068 **
C×SL×ST	49.65	25336.93	1641589.19	1014.3316	1.38 *	1.08 *	2.92 *	1.6515 *

注：* 表示在 0.05 水平上差异显著，** 表示在 0.01 水平上差异显著。

对 4 个指标来说，胁迫时间的均方值均大于品种的均方值，说明胁迫时间的影响大于品种的影响。对于 MDA 含量和 SOD 活性，胁迫时间的影响最显著，其次是胁迫浓度，品种的影响最小；对于 POD 活性和 CAT 活性，胁迫时间的影响最显著，其次是品种，胁迫浓度的影响最小。

二、PEG6000 模拟干旱胁迫对大麦幼苗地上部分与根系中抗氧化防御系统的影响

作物遭受干旱胁迫时，会产生一系列适应性的生理生化反应，如通过积累渗透调节物质（可溶性蛋白、K^+、脯氨酸等）维持膨压；通过提高抗氧化酶（CAT、SOD、APX、POD 等）等活性提高对活性氧的清除能力等来避免或者减轻逆境胁迫所带来的伤害。前人研究发现，在干旱胁迫下，植物叶片含水量、气孔导度、光合速率、叶绿素等均呈下降趋势。植物对干旱胁迫的反应是整体性的，植物根系吸收不到足够的水分，进而影响到养分的吸收，植物各器官的生长发育因而受到限制。地上部分与地下部分在应对干旱的适应调节过程中存在相互依赖、相互制约、相互协同的关系。

（一）干旱胁迫下大麦幼苗地上部分及根中丙二醛（MDA）含量变化

从图 1－25 中可以看出，20% 浓度 PEG6000（下同）模拟干旱胁迫下，各品种地上部分 MDA 含量变化呈上升趋势，并且在 0～12h 期间 MDA 积累的速度较缓慢，随干旱时间的延长，积累的速度变快，在 12～36h 期间积累速度最快，36～72h 积累速度相对缓慢。各品种 MDA 积累上也存在差异，较抗旱品种 Tevcel 与矮秆早积累的速度相近，且胁迫后期较明显低于抗旱性较弱的品种。从图 1－26 中可以看出，干旱胁迫下各品种根中 MDA 变化也呈上升趋势，0～48h 期间积累速度相对较缓慢，48～72h 期间较抗旱品种 Tevcel 与矮秆早的积累速度较慢而抗旱性较弱品种广麦 7 号与 Cmebc 积累速度较快。但与地上部分相比，各品

种根系中 MDA 含量相对较低，说明这一水平干旱胁迫下大麦幼苗根系膜脂过氧化程度稍小于地上部分。

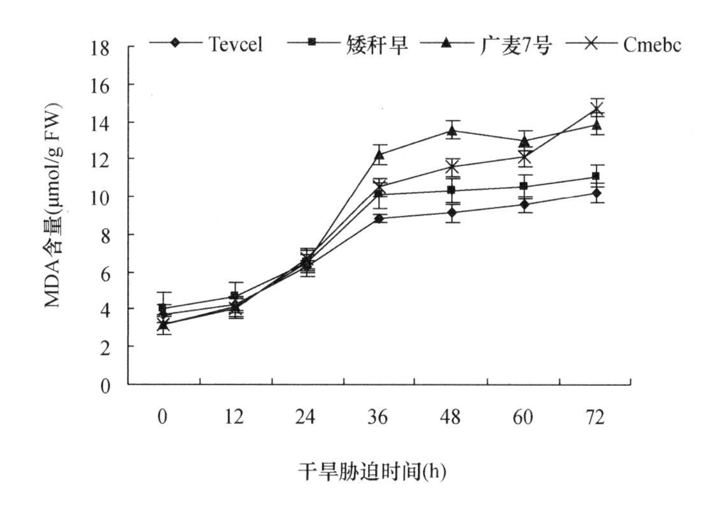

图 1－25　干旱胁迫下不同品种大麦地上部分 MDA 含量的变化（聂石辉，等，2009）

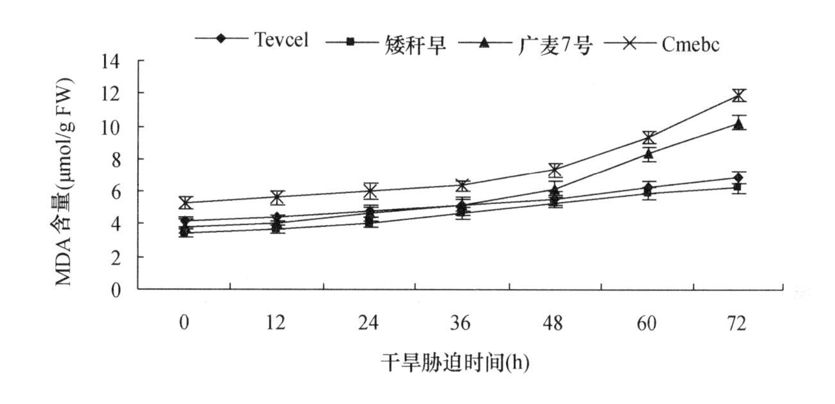

图 1－26　干旱胁迫下不同品种大麦根中 MDA 含量的变化（聂石辉，等，2009）

（二）干旱胁迫下大麦幼苗地上部分及根中超氧化物歧化酶（SOD）活性变化

SOD 是植物细胞酶保护系统中的主要成员之一，其活性的高低影响到逆境下叶绿素、蛋白质的降解速度及叶片的功能期。从图 1－27 中可以看出，干旱胁迫下不同大麦幼苗地上部分 SOD 活性变化的趋势基本相同，均呈现先增加后下降的趋势，在干旱胁迫 0～36h 之间 SOD 活性缓慢增加，36h 后各品种 SOD 活性开始下降，并且较抗旱品种 Tevcel 与矮秆早 SOD 活性一直高于抗旱性较弱品种。由图 1－28 中可以看出，根系中 SOD 活性的变化趋势与地上部分相比，干旱胁迫下根系中 SOD 活性除 24h 出现一次低谷外，其他时间变化不明显，均呈现缓慢下降趋势，较抗旱品种 Tevcel 与矮秆早 SOD 活性下降幅度低于抗旱性较弱品种。

（三）干旱胁迫下大麦幼苗地上部分及根中过氧化物酶（POD）活性变化

从图 1－29 中可以看出，干旱胁迫下较抗旱品种 Tevcel 与矮秆早地上部分在 0～24h POD

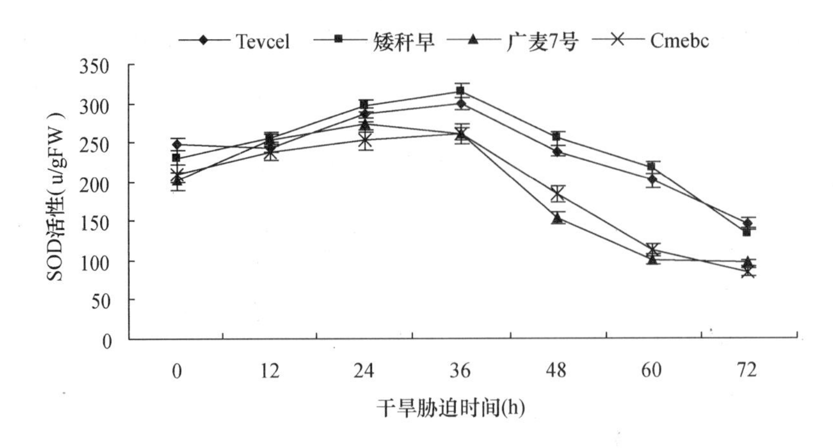

图1-27　干旱胁迫下不同品种大麦地上部分SOD活性的变化（聂石辉，等，2009）

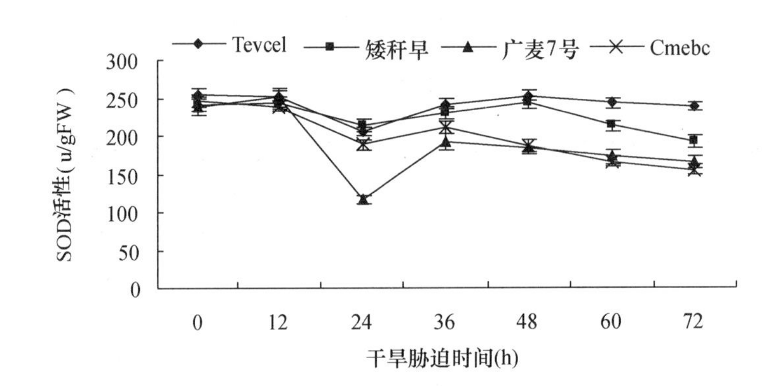

图1-28　干旱胁迫下不同品种大麦根系SOD活性的变化（聂石辉，等，2009）

活性迅速上升，并且与抗旱性较弱品种相比维持在较高活性水平。随时间的延长POD活性开始下降，36~72h较抗旱品种Tevcel与矮秆早POD活性呈缓慢下降趋势，不过矮秆早和Tevcel地上部分POD活性总体比其他品种高，说明较抗旱品种在干旱胁迫下POD活性下降比抗旱性较弱品种要缓慢。在12~24h品种间地上部分POD活性差异较大。从图1-30中可以看出，各品种受到干旱胁迫时根系POD活性明显高于地上部分，4个品种随干旱胁迫时间的延长POD活性都呈先上升后下降的趋势，并且都在36h达到最高水平，较地上部分达到最高水平要晚，48~72h变化趋势则与地上部分基本一致。较抗旱品种Tevcel和矮秆早在0~36hPOD活性上升较快，并且Tevcel根系POD活性上升的速度最快。36~48h抗旱性较弱的品种广麦7号和Cmebc根系POD活性下降速度较抗旱品种快，48~72h抗旱性较弱品种广麦7号和Cmebc根系POD活性维持在较低水平，并呈缓慢下降趋势，而较抗旱品种Tevcel和矮秆早根系POD活性也呈下降趋势但仍维持较高水平。说明根系POD活性对干旱较敏感，在干旱胁迫初期品种间差异较小，在36~48h品种间差异较大。

（四）干旱胁迫下大麦幼苗地上部分及根中过氧化氢酶（CAT）活性变化

羟自由基（$\cdot OH^-$）是化学性质最活泼的活性氧，它几乎与细胞内的每一类有机质如糖、氨基酸、磷脂、核苷酸和有机酸等都能反应，因此它的破坏性极强。CAT主要存在于植物的过氧化物体（或乙醛酸循环体）中，可以有效清除光呼吸或脂肪酸β-氧化过程中

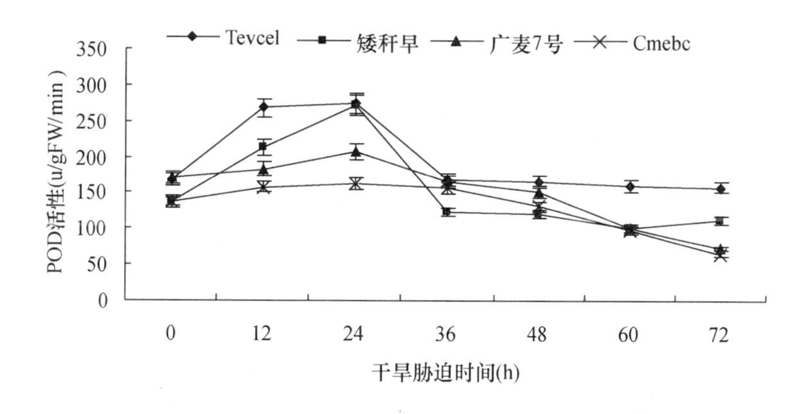

图1-29　干旱胁迫下不同品种大麦地上部分POD活性的变化（聂石辉，等，2009）

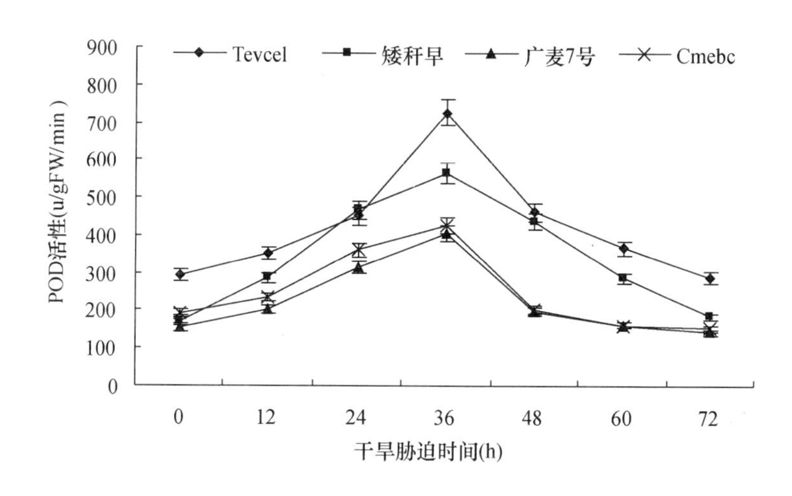

图1-30　干旱胁迫下不同品种大麦根系POD活性的变化（聂石辉，等，2009）

形成的H_2O_2及羟自由基。从图1-31可以看出，干旱胁迫下0~24h各品种地上部分的CAT活性差异较大，24~72h各品种CAT活性呈下降趋势，较抗旱品种Tevcel和矮秆早下降趋势较缓慢，并且36~72h Tevcel和矮秆早维持在较高水平，说明Tevcel和矮秆早的保护酶系统在免受自由基伤害上要强于抗旱性较弱品种。从图1-32可以看出各品种在受到干旱胁迫时，与地上部分相比，根中的CAT活性较低；品种之间差异不明显。结合图1-31、图1-32可知，无论地上部分与根部，CAT活性随胁迫时间延长，总体呈下降趋势，根中CAT活性远低于地上部分，且品种间差异不大。

（五）大麦不同部位抗氧化防御系统与大麦抗旱性筛选的关系

干旱胁迫下活性氧清除能力的高低与变化是衡量植物耐旱性的重要指标。保护酶体系清除活性氧的活力是决定细胞、组织、器官乃至植物对胁迫抗性的关键因素。大量研究表明，较抗旱品种的耐旱能力与其体内有效的酶促清除系统密切相关，根系与地上部分对干旱胁迫所进行的一系列的适应性调节是一个复杂的生理过程，涉及地上部与地下部相互协调、相互制约的综合性适应机制。然而，前人的工作大多是分别地研究地上部分或者地下部分对干旱的生理响应，而很少把两者结合起来，这就难以揭示作物抗旱性的本质，因此从整株水平

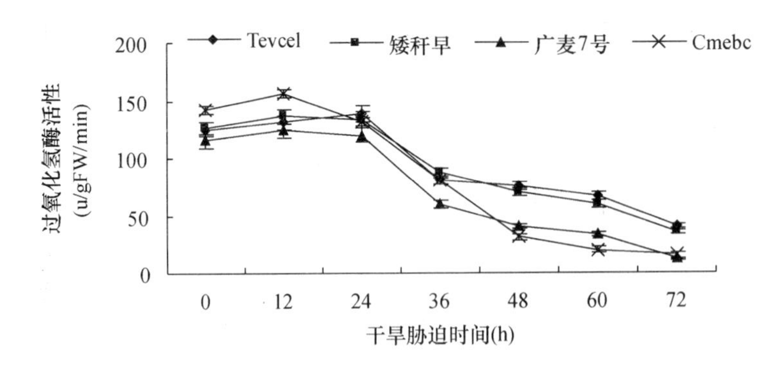

图 1-31　干旱胁迫下不同品种大麦地上部分 CAT 活性的变化（聂石辉，等，2009）

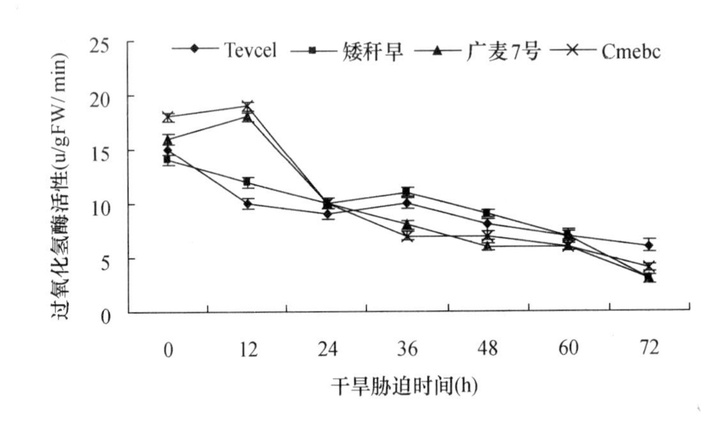

图 1-32　干旱胁迫下不同品种大麦根系 CAT 活性的变化（聂石辉，等，2009）

上了解作物对水分亏缺的适应机制具有重要意义。从聂石辉等（2009）的研究可以看出，干旱胁迫条件下根系 MDA 含量低于地上部分，根系中 POD 活性高于地上部分，POD 是以 H_2O_2 为电子受体催化底物氧化的酶，根系 POD 维持较高水平有利于迅速清除根系过剩的 H_2O_2，防止羟自由基的进一步产生，因此根系受到羟自由基的伤害程度较低。而根系 CAT 活性远低于地上部分，这与 Bian 等（2009）研究干旱胁迫条件对早熟禾酶保护系统影响的研究结果一致。Bian 等认为干旱胁迫条件下根系与地上部分组织中控制保护酶合成基因的表达丰度不同。

PEG6000 模拟干旱胁迫对大麦幼苗叶片活性氧酶促清除系统的影响基因型间存在显著差异，表现为耐旱性较强的品种如矮秆早，SOD、POD 活性的上升幅度大于对干旱敏感型 Cmebc，但随着胁迫时间的延长，叶片衰老加剧，SOD、POD、CAT 活性下降到较低水平，而两品种 MDA 含量的积累则相反。较抗旱品种 Tevcel 在干旱胁迫下能维持较高的活性氧清除能力，MDA 增加少，抗性较强，膜稳定性要高于抗旱性较弱品种 Cmebc。

梁新华等（2004）的研究认为 CAT 比 POD 在干旱胁迫下有更强的应变能力，可以在逆境胁迫加重时过度表达增强细胞的防卫能力，这两种保护酶相互配合协同作用，能高效地清除 H_2O_2，确保较低的膜脂过氧化水平。从干旱胁迫条件下对大麦幼苗地上部分及根系 MDA 含量、POD、SOD、CAT 活性的生理指标的综合分析可以看出，干旱胁迫时间对大麦幼苗的一些生理指标有重要影响，较抗旱品种 Tevcel 和矮秆早在干旱胁迫下能维持较高的活性氧清除能力，MDA 增加少，而抗旱性较弱品种广麦 7 号和 Cmebc 则相反。因此，活性氧代谢在大麦适应干旱胁迫过程中起着重要的作用，与其相关的指标如 SOD、CAT、POD 活性及 MDA 含量，可作为大麦抗旱性筛选的依据。在大麦育种中，可选育 MDA 含量偏低，而 SOD、POD、CAT 活性偏强的材料作为抗旱类型。

三、PEG6000 模拟干旱胁迫对大麦幼苗地上部分与根系渗透调节系统的影响

在干旱胁迫下，植物能否保持正常生长状况，关键在于能否维持体内的水分平衡。而渗透调节正是植物忍耐和抵御干旱的一种重要的生理机制，也是植物耐旱品种选育的一个重要生理指标。干旱胁迫下作物具有积累渗透调节类物质的能力，这些渗透调节物质不仅参与干旱逆境下作物的渗透调节，促进作物收获指数和产量的提高，而且对干旱逆境下作物的生理过程正常进行具有重要意义。这些渗透调节类物质主要有可溶性糖、可溶性蛋白、脯氨酸、甜菜碱等。聂石辉等（2009）研究在 20% 浓度 PEG6000 胁迫条件下 4 个抗旱性不同的大麦品种随干旱胁迫时间的延长渗透调节系统的变化。

（一）干旱胁迫下大麦幼苗地上部分及根中脯氨酸（Pro）含量的变化

从图 1－33 可以看出，在干旱胁迫条件下，随干旱胁迫时间的延长大麦幼苗体内脯氨酸含量均有不同程度地升高，呈随胁迫时间延长而不断增长的趋势，也就是水分胁迫会造成植物体内游离脯氨酸（Pro）累积。从图中还可以看出，前期（0～24h）脯氨酸积累速率增加平缓，中后期脯氨酸积累量趋于急剧增长。抗旱性较弱品种 Cmebc 的游离脯氨酸含量达到某一峰值后开始呈下降趋势，可能是由于伴随着干旱胁迫进程的发展，脯氨酸生物合成来源谷氨酸由于碳水化合物供应受阻，将影响其合成，进而影响脯氨酸的合成，因此脯氨酸的积累最终也会下降和停止。大麦主动积累脯氨酸参与渗透调节，这是其适应干旱环境的生理基础之一。

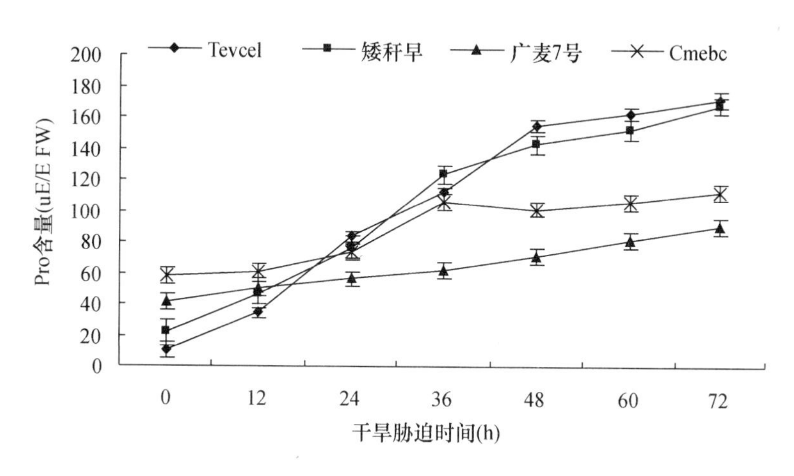

图 1－33　干旱胁迫下不同品种大麦幼苗地上部分 Pro 含量的变化（聂石辉，等，2009）

渗透调节是植物适应干旱逆境的重要生理机制。脯氨酸作为渗透调节物质之一，能够与细胞内的一些化合物形成类似亲水胶体的聚合物，具有一定的保水作用。在干旱条件的刺激下，细胞内主动积累脯氨酸等渗透调节物质，促使植物加强水分吸收，维持细胞一定的膨压，从而保持细胞生长、气孔开放以及光合作用等生理活动的正常进行。4 个大麦品种在受

到干旱胁迫时脯氨酸含量开始增加，并且较抗旱性品种 Tevcel 和矮秆早的增加速度比抗旱性较弱品种广麦 7 号和 Cmebc 要快，广麦 7 号在 0 ~ 72h 后脯氨酸含量的增加速度较为缓慢，Cmebc 在 36 ~ 72h 脯氨酸含量的增加趋于平缓，较抗旱品种 Tevcel 和矮秆早在 48 ~ 72h 脯氨酸含量的增加趋于平缓，并且较抗旱品种脯氨酸的积累量显著大于抗旱较弱品种。从图 1 - 34 中可以看出干旱胁迫下 4 个大麦品种根中脯氨酸含量在 0 ~ 48h 呈上升趋势，在 0 ~ 24h 脯氨酸含量的增加较缓慢。在 24 ~ 36h 较抗旱品种 Tevcel 和矮秆早脯氨酸含量的增加速度最快，并在 36 ~ 60h 含量变化较平缓，从 60h 开始脯氨酸含量开始下降。抗旱性较弱品种广麦 7 号和 Cmebc 根中脯氨酸含量在 48h 时达到最大值，并随着干旱时间的延长，脯氨酸含量开始下降，与较抗旱品种相比脯氨酸含量增加相对较少，并且脯氨酸含量开始下降的时间出现也较早。说明在一定水势胁迫情况下，Tevcel 和矮秆早的渗透调节能力比广麦 7 号和 Cmebc 强。根据水分胁迫情况下脯氨酸积累高峰期的早晚和含量的高低，可以很好地反映作物抗旱能力大小，一定水分胁迫条件脯氨酸（Pro）积累高峰期出现迟而且含量高的种类抗旱性较强。

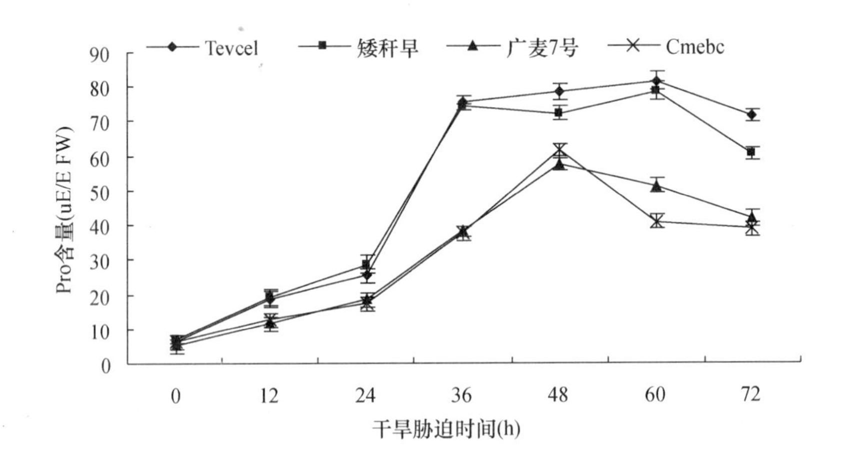

图 1 - 34　干旱胁迫下不同品种大麦幼苗根中 Pro 含量的变化（聂石辉，等，2009）

（二）干旱胁迫下大麦幼苗地上部分及根中可溶性糖（SSC）含量的变化

干旱胁迫条件下大麦幼苗组织的可溶性糖含量明显增加，作为渗透调节物质的可溶性糖主要有蔗糖、葡萄糖、果糖、半乳糖等；逆境下大麦植物体内可溶性糖增加的原因可能有：大分子碳水化合物和蛋白质的分解加强而合成受到抑制，蔗糖的合成则加快光合产物形成过程中直接转向低分子量的物质蔗糖等，而不是淀粉；从植物体其他部分输入有机溶质糖。大麦主动积累可溶性糖参与降低其体内渗透势，以利于其在干旱生境下维持植物体正常生长所需水分。

由图 1 - 35 可以看出，0 ~ 36h 4 个大麦品种可溶性糖含量的增加较缓慢，48 ~ 72h 可溶性糖含量迅速增加，而且较抗旱品种 Tevcel 和矮秆早可溶性糖含量的增加速度比抗旱性较弱品种广麦 7 号和 Cmebc 要快。整个干旱处理过程，大麦幼苗脯氨酸与可溶性糖积累进程不同，脯氨酸在干旱后期含量增加较少，可溶性糖在干旱后期大量增加。对大麦幼苗渗透调节而言，长时间干旱胁迫会使其渗透调节能力严重受到影响。因此，可溶性糖在干旱后期大量积累可能是脯氨酸下降的补偿效应。而从图 1 - 36 中可以看出，在干旱胁迫下根中可溶性糖含量的增加较为平缓，并且较抗旱品种根中可溶性糖含量的增加显著高于抗旱性较弱品种广麦7号和Cmebc。

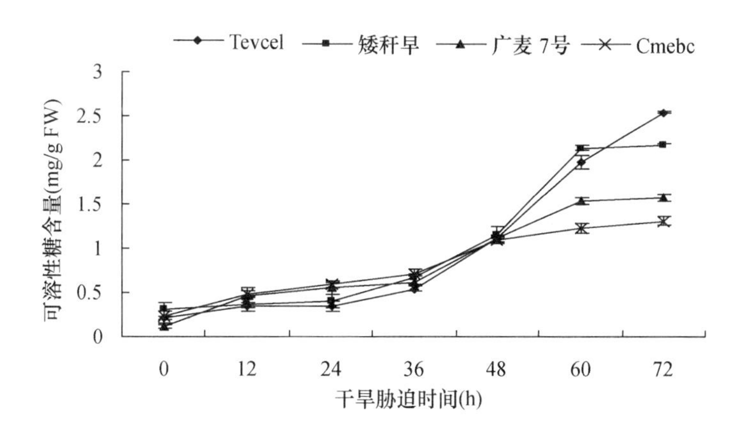

图1-35　干旱胁迫下不同品种大麦幼苗地上部分中可溶性糖（SSC）含量的变化（聂石辉，等，2009）

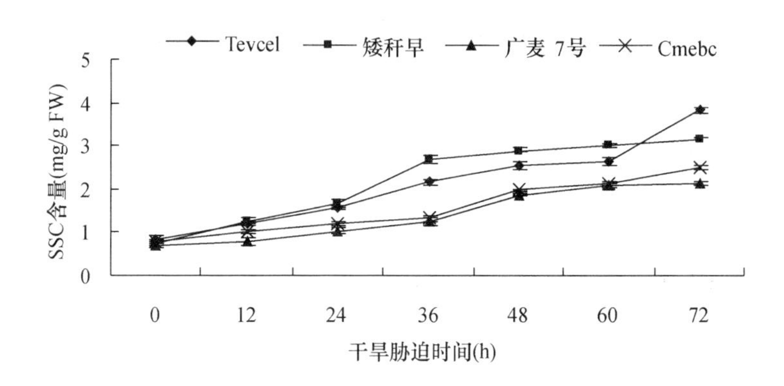

图1-36　干旱胁迫下不同品种大麦幼苗根中可溶性糖（SSC）含量的变化（聂石辉，等，2009）

（三）干旱胁迫下大麦幼苗地上部分及根中可溶性蛋白（SPC）含量的变化

蛋白质是生命体的物质基础和最重要的功能大分子之一。可溶性蛋白作为重要的一类蛋白质，其亲水性很强，具有明显增强细胞的持水力、增加束缚水含量和原生质弹性等功能。可溶性蛋白含量是植物体代谢过程中蛋白质损伤的重要指标，其变化可以反映细胞内蛋白质合成、变性及降解等多方面的信息。在干旱条件下，植物体内可能产生更多的蛋白质或者细胞内一些不溶性蛋白转变为可溶性蛋白。在严重缺水时，抗旱性较强的品种可能受干旱胁迫诱导植物基因表达，诱导产生新的水分胁迫蛋白，从而在干旱条件下能维持正常的产量或尽量减少产量损失，在外观上表现出抗旱的性状。与此相反，抗旱性较弱的品种在重度水分胁迫下新的蛋白质不能产生或者不能维持正常的可溶性蛋白的浓度，抵抗缺水的能力就小得多，外观上表现为弱抗旱性。

由图1-37中可以看出，在干旱胁迫条件下，较抗旱大麦品种Tevcel和矮秆早幼苗的地上部分在0~48h可溶性蛋白含量呈迅速增加趋势，在48~72h可溶性蛋白含量呈缓慢下降趋势；抗旱性较弱品种Cmebc的地上部分可溶性蛋白含量在0~48h呈缓慢上升趋势，并在

48～72h迅速下降；抗旱性较弱品种广麦7号的地上部分可溶性蛋白含量在0～24h呈上升趋势，并在24h开始下降。从图1－38中可以看出，干旱胁迫下4个大麦品种幼苗根中可溶性蛋白含量总体呈上升趋势，干旱胁迫较抗旱性品种Tevcel和矮秆早幼苗根中可溶性蛋白含量的增加较抗旱性较弱品种广麦7号和Cmebc要迅速。

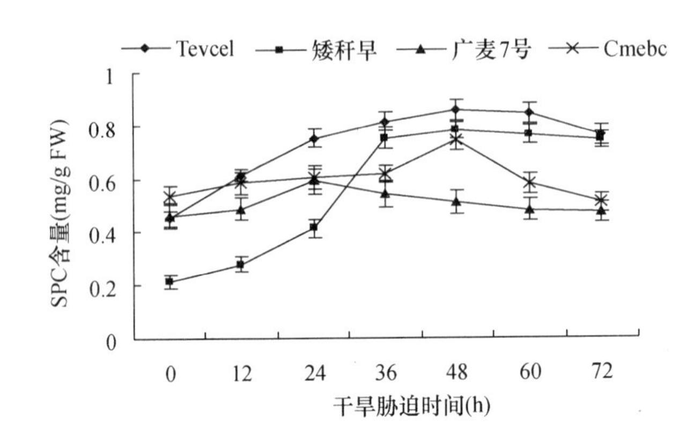

图1－37　干旱胁迫下不同品种大麦幼苗地上部分可溶性蛋白（SPC）含量的变化（聂石辉，等，2009）

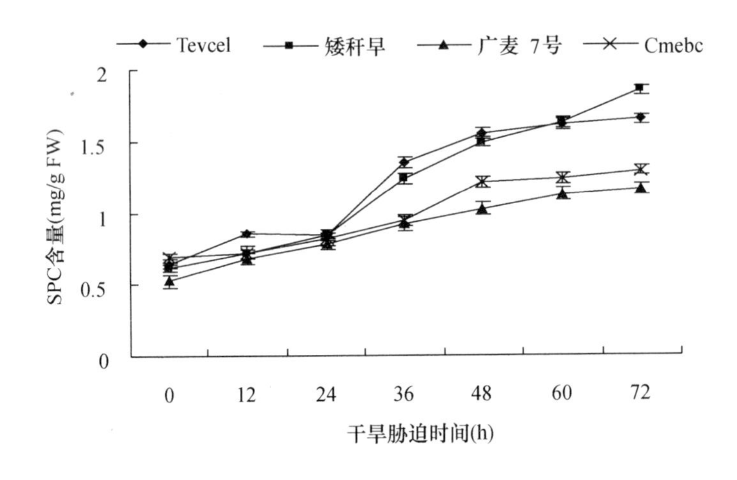

图1－38　干旱胁迫下不同品种大麦幼苗根中可溶性蛋白（SPC）含量的变化（聂石辉，等，2009）

（四）干旱胁迫条件下大麦幼苗地上部分及根系渗透调节系统的变化差异

干旱胁迫条件下渗透调节能使细胞内维持一定膨压，并通过积累可溶性糖、可溶性蛋白、脯氨酸等有机物来调节渗透压以降低植物细胞的渗透势，降低水分亏缺对植物造成的伤害，这些物质的含量同抗旱性呈正相关（Blackman，1992；Chen，1990）。左芳等（2009）在对低温胁迫下小麦生理生化及蛋白组分变化研究中发现低温胁迫对植物体内可溶性蛋白含量存在两方面作用：一方面是蛋白含量的增加；另一方面是蛋白质含量的减少。干旱胁迫也同低温胁迫一样，轻度干旱胁迫会诱导产生一些可溶性蛋白，重度干旱会加速一些酶及可溶性蛋白的裂解。聂石辉等（2009）的研究中随干旱胁迫时间的延长，大麦幼苗地上部分及根系中可溶性糖、可溶性蛋白及脯氨酸含量均有不同程度的增加。有学者认为干旱初期小麦根和叶片中可溶性蛋白含量均上升，但持续性干旱胁迫导致可溶性蛋白含量下降，并且干旱对小麦叶片的可溶性蛋白含量的影响不明显，但对根的影响较大，说明叶片对干旱胁迫的反应较根滞后（谭晓荣，2008）。聂石辉等（2009）研究中，大麦幼苗地上部分可溶性蛋白含量随干旱时间的延长呈先升高后下降趋势，并且在48～72h不同大麦品种叶片可溶性蛋白含量变化差异不显著，而根中可溶性蛋白含量迅速增加，说明干旱对大麦地上部分可溶性蛋白的影响小于对根系的影响。韩蕊莲（2003）等研究发现轻度干旱导致沙棘叶片可溶性蛋白含量上升，重度干旱导致可溶性蛋白含量下降，这与干旱后期大麦叶片可溶性蛋白含量变化相一致。

一些学者研究发现小麦灌浆中期根系可溶性糖含量与抗旱性密切相关，抗旱性强的品种在干旱胁迫条件下可以将根部形成的可溶性糖运输至穗部灌浆，并且发现小麦灌浆期适度干旱胁迫下根中可溶性糖含量呈下降趋势（左文博，2010；Ehdaie B.，2006；Plaut Z.，2004）。李新梅等（2006）研究发现，植物细胞中脯氨酸含量的积累似乎存在一个限制性阈值，超过这一积累值则失去缓解盐胁迫伤害的功能，表现为植株受害严重甚至死亡，而且甜菜碱的积累也存在这种情况。干旱胁迫下大麦幼苗叶片及根系中脯氨酸含量总体呈上升趋势，随干旱胁迫时间的延长，48～72h地上部分脯氨酸含量呈下降趋势，而根系的脯氨酸含量则迅速增加，说明根系对干旱的反应要早于地上部分。

四、PEG6000模拟干旱胁迫对大麦幼苗相对含水量（RWC）、质膜透性及叶绿素（Chl）含量的影响

（一）干旱胁迫下大麦幼苗叶片相对含水量（RWC）的变化

受干旱胁迫的影响，植物的茎、叶会发生萎蔫，萎蔫程度可以用RWC来表示。叶片相对含水量可表征植物在遭受水分胁迫后体内的水分亏缺状况，与水势相比，叶片的相对含水量对水分亏缺反应敏感，因为它更能密切地反映水分供应与蒸腾之间的平衡关系，常用来作为植物抗旱性鉴定的生理指标。由图1－39可以看出，干旱胁迫下4个大麦品种叶片RWC总体呈下降趋势，在0～36h 4个大麦品种叶片RWC的下降速度差异不显著；在中后期（36～72h），较抗旱品种Tevcel和矮秆早叶片RWC的下降速度和下降幅度显著低于抗旱性较弱品种广麦7号和Cmebc。说明在相同的干旱胁迫条件下，抗旱性强的大麦品种叶片RWC

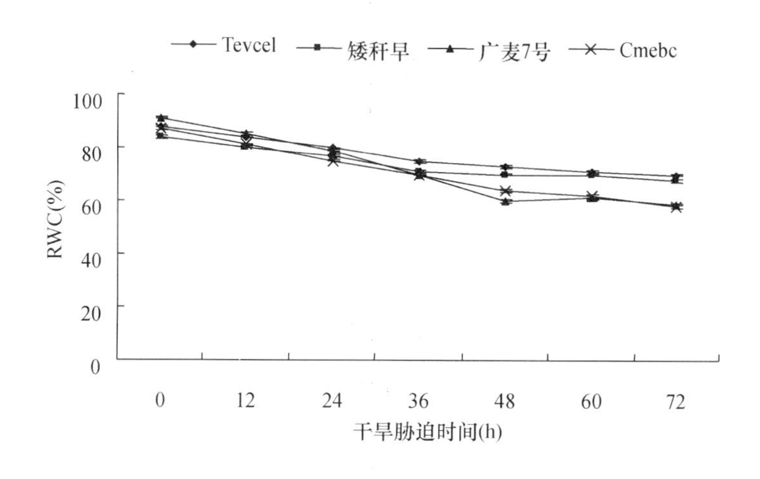

图1－39　干旱胁迫下不同品种大麦幼苗RWC的变化（聂石辉，等，2009）

下降速度较慢，下降幅度较小，能保持较好的水分平衡；抗旱性弱的大麦品种，下降速度较快，下降幅度较大，水分平衡保持差，叶片生长受抑制程度较重。

（二）干旱胁迫下大麦幼苗叶片质膜透性的变化

干旱能够引起植物细胞膜受到损伤而导致膜透性增加，使离子外渗，相对电导率（RC）升高，电导法能够十分准确地反映出植物细胞膜的损伤程度，并且可以作为衡量植物抗旱性的指标。

由图1-40可以看出，4个大麦品种随干旱胁迫时间的延长，叶片相对电导率（SPC）呈上升趋势，较抗旱品种Tevcel和矮秆早叶片相对电导率的增加量小于抗旱性较弱品种广麦7号和Cmebc，这也说明在干旱胁迫下4个大麦品种幼苗细胞膜均受到不同程度的损伤，而抗旱性较弱品种细胞膜受伤程度比较抗旱品种要严重。

大麦在干旱失水时，细胞膜遭到破坏，膜蛋白变构和膜脂呈有序排列致使膜脂相对透性增大，从而使细胞内的电解质外渗，透性增加，生物膜受损伤，且损伤的程度随干旱胁迫程度的加重而加重。

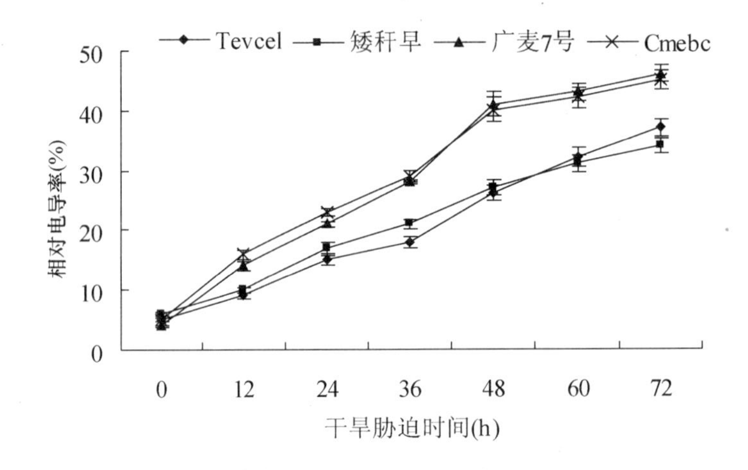

图1-40　干旱胁迫下不同品种大麦幼苗相对电导率（RC）的变化（聂石辉，等，2009）

（三）干旱胁迫下大麦幼苗叶片叶绿素（Chl）含量的变化

叶绿素（Chl）主要包括Chla和Chlb，是植物光合作用中光能吸收和转换的原初物质。Chl含量的变化在一定程度上可以反映植物的生产性能和抵抗逆境胁迫的能力。水分不足可引起植物体内Chl的含量发生变化。因此，利用干旱胁迫下Chl含量的变化，可以鉴别植物对干旱胁迫的敏感程度。

从图1-41中可以看出，在干旱胁迫0~36h较抗旱品种Tevcel和矮秆早Chl含量呈缓慢上升趋势，在36~72h Chl含量呈缓慢下降趋势；而抗旱性较弱品种种广麦7号和Cmebc在0~24h Chl含量呈缓慢上升趋势，在24~72h Chl含量迅速下降。从图1-42中可以看出，干旱胁迫条件下4个大麦品种Chl a/b总体呈下降趋势，并且抗旱性较弱品种广麦7号和Cmebc的Chl a/b下降速度要比较抗旱品种快。

一般认为，胁迫条件下可导致植物叶片中Chl含量的降低，干旱胁迫也不例外。植物缺水使叶片气孔导度受阻，影响了Chl在叶片内的生物合成过程，甚至还会促进已经形成的

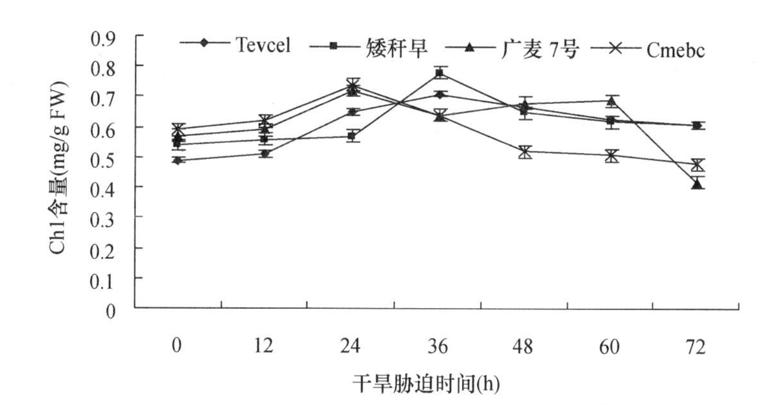

图 1－41　干旱胁迫下不同品种大麦幼苗 Chl 含量的变化（聂石辉，等，2009）

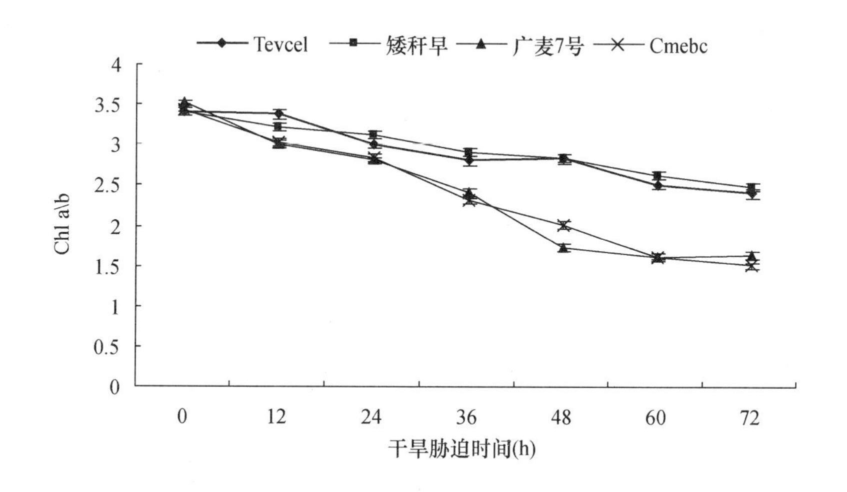

图 1－42　干旱胁迫下不同品种大麦幼苗 Chl a/b 值的变化（聂石辉，等，2009）

Chl 的加速分解过程，从而导致植物叶片中 Chl 含量的降低。而在一定范围内 Chl 含量的高低则直接影响叶片的光合作用能力。干旱胁迫进程较短的情况下，4 个大麦品种的 Chl 含量变化区别不大，随着干旱胁迫进程的延续（控水 24h 时），抗旱性较弱品种广麦 7 号和 Cmebc 的 Chl 含量迅速降低，该时期可认为是抗旱性较弱品种广麦 7 号和 Cmebc 水分胁迫条件下 Chl 含量发生变化的关键时期。

较合理的 Chla/b 值可防止叶内光能过剩诱导的自由基的产生和色素分子的光氧化。干旱胁迫条件下 4 个大麦品种的 Chla/b 值均呈下降趋势，说明干旱胁迫下 Chla 比 Chlb 对水分胁迫更加敏感，这点对于进行植物干旱胁迫下的光合系统研究有一定意义。

在干旱胁迫条件下，植物失水，植物体相对含水量降低，此时进行 Chl 含量测定，如果不考虑植物相对含水量降低的影响，测定结果往往出现随着干旱胁迫进程的延续，植物 Chl 含量升高的假象。4 个大麦品种在干旱胁迫初期 Chl 含量的测定结果既是如此，Tevcel 和矮秆早处理 36h 与广麦 7 号和 Cmebc 处理 24h 单位重量叶片的 Chl 含量均高于控水处理前。通过结合相对含水量测定计算出的叶片单位饱和鲜质量中的 Chl 含量更能准确地反映植物水分胁迫条件下 Chl 的动态变化。

第七节 大麦品种抗旱性的综合评价

抗旱性综合评价就是按品种的抗旱能力大小进行筛选、评价和归类的过程，通过抗旱性鉴定，能很好的掌握品种特性，从而应用于生产。植物的抗旱性是一个较为复杂的性状，受多基因控制，多种因子相互作用的结果。所以，用单一性状指标评价一种植物的抗旱性，虽然有一定的相关性，但是不能反映整体的生理生态，采用多个性状指标综合评定植物的抗旱性可避免因单因素评定的差异。抗旱性综合评价既需要合适的研究方法，也需要合适的研究方法上建立起来的数量化指标体系，来进行抗旱性综合评价。

隶属函数法是目前应用最普遍的抗旱性综合评价法。这种方法采用 Fuzzy 数学中隶属函数的方法对大麦幼苗各个抗旱指标的隶属函数值取平均数以评定抗旱性。聂石辉等（2009）利用隶属函数法对与大麦抗旱性相关的生理生化指标进行综合评价，避免了单一指标的片面性，快速合理，可以为抗旱高产大麦新品种选育筛选提供理论方法依据。

抗旱指标的选取采用灰色关联度分析来完成。按灰色系统理论要求，将 10 个品种的抗旱隶属函数均值及各个指标视为一个整体，即灰色系统。原始数据经标准化处理后，计算各指标与抗旱隶属函数均值的关联系数，然后分别求出各指标与抗旱隶属函数均值的关联度，并按关联度大小排列出顺序。

一、生理生化指标综合分析

在大麦孕穗期干旱处理下（土壤含水量为 26%）与正常灌水下（土壤含水量为 76%），分别测定 10 个品种地上部分的生理生化指标，即叶片相对含水量（RWC）、脯氨酸（Pro）、丙二醛（MDA）、超氧化物歧化酶（SOD）、过氧化物酶（POD）、过氧化氢酶（CAT）、叶绿素 a/b 值（Chl a/b）、相对电导率（Rc）、可溶性糖含量（SSC）、可溶性蛋白含量（SPC），并求得各生理生化指标性状的抗旱系数（表 1－17）。

表 1－17 10 个大麦品种生理生化指标的抗旱系数（聂石辉，等，2009）

品种	生理指标									
	RWC	Pro	MDA	SOD	POD	CAT	Chla/b	Rc	SSC	SPC
吉啤 1 号	87.52	435.21	284.32	201.23	385.41	95.41	86.35	125.36	254.31	412.34
C－9	84.37	411.23	275.36	212.83	343.25	94.36	79.35	124.32	287.16	387.25
Samson	90.12	524.36	245.32	195.37	375.96	97.36	92.36	128.27	305.43	487.52
法瓦维特	84.31	427.36	243.12	187.43	365.43	94.26	79.24	165.73	308.97	425.31
Nobell	84.32	397.36	264.23	198.39	384.23	94.23	85.36	146.31	295.36	412.38
DUEL	70.03	285.42	389.43	114.36	210.16	75.32	70.13	197.23	147.25	275.21
Hista	68.93	296.13	421.32	110.25	196.98	76.23	73.25	234.25	168.37	250.42
99 啤单 12	78.41	287.36	468.23	126.27	176.85	61.23	70.63	297.18	159.39	212.41
99 啤单 131	75.23	248.34	498.23	105.87	190.36	52.34	62.32	215.65	189.16	202.65
SD－96－7	74.13	285.32	489.36	135.27	205.36	25.31	65.31	243.56	196.13	198.95

对 10 个大麦品种的 10 个生理生化指标的抗旱系数进行相关分析，得出各生理生化指标的相关系数矩阵。从表 1－18 可以看出，10 个品种的 10 项生理生化指标之间均存在着不同程度的相关性。

表 1－18　各项指标抗旱系数间的相关系数矩阵（聂石辉，等，2009）

生理指标	RWC	Proline	MDA	SOD	POD	CAT	Chla/b	Rc	SSC	SPC
RWC	1.00**	0.90**	-0.79**	0.90**	0.88**	0.65*	0.83**	-0.72**	0.88**	0.85**
Proline	0.90**	1.00**	-0.92**	0.89**	0.92**	0.78**	0.95**	-0.82**	0.88**	0.97**
MDA	-0.79**	-0.92**	1.00**	-0.89**	-0.95**	-0.91**	-0.90**	0.87**	-0.88**	-0.98**
SOD	0.90**	0.89**	-0.89**	1.00**	0.95**	0.72**	0.84**	-0.84**	0.92**	0.89**
POD	0.88**	0.92**	-0.95**	0.95**	1.00**	0.80**	0.90**	-0.90**	0.93**	0.96**
CAT	0.65*	0.78**	-0.91**	0.72**	0.80**	1.00**	0.85**	-0.77**	0.67*	0.88**
Chla/b	0.83**	0.95**	-0.90**	0.84**	0.90**	0.85**	1.00**	-0.78**	0.78**	0.94**
Rc	-0.72**	-0.82**	0.87**	-0.84**	-0.90**	-0.77**	-0.78**	1.00**	-0.81**	-0.88**
SSC	0.88**	0.88**	-0.88**	0.92**	0.93**	0.67*	0.78**	-0.81**	1.00**	0.90**
SPC	0.85**	0.97**	-0.98**	0.89**	0.96**	0.88**	0.94**	-0.88**	0.90**	1.00**

注：*和**分别表示在 0.05 和 0.01 水平上相关显著。

二、抗旱性综合评价

将所测定的生理指标的抗旱系数进行标准化并求出不同品种抗旱隶属函数平均值（表 1－20），并根据隶属平均值对 10 个大麦品种进行抗旱性评价。

表 1－19　10 个大麦品种各项生理指标的隶属函数值及综合评价值（聂石辉，等，2009）

品种	生理指标										隶属平均值
	RWC	Pro	MDA	SOD	POD	CAT	Chla/b	Rc	SSC	SPC	
吉啤 1 号	0.8773	0.6770	0.8385	0.8915	1.0000	0.9729	0.7999	0.9940	0.6620	0.7395	0.8453
C－9	0.7286	0.5901	0.8736	1.0000	0.7979	0.9584	0.5669	1.0000	0.8651	0.6525	0.8033
Samson	1.0000	1.0000	0.9914	0.8368	0.9547	1.0000	1.0000	0.9771	0.9781	1.0000	0.9738
法瓦维特	0.7258	0.6486	1.0000	0.7625	0.9042	0.9570	0.5632	0.7604	1.0000	0.7844	0.8106
Nobell	0.7263	0.5399	0.9173	0.8650	0.9943	0.9566	0.7670	0.8728	0.9158	0.7396	0.8295
DUEL	0.0519	0.1343	0.4265	0.0794	0.1597	0.6941	0.2600	0.5782	0.0000	0.2643	0.2648
Hista	0.0000	0.1731	0.3015	0.0409	0.0965	0.7067	0.3638	0.3641	0.1306	0.1784	0.2356
99 啤单 12	0.4474	0.1414	0.1176	0.1907	0.0000	0.4985	0.2766	0.0000	0.0751	0.0466	0.1794
99 啤单 131	0.2973	0.0000	0.0000	0.0000	0.0648	0.3752	0.0000	0.4717	0.2592	0.0128	0.1481
SD96－7	0.2454	0.1340	0.0348	0.2749	0.1367	0.0000	0.0995	0.3102	0.3023	0.0000	0.1538

抗旱性隶属函数值的大小反映各品种抗旱能力的大小，值越大表明越抗旱，根据所得的隶属函数平均值可将10个大麦品种的抗旱性进行排序。

表1－20　10个大麦品种的抗旱性隶属平均值及抗旱性排序（聂石辉，等，2009）

品种	吉啤1号	C－9	Samson	法瓦维特	Nobell	DUEL	Hista	99啤单12	99啤单131	SD－96－7
隶属平均值	0.8453	0.8033	0.9738	0.8106	0.8295	0.2648	0.2356	0.1794	0.1481	0.1538
抗旱性排序	2	5	1	4	3	6	7	8	10	9

三、隶属函数法对不同大麦品种的抗旱性评价

抗旱参数间存在正或负相关关系能更好地证明试验所选参数的准确性和代表性。在干旱条件下，植物适应或抵御干旱的机制使得一些参数有着相同方向或相异的变化，这些变化都是使得植物将干旱带来的损害降低到最小。因此，我们在抗旱性鉴定时，可选择显著相关的参数对研究目标进行初步筛选。多性状综合评价比单性状评价更能揭示品种的真实抗旱能力。利用多性状不仅可以避免因个别性状极端抗旱或不抗旱而导致对品种抗旱性的误判，而且利用多种鉴定参数与多性状相结合评价，可以缩小鉴定参数引起的统计误差以及试验中偶然误差。

隶属函数分析提供了一条在多指标测定基础上对材料特性进行综合评价的途径，将它应用于抗旱育种的选择，可以大大提高抗旱性筛选的可靠性。以前的研究多仅利用少数指标对一两个品种进行评价，但在大麦生长发育的整个过程中，不同品种耐旱机制可能不同。因此，利用多指标对品种进行综合评价，才有可能真正揭示品种对水分反应特性的实质，提高抗旱鉴定的准确性。

利用抗旱系数及隶属函数法对10个大麦品种的抗旱性进行综合评价，分析10个与大麦抗旱性有关的性状，表明10个性状间均存在相关性，表1－20根据10个性状的隶属函数平均值对10个大麦品种的抗旱性进行排序：Samson > 吉啤1号 > Nobell > 法瓦维特 > C－9 > DUEL > Hista > 99啤单12 > SD96－7 > 99啤单131。

第二章

盐胁迫对大麦种子萌发及幼苗生理生化特性的影响

第一节 盐胁迫对大麦种子萌发的影响及萌发期耐盐性鉴定

大麦在农作物中是耐盐性较强的作物（孙立军，2001），在不同盐浓度胁迫下，选择耐盐性大麦品种进行栽培是改良土壤的一种重要手段。对于大多数作物，种子萌发和早期幼苗阶段对环境胁迫最为敏感（柯玉琴，等，2001），都是以胚的生长为基础的，而胚的生长则是种子内部所有生理生化系统协调作用的结果（丁顺华，等，2001）。因此，对作物的耐盐性研究大都在种子发芽期（刘文革，等，2002）。

李尉霞等（2007）在0（CK）、0.2%、0.4%、0.6%、0.8%、1.0%、1.2%、1.4%和1.6%浓度NaCl盐溶液中进行大麦种子发芽试验，三次重复，研究盐胁迫对种子萌发的影响（以春性二棱大麦Sampsonwie为材料）。并在0（CK）、0.5%、1.0%、1.5%与2.0%浓度NaCl盐溶液中进行大麦萌发期耐盐性鉴定（以34个春性大麦品种为材料），旨在为大麦耐盐种质资源的筛选和评价提供理论依据。

一、盐胁迫对种子萌发的影响

发芽率是检验种子质量的常规指标，发芽指数与萌发活力指数反映种子萌发的速度和质量，客观反映种子在实验室条件下萌发好坏与幼苗生长状况，又与田间出苗质量密切相关，因此，这些指标可以作为鉴定大麦芽期耐盐性指标。本实验以芽长达到粒长1/2以上的种子作为发芽的种子。

发芽指数 $GI = \sum G_t/D_t$（G_t 指在t时间内的发芽数，Dt指发芽天数）

萌发活力指数 = = $\sum G_t/D_t \times$ 幼苗的平均鲜重（单位：g）

（一）盐胁迫对大麦种子发芽率的影响

由图2－1可知，不同浓度胁迫下，Sampson种子的发芽率总体呈下降趋势。但Sampson在0.2%、0.4% NaCl盐溶液中发芽率均高于对照，0.2% NaCl溶液处理种子发芽率比对照高1.04倍，0.4% NaCl溶液处理种子发芽率则提高1.05倍，说明低浓度盐分对种子萌发有促进作用，这与多数耐盐植物的研究相符（沈禹颖，等，1991；李昀，等，1997；王亚庆，等，2002；安守芹，等，1995）。这种现象可能与低盐促进细胞膜渗透调节有关，也可能是微量无机离子 Na^+ 对呼吸酶具有激活作用（赵可夫，1998）。

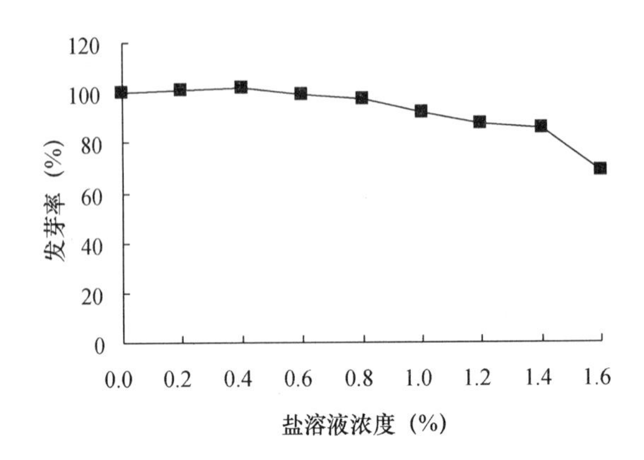

图 2－1　盐胁迫对大麦种子发芽率的影响（李尉霞，等，2007）

方差分析结果显示，不同浓度处理间的发芽率差异达到部分显著或部分极显著水平（表 2－1）。当盐浓度为 1.2%，其相对发芽率仍可达 85.56%，高于此浓度均与对照出现极显著差异，说明耐盐性开始减弱。当盐浓度为 0.2% 和 0.4% 时，发芽率均高于对照，说明在这个浓度范围内最适合该品种的生长。

表 2－1　盐胁迫对大麦种子萌发的影响（李尉霞，等，2007）

盐浓度（%）	发芽率		发芽指数		萌发活力指数	
	平均（%）	CV%	平均（%）	CV%	平均（%）	CV%
0	97.78aA	3.94	30.70aA	4.74	2.78aA	2.34
0.2	98.89aA	1.94	27.90bB	2.79	2.36bB	4.97
0.4	100aA	0.05	23.75cC	2.81	2.34bB	11.97
0.6	96.67abAB	3.45	22.17dCD	2.25	1.43cC	6.81
0.8	95.56abAB	2.02	21.36dD	2.46	1.25cC	6.23
1.0	90.00bcABC	6.41	17.00eE	3.48	0.83dD	12.05
1.2	85.56cBC	5.95	11.48fE	6.70	0.36eE	15.47
1.4	83.33cC	0.05	9.28gG	3.59	0.21efEF	9.75
1.6	66.67dD	15.00	4.82hH	17.06	0.06fF	20.28

注：不同大小写字母分别表示在 0.01 和 0.05 水平上差异显著。

（二）盐胁迫对大麦种子发芽指数和萌发活力指数的影响

随盐浓度的增加，Sampson 种子发芽指数、萌发活力指数均呈下降趋势（图 2－2、图 2－3）。由图 2－3 可以看出，大麦种子萌发活力指数受 NaCl 胁迫的影响较大，随盐浓度的增大，萌发活力指数急剧下降。

在不同浓度盐溶液处理下的发芽指数和萌发活力指数呈显著或极显著差异（表 2－1）。

当盐浓度大于0.8%时，发芽指数和萌发活力指数与对照相比均表现为急剧下降。在盐浓度为1.6%时，发芽指数和萌发活力指数与对照相比分别下降了84.3%和97.84%。

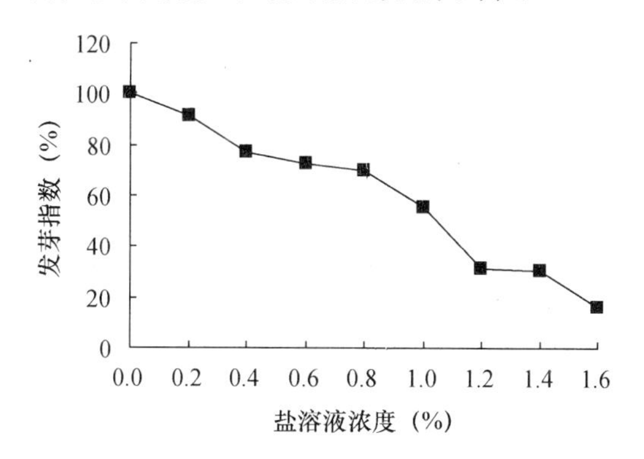

图2-2 盐胁迫对大麦种子发芽指数的影响（李尉霞，等，2007）

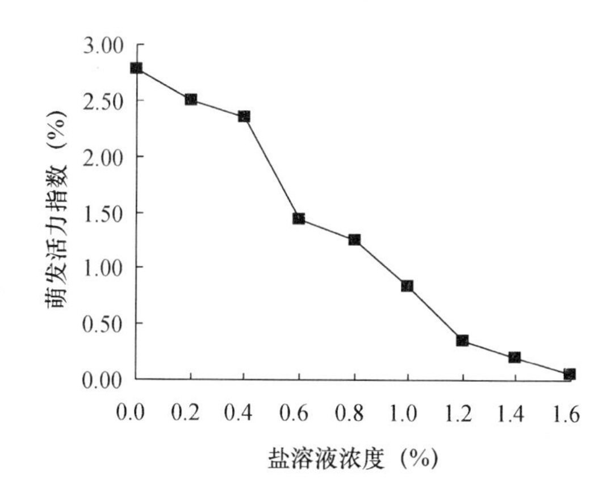

图2-3 盐胁迫对大麦种子萌发活力指数的影响（李尉霞，等，2007）

种子的发芽率均随盐浓度的增加而出现下降趋势，但在0.2%和0.4%的低盐胁迫下，Sampson的发芽率均高于对照，即说明在较低盐浓度下，盐胁迫对一些大麦品种的发芽有促进作用。在大于0.6%高浓度盐胁迫时，发芽率、发芽指数和萌发活力指数均下降，说明高盐胁迫对大麦品种种子起到了较大的抑制作用。低浓度NaCl促进某些植物种子萌发，而高浓度则显著抑制，这一趋势与不少研究结果是一致的。低浓度盐胁迫对棉花（谢德意，等，2000）、盐角草（王庆亚，等，2002）、西瓜（朱庆松，等，2004）等种子萌发有促进作用，这种现象可能与低盐促进细胞膜渗透调节有关，也可能是微量的无机离子Na^+对呼吸酶有一定的激活作用（赵可夫，1998）。

二、不同大麦品种种子萌发期耐盐性的鉴定

（一）盐胁迫对不同大麦品种发芽率的影响

随盐胁迫浓度的升高，大麦种子的发芽率总体表现为下降趋势（表2-2）。同一胁迫条件下，不同品种对盐胁迫受抑制的程度不同。在盐浓度为0.5%的低胁迫下，Lima、Celink、Abee、Bank、ND4994·16、新引D_3、新引D_5、大波30、大波35的发芽率下降率均为负值，

即说明在较低盐浓度下，盐胁迫对一些大麦品种的发芽有促进作用。而当盐浓度达 1.5% 时，部分品种发芽率下降率急剧升高，各品种差异明显，如 Stirling、Alex 发芽率的下降率为 100%，而 ND11231 - 11 为 14.44%、大波 30 为 16.86%。由此可以看出，不同品种大麦种子萌发的耐盐性存在较大差异。

表 2-2　盐胁迫下不同大麦品种种子发芽率和发芽率下降率（%）（李蔚霞，等，2007）

品种	不同 NaCl 浓度下发芽率下降率值（%）			
	0.5	1.0	1.5	2.0
Stiring	4.55	18.18	100	100
Bonous	0	17.33	79.33	100
Nista	3.45	15.03	51.76	96.56
Poland	2.3	10.6	32.25	96.56
Jersery	1.12	3.37	86.51	96.63
Alex	4.45	16.67	100	100
Lima	-6.26	1.88	39.31	100
Celink	-3.74	11.28	41.93	93.1
Crystal	0	6.67	34.44	96.67
Harrington	7.98	10.2	51.19	100
Abee	-2.39	11.5	42.36	93.1
SD89 - 22	4.85	18.25	55.51	100
Bank	-1.12	5.62	78.65	100
Morrison	1.11	5.56	38.89	100
ND11231 - 11	0	1.11	14.44	76.67
ND4994 · 16	-1.12	5.62	28.09	100
13297	3.7	11.11	29.62	100
新引 D_3	-4.85	11.76	98.89	100
新引 D_5	-0.04	10.11	39.16	100
新引 D_6	14.93	14.85	84.79	100
新引 D_7	5.73	12.64	47.11	95.41
大波 28	4.44	7.78	90	100
大波 29	0	5.56	35.56	96.67
大波 30	-1.12	4.49	16.86	100
大波 31	1.11	17.78	36.67	100
大波 32	0	10	24.44	90
大波 33	1.03	21.85	79.34	100
大波 34	1.11	2.22	71.11	100
大波 35	-0.04	6.71	38.12	93.33
大波 36	1.11	7.78	58.89	96.67
大波 37	5.75	11.50	87.36	100
大波 38	4.6	14.52	87.59	100
甘啤 2 号	2.22	8.89	91.11	100
红日啤麦 2 号	12.42	48.6	90.34	100

注：表内数值为（CK - T）/CK × 100%，其中 CK 为对照的发芽指标值，T 为盐处理的发芽指标值，下同。

（二）盐胁迫对不同大麦品种种子发芽指数和萌发活力指数的影响

由表2－3可见，盐胁迫下，所有大麦品种的发芽指数均受到不同程度的抑制。随盐胁迫浓度的增大，发芽指数下降率也增加。同一盐胁迫条件下，不同品种的发芽指数对盐胁迫的敏感程度不同，品种间差异明显。因发芽率是检验种子质量的常规指标，发芽率指数既反映发芽率高低，又反映发芽速度（李磊，等，2000）。因此，这一指标可以作为鉴定大麦芽期耐盐性指标。

表2－3　盐胁迫下不同大麦品种种子发芽指数和萌发活力指数的下降率（%）（李尉霞，等，2007）

品种	不同 NaCl 浓度下指数下降率值（%）				不同 NaCl 浓度下萌发活力指数下降率值（%）			
	0.5	1.0	1.5	2.0	0.5	1.0	1.5	2.0
Stiring	27.64	70.69	100	100	56.41	90.99	100	100
Bonous	23.81	55.19	95.91	100	44.64	83.72	98.01	100
Nista	24.56	50.76	88.64	99.84	50.17	82.49	97.43	99.99
Poland	8.23	48.42	77.86	99.64	40.39	78.38	93.87	99.97
Jersery	28.07	62.38	98.12	99.54	50.26	90.44	99.80	99.96
Alex	44.94	72.6	100	100	68.95	94.17	100	100
Lima	14.1	44.4	87.13	100	38.29	81.25	97.9	100
Celink	8.53	40.34	76.22	98.88	37.8	74.19	92.53	99.82
Crystal	18.8	52.77	85.33	99.27	40.26	83.66	97.43	99.92
Harrington	18.82	47	87.14	100	58.83	81.72	97.37	100
Abee	9.11	45.56	79.76	98.38	41.99	75.59	92.98	99.71
SD89－22	18.39	59.27	91.37	100	46.96	86.09	98.52	100
Bank	24.45	59.26	95.13	100	55.90	85.92	99.26	100
Morrison	28.66	59.19	88.99	100	61.25	88.65	98.61	100
ND11231－11	1.34	36.39	70.33	95.69	29.95	76.26	92.5	99.25
ND4994·16	13.79	41.56	74.31	97.57	35.51	65.48	92.44	99.70
13297	15.77	36.34	72.72	98.84	37.80	56.75	90.09	99.86
新引 D_3	24.19	70.27	99.73	100	34.09	89.48	99.43	100
新引 D_5	12.23	42.59	79.91	100	35.46	70.09	95.29	100
新引 D_6	25.95	59.43	96	100	51.1	84.66	99.12	100
新引 D_7	26.62	57.21	86.46	99.36	61.44	77.27	96.67	99.92
大波28	16.81	55.84	97.43	100	54.71	81.2	99.45	100
大波29	3.87	49.88	85.55	99.41	42.97	79.74	97.38	99.94
大波30	6.61	38.33	78.95	100	41.38	75.36	95.54	100
大波31	15.31	54.64	87.1	100	45.3	85.76	98.15	100
大波32	10.46	50.16	79.98	97.42	47.29	84.69	97.02	99.66
大波33	12.54	56.15	96.41	100	40.69	87.5	99.45	100
大波34	41.68	66.68	93.70	100	63.44	87.77	98.92	100

续表

品种	不同 NaCl 浓度下下降率值（%）				不同 NaCl 浓度下下降率值（%）			
	0.5	1.0	1.5	2.0	0.5	1.0	1.5	2.0
大波 35	9.97	34.89	77.49	98.72	34.67	70.13	93.38	99.83
大波 36	33.91	54.42	91.05	100	61.46	77.98	98.22	99.91
大波 37	29.92	64.55	97.76	100	73.31	89.03	99.66	100
大波 38	21.28	55.13	97.11	100	64.39	84.62	91.12	100
甘啤 2 号	32.7	69.31	98	100	56.38	90.68	99.74	100
红日啤麦 2 号	29.83	70.06	95.81	100	49.82	86.21	98.71	100

由于不同品种（系）的种子质量存在明显差异，有的种子在盐处理下虽能发芽，但长势很差。采用萌发活力指数，则既能反映品种发芽率，又能反映品种发芽速度及生活力、生长势，客观反映了种子在实验室条件下的萌发好坏与幼苗生长状况，又与田间出苗质量密切相关。由表 2－3 可以看出，大麦种子萌发活力指数受盐胁迫影响较大，随盐胁迫浓度增大，萌发活力指数下降率明显上升。同一盐胁迫条件下，不同品种萌发活力指数的下降表现明显的差异，但盐浓度达 2.0%时，由于抑制作用过大，品种间萌发活力指数无差异，亦即说明过高浓度盐胁迫下，用萌发活力指数这一指标已无法区分各品种间的差异。

（三）盐胁迫下不同大麦品种种子萌发期耐盐性综合评价

植物在盐胁迫下表现出的耐盐性是一个复杂的过程，其耐盐能力的大小是多种代谢的综合表现，如果只根据单一指标来评价植物耐盐性大小，不能客观反映植物的真实耐盐性（吐尔逊娜依，等，1995）。因此，只有经多种指标的综合分析才能较客观地评价不同大麦品种萌发期的耐盐性。根据 3 个发芽指标对不同盐胁迫的反应敏感性不同，对几个敏感盐浓度胁迫下的各发芽指标下降率值的大小进行评分，并把各指标的得分进行累加及排序（表 2－4）。

表 2－4　不同大麦品种的得分及种子萌发期耐盐性的综合评价（李尉霞，等，2007）

品种	发芽率下降率得分			发芽指数下降率得分		活力指数下降率得分	总分	名次
	0.5%	1.0%	1.5%	0.5%	1.0%	0.5%		
Stiring	6	4	10	7	10	7	44	23
Bonous	3	4	8	6	6	4	31	15
Nista	5	3	5	6	4	5	28	12
Poland	5	2	3	2	4	3	19	9
Jersery	4	1	9	7	8	5	34	17
Alex	6	4	10	10	10	9	49	24
Lima	1	1	3	3	3	2	13	3
Celink	2	3	4	2	2	2	15	5
Crystal	3	2	3	5	5	3	21	10

续表

品种	发芽率下降率得分			发芽指数下降率得分		活力指数下降率得分	总分	名次
	0.5%	1.0%	1.5%	0.5%	1.0%	0.5%		
Harrington	7	2	5	5	3	7	29	13
Abee	2	3	4	2	3	3	17	7
SD89－22	6	4	5	4	7	4	30	14
Bank	3	1	8	6	7	6	31	15
Morrison	4	1	3	7	7	8	30	14
ND11231－11	3	1	1	1	1	1	8	1
ND4994·16	3	1	2	3	2	2	13	3
13297	5	3	2	4	1	2	17	7
新引 D_3	1	3	10	6	10	1	31	15
新引 D_5	3	2	3	3	2	2	15	5
新引 D_6	10	3	9	6	7	5	40	20
新引 D_7	6	3	4	6	6	8	33	16
大波 28	6	2	9	4	6	6	33	16
大波 29	3	1	3	1	4	4	16	6
大波 30	3	1	1	2	1	3	11	2
大波 31	4	4	3	4	6	4	25	11
大波 32	3	2	2	3	4	4	18	8
大波 33	4	5	8	3	6	3	29	13
大波 34	4	1	7	10	9	8	39	19
大波 35	3	2	3	2	1	3	14	4
大波 36	4	2	6	8	5	8	33	16
大波 37	6	3	9	7	8	10	43	22
大波 38	6	3	9	5	6	8	37	18
甘啤 2 号	5	2	9	8	10	7	41	21
红日啤 2 号	9	10	9	7	10	5	50	25

萌发期耐盐性评价方法：综合评价大麦品种萌发耐盐性时，根据每个品种在敏感盐浓度胁迫下的各个发芽指标下降率值的大小进行评分，评分标准为把每一种指标的最大值与最小值的差值均分为 10 个等级，每一个等级为 1 分。在各种指标中，均以耐盐性最弱的品种得分最高，即 10 分；以耐盐性最强的品种得分最低，即 1 分，依次类推，最后把各个指标得分进行相加，根据总分高低排出不同大麦品种种子萌发的耐盐性顺序。

由表 2－4 可知，在供试的 34 个大麦品种中，ND11231－11、大波 30 为种子萌发期最耐盐品种，它在 3 个发芽指标方面表现出很大的耐盐优势。而红日啤 2 号、Alex、Stirling 和大波37为最不耐盐品种，也是因为其4个发芽指标低的原因造成的。根据各品种的综合得分情况，大致把34个大麦品种划分为3个等级，耐盐品种为ND11231－11、大波30；不耐盐品种为红日啤2号、Alex、Stirling和大波37；其他品种耐盐性居中。

第二节　盐胁迫对大麦叶片膜脂过氧化及保护酶活性的影响

盐胁迫对植物的伤害作用，在很大程度上是通过破坏生物膜的生理功能引起的（毛桂莲，等，2005；李波，等，2005）。MDA是膜脂过氧化分解的产物，因此在一定程度上MDA含量的高低可以表示细胞膜过氧化程度（Pallitt，等，1992）。植物已进化出特异的保护机制来抵抗氧化胁迫，抗氧化酶包括SOD、POD、CAT等是酶促防御系统的保护酶，它们协同作用，防御活性氧或其他过氧化自由基对细胞膜系统的伤害，抑制膜脂过氧化，以减轻盐胁迫对植物细胞伤害（王宝山，等，1993）。而在盐逆境下有关大麦这方面的研究报道尚少。

李尉霞等（2007）以大麦品种Sampson为试验材料，研究不同NaCl浓度的琼脂溶液处理后对大麦幼苗细胞膜透性、MDA含量和保护酶SOD、POD、CAT活性的影响，以了解大麦的耐盐性机理，丰富大麦的逆境生理研究。

一、盐胁迫对大麦幼苗叶片丙二醛（MDA）含量的影响

大量研究表明，植物在逆境胁迫过程中，细胞内自由基代谢平衡被破坏，产生大量的自由基，过剩的自由基会引起或加剧膜脂过氧化作用，造成细胞膜系统的损伤。MDA是膜脂过氧化的产物，MDA含量的高低代表膜脂过氧化的程度及植物对逆境条件反应的强弱（陈少裕，1991）。

从图2－4可以看出，MDA与盐浓度呈正相关，特别是当浓度超过0.4%后，MDA急剧增加，盐浓度为1.0%和1.2%时，MDA含量分别为对照的1.45倍和2.13倍（表2－5），表明细胞的膜系统已受到严重的损伤。

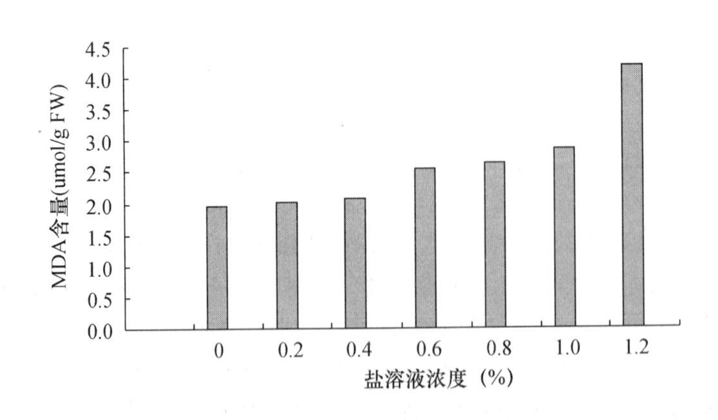

图2－4　盐胁迫对大麦叶片MDA含量的影响（李尉霞，等，2007）

表 2-5　盐胁迫对大麦幼苗膜脂过氧化及保护酶活性的影响（李尉霞，等，2007）

NaCl 浓度（%）	MDA 平均（%）	MDA CV%	MP 平均（%）	MP CV%	SOD 平均（%）	SOD CV%	CAT 平均（%）	CAT CV%	POD 平均（%）	POD CV%
0	1.97gG	0.08	26.56gG	0.24	10442.5	0.59	22.46eE	0.30	2014eE	0.23
0.2	2.01fF	0.20	28.17fF	0.13	10447.9	1.62	23.53cC	0.15	2493cC	0.12
0.4	2.07eE	0.36	30.15eE	0.13	7430.4	0.80	24.94bB	0.19	2795.33aA	0.09
0.6	2.55dD	0.14	41.69dD	0.22	6169.0	0.39	25.19aA	0.11	2588.67bB	0.06
0.8	2.63cC	0.38	44.25cC	0.16	7554.4	0.79	23.20dD	0.07	2204.33dD	0.23
1.0	2.86bB	0.12	50.55bB	0.08	7382.2	0.48	20.14fF	0.23	1984.67fF	0.25
1.2	4.17aA	0.09	59.91aA	0.06	6217.3	0.69	18.79gG	0.20	1602.67gG	0.40

注：不同大小写字母分别表示在 0.01 和 0.05 水平上差异显著。

许多研究指出植物在低温、干旱、大气污染、高盐分和强辐射下都可以增强膜脂过氧化作用的过程，从而破坏膜的结构。丙二醛是活性氧启动的细胞膜脂过氧化产物之一，膜脂的过氧化作用可直接导致细胞膜结构和功能的破坏，细胞膜透性的增加，丙二醛含量的高低反映了活性氧代谢及对细胞膜的破坏程度。李尉霞等（2007）研究结果表明 NaCl 胁迫下，大麦叶片细胞膜相对透性增大，MDA 含量增加，并随 NaCl 浓度的增加而逐渐增大。说明大麦体内可能存在盐胁迫而诱导自由基的伤害，自由基对膜的攻击造成 MDA 积累，使膜的结构和功能受到破坏，质膜透性加大，电解质外渗。

二、盐胁迫对大麦幼苗叶片细胞质膜透性和超氧化物歧化酶（SOD）活性的影响

细胞质膜是细胞与外界环境相隔离的屏障，同时也是细胞与外界环境进行物质交换、能量传递和信息交流的界面，在细胞中执行多种功能。质膜受到盐胁迫后，将发生一系列的协变，其透性将增大，从而导致溶质渗漏，并进一步影响细胞代谢（翟凤林，1989；赵可夫，等，1990）。协变是指植物受到胁迫后所产生的反应，包括植物体内所有的物理和化学的变化（Levitt，等，1980）。电解质外渗便是其中之一，它反映了植物细胞膜透性的变化，因而常作为植物抗逆性研究的重要生理指标（王洪春，1987）。

在盐胁迫下，细胞内部分电解质外渗，其大小直接控制着盐分进入细胞的量。从图 2-5 中可以看出，0.2% 和 0.4% 的电导率变化曲线与对照之间差距很小，这表明 Sampson 在此盐浓度下，只受到轻度伤害，这与形态上的症状表现不明显相对应。

在植物的活性氧清除酶系统中，SOD 被认为是植物体内氧代谢的关键酶，能催化体内的歧化反应，它的活力变化直接影响植物体内 O_2 与 H_2O_2 的含量（曹军，等，2004）。盐胁迫下（图 2-6），随 NaCl 浓度增加，SOD 活性呈先降后升的变化趋势，说明低盐浓度胁迫可诱导大麦叶片中 SOD 活性下降；当超过一定盐浓度范围，SOD 活性上升，能有效清除自由基从而阻止膜的过氧化和破坏。在 NaCl 胁迫下，SOD 活性随胁迫浓度的增加呈“V”形。表明 SOD 活性变化与大麦幼苗的耐盐性有关。因此，SOD 活性变化可作为大麦耐盐性鉴定的指标。

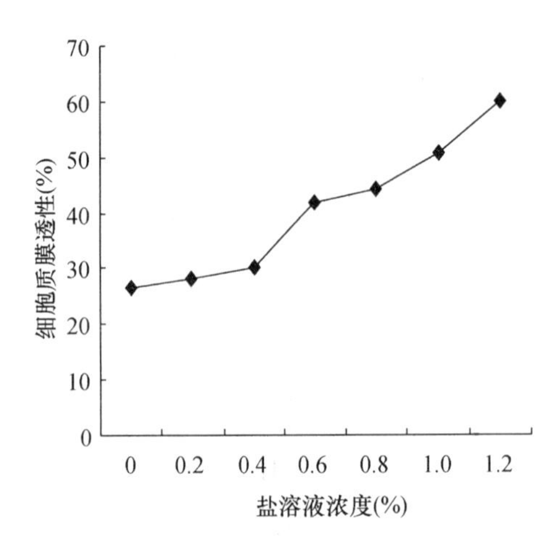

图 2-5　盐胁迫对大麦叶片细胞质膜透性的影响（李尉霞，等，2007）

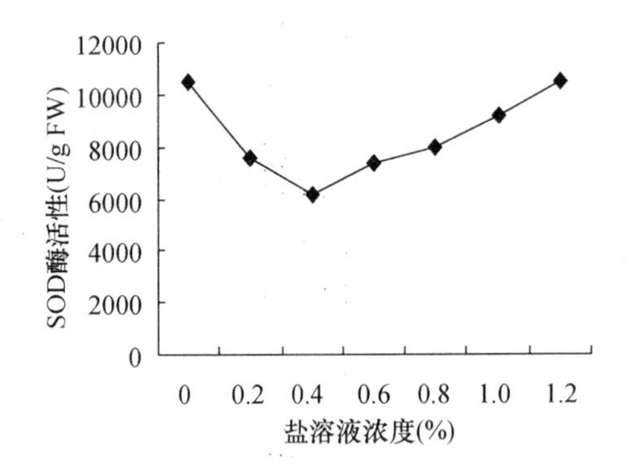

图 2-6　盐胁迫对大麦叶片细胞质 SOD 活性的影响（李尉霞，等，2007）

三、盐胁迫对大麦幼苗叶片过氧化氢酶（CAT）和过氧化物酶（POD）活性的影响

CAT 主要存在于植物的过氧化物体（或乙醛酸循环体）中，主要功能是清除光呼吸或脂肪酸 β-氧化过程中形成的 H_2O_2，CAT 活性的升高有助于清除细胞中代谢所产生的 H_2O_2（曹军，等，2004）。

从图 2-7 中可以看出，在小于 1.0% 浓度内，NaCl 对大麦幼苗叶片中 CAT 活性的影响不大，说明大麦叶片中 CAT 酶对 NaCl 胁迫不太敏感。因此该生理指标不宜作为大麦苗期耐盐性鉴定的生理指标。

POD 是植物逆境胁迫或衰老过程中细胞自由基酶促防御体系中重要的保护酶之一（陈少裕，1991）。POD 广泛存在于所有的高等植物中，它是细胞中降解 ROS 的保护酶复合物的一员，POD 清除 H_2O_2 以保护细胞不受伤害（曹军，等，2004）。

从图 2-8 中可以看出 POD 活性随 NaCl 浓度增加呈先升后降的变化趋势，可能低浓度 NaCl 激发了 POD 活性，以减轻伤害或保护植物不受伤害，而高浓度下保护酶活性急剧降低，这说明，在盐胁迫下虽然 POD 活性加强，但其调节能力也是有限的。当超过一定盐浓度范围或胁迫时间，保护酶系统受到破坏，导致 POD 活性降低。

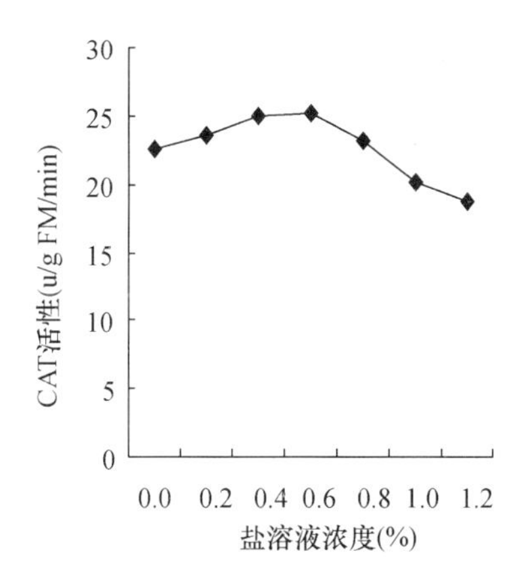

图 2-7　盐胁迫对大麦叶片 CAT 活性的影响（李尉霞，等，2007）

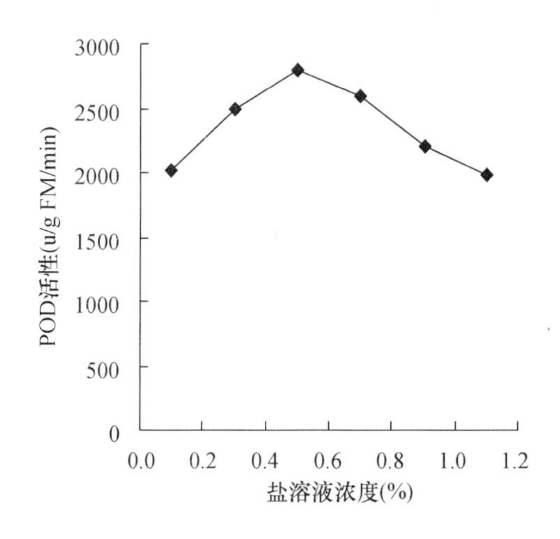

图 2-8　盐胁迫对大麦叶片 POD 活性的影响（李尉霞，等，2007）

许多有关逆境胁迫对植物伤害的研究结果表明活性氧介导了膜脂的过氧化作用。在正常情况下，这些活性氧可被细胞内的抗氧化系统清除。而当植物处于逆境胁迫时，抗氧化酶的活性受到影响，致使一些活性氧积累，对膜造成伤害。在李尉霞等（2007）实验中，随着 NaCl 浓度的增加 SOD 活性呈先降低、后升高的变化趋势；大麦叶片中 POD 活性随 NaCl 浓度的增加而逐渐降低，这可能是大麦在抗盐机理方面对盐胁迫的一种适应性表现。但在高浓度胁迫下，超过了其自身的忍耐程度，导致 SOD 和 POD 活性下降，不能有效地清除氧自由基从而启动膜脂过氧化作用或膜脂脱脂作用，破坏膜的结构，可能是盐胁迫对大麦细胞造成伤害的重要原因之一。

第三节　盐胁迫对大麦幼苗生长及苗期耐盐性的鉴定

大麦耐盐性生理指标的确定对大麦耐盐性种质资源的筛选以及大麦耐盐性生理的研究都具有极其重要的意义。在植物耐盐性鉴定中，丁顺华等（2001）认为可以用苗期一些生长特性作为筛选小麦耐盐品种的指标。

一、盐胁迫对大麦幼苗生长及叶绿素含量的影响

盐分对植物最普遍和最显著的效应就是抑制生长。关于盐浓度对植物生长的效应，在棉花（谢德意，等，2000）、小麦（许兴，等，2002）、番茄（戴伟明，等，2002）、马铃薯（王新伟，1998）等作物上均有报道，而在大麦上却鲜见报道。而作物产量的生理基础是光合作用，研究盐胁迫下作物光合作用的适应机理对农作物高产优质生产具有十分重要的意义。

（一）盐胁迫对大麦幼苗株高和根长的影响

农艺性状直接体现作物生长状况，通过对一定盐浓度下生长 7d 的大麦幼苗的株高、根长、鲜重及干重等指标的观测，可以较为直观地判断大麦幼苗对盐浓度的耐受情况。

从图 2－9 可以看出，盐对大麦生长高度影响的总趋势是随盐浓度的增加而下降，但在 0.2% 和 0.4% 盐含量下其株高、根长与对照相比增加了 4.8%、11.57%、10.62% 和 15.28%（表2－6），这是由于低浓度促进植株和根的生长，盐浓度超过0.4%，对其株高和根长有明显的抑制作用。在较低盐浓度生长的大麦品种 Sampson 幼苗，其株高、根长与盐浓度呈正相关，而在较高盐浓度下呈负相关，且盐浓度为 0.4% 时株高、根长达到最大值，表明在大麦幼苗的生长过程中存在一个最适盐度。

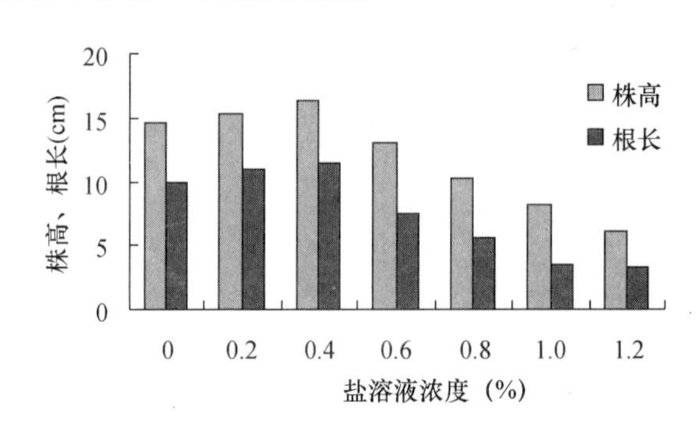

图 2－9　盐胁迫对大麦幼苗株高和根长的影响（李尉霞，等，2007）

表 2－6　盐胁迫对大麦幼苗生长及光合特性的影响（李尉霞，等，2007）

NaCl 浓度（%）	株高	根长	地上鲜重	地上干重	地下鲜重	地下干重	叶绿素
	平均（cm/株）	平均（cm/株）	平均（g/株）	平均（g/株）	平均（g/株）	平均（g/株）	平均（mg. g^{-1}）
0	14.56cC	9.70cC	0.12dC	0.012bcdBC	0.37cC	0.14dD	1.04eD
0.2	15.30bB	10.97bB	0.15bB	0.013bB	0.40bB	0.16AB	1.28cB
0.4	16.29aA	11.45aA	0.16aA	0.015aA	0.44aA	0.17aA	1.56aA
0.6	13.09dD	7.44dD	0.13cC	0.014bcB	0.34dD	0.15bcBC	1.32bB
0.8	10.27eE	5.54eE	0.10eD	0.012cdBC	0.31eE	0.14cdCD	1.16dC
1.0	8.41fF	3.51fF	0.07fE	0.01dCD	0.21fF	0.10eE	0.92fE
1.2	6.15gG	3.18gG	0.06gF	0.01eD	0.20gF	0.99fE	0.71gF

注：不同大小写字母分别表示在 0.01 和 0.05 水平上差异显著。

（二）盐胁迫对大麦幼苗鲜重和干重的影响

从图2－10和图2－11中可以看出，盐浓度对大麦品种Sampson幼苗鲜重和干重的影响极为明显，鲜重和干重均在0.4%处达到最大值。在0.2%和0.4%盐含量下，地上部和地下部分别为对照的1.29倍、1.27倍、1.19倍和1.28倍。盐浓度超过0.4%后，鲜重和干重随盐浓度的增大而急剧下降。

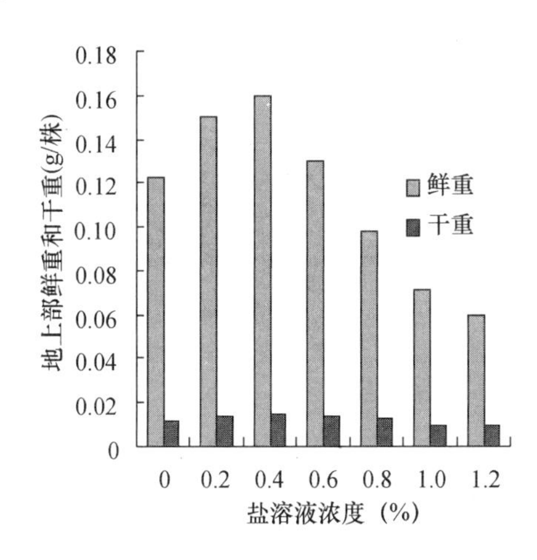

图2－10　盐胁迫对大麦幼苗地上部鲜重和干重的影响（李尉霞，等，2007）

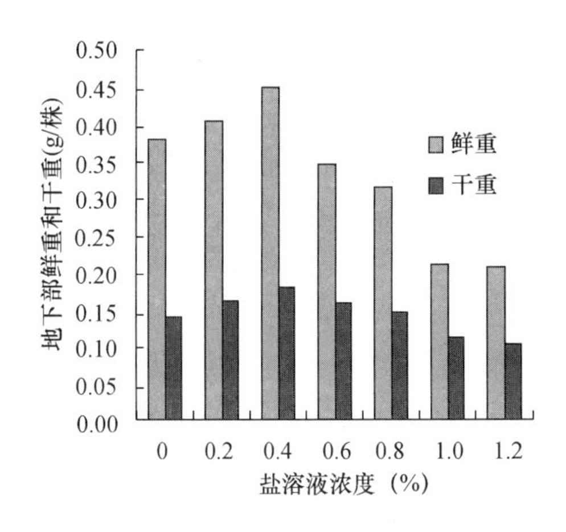

图2－11　盐胁迫对大麦幼苗地下部鲜重和干重的影响（李尉霞，等，2007）

（三）盐胁迫对大麦幼苗叶绿素含量的影响

叶绿素是光合作用的关键色素，它直接反映光合效率及植物同化能力的大小。不同盐浓度处理7d后，肉眼可观察到随胁迫浓度提高，大麦幼苗在盐浓度为0.4%叶色最深，随后随盐浓度的增加而逐渐变淡，叶绿素含量测定结果（图2－12）也说明了这种变化。从图2－12中可以看出，Sampson幼苗叶绿素含量在盐浓度为0.4%处出现最大值，其上升和下降的趋势近似成直线。在盐浓度为0.4%的两侧，叶绿素含量变化基本呈对称状，且在较高盐浓度下迅速下降。叶绿素含量的降低，将影响色素蛋白复合体的功能，削弱叶绿素对光能的吸收，从而影响植物的光合作用。

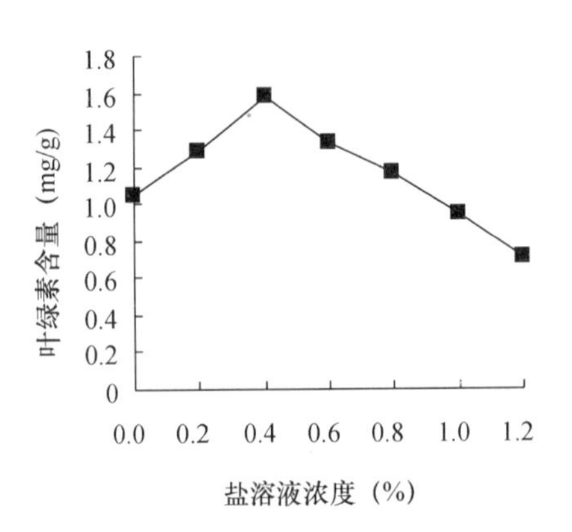

图 2-12　盐胁迫对大麦叶片叶绿素含量的影响（李尉霞，等，2007）

二、不同大麦品种幼苗期耐盐性鉴定

我国有 3300 万 hm^2 盐渍地，其中约有 800 万 hm^2 分布于农田，每年造成的损失难以估计。国内外许多研究证明，筛选耐盐性品种，利用生物治盐、改盐是改善生态环境，提高盐渍化土地利用率的一条有效途径。我国“九五”规划就已将改良利用盐碱地，培育耐盐植物新品种列为“863”高科技重大攻关项目，不少地区已取得良好效益。李尉霞等（2007）对 34 个大麦品种幼苗期耐盐性进行鉴定，以期为生产实践提供理论依据。

李尉霞等（2007）实验表明，用 NaCl 琼脂固定法鉴定大麦品种幼苗耐盐性有很多优点。这种方法可以维持盐浓度相对稳定，透过透明琼脂能直接观察到盐对大麦根系的影响状况，便于直接测量根长、侧根数、株高等外部形态指标。因此，此法可作为鉴定大麦品种耐盐性可靠而有效的方法。NaCl 的浓度分别为 0（CK）、0.15%、0.3%、0.45%、0.6%，共 5 个处理。

李尉霞等（2007）研究发现，大麦幼苗植株生长高度对盐胁迫反应极为敏感，不同浓度短时间内盐胁迫就产生可见的胁迫效果，说明植物细胞代谢和生长对盐逆境反应灵敏。在短时间胁迫下，细胞代谢和生长表现受阻，生长速度缓慢，但处理植株仍然存活。因此，植株生长高度是大麦盐逆境反应指标。盐胁迫 7d 后，通过干物质重证明，它也可以作为植物对盐逆境反应的指标，这与李磊等（1998）的研究结果是一致的。

在不同盐浓度处理下，叶绿素含量均随盐浓度的升高而下降，这与大多数研究相符。说明叶绿素含量的降低，影响了色素蛋白复合体的功能，削弱叶绿体对光能的吸收，从而影响了光合作用的进行（Farquhar，等，1982）。

（一）盐胁迫对不同大麦幼苗生长量的影响

植株生长的高度直接体现作物生长的状况，通过在一定盐浓度下生长的大麦品种的株高可以较为直接地判断大麦幼苗对盐浓度的耐受情况。幼苗期耐盐性评价方法与种子萌发期耐盐性评价方法相同。从表 2-7 中可以看出 Lima、Celink、Morrison、新引 D_7、大波 36、大波 38、甘啤 2 号、红日啤麦 2 号品种的株高，均随盐浓度的增加而逐渐下降，品种不同下降的幅度也不同。

表 2-7 盐胁迫下大麦品种的株高（cm）（李尉霞，等，2007）

品种名称	盐处理浓度（%）					下降率	耐盐性得分
	CK（A）	0.15	0.30	0.45	0.6（B）	（A-B）/A×100	
Stiring	14.24	16.41	16.25	15.26	13.79	3.13	4
Bonous	15.16	16.00	15.22	15.19	14.32	5.54	5
Nista	13.88	16.48	15.24	13.77	13.07	5.80	5
Poland	13.82	17.80	16.83	16.62	15.36	-11.15	1
Jersery	17.92	17.71	17.09	15.18	14.56	18.73	8
Alex	16.61	17.28	16.58	15.59	13.33	19.78	8
Lima	16.40	16.22	15.77	15.06	14.24	13.14	6
Celink	17.08	16.19	14.15	13.08	12.61	26.17	10
Crystal	16.31	16.03	14.73	14.02	13.08	19.83	8
Harrington	13.66	14.94	14.82	13.14	11.34	17.02	7
Abee	15.06	15.69	14.63	13.45	12.98	13.81	7
SD89-22	12.92	13.56	13.29	11.87	9.05	29.93	10
Bank	13.99	13.97	14.00	12.03	11.56	17.38	7
Morrison	16.49	16.38	16.29	14.84	13.23	19.80	8
ND11231-11	12.25	13.57	13.31	11.07	10.70	12.65	6
ND4994·16	12.66	15.93	14.93	12.91	13.38	-5.73	2
13297	14.08	15.92	15.31	14.48	12.04	14.46	7
新引 D_3	16.06	17.91	16.71	16.27	15.92	0.84	3
新引 D_5	14.93	15.72	13.93	13.13	11.55	22.64	9
新引 D_6	13.44	15.33	13.93	13.87	13.22	1.60	4
新引 D_7	14.97	14.61	13.80	12.46	11.30	24.55	9
大波 28	16.12	18.22	17.68	14.98	13.31	17.43	7
大波 29	13.93	14.18	13.38	12.97	12.02	13.75	7
大波 30	15.01	15.64	14.59	12.12	11.70	22.09	9
大波 31	13.81	14.12	14.19	11.81	10.77	21.98	9
大波 32	14.17	14.79	13.77	12.57	10.89	23.12	9
大波 33	14.91	16.16	15.31	14.68	12.22	18.01	8
大波 34	16.18	15.98	15.04	14.42	13.01	19.62	8
大波 35	14.08	14.23	13.88	12.54	11.78	14.49	7
大波 36	14.19	14.13	13.84	12.74	11.90	16.14	7
大波 37	13.95	16.22	15.31	13.49	13.95	11.68	6
大波 38	14.85	14.51	13.39	12.62	11.77	20.74	8
甘啤 2 号	14.62	13.75	12.90	11.93	10.82	25.97	10
红日啤麦 2 号	13.56	12.95	11.36	11.01	10.12	25.37	9

（二）盐胁迫对不同大麦幼苗叶绿素含量的影响

叶片中的光合色素主要是参与光合作用过程中光能的吸收、传递和转化而使太阳能转变为化学能的色素。光合色素含量直接影响植物的光合作用能力从而影响其生长、发育。其中叶绿素和类胡萝卜素与光合作用密切相关，尤其是叶绿素含量的多少与植物的光合能力强弱关系更为密切（高光林，等，2003）。

经盐胁迫后，不同大麦品种叶片叶绿素含量表现出不同的反应（表2－8）。Stiring、Alex、Celink、SD89－22、大波31、大波34的叶绿素含量在低盐浓度时，叶绿素含量比对照有所增加，随盐浓度的升高又有所下降，品种不同下降幅度也不同，盐浓度在0.6%时，6个品种叶绿素含量分别下降35.76%、25.82%、24.02%、3.78%、10.94%和0.48%。除以上6个品种在低浓度盐处理时叶绿素含量增加，高浓度时下降外，其余供试品种均随盐浓度的升高而升高，品种不同升高幅度不同，盐浓度为0.6%时，Morrison品种升高了146.94%；Jersery升高了6.94%。这可能是由于盐胁迫使植物体内蛋白质的合成受到破坏，叶绿素同蛋白质的结合变得松弛，干扰植物的光合作用（赵可夫，1993），也可能是植物对盐渍环境的另一种适应性生理效应，这与董晓霞等（1998）对苇状羊茅的研究相符。

表2－8　盐胁迫下不同大麦品种叶绿素含量（mg/g）（李尉霞，等，2007）

品种名称	盐处理浓度（%）					下降率	耐盐性
	CK（A）	0.15	0.30	0.45	0.6（B）	（A－B）/A×100	得分
Stiring	1.42	1.58	1.51	1.21	0.91	35.76	10
Bonous	0.48	0.67	0.81	0.72	0.59	－22.76	7
Nista	0.36	0.50	0.60	0.72	0.90	－146.79	1
Poland	0.41	0.64	1.00	0.84	0.63	－52.85	6
Jersery	0.58	0.73	0.83	0.92	0.62	－6.94	8
Alex	0.81	0.95	0.77	0.68	0.60	25.82	10
Lima	0.55	0.68	0.76	0.82	0.61	－10.30	8
Celink	0.85	1.02	0.88	0.75	0.64	24.02	10
Crystal	0.75	0.85	1.04	1.11	0.84	－11.06	8
Harrington	0.36	0.48	0.51	0.61	0.52	－42.20	6
Abee	0.71	0.78	0.79	1.02	0.79	－11.21	8
SD89－22	0.62	0.85	0.75	0.67	0.59	3.78	9
Bank	0.53	0.62	0.68	0.74	0.66	－25.95	7
Morrison	0.33	0.38	0.47	0.66	0.81	－146.94	1
ND11231－11	0.51	0.52	0.59	0.67	0.59	－15.79	8
ND4994·16	0.49	0.59	1.55	0.84	0.64	－31.29	7
13297	0.29	0.53	0.60	0.53	0.44	－50.00	6
新引D_3	0.33	0.44	0.66	0.58	0.53	－58.00	5
新引D_5	0.51	0.56	0.63	0.70	0.68	－33.33	7
新引D_6	0.43	0.48	0.54	0.64	0.57	－33.33	7

续表

品种名称	盐处理浓度（%）					下降率	耐盐性
	CK（A）	0.15	0.30	0.45	0.6（B）	（A－B）/A×100	得分
新引 D_7	0.46	0.52	0.80	0.64	0.57	－23.74	7
大波 28	0.36	0.40	0.54	0.67	0.44	－23.15	7
大波 29	0.44	0.62	0.77	0.61	0.54	－23.66	7
大波 30	0.33	0.44	0.50	0.69	0.58	－78.57	4
大波 31	0.43	0.53	0.62	0.54	0.38	10.94	9
大波 32	0.59	0.64	0.65	0.72	0.68	－15.17	8
大波 33	0.41	0.63	0.81	0.64	0.46	－12.20	8
大波 34	0.69	0.78	0.92	0.74	0.69	0.48	9
大波 35	0.40	0.51	0.58	0.67	0.57	－44.54	6
大波 36	0.34	0.40	0.50	0.72	0.55	－61.17	5
大波 37	0.49	0.55	0.64	0.77	0.74	－51.70	6
大波 38	0.67	0.82	0.87	0.96	0.88	－30.85	7
甘啤 2 号	0.66	0.76	0.92	0.86	0.75	－14.72	8
红日啤麦 2 号	0.55	0.71	0.81	0.73	0.67	－22.42	7

（三）盐胁迫对不同大麦幼苗 SOD 活性的影响

SOD 是植物细胞中普遍存在的一种含金属的抗氧化酶，是植物抗氧化剂系统中的主要组分之一。由表 2－9 可以看出，在低盐胁迫下，供试大麦品种幼苗体内 SOD 活性随盐浓度的增加而逐渐增加，当盐浓度升高到一定值以后，随盐浓度的增加 SOD 均有所下降。但盐浓度为 0.15% 的处理各大麦品种幼苗体内 SOD 活性仍然高于 CK。供试大麦品种在盐胁迫下，SOD 的反应程度不同，其中 Stiring、新引 D_5 和新引 D_7 在 NaCl 浓度为 0.15% 时达到最高值，而 Jersery、Lima、Crystal、Abee、SD98－22、ND11231－11、13297、大波 30、大波 31、大波 32、大波 36 和大波 37 在 NaCl 浓度为 0.45% 时达到最高值，说明各大麦品种耐盐能力不同。

表 2－9　盐胁迫下大麦品种超氧化物歧化酶活性（u/g Fw）（李尉霞，等，2007）

品种名称	盐处理浓度（%）					下降率	耐盐性
	CK（A）	0.15	0.30	0.45	0.6（B）	（A－B）/A×100	得分
Stiring	338.19	360.03	261.81	194.58	117.70	65.20	10
Bonous	328.70	361.33	381.87	365.86	345.92	－5.24	6
Nista	317.60	358.14	404.19	370.69	345.58	－8.81	6
Poland	228.89	258.88	310.03	285.56	247.41	－8.09	6
Jersery	207.36	212.11	240.59	259.41	296.07	－42.78	4
Alex	242.47	266.67	287.03	255.35	219.67	9.40	7
Lima	208.93	250.36	253.93	274.29	264.46	－26.58	5

续表

品种名称	盐处理浓度（%）					下降率	耐盐性
	CK（A）	0.15	0.30	0.45	0.6（B）	（A－B）/A×100	得分
Celink	197.35	235.28	300.33	270.56	218.96	－10.95	6
Crystal	247.18	259.58	268.66	300.78	287.26	－16.22	6
Harrington	294.49	320.58	347.13	325.08	305.74	－3.82	6
Abee	117.52	125.43	133.69	153.10	178.44	－51.83	3
SD89－22	110.74	128.85	142.11	175.54	223.16	－101.52	1
Bank	243.49	256.51	320.70	295.12	279.53	－14.80	6
Morrison	193.12	274.66	339.10	303.73	258.35	－33.77	5
ND11231－11	181.91	205.05	224.20	259.84	239.89	－31.87	5
ND4994·16	135.76	229.07	334.01	277.03	159.88	－17.77	6
13297	171.77	202.82	227.14	282.95	293.16	－70.67	2
新引 D_3	319.58	357.13	380.53	338.82	298.26	6.67	7
新引 D_5	274.66	296.08	267.02	234.99	195.55	28.80	8
新引 D_6	196.39	230.72	253.21	240.16	218.67	－11.35	6
新引 D_7	144.09	276.36	199.32	125.68	92.05	36.12	9
大波 28	252.19	304.97	338.07	325.61	281.21	－11.51	6
大波 29	159.92	233.45	298.14	192.90	151.27	5.41	7
大波 30	183.55	192.71	235.02	259.22	210.81	－14.85	6
大波 31	144.07	162.62	180.35	249.11	227.01	－57.58	3
大波 32	202.55	235.50	240.10	272.03	250.32	－23.58	5
大波 33	189.59	228.81	298.88	284.57	269.52	－42.16	4
大波 34	275.18	289.39	300.93	346.24	321.11	－16.69	6
大波 35	173.05	197.28	320.89	270.21	248.95	－43.86	4
大波 36	114.39	134.67	174.47	238.30	203.25	－77.68	2
大波 37	220.04	238.70	253.11	277.79	264.17	－20.05	5
大波 38	250.34	268.74	328.05	296.09	282.30	－12.76	6
甘啤 2 号	209.25	238.30	282.08	250.75	226.79	－8.39	6
红日啤麦 2 号	260.78	296.98	368.53	341.16	327.80	－25.70	5

（四）盐胁迫对不同大麦幼苗 MDA 含量的影响

MDA 的含量可以在一定程度上反应膜损伤程度的大小。由表 2－10 可以看出，随盐浓度的增加，所有供试的大麦品种体内 MDA 含量都呈递增趋势，但因品种耐盐性不同，其 MDA 增加量也不同。在 0.6% 盐胁迫时，SD89－22、新引 D_3、Bank 和 ND11231－11 与 CK 相比分别增加了 68.40%、61.79%、48.90% 和 44.59%，这 4 个品种增长比较迅速，抗盐能力比较弱；而 Lima、Harrington、Abee、新引 D_5、新引 D_6、大波 30、大波 33 和大波 38 分别为 7.09%、7.01%、5.63%、6.81%、4.11%、6.21%、8.59%、5.39%，这几个品种增长较慢，增长幅度较小，膜伤害不严重，因此抗盐能力较强。大麦幼苗体内 MDA 含量增加得越多说明大麦幼苗膜损伤的越严重，所以大麦幼苗体内 MDA 增加幅度与耐盐性成反比。根据此规律可以推出较耐盐品种为 Lima、Harrington、Abee、新引 D_5 和新引 D_6，耐盐性较差的是 SD89－22、新引 D_3、Bank 和 ND11231－11。

表 2－10　盐胁迫下大麦品种叶片 MDA 含量（umol/g Fw）（李尉霞，等，2007）

品种名称	盐处理浓度（%）					下降率	耐盐性
	CK（A）	0.15	0.30	0.45	0.6（B）	（A－B）/A×100	得分
Stiring	2.53	2.90	2.98	3.03	3.04	－20.47	3
Bonous	1.99	2.02	2.18	2.27	2.38	－19.60	3
Nista	2.32	2.43	2.62	2.92	3.07	－31.99	5
Poland	2.94	2.95	2.96	3.11	3.31	－12.58	2
Jersery	2.43	2.50	2.53	2.96	3.14	－28.95	4
Alex	2.58	2.86	2.92	3.18	3.22	－24.67	4
Lima	3.15	3.19	3.24	3.26	3.38	－7.09	1
Celink	1.54	1.59	1.64	1.82	1.88	－22.32	3
Crystal	1.53	1.66	1.68	1.76	2.06	－35.06	5
Harrington	2.98	3.09	3.12	3.18	3.19	－7.01	1
Abee	2.66	2.72	2.72	2.75	2.81	－5.63	1
SD89－22	1.74	2.09	2.57	2.62	2.93	－68.40	10
Bank	2.48	3.10	3.11	3.66	3.70	－48.90	7
Morrison	2.33	2.46	2.58	2.65	2.85	－22.32	3
ND11231－11	2.10	2.38	2.71	2.82	3.04	－44.59	7
ND4994·16	3.35	3.60	3.72	3.78	3.98	－18.77	3
13297	2.99	3.24	3.36	3.40	3.60	－20.30	3
新引 D_3	2.09	2.10	2.32	2.62	3.39	－61.79	9
新引 D_5	2.55	2.56	2.57	2.62	2.73	－6.81	1
新引 D_6	3.10	3.12	3.12	3.15	3.22	－4.11	1
新引 D_7	2.82	3.01	3.15	3.16	3.29	－16.66	2
大波 28	2.41	2.48	2.67	2.81	3.12	－29.53	4
大波 29	2.58	2.74	2.90	2.98	3.22	－25.17	4
大波 30	3.65	3.65	3.73	3.78	3.87	－6.18	1
大波 31	2.64	2.80	2.82	2.87	2.92	－10.59	2
大波 32	3.16	3.20	3.24	3.33	3.36	－6.21	1
大波 33	3.09	3.11	3.30	3.34	3.35	－8.59	1
大波 34	2.88	3.02	3.14	3.17	3.25	－13.06	2
大波 35	3.31	3.62	3.64	3.72	3.89	－17.64	3
大波 36	3.06	3.38	3.38	3.47	3.86	－26.14	4
大波 37	2.48	2.69	2.72	2.81	2.86	－15.31	2
大波 38	4.22	4.38	4.43	4.44	4.45	－5.39	1
甘啤 2 号	3.07	3.51	3.76	4.10	4.12	－34.18	5
红日啤麦 2 号	2.44	2.56	2.62	2.69	2.81	－15.09	2

（五）不同大麦品种幼苗期耐盐性的综合评价

为全面评价幼苗期耐盐性强弱，需要对测定的各指标进行综合评价（表2－11）。通过对盐胁迫下植株生长高度、幼苗叶绿素含量、叶片SOD活性和叶片MDA含量这四项指标的测定结果进行综合评价，得到大麦幼苗期的耐盐性得分多少，并得到它们耐盐性大小。由表2－11可知Poland、Nista和Morrison，3个品种耐盐性得分较低，Alex、Celink、SD89－22和甘啤2号4个品种耐盐性得分较高，其他各品种耐盐性居中。

表2－11　大麦幼苗期耐盐性综合评价（李尉霞，等，2007）

品种名称	不同测定指标的耐盐性得分				
	生长量	叶绿素	超氧化物歧化酶	丙二醛	总分
Stiring	4	10	10	3	27
Bonous	5	7	6	3	21
Nista	5	1	6	5	17
Poland	1	6	6	2	15
Jersery	8	8	4	4	24
Alex	8	10	7	4	29
Lima	6	8	5	1	20
Celink	10	10	6	3	29
Crystal	8	8	6	5	27
Harrington	7	6	6	1	20
Abee	7	8	3	1	19
SD89－22	10	9	1	10	30
Bank	7	7	6	7	27
Morrison	8	1	5	3	17
ND11231－11	6	8	5	7	26
ND4994·16	2	7	6	3	18
13297	7	6	2	3	18
新引D_3	3	5	7	9	24
新引D_5	9	7	8	1	25
新引D_6	4	7	6	1	18
新引D_7	9	7	9	2	27
大波28	7	7	6	4	24
大波29	7	7	7	4	25
大波30	9	4	6	1	20
大波31	9	9	3	2	23
大波32	9	8	5	1	23
大波33	8	8	4	1	21
大波34	8	9	6	2	25

续表

品种名称	不同测定指标的耐盐性得分				
	生长量	叶绿素	超氧化物歧化酶	丙二醛	总分
大波 35	7	6	4	3	20
大波 36	7	5	2	4	18
大波 37	6	6	5	2	19
大波 38	8	7	6	1	22
甘啤 2 号	10	8	6	5	29
红日啤麦 2 号	9	7	5	2	23

（六）萌发期和幼苗期耐盐性综合评价

表 2－12 列出了各大麦种子萌发期和幼苗期 8 项指标的 2 个耐盐性综合得分及排序，并将这 2 个排序平均值作为各材料耐盐性的综合评价值。经过对这 34 个大麦品种的种子萌发期和幼苗期耐盐性综合评价发现，有些品种这两个时期的耐盐性不一致，其中 ND11231－11 种子萌发期时耐盐性排序为 1，幼苗期耐盐性排序为 11，两者相差 10；红日啤麦 2 号种子萌发期时耐盐性排序为 24，幼苗期耐盐性排序为 8，两者相差 16；前者在萌发期耐盐性较强，后者在幼苗期耐盐性较强。因此不能用一个时期的耐盐性结果去判断另一时期的耐盐性（见表 2－12），这与毛培春（2004）的研究结果相一致。

表 2－12　大麦种子萌发期和幼苗期耐盐性综合评价（李尉霞，等，2007）

品种名称	种子萌发期		幼苗期		综合排序（A＋B）/2
	耐盐性总分	排序（A）	耐盐性总分	排序（B）	
Stiring	51	22	27	12	17
Bonous	40	16	21	6	11
Nista	35	14	17	2	8
Poland	20	7	15	1	4
Jersery	43	19	24	9	14
Alex	59	24	29	13	19
Lima	15	3	20	5	4
Celink	18	5	29	13	9
Crystal	28	10	27	12	11
Harrington	33	12	20	5	9
Abee	20	7	19	4	6
SD89－22	34	13	30	14	14
Bank	41	17	27	12	15
Morrison	40	16	17	2	9
ND11231－11	9	1	26	11	6
ND4994·16	18	5	18	3	4

续表

品种名称	种子萌发期		幼苗期		综合排序（A+B）/2
	耐盐性总分	排序（A）	耐盐性总分	排序（B）	
13297	22	9	18	3	6
新引 D_3	41	17	24	9	13
新引 D_5	19	6	25	10	8
新引 D_6	43	19	18	3	11
新引 D_7	41	17	27	12	15
大波 28	38	15	24	9	12
大波 29	17	4	25	10	7
大波 30	13	2	20	5	4
大波 31	30	11	23	8	10
大波 32	21	8	23	8	8
大波 33	30	11	21	6	9
大波 34	47	20	25	10	15
大波 35	17	4	20	5	5
大波 36	42	18	18	3	11
大波 37	52	23	19	4	14
大波 38	43	19	22	7	13
甘啤 2 号	50	21	29	13	17
红日啤麦 2 号	59	24	23	8	16

不同的生长期，植物的耐盐性也是不同的。把种子萌发期和幼苗期结合起来评定可得各大麦品种的最终耐盐性排序为表 2 - 12。Poland、lima、ND4994 · 16、大波 30 > 大波 35 > 13297、Abee、ND11231 - 11 > 大波 32、新引 D_5、Nista > Celink、Harringston、Morrison、大波 33 > 大波 31 > Bonous、Crystal、新引 D_6、大波 36 > 大波 28、大波 38、新引 D_3 > Jersery、SD89 - 22、大波 37 > Bank、新引 D_7、大波 34 > 红日啤麦 2 号 > Stiring、甘啤 2 号 > Alex。

第三章

大麦光合性状变化动态及其数量遗传分析

常规的产量育种使大麦产量有了较大幅度的提高，单位面积的产量想要再通过单一的产量性状改良已不大可能有较大的提高，而通过对一些生理性状与产量性状相结合选育新品种是一条可行的道路。有关高光效育种，国内与国外一些学者进行了大量的研究报道，赵会杰（1999）研究认为光系统Ⅱ（PSII）的光化学效率（Fv/Fm）是表明光化学反应状况的一个重要参数，张其德（1990）研究证实水稻生物学产量与荧光动力参数呈正相关，郭宗华（1989）研究认为高产品种对光的吸收能力强，叶绿体的 PSII 活性和 PSII 原初光能转化效率较高，KAXHOBNH（1987）利于光合色素选育优良品种，Б. N. Легенченко（1989）研究证明在不同产量的大麦和燕麦 4～6 日龄 I_{735}/I_{695}（735 纳米处的荧光/695 纳米处的荧光）的比率大小与它们的产量之间存在着高度相关。

结合前人的研究成果与方法，孟宝民等（2002）的研究旨在探索如何把高光合性状转化为产量性状，并利用叶绿素荧光参数测定来研究高产的光合性状，为高光效育种提供理论支持。试验所用 6 个亲本为综合性状有差异的春性二棱皮大麦品种 SD97－6（P1）、法 088－73（P2）、ND11231－11（P3）、ND15387（P4）、ND12567（P5）和 Celink（P6）。以 6 个品种进行不完全双列杂交，分别测定亲本及 F_1 的株型性状，光合性状，特别是应用 OS5－FL 调制式叶绿素荧光仪测定不同大麦亲本及其杂交后代 F_1 的初始荧光（F_0）、最大荧光（Fm）、光化学效率（Fv/Fm）、量子产量（Y）、电子传递速率（ETR）等参数研究分析在后代如何选育新品种。通过试验表明：Fv/Fm、Y、ETR 等性状都是以高×低或者低×低杂交组合后代的杂种优势较大，F_1 代 Pn、Fv/Fm 高的组合其中一亲本必是高值，另一亲本必是低值；在高光效育种选配亲本的原则是：要想获得高光合的后代必须选择主要光合性状的值差异较大的亲本杂交，后代出现高光合及杂种优势的可能性大；光合有关性状的加性效应较低，而显性效应较高，光合性状的特殊配合力（SCA）较一般配合力（GCA）更重要，光合性状的早代遗传力低，晚代选择会更好。

第一节　大麦株型性状分析

良好的株型可以使植株群体获得较多的光照辐射，满足作物品种需光量。对于大麦而言，反映形态的性状比较多，孟宝民等（2002）的研究从株高、穗长、穗下节间长、旗叶

长、旗叶宽、旗叶面积、倒二叶长、倒二叶宽、倒二叶面积9个性状来说明在大麦高光效育种中反映株型与光合性状之间的关系。植株高度和穗下节间长可以改善群体的透光度，其中穗下节间长是大麦株型识别的主要指标之一。曾亚文（1998）研究认为穗下节间长与株型性状间存在全息相关性。旗叶也是株型指标之一，而且也是大麦“源”性状的缩影。杨煜峰（1991）认为旗叶窄长、倒二叶中宽适长可提高透光率，从而提高群体的产量。麦穗是大麦整株的缩影，而且也是大麦“库”状性的反映，因此，旗叶与穗长性状是“源库”关系的评价指标。通过对前述9个性状的聚类分析，将6个亲本的株型分为三类，其结果见表3-1。

表3-1　6个亲本的聚类分析结果（孟宝民，等，2002）

类型	亲本	性状
I	P1、P2	矮秆、短穗、穗下节间短、旗叶窄短、倒二叶窄短、旗叶面积小、倒二叶面积小
II	P3、P4、P5	高秆、长穗、穗下节间长、旗叶窄长、倒二叶窄长、旗叶面积小、倒二叶面积大
III	P6	中秆、长穗、穗下节间长、旗叶宽长、倒二叶宽长、旗叶面积大、倒二叶面积大

一、不同株型品种各生育时期光化学效率（Fv/Fm）的差异

测定不同株型大麦品种生育期Fv/Fm结果如图3-1所示，3类不同株型的大麦品种其动态变化基本相同，从苗期到拔节后期Fv/Fm在上升，从拔节后期至抽穗后10d基本稳定，在整个生育期内不同株型品种间的差异小，但II类型的品种在拔节期以前的Fv/Fm比Ⅰ、Ⅲ略高。

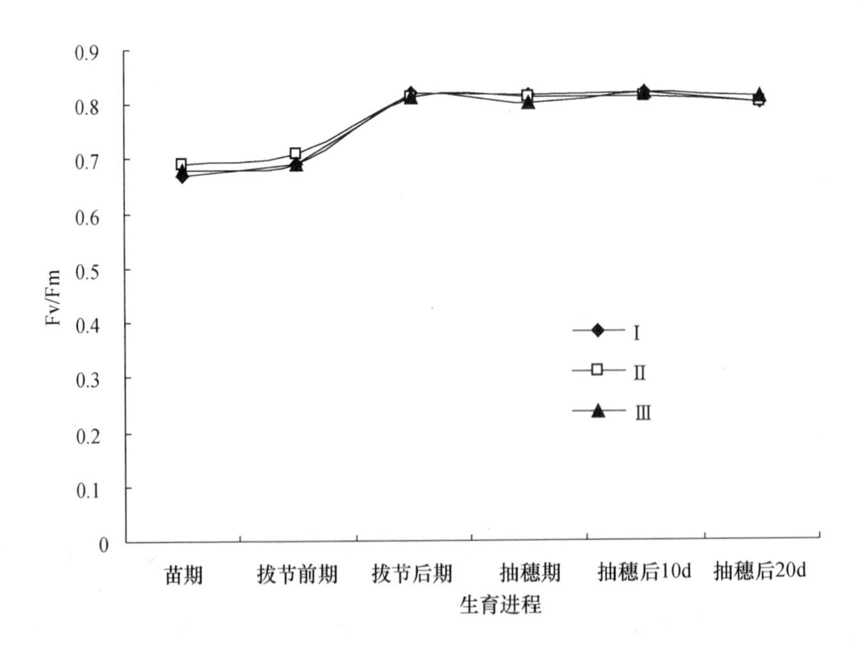

图3-1　不同株型品种Fv/Fm的动态变化（孟宝民，等，2002）

二、不同株型品种各生育时期量子产量（Y）的差异

通过测定不同株型品种不同生育时期 Y 的动态变化其结果如图 3－2 所示。3 种类型的 Y 从苗期到拔节期之间的变化相同，差异不大，苗期到拔节前期略有升高，从拔节前期到抽穗后 20d，3 种类型品种的 Y 都逐渐降低，但Ⅰ类型品种降低的更快，旗叶的光合机构解速度比Ⅱ类型和Ⅲ类型的品种快，在生理上表现出从抽穗后到成熟之间的时间短而且早熟。Ⅱ类型品种从拔节后期到抽穗后 10d 基本上都高于Ⅰ和Ⅲ类型品种，几乎在一个较长时间的较高水平上，旗叶的光合作用在这一阶段都高于其他两个类型，旗叶的光合作用内部的电子传递比较迅速。Ⅲ类型品种的 Y 从拔节后期也开始降低，但速度要比Ⅰ类型品种慢。

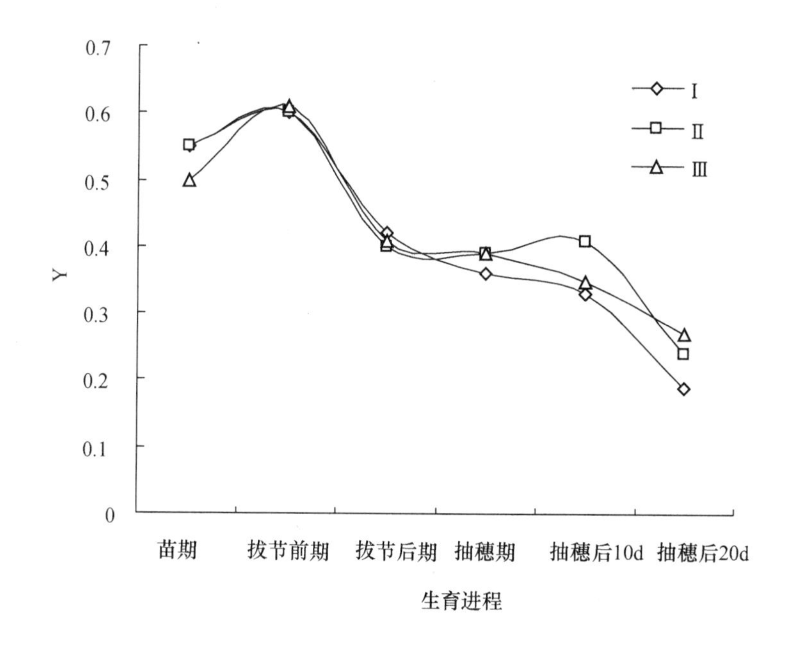

图 3－2　不同株型品种 Y 的动态变化（孟宝民，等，2002）

由以上的试验结果分析，不同株型的春大麦品种的 Fv/Fm 差异较小，但 Y 在春大麦的生长高峰期，即拔节后期至抽穗后 10d 这一阶段有明显的差异，Ⅱ类型品种的 Y 高。这说明不同株型之间的光合作用在大麦生长的关键时期是有差异的，因此株型指标是我们高光效育种必须考虑的一个性状。正如张荣铣（1992）认为在追求单叶高光合速率育种的同时，不能把良好的株型指标排除在选择高光效的性状之外。

三、不同株型亲本及杂交 F_1 代的 Fv/Fm 及 Y 的表现

对Ⅰ、Ⅱ、Ⅲ不同株型的代表品种及其杂交组合的 F_1 代，在各时期进行了 Fv/Fm 和 Y 的田间活体测定，其结果如表 3－2 所示。

不同株型品种的亲本及杂交 F_1 代的叶绿素荧光参数表现有差异，杂交 F_1 代的 Fv/Fm 都高于亲本类型，其中以旗叶窄短类型Ⅰ的 F_1 代的光学效率最高为 0.8973。F_1 代 3 个类型之间的 Fv/Fm 差异较大，而亲本类型的差异较小，其中以类型Ⅰ亲本的 Fv/Fm 最高，这说明

高光合的亲本其后代的光合作用仍表现出高的趋势。Y 以类型 I 的亲本低，但杂交 F_1 代的 Y 以类型 I 的最高，为 0.4105，表现出明显的优势，这和 Fv/Fm 的结果相同。

表 3-2 不同株型品种的亲本及杂交 F_1 代的 Fv/Fm 与 Y（孟宝民，等，2002）

类型	Fv/Fm						Y					
	亲本			F_1代			亲本			F_1代		
	平均	最高	最低	平均	最高	最低	平均	最高	最低	平均	最高	最低
Ⅰ	0.8450	0.8717	0.8273	0.8499	0.8973	0.8136	0.3692	0.5173	0.2760	0.4105	0.4579	0.3146
Ⅱ	0.8423	0.8787	0.8260	0.8436	0.8727	0.8244	0.3976	0.4697	0.2950	0.3879	0.4913	0.2892
Ⅲ	0.8375	0.8600	0.8180	0.8446	0.8837	0.8215	0.3876	0.4637	0.3245	0.3818	0.4884	0.1538

注：1. Ⅰ：P1；Ⅱ：P4；Ⅲ：P6

2. Fv/Fm：亲本及 F_1 代的拔节前期、拔节后期、抽穗期、抽穗后 10d 的平均值；Y：亲本及 F_1 代的拔节后期、抽穗期、抽穗后 10d 的平均值；杂交 F_1 代的平均值是该亲本的 5 个组合平均值。

由此可见，以 Fv/Fm 和 Y 性状所表现的光合作用在不同株型间，不同株型的不同生育时期是有差异的，其中以旗叶窄短的杂交后代的光合作用较强，旗叶宽长杂交后代的光合作用都比较低。虽然 I 类型旗叶的光合作用能力强，但旗叶的面积较小，整个植株的光合生产力比较低，产量低，因此在大麦育种的过程中，我们在选择强光合作用性状的品种时，还应注重旗叶大小、形态的选择，以改良株型提高光合作用和物质运输效率来改善产量构成因素，从而达到高产。正如杨煜峰（1991）认为在育种中适当增加旗叶的面积，把形态性状和生理性状结合起来，才能有效的选育优良品种。

四、不同株型春大麦品种的株型性状、叶绿素荧光参数、产量的遗传相关

如表 3-3 所示，通过对株型性状、旗叶叶绿素荧光参数、产量之间的遗传相关分析结果表明，大麦的旗叶与倒二叶各形态性状之间有极显著的遗传相关性，对任何一个性状的选择都会影响到其他性状。旗叶与倒二叶之间的关系密切，互相制约，这种性状上的遗传相关要求我们在选择性状方面应综合考虑。旗叶及倒二叶性状与单株产量也呈极显著的遗传正相关，旗叶宽与单株产量的遗传相关系数为 0.7425，旗叶面积与单株产量的遗传相关系数为 0.7083，倒二叶长与单株产量的遗传相关系数为 0.8035，倒二叶面积与单株产量的遗传相关系数为 0.7327，都呈极显著正相关，由此得出我们在选择后代过程中不应仅注重旗叶，还应考虑倒二叶的形态性状。穗下节间长与主穗粒重呈显著的正相关，遗传相关系数为 0.5464，株高与单株产量遗传相关显著。株高与主穗粒重遗传相关极显著，遗传相关系数为 0.6728。从大麦的株型来看，我们应选择穗下节间较长，株高适中，旗叶面积较大，倒二叶面积适当大的品种作为我们的高产育种目标。

株型性状与旗叶光合速率遗传相关不显著，株高、旗叶宽与 Fv/Fm 分别呈极显著及显著的遗传正相关，旗叶 Fv/Fm 与单株产量呈显著的负相关，遗传相关系数为 -0.4625。多数株型性状与量子产量呈显著或极显著的负相关，光合速率×旗叶面积、光化学效率×旗叶面积、量子产量×旗叶面积乘积与多数株型性状的遗传相关系数都呈极显著的正相关。光化学

表 3－3　株型性状、旗叶叶绿素荧光参数、产量性状的遗传相关系数（孟宝民，等，2002）

性状	株高	穗下节长	旗叶宽	旗叶长	旗叶面积	倒二叶宽	倒二叶长	倒二叶面积	单株产量	主穗产量	光合速率	光化学效率	量子产量	光合速率×旗叶面积	光化学效率×旗叶面积	量子产量×旗叶面积
株高																
穗下节长	0.5049*															
旗叶宽	0.3850	－0.0303														
旗叶长	0.0263	－0.1464	0.8221**													
旗叶面积	0.2215	－0.0753	0.9502**	0.9455**												
倒二叶宽	0.3699	0.1056	0.8485**	0.7698**	0.8538**											
倒二叶长	0.3442	0.0328	0.8186**	0.7326**	0.8160**	0.8512**										
倒二叶面积	0.5736**	0.3958	0.7373**	0.5236*	0.6784**	0.8795**	0.8522**									
单株产量	0.5046*	－0.0219	0.7425**	0.6323**	0.7083**	0.7787**	0.8035**	0.7327**								
主穗产量	0.6728**	0.5464*	0.4312	0.2167	0.3420	0.5813**	0.5349*	0.7404**	0.5647**							
光合速率	0.0808	0.4028	－0.0706	－0.0234	－0.0508	－0.0513	－0.2606	－0.1307	－0.2166	0.0396						
光化学效率	－0.6200	－0.2501	－0.4363	－0.1635	－0.3103	－0.3414	－0.4515	－0.4746	－0.4625	－0.4488	－0.1612					
量子产量	－0.1592	0.0986	－0.5237	－0.5979	－0.5817	－0.6815	－0.7142**	－0.5818	－0.5643	－0.3897	0.3399	0.3432				
光合速率×旗叶面积	0.1645	－0.1049	0.9416**	0.9546**	0.9958**	0.8425**	0.7914**	0.6482**	0.6825**	0.3044	－0.0688	0.2226	0.5673*			
光化学效率×旗叶面积	0.2237	0.1153	0.8113**	0.8120**	0.8514**	0.7086**	0.5679**	0.5317*	0.5038*	0.2854	0.4724*	0.3592	－0.3134	0.8380**		
量子产量×旗叶面积	0.1416	－0.0624	0.6739**	0.5589**	0.6472**	0.3694	0.2874	0.2367	0.3373	0.0285	0.2625	－0.1189	0.2248	0.6492**	0.7344**	

注：1. * 表示 0.05 水平差异显著；** 表示 0.01 水平差异显著。

2. 所用的数据均为抽穗后 10d 亲本及杂交 F_1 测定值。

效率×旗叶面积与旗叶宽遗传相关系数为0.8113，与旗叶面积的遗传相关系数为0.8514，与倒二叶面积的遗传相关系数为0.5137。光化学效率×旗叶面积与旗叶长的遗传相关系数为0.9546，与旗叶面积的遗传相关系数为0.9958，与倒二叶面积的遗传相关系数为0.6482。光化学效率×旗叶面积与单株产量的遗传相关系数极显著，为0.6825，光合速率（Pn）×旗叶面积与单株产量的遗传相关系数显著，为0.5038。

由以上各性状遗传相关分析表明，高光效育种若只考虑光合速率或者叶绿素荧光参数的高低，不一定有效，因为光合速率易受生态环境的影响，因此我们在高光效育种工作中应把光合速率、光化学效率、量子产量与其他性状结合起来考虑。从孟宝民等（2002）的研究结果来看，光合速率×旗叶面积、光化学效率×旗叶面积与单株产量呈极显著与显著的正相关，因此把光合速率、光化学效率与旗叶的光合面积结合起来作为大麦高光效育种的选择目标是有效的，这与张荣铣（1992）有小麦的研究结果是一致的。

第二节　大麦光合生理性状分析

与大麦光合性状有关的生理性状很多，孟宝民等（2002）对叶绿素（Chl）含量和Chla/b比值进行了研究。Chla与Chlb是高等植物叶绿体内的光合色素，其含量的多少对Pn的高低有直接影响。有的研究表明，Chla/b比值对叶绿体的光合活性有重要意义，Chla/b比值减小时，叶绿体对2、6二氯酚靛酚的还原能力增强，叶绿体的光合磷酸化活性增高。叶绿体的色素在植物光合作用中起着关键的作用，叶绿体色素蛋白复合体吸收太阳能，并将其传递给光反应中心，推动一系列的光反应。从源库理论上看，Chl为“源”单位，源的大小从一方面反映出产量潜力的大小，因此孟宝民等（2002）测定了大麦旗叶、倒二叶的Chl总含量，Chla的含量，Chlb的含量，计算Chla/b的比值，并分析与大麦Pn、Fv/Fm、Y之间的关系。

一、不同株型品种叶绿素（Chl）含量的比较

如表3-4所示，在大麦抽穗期、抽穗后10d测定旗叶及倒二叶中Chl含量结果表明，Chl总含量的变化是由Chla与Chlb共同变化引起。3种不同株型品种旗叶的Chl含量都比倒二叶的高，说明旗叶的光合潜力要比倒二叶的强。Chla/b比值3种不同株型品种旗叶大于倒二叶，由此说明倒二叶含Chlb比旗叶多，3种不同株型品种旗叶的Chla/b分别比倒二叶高6.98%、5.88%、13.19%，这是下位叶对于弱光的一种适应，使下位叶可以更充分地吸收漫射光中的兰紫光，有利于提高光合作用，这和刘贞琦（1984）在水稻上的研究结果一致。杂交大麦F_1代旗叶的Chla、Chlb 3种不同株型都比其亲本低。Chla/b比值I株型、II株型品种杂交F_1比亲本的低，而III株型杂交F_1代Chla/b比值稍大于亲本。倒二叶Chla/b比值只有II株型品种杂交F_1代比亲本的低，其他两类都比亲本高。

由以上试验结果分析可知，对春大麦的光合器官叶片来说，Chl含量以旗叶的最高，3种株型旗叶的Chl总含量都比倒二叶高，而且Chla的含量在总含量中占主要，Chlb的含量相对比较低，Chla/b的比值主要由Chlb来决定。比较亲本与杂交后代的Chl含量，杂交后代旗叶的Chl含量都比亲本低，这和刘振业（1987）的试验结果相同，他认为低水平的Chl含量、Chla/b在F_1表现不同程度的显性。

表 3-4　不同株型大麦品种及杂交 F_1 代 Chl 含量（单位：mg/g）（孟宝民，等，2002）

类型		旗叶				倒二叶			
		Chla	Chlb	Chl（a+b）	Chla/b	Chla	Chlb	Chl（a+b）	Chla/b
I	亲本	4.4663	1.2329	5.6992	3.6226	3.7997	1.2326	5.0323	3.0827
	杂交 F_1	4.0059	1.1122	5.1181	3.6018	3.9104	1.1792	5.0896	3.3161
II	亲本	4.5881	1.3405	5.9286	3.4227	3.9821	1.1988	5.1809	3.3217
	杂交 F_1	3.6620	1.0757	4.7377	3.4043	3.2497	1.0139	4.2636	3.2051
III	亲本	3.5238	0.9953	4.5191	3.5404	3.0244	0.9887	4.0131	3.0590
	杂交 F_1	3.4950	0.9766	4.4716	3.5787	3.2886	1.0480	4.3366	3.1380

注：1. Ⅰ：P1；Ⅱ：P4；Ⅲ：P6。

2. Chl 含量：亲本及 F_1 代是抽穗后 10d 的平均值；杂交 F_1 平均值是含有该亲本的 5 个组合的平均值。

二、叶绿素（Chl）含量与光合速率（Pn）、叶绿素荧光参数的遗传相关

对 Chl 含量与大麦光合作用有关的性状进行遗传相关分析，其结果如表 3-5 和表 3-6 所示。

如表 3-5 所示，分析旗叶的 Chl 含量与有关光合性状的遗传相关系数结果表明，旗叶 Chla 与 Chlb 之间存在极显著的遗传正相关性，遗传相关系数 0.9064，Chl 总量由 Chla 与 Chlb 共同变化决定。Chlb 与 Pn 的遗传相关显著，遗传相关系数 0.5022。Chl 总含量与 Pn 存在显著正相关，遗传相关系数为 0.4449。Chla 与 Fv/Fm 呈显著正相关，遗传相关系数为 0.5598。Chl 总含量与 Fv/Fm 呈显著正相关，遗传相关系数为 0.5177。Y 与 Chl 含量之间都表现出显著或极显著正相关。由此表明，Chl 含量高，其叶片的光合活性也高。Chla/b 与 Fv/Fm 呈极显著正相关，遗传相关系数为 0.6022，Chla/b 与 Pn 呈不显著负相关，Chla/b 低，光合磷酸化的活性高。

从源库角度分析粒叶比与光合生理有关性状的遗传相关性表明，粒叶比与 Chl 含量、单叶的光合速率、光化学效率遗传相关不显著，与量子产量也呈不显著的负相关。粒叶比与光化学效率×旗叶面积、光合速率×旗叶面积、量子产量×旗叶面积、单株产量表现出极显著或显著的遗传正相关。

从表 3-6 的结果显示，倒二叶的 Chla 与 Chlb 之间也呈极显著的遗传相关，Chl 含量与 Fv/Fm 之间是极显著的遗传正相关，这与旗叶的结果相同。由此可见，大麦的倒二叶对产量是有很重要的作用。

由以上 Chl 含量与光合有关性状的遗传相关系数的分析表明，Chl 总含量的高低与叶片的光合作用的大小有着显著或极显著的相关性，这与刘振业等（1987）的研究结果相一致。孟宝民等（2002）试验也证明了叶绿素荧光参数 Fv/Fm 与 Chl 总含量的正相关关系。Chl 是光合作用反应中心色素系统。而 Fv/Fm 的高低是 PSII 反应中心光合作用效率的一个参数，Fv/Fm 的高低是 PSII 的作用中心光合能力的反应，因此 Chl 含量高，Fv/Fm 高，Y 大，说明光合色素捕光系统所吸收的光能传递给光合作用中心就多，光化学反应进行的顺利，光合作用能力与效率就比较高。

表 3-5 大麦旗叶 Chl 及相关性状的遗传相关（孟宝民，等，2002）

性状	Chla X_1	Chlb X_2	Chl（a+b）X_3	Chla/b X_4	Pn X_5	Fv/Fm X_6	Y X_7	光化学效率×旗叶面积 X_8	光合速率×旗叶面积 X_9	量子产量×旗叶面积 X_{10}	单株产量 X_{11}	主穗粒重 X_{12}	粒叶比 X_{13}
X_1													
X_2	0.9064**												
X_3	0.9958**	0.9415**											
X_4	0.3353	-0.0874	0.2487										
X_5	0.4203	0.5022**	0.4449*	-0.1447									
X_6	0.5598**	0.3249	0.5177**	0.6022**	-0.1612								
X_7	0.5498**	0.4332*	0.5333*	0.3214	0.3399	0.3432							
X_8	-0.3089	-0.2798	-0.3075	-0.0631	-0.0688	-0.2226	-0.5673**						
X_9	-0.1105	-0.0282	-0.0944	-0.1713	0.4727*	-0.3592	-0.3134	0.8380**					
X_{10}	0.0281	-0.0044	0.0215	0.1162	0.2625	-0.1189	0.2248	0.6492**	0.7344**				
X_{11}	-0.4048	-0.3064	-0.3899	-0.2243	-0.2166	-0.4625*	-0.5643**	0.6825**	0.5038*	0.3376			
X_{12}	-0.3681	-0.2486	-0.3480	-0.2302	0.0396	-0.4488*	-0.3897	0.3044	0.2854	0.0285	0.5647**		
X_{13}	-0.1858	-0.1599	-0.1832	-0.0646	0.0314	-0.1856	-0.4329	0.9221**	0.8255**	0.6930**	0.5160*	0.0252	

注：1. * 表示 0.05 水平差异显著；** 表示 0.01 水平差异显著。

2. 所用的数据均为抽穗后 10d 亲本及杂交 F_1 代测定值。

表 3－6　大麦倒二叶 Chl 含量及其相关性状的遗传相关（孟宝民，等，2002）

性状	Chla X_1	Chlb X_2	Chl（a＋b）X_3	Chla/b X_4	单株产量 X_5	主穗粒重 X_6	Fv/Fm X_7	粒叶比 X_8
X_1								
X_2	0.9386**							
X_3	0.9971**	0.9624**						
X_4	0.4015	0.0667	0.3312					
X_5	－0.5079*	－0.3724	－0.4832*	－0.5250				
X_6	－0.3671	－0.3400	－0.3650	－0.2012	0.5647**			
X_7	0.6604**	－0.6913**	0.6744**	－0.1201	－0.4391	－0.6106**		
X_8	－0.4036	－0.3056	－0.3861	－0.3662	0.5160*	0.0252	－0.1762	

注：1. * 表示 0.05 水平差异显著；** 表示 0.01 水平差异显著。

2. 所用的数据均为抽穗后 10d 亲本及杂交 F_1 代测定值。

第三节　大麦叶绿素荧光参数的动态变化分析

当叶绿体色素吸收光量子后，这些量子或电子便由基态跃迁到处于高能量的激发态，激发态的电子不稳定，它有返回原来稳定态的倾向，回到基态有多种途径：一是把捕获的能量以热的形式逸散一部分，然后发射一个所含的能量比原先吸收的光量子的能量低的光子，便回到基态，此时色素发射的光被称为荧光；二是用于光化学反应；三是从激发态回到亚稳三线态然后发射磷光，回到基态。试验证明叶绿素荧光来自于光系统 II（PSII），光系统 I（PSI）不发射光。因此叶绿素荧光一直被用来作为研究光合作用机理的探针。孟宝民等（2002）的研究旨在通过测试春大麦叶绿素荧光参数的变化为杂交育种提供选择亲本及杂交后代的基础理论。

一、旗叶叶绿素荧光参数的日变化分析

由于分析荧光参数日变化时，每个时间段用于测定的时间很短，因此孟宝民等（2002）试验只分析大麦亲本 P3 的旗叶叶绿素荧光参数从 8：00～20：00 的变化（此处用的是北京时间，新疆与北京的时差为 2 小时），其结果如图 3－3、图 3－4、图 3－5、图 3－6 所示。

如图 3－3 所示初始荧光（F_0）的日变化可以看出，拔节期的 F_0 在一天当中任何时间的变化明显的高于抽穗期与抽穗后 10d 的值，比抽穗期日平均高出 23.60%，比抽穗后 10d 日平均高出 17.89%。三个时期每天 F_0 的最低值都出现在中午前后，这与宋建民（1999）对小麦研究的结果一致。拔节期大约在 15：00，抽穗期在 13：00，抽穗后 10d 在 16：00。在抽穗后 10d 15：00 以前的 F_0 大于抽穗期的值，而 15：00 以后相反。F_0 中午降低，说明在中午强光高温作用下，非辐射能热耗散增加，从而导致光合能力在中午下降。

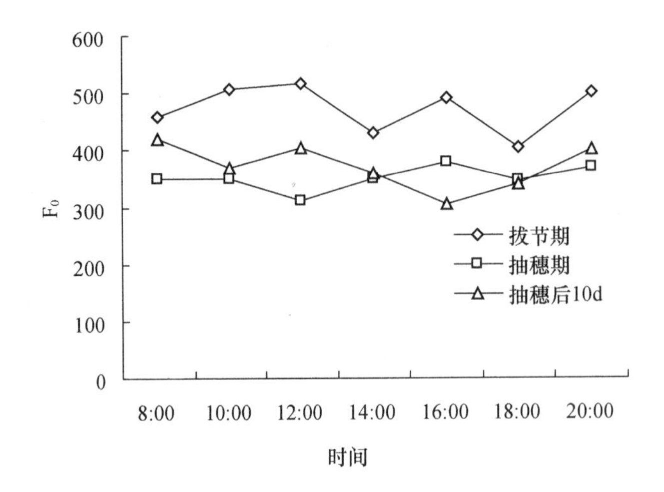

图 3－3　亲本 P3 三个生育时期旗叶 F_0 的日变化（孟宝民，等，2002）

Fv/Fm 反映作物叶片 PSII 光合能力强弱，如图 3－4 可见，在一天当中 8：00 Fv/Fm 最高的时候，从 8：00 到 14：00，Fv/Fm 逐渐降低，14：00 以后 Fv/Fm 又逐渐恢复，到 20：00左右，基本上接近早上初始的水平。三个生育时期的 Fv/Fm 一天当中的最低值都在 14：00 左右。抽穗期与抽穗后 10dFv/Fm 的表现就不同于拔节期，抽穗期在 18：00 有一个小高峰值，之后 Fv/Fm 开始下降。抽穗后 10d 则在 16：00 左右出现一个高峰值，之后开始下降。

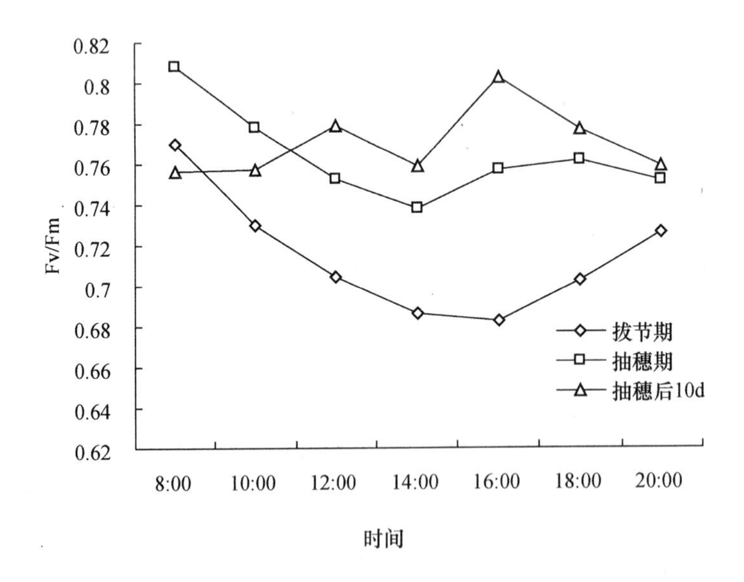

图 3－4　亲本 P3 三个生育时期旗叶 Fv/Fm 的日变化（孟宝民，等，2002）

图 3－5 是 Y 的试验结果，从早 8：00～10：00，随着光合有效辐射的增强，Y 升高，10：00～18：00，Y 在 0.6 左右，14：00～16：00 之间略有降低，拔节期比早 10：00 下降 9.67%，抽穗期下降 5.17%，抽穗后 10d 下降 5.11%，18：00 以后 Y 又有下降。

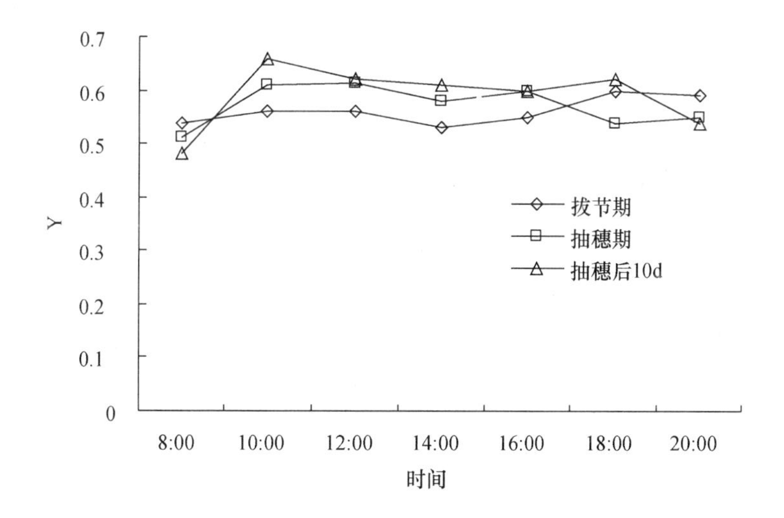

图 3－5　亲本 P3 三个生育时期旗叶 Y 的日变化（孟宝民，等，2002）

电子传递速率（ETR）的结果如图 3－6 所示，其变化趋势与 Y 的变化趋势相同，早上叶片开始接受阳光照射后，光合作用启动并逐渐加强，10：00～18：00 ETR 基本保持较高的水平，中午同样略有降低。

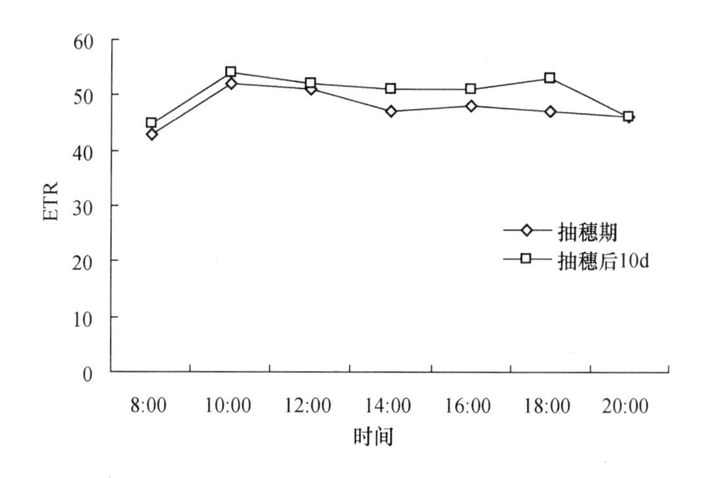

图 3－6　亲本 P3 两个生育时期旗叶 ETR 的日变化（孟宝民，等，2002）

由以上的试验结果表明，Fv/Fm 与 Y 在一天中变化与孟庆伟（1996）在小麦上的研究结果相一致。许大全（1999）认为，F_0、Fv/Fm 在中午降低是作物的一种自我保护机制，光合机构活性的降低，热耗散的增加，直接导致 F_0、Fv/Fm 的减少，下午基本恢复。由此得出在中午田间大麦光合作用受到明显的可逆的光抑制现象。

二、倒二叶叶绿素荧光参数的日变化分析

大麦的产量除旗叶以上部分的贡献外，倒二叶对产量的贡献也占比较大的分量。在大麦的生育期，测定了亲本 P3 倒二叶在抽穗期、抽穗后 10d 的叶绿素荧光参数，结果如图3－7、

图3－8、图3－9、图3－10、图3－11所示。

倒二叶F_0的变化见图3－7，早晨的F_0值最大，以后逐渐降低，20：00左右恢复到较高水平。抽穗期倒二叶F_0的最低值在18：00左右，抽穗后10d倒二叶F_0的最低值在16：00左右。抽穗后10d倒二叶的F_0比抽穗期的值要大，说明抽穗后10d倒二叶的PSII反应中心有不同程度的破坏，PSII光化学活性减小，效率降低。

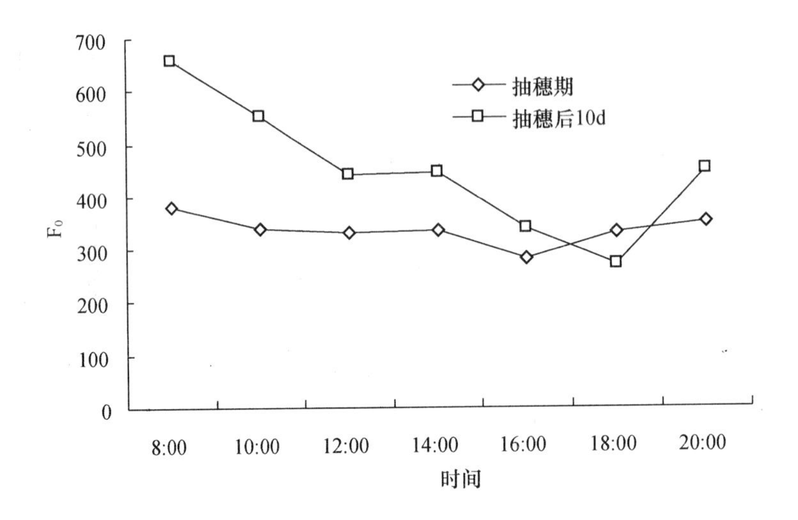

图3－7　亲本P3倒二叶F_0的日变化（孟宝民，等，2002）

倒二叶最大荧光（Fm）的变化如图3－8，在一天中，8：00的值最大。抽穗期从8：00～12：00降到最低值，20：00又有所恢复。抽穗后10d从8：00～16：00降至最低值，之后上升。

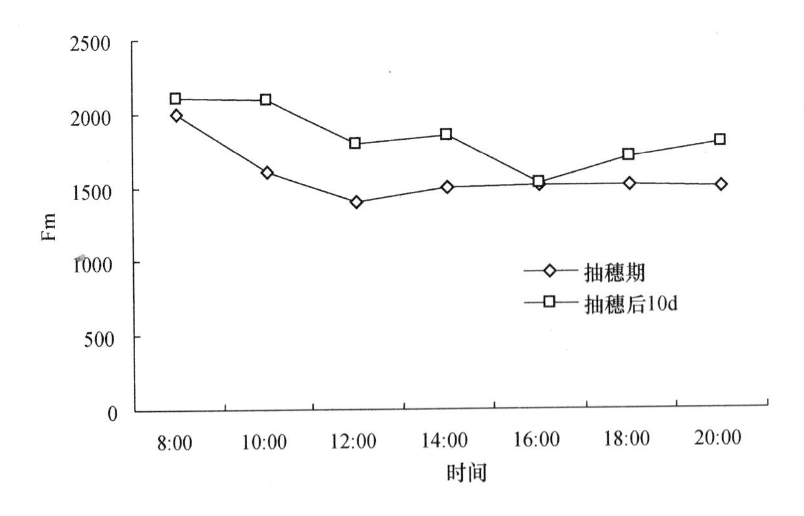

图3－8　亲本P3倒二叶Fm的日变化（孟宝民，等，2002）

倒二叶的Fv/Fm的日变化见图3－9，抽穗期8：00～12：00 Fv/Fm逐渐降低至最低值，12：00以后又开始上升，下午16：00～18：00出现一高峰值，之后又开始下降。抽穗后

10d 的 Fv/Fm 在 14：00 以前都比较低，16：00 左右有一个高峰值，16：00 之后降低。在一天当中，抽穗期比抽穗后 10d 倒二叶的 Fv/Fm 高，此结果表明，抽穗后 10d 倒二叶已经开始衰退，光合机构与叶绿素开始降解，再加上由于倒二叶受到的直射光较少，从叶片外表明显看到倒二叶已经开始退绿。而此时的旗叶依然是绿色的，光合能力最强，是活力最强的光合源。

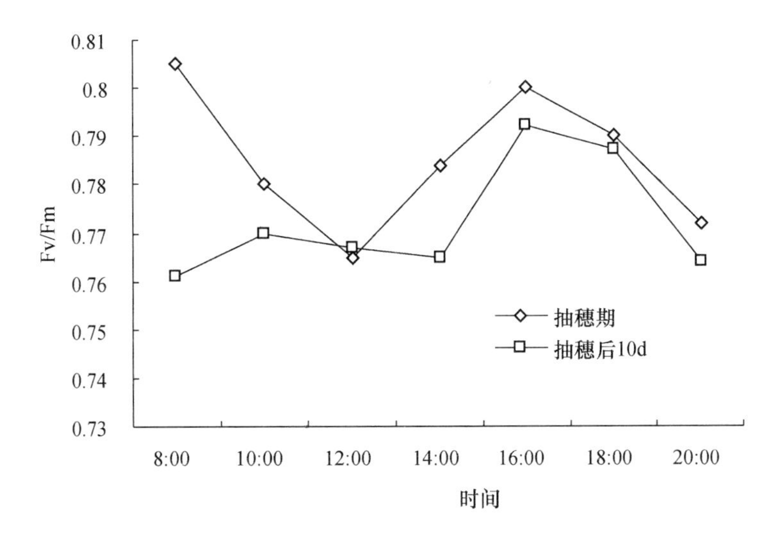

图 3－9　亲本 P3 倒二叶 Fv/Fm 的日变化（孟宝民，等，2002）

倒二叶的 Y 与 ETR 日变化如图 3－10 与图 3－11 所示，Y 与 ETR 的日变化趋势基本相同，8：00～10：00，Y 与 ETR 处于上升阶段，10：00～18：00，处于基本稳定的阶段，18：00 以后开始下降，两个参数在 16：00 左右略比 10：00 有所下降。在一天当中，抽穗期的 Y 与 ETR 比抽穗后 10d 的值高，这与 Fv/Fm 的结果相一致。

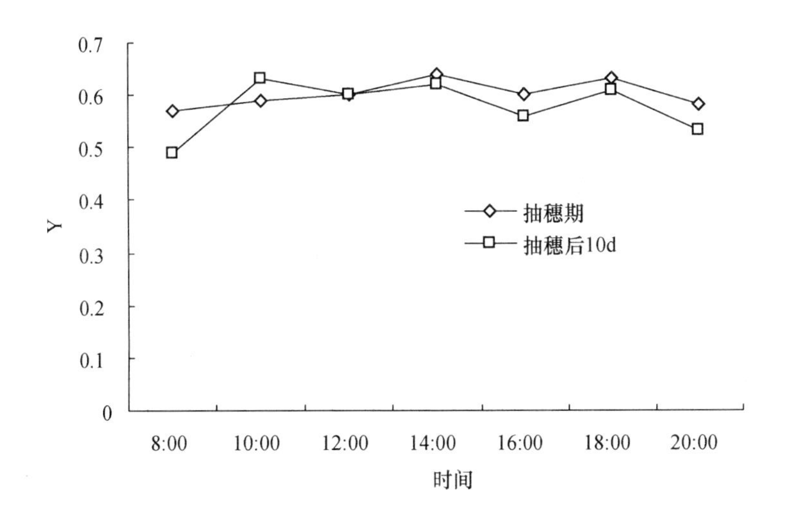

图 3－10　亲本 P3 倒二叶 Y 的日变化（孟宝民，等，2002）

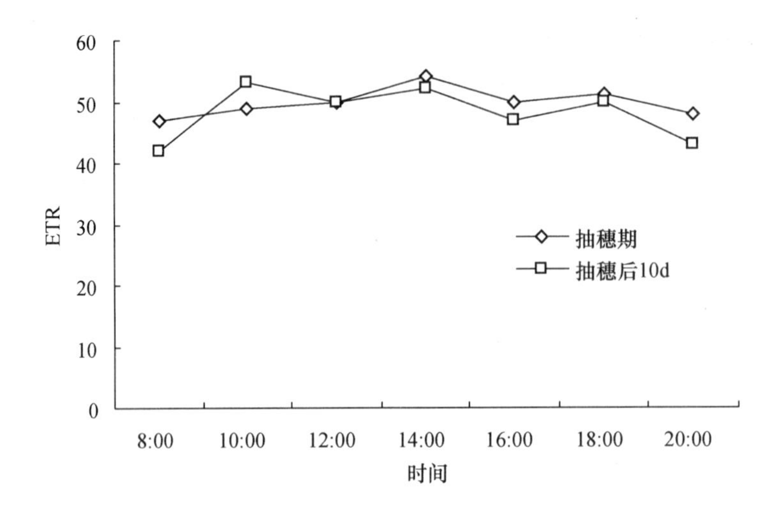

图 3－11　亲本 P3 倒二叶 ETR 的日变化（孟宝民，等，2002）

由以上倒二叶的叶绿素荧光参数的日变化结果来看，倒二叶的 F_0、Fv/Fm 在中午前后降低，下午又有所恢复，说明倒二叶的光合作用也受到了不同程度的光抑制现象。

三、旗叶与倒二叶叶绿素荧光参数的比较分析

前人的研究结果已表明，对大麦产量有重要贡献的光合器官包括大麦的穗部、旗叶、倒二叶。为了明确旗叶与倒二叶在光合能力上的一致性及差别，孟宝民等（2002）通过测定亲本 P1 的旗叶与倒二叶在抽穗后 10d 的叶绿素荧光参数来进行比较研究，其结果如图 3－12、图 3－13、图 3－14、图 3－15 所示。

（一）春大麦旗叶与倒二叶 F_0 的日变化比较

旗叶与倒二叶 F_0 的试验结果见图 3－12 所示。旗叶与倒二叶的 F_0 的日变化趋势相一致，8：00 是一天的最高值，之后逐渐下降，到 16：00 左右的最低值以后开始上升。抽穗后 10d 旗叶的 F_0 值在一天当中都比倒二叶的低，一天平均低 6.42%。

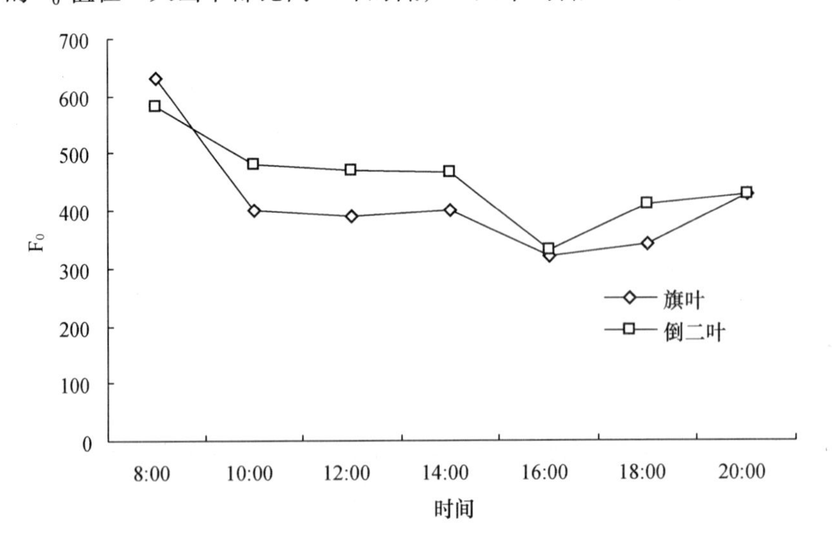

图 3－12　亲本 P1 旗叶与倒二叶 F_0 的日变化（孟宝民，等，2002）

（二）春大麦旗叶与倒二叶 Fv/Fm 的日变化比较

旗叶与倒二叶 Fv/Fm 日变化比较见图 3-13，在一天中，旗叶与倒二叶的 Fv/Fm 变化趋势相同，14：00~16：00 值最低。旗叶的 Fv/Fm 基本上在一天中都高于倒二叶，平均比倒二叶高 1.82%，由此说明旗叶的光合能力的确比倒二叶高。

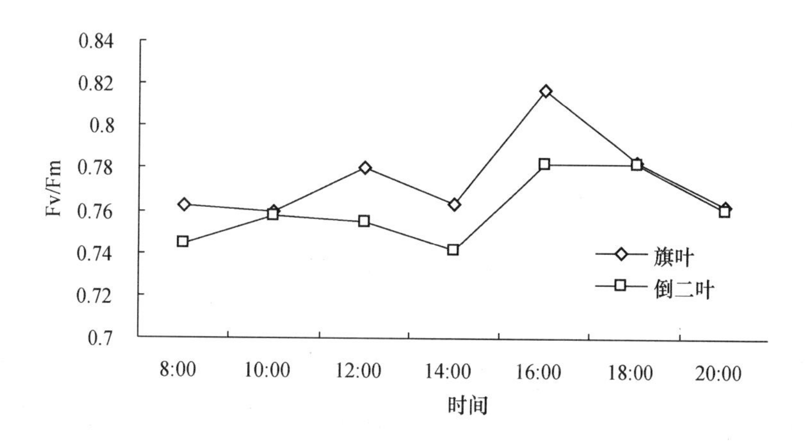

图 3-13　亲本 P1 旗叶与倒二叶 Fv/Fm 的日变化（孟宝民，等，2002）

（三）春大麦旗叶与倒二叶 Y 与 ETR 的日变化比较

旗叶与倒二叶 Y 与 ETR 日变化比较结果如图 3-14 与图 3-15 所示。旗叶与倒二叶的日变化趋势相一致，在一天中旗叶的 Y 与 ETR 总是比倒二叶的高。

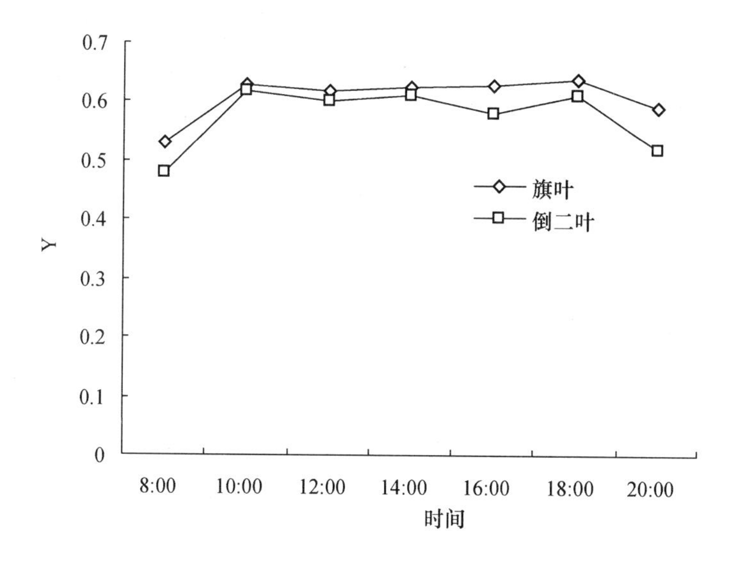

图 3-14　亲本 P1 旗叶与倒二叶 Y 的日变化（孟宝民，等，2002）

由以上分析抽穗后 10d 旗叶与倒二叶一天中的叶绿素荧光参数比较结果说明，春大麦旗叶与倒二叶的变化趋势基本相同，但旗叶光合能力比倒二叶高，因此我们以往在杂交育种过程中注重旗叶的作用有其道理，但对产量有一定贡献的倒二叶也不应排除在外。倒二叶对产量的贡献没有旗叶大，Fv/Fm、Y、ETR 较低，但对最终产量的形成是重要的。

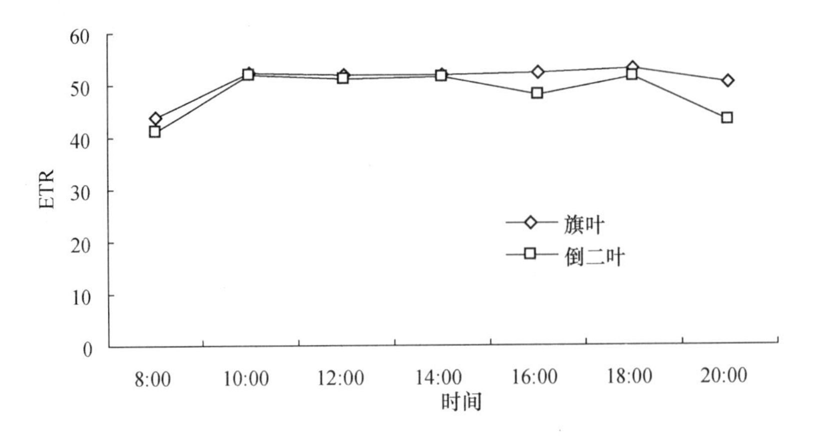

图 3-15　亲本 P1 旗叶与倒二叶 ETR 的日变化（孟宝民，等，2002）

四、不同生育时期旗叶叶绿素荧光参数的变化

孟宝民等（2002）测定亲本 P3 的叶绿素荧光参数在不同时期的变化，以研究作物生长发育过程中光合作用的发展变化，探索其光合作用的关键时期及其荧光参数的变化与作物的生长发育规律的同步性，旨在为大麦的栽培管理提供光合生理的理论依据，为大麦高光效育种提供合适的选择时期。

（一）不同时期 F_0 的变化规律

F_0 在大麦的整个生育期的变化，如图 3-16 试验结果所示。春大麦叶绿素荧光参数 F_0 在整个生育期的变化可以分为三个阶段：第一阶段，从苗期到拔节后期为降低阶段，下降了 17.37%。第二阶段，是拔节后期到抽穗后 10d 为 F_0 的低值稳定阶段，F_0 的值基本上在 40.67～45.67 的低值范围，其中以抽穗后 10d 的 F_0 值最小。这一阶段是春大麦的光合的关键阶段，这一阶段的长短对光合产物有非常大的影响，也直接决定着产量的高低。第三阶段，从抽穗后 10d 到收获，为 F_0 的上升阶段，叶片的光合能力逐渐下降，叶片开始衰老。F_0 这一变化过程说明春大麦光合能力呈先低后高最后变弱的规律。叶绿体 PSII 光合机构的光合能力的强弱、活性的高低正好与 F_0 的变化相反，PSII 光合效率是低—高—低三个阶段，曾有人把第二阶段称为光合高值持续期，说明这一时期对产量的影响是至关重要的。

（二）不同时期 Fm 的变化规律

Fm 在生育期变化的试验结果如图 3-17 所示，在整个大麦生长发育的过程中出现两个高峰值，一个高峰值是拔节期，比苗期增加了 23.69%；另一个高峰值是抽穗后 10d，比苗期增加了 23.36%，比抽穗期增加了 14.68%。拔节期的营养生长旺盛，叶片的光合能力供营养生长，抽穗后 10d 生殖生长旺盛，光合产物主要是供籽粒的发育与充实，叶绿体的光合能力强。

（三）不同时期 Fv/Fm 的变化规律

春大麦生育期 Fv/Fm 的试验结果如图 3-18 所示，从苗期到拔节后期 Fv/Fm 由 0.6736 上升到 0.8411，上升了 24.86%。抽穗期到抽穗后 20dFv/Fm 基本上在 0.855。抽穗后 10d 的 Fv/Fm 最大为 0.8781，此时是旗叶的最大功能期，光合能力最强。抽穗后 10dFv/Fm 平均一天比拔节期高 7.29%，比抽穗期高 1.03%。抽穗后 20d，大麦开始衰老，旗叶的 Fv/Fm

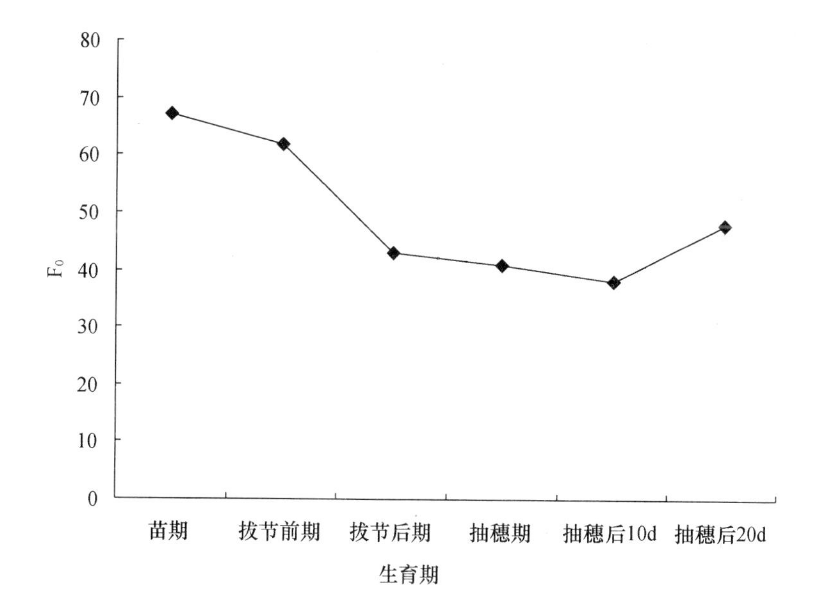

图 3－16　亲本 P3 F_0 不同时期的变化（孟宝民，等，2002）

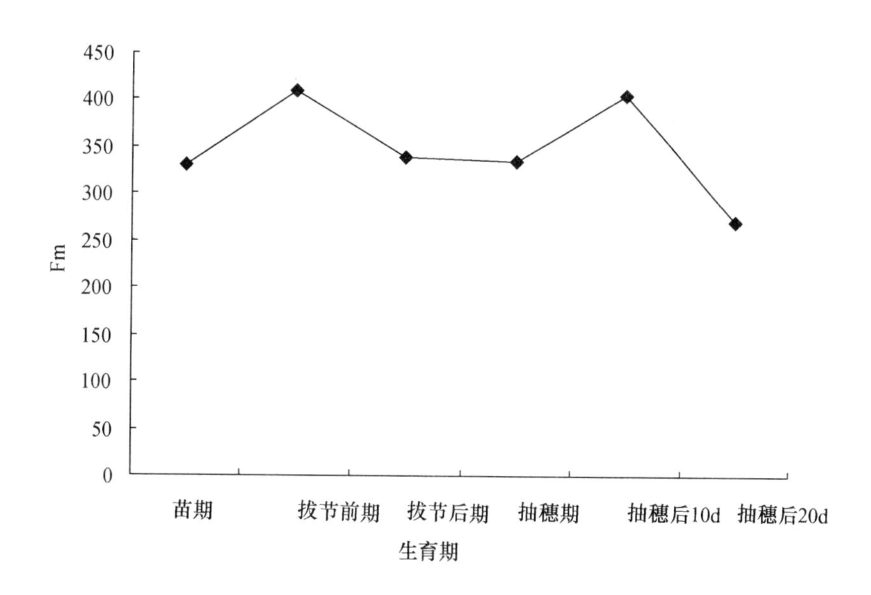

图 3－17　亲本 P3 Fm 不同时期的变化（孟宝民，等，2002）

下降，光合机构的效率降低。大麦 Fv/Fm 的变化规律正好也说明了大麦光合高值持续期就是在抽穗到抽穗后 20d 这一段时间，在这一段时间 Fv/Fm 的值都比较高。

（四）不同时期 Y 的变化规律

春大麦生育期 Y 的试验结果如图 3－19 所示，Y 的变化在拔节前期比较高，拔节前期到拔节后期有一个降低的阶段，从拔节后期到抽穗后 10d 是一个相对稳定的时期，这一时期正好对应于 F_0 的相对稳定时期，Fv/Fm 相对高值持续期，抽穗后 10d 到抽穗后 20d，Y 急剧下降。

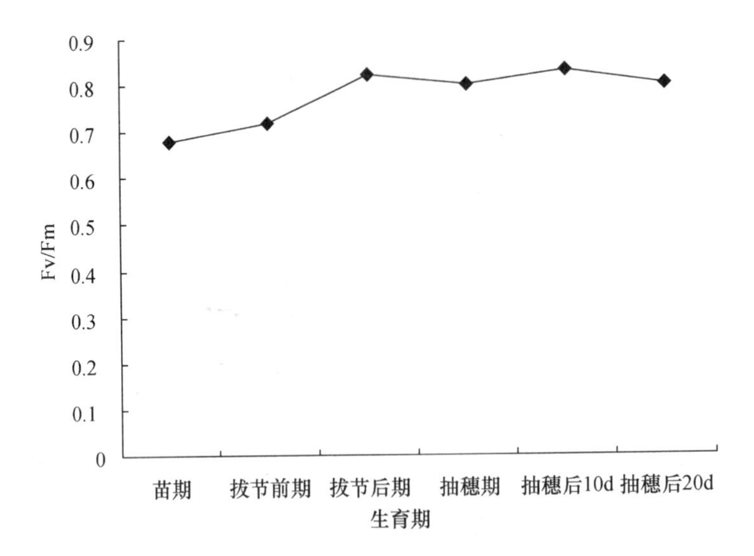

图 3-18　亲本 P3 Fv/Fm 不同时期的变化（孟宝民，等，2002）

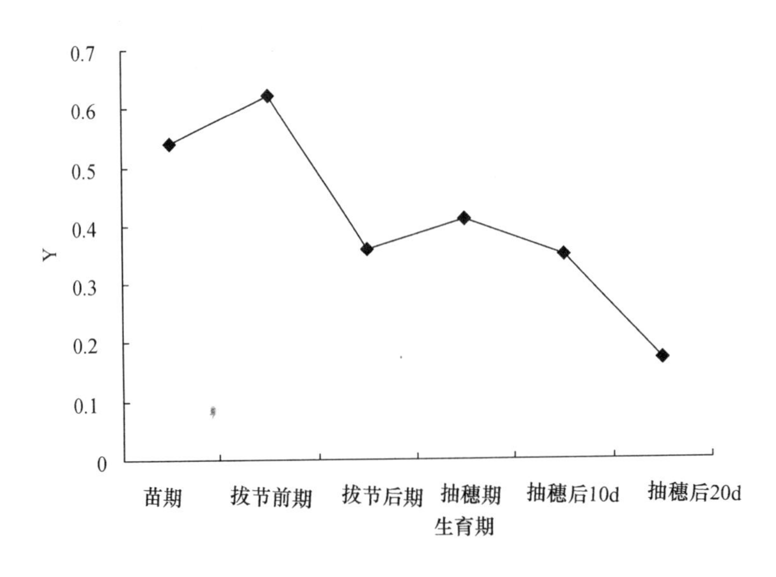

图 3-19　亲本 P3 Y 不同时期的变化（孟宝民，等，2002）

通过对大麦一生的叶绿素荧光参数的试验结果来看，对大麦产量有重要影响的是抽穗到抽穗后 10d 这一段时间，这一段时间正是旗叶的最大功能期，旗叶的光合能力在这一时期比较强，若我们通过栽培方法来延长这一功能期，或者通过育种来延长品种这一功能期，必将显著地提高大麦的产量。

五、不同亲本、不同组合旗叶叶绿素荧光参数的差异

改善作物的光合性能，提高品种的光合作用是提高产量的一条有效途径。对于高光合育种来说，需要通过研究作物的品种光合特性，评价品种的光合性能及其遗传性能，有目的地选择光合性状来提高品种的产量。为此，分析亲本与杂交后代的光合性状遗传特性，为我们

的育种提供参考理论。

由表3－7可知，同一亲本的同一生育期，不同组合的叶绿素荧光参数有差异，各亲本的叶绿素荧光参数Fv/Fm的大小顺序为P1＞P4＞P6＞P3＞P2＞P5。亲本P1和P4的Fv/Fm较高，但P1的Y与ETR却没有表现出高值，分别排第4位和第6位。

表3－7　不同亲本Chl荧光参数的比较（孟宝民，等，2002）

叶绿素荧光参数	亲本					
	P1	P2	P3	P4	P5	P6
Fv/Fm	0.8781	0.8480	0.8551	0.8579	0.8229	0.8552
Y	0.3774	0.3883	0.3643	0.4587	0.3787	0.3568
ETR	146.71	148.33	164.38	187.45	168.09	160.84

注：1. 表中数据为抽穗后10d的测定值。
2. 杂交组合的平均值是含有该亲本的5个组合的平均值。

由表3－8可知，杂交后代的Fv/Fm以P1的组合最高，Y、ETRP1组合也出现高值，P5的组合同样也出现高值。所以在光合育种选配亲本与选择后代组合时应考虑得较全面一些，因为决定光合作用高低的遗传性状受多基因控制。孟庆伟（1996）认为在低氧条件下，量子效率才是准确衡量光抑制程度的指标。我们除了以Fv/Fm作为选择指标外，我们更应注重Y的选择。

表3－8　不同杂交后代叶绿素荧光参数的比较（孟宝民，等，2002）

叶绿素荧光参数	杂交 F_1 代					
	P1	P2	P3	P4	P5	P6
光化学效率（Fv/Fm）	0.8712	0.8569	0.8546	0.8574	0.8518	0.8545
量子产量（Y）	0.4314	0.3995	0.3597	0.3815	0.4144	0.3463
电子传递速率（ETR）	170.93	160.94	155.62	159.55	177.16	150.13

注：1. 表中数据为抽穗后10d的测定值。
2. 杂交组合的平均值是含有该亲本的5个组合平均值。

从表3－9比较6个亲本的杂交后代可知，亲本P1与P4的Fv/Fm值较高，其后代的Fv/Fm也比较高，其后代的Y表现出较高的遗传。以P1为亲本后代Fv/Fm平均值为0.8712，后代Y平均值为0.4314，表现出高值的结果。Fv/Fm较低的亲本P5，其后代的Fv/Fm也表现较低，其平均值为0.8518，而Y表现高值。由此可以看出，对于决定光合作用性状的基因其变异比较大，其后代的表现不一致，因为光合性状是一个受多基因控制的数量性状，其后代因不同的组合表现不同，但有一个共同的遗传趋势，那就是叶绿素荧光参数表现高值的亲本，一般其杂交后代表现不是最低值，因此选择光合亲本时，应选择具有较高光合性状的品种做亲本。

六、不同生育时期叶绿素荧光参数与产量的相关分析

由于作物的产量最终是由不同生育时期的光合产物累积形成的，因此分析大麦不同生育阶段的光合性状与小区产量的关系有助于掌握关键的时期，以便进行育种材料选择。

表 3-9 不同亲本及杂交后代的叶绿素荧光参数（孟宝民，等，2002）

	P1	P2	P3	P4	P5	P6
P1		0. 8698	0. 8640	0. 8669	0. 8713	0. 8836
P2	0. 4453		0. 8384	0. 8727	0. 8572	0. 8463
P3	0. 4262	0. 3349		0. 8620	0. 8614	0. 8538
P4	0. 4141	0. 4213	0. 3915		0. 8386	0. 8537
P5	0. 4578	0. 4406	0. 4048	0. 3787		0. 8306
P6	0. 4174	0. 3508	0. 2601	0. 2892	0. 4172	

注：所用数据为抽穗后 10d 测定，上三角为杂交后代的 Fv/Fm；下三角为杂交后代 Y。

表 3-10 不同时期叶绿素荧光参数与产量的相关系数（孟宝民，等，2002）

	苗期	拔节前期	拔节后期	抽穗期	抽穗后 10d	抽穗后 20d
Fv/Fm	0. 1664	0. 1708	-0. 1682	0. 1822	-0. 2250	-0. 2075
Y	0. 4379 *	0. 0352	-0. 4517 *	0. 5032 *	0. 5988 **	-0. 3112

注：1. * 表示 0. 05 水平差异显著；* * 表示 0. 01 水平差异显著。

2. 抽穗前的数据为最上面展平叶 10：30～13：00 的测定值，抽穗后为旗叶 10：30～13：00 的测定值。

3. 产量为小区的产量。

由表 3-10 可以看出，Fv/Fm 的不同阶段与产量的相关关系均不显著，而 Y 与产量的相关以抽穗后 10d 的最显著，达极显著水平。苗期的也比较显著，达显著水平，由此我们可以在苗期通过测定 Y 来预测产量的高低，通过回归分析得出产量与苗期 Y 的回归方程式为：$y = -51.10 + 129.52x$，产量与苗期 Y 间达到显著的线性关系（$F = 4.13$，$P = 0.05$）。

第四节 大麦光合性状的主成分分析与典型相关分析

大麦光合作用性状受多基因的遗传控制，与株型性状、生理性状都有密切的相关性，然而要全面地了解株型性状、生理性状与光合性状的关系，还必须对株型性状、生理性状再进行分析，从中挖掘出少数几个彼此不相关的综合指标反映原来众多变量的信息。主成分分析与典型相关分析是一种有效的方法，孟宝民等（2002）应用主成分分析与典型相关分析方法对大麦的株型性状与生理性状进行了系统的分析，旨在了解不同性状对大麦光合作用性状的贡献，为大麦的高产光合育种提供选择株型性状与生理性状的依据。

采用 6 个亲本与 15 个杂交 F_1 代的材料，所用数据为抽穗后 10d 的 Pn 与叶绿素荧光参数及考种的资料。第一组性状是光合作用性状：Pn（X_1）、Fv/Fm（X_2）、Y（X_3）、光合速率×旗叶面积（X_4）、光化学效率×旗叶面积（X_5）、量子产量×旗叶面积（X_6）；第二组株型性状：株高（Y_1）、穗下节间长（Y_2）、旗叶宽（Y_3）、旗叶长（Y_4）、旗叶面积（Y_5）；第三组生理性状：Chla（Y_6）、Chlb（Y_7）、Chl（a+b）（Y_8）、Chla/b（Y_9）、粒叶比（Y_{10}）；第四组产量性状：主穗粒数（Y_{11}）、主穗粒重（Y_{12}）、千粒重（Y_{13}）、单株产量（Y_{14}）。

一、主成分分析

经过对20个性状的主成分分析，其结果见表3-11。由此可知：前3个特征值解释的方差累计为75.4%，前5个特征值解释的方差累计为88.3%，因此可以说，前5个变量已经概括了大部分信息，后15个成分对方差的贡献均小于10%，所以我们取前5个成分作为大麦光合性状的主成分。

表3-11 主成分分析相关矩阵特征值（孟宝民，等，2002）

主成分	特征值	方差	方差比例	方差累计比例
PRIN1	9.2687	5.9761	0.4634	0.4634
PRIN2	3.2916	0.7734	0.1646	0.6281
PRIN3	2.5193	1.0774	0.1260	0.7540
PRIN4	1.4419	0.2986	0.0721	0.8261
PRIN5	1.1432	0.3748	0.0516	0.8833
PRIN6	0.7684	0.1821	0.0384	0.9217
PRIN7	0.5863	0.1991	0.0293	0.9510
PRIN8	0.3872	0.1637	0.0194	0.9704
PRIN9	0.2235	0.0747	0.0112	0.9815
PRIN10	0.1488	0.0198	0.0077	0.9890

由表3-11可见，从第一主成分来看，旗叶宽与旗叶面积的载荷最大，可以认为第一主成分是旗叶决定因子。第二主成分，量子产量×旗叶面积与主穗粒重的载荷最大，株高与粒叶比的载荷次之，因此我们称为产量构成因素决定因子。第三主成分，穗下节间长与光合速率的载荷最大，光合速率×旗叶面积的载荷次之，因此我们可以称为光合速率决定因子。第四主成分，Chlb与Chla/b的载荷最大，我们称为生理决定因子。第五主成分，光化学效率与量子产量的载荷最大，因此我们称为叶绿素荧光决定因子。

由以上五个主成分我们可以综合评价亲本及杂交后代的优劣。从旗叶角度来考虑，旗叶的面积一定要大。从叶绿素荧光与旗叶来看，量子产量×旗叶面积越大越有利于光合作用的进行。从第三主成分来看，穗下节间要长，才能更好地提高植株内部的光分布，光合速率也最终得以提高。从第四主成分来看，提高旗叶的Chlb的含量与降低Chla/b，有利于提高光合磷酸化。从第五主成分来看，选择Fv/Fm高的品种，光合作用也比较高，有利于光合物质的生产。

根据以上的分析，通过主成分分析来选择亲本与后代，对评价亲本及后代的优劣都有一定的指导意义。

二、典型相关分析

典型相关是研究两组变量相互关系的方法。把20个性状分为四组：第一组光合作用性状，第二组株型性状、第三组生理性状、第四组产量性状。通过分析四组变量之间的相关性，

表 3－12　大麦光合性状主成分分析的特征向量（孟宝民，等，2002）

性状	主成分				
	PRIN1	PRIN2	PRIN3	PRIN4	PRIN5
株高	0.1355	－0.3067	0.2766	0.2289	－0.2447
穗下节间长	－0.0045	－0.287	0.4619	－0.1385	0.2293
旗叶宽	0.3149	0.089	0.0614	0.0433	－0.0273
旗叶长	0.2734	0.2332	0.0098	－0.0549	0.2723
旗叶面积	0.3079	0.1667	0.0419	－0.0025	0.1286
Chla	－0.2491	0.2334	0.1937	0.2799	0.1109
Chlb	－0.2092	0.2718	0.1223	0.4448	－0.0109
Chla＋b	－0.2429	0.2445	0.1799	0.3196	0.0849
Chl（a/b）	－0.1742	－0.0325	0.2198	－0.4083	0.3228
Pn	－0.3993	0.1121	0.4941	－0.1883	－0.1853
Fv/Fm	－0.1794	0.2724	－0.1125	0.1179	0.4559
Y	－0.2235	0.1376	0.2359	－0.0138	－0.356
光合速率×旗叶面积	0.2499	0.215	0.2846	－0.1128	－0.0195
光化学效率×旗叶面积	0.2988	0.1972	0.0287	0.0074	0.1745
量子产量×旗叶面积	0.1678	0.3154	0.2473	－0.0393	－0.2661
主穗粒数	0.2348	－0.2112	0.0458	0.3091	0.1507
主穗粒重	0.1616	－0.3145	0.2578	0.2894	0.2264
千粒重	－0.1914	－0.1226	0.2169	－0.0801	0.3507
粒叶比	0.2567	0.3027	0.0108	－0.149	0.0678
单株产量	0.2651	－0.0616	0.011	0.3266	0.0038

在不损失原来信息的前提下，将任两个变量之间的遗传相关变成性状组间的相关，找出变量组之间相关性显著的典型变量来阐述影响光合作用性状的变量。

典型相关的分析见表 3－13，所研究的大麦 20 个性状变量可以用四组变量的 8 个性状来描述，每对典型变量的主要意义可以由那些系数较大的变量来阐述。光合性状与株型性状之间的相互关系可以用两对典型变量来分析，第一对典型变量是光化学效率×旗叶面积与旗叶面积，第二对典型变量是光合速率×旗叶面积与旗叶面积，由此看来，株型育种应注重旗叶面积、Fv/Fm×旗叶面积、光合速率×旗叶面积的选择。光合性状与生理性状的相互关系可以用一对典型变量来分析，这两个变量就是量子产量×旗叶面积与 Chlb，两个典型变量的系数都是正值，因此选择光化学效率×旗叶面积大，Chlb 含量高是有利的。光合性状与产量性状的相互关系可以用一对典型变量来描述，它们是光化学效率×旗叶面积与单株产量，虽不显著，但两个变量的系数都是正值，单株产量的分量比较重要。光合性状与其他三个性状的相互关系可以用一对典型变量来描述，其分析结果是光化学效率×旗叶面积与旗叶面积。

表 3-13 典型相关分析及典型变量（孟宝民，等，2002）

第一组变量	第二组变量	典型变量	典型相关系数	变量来源
光合性状	株型性状	$V_1 = 0.0064X_1 - 0.0906X_2 - 0.0084X_3 + 0.0065X_4 + 0.9544X_5 + 0.0164X_6$	0.9999**	光合速率×旗叶面积
		$W_1 = 0.0048y_1 - 0.0035y_2 + 0.0362y_3 + 0.0198y_4 + 0.9473y_5$		旗叶面积
		$V_2 = 3.3678X_1 - 0.0262X_2 + 5.7921X_3 + 7.3610X_4 + 1.13479X_5 - 6.8230X_6$	0.9113*	光合速率×旗叶面积
		$W_2 = 0.2543y_1 + 0.4389y_2 - 7.0818y_3 - 5.0900y_4 + 11.6991y_6$		旗叶面积
光合性状	生理性状	$V_1 = 0.2658X_1 + 0.1452X_2 + 0.5546X_3 - 0.2076X_4 - 0.0265X_5 + 0.5938X_6$	0.9580**	量子产量×旗叶面积
		$W_1 = 2.0275y_6 + 2.2055y_7 + 0.9680y_9 - 0.6978y_{10}$		叶绿素 b
光合性状	产量性状	$V_1 = 0.1176X_1 - 0.4034X_2 - 0.4665X_3 - 0.8400X_4 + 0.9219X_5 + 0.4767X_6$	0.8323	光化学效率×旗叶面积
		$W_1 = 0.2763y_{11} - 0.0876y_{12} - 0.2381y_{13} + 06986y_{14}$		单株产量
光合性状	株型+生理+产量性状	$V_1 = -0.0580X_1 - 0.0907X_2 + 0.0261X_3 + 0.1033X_4 + 0.9183X_5 - 0.0284X_6$	0.9999**	光化学效率×旗叶面积
		$W_1 = -0.0028y_1 + 0.0046y_2 - 0.0071y_3 - 0.0019y_4 + 0.9854y_5 - 0.0066y_6 + 0.0008y_7 - 0.0024y_9 + 0.0201y_{10} - 0.0196y_{11} - 0.0003y_{12} + 0.0119y_{13} + 0.0055y_{14}$		旗叶面积

注：* 表示 0.05 水平差异显著；** 表示 0.01 水平差异显著。

综上所述，在影响光合作用的诸多因子当中，反映株型性状的旗叶面积、生理性状 Chlb、产量性状的单株产量以及光合性状的光合速率×旗叶面积，光化学效率×旗叶面积都应是我们选择的重要性状，以此作为选择的理论根据，提高光效育种的选择效果。

第五节 大麦光合性状的数量遗传分析

高光效育种杂交后代其光合性状的表现，能否通过杂交育种来实现，改变现有品种的光合作用效率，不少的科研工作者做了大量的工作。光合作用的表现除受多基因遗传影响以外，而且易受外界环境条件的影响，为了进一步探明光合性状的遗传特性，孟宝民等（2002）选用了 6 个综合性状有差异的亲本，进行了不完全的双列杂交，将亲本及 15 个杂交后代同年种植，应用先进的光合测定系统来研究光合性状的遗传特性：杂种优势、配合力、遗传力等，旨在为高光效育种的合理选配亲本、利用杂种优势提供理论依据。

一、配合力分析

以大麦生长发育的关键时期抽穗后 10d 的各性状的试验结果做方差分析与配合力方差分析。从表 3-14 所示 10 个性状的方差分析结果来看，10 个性状的基因型方差都表现显著或者极显著。说明各性状的基因型间存在着真实的差异。

表 3-14　10 个性状的配合力方差分析（孟宝民，等，2002）

变异来源	Pn	Fv/Fm	Y	ETR	F_0
区组	1.05	1.25	0.67	0.35	1.14
基因型	1.88 **	3.91 **	2.84 **	1.97 *	11.97 **
gca	2.79 *	9.34 **	4.66 **	2.27	29.52 **
sca	1.58	2.09 *	2.23 *	1.88 *	6.12 *
误差	48.54	0.00018	0.0029	481.48	31.94

续表

变异来源	Chla	Chlb	Chla + b	Chla/b	粒叶比
区组	8.39	3.01	6.97	1.29	1.89
基因型	2.69 **	2.16 *	2.46 **	1.77 *	2.83 **
gca	3.49 **	1.97	3.09 **	2.26 *	3.62 **
sca	2.43 *	2.21 *	2.25 *	2.61	2.56 **
误差	0.35	0.036	0.6	0.049	0.0039

注：* 表示 0.05 水平差异显著，** 表示 0.01 水平差异显著。

配合力的方差分析表明，除 ETR、Chlb 的一般配合力（GCA）与 Pn、Chla/b 的特殊配合力（SCA）不显著外，其余性状的 GCA 与 SCA 都显著或极显著。

二、配合力效应分析

（一）一般配合力（GCA）效应分析

GCA 是以一个系统为共同亲本的一套组合的平均表现，它是用该系统作为一亲的所有 F_1 的平均值距所有组合总平均值的离差来度量。GCA 方差大约等于群体内的加性方差，GCA 大的性状表现来自基因的累加效应。GCA 的分析结果表明除 ETR、Chlb 的 GCA 不显著外，其余性状的基因加性效应都是显著的。GCA 的效应分析结果如表 3-15。

表 3-15　6 个亲本各性状的 GCA 效应（孟宝民，等，2002）

性状	P1	P2	P3	P4	P5	P6
Pn	1.4159	-1.0319	-4.0549	1.4556	2.5359	-0.3207
Fv/Fm	0.0148	-0.0016	-0.0013	0.0011	-0.0111	-0.0019
Y	0.0245	0.0067	-0.0240	0.0092	0.0176	-0.0339
ETR	0.7577	-4.4649	-3.1697	4.3672	10.6055	-8.0597
(F_0)	-8.9953	-4.5093	6.0330	-2.4594	3.7817	6.1853
Chla	0.3530	-0.1168	-0.2181	0.1711	0.0127	-0.2019
Chlb	0.0529	-0.0185	-0.0077	0.0570	0.0074	-0.0912
Chl (a+b)	0.4134	-0.1501	-0.2406	0.2356	0.0274	-0.2856
Chla/b	0.0831	-0.0115	-0.0714	-0.0362	-0.0022	0.0582
粒叶比	0.0017	-0.0038	-0.0029	-0.0077	0.0110	0.0364

由大麦的 GCA 效应估计值表 3－15 来看，与光合有关性状的 GCA 表现比较复杂，同一性状不同亲本的 GCA 有一定的差异，有的亲本表现正效应，而有的亲本表现负效应。光合速率（Pn）P1、P4、P5 表现出正效应，而 P2、P3、P6 则表现出负效应。同一亲本的不同性状的 GCA 也表现有较大的差异，在一些性状上表现正向的配合力，而在其他的性状则是负效应。综观 10 个性状，Fv/Fm、Y、Chl 含量、粒叶比的 GCA 比较低，也就是说控制这几个性状主要是非加性基因，其稳定遗传力比较低。而 Pn、ETR 与 Y 的 GCA 相对高。

从 6 个亲本比较来看，光合作用比较强的 P1、P4 亲本的大多数性状的 GCA 都为正效应，而 P2、P6 的大多数性状的 GCA 负效应多。因此我们在选择杂交亲本时，也应选择光合作用比较高的亲本，因为与光合性状有关的其他性状大多数都表现正效应。

（二）特殊配合力（SCA）效应分析

SCA 是在数量遗传中认为主要有非加性基因的作用，如互作、上位性抑制、显性等。它所反映的是纯系品种或自交系在和另一个纯系亲本杂交的特定组合性状所表现的水平与 GCA 所反映的性状平均值之间的差异，它是多基因体系中特定基因组合互作效应，所以 SCA 被用来代表特定杂交组合中基因间的互作效应，是不固定遗传的变量。

由表 3－16SCA 分析结果来看，不同光合性状的 SCA 差异比较大，Fv/Fm、Y、粒叶比、Chl 含量的 SCA 效应值都比较低。而 F_0、Pn、ETR 的 SCA 效应值比较高，这和 GCA 的结果相同。就同一性状而言，GCA 高的 SCA 也比较高。同一性状内的不同组合的 SCA 也有差异，有的组合表现正效应，有的组合表现负效应。从各个亲本的综合性状来看，P4 的大多数 SCA 都表现为正效应，看来决定高光合作用的基因既受加性基因的控制，同时也受非加性基因的控制，主要看哪一方面起主要作用，也就是 GCA 与 SCA 哪一个的作用更大一些。从配合力分析结果来看，光合性状的各个亲本之间的配合力效应都比较低，但高光合亲本的 GCA 大多都是正效应。

表 3－16　10 个性状的 SCA 表（孟宝民，等，2002）

亲本	P2	P3	P4	P5	P6	P2	P3	P4	P5	P6
			Fv/Fm				F_0			
P1	0.0005	－0.0057	－0.0053	0.0114	0.0145	4.637	－6.127	3.512	－4.876	14.72
P2		－0.0149	0.0169	0.0137	－0.006		6.165	－3.412	12.47	6.34
P3			0.0054	0.0099	0.0049			2.818	6.541	－27.09
P4				－0.157	－0.003				5.846	9.556
P5					－0.843					－59.84
			Pn				Y			
P1	2.763	－1.934	1.632	1.395	－1.592	0.0255	0.0373	－0.008	0.272	0.038
P2		11.52	－2.034	4.479	－5.687		－0.363	0.0168	0.0321	－0.0106
P3			0.3695	－3.631	12.84			0.0311	－0.122	0.1283
P4				－1.068	4.812				0.0018	－0.007
P5					－45.65					0.3722

续表

亲本	P2	P3	P4	P5	P6	P2	P3	P4	P5	P6
			ETR				粒叶比			
P1	13.81	15.26	-3.511	10.8	7.941	-0.0247	-0.0193	-0.047	-0.0261	-0.0842
P2		-11.6	5.364	-0.7659	3.56		0.0195	0.0069	-0.0424	-0.0562
P3			15.92	51.52	35.98			0.036	0.0956	-0.0612
P4				7.679	2.125				0.0412	0.0979
P5					-164.9					-0.4375
			Chla				Chlb			
P1	-0.2341	-0.5892	0.0989	-0.0402	-0.7119	-0.0372	-0.216	0.0394	0.02	0.111
P2		0.0899	-0.001	1.356	-0.4073		0.2434	-0.1294	0.3523	-0.0763
P3			-0.0864	-0.2101	1.274			-0.1265	-0.1271	0.3533
P4				-0.5871	-0.1794				-0.2287	-0.0568
P5					-3.545					-1.002
			Chl（a+b）				Chla/b			
P1	-0.2555	-0.7884	0.1321	-0.0265	0.8166	-0.1105	0.0643	-0.0108	-0.0444	0.2247
P2		0.1942	-0.1146	1.7237	-0.4678		-0.1849	0.2926	0.0476	-0.0105
P3			-0.1971	-0.3214	1.6431			0.1872	0.1042	-0.0351
P4				-0.8222	-0.2425				0.1556	0.0265
P5					-4.553					-2.645

三、遗传参数分析

春大麦光合性状受多基因的控制，经过配合力分析，便能确定光合性状的哪种配合力重要。为了进一步说明各性状的遗传特点，估计各光合性状遗传参数见表3-17。

表3-17　与光合有关性状的遗传参数（孟宝民，等，2002）

遗传参数	Pn	Fv/Fm	Y	ETR	F_0
加性方差	4.8839	0.0001	0.0006	15.4957	62.2751
显性方差	9.3478	0.0001	0.0012	141.7573	54.5473
遗传方差	14.2317	0.0002	0.0018	157.2329	116.8224
环境方差	48.5393	0.0002	0.0029	481.4794	31.9453
表型方差	60.3219	0.0003	0.0043	630.9846	117.6301
H^2n（%）	8.10	36.21	13.40	2.46	52.94
GCA方差	1.6854	1E-06	0.0001	16.718	1.1092
SCA方差	8.6677	1E-06	0.0005	85.9785	5.7045
$2\sigma^2g/(2\sigma^2g+\sigma^2s)$	0.2802	0.6667	0.2857	0.2799	0.2799

续表

遗传参数	Chla	Chlb	Chla + b	Chla/b	粒叶比
加性方差	0.0313	0.0000	0.0424	0.0020	0.0003
显性方差	0.1673	0.0146	0.2521	0.0075	0.0021
遗传方差	0.1986	0.0146	0.2945	0.0096	0.0024
环境方差	0.3517	0.0360	0.6032	0.0492	0.0040
表型方差	0.5346	0.0506	0.8765	0.0577	0.0062
H^2n（%）	5.85	0.001	4.83	3.43	5.64
gca 方差	0.0122	0.0012	0.0209	0.0013	0.0001
sca 方差	0.0628	0.0064	0.1077	0.0066	0.0007
$2\sigma^2g/(2\sigma^2g+\sigma^2s)$	0.2798	0.2727	0.2796	0.2826	0.2222

从表3－17的分析结果来看，Pn、F_0、Fv/Fm的加性方差占的比重较大，其余光合性状以现行方差的比重较大。ETR、Chlb、Chl（a＋b）、Chla/b、粒叶比的遗传基础主要受显性基因的互作效应，加性方差的份额比较低。从分析各性状的狭义遗传力（h^2n）来看，Fv/Fm为36.21％、F_0为52.94％，Chlb的h2n最低为0.001％，大多数性状的h^2n都比较低。从分析GCA与SCA的重要性来看，GCA与SCA方差比值各性状基本上都在0.28左右，这说明与光合作用有关的性状其配合力主要是SCA在起作用，这可能是导致高光效育种很难有比较大突破的原因。因此，我们在高光效育种选择杂交亲本与后代时不应单独的用一个或某几个单纯的Pn、叶绿素荧光参数作为评价指标，而应结合一些遗传力较高的株型指标或生理指标选择，在后代出现高配合力、高光合的组合机会就会增大一些。

四、F_1代杂种优势分析

杂种优势是自然界广泛存在的一种生物现象，利用杂种优势可以大幅度地提高作物产量，改良作物品质，是现代农业科学技术的突出成就之一。杂种优势的实质或形成杂种优势的根本原因，在于杂种本身基因的杂合性或者说异质性。从遗传角度认为杂种优势为异质基因间的额外效应。控制性状遗传的异质基因间的互作才是造成杂种优势的根本原因，杂种优势的计算参照李卓夫（1995）的方法。

（一）各性状的杂种优势分析

杂种优势分析的结果见表3－18，从此结果来看，大麦各光合性状参数的中亲优势与超亲优势都不是很明显。Pn、Fv/Fm、Y、ETR、Chla/b的中亲优势都是正向优势，而其他的性状的中亲优势都是负向优势。Pn、Fv/Fm、Y的正向优势是有利的，就是说可以通过杂交利用它们的优势来提高其Pn、Fv/Fm、Y。F_0的中亲优势是负值，表现为负向优势，是有利的，通过杂交降低叶绿素荧光系统的F_0来提高Fv/Fm。各光合性状参数的超亲优势都是负值。各性状的中亲优势与超亲优势的变异系数比较大，中亲优势与超亲优势有正有负，就同一性状而言，中亲优势与超亲优势的变化范围比较大，杂种F_1代有高于双亲的组合，也有低于双亲的组合，因此可以通过杂交选出高光合性状的组合。

表 3-18　10 个性状 F_1 代杂种优势（孟宝民，等，2002）

	Pn	Fv/Fm	Y	ETR	F_0
中亲优势%	0.54	0.54	0.68	1.01	-0.68
CV%	306.7	264.8	2356	1268	2954
标准差	16.56	1.43	16.02	13.95	20.09
R	-23.51~43.57	-1.54~2.67	-29.11~21.11	-27.24~19.13	-37.69~28.34
超亲优势%	-9.49	-0.587	-3.49	-4.53	-13.67
CV%	179.9	207.8	507.7	301.9	131.8
标准差	17.08	1.22	17.72	13.68	18.02
R	-30.43~39.14	-2.28~1.73	-36.99~20.91	-30.18~16.52	-48.77~4.92

续表

	Chla	Chlb	Chla+b	Chla/b	粒叶比
中亲优势%	-0.86	-0.37	-1.01	0.89	-5.87
CV%	215.8	524.8	181.9	647.2	299.3
标准差	18.56	19.79	18.38	5.76	17.57
R	-20.58~55.87	-23.8~54.82	-20.64~55.64	-8.31~10.79	-31.93~31.32
超亲优势%	-9.16	-9.26	-9.43	-1.27	-11.98
CV%	210.9	202.3	200	448	168.7
标准差	19.32	18.74	18.86	5.69	20.21
R	-29.79~51.15	-29.63~46.96	-29.76~50.2	-10.52~9.65	-33.46~26.79

（二）不同亲本的杂种优势

杂交后代的光合性状参数有正向优势也有负向优势，对所有组合来说，其光合性状参数的杂种优势若两个亲本都是高光合作用亲本，其杂交 F_1 代优势不明显。若两个亲本中一个是高光合作用，另一个是低光合作用，表现较明显的优势。不同亲本组合的杂种优势见表 3-19。

表 3-19　不同组合的杂种优势（孟宝民，等，2002）

性状	中亲优势%		
	双亲高光合作用组合	一高一低光合作用组合	双亲低光合作用组合
	$P_1 \times P_4$	$P_5 \times P_2$	$P_2 \times P_3$
Pn	-1.19	21.29	43.57
Fv/Fm	-0.13	2.6	-1.54
Y	-0.97	16.06	-10.99
ETR	-0.24	6.07	-8.4
F_0	10.72	-30.52	16.81
Chla	-3.75	55.87	2.58
Chlb	-3.97	54.82	27.45
Chla+b	-3.81	55.64	4.33
Chla/b	0.31	1.52	-7.66
粒叶比	-21.26	-14.68	4.88

注：所用数据为抽穗后 10d 旗叶的测定值。

从表 3－19 的结果来看，双亲高光合作用的组合其后代光合性状大多为负杂种优势，双亲低光合作用的组合其后代的光合作用参数有正的杂种优势也有负杂种优势，一亲本高光合作用，另一亲本低光合作用的组合，后代 F_1 表现较明显的正向杂种优势。三类型的光合性状的 F_1 代杂种优势大小顺序为高×低 > 低×低 > 高×高，这个结果与刘振业（1987）的观点相一致。从表 3－20 的 F_1 代绝对值来看，Fv/Fm 绝对值的顺序为高×高 > 高×低 > 低×低，Y 的顺序为高×低 > 高×高 > 低×低，ETR 的顺序为高×低 > 低×低 > 高×高。

表 3－20　不同亲本杂交 F_1 代的叶绿素荧光参数（孟宝民，等，2002）

性状	高×高 $P_1 \times P_4$	高×低 $P_5 \times P_2$	低×低 $P_2 \times P_3$
Fv/Fm	0.8669	0.8572	0.8384
Y	0.4141	0.4406	0.3349
ETR	130.72	167.82	143.21

注：所用数据为抽穗后 10d 旗叶的测定值。

以上不同组合杂种优势的结果表明，光合作用性状的遗传其杂种优势比较低，双亲高光合亲本的组合没有正向可以利用的优势，大多数表现出负向优势。光合作用性状的杂种优势与生理性状的杂种优势基本上同时在高×低的组合出现，而且生理性状的杂种优势更明显，由此我们可以通过选择生理性状来提高光合作用。在高光效育种中，高×高的组合基本上没有优势，基本上都是负向优势，这与 Harsh Mehta（1996）对玉米的研究结果相一致，只有高×低的组合表现出较强的优势，低×低的组合也表现一定的优势，后代叶绿素荧光的绝对值也是以高×低的组合优势最大。因此我们在选择组合时高亲本与低亲本的组合才是有可利用的优势，也就是说选择差异较大的亲本杂交在后代获得高光合株系的概率将会增大。

第四章

大麦遗传多样性研究

第一节 大麦遗传多样性研究概况

一、大麦农艺性状及籽粒蛋白遗传多样性的研究

“七五”、“八五”期间我国对9801份国内大麦种质资源进行了鉴定，发现我国大麦早熟资源较为丰富，早熟资源占30.9%，而对6336份国外资源的鉴定显示，早熟类型仅占19.6%，晚熟类型占28.06%。大麦的成熟性差异与其对温、光反应的敏感程度有关。西亚、北非、墨西哥、日本、朝鲜等国的品种在北方春大麦区表现早熟；日本品种在西北，黄淮和长江流域表现中、早熟；而欧洲、北美的品种在我国大都表现晚熟，部分品种在北方春大麦区表现中熟。在我国大麦基因库里，有70d左右成熟的特早熟种质。

孙立军等（1994）对9816份国内资源和6338份国外资源的株高分析时发现，国外品种株高在70cm以下的矮秆种质约占7.1%，国内品种为3.4%。长江流域的品种普遍偏高，其次是青藏高原；北方春大麦区的新疆、内蒙古、山西、黑龙江等省的品种普遍偏低。与国外比较，我国大麦资源比国外平均高出6cm，可能是国外品种多数为近年引入的改良种，半矮秆品种居多所致。

籽粒的大小是大麦的重要理化指标之一，它关系到大麦原料的品级。孙立军等（1988）通过对近万份国内品种和六千多份国外品种的鉴定分析发现，国内品种平均千粒重为34.7g，国外为40.8g；我国大麦的大粒资源较为匮乏，千粒重在50g以上的品种仅有2.5%；千粒重在55g以上的品种仅占0.6%。我国大麦千粒重的分布特点是：高海拔、高纬度、昼夜温差大的地区，如内蒙古和青藏高原等地区的千粒重明显偏高；低纬度、低海拔的平原或丘陵地区千粒重普遍偏低。

范士靖等（2002）分析了14个大麦品种的籽粒蛋白质含量和氨基酸含量，从中筛选出8个籽粒蛋白质含量大于12.0%且氨基酸含量大于0.5%的大麦品种。刘三才等（2004）对引进的30份美国大麦种质资源不同棱型间蛋白质、氨基酸和淀粉含量进行了测定和分析，结果表明二棱大麦蛋白质总体方差与六棱大麦具有极显著的差异，其频率分布分别是以含12.50%和17.0%为中心的双峰分布，这可能反映了美国在利用二棱大麦研究上的新进展，即高蛋白质含量的二棱大麦种质在饲用和食用品种中的成功利用。另外，有许多研究均未发现大麦产量性状和品质性状之间如小麦中的负相关性。Piper等（1984）在六棱大麦的后代

选择蛋白质含量高和低的植株，发现其与籽粒产量是彼此独立的。黄祖六等（2000）在对大麦品质和农艺性状的通径分析时发现大麦单株产量与蛋白质含量出现较小的正偏相关，淀粉含量、麦胶含量和单株产量三性状中两两之间的关系不大，暗示控制大麦这三个性状的多基因系统并不紧密连锁。

二、大麦醇溶蛋白多态性的研究

醇溶蛋白是麦类作物种子胚乳中主要的贮藏蛋白质之一，与品种的遗传特性密切相关。一般不受种植环境的影响，可作为品种的生化“指纹”，因此，建立麦类作物种子醇溶蛋白的电泳图谱，就成为研究大麦遗传多样性的一个重要手段。侯永翠等（2004）对随机选取来源于中国西藏及青海省36个不同行政县的105份近缘野生大麦材料进行醇溶蛋白检测，发现供试材料醇溶蛋白带纹的多态性达到100%。冯宗云等（2004）利用A-PAGE法对106份材料在3个醇溶蛋白位点的遗传多样性进行了研究，发现不同的等位变异类型、等位变异类型频率存在差异，遗传多样性程度不同，存在遗传分化。Yin等（2003）的研究发现西藏近缘野生大麦的醇溶蛋白遗传多样性水平均高于以色列和约旦的野生大麦。ZmedeAsfaw（2003）对来源于埃塞俄比亚的30份大麦进行了醇溶蛋白多态性研究，认为其变异程度远较形态变异大。

三、利用SSR分子标记分析大麦遗传多样性

SSR遗传标记有很多独特的优点（代金霞，2005；魏蓐，等，2004；高翔，2002；袁昭岚，2005；刘榜，1997），在数量上没有生物学上的限制，且每个位点都有许多的等位形式；共显性标记，容易判断个体基因型，后代中的每一条带，都可以在双亲之一的指纹中找到，除非基因突变；电泳后带型简单，记录的条带一致，客观明确；所需DNA样品的量很少，且质量要求不高，甚至部分降解的样品或长期保存的样品均可用于分析；微卫星DNA位点两侧的序列是独特的保守区，根据两侧序列设计引物进行PCR扩增，可精确地检测特定位点的微卫星长度多态性。

SSR标记在研究大麦遗传多样性中的应用，最早是Saghai等（1994）用4对SSR引物，对104份世界大麦主产区的栽培大麦和103份以色列不同生态区的二棱野生大麦的研究，结果表明其等位基因数目变化大，其频率差异也大。随后，SSR标记在大麦类遗传多样性分析中得到广泛的应用。Russell等（1997）用11个SSR标记区分了包括相同系谱来源在内的24个大麦基因型。Struss等（1998）用15对SSR引物研究了由野生大麦、地方品种和选育品种组成的163份大麦材料的遗传多样性，共检测到130个等位基因，每个微卫星标记检测到的等位基因数在5~15，平均每个微卫星标记有8.6个等位基因，不同群体的遗传多样性因微卫星标记不同而异，聚类结果与材料的地理起源较为一致。Ivandic等（2000）用已知图谱位置的33个SSR标记对来自以色列、土耳其和伊朗的39份野生大麦基因型的遗传多样性研究表明，大多数野生大麦能按其起源的国家归类。Sonia等（2004）选择了代表整个大麦基因组的17个微卫星标记，对来自突尼斯的7个大麦地理群共26个栽培大麦和地方品种进行遗传多样性分析，其中有15个微卫星标记有多态性，平均每个位点的等位基因数是3.6，平均PIC是0.45。Russel. J. R等（1997）和袁力行等（2000）利用RAPD、RFLP、SSR、AFLP分子标记，分别在大麦和玉米的遗传多样性分析中做了比较，均认为SSR是研究谱系关系的一种比较理想的分子标记。

四、近缘野生大麦遗传多样性的研究

中国青藏高原具有丰富的近缘野生大麦，在研究大麦的起源、进化、分类等理论以及大麦资源的应用方面具有重要的地位和价值。多年来，国内外学者已对中国近缘野生大麦开展了形态分类学（邵启全，1975；徐廷文，1982；StaudtG，1961），酯酶同工酶（HarlanJR，1979；丁毅，1995）、染色体显带（丁毅，等，1989；丁毅，等，1991）、DNA 含量测定（丁毅，等，1993）与 RAPD 分析等研究（陈新平，2003），这些工作为阐明中国近缘野生大麦的起源与进化、遗传与育种积累了有用的资料。

一些学者认为中国西藏和埃塞俄比亚是世界栽培大麦的两大起源中心，ZemedeAsfaw（1989）曾对产于埃塞俄比亚10 个省的300 份大麦进行醇溶蛋白的多态性研究，结果表明醇溶蛋白的变异程度较形态上的变异更大。研究醇溶蛋白多肽的遗传多态性，对进一步阐明大麦自然群体的遗传与进化，品种鉴别，以及改良醇溶蛋白以提高籽粒营养价值具有理论与实践意义。湛小燕等（1991）曾对我国大麦醇溶蛋白进行过多态性研究，但多为栽培大麦，仅有 10 份近缘野生大麦。Nevo 等（2000）指出，野生大麦醇溶蛋白基因表型的显著分化与土壤类型及地形存在相关联系。

五、本研究背景、目的及意义

我国西部特别是西北地区寒冷、干旱、土壤瘠薄、盐碱化严重，对农作物的生长不利，而大麦抗逆性强，适合这一地区种植。西北地区光照充足，昼夜温差大，大麦灌浆、收获期降雨少，有利于籽粒发育，形成整齐、饱满、千粒重高、发芽率高、发芽势强、无霉菌病害的大麦籽粒，其品质优于或近似于进口原料，因此享有我国优质大麦生产区域的殊荣。发展西部旱大麦生产的优势，是我国农业产业结构调整的一个方向，对于优化区域布局和品种结构，延长农业产业链条，发展农产品加工，解决劳动力过剩和经济发展问题有着重要的意义。且大麦具有食用、酿造、饲用及医疗多种用途，发展大麦生产，带动我国西北地区食品工业、啤酒工业、畜牧业及其加工业的发展，不失为西北地区进行产业结构调整、振兴经济的一条出路。

作物品种资源是作物育种的物质基础，作物品种的遗传改良很大一部分决定于对不同类型品种资源的挖掘和利用。通过大麦多样性的研究，对大麦品种资源进行正确的分析和评价能对其进行更加合理地开发利用。

第二节　大麦农艺性状及籽粒蛋白含量的遗传多样性分析

我国的大麦遗传资源十分丰富，在我国的基因库中，保存的大麦种质资源 2 万多份。尽管当前生化标记、分子标记等标记形式在各类作物遗传多样性研究中逐渐被广泛应用，但 Dotlacil（2000）和 Delacy（2000）研究指出形态学标记（农艺性状）仍是作物遗传多样性分析的一种颇为有效的方法，充分利用它们对我国的大麦育种与生产具有十分重要的意义。

李守明（2010）通过对来自不同国家和我国不同省份的 107 个大麦材料进行了农艺性状和籽粒蛋白的多样性分析，大麦材料由石河子大学麦类作物研究所提供，于 2008 年种植于石河子大学农学院试验站。供试大麦材料的编号、名称见表 4－1。

表4－1　大麦材料的编号、名称、穗棱型（李守明，等，2010）

序号	名称	穗棱型	序号	名称	穗棱型	序号	名称	穗棱型
1	新啤1号	二棱	37	HD/089－238	二棱	73	蒙克尔	六棱
2	新啤2号	二棱	38	ND13299	二棱	74	ND14636	二棱
3	昭苏6棱	六棱	39	11231－11	二棱	75	北－2	二棱
4	哈密大麦	四棱	40	ND13300	二棱	76	美国二棱	二棱
5	塔城2棱	二棱	41	矮早3	二棱	77	Alexis	二棱
6	红引1号	二棱	42	矮秆早	二棱	78	POLAND	二棱
7	941368	二棱	43	甘木二棱	二棱	79	STIRLING	二棱
8	BYDV22	四棱	44	C－1	二棱	80	法科	二棱
9	941309	二棱	45	C－2	二棱	81	长南试验	二棱
10	E1	二棱	46	C－3	二棱	82	Cmebec	二棱
11	E2	四棱	47	C－5	二棱	83	91－228	二棱
12	g－23	二棱	48	C－7	二棱	84	87－266	二棱
13	Ca23	二棱	49	C－8	六棱	85	91－265	二棱
14	来色衣	二棱	50	C－9	二棱	86	89－11	四棱
15	红日啤2号	二棱	51	C－13	二棱	87	89－22	二棱
16	广麦1号	二棱	52	C－14	二棱	88	新引D_6	二棱
17	广麦2号	二棱	53	C－15	二棱	89	法088－73	二棱
18	广麦6号	二棱	54	C－17	二棱	90	贝赖勒斯	四棱
19	广麦7号	二棱	55	C－18	二棱	91	法啤	二棱
20	广麦8号	二棱	56	大波28	二棱	92	新引D_3	二棱
21	甘啤2号	二棱	57	大波29	二棱	93	法瓦维特	二棱
22	甘啤3号	二棱	58	大波30	二棱	94	石引2号	二棱
23	甘啤4号	二棱	59	大波31	二棱	95	Harrington	二棱
24	吉啤1号	四棱	60	大波32	二棱	96	新引D_7	二棱
25	吉啤2号	二棱	61	大波33	二棱	97	黑引瑞	二棱
26	吉53	二棱	62	大波34	二棱	98	Barnes	二棱
27	94啤鉴92	二棱	63	大波35	二棱	99	Jevseh	二棱
28	94啤鉴131	二棱	64	大波37	二棱	100	Samson	二棱
29	豫大麦2号	二棱	65	大波38	四棱	101	Cork	二棱
30	驻大麦3号	二棱	66	新引D_9	二棱	102	Tevcel	二棱
31	西安91－2	二棱	67	Clark	二棱	103	莫特44	四棱
32	乐啤1号	二棱	68	MOREX	四棱	104	Kinll	二棱
33	冀农0656	二棱	69	ND4994－16	二棱	105	Voble	二棱
34	蒙黑二棱	二棱	70	新引D_5	二棱	106	CDCrorkton	二棱
35	Stein	二棱	71	ROBNST	六棱	107	Krona	二棱
36	HD/089－224	二棱	72	KLOGES	二棱			

一、农艺性状及籽粒蛋白含量的遗传多样性分析

（一）农艺性状与籽粒蛋白数据测定

李守明（2010）对107份供试大麦材料的农艺性状的平均值、标准差、变异系数、蛋白质含量和多样性指数进行计算，见表4－2。每个性状的变异程度和多样性指数存在较大差异，具体表现如下：

株高的变化范围为54.86～95.56cm，平均值为72.10cm，标准差为9.32cm，变异系数为14.79%，多样性指数为1.482。其中株高小于70cm的矮秆材料占总数的13%，这表明新疆大麦资源中矮秆材料较为丰富。来自日本的大麦材料平均株高为67.71cm，其中矮早3为60.02cm，C－3为58.10cm，都属于株高较低的品种。新疆本地大麦材料株高平均值为81.65cm，北美及欧洲大部分大麦材料株高都在80.00cm以上。

穗长变幅为4.76～11.40cm，平均值为8.32cm，标准差为1.26cm，变异系数为17.21%，多样性指数为1.987，表明供试材料间的穗长存在非常明显的差异。来自中国大麦材料的平均穗长为7.35cm，来自日本大麦材料的平均穗长为6.93cm，来自欧洲大麦材料的平均穗长为7.83cm，来自墨西哥大麦材料的平均穗长最长，为8.08cm，其中87－266的穗长为所有材料中最长的，为11.40cm。

主穗粒数变幅为21.20～55.40，平均值为32.32，标准差为8.66，变异系数为38.80%，多样性指数为1.301；主穗粒重变幅为1.49～3.55，平均值为2.08，标准差为0.36，变异系数为33.30，多样性指数为1.722；株粒重变幅为1.92～8.37g，平均值为4.17g，标准差为1.21g，变异系数为38.17%，多样性指数为1.846。

蛋白质含量变幅为9.6%～16.7%，平均值为13.1%，标准差为1.87%，变异系数为14.27%，多样性指数为1.378。其中蛋白质含量低于12%的品种占总品种的36%，可用做培育啤酒大麦的宝贵亲本品种。如美国品种蒙克尔蛋白质含量为11.1%，中国品种甘啤3号蛋白质含量为12.0%，加拿大的品种Harrington蛋白质含量为11.5%，都是目前推广较多的啤酒大麦。蛋白质含量在12%～15%的品种占总数的44%，蛋白质含量在15%以上的占20%。

表4－2　供试大麦品种主要农艺性状和蛋白质含量的统计数据及多样性指数（李守明，等，2010）

性状	平均值	最大值	最小值	标准差	变异系数	多样性指数
株高（cm）	72.10	95.56	54.86	9.23	14.79	1.482
第二节间长（cm）	9.08	12.76	4.92	1.50	16.52	1.833
第二节第粗（cm）	0.32	0.45	0.22	0.05	15.61	1.746
主穗长（cm）	7.32	11.40	4.76	1.26	17.21	1.987
主穗粒数	32.32	55.40	21.20	8.66	38.80	1.301
主穗粒重（g）	1.08	3.55	1.49	0.36	33.30	1.722
株粒重（g）	3.17	7.37	0.92	1.21	38.17	1.846
千粒重（g）	43.27	54.27	34.46	3.77	8.71	1.865
蛋白质含量（%）	13.1	16.7	9.6	1.87	14.27	1.378

（二）大麦材料的农艺性状和籽粒蛋白的遗传多样性分析

通过对107个大麦品种的8种农艺性状（株高、第二节间长、第二节间茎粗、主穗长、主穗粒数、主穗粒重、千粒重、株粒重）和籽粒蛋白质含量的测定，多样性指数的平均值为1.680，变化较大，供试大麦材料间存在较广泛的遗传多样性。农艺性状的多样性指数为1.301～1.987，变异系数为8.71%～38.80%。

孙立军等（1999）报道了我国12615份大麦种质资源在籽粒千粒重和蛋白质含量方面的鉴定评价结果，并与国外大麦资源进行了比较。结果表明国内品种平均千粒重为34.79g，国外为40.89g，千粒重在50g以上的国内大粒品种占2.5%，国外品种占9.5%，千粒重在59g以上的国内品种仅占0.6%，而国外品种占2.6%。国内品种的蛋白质含量平均为13.48%，与国外品种的平均值（13.50%）相当，蛋白质含量在12%～14%和14%～16%的梯度范围内，国外品种出现的频率高于国内，但国内品种在6.35%～12%、18%～20%和20%以上的范围内出现的频率大大超过国外品种。李守明等（2010）对供试材料测定表明，大麦千粒重平均值为43.27g，高于孙立军报道的对国内和国外品种测量结果，这符合大麦千粒重的分布特点，即高海拔、高纬度、昼夜温差大的地区，千粒重明显偏高。但是作物的农艺性状受到遗传与环境等多种因素的综合作用，导致其遗传表达不太稳定，使其在种质多样性研究中的应用受到一定限制。因此，如何根据农艺性状的差异来反映作物品种的差异，仍然是利用农艺性状研究作物遗传多样性的关键所在。

二、各性状相关分析

各性状相关性分析结果见表4－3。从表中可以看出，株高与第二节间茎长相关系数为0.2665，呈极显著正相关，与其他性状之间没有显著相关性。第二节间茎长和第二间茎粗与其他性状的相关系数都不显著。主穗长与主穗粒数相关系数为0.2160，呈极显著正相关。主穗粒重与株粒重相关系数为0.3367，呈极显著正相关。株粒重与千粒重存在显著正相关，相关系数为0.1288。其余各性状之间没有显著的相关关系。这些结果表明9个性状虽然具有较复杂的相关关系，但是农艺性状与蛋白质含量之间不存在显著的相关关系。

表4－3　供试材料各考察性状间的相关分析（李守明，等，2010）

相关关系	株高（cm）	第二节间长（cm）	第二节间间粗（cm）	主穗长（cm）	主穗粒数	主穗粒重（g）	株粒重（g）	千粒重（g）	蛋白质含量（%）
株高									
第二节间茎长	0.2665**								
第二节间茎粗	-0.0934	0.0724							
主穗长	0.0173	0.0466	0.0445						
主穗粒数	0.0986	0.02911	0.0846	0.2160**					
主穗粒重	0.0636	0.0422	0.0993	0.0397	0.0241				
株粒重	0.0740	0.0848	0.0743	0.0224	0.0185	0.3667**			
千粒重	0.1270	0.0732	-0.0620	0.0225	-0.0172	-0.0445	0.1288*		
蛋白质含量	-0.0556	-0.0462	0.0624	-0.0098	-0.0650	-0.0188	-0.0770	-0.0651	

注：**表示在0.01水平上的差异显著，*表示在0.05水平上的差异显著。

李守明（2010）对107个大麦材料的农艺性状和籽粒蛋白质含量的相关性分析，结果表明蛋白质含量与8个农艺性状的关系不大，农艺性状对蛋白质的作用较小。黄祖六等（2000）研究了4种生态型的202个大麦品质性状和农艺性状的关系，决定大麦产量的主要性状是穗粒数和千粒重，品质性状与单株产量的关系不大。杨煜峰等（1998）研究，籽粒蛋白质含量与株高、穗长、穗粒数、千粒重等均呈不显著的负相关。

三、农艺性状的聚类分析

对供试材料的农艺性状（株高、第二节间长、第二节间茎粗、主穗长、主穗粒数、主穗粒重、千粒重、株粒重）进行了聚类，如图4－1所示，在阈值3.28处，可将所有供试材料完全分开，所有材料可分为6个大类群，8个亚类。

第Ⅰ类群：分为2个亚类，有蒙克尔、莫特44、哈密大麦、昭苏6棱等12份材料。本类材料主要以多棱大麦材料为主，其中蒙克尔、莫特44、哈密大麦、E2等为四棱大麦，昭苏6棱、C－8、ROBNST等为六棱大麦。其主穗粒数较多，平均值为41.17。

第Ⅱ类群：分为3个亚类，有甘啤3号、新引D5、C－3、C－5、C－7、C－14、C－15、矮早3、Voble等16份材料。它们在第二节间长、第二节间茎粗、主穗长、千粒重等农艺性状较为相似。株高普遍较低，平均值为56.42cm，其中矮早3株高为50.02cm。

第Ⅲ类群：分为4个亚类，有C－17、91－228、甘啤4号、C－9、91－285、89－22等23份材料。这一类的特点是千粒重比较重，其中墨西哥的品种91－228千粒重是54.27g为最重的品种。

第Ⅳ类群：分为2个亚类，有大波29、广麦8号、法科、广麦2号、新引D6、C－18、北2、驻大麦3号等9份材料。它们的株粒重和千粒重较低，法科的株粒重为1.33g为最低，其千粒重为39.31g。大波29的株粒重为1.87g，千粒重为39.78g。

第Ⅴ类群：分为2个亚类，有大波38、豫大麦2号、C－1、C－2、甘木二棱、POLAND、Cmebec等16份材料。它们的株粒重较高，平均值为3.36g，主穗粒数平均值为19，在供试材料中较低。

第Ⅵ类群：分为3个亚类，有来色衣、大波30、Harriton、新引D_4、新啤1号、新啤2号、甘啤2号、法啤等31份材料。它们的株高较高，平均值为76.4cm，总体看来本类群材料各主要农艺性状取值处于中间水平。

四、大麦种质资源在育种上的意义

大麦种质资源的研究是一项基础性工作，大麦新品种的选育及大麦生产的发展，很大程度上取决于对优异资源的占有量和对其研究的深度，对大麦种质资源的鉴定和评价是为了更好地开发利用，使其发挥更大的作用。大麦育种依据目标不同，可分为饲用大麦育种、啤酒大麦育种和食用大麦育种，各自都有严格的指标。比如啤酒大麦对籽粒的千粒重和蛋白质含量有严格的要求，所以筛选大粒、高千粒重、低蛋白质含量的材料作为选育啤酒大麦的亲本材料更具有现实意义。饲用和食用大麦更注重籽粒的营养品质，提高籽粒中蛋白质含量是饲用和食用大麦育种攻关的主要目标，鉴定和筛选高蛋白、高赖氨酸资源是大麦育种家关注的热点。李守明等（2010）对供试品种的农艺性状及籽粒蛋白质含量进行考察和评价，结果表明供试大麦材料间存在广泛的遗传多样性，为这批大麦材料在将来育种中的应用积累资料和提供依据。

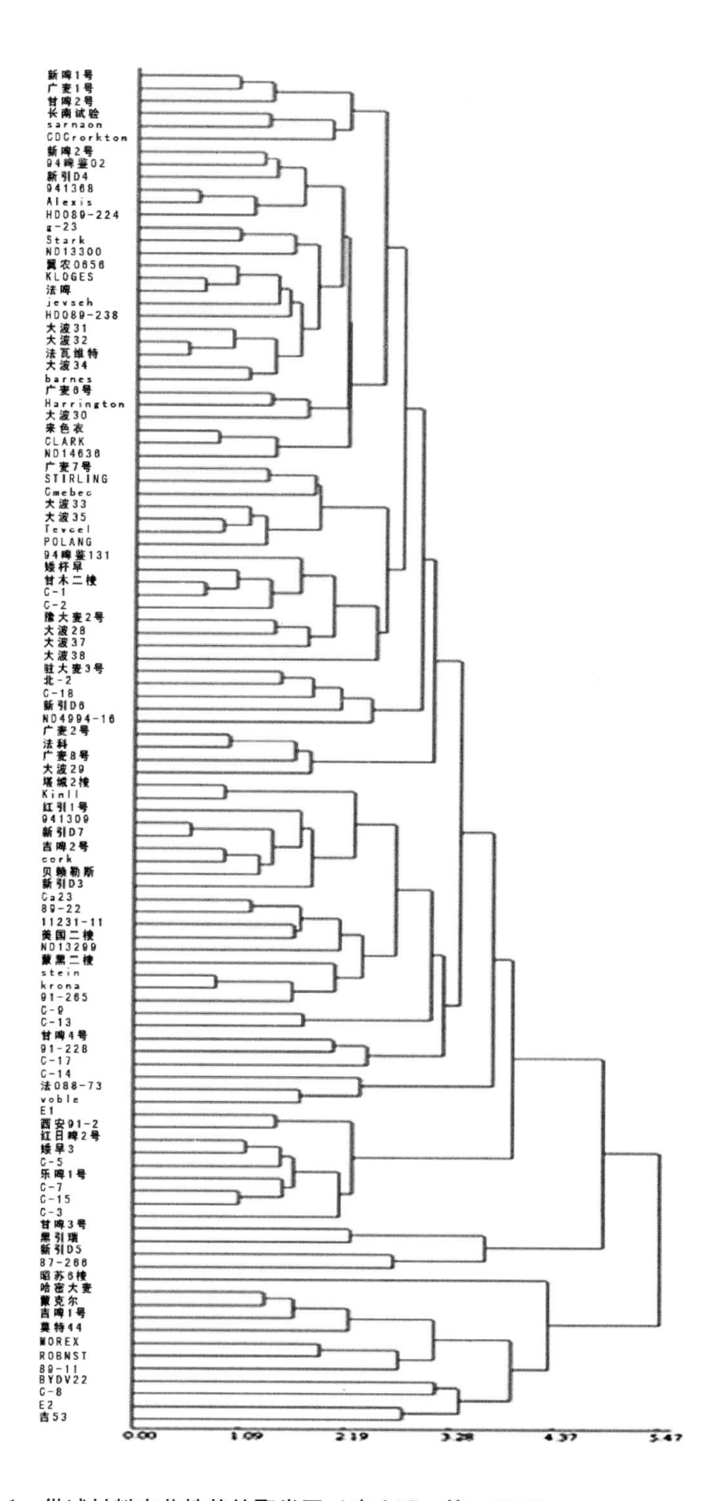

图4－1　供试材料农艺性状的聚类图（李守明，等，2010）

第三节　大麦醇溶蛋白的遗传多样性分析

醇溶蛋白是麦类作物种子胚乳中主要的贮藏蛋白质之一，与品种的遗传特性密切相关。一般不受种植环境的影响，可作为品种的生化“指纹”（周静文，等，2000；肖复明，等，2003）因此，建立麦类作物种子醇溶蛋白的电泳图谱，就成为品种鉴定及遗传学分析等工作的重要手段。唐慧慧等（2002）利用 A－PAGE 法对 181 份近缘野生大麦材料进行醇溶蛋白遗传多态性分析，发现西藏近缘野生大麦醇溶蛋白遗传多态性非常丰富。黄世全（2006）利用 A－PAGE 对 44 个啤酒大麦品种进行醇溶蛋白的遗传多样性研究，分析了啤酒大麦醇溶蛋白遗传多态性。但是对于新疆现有大麦种质资源醇溶蛋白多样性的研究鲜有报道。李守明等（2010）从 300 多份大麦种质资源中选取 107 个具有代表性品种，利用 A－PAGE 对其醇溶蛋白进行分析，旨在揭示新疆大麦遗传多样性，从而为今后新疆大麦新品种的选育提供依据。

一、醇溶蛋白的多态性

电泳结果（见图 4－2）表明，107 份供试大麦品种共分离出 26 种相对迁移率不同的醇溶蛋白条带。在某一迁移位置上如果所有样品均有条带，则该位置的条带为公共谱带；如果不同样品在该位置上谱带存在差异，则该位置上的条带为多态性谱带。供试大麦品种条带数目不同，最少的 7 条，最多的 18 条，平均每个大麦品种分离出 12.5 条条带。在 26 种相对迁移率不同的位置上有 3 条共有条带存在，在 23 个等位变异位点上存在多态性，即供试材料醇溶蛋白条带的多态性为 88.6%，表明这些品种有丰富的遗传变异。

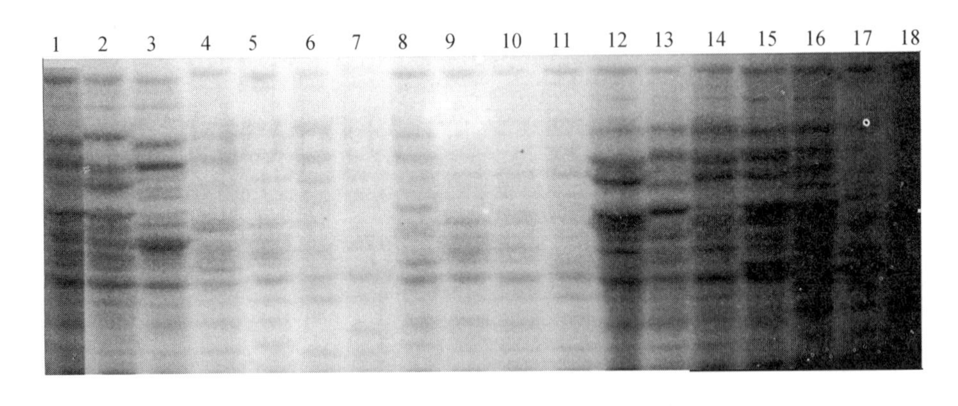

图 4－2　部分大麦品种的醇溶蛋白电泳图谱（李守明，等，2010）

表 4－4　部分大麦品种醇溶蛋白谱带的 Rf 值（李守明，等，2010）

迁移率	品种序号																	
	1	2	3	4	5	6	7	8	9	10	11	12	13	14	15	16	17	18
0.12	1a	1a	1a	1a	1a	1a	0	1a	1a	1a	1a	1a	1a	1a	1a	1a	1a	1a
0.16	1a	1a	1a	0	0	0	0	0	0	0	0	1c	0	1a	1a	1a	0	0
0.19	0	1a	1a	1c	0	0	0	0	0	0	0	0	1a	1b	1a	1a	0	0
0.24	1a	1a	1a	1c	1c	1c	1c	1c	1c	0	0	1a	1a	1a	1a	1a	1c	1c

续表

迁移率	品种序号																	
	1	2	3	4	5	6	7	8	9	10	11	12	13	14	15	16	17	18
0.29	1a	1a	1a	1c	1c	1b	0	0	1c	0	1c	1a	1a	1a	1a	1a	1c	1c
0.33	1a	1a	1b	1c	0	1c	1c	1c	1c	1c	1c	1a	1a	1a	1a	1a	1c	1c
0.39	1a	1a	1a	0	0	0	0	1a	0	1c	0	0	0	0	0	1a	1c	1c
0.45	1a	1a	1a	0	0	0	0	1a	0	0	0	0	1c	0	1a	1a	1b	1b
0.51	1a	1a	1a	1a	1b	1a	1b	1c	1c	1c	1c	1a	1a	1a	1a	1a	0	1a
0.55	1a	1a	1a	1a	1a	1b	1b	1a	1a	1a	1a	1a	1b	1b	1a	1b	1b	1b
0.61	1b	1a	1a	1a	0	1a	1a	0	1a	1a	1a	0	1c	1c	1a	1a	1a	1a
0.65	0	0	0	1b	0	1b	1b	0	1b	1b	1b	1b	1a	0	0	1b	0	0
0.71	0	0	1b	1b	0	1b	1c	0	1c	1c	1c	1c	1a	1a	1a	1a	1a	1a
0.76	1b	1b	1b	0	0	1c	0	1c	0	0	1c	1b	1b	1b	1b	0	1c	1c
0.80	1b	0	0	0	0	1c	1c	0	0	0	1c	1b	1b	1b	1b	1a	1c	1c
0.83	0	1a	1b	1b	1c	1c	1c	1c	1c	1c	1c	1b	1b	1c	1c	0	1c	1c
0.89	1b	1a	1c	1c	1c	1c	1c	1c	1c	1c	1c	1a	1a	1a	1a	1a	1a	1a
0.93	1a	1a	1a	1c	1c	1c	1c	1c	1c	1c	1c	1a	1a	1a	1a	1a	1a	1a

注：1. 带型最宽的为1a带；着色较浅，带型中等的为1b带；只有模糊的痕迹带为1c带。
2. 品种序号1～18所代表的品种同表4－1中序号1～18的品种名称。

从表4－4可以看出，18个材料所得的醇溶蛋白电泳图谱中，共出现18条带，其中公共条带有3条，既在Rf＝0.55的条带、Rf＝0.89和Rf＝0.93的条带为每个品种所共有。Rf值在0.12～0.93之间的条带在18个品种间的分布有一定差异。Rf＝0.12的条带只有在g－23缺失，而其他品种在该位置上都有该条带存在。Rf＝0.16的条带只有在新啤1号、新啤2号、昭苏6棱、甘啤3号、甘啤4号和吉啤1号这些品种中出现，其他品种在该位置上都没有该条带出现。Rf＝0.24的条带在广麦2号和广麦6号中缺失，其他品种都存在该谱带。Rf＝0.51的谱带在吉啤2号上缺失，其他品种都存在该谱带。

二、醇溶蛋白聚类分析

对供试材料的醇溶蛋白电泳结果进行聚类，如图4－3所示，在阈值0.60处可将所有供试材料完全分开，一共可分为6个大类群，9个亚类。

第Ⅰ类群：含6份材料，有蒙黑二棱、法088－73、石引2号、Clark、新引D_9、Cmebec。

第Ⅱ类群：含11个材料，分为2个亚类。有法瓦维特、Alexis、91－228、美国二棱、蒙克尔、新引D_5、ND4994－16、KLOGES、MOREX、新引D_6、西安91－2。

第Ⅲ类群：含37份材料，分为2个亚类。新引D_3、Tevcel、STIRLING、krona、Harrington、法啤、ROBNST、POLAND、长南试验、法科、贝赖勒斯、ND14636、大波37、大波33、黑引瑞、北－2、大波35、Barnes、大波34、大波31、91－265、87－266、89－22、Voble、Kinll、C－17、C－9、大波38、CDCrorkton、Cork、莫特44、Samson、新引D_7、89－11、C－7、C－3。

第Ⅳ类群：含6份材料，有C－14、C－13、C－15、C－18、C－8、矮秆早。

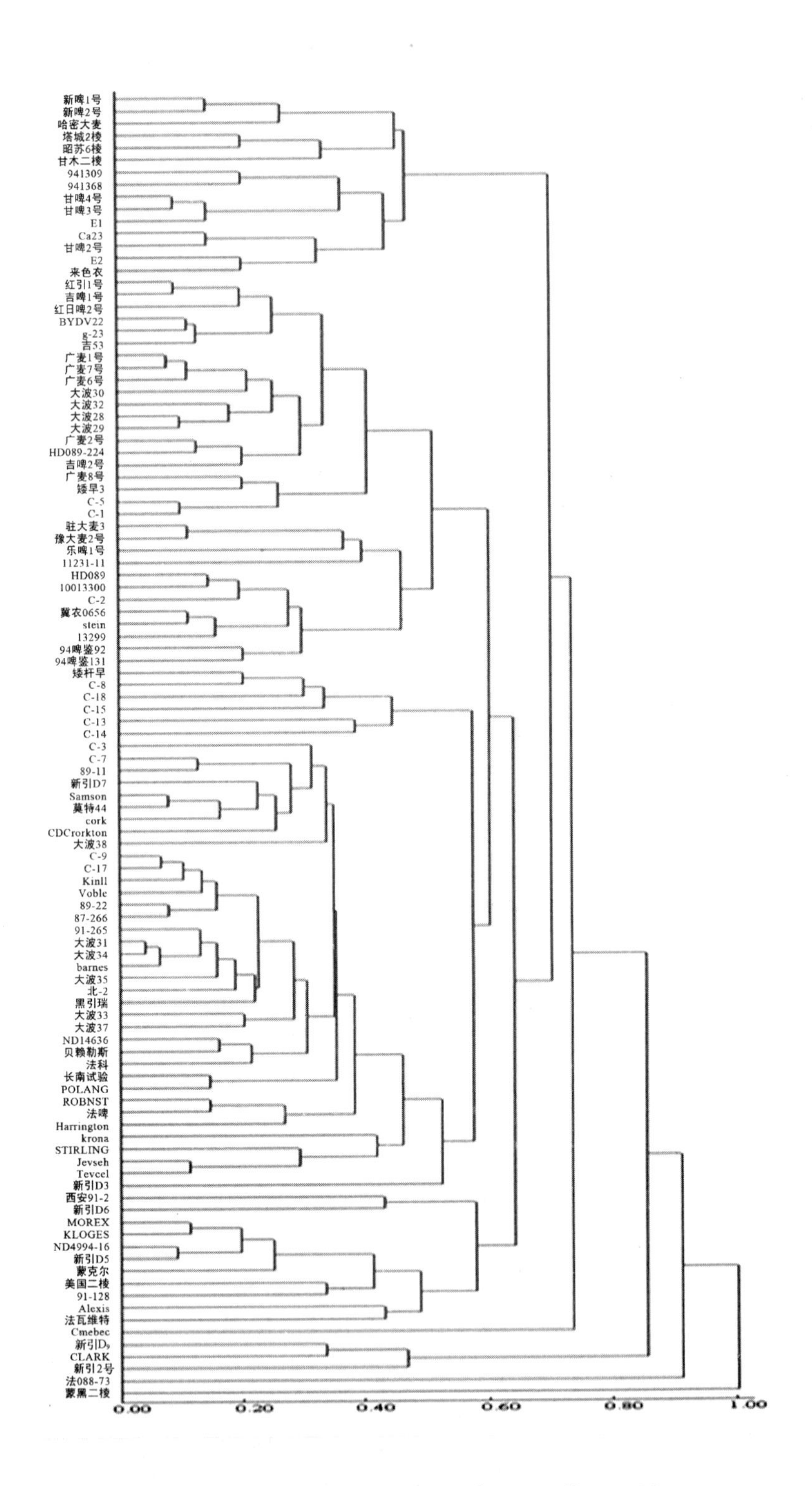

图4－3　供试材料醇溶蛋白的聚类图（李守明，等，2010）

第Ⅴ类群：包括32份材料，分为2个亚类，有94啤鉴131、94啤鉴92、ND13299、Stein、冀农0656、C-2、ND13300、HD/089-238、11231-11、乐啤1号、豫大麦2号、驻大麦3号、C-1、C-5、矮早3、广麦6号、吉啤2号、HD/089-224、广麦2号、大波29、大波32、大波30、广麦6号、广麦7号、广麦1号、吉53、g-23、BYDV22、红日啤2号、吉啤1号、红引1号。

第Ⅵ类群：含15份材料，分为2个亚类。来色衣、E1、E2、甘啤2号、Ca23、甘啤3号、甘啤4号、941368、941309、甘木二棱、昭苏6棱、塔城2棱、哈密大麦、新啤2号、新啤1号。

每份材料都有各自特定的图谱类型，能有效的加以区别，可以用来构建指纹图谱，充分把遗传关系相近的品种聚为一类，例如新啤1号和新啤2号都是以野洲2条为父本杂交选育而成。甘啤3号、甘啤4号聚在一个大类中，其中甘啤3号是以法瓦维特为父本，而甘啤4号是以法瓦维特为母本杂交育成的，具有较近的遗传关系。麦醇溶蛋白具有明显的品种差异性（沈裕琥，等，2003），其电泳谱带的构成特点几乎不受环境因素影响，其电泳图谱的多态性能够反映麦醇溶蛋白亚基的编码基因位点在遗传上的复杂性，因此麦醇溶蛋白成为了遗传多样性检测的可靠手段之一，并已得到了广泛运用。

第四节　利用SSR标记技术分析大麦遗传多样性

由于微卫星标记具有很高的多态性，较其他分子标记更能揭示大麦种质资源遗传多样性，使之易于鉴别同一物种的不同基因型，甚至同一系谱来源的基因型（Liu Z W，1996）。许多学者利用微卫星标记对大麦的遗传多样性进行了研究。Turuspekov等（2000）研究表明，来自同一栽培地区的品种可聚为1个类群。Ivandic等（2002）用已知图谱位置的33个SSR标记对来自以色列、土耳其和伊朗的39份野生大麦基因型的遗传多样性进行研究，结果表明，大多数野生大麦能按其起源的国家归类。冯宗云等（2007）用30个SSR标记，研究了西藏3类野生大麦的遗传多样性，结果表明，这3类野生大麦在遗传组成及等位变异频率分布上存在着明显的遗传分化。侯永翠等（2005）利用RAPD标记对国内外60份大麦种质资源的遗传多样性进行了检测，结果表明材料间遗传差异明显。李守明等（2010）利用40对微卫星标记，对来自国内外的107份大麦种质资源的遗传多样性进行评价，旨在为有效利用大麦种质资源提供依据。

一、SSR多态性分析

（一）SSR引物多态性

由表4-5可以看出：所选用的40对SSR引物检测到的等位位点数变异范围为3~25，每条引物平均等位位点数10.5个，共扩增出418个等位位点，其中等位位点最丰富的是Dp128（见图4-4），有25个等位位点，其次是Cfd180、Xbarc77、（见图4-5和图4-6），等位位点分别为22、20；Xgwm6、Xgwm819、Cfd43等位位点丰富度最低，仅达到了3个；供试引物多样性指数变异范围为0.2231~2.8964，平均1.4119，Dp128多样性指数最大，Xgwm819最小；多态性信息量（PIC）的变幅介于0.3763~0.9632之间，平均0.6573，PIC指数最大的是Xbarc231，最小的是TAGLGAP。

表4-5 40对SSR引物检测到的等位变异数、多样性指数及其多态性信息量（李守明，等，2010）

引物名称	等位位点数	多样性指数	PIC	引物名称	等位位点数	多样性指数	PIC
Xbarc77	20	2.6276	0.8789	Cfd180	22	2.7751	0.6982
Xbarc79	8	1.2316	0.6543	DP115	13	1.3047	0.7562
Xbarc230	13	1.8274	0.6872	DP128	25	2.8964	0.9632
Xbarc231	10	1.5496	0.6663	DP205	13	1.420	0.6673
Xbarc271	9	1.4632	0.5723	DP305	9	1.5393	0.6632
Xbarc284	11	1.5560	0.6472	Xgwm4	6	0.8318	0.4723
Xbarc286	12	1.7254	0.6123	Xgwm6	3	0.2536	0.3763
Xbarc316	13	1.7853	0.6632	Xgwm11	7	0.9207	0.6763
Xbarc321	11	1.3786	0.7753	Xgwm107	6	0.5903	0.7612
Xbarc359	14	1.6680	0.7873	Xgwm111	9	1.3533	0.7732
Xbarc1167	11	1.4050	0.6890	Xgwm413	9	1.2729	0.6236
Cfd17	9	1.3039	0.6672	Xgwm518	6	0.7395	0.5890
Cfd31	7	0.8672	0.5623	Xgwm819	3	0.2231	0.4061
Cfd32	12	1.7673	0.6687	Wmc41	6	0.9495	0.5428
Cfd37	13	1.8870	0.6789	Wmc47	10	1.2445	0.6672
Cfd43	4	0.4839	0.4697	Wmc169	11	1.7157	0.6763
Cfd79	6	0.7166	0.7764	Xgdm145	13	1.4256	0.7992
Cfd80	10	1.0006	0.6832	Xgdm148	15	2.5179	0.7332
Cfd81	12	1.4689	0.7980	Wms819	11	1.726	0.6632
Cfd168	11	1.5062	0.6836	TAGLGAP	5	0.7247	0.5223

由表4-5还可发现，主要选用的Xgwm、DP、Cfd、Xbarc、Wmc五个系列的引物中，Xgwm系列引物平均等位位点数6.1，平均多样性指数0.7732，平均PIC0.5847；DP系列引物平均等位位点数15，平均多样性指数1.7901，平均PIC0.7624；Cfd系列引物平均等位位点数10.6，平均多样性指数1.5244，平均PIC0.6982；Xbarc系列引物平均等位位点数12，平均多样性指数1.6407，平均PIC0.7033；Wmc系列引物平均等位位点数9.0，平均多样性指数1.3032，平均PIC0.6288。五类引物的平均等位位点数、平均多样性指数、平均PIC变化趋势一致，即DP系列 > Xbarc系列 > Cfd系列 > Wmc系列 > Xgwm系列。

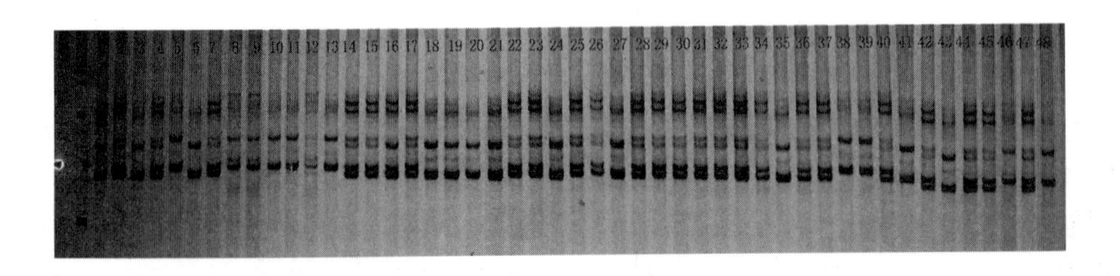

图4-4 引物Xbarc77对部分供试材料的扩增结果（李守明，等，2010）

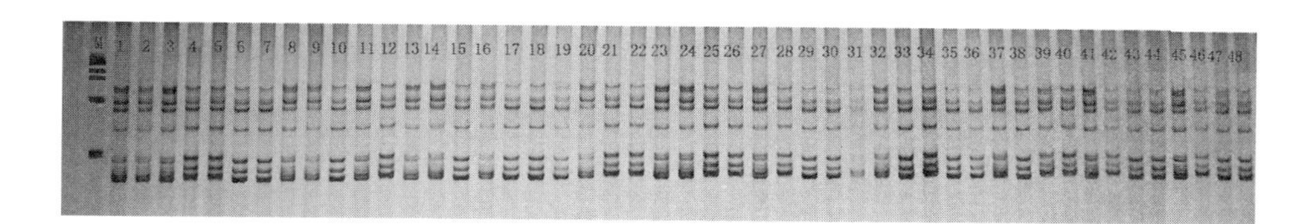

图 4-5　引物 DP128 对部分供试材料的扩增结果（李守明，等，2010）

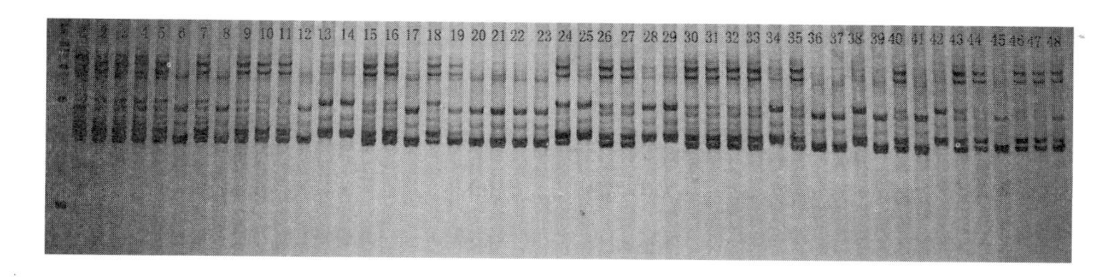

图 4-6　引物 Cfd180 对部分供试材料的扩增结果（李守明，等，2010）

（二）供试材料间遗传差异性评价

分析了各供试大麦品种在 40 对 SSR 引物上的 Hi，结果见表 4-6。107 份大麦种质在 40 对 SSR 引物上的 Hi 变化范围为 1.367～1.673，平均为 1.479。其中，来自国外的大麦品种的 Hi 较大，CDCrorkton、Tevcel、莫特 44 的 Hi 分别为 1.654、1.663 和 1.649。

表 4-6　供试大麦品种在 40 对 SSR 引物上的遗传多样性指数（李守明，等，2010）

品种名称	Hi	品种名称	Hi	品种名称	Hi	品种名称	Hi
新啤 1 号	1.231	94 啤鉴 131	1.654	C-18	1.712	Cmebec	1.534
新啤 2 号	1.285	豫大麦 2 号	1.405	大波 28	1.432	91-128	1.506
昭苏 6 棱	1.236	驻大麦 3 号	1.462	大波 29	1.566	87-266	1.631
哈密大麦	1.283	西安 91-2	1.495	大波 30	1.573	91-265	1.635
塔城 2 棱	1.455	乐啤 1 号	1.445	大波 31	1.555	89-11	1.540
红引 1 号	1.536	冀农 0656	1.542	大波 32	1.666	89-22	1.538
941368	1.530	蒙黑二棱	1.483	大波 33	1.587	新引 D_6	1.515
BYDV22	1.655	stein	1495	大波 34	1.472	法 088-73	1.547
941309	1.516	HD/089-224	1.755	大波 35	1.539	贝赖勒斯	1.513
E1	1.416	HD/089	1.553	大波 37	1.577	法啤	1.520
E2	1.463	13299	1.475	大波 38	1.556	新引 D_3	1.562
g-23	1.633	11231-11	1.547	新引 D_9	1.684	法瓦维特	1.547
Ca23	1.456	10013300	1.531	CLARK	1.529	新引 D_4	1.563
来色衣	1.625	矮早 3	1.553	MOREX	1.497	Harrington	1.525
红日啤 2 号	1.583	矮秆早	1.645	ND4994′-16	1.538	新引 D_7	1.466
广麦 1 号	1.563	甘木二棱	1.654	新引 D_5	1.519	黑引端	1.558
广麦 2 号	1.536	C-1	1.556	ROBNST	1.524	barnes	1.536

续表

品种名称	Hi	品种名称	Hi	品种名称	Hi	品种名称	Hi
广麦6号	1.367	C－2	1.432	KLOGES	1.529	Jevseh	1.661
广麦7号	1.561	c－3	1.534	蒙克尔	1.546	Samson	1.563
广麦8号	1.436	C－5	1.576	ND14636	1.536	cork	1.577
甘啤2号	1.443	C－7	1.369	北－2	1.663	Tevcel	1.663
甘啤3号	1.652	C－8	1.669	美国二棱	1.563	莫特44	1.649
甘啤4号	1.579	C－9	1.578	Alexis	1.687	Kinll	1.569
吉啤1号	1.356	C－13	1.625	POLAND	1.772	Voble	1.673
吉啤2号	1.463	c－14	1.578	STIRLING	1.662	CDCrorkton	1.654
吉53	1.669	c－15	1.637	法科	1.689	krona	1.671
94啤鉴92	1.432	c－17	1.689	长南试验	1.693		

二、供试材料的SSR引物聚类分析

SSR引物聚类分析如图4－7所示，结果表明，在遗传距离为0.50处，40对SSR引物可以将107份供试材料完全分开。依据遗传关系所有材料可分为6个大类和14个亚类。

第Ⅰ类群：有7个材料，分为2个亚类。品种有Samson、法科、91－228、Alexis、KLOGES、94啤鉴131、长南试验。

第Ⅱ类群：有30个材料，分为4个亚类。品种有STIRLING、新引D_3、新引D_5、ND13300、11231－11、C－2、C－7、Kinll、Tevcel、吉啤1号、Voble、89－11、法啤、ND14636、C－3、C－5、广麦1号、广麦7号、C－9、C－15、941368、ND4994－16、941309、大波38、黑引瑞、C－14、C－17、ND13299、甘木二棱、昭苏6棱。

第Ⅲ类群：有4个材料，品种有C－1、北－2、91－265、广麦6号。

第Ⅳ类群：有33个材料，分为4个亚类。品种有Barnes、石引2号、MOREX、Clark、大波34、蒙克尔、krona、Harrington、美国二棱、ROBNST、大波32、大波28、大波30、Stein、新引D_9、C－8、BYDV22、Jevseh、大波35、大波29、莫特44、Cork、89－22、87－266、POLAND、贝赖勒斯、大波33、矮早3、C－18、大波37、大波31、新引D_6、驻大麦3号。

第Ⅴ类群：有16个材料，分为2个亚类。有品种吉53、吉啤2号、乐啤1号、新引D_7、冀农0656、西安91－2、广麦8号、豫大麦2号、红引1号、94啤鉴92、矮秆早、来色衣、CDCrorkton、HD/089－224、g－23、E1。

第Ⅵ类群：有6个材料，分为2个亚类。品种有红日啤2号、甘啤3号、新啤2号、新啤1号、塔城2棱、法088－73。

三、SSR标记与农艺性状和醇溶蛋白聚类的分析比较

从表4－7可以看出，SSR标记和农艺性状、醇溶蛋白聚类的组间材料吻合率最高上限分别为32.6%和47.6%，其中SSR标记聚类的第Ⅱ大类和农艺性状聚类的第Ⅱ大类的吻合

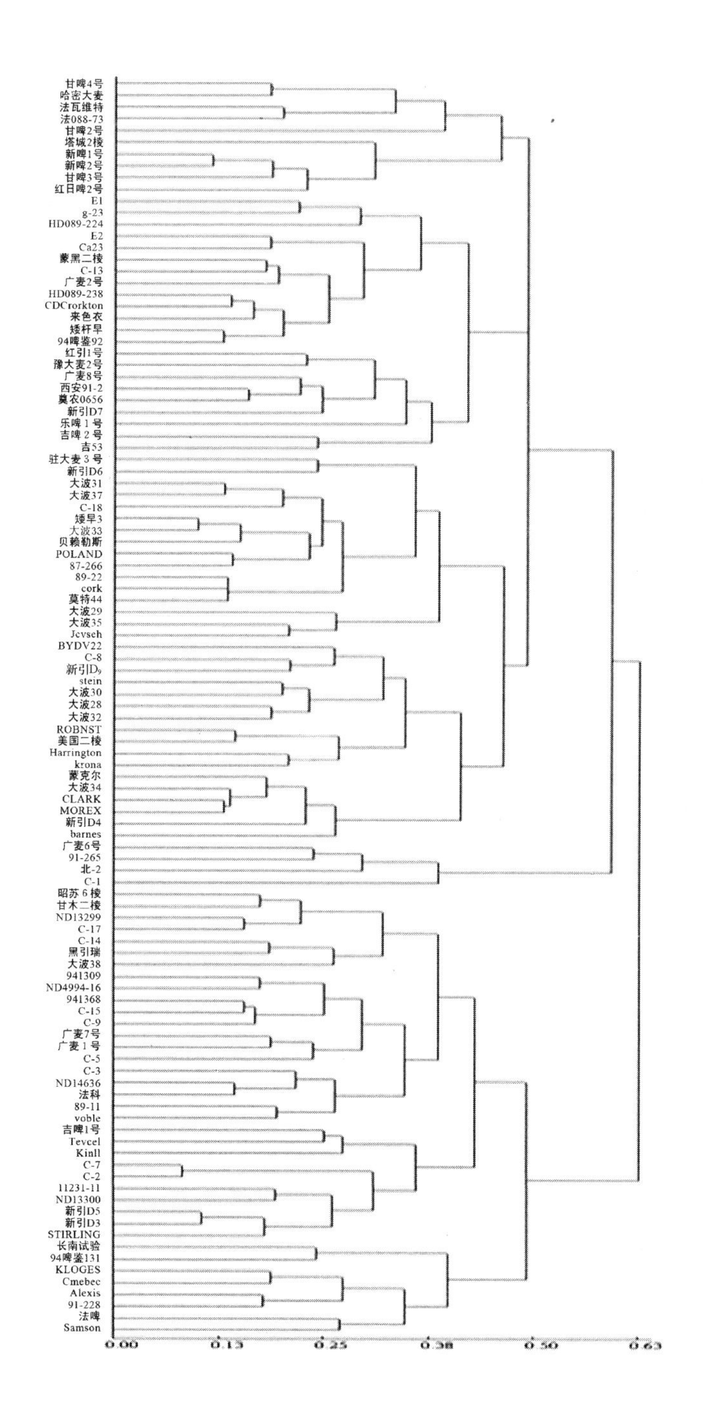

图4-7　SSR遗传距离聚类图（李守明，等，2010）

率最高（32.6%），其次是第Ⅳ大类和农艺性状的第Ⅰ大类（22.2%）；SSR 标记聚类的第Ⅵ大类和醇溶蛋白聚类的第Ⅵ大类最高，达到了47.6%，其次是第Ⅰ大类和醇溶蛋白聚类的第Ⅱ大类，吻合率达到33.3%。

表4－7　农艺性状聚类、醇溶蛋白聚类与SSR标记的聚类结果的吻合率（李守明，等，2010）

SSR标记大类	农艺性状大类%						醇溶蛋白大类%					
	Ⅰ	Ⅱ	Ⅲ	Ⅳ	Ⅴ	Ⅵ	Ⅰ	Ⅱ	Ⅲ	Ⅳ	Ⅴ	Ⅵ
Ⅰ	0	0	6.7	12.5	8.7	15.8	0	33.3	14.2	0	5.1	0
Ⅱ	4.8	32.6	11.3	0	21.7	9.8	0	9.7	17.9	11.1	18.7	17.7
Ⅲ	0	0	0	15.3	10	5.7	0	0	9.7	0	12.2	0
Ⅳ	22.2	8.2	14.3	19	12.2	15.6	15.8	22.7	28.5	15.3	18.4	0
Ⅴ	3.6	18.7	10.2	8	12.5	17	0	0	15	0	20.8	19.3
Ⅵ	0	27.1	6.9	0	0	10.8	16.6	0	0	0	10	47.6

类间聚类吻合率分析表明，SSR 标记聚类与农艺性状、醇溶蛋白聚类结果间的吻合率较低，SSR 标记和醇溶蛋白类间的吻合率要高于 SSR 标记和农艺性状的吻合率。虽然三种聚类方式之间有一定的对应关系，但这三者之间的对应关系并不显著，往往存在不一致的地方。这种差异与 SSR 标记、农艺性状、醇溶蛋白所反映的遗传信息类型不同有关。

利用分子标记技术评价亲本材料的遗传多样性，以期在杂交育种中获得遗传差异较大、亲缘关系较远的亲本材料。R. M. D. Koebner 等（2003）用表型特征和分子标记（SSR 和 AFLP）手段对来自英国的134个主要大麦品种进行了研究，这些品种包括英国从1925～1995年推广的春性和冬性两种类型，结果表明，这些推广的大麦品种间仍然保持着丰富的遗传多样性，这说明通过有系统的育种计划，推广品种间的遗传背景日趋单一的状况是可以避免的。因此，在以当地丰产性好的推广品种为中心亲本，重视开发利用具有特用价值的野生资源为前提，与常规育种技术有机结合，利用分子标记技术选择亲本在选育大麦新品种方面有着广阔的应用前景。

第五章

大麦磷高效种质筛选及其生理特性研究

第一节　大麦磷利用现状及其生理特性研究概况

一、磷利用现状

磷（P）是植物生长发育必需的元素之一，在植物的生长发育中起着极其重要的作用。它不仅是作物体内许多化合物的重要组成部分，而且还以多种方式参与作物的各种代谢过程，对作物的产量和品质的形成具有重要作用。而传统的农业中，主要是通过施用大量的磷肥来提高作物的产量和品质，但是磷肥的利用率很低，一般不会超过25%（李生秀，1999；王庆仁，等，1998），其余的磷肥则被土壤固定形成难溶态的磷，在土壤中积累。土壤中的全磷含量虽然很高，但是可以被作物有效利用的磷量却很少，主要是因为磷与土壤中的Fe、Al、Ca等结合形成难溶于水的Fe、Al磷酸盐和Ca3－P、Ca8－P及Ca10－P，这就是所说的“遗传学缺失”（Epstein，1983）。

有关资料表明，全世界有43%的土地缺磷（田中民，2001），在我国有将近2/3的土地缺磷（李继云，1995），黄土高原已高度缺磷（杨文治，1992）。为了解决土壤缺磷和由于传统的施肥方法所引起的环境污染问题，人们从作物自身着手，发现不同作物品种和同一作物品种的不同基因型间对磷的吸收利用存在着明显的区别，这就为人们筛选磷高效作物品种提供了可靠的依据。世界各国的科学家也纷纷提出了磷高效育种的设想，他们从植物本身出发，提高植物吸收、利用磷的效率，进行磷高效品种的选育（樊明寿，等，2001）。

二、不同基因型对磷胁迫反应的差异

Ae等（1990）的研究表明，由于木豆在酸性土壤中能够吸收更多的Fe－P，因此通常比大豆、玉米、高粱等耐磷胁迫。Fist（1987）等发现，在豆科作物中，豇豆对磷的吸收能力最强，其次为绿豆，瓜尔豆最差。不同的水稻基因型在磷素的利用吸收和转运等方面存在显著差异。刘富贵等（1996）对水稻品种耐低磷、低钾的研究表明，水稻品种对低磷、低钾的反应存在明显的基因型差异，这种差异在苗期表现在根长、根干重、苗高和地上部干重上。孙岩等（2002）研究了黑龙江省32个春小麦品种（系）对磷素的敏感性，利用成熟期

株高、穗粒数、穗长和小穗数的耐低磷系数为筛选指标，初步筛选出了 5 个磷高效基因型品种。刘亚等（2005）对 281 份水稻品种在大田试验条件下进行筛选和鉴定，指出水稻的籽粒产量、成熟期地上部生物重、分蘖数的相对值是较好的耐低磷筛选和评价的指标。在低磷条件下，磷敏感基因型分蘖力减小、植株矮小、穗发育迟缓，导致产量下降。

磷高效基因型就是在磷供应不足的情况下能够产生与足磷下相等或是更多的生物量或是产量的基因型，相反则称为磷低效基因型。王艳等（2003）通过大田试验对 400 份玉米自交系进行了磷效率初步筛选，利用低磷比高磷处理的籽粒产量减少的百分数为指标，规定减少的百分数小于或等于 15% 的基因型为“磷高效”基因型，减产百分数介于 15% ~30% 的基因型归为“磷中效”基因型，减产百分数大于 30% 的基因型为“磷低效”类型，筛选出了 13 个磷高效基因型和 4 个磷低效基因型。

三、作物在低磷胁迫下的适应性反应

（一）根系形态学和生理学变化

根系是植物吸收养分和水分的主要器官，在低磷胁迫下，最先感受到养分胁迫的是植物根系，植物常常会通过改变根系形态来提高对土壤磷的吸收能力（张福锁，等，1992），如增加根毛（Fohse，等，1983）数量、根系长度（Anghinoni，等，1980；Barrow，1993）和密度（Gahoonia，等，1997）、形成大量侧根和根冠比增大以及形成特殊的排根来适应低磷的生长机制。此外，植物还可以通过发生一系列的生理生化反应来活化根际周围的难溶态磷，促进根系对磷素的吸收。Fohse（1991）对 7 种作物的研究表明，根半径越小，根毛密度越大，植物对磷的吸收效率越高；Anghinoni（1980）的研究表明，在缺磷条件下，根长和根重增加，根半径减小，这种趋势随着缺磷时间的延长更加明显。孙海国等（2001）通过对缺磷条件下不同基因型小麦苗期根系形态学和生理学特征的研究表明，小麦根轴数量和侧根长度明显减小，侧根数量、根轴长度和根系长度等均显著提高；同化物向根部的分配比例增高，6 种基因型小麦完整根系分泌的酸性磷酸酶活性、根轴长度、根轴数量、根系长度和根生长角度之间均存在着显著的基因型差异。因此，研究根系的生理生化反应对于磷高效育种具有重要的意义。李慧明等（2006）的研究表明，根系形态学和生理学特征可以作为筛选磷高效基因型小麦的参考指标。

（二）根际 PH 值和根系分泌物对磷营养的影响

根际是距根表 1 ~4mm 的土体，是植物体吸收水分和养分的主要通道，而根际 PH 值和根系分泌物对土壤中的各种养分的有效性起着重要作用。在磷胁迫条件下，植物可通过改变根际 PH 值来提高土壤中磷酸盐的溶解度，从而提高植物对磷的利用效率。根系分泌物主要也是通过改变根际 PH 值来提高土壤磷的有效性。

根系分泌物是植物根系释放到周围环境中的一类复杂化合物的混合物，包括碳水化合物、有机酸、氨基酸及黄酮等约 200 余种物质。它能够协调土壤的肥力因素，能活化土壤中的大量营养元素，影响土壤中养分元素的形态及有效性。研究表明缺磷的环境中植物分泌的有机酸大量增加，其中以苹果酸与柠檬酸为主。E. Hoffland 等（1989）对油菜的研究证明，在缺磷时油菜根际分泌有机酸是正常供磷的 9 倍。

（三）碳水化合物的合成与分配

磷能够增强光合作用和碳水化合物的合成和运转。相反，磷缺乏也会造成光合碳固定率

（光合速率）的降低（Sawada 等，1983）。何生根等（1992）认为，在缺磷条件下，甘薯叶细胞的生长受到抑制，进而影响其光合作用的顺利进行。碳水化合物是植物光合作用的主要产物，是进行各种活动的重要能源物质。然而缺磷则会严重影响植物光合作用的顺利进行，在缺磷条件下，碳水化合物主要向地下部运输以保证加快根系的生长，同时并抑制地上部分的生长，王庆仁等（1999）认为根冠比增加和根系生长量相对增加是植物对磷胁迫的适应性反映和耐低磷能力的标志。

（四）酸性磷酸酶与土壤磷的活化

酸性磷酸酶是一种诱导酶、水解酶，广泛存在于植物组织和器官中，它能够降解有机磷化合物，将土壤中复杂的有机化合物水解为植物可吸收的正磷酸盐，提高土壤中磷的有效性。其活性受供磷状况的影响，在缺磷条件下，植物酸性磷酸酶活性显著提高，这是植物对缺磷胁迫的适应性反应。陈永亮等（2006）认为低磷胁迫使落叶松幼苗根系分泌的酸性磷酸酶活性增高，可能是其适应磷胁迫的生理机制之一。

（五）膜脂过氧化和保护酶活性的变化

在正常条件下，植物体内活性氧处于不断产生和清除的动态平衡之中，但许多逆境条件（盐、干旱、低温等）将破坏这种平衡，影响植物体内膜脂过氧化产物丙二醛含量和抗氧化酶如超氧化物歧化酶、过氧化物酶和过氧化氢酶活性的高低。李慧明等（2006）证明，在低磷胁迫下，小麦根系保护酶活性降低，膜脂过氧化程度加剧，但磷高效基因型小麦受影响较小。张瑞敏等（2008）研究表明，相对磷高效品种 178 在低磷处理后丙二醛的含量略有升高，而相对磷低效品种 065 丙二醛含量升高达到极显著水平，表明在低磷胁迫下，065 基因型膜脂过氧化程度和膜系统伤害程度更重。有研究表明，低磷胁迫导致甘蔗、大豆（敖雪，等，2009）水稻的丙二醛含量增加，但是磷高效品种增加的幅度明显小于磷低效品种，说明磷高效品种膜脂过氧化程度较轻，并且具有较好的修复损伤的能力。

（六）VA 菌根对土壤磷的活化

VA 菌根就是真菌和根系形成的菌—根共生体，VA 菌根的侵染与供磷状况有关，一般呈负相关，随着供磷状况的改善，它的侵染率也会下降。Cress（1979）的研究表明，VA 菌根与磷酸盐有较强的亲和力，它的菌丝能够在较低的磷浓度下吸收磷酸盐。

菌根主要是通过菌丝扩大根系的吸收范围，菌丝的作用类似根毛。但是根毛的长度不超过 1mm，因此根周围只有 1 ~2mm 的磷亏缺区；而菌丝的长度可达数厘米，使根际磷的亏缺区达 40mm。综上所述，筛选和培育能够被菌根侵染的作物基因型以提高作物对土壤磷的利用能力。

（七）根系吸收动力学

根系吸收动力学包括 3 个反映作物对磷素利用效率参数，分别为 Km、Imax 和 Cmin。Km 为米氏常数，表示吸收速率为 1/2Imax 时的土壤溶液浓度；Imax 表示最大吸收速率；Cmin 表示根系净吸收为零时溶液的浓度。有研究表明这 3 个参数受供磷状况影响并在不同的植物种间或基因型间存在显著差异。李志洪等（1995）证明，不同基因型大豆根系吸收动力学参数的差异受到苗龄和土壤供磷水平的影响。Jungk（1984）指出，在低磷条件下，Imax 增大为高磷的 5 倍，而 Cmin 和 Km 减小，Imax 与植物地上部磷含量呈负相关，Cmin 和 Km 与其呈正相关。因此，磷高效基因型植物常具有较大的 Imax 值。

第二节 大麦磷高效种质资源的筛选

传统的筛选方法多采用全生育期筛选，对成千上万份的作物种质以经济产量为指标进行全生育期的重复田间筛选虽然是最可靠的，但由于工作量大、周期长等原因造成可操作性差，而且也容易受环境因素的影响难以真正反映作物耐缺磷性状的遗传潜力。因此，找到作物苗期与耐缺磷性状密切相关的生理生化特异性指标作为快速准确的筛选指标是极为重要的。目前，对于磷高效基因型作物的筛选大多采用以苗期筛选为主，全生育期验证的方法。对于作物磷高效种质资源筛选工作已经取得了一定的成果，已成功筛选出一批磷高效种质资源作物，玉米、大豆等，并根据不同的作物确定了不同的筛选方法。

梁维等（2009）采用水培实验，设不施磷肥（0mmol/LP）和施磷肥（1mmol/Lp）两种处理，对 68 个大麦品种进行初步磷高效基因型品种的筛选，选取 Alexis、蒙克尔两个磷高效基因型和甘啤 4 号、g－23 两个磷低效品种；然后对筛选出的 4 个品种进行砂培实验，分别在不施磷肥（0mmol/LP）和施磷肥（1mmol/Lp）条件下胁迫 5d、10d、15d 和 20d 时取不同处理的大麦叶片进行叶绿素含量、膜脂过氧化和保护酶活性的测定；再次利用水培实验研究大麦苗期根系形态，在胁迫 5d、10d、15d 和 20d 时，取不同处理的大麦根系进行根系体积（排水法）、根系长度（直尺法）和总根数进行比较；同时还进行全生育期的盆栽土培实验，设不施磷肥（0mmol/LP，p－）和施磷肥（1mmol/Lp，p＋）两种处理，两处理均施氮（尿素）0.2g/kg（60% 做基肥，40% 做追肥），对大麦品种的各个生育时期各个部位的磷含量和磷累积量进行比较研究。以期为进一步研究大麦适应低磷胁迫机理提供理论依据。

一、磷营养对不同大麦品种生物量、根冠比、磷含量和磷利用效率的影响

从表 5－1 可以看出，在缺磷条件下，除少数品种外，大部分品种缺磷处理植株的生物量低于正常供磷处理，所有品种根冠比较各自对照均有所增加。说明施磷能促进生物量的增加。在低磷胁迫下，作物通过增加根冠比来适应低磷条件。植株的磷含量表现为缺磷处理低于正常供磷处理。缺磷条件下所有品种的磷利用效率值普遍都大于施磷条件下的磷利用效率值，由此可见缺磷条件促进了磷在作物体内的利用效率。

表 5－1 不同磷水平下大麦植株的根冠比、生物量、磷含量和磷利用效率（梁维，等，2009）

基因型	根冠比			生物量（g/株）			磷含量株（g/kg）			磷利用效率（g/g）		
	p－	p＋	p－/p＋	p－	p＋	p－/p＋	p－	p＋	p－/p＋	p－	p＋	p－/p＋
cork	0.407	0.391	1.043	0.285	0.306	0.933	0.807	0.904	0.892	1234.6	1111.1	1.111
大波 38	0.382	0.389	0.982	0.251	0.267	0.939	0.790	1.014	0.779	1265.8	990.1	1.278
新引 D_4	0.365	0.334	1.094	0.247	0.258	0.957	0.849	0.940	0.903	1176.5	1063.8	1.106
HD/089－328/93－237	0.539	0.526	1.024	0.211	0.224	0.939	0.871	1.066	0.818	1149.4	934.6	1.230
CLARK	0.225	0.212	1.062	0.247	0.251	0.983	0.874	1.030	0.849	1149.4	970.9	1.184
barnes	0.429	0.390	1.099	0.303	0.306	0.993	0.819	0.957	0.856	1219.5	1041.7	1.171
法瓦维特	0.368	0.371	0.992	0.285	0.28	1.018	0.870	0.946	0.92	1149.4	1052.6	1.092

续表

基因型	根冠比			生物量（g/株）			磷含量株（g/kg）			磷利用效率（g/g）		
	p－	p＋	p－/p＋	p－	p＋	p－/p＋	p－	p＋	p－/p＋	p－	p＋	p－/p＋
ND4994－16	0.432	0.410	1.054	0.274	0.258	1.061	0.906	1.033	0.877	1098.9	970.9	1.132
新引 D_3	0.480	0.450	1.066	0.265	0.272	0.975	0.853	0.953	0.896	1176.5	1052.6	1.118
91－265	0.415	0.404	1.028	0.282	0.287	0.982	0.806	0.916	0.88	1234.6	1087.0	1.136
大波 33	0.475	0.443	1.073	0.25	0.276	0.907	0.828	0.955	0.867	1204.8	1041.7	1.157
新引 D_6	0.276	0.315	0.878	0.237	0.249	0.951	0.902	1.015	0.889	1111.1	990.1	1.122
大波 37	0.474	0.491	0.965	0.244	0.251	0.971	0.887	1.013	0.875	1123.6	990.1	1.135
大波 34	0.416	0.319	1.303	0.246	0.242	1.017	0.833	0.999	0.834	1204.8	1000.0	1.205
大波 35	0.676	0.558	1.213	0.249	0.242	1.026	1.087	0.970	1.121	917.4	1030.9	0.890
89－22	0.429	0.515	0.832	0.265	0.277	0.959	0.881	0.881	1	1136.4	1136.4	1.000
大波 32	0.531	0.416	1.278	0.313	0.293	1.066	0.809	0.929	0.871	1234.6	1075.3	1.148
941368	0.541	0.416	1.301	0.324	0.345	0.940	0.820	0.894	0.917	1219.5	1123.6	1.085
87－266	0.556	0.481	1.158	0.254	0.274	0.929	0.849	0.999	0.849	1176.5	1000.0	1.176
CMebec	0.538	0.454	1.184	0.301	0.255	1.181	0.856	1.154	0.742	1162.8	869.6	1.337
法科	0.655	0.580	1.129	0.267	0.28	0.953	0.899	1.101	0.817	1111.1	909.1	1.222
大波 31	0.454	0.494	0.919	0.29	0.261	1.114	0.851	1.086	0.784	1176.5	917.4	1.282
大波 29	0.492	0.470	1.048	0.322	0.293	1.098	0.825	1.100	0.75	1204.8	909.1	1.325
长南试验	0.399	0.389	1.026	0.252	0.259	0.970	0.804	1.025	0.784	1250.0	980.4	1.275
Alexis	0.402	0.358	1.122	0.31	0.306	1.013	0.733	0.954	0.769	1369.9	1052.6	1.301
大波 30	0.329	0.488	0.675	0.351	0.298	1.179	0.876	1.055	0.83	1136.4	943.4	1.205
蒙克尔	0.409	0.301	1.356	0.257	0.253	1.014	0.679	0.978	0.695	1470.6	1020.4	1.441
Ca23	0.438	0.454	0.966	0.256	0.256	1.001	0.819	1.068	0.767	1219.5	934.6	1.305
13300	0.510	0.487	1.048	0.214	0.248	0.864	0.808	1.078	0.75	1234.6	925.9	1.333
ND14636	0.511	0.485	1.052	0.293	0.355	0.825	0.750	1.006	0.746	1333.3	990.1	1.347
91－128	0.390	0.376	1.039	0.353	0.341	1.035	0.655	0.888	0.738	1515.2	1123.6	1.348
C－14	0.389	0.385	1.010	0.228	0.251	0.910	0.818	1.049	0.779	1219.5	952.4	1.280
北 2	0.361	0.347	1.041	0.28	0.282	0.994	0.714	0.882	0.81	1408.5	1136.4	1.239
11231－11	0.448	0.402	1.114	0.264	0.319	0.829	0.776	0.878	0.883	1282.1	1136.4	1.128
红日啤 2 号	0.321	0.263	1.217	0.266	0.294	0.905	0.819	1.012	0.809	1219.5	990.1	1.232
Klages	0.368	0.286	1.284	0.303	0.311	0.974	0.761	0.931	0.818	1315.8	1075.3	1.224
ND13299	0.394	0.422	0.934	0.244	0.273	0.892	0.806	0.930	0.867	1234.6	1075.3	1.148
941309	0.375	0.351	1.069	0.309	0.322	0.960	0.892	1.061	0.841	1123.6	943.4	1.191
塔城二棱	0.519	0.475	1.092	0.228	0.233	0.978	0.947	1.002	0.945	1052.6	1000.0	1.053
新啤 2 号	0.586	0.623	0.942	0.254	0.27	0.940	0.993	1.159	0.857	1010.1	862.1	1.172
C－5	0.434	0.423	1.026	0.293	0.285	1.030	0.801	1.090	0.735	1250.0	917.4	1.363
吉 53	0.420	0.485	0.866	0.285	0.292	0.975	0.746	0.949	0.785	1333.3	1052.6	1.267
甘木二棱	0.534	0.440	1.213	0.229	0.251	0.911	0.840	1.141	0.736	1190.5	877.2	1.357
新啤 1 号	0.626	0.684	0.916	0.284	0.285	0.996	0.874	1.071	0.816	1149.4	934.6	1.230
C－3	0.451	0.457	0.988	0.271	0.27	1.005	0.872	0.976	0.894	1149.4	1020.4	1.126
蒙黑二棱	0.477	0.406	1.177	0.291	0.297	0.980	0.826	1.146	0.721	1204.8	869.6	1.386

续表

基因型	根冠比			生物量（g/株）			磷含量株（g/kg）			磷利用效率（g/g）		
	p－	p＋	p－/p＋	p－	p＋	p－/p＋	p－	p＋	p－/p＋	p－	p＋	p－/p＋
哈密大麦	0.453	0.575	0.788	0.27	0.251	1.076	0.931	1.083	0.86	1075.3	925.9	1.161
广麦1号	0.310	0.495	0.627	0.193	0.219	0.884	0.926	1.060	0.874	1075.3	943.4	1.140
甘啤4号	0.264	0.313	0.842	0.23	0.264	0.873	0.824	0.953	0.864	1219.5	1052.6	1.159
广麦8号	0.467	0.423	1.104	0.209	0.213	0.984	0.932	1.143	0.816	1075.3	877.2	1.226
广麦2号	0.272	0.261	1.039	0.198	0.195	1.014	1.025	1.134	0.904	970.9	885.0	1.097
甘啤2号	0.617	0.550	1.122	0.233	0.246	0.946	0.910	1.083	0.84	1098.9	925.9	1.187
C－13	0.251	0.265	0.948	0.232	0.251	0.922	0.879	1.031	0.852	1136.4	970.9	1.170
02系1134	0.269	0.281	0.957	0.243	0.254	0.958	0.796	0.929	0.857	1250.0	1075.3	1.163
BYDV22	0.280	0.321	0.874	0.206	0.229	0.900	0.785	0.846	0.928	1265.8	1176.5	1.076
广麦7号	0.348	0.378	0.921	0.125	0.259	0.483	0.880	1.041	0.845	1136.4	961.5	1.182
g－23	0.250	0.248	1.008	0.239	0.25	0.957	0.960	1.119	0.858	1041.7	892.9	1.167
89－11	0.254	0.332	0.766	0.164	0.173	0.948	0.801	0.970	0.825	1250.0	1030.9	1.213
冀农0656	0.198	0.225	0.880	0.207	0.212	0.974	0.609	0.870	0.699	1639.3	1149.4	1.426
Abee	0.245	0.210	1.164	0.187	0.178	1.052	0.683	0.757	0.902	1470.6	1315.8	1.118
甘啤3号	0.267	0.212	1.262	0.221	0.231	0.954	0.690	0.932	0.74	1449.3	1075.3	1.348
Samson	0.203	0.194	1.045	0.166	0.157	1.058	0.569	0.772	0.736	1754.4	1298.7	1.351
ND5569	0.183	0.193	0.949	0.165	0.175	0.943	0.605	0.896	0.675	1666.7	1111.1	1.500
Krona	0.198	0.251	0.791	0.164	0.183	0.897	0.456	0.632	0.722	2173.9	1587.3	1.370
Madras	0.245	0.237	1.031	0.282	0.214	1.320	0.690	0.745	0.926	1449.3	1333.3	1.087
JevseH	0.178	0.167	1.063	0.192	0.239	0.805	0.489	0.853	0.573	2040.8	1176.5	1.735
法啤	0.217	0.271	0.799	0.205	0.202	1.016	0.688	0.700	0.983	1449.3	1428.6	1.014
矮早三	0.285	0.271	1.052	0.183	0.196	0.933	0.739	1.102	0.671	1351.4	909.1	1.486

二、不同大麦品种对施磷和不施磷的反应

为了分析各大麦基因型的磷利用能力对缺磷胁迫的反应，计算了相对磷生物量（P－/P＋）、相对根冠比（P－/P＋）、相对磷含量（P－/P＋）和相对磷利用率（P－/P＋）。结果表明：不同品种间相对值的差异较大（表5－2），其根冠比变动于0.627～1.356，平均1.028；生物量变动于0.483～1.320，平均0.968；磷含量变动于0.573～1.121，平均0.828；磷利用效率变动于0.900～1.735，平均1.2。在缺磷胁迫下，植株的根冠比、生物量、磷含量和磷利用效率的变异系数分别为31.1%、18.5%、13.8%和17.1%，均大于正常施磷水平29.4%、16.0%、11.3%和13.0%，说明缺磷胁迫加大了品种间的差异。同时也表明了不同大麦品种耐缺磷胁迫的能力有较大差异，具有遗传改良的物质基础。从标准差也可以看出，缺磷条件下各大麦品种的差异大于正常施磷条件。上述结果表明，不同大麦品种磷效率存在不同程度差异。说明缺磷逆境中品种在磷效率上都有一定的适应能力，而磷高效与磷低效品种的差异之一就在于其适应能力的强弱显著不同。

表 5－2　不同大麦品种对缺磷和正常磷条件的反应（梁维，等，2009）

	根冠比			生物量（g/株）			磷含量株（g/kg）			磷利用效率（g/g）		
	p－	p＋	p－/p＋	p－	p＋	p－/p＋	p－	p＋	p－/p＋	p－	p＋	p－/p＋
最大值	0.676	0.684	1.356	0.353	0.355	1.320	1.087	1.159	1.121	2173.9	1587.3	1.735
最小值	0.178	0.167	0.627	0.125	0.157	0.483	0.456	0.632	0.573	917.4	862.1	0.900
平均值	0.396	0.388	1.028	0.251	0.259	0.968	0.813	0.983	0.828	1258.1	1032.1	1.200
标准差	0.123	0.114	0.148	0.046	0.041	0.102	0.112	0.111	1.009	214.981	134.193	0.133
变异系数（%）	31.1	29.4	14.4	18.5	16.0	10.5	13.8	11.3	10.5	17.1	13.0	10.9

三、磷高效基因型大麦的筛选

磷效率是指植物利用生长介质中单位有效磷营养所产生的生物量（Harry W. P，等，2002）。植物磷营养的高效基因型是指那些能利用生长介质中单位有效磷生产出高于对照基因型生物量的基因型，或是那些生长在一定磷水平条件下能在体内积累高浓度磷的基因型（马学飞，等，1988；李亚娟，2005）。

梁维等（2009）利用营养液培养方法，首先分别以生物量相对值（P－/P＋）、根冠比相对值（P－/P＋）和磷利用效率相对值（P－/P＋）的平均值为指标，以全部参试大麦材料为基础，高于平均值的材料为磷高效基因型，低于平均值的材料为磷低效品种。综合三个指标筛选出的结果，初步确定了 Alexis、CMebec、大波 29、广麦 8 号、蒙黑二棱、蒙克尔等 6 个基因型为磷高效大麦品种；而 02 系 1134、C－13、新引 D_6、g－23、ND13299、甘啤 4 号、广麦 7 号和新啤 2 号为磷低效的品种。再利用在缺磷条件下品种绝对磷利用效率为指标，确定了 Alexis 和蒙克尔为磷高效大麦品种，表明缺磷胁迫对其吸磷利用效率影响较小；甘啤 4 号、g－23、广麦 7 号、新啤 2 号、新引 D_6 和 C－135 个磷低效大麦品种，这些品种受缺磷胁迫的影响较大，在不施磷条件下其绝对利用效率较低。

第三节　磷利用效率不同的大麦基因型的生理生化特性差异

植物因其组织及器官在逆境条件下遭受伤害，往往发生膜脂过氧化作用。使植物体内活性氧的产生和消除平衡失调，造成植物体内大量的自由基累积，加速植物的衰老进程。测定植物体内膜脂过氧化物 MDA 的含量及其植物体内抗氧化酶 SOD、POD、CAT 的活性的高低，可在一定程度上反映逆境对植物的损害程度。关于干旱、水分、盐、高温、低温、镉、铝等对作物的胁迫的研究有不少报道，但是有关缺磷胁迫对大麦的生理生化特性方面的研究尚不多见。

一、磷胁迫下不同基因型大麦丙二醛（MDA）含量变化

从图 5－1（a）与（b）可以看出，缺磷胁迫可以使大麦叶片 MDA 含量升高，MDA 是膜脂过氧化的产物，MDA 含量的升高表示膜脂过氧化程度增强，导致大麦叶片膜脂过氧化程度加剧，随着胁迫时间的延长，不同磷效率大麦品种叶片内 MDA 含量及增加幅度存在差异。磷高效品种蒙克尔和 Alexis 的增加幅度明显小于磷低效品种甘啤 4 号和 g－23。从表 5－3 可以

看出，在胁迫 15d 时，蒙克尔、Alexis、甘啤 4 号和 g-23 的丙二醛含量分别是对照的 116.852%、109.017%、138.442%和 179.252%，磷低效品种 g-23 增加的幅度最大，说明其受到膜脂过氧化程度最大，其次是甘啤 4 号，磷高效品种蒙克尔和 Alexis 受到伤害程度相对较小。

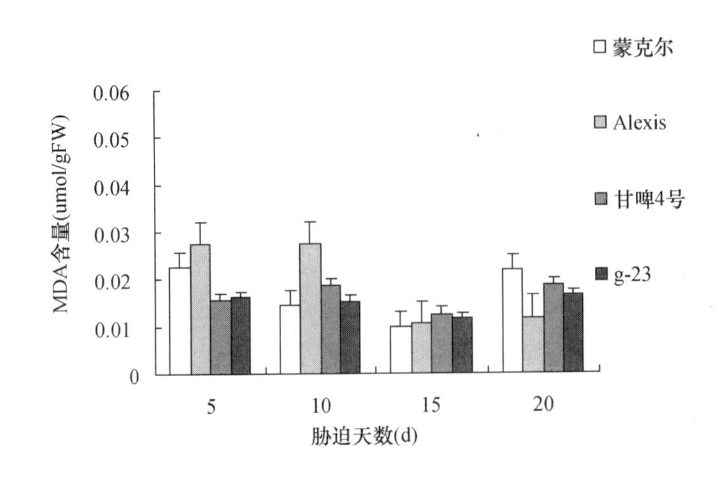

图 5-1（a） 正常磷条件下大麦叶片 MDA 含量的变化（梁维，等，2009）

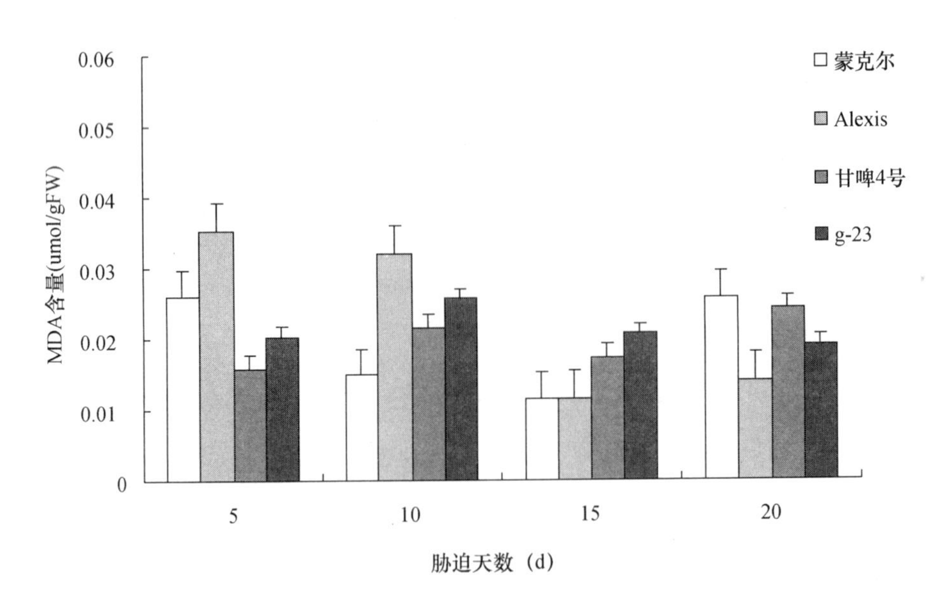

图 5-1（b） 缺磷条件下大麦叶片 MDA 含量的变化（梁维，等，2009）

表 5-3 不同大麦品种缺磷与正常磷条件下 MDA 含量比值（%）（梁维，等，2009）

胁迫天数（d）	5	10	15	20
蒙克尔	114.631	116.081	116.852	117.716
Alexis	105.637	112.413	109.017	117.676
甘啤 4 号	133.336	121.215	138.442	129.502
g-23	126.158	119.094	179.252	137.620

二、磷胁迫下不同基因型大麦超氧化物歧化酶（SOD）活性变化

不同磷效率大麦品种在缺磷胁迫下 SOD 活性变化如图 5－2（a）与（b）所示，缺磷胁迫可使大麦细胞中 SOD 活性降低，SOD 是植物细胞中存在的能够清除活性氧自由基的保护酶系统之一，能够防止膜脂过氧化，避免植物细胞膜损伤。由表 5－4 可知，缺磷胁迫下大麦叶片 SOD 活性均有下降，但在胁迫 15d 时，磷高效品种蒙克尔反而有所上升，说明它具有一定的耐低磷性。在胁迫 20d 时，蒙克尔、Alexis、甘啤 4 号和 g－23 的 SOD 活性分别为对照的 91.071%、93.795%、87.787% 和 83.628%，可见磷低效品种 SOD 活性下降的幅度明显高于磷高效品种。可见，磷高效品种通过维持较高的 SOD 活性以适应缺磷胁迫，以减轻植物叶片细胞膜的损伤程度。

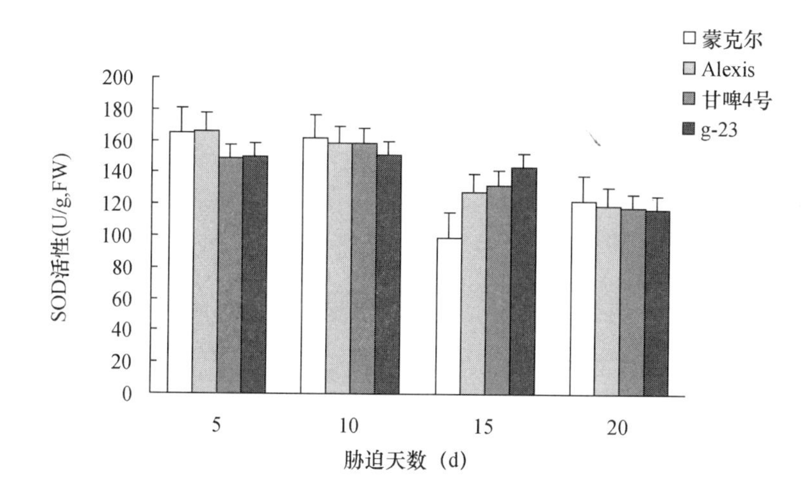

图 5－2（a）　正常磷条件下大麦叶片 SOD 活性的变化（梁维，等，2009）

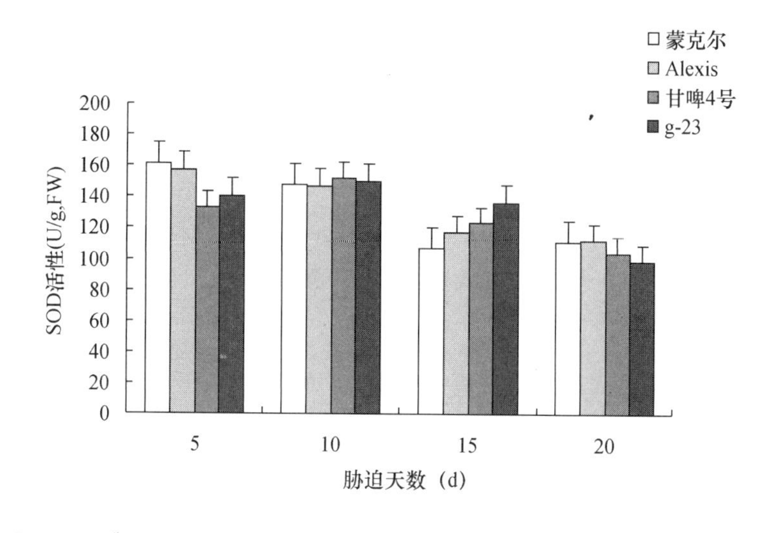

图 5－2（b）　缺磷条件下大麦叶片 SOD 活性的变化（梁维，等，2009）

表 5-4　不同大麦品种缺磷与正常磷条件下 SOD 活性比值（%）（梁维，等，2009）

胁迫天数（d）	5	10	15	20
蒙克尔	98.096	91.800	107.326	91.071
Alexis	94.784	92.840	91.587	93.795
甘啤 4 号	89.318	95.963	93.199	87.787
g-23	93.536	99.124	94.645	83.628

三、磷胁迫下不同基因型大麦过氧化物酶（POD）活性变化

POD 也是能够防止植物细胞膜脂过氧化的保护酶之一，从图 5-3（a）与（b）可以看出，缺磷胁迫可使大麦叶片 POD 活性下降。随着胁迫时间的延长，在不同处理下，不同磷效率大麦品种的 POD 活性均呈现先升高后下降的趋势，在胁迫 15d 时，各个处理的 POD 活性均达最大值。由表 5-5 可见，胁迫 10d 时，磷高效品种蒙克尔和 Alexis 的 POD 活性分别是对照的 93.625% 和 80.355%，磷低效品种甘啤 4 号和 g-23 的 POD 活性分别为对照的 61.135% 和 64.345%。说明磷低效品种受缺磷胁迫影响较大，而磷高效品种则具有较强的耐低磷性，细胞膜受到的伤害较小。

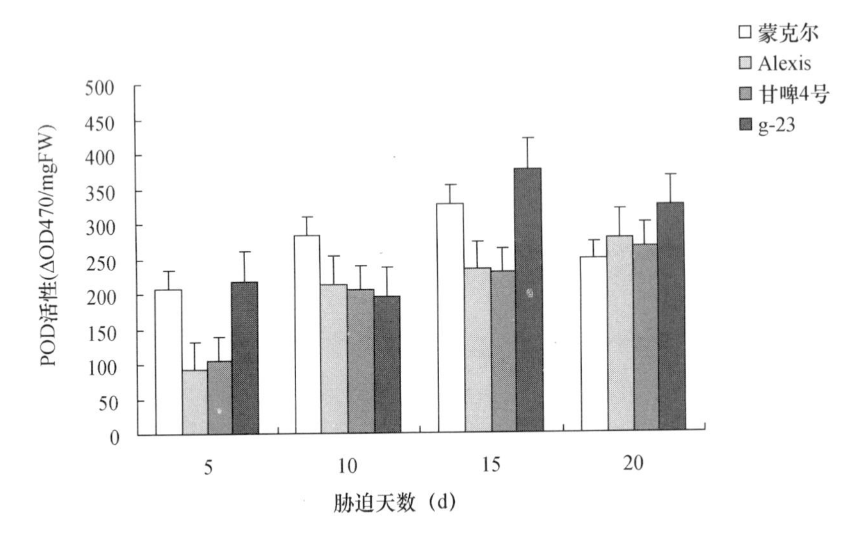

图 5-3（a）　正常磷条件下大麦叶片 POD 活性的变化（梁维，等，2009）

四、磷胁迫下不同基因型大麦过氧化氢酶（CAT）活性变化

CAT 是能够清除活性氧自由基的保护酶系统之一，防止膜脂过氧化，避免植物细胞膜受到损伤。从图 5-4（a）与（b）可以看出，缺磷胁迫能使大麦细胞内的 CAT 活性降低。在同一处理下，磷高效品种蒙克尔和 Alexis 的 CAT 活性明显高于磷低效品种甘啤 4 号和 g-23，说明磷高效品种具有较强的清除活性氧自由基的能力。在缺磷胁迫下，大麦细胞内的 CAT 活性明显降低，但是磷高效品种降低的幅度均小于磷低效品种。由表 5-6 可知，在胁迫 5d 时

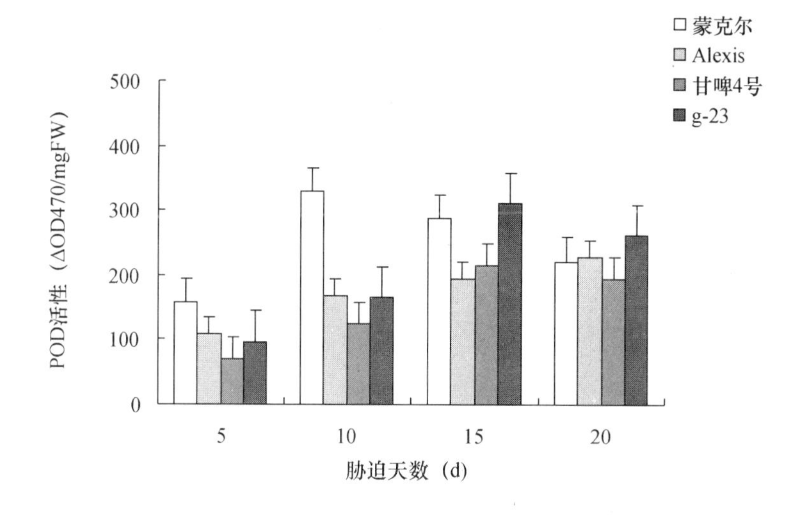

图5－3（b） 缺磷条件下大麦叶片POD活性的变化（梁维，等，2009）

表5－5 不同大麦品种缺磷与正常磷条件下POD活性比值（%）（梁维，等，2009）

胁迫天数（d）	5	10	15	20
蒙克尔	90.439	93.625	92.606	89.048
Alexis	87.913	80.355	85.599	85.771
甘啤4号	88.468	61.135	89.888	87.322
g－23	83.055	64.345	76.231	77.774

蒙克尔和Alexis的CAT活性分别为对照的94.643%和94.462%，甘啤4号和g－23CAT活性分别为对照的76.736%和82.963%，在胁迫10d、15d和20d时，蒙克尔和Alexis降低的百分点也明显小于甘啤4号和g－23，说明磷高效品种的CAT活性较稳定，受缺磷胁迫影响小。而磷低效品种受磷胁迫的影响较大，活性氧自由基的清除能力大幅度下降。

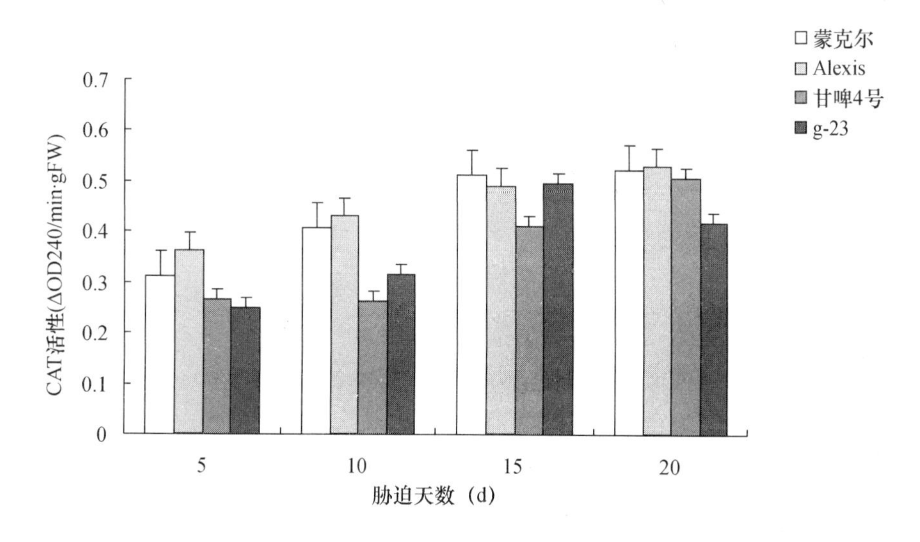

图5－4（a） 正常磷条件下大麦叶片CAT活性的变化（梁维，等，2009）

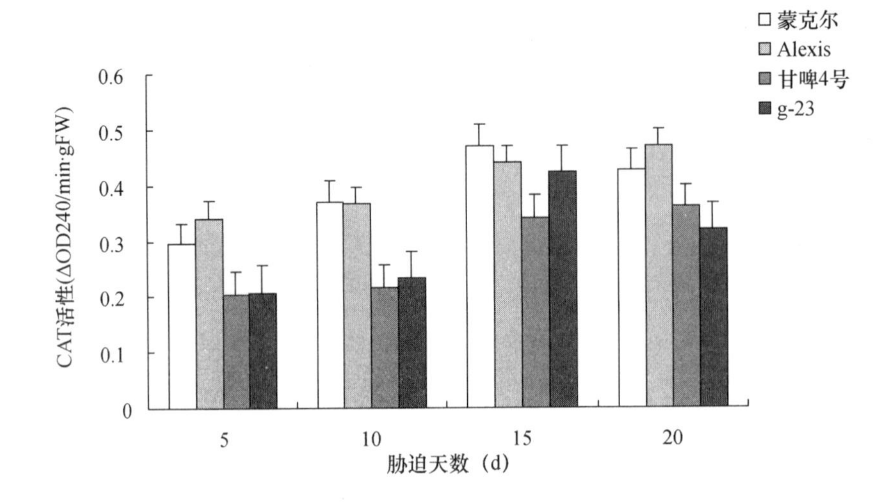

图5-4（b） 缺磷条件下大麦叶片CAT活性的变化（梁维，等，2009）

表5-6 不同大麦品种缺磷与正常磷条件下CAT活性比值（%）（梁维，等，2009）

胁迫天数（d）	5	10	15	20
蒙克尔	94.643	90.909	91.812	81.560
Alexis	94.462	85.345	90.152	88.811
甘啤4号	76.736	82.394	82.883	70.803
g-23	82.963	74.118	85.075	76.106

五、磷胁迫下不同基因型大麦叶绿素（Chl）含量变化

由方差分析可知（表5-7），在胁迫5d时，不同大麦品种在不同处理下Chl含量均无显著性差异；胁迫10d和15d时，正常磷条件下，Chla和Chl总量均表现显著性差异，缺磷条件下无显著差异；胁迫20d时，各个处理下的不同磷效率品种的Chl含量均表现为蒙克尔最大，Alexis次之，甘啤4号和g-23最小，且均表现为显著差异。

表5-7 正常磷和缺磷对大麦叶片Chl含量的影响（梁维，等，2009）

胁迫天数	品种	P+	P-	P+	P-	P+	P-
		Chla（mg/g）		Chlb（mg/g）		Chl含量（mg/g）	
5d	蒙克尔	0.936±0.069a	0.681±0.069a	0.438±0.093a	0.206±0.027a	1.374±0.112a	0.887±0.092
	Alexis	0.823±0.284a	0.795±0.016a	0.26±0.14a	0.226±0.025a	1.083±0.419a	1.021±0.042a
	甘啤4号	0.839±0.04a	0.717±0.077a	0.362±0.037a	0.256±0.028a	1.201±0.077a	0.973±0.104aa
	g-23	0.804±0.077a	0.744±0.093a	0.277±0.03a	0.27±0.023a	1.081±0.106a	1.014±0.115a
10d	蒙克尔	0.793±0.047ab	0.853±0.025a	0.257±0.012a	0.271±0.008a	1.05±0.057ab	1.124±0.024a
	Alexis	0.869±0.056a	1.011±0.06a	0.286±0.028a	0.33±0.035a	1.341±0.095a	1.155±0.073a
	甘啤4号	0.709±0.056b	0.81±0.034a	0.214±0.019a	0.257±0.022a	0.923±0.075b	1.067±0.052a

续表

胁迫天数	品种	P+	P-	P+	P-	P+	P-
		Chla（mg/g）		Chlb（mg/g）		Chl 含量（mg/g）	
	g-23	0.763±0.067ab	0.845±0.117a	0.281±0.049a	0.266±0.038a	1.044±0.078ab	1.111±0.155a
15d	蒙克尔	0.788±0.018a	0.706±0.03a	0.271±0.013a	0.248±0.015a	1.059±0.03a	0.954±0.045a
	Alexis	0.717±0.039a	0.695±0.106a	0.243±0.014a	0.24±0.018a	0.96±0.053a	0.935±0124a
	甘啤4号	0.573±0.034b	0.7±0.048a	0.205±0.013a	0.235±0.015a	0.799±0.043b	0.935±0.063a
	g-23	0.793±0.009c	0.838±0.04a	0.277±0.022b	0.285±0.026a	1.07±0.028c	1.123±0.066a
20d	蒙克尔	0.965±0.015a	0.994±0.102a	0.337±0.006a	0.357±0.034a	1.302±0.018a	1.351±0.135a
	Alexis	0.848±0.035b	0.827±0.016b	0.299±0.009b	0.296±0.017a	1.147±0.043b	1.12±0.031b
	甘啤4号	0.465±0.059c	0.732±0.017c	0.158±0.021c	0.241±0.004ab	0.623±0.08c	0.973±0.021bc
	g-23	0.552±0.323c	0.787±0.084c	0.185±0.109c	0.265±0.029b	0.738±0.432c	1.052±0.112c

注：表中数据为 Mean±SD；小写字母表示在0.05水平差异显著。下同。

从表5-8可以看出，在胁迫5d时，不同磷效率品种在缺磷胁迫下的Chl含量都低于正常磷条件下的含量，但在胁迫10d时，缺磷与正常磷下的比值都大于1（除g-23的Chlb含量）。说明在缺磷条件下，各个大麦品种的Chl含量不但没有下降反而有所上升，这可能是由于施磷条件下植株生长较快，叶片扩展速度快，叶片表面积大，厚度较薄，对色素可能有所稀释；而缺磷条件下大麦植株生长较慢，Chl含量较高。当胁迫15d时，磷高效品种蒙克尔和Alexis的Chl含量缺磷与施磷的比值都小于1，而磷低效品种甘啤4号和g-23Chl含量缺磷与施磷的比值均大于1。说明在缺磷条件下，磷低效品种的生长速度较磷高效品种慢，从而导致缺磷条件下磷低效品种的Chl含量高于正常磷条件下含量。胁迫20d时，除Alexis的各个Chl含量变化不大外，其他品种各个Chl含量都明显增高，且磷低效品种增加的幅度明显高于磷高效品种，说明缺磷对磷低效品种的影响较大，缺磷条件下磷低效品种的生长速度明显受阻，而磷高效品种的生长速度则相对稳定。

表5-8　不同大麦品种缺磷与正常磷条件下Chl含量的比值（%）（梁维，等，2009）

品种	胁迫5d			胁迫10d			胁迫15d			胁迫20d		
	Chla	Chlb	Chl含量	Chla	Chlb	Chl含量	Chla	Chlb	Chl含量	Chla	Chlb	Chl含量
蒙克尔	0.727	0.471	0.645	1.075	1.054	1.070	0.896	0.915	0.901	1.030	1.061	1.038
Alexis	0.967	0.867	0.943	1.163	1.155	1.161	0.970	0.986	0.974	0.965	0.908	0.951
甘啤4号	0.855	0.708	0.810	1.142	1.201	1.156	1.222	1.143	1.201	1.574	1.527	1.562
g-23	0.925	0.972	0.937	1.108	0.944	1.064	1.056	1.032	1.050	1.424	1.431	1.426

六、磷胁迫下不同基因型大麦根系变化

（一）缺磷条件下不同磷效率大麦品种总根长、最大根长、总根数的差异

在缺磷胁迫下，植物根系常常会发生一系列的形态学变化和生理生化反应。从5-9可

以看出，缺磷胁迫下，不同磷效率大麦品种的总根数、总根长和最大根长均有所降低，但降低的幅度不同，蒙克尔和 Alexis 降低幅度相对较小（表 5－10）。说明在缺磷胁迫下，磷高效基因型大麦受到的伤害较小，具有较强的耐低磷性。其中不同磷效率品种的最大根长在胁迫 10d 和 15d 时较对照降低幅度均较大，说明缺磷胁迫对大麦根长的影响较大。

表 5－9　不同磷效率大麦品种总根数、总根长和最大根长的差异（梁维，等，2009）

胁迫天数	品种		总根数（条）	总根长（cm）	最大根长（cm）
5d	蒙克尔	P＋	6.556 ±0.726	33.633 ±4.480	7.556 ±0.882
		P－	6.333 ±1.225	32.433 ±4.028	7.533 ±1.655
	Alexis	P＋	8.222 ±1.481	35.233 ±6.316	9.911 ±0.908
		P－	7.556 ±1.509	34.511 ±9.354	9.567 ±0.581
	甘啤 4 号	P＋	7.222 ±1.394	36.578 ±6.710	8.278 ±1.903
		P－	6.667 ±0.500	35.633 ±8.954	7.689 ±1.357
	g－23	P＋	7.667 ±1.118	51.089 ±5.474	7.200 ±1.632
		P－	7.000 ±0.866	45.956 ±4.221	6.667 ±1.437
10d	蒙克尔	P＋	6.111 ±1.054	34.211 ±3.909	8.322 ±0.998
		P－	5.889 ±0.782	32.644 ±2.816	7.733 ±1.483
	Alexis	P＋	8.250 ±0.886	32.567 ±9.361	10.011 ±1.054
		P－	8.222 ±0.833	32.156 ±9.306	9.167 ±1.357
	甘啤 4 号	P＋	7.333 ±1.225	35.456 ±6.052	7.144 ±1.667
		P－	6.667 ±0.500	32.500 ±3.640	6.375 ±1.118
	g－23	P＋	7.000 ±0.707	52.078 ±4.151	9.411 ±0.870
		P－	6.667 ±0.516	41.800 ±5.864	7.378 ±2.080
15d	蒙克尔	P＋	6.111 ±1.167	32.138 ±8.737	8.389 ±1.621
		P－	6.000 ±1.118	31.111 ±9.089	7.544 ±1.220
	Alexis	P＋	8.222 ±0.833	34.667 ±6.226	9.417 ±0.833
		P－	7.500 ±0.548	32.978 ±7.140	8.775 ±0.805
	甘啤 4 号	P＋	7.889 ±0.601	33.067 ±5.811	7.350 ±1.450
		P－	7.250 ±1.165	31.344 ±6.043	6.100 ±1.755
	g－23	P＋	7.625 ±1.408	47.625 ±4.398	6.867 ±1.216
		P－	6.833 ±0.753	43.617 ±4.215	5.967 ±1.338
20d	蒙克尔	P＋	7.571 ±0.787	33.229 ±5.314	7.743 ±1.731
		P－	7.444 ±1.424	32.589 ±5.976	7.344 ±1.409
	Alexis	P＋	9.000 ±1.118	35.033 ±6.742	10.283 ±1.780
		P－	8.333 ±1.506	34.578 ±5.742	9.622 ±1.542
	甘啤 4 号	P＋	6.444 ±1.130	31.944 ±4.857	7.367 ±2.062
		P－	5.889 ±1.054	30.267 ±6.725	6.733 ±1.027
	g－23	P＋	7.333 ±0.866	50.000 ±9.439	6.556 ±1.448
		P－	7.000 ±0.894	46.222 ±8.951	6.0450 ±0.834

表 5-10　不同大麦品种缺磷与正常磷条件下总根数、总根长和最大根长的比值（%）（梁维，等，2009）

胁迫天数	品种	总根数（条）	总根长（cm）	最大根长（cm）
5d	蒙克尔	0.966	0.964	0.997
	Alexis	0.919	0.980	0.965
	甘啤 4 号	0.923	0.974	0.929
	g-23	0.913	0.900	0.926
10d	蒙克尔	0.964	0.954	0.929
	Alexis	0.997	0.987	0.916
	甘啤 4 号	0.909	0.917	0.892
	g-23	0.952	0.803	0.784
15d	蒙克尔	0.982	0.968	0.899
	Alexis	0.952	0.951	0.932
	甘啤 4 号	0.919	0.948	0.830
	g-23	0.896	0.916	0.869
20d	蒙克尔	0.983	0.981	0.949
	Alexis	0.926	0.987	0.936
	甘啤 4 号	0.914	0.947	0.914
	g-23	0.955	0.924	0.922

（二）缺磷条件下不同磷效率大麦品种根体积的变化

根系体积是衡量磷效率的形态指标之一，在磷胁迫下，植株往往通过改变根系体积来适应低磷机制。如图 5-5（a）与（b）所示，在缺磷条件下，大麦植株通过增大根系来适应缺磷环境。从表 5-11 可以看出，在胁迫 20d 时，甘啤 4 号和 g-23 的根系体积分别为对照的 84.476% 和 70.187%，而蒙克尔和 Alexis 的根系体积分别比对照增加了 24.418% 和 16.569%，说明磷低效品种在缺磷条件下根系生长受到抑制，而磷高效品种能够通过增加体积来适应低磷环境。

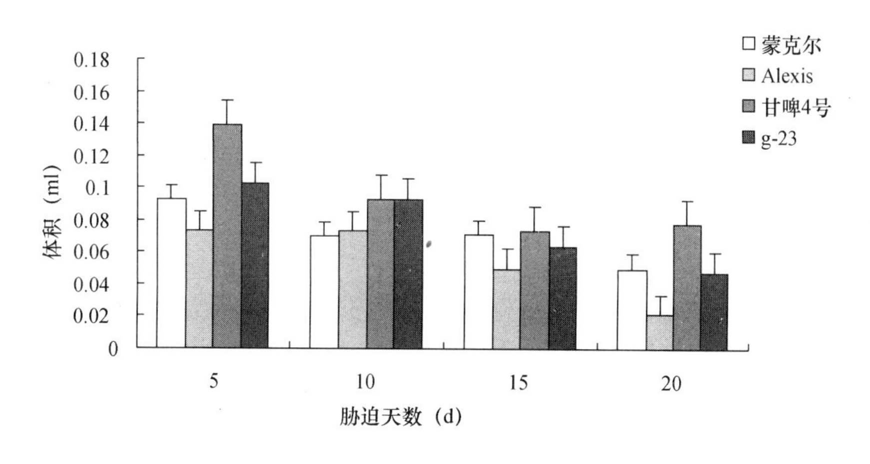

图 5-5（a）　正常磷条件下大麦叶片根系体积的变化（梁维，等，2009）

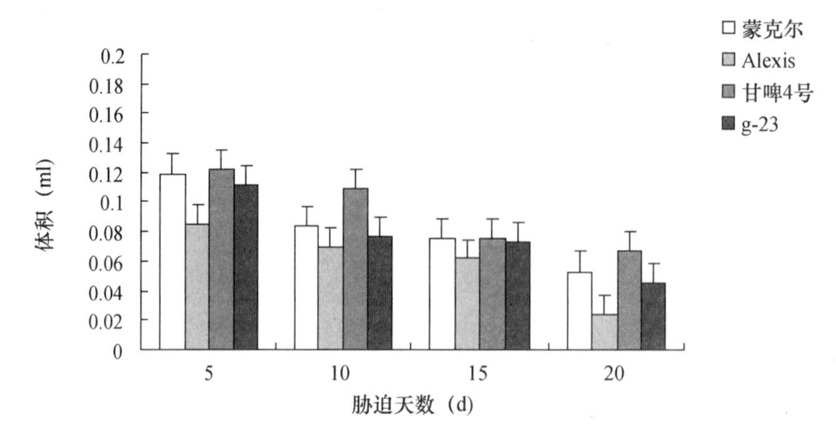

图5-5（b） 缺磷条件下大麦叶片根系体积的变化（梁维，等，2009）

表5-11 大麦品种缺磷与正常磷条件下根系体积的比值（%）（梁维，等，2009）

胁迫天数（d）	5	10	15	20
蒙克尔	118.455	119.121	122.500	124.418
Alexis	124.272	125.747	122.256	116.569
甘啤4号	116.363	108.671	103.333	84.476
g-23	108.262	105.019	95.795	70.187

第四节 不同磷利用效率的大麦基因型各生育时期磷营养特征

一、缺磷胁迫下不同基因型大麦各生育时期干物重变化

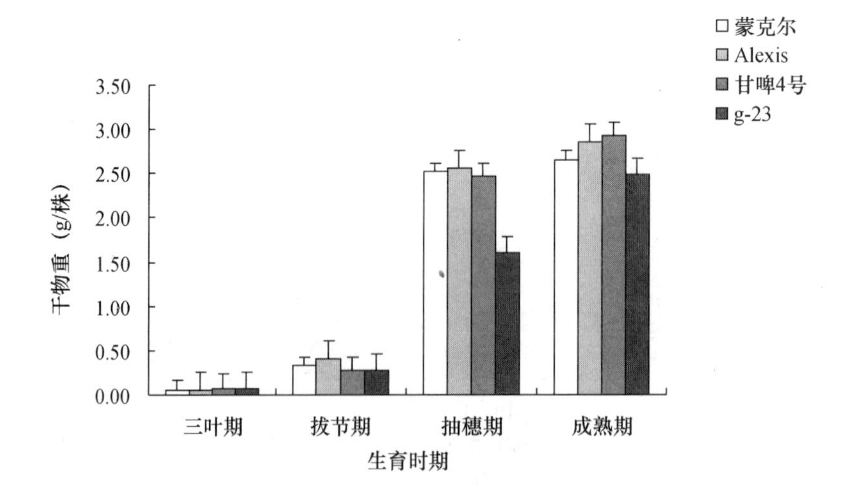

图5-6（a） 正常磷条件下大麦各生育时期干物重的变化（梁维，等，2009）

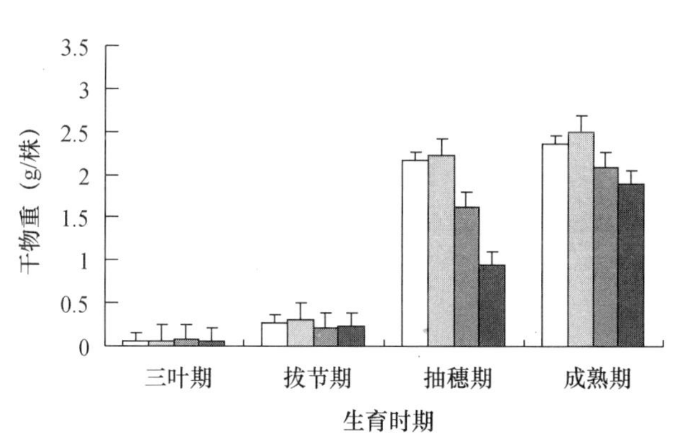

图 5－6（b） 缺磷条件下大麦各生育时期干物重的变化（梁维，等，2009）

表 5－12 大麦品种缺磷与正常磷条件下干物重的比值（%）（梁维，等，2009）

胁迫天数（d）	5	10	15	20
蒙克尔	85.268	80.863	86.178	88.742
Alexis	95.276	89.010	86.854	87.372
甘啤 4 号	91.569	74.233	65.538	71.238
g－23	89.677	84.167	59.256	76.083

生物量是衡量磷效率高低的指标之一。在缺磷胁迫条件下，认为大麦具有较高的生物学产量和籽粒产量是磷高效的重要特征。从图 5－6（a）与（b）可以看出，随着大麦生育时期的延长，其植株干物重也呈现递升的趋势，直到成熟期时其干物重达最大值。施磷条件下大麦植株干物重均高于缺磷条件下植株干物重。说明施磷具有增产效果。蒙克尔和 Alexis 的缺磷与正常磷条件下干物重的比值在各个生育时期的变化幅度不大，而甘啤 4 号和 g－23 则相对较大，特别在胁迫 15d 时，甘啤 4 号和 g－23 的干物重分别为对照的 65.538% 和 59.256%。说明缺磷对磷低效基因型大麦品种干物重的影响较大（表 5－12）。

二、缺磷胁迫下不同基因型大麦各生育时期植株磷含量变化

（一）不同磷处理下大麦各生育期磷含量

从图 5－7（a）与（b）可以看出，随着生育期的进程，大麦植株磷含量的变化趋势为先增大后减小。在施磷和不施磷条件下，磷高效品种和磷低效品种的差异在三叶期和抽穗期的表现均不明显，这两个时期各个品种的全磷含量差异不大。缺磷条件下，不同磷效率大麦品种在拔节期的全磷含量表现为磷高效品种明显高于磷低效品种。在拔节期时，蒙克尔、Alexis、甘啤 4 号和 g－23 的磷含量分别为对照的 95.857%、90.130%、29.063% 和 20.358%，磷高效品种磷含量降低的幅度明显小于磷低效品种（表 5－13）。

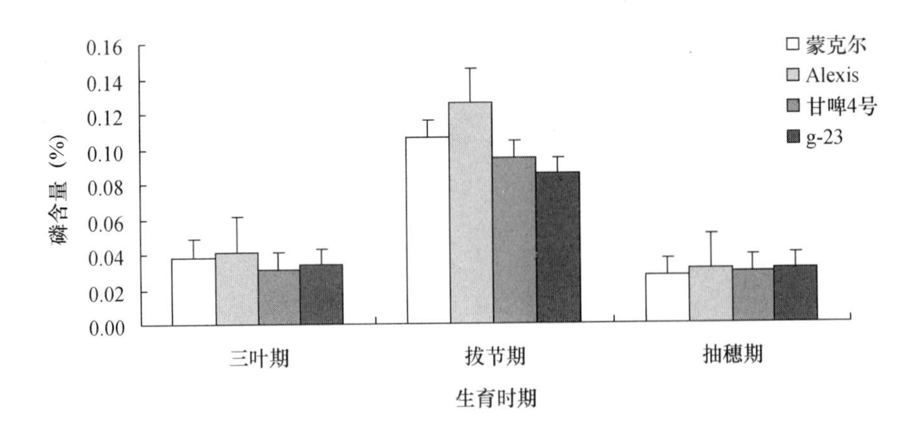

图 5－7（a） 正常磷条件下大麦各生育时期磷含量的变化（梁维，等，2009）

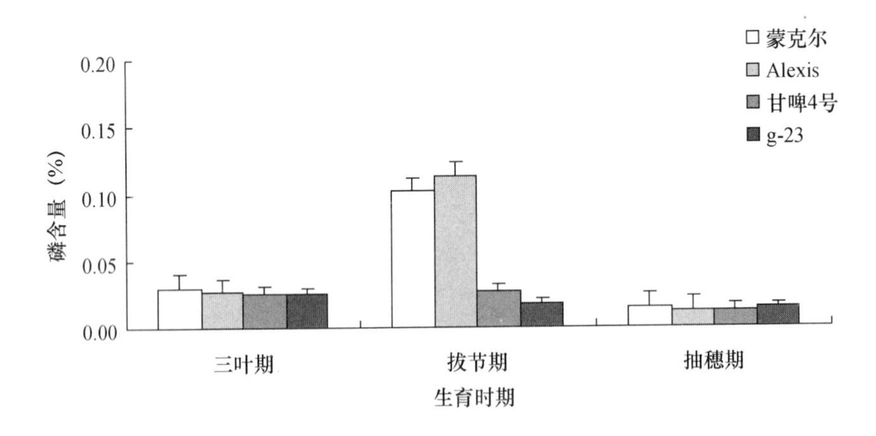

图 5－7（b） 缺磷条件下大麦各生育时期磷含量的变化（梁维，等，2009）

表 5－13 不同大麦品种缺磷与正常磷条件下各生育时期磷含量的比值（%）（梁维，等，2009）

生育时期	三叶期	拔节期	抽穗期
蒙克尔	77.295	95.857	56.039
Alexis	64.009	90.130	39.610
甘啤 4 号	83.178	29.063	40.839
g－23	77.287	20.358	46.981

（二）不同磷处理下大麦成熟期各部位磷含量

在施磷和缺磷条件下，成熟期大麦植株各个部位磷含量的总趋势为，穗＞叶＞茎，这与黄润等（2008）的研究结果基本一致，缺磷条件下大麦植株各个部位（茎、叶、穗）磷含量均低于施磷条件下各部位磷含量（图 5－8（a）与（b））。磷高效品种和磷低效品种的差异在叶和穗中没有明显的规律，在茎中表现出较大差异（表 5－14）。

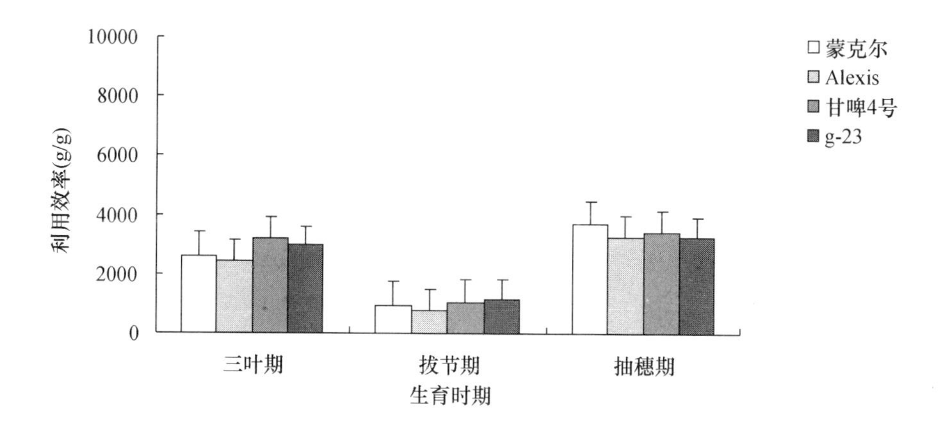

图5-8（a）　正常磷条件下成熟期植株各部位磷含量的变化（梁维，等，2009）

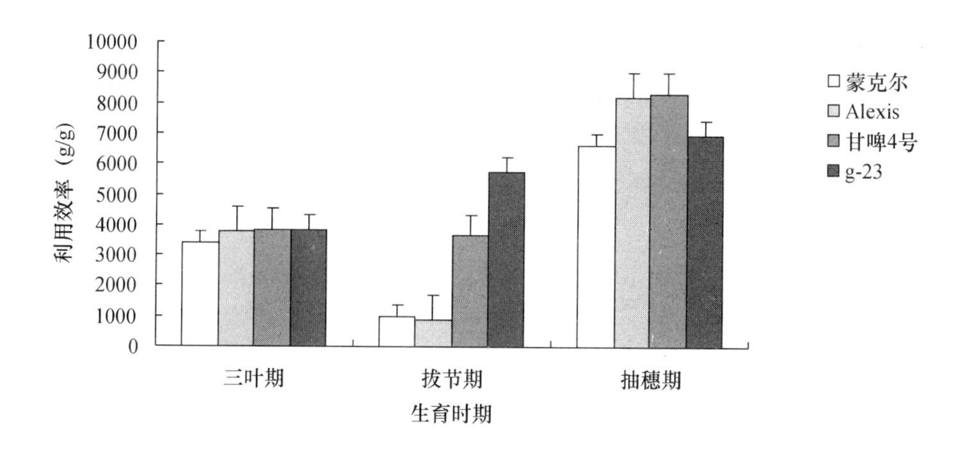

图5-8（b）　缺磷条件下成熟期植株各部位磷含量的变化（梁维，等，2009）

表5-14　大麦品种缺磷与正常磷条件下成熟期各部位磷含量的比值（%）（梁维，等，2009）

植株部位	茎	叶	穗
蒙克尔	99.411	70.760	81.588
Alexis	96.784	69.683	65.668
甘啤4号	77.399	74.341	77.748
g-23	66.839	62.695	67.851

三、缺磷胁迫下不同大麦品种各生育时期植株磷积累量变化

（一）不同磷处理下各生育时期磷累积量的变化

在不同的处理条件下，不同磷效率大麦品种随着生育进程，大麦植株的磷累积量也逐步增加。缺磷条件下大麦植株磷累积量均小于施磷条件下大麦磷累积量，说明施磷可以提高植株吸收同化磷素的能力。在三叶期时，不同磷效率大麦品种的差异不明显，在拔节期和抽穗

期时，蒙克尔和 Alexis 的磷累积量均比磷低效品种甘啤 4 号和 g－23 高（图 5－9（a）与（b））。由表 5－15 可知，在各个生育时期，不同磷效率大麦品种的磷累积量均有降低，但不同大麦品种降低的幅度不同，在抽穗期不同磷效率大麦品种降低的幅度差异较大，在三叶期和拔节期表现不明显。

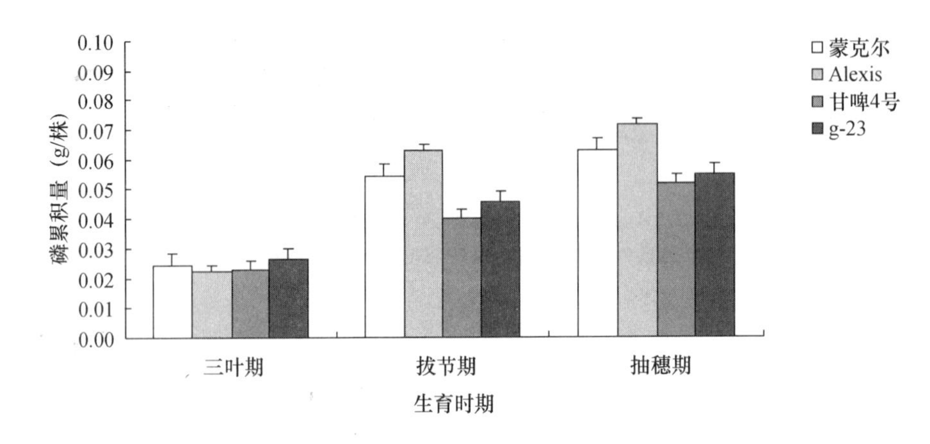

图 5－9（a） 正常磷条件下各生育时期磷累积量的变化（梁维，等，2009）

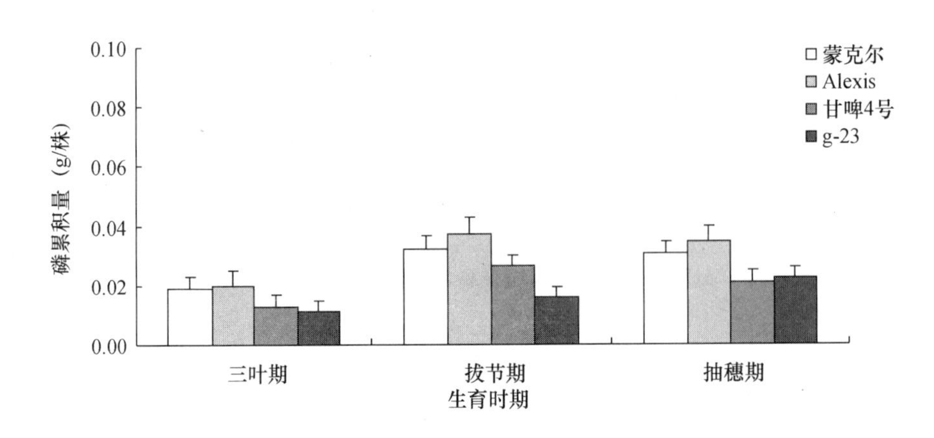

图 5－9（b） 缺磷条件下各生育时期磷累积量的变化（梁维，等，2009）

表 5－15 不同大麦品种缺磷与正常磷条件下各生育时期磷累积量的比值（%）（梁维，等，2009）

生育时期	三叶期	拔节期	抽穗期
蒙克尔	77.816	64.047	54.826
Alexis	87.382	66.585	61.305
甘啤 4 号	80.704	65.768	45.784
g－23	80.811	65.249	48.329

（二）不同磷处理下成熟期各部位磷累积量的变化

从图 5－10（a）与（b）可以看出，通过成熟期大麦植株各部位（茎、叶、穗）的磷累积量比较发现，施磷条件下各个部位的磷累积量均高于不施磷条件下各部位的磷累积量。在不同处理条件下，不同大麦品种在叶中的磷累积量下降幅度不明显，但在茎和穗中，磷高效品种蒙克尔和 Alexis 的磷累积量的下降幅度明显小于磷低效品种甘啤 4 号和 g－23（表 5－16）。说明缺磷胁迫对大麦植株茎和穗的影响较大。

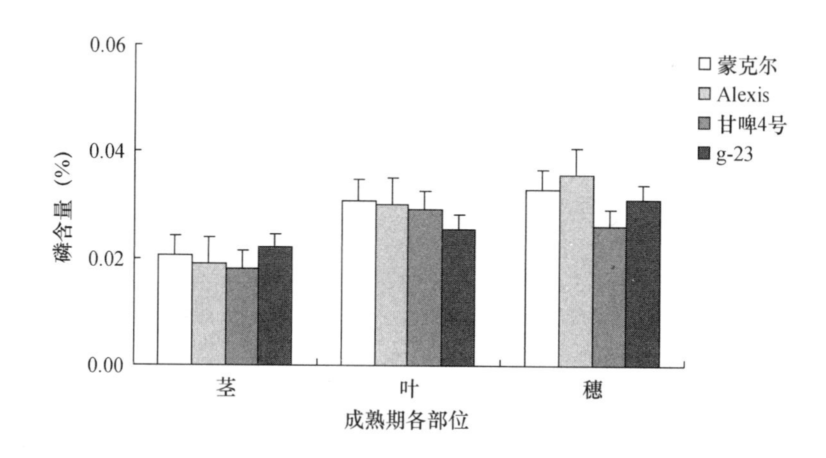

图 5－10（a） 正常磷条件下成熟期各部位磷累积量的变化（梁维，等，2009）

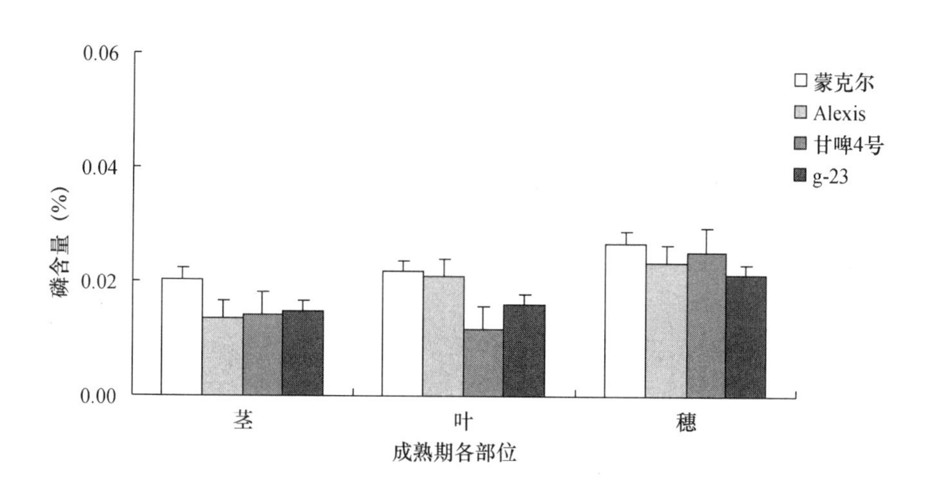

图 5－10（b） 缺磷条件下成熟期各部位磷累积量的变化（梁维，等，2009）

表 5－16 不同大麦品种缺磷与正常磷条件下成熟期各部分磷累积量的比值（%）（梁维，等，2009）

植株部位	茎	叶	穗
蒙克尔	79.057	75.215	74.912
Alexis	66.518	76.031	83.691
甘啤 4 号	53.575	73.080	40.725
g－23	57.689	63.406	45.794

四、磷胁迫下不同基因型大麦各生育时期植株磷利用效率（PUE）变化

（一）不同磷处理下各生育时期 PUE 的变化

磷利用效率（PUE）是指单位磷所产生的地上部干物质或籽粒产量。由图 5－11（a）与（b）可以看出，缺磷胁迫使不同磷效率大麦基因型的 PUE 增高。增高幅度不同，如表5－17 所示，在拔节期增加幅度差异较大，甘啤 4 号和 g－23 增加幅度明显大于蒙克尔和 Alexis。在整个生育期，甘啤 4 号和 g－23 的 PUE 都相对较高，说明甘啤 4 号和 g－23 是磷利用高效品种。

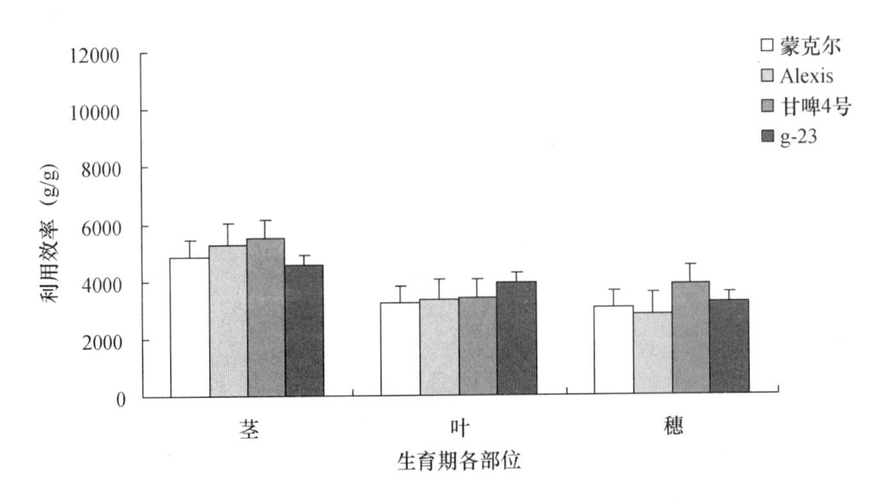

图 5－11（a） 正常磷条件下不同大麦品种各生育时期 PUE 的变化（梁维，等，2009）

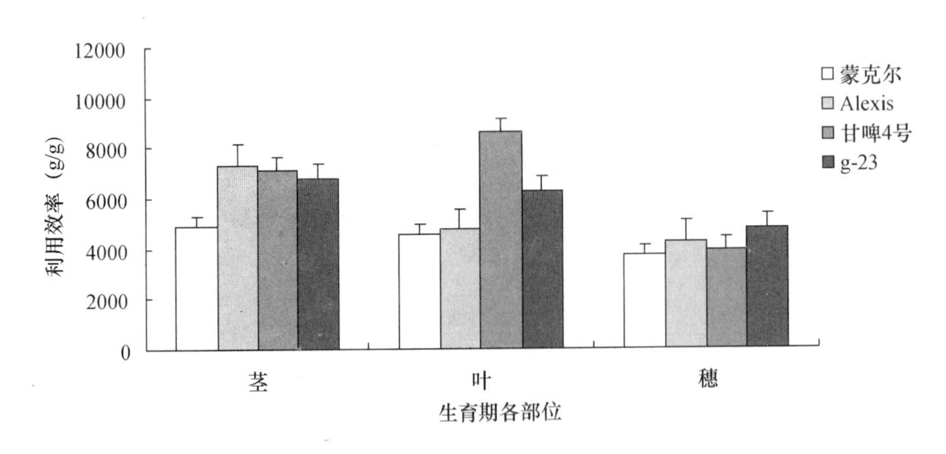

图 5－11（b） 缺磷条件下不同大麦品种各生育时期 PUE 的变化（梁维，等，2009）

表 5－17 不同大麦品种缺磷与正常磷条件下各生育时期 PUE 的比值（%）（梁维，等，2009）

生育时期	三叶期	拔节期	抽穗期
蒙克尔	129. 375	104. 322	178. 448
Alexis	156. 227	110. 951	252. 464
甘啤 4 号	120. 224	344. 076	244. 867
g－23	129. 388	491. 212	212. 850

（二）不同磷处理下成熟期各部位 PUE 的变化

由图 5-12（a）与（b）可以看出，成熟期各个部位的 PUE 的变化趋势与全生育期的变化趋势相似，4 个品种的茎、叶、穗在缺磷条件下的 PUE 都有所增加，但是叶片增加的幅度较大，分别为对照的 141.324%、143.507%、251.769% 和 159.502%（表 5-18）。

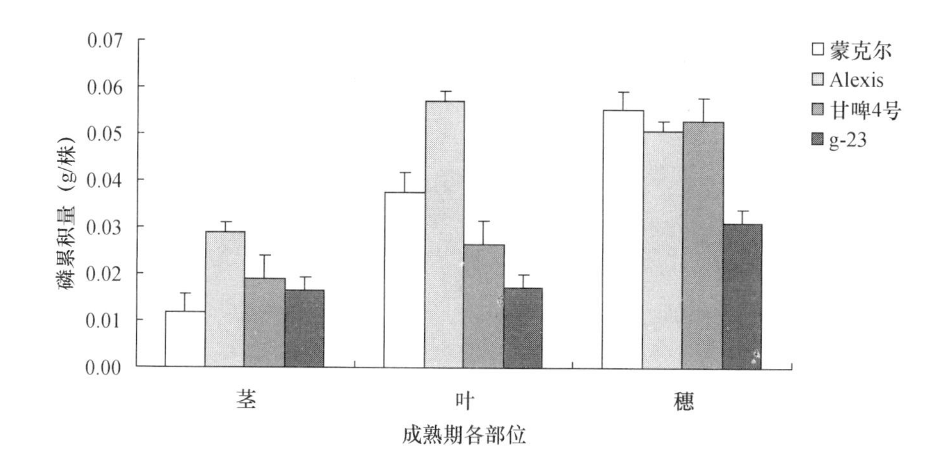

图 5-12（a）　正常磷条件下不同大麦品种成熟期各部位 PUE 的变化（梁维，等，2009）

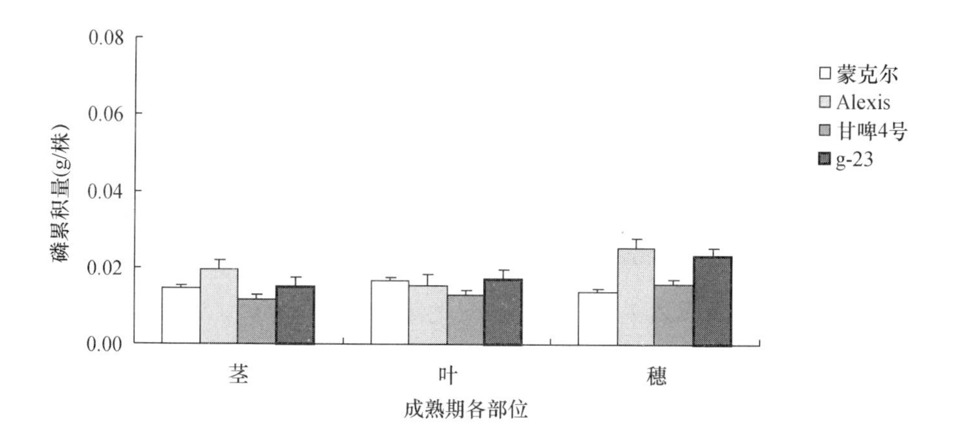

图 5-12（b）　缺磷条件下不同大麦品种成熟期各部位 PUE 的变化（梁维，等，2009）

表 5-18　不同大麦品种缺磷与正常磷条件下各成熟期 PUE 的比值（%）（梁维，等，2009）

植株部位	茎	叶	穗
蒙克尔	100.592	141.324	122.567
Alexis	139.148	143.507	152.282
甘啤 4 号	129.201	251.769	102.775
g-23	149.613	159.502	147.383

第六章

大麦籽粒蛋白质及其组分含量的基因型和环境效应研究

第一节　大麦籽粒蛋白质及其组分含量研究概况

一、大麦籽粒蛋白质含量基因型与环境效应的研究现状

（一）环境因子和栽培措施对大麦籽粒蛋白质含量的影响

大量研究表明，籽粒蛋白质含量对栽培措施和环境因子的反应十分敏感。气候条件、施氮量、倒伏程度、籽粒灌浆程度等外部因素对其影响是不容忽视的（王礼焦，等，1999）。根据有关遗传力测算的资料，大麦籽粒蛋白质含量的遗传因素对蛋白质含量的影响有的材料仅占20%，环境对大麦籽粒蛋白质的影响高达80%（孙军利，等，2003）。

1. 温度、光照、水分、湿度等气候条件对籽粒蛋白质含量的影响

有关气候条件对籽粒蛋白质含量的影响，以往研究观点比较一致。一般研究表明，籽粒蛋白质含量与降雨量和大气湿度呈负相关，大麦生育期间降雨量多，大气湿度高，则蛋白质含量低；而高温、昼夜温差大、光照时间长则有利于籽粒蛋白质的积累。

有人将我国保存的国外大麦资源分别种植在北京、河北的邯郸和张家口、哈尔滨、西宁等地，由于环境因素的差异，同一品种在这些地点的蛋白质含量都比国外原产地偏高，有的材料比原产地籽粒蛋白质含量高9%。孙立军等（2001）对中国栽培大麦蛋白质含量按种植的省（市、自治区）进行统计，结果表明：不同生态区的大麦蛋白质含量有明显差异，东北、西北、华北高蛋白区可达17.93%，而长江中下游、华南低蛋白区则出现了9.65%的低值。汪军妹等（2001）研究了浙江省八个大麦主栽品种在六个不同生态地区的籽粒蛋白质含量，结果表明在不同品种和地区之间，蛋白质含量存在着显著差异，而且其与≥20℃的积温和平均日照时数呈显著正相关，与平均降雨量显著负相关。孙立军到加拿大考察后认为，之所以加拿大的啤酒大麦品质好，蛋白质含量比国内低，是因为那里有着优越的啤酒大麦生长条件：气温冷凉，日照长，大麦生长期间光照充足，降雨量多，大麦收获季节天气晴朗（孙立军，等，2001）。张桂珍等（1998）认为蛋白质含量与抽穗至成熟期的积温呈正相关（$r=0.5722$），与抽穗至成熟期的降雨量呈负相关（$r=-0.6636$），与全生育期的日照时数呈正相关（$r=0.4336$）。郭兴章（1988）对新疆啤酒大麦蛋白质含量与气象要素之间的关系研

究表明，拔节前气候条件对大麦籽粒蛋白质含量影响不大，而拔节后影响较明显；开花至成熟期的日较差与蛋白质含量呈显著负相关；抽穗至开花期的降水多，蛋白质含量高；出苗至成熟期的最高气温与蛋白质含量呈显著负相关。

海拔、纬度对大麦蛋白质含量也有影响。张想平等（1999）认为海拔高低与啤酒大麦蛋白质含量有一定负相关，r = -0.5948，种子田良繁地应选择海拔相对较高，又能正常成熟的地区，以减缓蛋白质含量的上升。而黎秀卿等（1998）认为，随着纬度的升高，大麦蛋白质含量有增高趋势，黑龙江、内蒙古等不少高纬度地区大麦品种的蛋白质含量都在14%以上；大麦生育后期，气温较高，日照时间长，辐射强度大，降雨量少是产生高蛋白含量的主要原因。

2. 氮肥运筹方式等农艺措施对大麦蛋白质含量的影响

氮是蛋白质合成的主要原料，氮肥的用量特别是中后期氮肥施用量的增加，使啤酒大麦蛋白质含量迅速提高。因此，要降低啤酒大麦蛋白质含量，减少施氮量特别是减少中后期施氮量是主要措施之一。但是，氮肥用量减少，可能会引起产量的下降。如何使蛋白质含量不超标，又能维持一定的产量水平是当前研究的热点。科学的氮肥运筹不外乎是一个合理决策施肥种类、数量、时期、配比的农业措施，有关这方面的报道较多，不过各有所异，有的单纯研究氮肥，有的将氮肥和磷钾肥结合起来研究，还有的考虑有机无机肥之分。据谢志新等（1989）研究，大麦对氮的吸收有两个高峰，一个是分蘖到拔节阶段，另一个高峰是拔节到抽穗阶段，但抽穗后仍吸收一定量的氮素，氮素的日积累量以拔节到抽穗期为最大。而陈锦新等（1998）认为大麦全生育期氮素出现的两个积累高峰期，一是分蘖期至拔节期，二是抽穗至成熟期，且以抽穗至成熟期这一阶段的积累速度最快，氮素积累受种植密度和基肥及种肥比例的影响。据唐钧等（2000）研究，等量氮肥可通过不同于常规的"减少基施比例、减少有机氮量比例、增加追施比例、增加速效氮肥"策略来降低籽粒蛋白质含量。常金花等（2000）认为在不同氮总量下，底肥和追肥分配比例不同，可在一定程度上影响啤酒大麦的品质性状，氮肥用量中应以基肥为主，适当控制追肥比例。李天银等（1999）研究表明，中低产田氮肥施用方式以基肥30%～50%，头水追施30%～50%，二水追施20%，前重后轻分次施用为宜。许峰等（2003）通过对港啤1号进行氮肥运筹比例以及拔节起身肥施用时期对籽粒蛋白质含量和产量影响的研究指出，啤酒大麦籽粒蛋白质含量不超标（≤12%），又能获得可观产量（7749kg/hm^2）的最优施肥组合为：氮肥用量225kg/hm^2，运筹比例（基肥∶分蘖肥∶拔节肥）为70∶15∶15，拔节肥施用时期为叶龄指数3.0时。孙军利等（2003）研究指出，开花后期施氮肥显著提高籽粒醇溶蛋白含量以及酰胺含量；早期施氮肥，会增加籽粒内含赖氨酸较多的清蛋白和球蛋白的含量；控制氮肥用量配合磷钾肥比例为1∶1∶1，可以达到增产和改善品质的效果，籽粒蛋白质含量降低1.5个百分点左右。吕潇等（1993）研究表明，氮肥运筹中，施有机肥比不施有机肥的蛋白质含量降低0.28个百分点；不同肥料组合中，在施用有机肥的区组里以磷钾肥配合的大麦蛋白质含量最低；在不施有机肥的区组里以单独施用磷肥的大麦蛋白质含量最低。可见磷钾肥对降低蛋白质含量的作用比较大，同时配合有机肥效果更好。有人认为，啤酒大麦完全不施氮肥，可得到优质啤酒麦芽，但产量有限，施氮肥量增加，产量增加，但粒径变小，蛋白质升高，质量下降。

播种期、播量、收获时期、轮作倒茬等农艺措施也可影响籽粒蛋白质含量。胡延吉（1996）等指出，品种迟播可提高千粒重，其原因可能主要是生物体的自动调节和补偿能力。王亦勤等（2003）认为，播期推迟，产量、叶片数、结实率和成穗率逐渐降低，粒重和蛋白质含量逐渐增加。李天银等（1997）认为，适期早播，成熟期相对提前可减轻干热风危害，有利于籽粒充分灌浆，提高千粒重。胡延吉等（1996）研究表明，播期与千粒重为不显著负相关。赵檀方（1990）研究表明，延迟播期，籽粒蛋白质含量将提高。Doyle 等（1992）认为，播量增大，籽粒蛋白质百分率会下降。孙军利等（2003）指出，合理稀植，能提高千粒重，降低籽粒蛋白质含量。有研究表明，大麦籽粒中主要含氮化合物的积累通常是在籽粒成熟前进行的，而淀粉的合成以成熟的最后阶段进行最快，因此过早收获可能导致籽粒蛋白质含量提高。啤酒大麦不宜连作，麦类作物连作不宜超过 2～3 年，选择甜菜、玉米、油料、豆类作物的茬口为好，甜菜前茬对后作啤酒大麦可降低蛋白质含量。有人认为籽粒完熟期干物质积累停止，由于呼吸消耗营养，籽粒干重开始减少故啤酒大麦以蜡熟末期至完熟期收获产量高，品质好。

（二）蛋白质含量与其他品质性状之间的相关性

蛋白质含量与其他性状的相关研究表明，蛋白质含量与淀粉含量、蛋白质内赖氨酸含量呈负相关，而与籽粒的赖氨酸含量呈正相关。籽粒蛋白质含量与大麦粉质率、麦芽无水浸出率、库尔巴哈值、最终发酵度呈显著或极显著负相关。而与麦汁 α－氨基氮、糖化力、粗细粉差（%）呈显著或极显著正相关，具体表现为籽粒蛋白质与麦芽绝干蛋白质呈极显著正相关，r＝0.99；与酵素力呈显著正相关，r＝0.83；与麦汁 α－氨基氮呈极显著正相关，r＝0.98（朱睦元，1999）。由此可见，提高籽粒蛋白质含量有利于改善大麦的某些酿造品质；另外，籽粒蛋白质又与籽粒无水浸出物呈显著负相关，r＝－0.87；与麦芽无水浸出物呈显著负相关，r＝－0.88；与粗细粉差呈显著正相关，r＝0.82；与库尔巴哈值呈极显著负相关，r＝－0.94；与大麦粉质率呈显著负相关，r＝－0.89（黄志仁，等，1990）。从这些性状来看，降低籽粒蛋白质含量就会提高酿造品质。因此，要求啤酒大麦籽粒蛋白质含量在适度偏低的规定范围内是制作优质麦芽的必备条件之一。

二、大麦籽粒蛋白质组分含量的研究现状

Osborne 于 1924 年将大麦籽粒蛋白质依其在不同溶剂中的溶解度分为清蛋白、球蛋白、醇溶蛋白和谷蛋白，有的研究者习惯将清蛋白和球蛋白合称为盐溶蛋白。籽粒蛋白质及其组分含量是由加性和非加性效应共同控制的。加性效应由大到小依次为：醇溶蛋白含量＞球蛋白含量＞清蛋白含量＞蛋白质含量＞谷蛋白含量。醇溶蛋白是大麦籽粒蛋白的主要组成部分，占总蛋白的 40%～60%，而且醇溶蛋白含量不仅与饲用大麦赖氨酸含量有高度相关性，同时对啤用大麦麦芽品质性状的优劣程度影响较大。

（一）醇溶蛋白的研究概况

大麦醇溶蛋白是一种贮藏蛋白质，依其在十二烷基磺酸钠聚丙烯酰胺凝胶电泳（SDS－PAGE）上不同分子量的泳动，分为 A、B、C、D 四种醇溶蛋白多肽。电泳分析表明，B 与 C 的带型变化最大，A 与 D 很少或无变异。近年来又分出另一类多肽 γ 醇溶蛋白。

γ 醇溶蛋白由 Hor－5（Hrd F）编码，与 Hor－2 紧密连锁（朱睦元，1999）。也有报道认为，醇溶蛋白是胚乳的主要贮存蛋白，异质。可电泳分离为 α－、（β＋γ）－、（δ＋e）三个组分及其相应的电泳物质。其氨基酸组成的特点是脯氨酸、谷氨酸和酰氨氮的含量高，但赖氨酸含量极低；大麦醇溶蛋白氮的 60% 以上为谷氨酸与脯氨酸残基，它的 90% 的氨是种胚生长时用于合成新氨基酸的来源；大麦醇溶蛋白的含量与氨基酸组成对麦芽品质有影

响；有人测定了16个大麦品种的醇溶蛋白，认为有良好麦芽品质的品种“B”区醇溶蛋白多肽染色较淡；某些情况下，麦芽品质与醇溶蛋白“B”区多肽间有着松弛的相关，但并非经常如此（卢良恕，等，1996）。冯伯文等（1999）认为通过聚丙烯凝胶电泳法获得大麦品种的特征图谱，即醇溶蛋白的“指纹”，从而可以鉴别大麦的品种及其纯度。

唐慧慧等（2002）随机选取来源于中国西藏24个不同行政县的181份近缘野生大麦材料，其中包括47份六棱野生大麦、134份二棱野生大麦。选用青藏高原的二棱野生大麦、欧洲的代表品种Betzes大麦及以色列的二棱野生大麦（Is）作对照。利用A－PAGE法进行了醇溶蛋白遗传多态性的研究。结果表明，184份供试材料共得到60种不同的电泳图谱，说明西藏近缘野生大麦醇溶蛋白遗传多态性非常丰富。其中有38种图谱为单一材料所独有，以ZYM0019和ZYM1488材料为代表的2种醇溶蛋白图谱占供试材料的29.3%，在西藏分布较为普遍。聚类分析表明地理环境相似的地区有着相似的图谱类型，图谱类型与地理生态环境具有一定的相关性。

（二）谷蛋白和盐溶蛋白的研究概况

谷蛋白是在提取清蛋白、球蛋白与醇溶蛋白以后剩余的碱溶或酸溶蛋白质。谷蛋白为异质，初步分为α－及β－谷蛋白两个组分。这些组分的氨基酸组成不存在显著差异。但α－谷蛋白的含氮量为11.8%，β－谷蛋白为15.1%。谷蛋白比醇溶蛋白含较高的赖氨酸、谷氨酸、谷氨酰胺，并且脯氨酸的含量远较小麦和玉米为高。齐军仓等（1997）研究认为，谷蛋白含量主要由非加性效应控制。

球蛋白经透析、沉淀和超速离心后，可区分为四类沉降边界明显的组分：α－、β－、γ－及δ－球蛋白。种胚只含γ－球蛋白，胚乳只有α－与β－球蛋白。β－球蛋白含硫很高，约2%，能使啤酒混浊。β－组分的胱氨酸、半胱氨酸、甲硫氨酸及脯氨酸含量远比其他球蛋白组分高，但丙氨酸、精氨酸及甘氨酸含量显著的低。其他球蛋白组分也各有其不同的氨基酸组成（殷琛，等，2002）。

清蛋白一般不作为种子贮存蛋白的重要部分。其富含谷氨酸、赖氨酸和苏氨酸。同球蛋白一样，含α－及β－淀粉酶（殷琛，等，2002）。Bamforth等（2004）指出，啤酒泡沫的稳定性取决于来自大麦醇溶蛋白和清蛋白聚集体的多肽的相对比例。

球蛋白和清蛋白含量是由加性和非加性效应共同控制的，但对不同的性状，二者所起的作用是不等的（齐军仓，等，1997）。

三、本研究背景、目的及意义

由于大麦蛋白质性状与其他许多性状之间存在一定的相关性，无论是饲用还是制啤酒用，其利用价值大小很大程度上取决于籽粒蛋白质及其组分含量的多少。啤酒大麦用于制造麦芽和酿造啤酒时，要求籽粒蛋白质含量为8%～12%，籽粒蛋白质含量过高，会影响麦芽浸出率及啤酒质量，如啤酒口味较粗重，风味稳定性差，易浑浊；籽粒蛋白质含量过低，啤酒的泡沫、适口性及营养价值等变劣。饲用大麦要求籽粒蛋白质含量在12%～14%以上，若籽粒蛋白质含量偏低，则大麦籽粒用作饲料时营养价值不高，难以达到饲料工业的要求。因此对大麦籽粒蛋白质及其组分含量的深入研究具有重要的现实意义。

大麦籽粒蛋白质的质量取决于各蛋白质组分含量上的比例。一般来讲，醇溶蛋白是一种营养品质较差的蛋白质，动物和人类必需氨基酸的含量较低，特别是赖氨酸，其含量仅占

3.1%左右，而谷蛋白含有较多的赖氨酸，所以相应籽粒有利于作饲料；盐溶蛋白中的β-球蛋白含硫较高，可使啤酒浑浊，故盐溶蛋白含量高的籽粒不宜用来酿造啤酒。因此，针对特定的用途通过适当的农艺措施来调控大麦籽粒蛋白质的组成特性也是十分必要的。

根据Osborne的可溶性分类法，大麦籽粒蛋白质组分可以分为醇溶蛋白、谷蛋白、盐溶蛋白（清蛋白和球蛋白）。目前主要研究成果有：各蛋白质组分的含量大小依次为：醇溶蛋白>谷蛋白>球蛋白>清蛋白，其中醇溶蛋白可占总蛋白的35%~45%，醇溶蛋白是储藏蛋白，富含谷氨酸和谷氨酰胺，赖氨酸含量较低，故其营养品质差；醇溶蛋白是由许多蛋白质多肽组成的，依氨基酸组成和分子量大[illegible]可分为A、B、C和D组，并且找到了编码B、C、D的基因位点。

大麦籽粒蛋白质含量属于数量性状，除受遗传决定外，环境条件对其调控作用也较大，所以对大麦籽粒蛋白质含量的研究是从两方面出发的，即基因型和环境条件。大麦籽粒蛋白质含量的基因型效应研究是借助于遗传模型、遗传力、配合力研究的。目前国内外的主要研究观点是：大麦籽粒蛋白质含量高值为显性，低值是隐性；基因的作用效应和遗传模型说法不一，加性和显性效应在不同研究者之间存在差异；蛋白质含量的广义遗传力和狭义遗传力均偏低，且广义遗传力变化大；对蛋白质含量的一般配合力和特殊配合力的显著性说法很不统一。大量研究表明，大麦籽粒蛋白质含量对栽培措施和环境因子的反应很敏感。气候条件、施氮量、倒伏程度、籽粒灌浆程度等外部因素对其影响也是不容忽视的。根据有关遗传力测算的资料，大麦籽粒蛋白质的遗传因素有的仅占20%，环境对大麦籽粒蛋白质的影响高达80%。

迄今为止，人们对大麦籽粒四种蛋白质组分的研究中，有关醇溶蛋白的报道较多，不过基本集中于生化特性的描述，而关于大麦籽粒蛋白质各组分含量的基因型与环境效应研究未见报道。靳正忠等（2005）研究有关基因型与环境效应对大麦籽粒蛋白质及其组分含量的影响，可望为新疆乃至全国的啤酒和饲料工业发展开拓优质原料生产基地提供帮助。

第二节　播期对大麦籽粒蛋白质及其组分含量的影响

一、不同播期下大麦籽粒蛋白质及其组分含量的差异显著性

靳正忠等（2005）以10个大麦品种为材料，设置了3个播期，裂区设计，3次重复，主区因素为播期，副区因素为品种，研究不同播期对大麦籽粒蛋白质及其组分含量的影响。分期播期试验中不同播期抽穗—成熟期间主要气候条件列于表6-1。

表6-1　分期播种试验中不同播期抽穗—成熟期间主要气候条件（2004，石河子）

播期（月·日）	日最高温度（℃）	日最低温度（℃）	日均温度（℃）	日较差（℃）	日降雨量（mm）	日照时数（h）	日均相对湿度（%）
第一播期（3·26）	30.97	16.54	23.41	14.43	0.33	11.57	42.49
第二播期（4·10）	32.41	17.30	24.99	15.11	0.46	11.74	45.57
第三播期（4·25）	32.77	18.77	25.65	14.00	1.43	11.15	52.49

（一）不同播期对大麦籽粒蛋白质含量的影响

方差分析结果表明（表6－2），不同播期处理下品种间蛋白质含量差异极显著，说明不同的大麦品种对播期的响应在籽粒蛋白质含量上敏感性差异很大，选用适当品种在适合播期下种植可以有效控制籽粒蛋白质含量；而靳正忠等（2005）所采用的3个播期处理以及播期处理与品种间的互作对籽粒蛋白质含量的影响均未达到显著水平，可能是由于外界气象条件在播期试验处理的差异期内出现反常现象而导致试验处理间差异不明显所致。

表6－2 播期处理（A）下不同品种（B）籽粒蛋白质及其组分含量方差分析表（靳正忠，等，2005）

变异来源	项目	平方和	自由度	均方	*F*值	显著水平
区组	蛋白质	3.3136	2	1.6568		
	盐溶蛋白	0.0680	2	0.0340		
	醇溶蛋白	59.1255	2	29.5627		
	谷蛋白	54.2670	2	27.1335		
因素A	蛋白质	7.9556	2	3.9778	6.3300	0.0577
	盐溶蛋白	0.7698	2	0.3849	3.2570	0.1447
	醇溶蛋白	2898.9720	2	1449.4860	23.8420*	0.0360
	谷蛋白	78.3462	2	39.1731	0.7160*	0.0424
误差	蛋白质	2.5137	4	0.6284		
	盐溶蛋白	0.4727	4	0.1182		
	醇溶蛋白	243.1796	4	60.7949		
	谷蛋白	218.9946	4	54.7487		
因素B	蛋白质	42.6853	9	4.7428	19.6730**	0.0000
	盐溶蛋白	3.7749	9	0.4194	1.6430	0.1264
	醇溶蛋白	8337.2800	9	926.3650	8.0860**	0.0000
	谷蛋白	3315.8000	9	368.4220	8.4200**	0.0000
A×B	蛋白质	6.0331	18	0.3352	1.3900	0.1746
	盐溶蛋白	4.0253	18	0.2236	0.8760	0.6074
	醇溶蛋白	10847.5800	18	602.6430	5.2600**	0.0000
	谷蛋白	872.2090	18	48.4560	1.1070	0.3708
误差	蛋白质	13.0186	54	0.2411		
	盐溶蛋白	13.7828	54	0.2552		
	醇溶蛋白	6186.6700	54	114.5679		
	谷蛋白	2362.8010	54	43.7556		
总和	蛋白质	75.5200	89			
	盐溶蛋白	22.8935	89			
	醇溶蛋白	28572.8000	89			
	谷蛋白	6902.4200	89			

注：*和**分别表示0.05和0.01水平上差异显著。

通过对播期主处理进行进一步的SSR多重比较分析（表6－3）发现：播期间对籽粒蛋白质含量的效应差异达到显著水平，从表6－3中可以看出，第一播期条件下籽粒蛋白质含量平均值为13.19%，而第二播期和第三播期基本相等，平均值接近13.80%，说明在石河子地区3月26日播种情况下，抽穗—成熟期间低温、低湿（表6－1）条件可能不利于大麦籽粒在灌浆期蛋白质的积累；而第二播期与第三播期差异期对大麦籽粒蛋白质含量的积累影响并不大。

表6－3　不同播期主处理间籽粒蛋白质及其组分含量的新复极差测验（SSR）分析（靳正忠，等，2005）

处理	蛋白质含量（%）	盐溶蛋白含量（%）	醇溶蛋白含量（%）	谷蛋白含量（%）
第一播期	13.19$^{b(A)}$	2.45$^{a(A)}$	81.00$^{c(B)}$	16.01$^{b(A)}$
第二播期	13.82$^{a(A)}$	2.58$^{a(A)}$	76.56$^{b(AB)}$	20.23$^{a(A)}$
第三播期	13.83$^{a(A)}$	2.69$^{a(A)}$	74.26$^{a(A)}$	21.96$^{a(A)}$

注：小写字母表示在0.05水平差异显著；括号内大写字母表示在0.01水平差异显著。

对品种副处理SSR分析（表6－4）表明就籽粒蛋白质含量而言，10个品种虽然分别受到3个播期处理下形成的不同气候条件的影响，但是仍然出现了有明显高低蛋白特性的品种，如蛋白质含量最高的是法瓦维特，为14.71%，最低的是Logan，为12.56%，差异比较明显，其中法瓦维特与除新引D_3外的其余8个品种、新引D_3与除法瓦维特和新引D_5外的其余7个品种之间的差异都达到了极显著水平。

表6－4　播期处理下品种副处理间籽粒蛋白质及其组分含量的新复极差测验（SSR）分析（靳正忠，等，2005）

处理	蛋白质含量（%）	盐溶蛋白含量（%）	醇溶蛋白含量（%）	谷蛋白含量（%）
法瓦维特	14.71$^{a(A)}$	2.64$^{ab(AB)}$	79.21$^{a(A)}$	18.83$^{b(B)}$
新引D_3	14.57a$^{(BC)}$	2.29$^{b(B)}$	79.11$^{a(A)}$	20.23$^{b(B)}$
新引D_5	13.96$^{b(CD)}$	2.47$^{b(AB)}$	79.44$^{a(A)}$	17.62$^{b(B)}$
ND14636	13.81$^{bc(DE)}$	3.02$^{a(A)}$	67.00$^{b(B)}$	26.87$^{a(A)}$
新引D_7	13.77$^{bc(DE)}$	2.55$^{ab(AB)}$	79.84$^{a(A)}$	24.17$^{b(B)}$
新啤1号	13.65$^{bc(DE)}$	2.37$^{b(AB)}$	79.64$^{a(A)}$	19.03$^{b(B)}$
Celink	13.36$^{c(DE)}$	2.44$^{b(AB)}$	66.24$^{b(B)}$	28.13$^{a(A)}$
新引D_9	13.16$^{c(FG)}$	2.25$^{b(B)}$	83.65$^{a(A)}$	12.00$^{c(C)}$
Thompson	12.58$^{d(G))}$	2.52$^{ab(AB)}$	80.22$^{a(A)}$	27.39$^{b(B)}$
Logan	12.56$^{d(G)}$	2.51$^{ab(AB)}$	81.90$^{a(A)}$	9.40$^{c(C)}$

注：小写字母表示在0.05水平差异显著；括号内大写字母表示在0.01水平差异显著。

（二）不同播期对大麦籽粒盐溶蛋白含量的影响

表6－2结果表明：播期试验中的播期处理、品种种性以及播期处理与品种互作效应对籽粒盐溶蛋白含量的影响均不显著，说明大麦籽粒盐溶蛋白含量在品种间差异不大，而且对环境条件的变化反应不敏感。从表6－3对播期处理的SSR分析中可以看出，盐溶蛋白含量

随播期不同而产生的变异幅度仅为0.24%，最高是第三播期处理的2.69%，最低为第二播期的2.45%。从表6－4品种副处理的SSR分析结果可知ND14636盐溶蛋白含量最高，达到了3.02%，与其他9个品种间差异达到显著水平，说明该品种在遗传上具有较高的盐溶蛋白特性，生产上可作为高盐溶蛋白品种加以利用，如其籽粒具有较高的赖氨酸含量，是良好的饲用大麦品种。

（三）不同播期对大麦籽粒醇溶蛋白含量的影响

表6－2结果表明：播期主处理对籽粒醇溶蛋白含量的效应均达到了显著水平，而品种副处理以及二者之间的互作对籽粒醇溶蛋白含量的效应均达到了极显著水平，说明籽粒醇溶蛋白含量的品种特性和不同气象条件的交互作用明显，因此生产上要有效地控制籽粒醇溶蛋白含量，从气象条件和品种两个方面综合考虑是必要的。

对播期主处理进行SSR分析（表6－3）发现，第一播期条件下大麦籽粒醇溶蛋白含量为81.00%，第三播期条件下为74.26%，第一播期与第三播期间籽粒醇溶蛋白含量的差异达到了显著水平，说明在石河子地区3月26日播种与4月25日播种会导致大麦籽粒醇溶蛋白积累期进入一个完全不同的气候状况，抽穗—成熟期间高温、高湿、日较差小（表6－1）不利于大麦籽粒醇溶蛋白的积累。从表6－4中品种副处理的SSR分析可以看出，Celink与ND14636与其余8个品种间籽粒醇溶蛋白含量差异极显著，说明这两个品种本身遗传决定了其醇溶蛋白含量较低，可以看作低醇溶蛋白品种，其余品种间籽粒醇溶蛋白差异不显著。

（四）不同播期对大麦籽粒谷蛋白含量的影响

由表6－2可知，大麦籽粒谷蛋白含量在品种间的差异达到了极显著水平，播期处理对籽粒谷蛋白含量的影响达到显著水平，而播期与品种互作效应对其影响不显著，说明品种遗传特性是决定籽粒谷蛋白含量的主要因素，气象因子对籽粒谷蛋白含量影响不容忽视。

表6－3播期主处理SSR分析结果中，4月25日播种谷蛋白含量最高，为21.96%，3月26日播种谷蛋白含量最低，为16.01%，极差为5.95%，证明了气象因子对籽粒谷蛋白含量的影响较大，同时随着播期的提前，籽粒谷蛋白含量降低，较低温度、温度不利于谷蛋白的积累。

对品种副处理进行SSR分析（表6－4）得出，新引D_9、Logan与其余8个品种以及Celink、ND14636与其余8个品种间籽粒谷蛋白含量差异极显著，说明某些大麦品种籽粒谷蛋白含量有一定差异，遗传因素直到一定的决定作用。

二、播期试验中气象因子对籽粒蛋白质及其组分含量的影响

（一）在播期试验中气象因子对籽粒蛋白质含量的影响

为进一步筛选影响石河子地区大麦籽粒蛋白质含量（Y）的关键气象因子，以不同播期条件下10个大麦品种籽粒蛋白质含量为依变量，以大麦抽穗至成熟期的气候因子：日平均最高温度（X_1）、日平均最低温度（X_2）、日平均温度（X_3）、日较差（X_4）、日平均降雨量（X_5）、平均日照时数（X_6）、日平均相对湿度（X_7）为自变量，以$\alpha=0.05$为确定F_x临界值的标准，以调整相关系数R达到最大为原则，进行逐步回归分析。得到的回归方程为：

$$Y=1.4674+0.3790X_1+24.5592X_4+7.6654X_7 \quad R=0.9646^*$$

方程的复相关系数达显著水平，F值显著水平$p=0.04<0.05$，说明该回归方程是有效的。*Durbin－Watson*统计量$d=2.1063$，接近于2，表明该回归方程可以反映各气象因子对籽粒蛋白质含量的贡献大小。进入回归方程的因子有日平均最高温度（X_1）、日较差（X_4）、

日平均相对湿度（X_7），它们与 Y 的偏相关系数分别为 0.8234*、0.9411**和 0.8622*，说明大麦籽粒蛋白质含量随抽穗—成熟期间的日平均最高温度、日较差和日平均相对湿度的增大有不同程度的升高。

（二）在播期试验中气象因子对籽粒盐溶蛋白含量的影响

为进一步筛选影响石河子地区大麦籽粒盐溶蛋白含量（Y）的关键气象因子，以不同播期条件下 10 个大麦品种籽粒盐溶蛋白含量为依变量，采用与以上相同的自变量、方法及标准，进行逐步回归分析。得到的回归方程为：

$$Y = -1.6384 - 13.6674X_4 - 0.360X_6 \quad R = -0.9552^{*}$$

方程的复相关系数达显著水平，F 值显著水平 $p = 0.05$，说明该回归方程是有效的。Durbin - Watson 统计量 $d = 1.9563$，接近于 2，表明该回归方程可以较好地反映各气象因子对籽粒盐溶蛋白含量的贡献大小。进入回归方程的因子有日较差（X_4）和平均日照时数（X_6），它们与 Y 的偏相关系数分别为 -0.9723**和 -0.8119*，说明大麦籽粒盐溶蛋白含量随抽穗至成熟期间的日较差和平均日照时数的增大而有不同程度的降低。

（三）在播期试验中气象因子对籽粒醇溶蛋白含量的影响

为进一步筛选影响石河子地区大麦籽粒醇溶蛋白含量（Y）的关键气象因子，以不同播期条件下 10 个大麦品种籽粒醇溶蛋白含量为依变量，采用与以上相同的自变量、方法及标准，进行逐步回归分析。得到的回归方程为：

$$Y = 180.6807 + 5.7940X_2 + 76.2648X_4 - 0.0672X_7 \quad R = 0.9905^{**}$$

方程的复相关系数达到极显著水平，F 值显著水平 $p = 0.03 < 0.05$，说明该回归方程是有效的。Durbin - Watson 统计量 $d = 2.2109$，基本接近于 2，表明该回归方程可以较好地反映各气象因子对籽粒醇溶蛋白含量的贡献大小。进入回归方程的因子有日平均最低温度（X_2）、日较差（X_4）和日平均相对湿度（X_7），它们与 Y 的偏相关系数分别为 0.9722**、0.9377**和 -0.8436*，说明大麦籽粒醇溶蛋白含量随抽穗至成熟期间的日平均最低温度和日较差的增大以及日平均相对湿度的下降有不同程度的增大。

（四）在播期试验中气象因子对籽粒谷蛋白含量的影响

为进一步筛选影响石河子地区大麦籽粒谷蛋白含量（Y）的关键气象因子，以不同播期条件下 10 个大麦品种籽粒蛋白质含量的平均值为依变量，采用与以上相同的自变量、方法及标准，进行逐步回归分析。得到的回归方程为：

$$Y = 31.5631 - 122.5366X_4 - 0.1984X_7 \quad R = -0.9767^{*}$$

方程的复相关系数达显著水平，F 值显著水平 $p = 0.04 < 0.05$，说明该回归方程是有效的。Durbin - Watson 统计量 $d = 2.1045$，接近于 2，表明该回归方程可以反映各气象因子对籽粒谷蛋白含量的贡献大小。进入回归方程的因子有日较差（X_4）和日平均相对湿度（X_7），它们与 Y 的偏相关系数分别为 -0.8267*和 -0.9523**，说明大麦籽粒谷蛋白含量随抽穗至成熟期间的日较差和日平均相对湿度的增大有不同程度的降低。

大麦抽穗后籽粒逐渐形成，干物质开始积累充实，直至籽粒成熟或者完熟。该过程中大麦籽粒蛋白质及其各组分积累的速率和强度会随着多种气象因子的综合作用不同而有所变化，尤其是关键气候因子的变化而导致的最终籽粒蛋白质或者某一组分含量的差异是明显的。

石河子地区在灌溉条件下大麦抽穗至成熟期间气候有高温、高湿、日照时数长的特点，大麦籽粒盐溶蛋白和谷蛋白含量低，而盐溶蛋白和谷蛋白对大麦籽粒赖氨酸含量贡献较大，只要选择好播种时期，配套科学的栽培管理措施，在这里有培育出高赖氨酸品种的可能性，进而有利于饲用大麦的生产，为石河子乃至周边地区畜牧业的发展做出贡献。

第三节 氮肥运筹对大麦籽粒蛋白质及其组分含量的影响

一、氮肥施用量对大麦籽粒蛋白质及其组分含量的影响

靳正忠等（2005）以 10 个大麦品种为材料，设置了 0kg/hm^2、262.50kg/hm^2、525kg/hm^{2}3 个施氮（尿素）量，裂区设计，3 次重复，主区因素为施氮量，副区因素为品种，进行施氮量试验。

（一）氮肥施用量对大麦籽粒蛋白质含量的影响

由表 6－5 可知，氮肥用量主处理及品种副处理对籽粒蛋白质含量的效应均达极显著水平，而氮肥用量与品种的互作对大麦籽粒蛋白质含量的效应不显著，说明通过合理的氮肥施用水平，选用具有特定蛋白遗传特性的品种来控制大麦籽粒蛋白质含量是有效的。从表 6－6 中氮肥用量主处理 SSR 分析可以看出，施氮量为 0kg/hm^2、262.5kg/hm^2、525kg/hm^2 条件下大麦籽粒蛋白质含量分别为 10.98%、12.45% 和 14.22%，极差为 2.34 个百分点，它们之间差异均达极显著水平，说明随着氮肥用量的增加，籽粒蛋白质含量明显增大。从品种副处理 SSR 分析（表 6－7）看出，品种法瓦维特籽粒蛋白质含量最高，为 14.12%，籽粒蛋白质含量最低的是 Logan，为 11.50%，相差 2.62 个百分点，变异系数达到21%，多数品种之间差异达显著水平，其中除新引 D_3 外，法瓦维特与其余 8 个品种在籽粒蛋白质含量上差异均达极显著水平。

（二）氮肥施用量对大麦籽粒盐溶蛋白含量的影响

表 6－5 表明品种副处理对大麦籽粒盐溶蛋白含量的效应达到极显著水平，品种与氮肥用量的互作对盐溶蛋白含量的作用也达到显著水平，而氮肥用量主处理的效应不显著。说明籽粒盐溶蛋白含量除受品种遗传特性决定外，选择一定特性品种在合理的氮肥用量下对籽粒盐溶蛋白含量的影响也是明显的。表 6－6 中氮肥用量主处理 SSR 分析表明籽粒盐溶蛋白含量随氮肥用量的变化不大，最低是不施氮肥的 2.32%，最高的施氮量 262.50kg/hm^2 的 2.50%，相差仅为 0.2 个百分点，不施氮肥与施氮量为 525kg/hm^2 相比较，籽粒盐溶蛋白含量仅降低了 0.1 个百分点。从表 6－7 中品种副处理的 SSR 分析可看出，ND14636、Celink 与新引 D_5、法瓦维特、Thompson、Logan、新引 D_3 之间盐溶蛋白含量差异达到了极显著水平，ND14636 籽粒盐溶蛋白含量最高，达到了 2.89%，而最低的新引 D_3 只有 2.11%，变幅达 0.78 个百分点。

（三）氮肥施用量对大麦籽粒醇溶蛋白含量的影响

表 6－5 说明品种副处理以及品种与氮肥用量间互作对大麦籽粒醇溶蛋白含量效应达到极显著水平，而氮肥用量主处理的作用效应不显著，说明籽粒醇溶蛋白含量除受品种遗传特性决定外，选择一定特性品种在合理的氮肥用量下对籽粒醇溶蛋白含量的调控作用是非常明显的。表 6－6 氮肥用量主处理 SSR 分析说明氮肥用量处理对籽粒醇溶蛋白含量的作用效应不显著，最高施氮量是 262.50kg/hm^2 的 82.43%，最低的是不施用氮肥和施氮量为 525kg/hm^2，均为 81.30%，仅相差 1.13 个百分点，即通过改变氮肥用量是无法实现对大麦籽粒醇溶蛋白含量调控的。品种副处理的有效性可以通过表 6－7 的 SSR 分析得以体现，Celink 籽

粒醇溶蛋白含量最高为 92.16%，是高醇溶蛋白品种，与其余品种差异达极显著水平，且与法瓦维特的最低水平 77.43% 相差达 14.73 个百分点；而法瓦维特与 Celink、ND14636、新引 D_9 间籽粒醇溶蛋白含量差异达显著水平。

（四）氮肥施用量对大麦籽粒谷蛋白含量的影响

由表 6-5 可以看出，氮肥用量主处理对籽粒谷蛋白含量的影响达到了极显著程度，而品种副处理的效应也呈显著水平，主副处理间互作效应不显著，说明大麦籽粒谷蛋白含量的积累对氮肥的需求是敏感的。同时不同品种籽粒谷蛋白含量差异也达显著水平，为了满足该指标的特定值，要有选择地利用。从表 6-6 中氮肥用量主处理 SSR 分析结果看出，施氮量为 262.50kg/hm^2 与不施氮和施氮量为 525kg/hm^2 之间差异达到显著水平，表明当氮肥用量为 262.50kg/hm^2 时，有利于籽粒谷蛋白的形成，谷蛋白含量达到了 15.63%，比不施用氮肥和氮肥用量为 525kg/hm^2 的 13.92% 高出 1.71 个百分点。从表 6-7 中副处理 SSR 分析得出，新引 D_9、ND14636 与 Logan、法瓦维特、新啤 1 号、新引 D_7 间籽粒谷蛋白含量差异极显著，其值分别为 14.00%、14.07%。由此可见，生产上通过采用不同氮肥施用量，选用一定的品种来满足生产一定谷蛋白含量的籽粒是可行的。

表 6-5　氮肥施用量处理（A）下不同品种（B）籽粒蛋白质及其组分含量方差分析表（靳正忠，等，2005）

变异来源	项目	平方和	自由度	均方	F 值	显著水平
区组	蛋白质	2.5256	2	1.2628		
	盐溶蛋白	0.3492	2	0.1746		
	醇溶蛋白	127.0906	2	63.5453		
	谷蛋白	55.7104	2	27.8552		
因素 A	蛋白质	5.6383	2	2.8191	36.7240**	0.0027
	盐溶蛋白	0.5038		0.2519	1.0840	0.4206
	醇溶蛋白	38.3523	2	19.1761	0.4990	0.6406
	谷蛋白	539.7480	2	269.8742	106.9330**	0.0003
误差	蛋白质	0.3071	4	0.0768		
	盐溶蛋白	0.9295	4	0.2324		
	醇溶蛋白	153.7722	4	38.4431		
	谷蛋白	10.0951	4	2.5238		
因素 B	蛋白质	59.9252	9	6.6584	19.8400**	0.0000
	盐溶蛋白	6.2499	9	0.6944	4.8010**	0.0001
	醇溶蛋白	1446.2900	9	160.6989	4.7040**	0.0001
	谷蛋白	1912.7480	9	212.5276	2.6490*	0.0128
A×B	蛋白质	6.4190	18	0.3590	1.0700	0.4055
	盐溶蛋白	4.6821	18	0.2601	1.7980*	0.0500
	醇溶蛋白	1498.5070	18	83.2504	2.4370**	0.0061
	谷蛋白	2272.8320	18	126.2684	1.5740	0.1012
误差	蛋白质	18.1226	54	0.3356		

续表

变异来源	项目	平方和	自由度	均方	F值	显著水平
	盐溶蛋白	7.8113	54	0.1447		
	醇溶蛋白	1844.7070	54	34.1612		
	谷蛋白	4332.4300	54	80.2303		
总和	蛋白质	92.9807	89			
	盐溶蛋白	20.5258	89			
	醇溶蛋白	5108.7200	89			
	谷蛋白	9123.5700	89			

注：* 和 * * 分别表示 0.05 和 0.01 水平上差异显著。

表 6－6　不同氮肥用量主处理间籽粒蛋白质及其组分含量的新复极差测验（SSR）分析（靳正忠，等，2005）

处理	蛋白质含量（%）	盐溶蛋白含量（%）	醇溶蛋白含量（%）	谷蛋白含量（%）
0kg/hm2	10.98c(C)	2.32a(A)	81.30a(A)	13.92b(A)
262.5kg/hm2	12.45b(B)	2.50a(A)	82.43a(A)	15.63a(B)
525kg/hm2	14.22a(A)	2.37a(A)	81.30a(A)	13.92b(A)

注：小写字母表示在 0.05 水平差异显著；括号内大写字母表示在 0.01 水平差异显著。

表 6－7　氮肥用量处理下品种副处理间籽粒蛋白及其组分含量的新复极差测验（SSR）分析（靳正忠，等，2005）

处理	蛋白质含量（%）	盐溶蛋白含量（%）	醇溶蛋白含量（%）	谷蛋白含量（%）
法瓦维特	14.12a(A)	2.25b(B)	77.43d(B)	20.87a(A)
新引 D_3	13.74a(AB)	2.11b(B)	80.82cd(B)	17.00ab(AB)
新引 D_5	13.15b(BC)	2.28b(B)	82.15bc(B)	15.65ab(AB)
Celink	12.77bc(C)	2.84a(A)	92.16a(A)	15.45ab(AB)
ND14636	12.50c(CD)	2.89a(A)	83.93b(B)	14.07b(B)
新引 D_7	12.49c(CD)	2.47b(AB)	79.21cd(B)	18.22a(A)
新啤 1 号	12.45c(CD)	2.37b(AB)	80.58cd(B)	17.48a(A)
Thompson	11.79d(DEF)	2.16b(B)	83.72bc(B)	14.55b(AB)
新引 D_9	11.71d(EF)	2.46b(AB)	83.84bc(B)	14.00b(B)
Logan	11.50d(F)	2.13b(B)	78.04cd(B)	18.95a(A)

注：小写字母表示在 0.05 水平差异显著；括号内大写字母表示在 0.01 水平差异显著。

二、氮肥施用时期对大麦籽粒蛋白质及其组分含量的影响

靳正忠等（2005）以 10 个大麦品种为材料，设置了二叶一心、拔节期、灌浆期 3 个氮肥（300kg/hm^2 尿素）施用时期，裂区设计，3 次重复，主区因素为施用时期，副区因素为品种，进行氮肥施用时期试验。

（一）氮肥施用时期对大麦籽粒蛋白质含量的影响

表6－8表明品种副处理以及品种与氮肥施用时期互作对籽粒蛋白质含量的效应是明显的，其中品种副处理效应达到了极显著水平，而氮肥施用时期主处理籽粒蛋白质含量效应极显著，启发我们在大麦籽粒蛋白质品质育种中，在选用合适品种的情况下，选择合理的氮肥施用时期尤为重要。在表6－9中氮肥施用时期主处理的SSR分析结果中，在拔节期施氮肥，籽粒蛋白质含量最高，达到了14.67%，与二叶一心和灌浆期施氮肥相比，差异极显著。从表6－10品种副处理的SSR分析中可以看出，多数品种间籽粒蛋白质含量差异明显，其中法瓦维特、新引D_3、新引D_7与ND14636、Thompson、新引D_9、新啤1号、Logan之间的差异达到极显著水平。籽粒蛋白质含量最高的是法瓦维特，为14.38%，最低的是Logan，为12.09%，相差2.29个百分点，说明品种间籽粒蛋白质含量差异明显。

（二）氮肥施用时期对大麦籽粒盐溶蛋白含量的影响

表6－8说明了氮肥施用时期主处理以及品种与氮肥施用时期的互作对籽粒盐溶蛋白含量的效应不明显，只有品种副处理间籽粒盐溶蛋白含量差异达到极显著水平，可以看出盐溶蛋白在籽粒发育的全过程都有积累，这一点从表6－9中主处理间籽粒盐溶蛋白含量的新复极差测验（SSR）分析结果中可以得以体现，3个主处理水平下籽粒盐溶蛋白含量都是2.0%左右。通过对品种副处理进一步进行SSR分析（表6－10）可以看出品种间籽粒盐溶蛋白含量差异的显著性主要体现在品种Celink与其余品种的差异，Celink盐溶蛋白含量是2.70%，比同一主处理下的新啤1号高出0.90个百分点，变异系数达到了20%。

表6－8　氮肥施用时期处理（A）下不同品种（B）籽粒蛋白质及其组分含量方差分析表（靳正忠，等，2005）

变异来源	项目	平方和	自由度	均方	F值	显著水平
区组	蛋白质	0.7232	2	0.3616		
	盐溶蛋白	0.0130	2	0.0065		
	醇溶蛋白	188.2808	2	94.1404		
	谷蛋白	107.1760	2	53.5880		
因素A	蛋白质	2.4185	2	1.2093	2.5800*	0.0407
	盐溶蛋白	0.2353	2	0.1177	1.4980	0.3269
	醇溶蛋白	128.2791	2	64.1396	6.7530	0.0522
	谷蛋白	339.0650	2	169.5324	4.5920	0.0921
误差	蛋白质	1.8746	4	0.4686		
	盐溶蛋白	0.3142	4	0.0785		
	醇溶蛋白	37.9911	4	9.4978		
	谷蛋白	147.6817	4	36.9204		
因素B	蛋白质	44.3326	9	4.9258	17.6410**	0.0000
	盐溶蛋白	5.3573	9	0.5953	4.5180**	0.0002
	醇溶蛋白	1415.1500	9	157.2389	4.2460**	0.0003
	谷蛋白	2453.8430	9	272.6492	6.1180**	0.0000

续表

变异来源	项目	平方和	自由度	均方	F值	显著水平
A×B	蛋白质	10.1258	18	0.5625	2.0150*	0.0247
	盐溶蛋白	3.9687	18	0.2205	1.6740	0.0743
	醇溶蛋白	801.7130	18	44.5396	1.2030	0.2921
	谷蛋白	2588.9270	18	143.8293	3.2280**	0.0004
误差	蛋白质	15.0786	54	0.2792		
	盐溶蛋白	7.1142	54	0.1317		
	醇溶蛋白	1999.7850	54	37.0331		
	谷蛋白	2406.4120	54	44.5632		
总和	蛋白质	74.5533	89			
	盐溶蛋白	17.0028	89			
	醇溶蛋白	4571.2000	89			
	谷蛋白	8043.1000	89			

注：*和**分别表示0.05和0.01水平上差异显著。

（三）氮肥施用时期对大麦籽粒醇溶蛋白含量的影响

由表6-8可以看出，只有品种副处理间籽粒醇溶蛋白含量差异达到极显著水平，氮肥施用时期主处理（表6-9）及其与品种副处理间的互作对籽粒醇溶蛋白含量的效应都不明显，说明大麦籽粒醇溶蛋白含量主要受遗传特性决定，氮肥的不同施用时期对其不能产生明显的影响，在表6-9氮肥施用时期主处理SSR分析结果中，主处理2与主处理1和主处理3之间在籽粒醇溶蛋白含量上有显著差异，从这一点可以说明大麦籽粒醇溶蛋白有在籽粒发育的全过程积累的趋势，由品种副处理SSR分析（表6-10）可知，Celink与其余品种间籽粒醇溶蛋白含量差异达到了极显著，其值为78.90%，比新引D_3的最低值67.70%高出11.2个百分点，说明品种遗传对籽粒醇溶蛋白含量具有一定的决定作用，Celink是高醇溶蛋白品种。

表6-9　不同氮肥施用时期主处理间籽粒蛋白质及其组分含量的新复极差测验（SSR）分析（靳正忠，等，2005）

处理	蛋白质含量（%）	盐溶蛋白含量（%）	醇溶蛋白含量（%）	谷蛋白含量（%）
二叶一心施肥	$12.98^{a(A)}$	$1.97^{a(A)}$	$73.02^{a(A)}$	$14.40^{b(A)}$
拔节期施肥	$14.67^{b(B)}$	$2.07^{a(A)}$	$70.80^{b(A)}$	$16.65^{b(A)}$
灌浆期施肥	$12.98^{a(A)}$	$2.09^{a(A)}$	$73.55^{a(A)}$	$19.16^{a(A)}$

注：小写字母表示在0.05水平差异显著；括号内大写字母表示在0.01水平差异显著。

（四）氮肥施用时期对大麦籽粒谷蛋白含量的影响

从表6-8可以看出，品种副处理以及品种与氮肥施用时期互作对籽粒谷蛋白含量的效应极显著，而主处理氮肥施用时期效应不显著，说明在控制大麦籽粒谷蛋白含量时，除了考虑品种的遗传特性外，还要兼顾特定品种如何确定氮肥施用时期。表6－9中氮肥施用时期主处理的SSR分析结果中，主处理3的谷蛋白含量最高，为19.16%，主处理1的最低，为14.40%，相差4.76个百分点，差异显著。不过随着氮肥施用时期的推后，籽粒谷蛋白含量增加。表6－10品种副处理SSR分析中，不同品种籽粒谷蛋白含量表现出不同程度的差异，说明由于遗传上的差异品种间在籽粒谷蛋白含量上有一定差异。

表6－10　不同氮肥施用时期下品种副处理间籽粒蛋白及其组分含量的SSR分析（靳正忠，等，2005）

处理	蛋白质含量（%）	盐溶蛋白含量（%）	醇溶蛋白含量（%）	谷蛋白含量（%）
法瓦维特	14.38a(A)	1.89b(B)	69.35bc(BC)	25.76b(AB)
新引D_3	14.17a(AB)	1.84b(B)	67.66c(C)	27.95a(A)
新引D_7	13.60b(BC)	2.20b(B)	69.44bc(BC)	28.00a(A)
新引D_5	13.26bc(CD)	1.93b(B)	69.24bc(BC)	26.11ab(AB)
Celink	12.96cd(CDE)	2.66a(A)	78.90a(A)	19.43d(C)
ND14636	12.88cd(DE)	2.11b(B)	74.78ab(ABC)	23.00c(BC)
Thompson	12.74cd(DEF)	1.96b(B)	75.84a(ABC)	21.77cd(C)
新引D_9	12.64d(DEF)	2.16b(B)	77.12a(AB)	19.23d(C)
新啤1号	12.44de(EF)	1.83b(B)	67.84c(C)	19.58d(C)
Logan	12.09e(F)	1.85b(B)	74.39ab(ABC)	19.80d(C)

注：小写字母表示在0.05水平差异显著；括号内大写字母表示在0.01水平差异显著。

第四节　灌水量对大麦籽粒蛋白质及其组分含量的影响

灌水量试验以10个大麦品种为材料，设置了$0m^3/hm^2$、$2700m^3/hm^2$、$5400m^3/hm^2$三个灌水量处理，裂区设计，3次重复，主区因素为灌水量，副区因素为品种。

一、灌水量对大麦籽粒蛋白质含量的影响

表6－11表明，品种副处理对籽粒蛋白质含量的效应达极显著水平，而灌水量主处理以及灌水量与品种间互作对籽粒蛋白质含量的效应都不显著，这可能与土壤含水量的不均匀性以及受不定期降雨量影响有关。在表6－12灌水量主处理的SSR分析中，虽然灌水量分别为0和$5400m^3/hm^2$，差异不显著，不灌水籽粒蛋白质含量最高，为14.33%，灌水量为$5400m^3/hm^2$的最低，为12.99%，相差仅为1.34个百分点。随灌水量的增加，籽粒蛋白质含量有降低的趋势。表6－13中品种副处理SSR分析结果中，新引D_3、法瓦维特和新引D_5的籽粒蛋白质含量分别为14.89%、14.64%和14.63%，与其余品种籽粒蛋白质含量达到了极显著水平，新引D_3的蛋白质含量最高，为14.89%，Logan蛋白质含量最低，为12.76%，相差2.13个百分点。

表 6-11 灌水量处理（A）下不同品种（B）籽粒蛋白质及其组分含量方差分析表（靳正忠，等，2005）

变异来源	项目	平方和	自由度	均方	F 值	显著水平
区组	蛋白质	3.4126	2	1.7063		
	盐溶蛋白	0.0256	2	0.0128		
	醇溶蛋白	4.4905	2	2.2453		
	谷蛋白	17.9515	2	8.9758		
因素 A	蛋白质	28.6177	2	14.3088	4.1320	0.1064
	盐溶蛋白	0.5573	2	0.2787	2.7900	0.1743
	醇溶蛋白	114.0167	2	57.0083	1.1760	0.3965
	谷蛋白	144.8832	2	72.4416	1.6460	0.3010
误差	蛋白质	13.8532	4	3.4633		
	盐溶蛋白	0.3994	4	0.0999		
	醇溶蛋白	193.8903	4	48.4726		
	谷蛋白	176.0820	4	44.0205		
因素 B	蛋白质	57.7609	9	6.4179	15.8530 * *	0.0000
	盐溶蛋白	7.5767	9	0.8419	2.8460 * *	0.0081
	醇溶蛋白	637.8860	9	70.8763	2.1660 *	0.0391
	谷蛋白	245.0365	9	27.2263	1.2490	0.2860
A×B	蛋白质	8.3981	18	0.4666	1.1520	0.3320
	盐溶蛋白	4.7978	18	0.2665	0.9010	0.5798
	醇溶蛋白	1401.2680	18	77.8482	2.3790 * *	0.0074
	谷蛋白	361.5040	18	20.0835	0.9210	0.5578
误差	蛋白质	21.8607	54	0.4048		
	盐溶蛋白	15.9721	54	0.2958		
	醇溶蛋白	1767.1600	54	32.7252		
	谷蛋白	1177.165	54	21.7994		
总和	蛋白质	133.9031	89			
	盐溶蛋白	29.3291	89			
	醇溶蛋白	4118.7100	89			
	谷蛋白	2122.622	89			

注：* 和 * * 分别表示 0.05 和 0.01 水平上差异显著。

表 6-12 不同灌水量主处理间籽粒蛋白质及其组分含量的新复极差测验（SSR）分析（靳正忠，等，2005）

处理	蛋白质含量（%）	盐溶蛋白含量（%）	醇溶蛋白含量（%）	谷蛋白含量（%）
$0m^3/hm^2$	$14.33^{a(A)}$	$2.48^{a(A)}$	$81.36^{a(A)}$	$15.24^{a(A)}$
$2700m^3/hm^2$	$13.36^{a(A)}$	$2.57^{a(A)}$	$79.81^{a(A)}$	$18.27^{a(A)}$
$5400m^3/hm^2$	$12.99^{a(A)}$	$2.37^{a(A)}$	$78.65^{a(A)}$	$17.34^{a(A)}$

注：小写字母表示在 0.05 水平差异显著；括号内大写字母表示在 0.01 水平差异显著。

表6－13 灌水量处理下品种副处理间籽粒蛋白质及其组分含量的新复极差测验（SSR）分析（靳正忠，等，2005）

处理	蛋白质含量（%）	盐溶蛋白含量（%）	醇溶蛋白含量（%）	谷蛋白含量（%）
新引D_3	14.89a(A)	2.25b(B)	72.28ab(A)	24.39cd(BC)
法瓦维特	14.64b(AB)	3.08a(A)	69.40b(A)	25.00c(AB)
新引D_5	14.63b(B)	2.30b(B)	69.48b(A)	28.23a(A)
新引D_7	13.74c(C)	2.15b(B)	74.24ab(A)	23.99d(BC)
新啤1号	13.11d(CD)	2.20b(B)	70.46b(A)	26.70b(A)
Celink	13.08d(DE)	2.75ab(AB)	77.47a(A)	20.23e(C)
ND14636	13.07de(DE)	2.19b(B)	75.20ab(A)	20.31e(C)
Thompson	12.88e(EF)	2.60ab(AB)	71.21b(A)	25.99bc(AB)
新引D_9	12.82e(F)	2.69ab(AB)	71.56ab(A)	25.43bc(AB)
Logan	12.76e(F)	2.52ab(AB)	68.93b(B)	25.82bc(AB)

注：小写字母表示在0.05水平差异显著；括号内大写字母表示在0.01水平差异显著。

二、灌水量对大麦籽粒盐溶蛋白含量的影响

表6－11方差分析结果表明，品种副处理对籽粒盐溶蛋白含量的效应达极显著水平，灌水量主处理以及灌水量与品种间互作对籽粒盐溶蛋白含量效应都不显著，说明大田灌水量对籽粒盐溶蛋白含量的影响很小，或者是盐溶蛋白不易受外界水分条件的影响，对其不敏感。这点可以从表6－12灌水量主处理的SSR分析结果中看出，灌水量为5400m^3/hm^2时盐溶蛋白含量最高，是2.57%，最低的是灌水量为5400m^3/hm^2的2.37%，相差仅仅是0.2个百分点。从表6－13品种副处理SSR分析中可以看出，法瓦维特的籽粒盐溶蛋白含量最高，为3.08%，新引D_7最低，为2.15%，相差0.93个百分点，差异极显著，同时法瓦维特与新啤1号、新引D_3、ND14636、新引D_7之间籽粒盐溶蛋白含量差异显著。

三、灌水量对大麦籽粒醇溶蛋白含量的影响

从表6－11可以看出，品种副处理对籽粒醇溶蛋白含量的效应达到了显著水平，而品种与灌水量间的互作对籽粒醇溶蛋白含量的效应达到了极显著水平，不同灌水量主处理间籽粒醇溶蛋白含量差异不显著，说明生产上要控制大麦籽粒醇溶蛋白的含量，除了选用有特定醇溶蛋白遗传特性的品种外，应更加重视在什么样的灌水量下来表达这种特性。在表6－12灌水量主处理的SSR分析结果中，不灌水条件下的醇溶蛋白含量最高，为81.36%，仅比灌水量为5400m^3/hm^2高了2.71个百分点，差异不显著，说明大麦籽粒醇溶蛋白的积累受生育期灌水量的影响很小。表6－13品种副处理的SSR分析结果中，Celink的醇溶蛋白含量值最高，为77.47%，比醇溶蛋白含量最低的Logan高出8.54个百分点，差异极显著，说明在遗传上Celink与Logan相比，醇溶蛋白含量较高。

四、灌水量对大麦籽粒谷蛋白含量的影响

由表6－11可以看出，灌水量主处理、品种副处理以及二者之间的互作对籽粒谷蛋白含量均无显著影响，说明不仅品种间谷蛋白含量差异不大，而且不易受灌水量或其与品种互作

的影响，在这种情况下表现比较稳定。表6－12对灌水量主处理的SSR分析结果中，灌水量2700m^3/hm^{2}时谷蛋白含量为最高值18.27%，与不灌水情况下的最低值15.24%，相差3.03个百分点，差异不显著，说明大麦籽粒谷蛋白的积累受外界水分供应的多少影响不大。从表6－13品种副处理的SSR分析中可以看出，新啤1号的谷蛋白含量表现出最高值26.70%，与Celink的值20.23%和ND14636的值20.31%分别相差6.47个百分点和6.37个百分点，差异显著，其余品种之间谷蛋白含量差异不显著，说明多数大麦品种的籽粒谷蛋白含量在遗传上差异不大。

第五节　大麦籽粒蛋白质及其组分含量的基因型和环境变异

一、多点种植条件对大麦籽粒蛋白质及其组分含量的影响

多点试验以7个大麦品种为材料，分别种植于石河子大学农学院试验站（地处石河子市）、农六师108团（地处奇台县）、农二师21团（地处和静县），田间管理措施与各试验点所在地大田生产相同。

（一）多点种植条件下大麦籽粒蛋白质含量差异显著性

从表6－14可以看出，不同种植条件主处理、品种副处理以及种植条件与品种间互作对籽粒蛋白质含量效应均达到极显著水平，说明生态条件对大麦籽粒蛋白质含量的影响很大，通过选择适宜的种植区域来获得实际需要的大麦籽粒蛋白质含量是十分有效的。主处理的显著性可以在表6－15中的SSR分析结果中看出，21团种植条件下的大麦籽粒蛋白质含量最低，为10.90%，石河子地区和108团的大麦籽粒蛋白质含量分别是13.65%和13.00%，三个地区的差异显著，而21团与石河子地区及108团之间差异极显著。结合表6－17抽穗至成熟期间各参试点主要气候条件，21团与石河子地区及108团相比较，日较差小，这是不利于籽粒蛋白质积累的主要气象因子，所以该地区大麦籽粒蛋白质含量较低，平均仅为10.90%。表6－16副处理的SSR分析中，Stratus籽粒蛋白质含量最高，为10.70%，与蛋白质含量最低的新引D_{10}比较，相差1.48个百分点，差异极显著，而且与Sullence和Samson的籽粒蛋白质含量差异也极显著。

（二）多点种植条件下大麦籽粒盐溶蛋白含量差异显著性

表6－14方差分析表明，不同种植条件主处理对籽粒盐溶蛋白含量效应达到极显著水平，而品种副处理以及其与种植条件之间的互作对籽粒盐溶蛋白含量效应都不显著。在表6－15不同种植条件主处理SSR分析结果中，石河子地区大麦籽粒盐溶蛋白含量最低，为2.78%，与108团的3.60%和21团的3.78%差异极显著。结合表6－17得出，随着日平均温度的升高，日平均相对湿度的增大，日照时数的增长，大麦籽粒盐溶蛋白含量降低。在表6－16品种副处理的SSR分析结果中，Samson籽粒盐溶蛋白含量最高，为3.63%，盐溶蛋白含量最低的是品种ND15387，为3.12%，两者相差仅为0.5个百分点，差异不显著，说明参试的7个大麦品种虽然种植在3个不同的生态条件下，但是其籽粒盐溶蛋白含量受气候条件互作影响很小，主要决定于遗传因素，它们在遗传上籽粒盐溶蛋白含量差异比较小。

（三）多点种植条件下大麦籽粒醇溶蛋白含量差异显著性

从表6－14可以看出，不同种植条件主处理对籽粒醇溶蛋白含量的效应达到显著水平，而品种副处理间以及品种与种植条件互作对籽粒醇溶蛋白含量的效应均不显著。表6－15不同种植条件主处理的SSR分析中，石河子地区大麦籽粒醇溶蛋白含量最高，其值为83.66%，与21团的74.26%和108团的74.00%差异显著。结合表6－17可知，日较差大、日照时数长、日平均相对湿度大的气候条件有利于大麦籽粒醇溶蛋白含量的提高，要控制大麦籽粒醇溶蛋白含量，选择适宜种植区域是必要的。从表6－16中可看出，籽粒醇溶蛋白含量最高的Samson为80.09%，与醇溶蛋白含量最低的Thompson相比，相差7.08个百分点，差异不显著，说明参试品种间籽粒醇溶蛋白含量差异不明显，并且即使在不同的生态条件下也不易受环境条件互作的影响，具有遗传上籽粒醇溶蛋白接近的特性。

（四）多点种植条件下大麦籽粒谷蛋白含量差异显著性

表6－14结果中，不同种植条件主处理对大麦籽粒谷蛋白含量的效应达到极显著水平，而品种副处理间以及品种与种植条件互作对大麦籽粒谷蛋白含量的效应均不显著。表6－15中，石河子地区的大麦籽粒谷蛋白含量值最低，为13.82%，分别与108团的22.01%和21团的20.23%差异极显著。在表6－16中，品种间籽粒谷蛋白含量表现不同程度的差异。其中Thompson值最高，为20.30%，法瓦维特值最低，为13.90%，相差6.4个百分点，差异极显著。说明种植在不同的生态条件下，有的参试品种籽粒谷蛋白的积累对气候因子的变化反应敏感。但受遗传因素的影响，多数品种彼此间差异很小。结合表6－17可知，日较差小、日均温低、日照时数短、日平均相对湿度小的气候条件有利于大麦籽粒谷蛋白含量的提高。生产中，要获得赖氨酸含量较高的大麦籽粒作为饲料，可以将大麦种植在该类型的生态区域里，通过提高籽粒中含赖氨酸较多的谷蛋白含量的途径来实现。

表6－14　多点种植条件（A）下不同品种（B）籽粒蛋白质及其组分含量方差分析表（靳正忠，等，2005）

变异来源	项目	平方和	自由度	均方	F值	显著水平
区组	蛋白质	0.4815	2	0.2408		
	盐溶蛋白	1.0350	2	0.5175		
	醇溶蛋白	503.555	2	251.7773		
	谷蛋白	206.3244	2	103.1622		
因素A	蛋白质	46.3599	2	23.1799	70.9630**	0.0008
	盐溶蛋白	10.9862	2	5.4931	112.2630**	0.0003
	醇溶蛋白	2585.9070	2	1292.9530	8.2910*	0.0378
	谷蛋白	9489.1200	2	4744.5600	31.5850**	0.0035
误差	蛋白质	1.3066	4	0.3266		
	盐溶蛋白	0.1957	4	0.0489		
	醇溶蛋白	623.7830	4	155.9456		
	谷蛋白	600.8590	4	150.2148		
因素B	蛋白质	17.3840	6	2.8973	32.7910**	0.0000
	盐溶蛋白	3.2938	6	0.5490	1.4020	0.2406
	醇溶蛋白	433.5670	6	72.2611	0.4040	0.8711

续表

变异来源	项目	平方和	自由度	均方	F 值	显著水平
	谷蛋白	625.8020	6	104.3003	0.6850	0.6630
A×B	蛋白质	12.6029	12	1.0502	11.8860**	0.0000
	盐溶蛋白	5.3600	12	0.4467	1.1410	0.3600
	醇溶蛋白	1317.2510	12	109.7709	0.6140	0.8157
	谷蛋白	1682.5100	12	140.2092	0.9210	0.5371
误差	蛋白质	3.1809	36	0.0884		
	盐溶蛋白	14.0943	36	0.3915		
	醇溶蛋白	6431.7300	36	178.6593		
	谷蛋白	5483.1800	36	152.3107		
总和	蛋白质	81.3158	62			
	盐溶蛋白	34.9649	62			
	醇溶蛋白	11895.7900	62			
	谷蛋白	18087.8000	62			

注：*和**分别表示在0.05和0.01水平上差异显著。

表6-15　不同种植条件主处理间籽粒蛋白质及其组分含量的SSR分析（靳正忠，等，2005）

试验地点	蛋白质含量（%）	盐溶蛋白含量（%）	醇溶蛋白含量（%）	谷蛋白含量（%）
石河子	13.65$^{c(B)}$	2.79$^{b(B)}$	83.67$^{a(A)}$	13.83$^{b(B)}$
108团	13.00$^{b(B)}$	3.60$^{a(A)}$	74.26$^{b(A)}$	22.01$^{a(A)}$
21团	10.90$^{a(A)}$	3.79$^{a(A)}$	74.00$^{b(A)}$	20.23$^{a(A)}$

注：小写字母表示在0.05水平上差异显著；括号内大写字母标注了在0.01水平上差异显著。

表6-16　不同种植条件主处理下品种副处理间籽粒蛋白质及其组分含量的SSR分析（靳正忠，等，2005）

品种	蛋白质含量（%）	盐溶蛋白含量（%）	醇溶蛋白含量（%）	谷蛋白含量（%）
Stratus	10.70$^{a(A)}$	3.26$^{a(A)}$	76.68$^{a(A)}$	20.09$^{b(A)}$
ND15387	10.63$^{a(A)}$	3.12$^{a(A)}$	77.27$^{a(A)}$	19.54$^{b(AB)}$
法瓦维特	10.42$^{ab(A)}$	3.62$^{a(A)}$	79.47$^{a(A)}$	13.90$^{e(D)}$
Thompson	10.31$^{b(AB)}$	3.63$^{a(A)}$	73.01$^{a(A)}$	20.30$^{a(A)}$
Sullence	9.94$^{c(B)}$	3.15$^{a(A)}$	73.89$^{a(A)}$	13.91$^{e(D)}$
Samson	9.52$^{d(C)}$	3.63$^{a(A)}$	80.09$^{a(A)}$	15.41$^{d(C)}$
新引D_{10}	9.22$^{e(C)}$	3.16$^{a(A)}$	73.11$^{a(A)}$	17.89$^{c(B)}$

注：数据右上角小写字母表示在0.05水平差异显著；括号内大写字母表示在0.01水平差异显著。

表6-17　抽穗—成熟期间各参试点主要气候条件（2004）（靳正忠，等，2005）

地点	日最高温度（℃）	日最低温度（℃）	日均温度（℃）	日较差（℃）	日降雨量（mm）	日照时数（h）	日均相对湿度（%）
石河子	33.72	17.44	24.34	16.28	1.10	11.49	47.72
108团	30.29	10.07	22.80	20.22	6.89	9.12	45.20
21团	28.68	14.58	21.61	14.10	0.93	8.75	43.15

注：气象资料由各参试点有关气象站提供。

二、在多点种植条件下气象因子对籽粒蛋白质及其组分含量的影响

（一）在多点种植条件下气象因子对籽粒蛋白质含量的影响

为进一步筛选影响新疆大麦籽粒蛋白质含量（Y）的关键气象因子，以不同种植条件下大麦品种籽粒蛋白质含量为依变量，以大麦抽穗—成熟期间的气候因子：日平均最高温度（X_1）、日平均最低温度（X_2）、日平均温度（X_3）、日较差（X_4）、日平均降雨量（X_5）、平均日照时数（X_6）、日平均相对湿度（X_7）为自变量，以 $\alpha=0.05$ 为确定 F_x 临界值的标准，以调整相关系数 R 达到最大为原则，进行逐步回归分析。得到的回归方程为：

$$Y=1.5699+103.5546X_1+0.5324X_4 \qquad R=0.9944^{**}$$

方程的复相关系数达极显著水平，F 值显著水平 $p=0.01<0.05$，说明该回归方程是有效的。Durbin - Watson 统计量 $d=2.010$，接近于2，表明该回归方程可以很好地反映各气象因子对籽粒蛋白质含量的贡献大小。进入回归方程的因子有日平均最高温度（X_1）和日较差（X_4），它们与 Y 的偏相关系数分别为 0.8826^{*} 和 0.9553^{**}，说明大麦籽粒蛋白质含量随抽穗—成熟期间的日平均最高温度和日较差的增大有不同程度的升高。

（二）在多点种植条件下气象因子对籽粒盐溶蛋白含量的影响

为进一步筛选影响新疆大麦籽粒盐溶蛋白含量（Y）的关键气象因子，以不同种植条件下大麦品种籽粒盐溶蛋白含量为依变量，采用与以上相同的自变量、方法及标准，进行逐步回归分析。得到的回归方程为：

$$Y=11.4661-0.3533X_3-28.7743X_4-6.0037X_6-127.1012X_7 \qquad R=-0.9936^{**}$$

方程的复相关系数达极显著水平，F 值显著水平 $p=0.03<0.05$，说明该回归方程是有效的。Durbin - Watson 统计量 $d=2.224$ 接近于2，表明该回归方程可以很好地反映各气象因子对籽粒盐溶蛋白含量的贡献大小。进入回归方程的因子有日平均温度（X_3）、日较差（X_4）、平均日照时数（X_6）和日平均相对湿度（X_7），它们与 Y 的偏相关系数分别为 -0.9002^{*}、-0.8346^{*}、-0.9446^{**} 和 -0.8119^{*}，说明大麦籽粒盐溶蛋白含量随抽穗—成熟期间的日平均温度、日较差、平均日照时数和日平均相对湿度的增大有不同程度的降低。

（三）在多点种植条件下气象因子对籽粒醇溶蛋白含量的影响

为进一步筛选影响新疆大麦籽粒醇溶蛋白含量（Y）的关键气象因子，以不同种植条件下大麦品种籽粒醇溶蛋白含量为依变量，采用与以上相同的自变量、方法及标准，进行逐步回归分析。得到的回归方程为：

$$Y=-35.9173+1.3726X_2+7.0449X_4+77.6433X_6+0.2780X_7 \qquad R=0.9760^{*}$$

方程的复相关系数达显著水平，F 值显著水平 $p=0.02<0.05$，说明该回归方程是有效的。Durbin - Watson 统计量 $d=2.0991$ 接近于2，表明该回归方程可以较好地反映各气象因子对籽粒醇溶蛋白含量的贡献大小。进入回归方程的因子有日平均最低温度（X_2）、日较差（X_4）、平均日照时数（X_6）和日平均相对湿度（X_7），它们与 Y 的偏相关系数分别为 0.9466^{**}、0.9543^{**}、0.8990^{*} 和 0.8437^{*}，说明大麦籽粒醇溶蛋白含量随抽穗—成熟期间的日平均最低温度、日较差、平均日照时数和日平均相对湿度的增大而有不同程度的升高。

（四）在多点种植条件下气象因子对籽粒谷蛋白含量的影响

为进一步筛选影响新疆大麦籽粒谷蛋白含量（Y）的关键气象因子，以不同种植条件下大麦品种籽粒谷蛋白含量为依变量，采用与以上相同的自变量、方法及标准，进行逐步回归

分析。得到的回归方程为：

$$Y = 247.0456 - 0.0026X_3 - 18.9111X_4 - 29.4109X_6 - 8.6432X_7 \qquad R = -0.9917^{**}$$

方程的复相关系数达极显著水平，F 值显著水平 $p = 0.04 < 0.05$，说明该回归方程是有效的。Durbin－Watson 统计量 $d = 2.078$ 接近于2，表明该回归方程可以很好地反映各气象因子对籽粒谷蛋白含量的贡献大小。进入回归方程的因子有日平均温度（X_3）、日较差（X_4）、平均日照时数（X_6）和日平均相对湿度（X_7），它们与 Y 的偏相关系数分别为 -0.8345^{*}、-0.9269^{**}、-0.8443^{*} 和 -0.9327^{**}，说明大麦籽粒谷蛋白含量随抽穗—成熟期间的日平均温度、日较差、平均日照时数和日平均相对湿度的增大有不同程度的降低。

三、大麦籽粒蛋白质及其组分含量的基因型变异

靳正忠等（2005）在播期、氮肥施用量、氮肥施用时期和灌水量试验中利用共同的参试品种，10 个品种相比较而言，籽粒蛋白质及其三个组分含量的高低位次在四个不同试验中存在局部不一致的情况，为了更加真实地反映 10 个参试品种籽粒蛋白质及其组分含量的相对高低，以期筛选出高低蛋白质及其组分含量的品种，以供生产上应用方便，这里采用 10 个参试品种在四个试验中的蛋白质及其三个组分含量的平均值进行筛选，分析如下：

表 6－18 中，10 个参试品种籽粒蛋白质含量的高低位次为：按照含量值由大到小依次是法瓦维特 > 新引 D_3 > 新引 D_5 > 新引 D_7 > ND14636 > Celink > 新引 D_9 > 新啤 1 号 > Thompson > Logan。法瓦维特与新引 D_3 籽粒蛋白质含量最高，分别为 14.47% 和 14.31%，与其他品种差异达到了极显著水平，是蛋白含量较高品种；而 Logan 籽粒蛋白质含量最低，为 11.89%，与其余品种差异也达到了极显著，属于蛋白含量较低品种。

表 6－18　不同试验中 10 个参试品种蛋白质及其组分含量的平均值（%）和相互间的差异性（靳正忠，等，2005）

品种	蛋白质	盐溶蛋白	醇溶蛋白	谷蛋白
新引 D_9	$12.58^{d(D)(7)}$	$2.39^{bc(ABC)(3)}$	$76.54^{a(A)(2)}$	$21.00^{b(B)(9)}$
Logan	$11.89^{f(F)(10)}$	$2.25^{def(CDE)(7)}$	$71.93^{ab(A)(9)}$	$25.95^{a(A)(1)}$
法瓦维特	$14.46^{a(A)(1)}$	$2.28^{cdef(CDE)(6)}$	$71.97^{ab(A)(8)}$	$25.34^{a(A)(3)}$
新引 D_5	$13.75^{b(B)(3)}$	$2.24^{def(CDE)(8)}$	$72.58^{ab(A)(7)}$	$25.09^{a(A)(4)}$
新啤 1 号	$12.53^{e(E)(8)}$	$2.19^{ef(DE)(9)}$	$74.38^{ab(A)(5)}$	$23.63^{ab(A)(6)}$
新引 D_3	$14.31^{a(A)(2)}$	$2.12^{f(E)(10)}$	$74.10^{ab(A)(6)}$	$24.01^{a(A)(5)}$
新引 D_7	$13.40^{c(C)(4)}$	$2.34^{bcd(BCD)(4)}$	$74.43^{ab(A)(4)}$	$22.80^{b(AB)(7)}$
Thompson	$12.50^{e(E)(9)}$	$2.31^{cde(BCDE)(5)}$	$76.64^{a(A)(1)}$	$20.29^{b(B)(10)}$
Celink	$13.04^{d(D)(6)}$	$2.67^{a(A)(1)}$	$75.07^{ab(A)(3)}$	$21.64^{b(B)(8)}$
ND14636	$13.07^{d(D)(5)}$	$2.55^{ab(AB)(2)}$	$70.91^{b(A)(10)}$	$25.90^{a(A)(2)}$

注：小写字母表示在 0.05 水平差异显著；括号内大写字母表示在 0.01 水平差异显著；括号内数字代表相应品种蛋白质或者某一组分含量在 10 个品种中的位次。

10 个参试品种籽粒盐溶蛋白含量的高低位次（从大到小）为：Celink > ND14636 > 新引 D_9 > 新引 D_7 > Thompson > 法瓦维特 > Logan > 新引 D_5 > 新啤 1 号 > 新引 D_3。Celink 籽粒盐溶蛋白

含量最高，为2.67%，虽然与ND14636和新引D_9差异不显著，但是与其余7个品种差异极显著，可作为高盐溶蛋白品种看待。籽粒盐溶蛋白含量最低的新引D_3，与其他多数品种差异不显著，作为低盐溶蛋白品种看待是不可靠的。

10个参试品种籽粒醇溶蛋白含量的高低位次（从大到小）为：Thompson > 新引D_9 > Celink > 新引D_7 > 新啤1号 > 新引D_3 > 新引D_5 > 法瓦维特 > Logan > ND14636。所有品种间籽粒醇溶蛋白含量差异均未达到极显著水平，只有籽粒醇溶蛋白含量最高的Thompson和籽粒醇溶蛋白含量最低的ND14636差异达到了显著水平，也就是这里不能够有效地找出高低醇溶蛋白品种。

10个参试品种籽粒谷蛋白含量的高低位次（从大到小）为：Logan > ND14636 > 法瓦维特 > 新引D_5 > 新引D_3 > 新啤1号 > 新引D_7 > Celink > 新引D_9 > Thompson。从整体上看，参试品种间籽粒谷蛋白含量差异不显著，Logan谷蛋白含量的值最高，为25.95%，与Celink、新引D_9和Thompson差异达到极显著水平，其余品种间无显著关系，说明大麦籽粒谷蛋白含量的遗传差异不大。

第七章

啤酒大麦籽粒醇溶蛋白组分和麦芽品质的基因型和环境变异研究

第一节　大麦籽粒蛋白质、醇溶蛋白与麦芽品质研究概况

啤酒大麦作为酿造啤酒的主要原料，其品质将直接影响啤酒的质量。衡量啤酒大麦品质的指标较多，其中主要有籽粒蛋白质含量、麦芽浸出率、糖化力、库尔巴哈值以及麦芽汁黏度等。

籽粒蛋白质含量既受遗传因素控制，品种间差异很大（Zhang，等，2001），同时也易受环境的影响。有研究表明，籽粒蛋白质含量与降雨量和大气湿度呈负相关，大麦生育期间降雨量多，大气湿度高，则蛋白质含量低；而高温、昼夜温差大、光照时间长则有利于籽粒蛋白质的累积。如在干旱与热胁迫条件下，大麦籽粒蛋白质含量显著提高（Savin，等，1996）。在栽培上，氮肥用量（陈锦新，等，2001）、氮肥施用时期（张国平，等，2002）以及氮肥施用方式（常金花，等，2000）等对大麦籽粒蛋白质含量也有显著影响。

大麦籽粒中的蛋白质是在籽粒发育过程中合成并累积在胚乳细胞或者糊粉层的。通常用大麦籽粒中的粗蛋白含量来预测麦芽品质，但是这种关系容易受到气候与农艺因素的影响（Howard，等，1996）。因此，许多学者研究了蛋白质组分和麦芽品质之间的关系，试图找到一种准确预测麦芽品质的指标。根据 Osborne（1895）的溶解度分类法，大麦籽粒中的蛋白质可分为四类：清蛋白、球蛋白、醇溶蛋白和谷蛋白。胚乳储藏蛋白的主要组分是醇溶蛋白，占籽粒总蛋白的 30% ~50%（Shewry，等，1983）。醇溶蛋白是在籽粒灌浆中后期合成的（Rahman，等，1982），并以蛋白体的形式累积在粉质胚乳细胞中（Matthews，等，1980）。根据其电泳迁移率和氨基酸组成（Shewry，等，1985），醇溶蛋白可分为四种，即 B 醇溶蛋白、C 醇溶蛋白、D 醇溶蛋白和 γ 醇溶蛋白。Howard 等（1996）以 3 个品种供试，连续两年研究了不同氮肥水平对蛋白质组分的影响，结果表明生长环境差异引起的 B、C、D 醇溶蛋白组分含量的变异，尤其是 D 醇溶蛋白，变幅达 10 倍之多。Molina - Cano 等（2001）利用突变体 TL43 及其亲本研究了基因型、环境以及基因型和环境互作对醇溶蛋白组分含量的效应，发现在苏格兰种植 TL43 的 B 醇溶蛋白含量比其亲本 Triumph 要高，但在西班牙则相反，而 C 醇溶蛋白和 D 醇溶蛋白含量在两地种植均为 TL43，高于 Triumph，显示

出B醇溶蛋白含量的基因型和环境之间互作显著，而C醇溶蛋白和D醇溶蛋白含量这种互作不明显。Peltonen等（1994）研究了北欧大麦B、C、D醇溶蛋白对麦芽品质的效应，发现B醇溶蛋白的相对比例与麦芽品质有关，因其可以调节糖化力的高低。然而，Brennan等（1998）利用一组有或无D醇溶蛋白的大麦近等基因系进行的研究并未发现D醇溶蛋白和麦芽品质之间的关系。Giese等（1984）发现氮素供应对β-淀粉酶和醇溶蛋白的积累有显著的影响。但是有关氮素营养在籽粒发育期间对醇溶蛋白积累的影响以及醇溶蛋白积累和β-淀粉酶活性之间的互作目前知之甚少。

糖化力是麦芽品质的一个重要指标，是常用于衡量麦芽淀粉降解酶类总活力的一个指标（Delcour，等，1987）。麦芽中淀粉水解为可发酵糖的过程，主要是在四种酶的催化下完成的，即α-淀粉酶、β-淀粉酶、限制性糊精酶和α-葡糖苷酶。其中，β-淀粉酶从糊化淀粉及其相关底物的非还原端催化释放麦芽糖，许多研究表明糖化力与β-淀粉酶关系密切（Arends，等，1995），其活性与糖化力呈显著的正相关（Evans，等，2005）。Georg-Kramer等（2001）在研究制麦过程中淀粉酶的表达动态时也发现，β-淀粉酶比α-淀粉酶更能准确预测糖化力。因此，在育种上β-淀粉酶活性可以作为一个筛选优质啤酒大麦品种的一个指标（Gibson，等，1995）。β-淀粉酶是由分子量范围在53kDa～64kDa之间的单体蛋白组成的（Ziegler，1999），β-淀粉酶在籽粒发育过程中合成和累积（Kreis，等，1987），是大麦粉质胚乳中蛋白质的组分之一（Hejgaard，等，1980），其积累模式与主要的储藏蛋白-醇溶蛋白相似（Giese，等，1984）。β-淀粉酶作为影响糖化力的主要因子，其活性受到品种与环境的很大影响（Ahokas，等，1990）。Wang等（2003）测定了分别来自中国、澳大利亚和加拿大的56个啤酒大麦品种的β-淀粉酶活性，结果显示出品种间存在着很大的差异，且总体上来自澳大利亚和加拿大的品种β-淀粉酶活性明显高于我国品种。Arends等（1995）利用11个澳大利亚大麦品种在不同地区进行了连续两年试验，结果表明β-淀粉酶活性在品种与地区之间存在着很大变异，环境因素对β-淀粉酶活性的影响占主导地位。

基因型和环境效应对麦芽品质有很大的影响（Kaczmarek，等，1999）。Arends等（1995）研究发现基因型和环境对糖化力有显著影响。Eagles等（1995）利用7个大麦品种在地中海气候条件下进行了两年试验，发现品种对麦芽浸出率和糖化力的影响极显著。Molina-Cano等（1997）在西班牙进行的多年多点试验表明，麦芽品质在基因型间和环境间存在着极显著的差异，麦芽浸出率和黏度值主要由基因型决定，而库尔巴哈值则主要取决于气候条件。优质啤酒大麦除了具有遗传决定的优良品质特性外，还要求品质性状在个体间的一致性和地区及年份间的稳定性。品质欠佳或不稳定的啤麦用于酿造，会导致加工过程困难，成品质量难以控制。品质性状的不稳定性主要归因于这些品质性状本身极易受环境影响，而不同年份与地区的环境条件本身具有很大的变异。

综上所述，进一步了解农艺措施对醇溶蛋白组分含量的影响以及醇溶蛋白组分含量和麦芽品质之间的关系，对于啤酒大麦生产者采取适宜的栽培措施提高籽粒品质和育种家利用这种关系提高育种效率是很有必要的。

第二节　氮素水平对大麦籽粒蛋白质和醇溶蛋白组分含量的影响及其与 β - 淀粉酶的关系

齐军仓（2005）采用穗培养技术，在人工控制的环境下设置不同的氮素水平，研究大麦籽粒的醇溶蛋白和 β - 淀粉酶活性，旨在明确氮素营养对醇溶蛋白组分含量的影响，并试图阐明醇溶蛋白组分和 β - 淀粉酶活性之间的关系。

供试材料为两个大麦品种，CDC Thompson 千粒重低，蛋白质含量高；Logan 千粒重高，蛋白质含量低，它们的生育期相似。2004 年种植在石河子大学农学院试验站，生育期间的栽培管理措施同大田。在抽穗期，选择生长一致的单穗进行穗培养（Corke，等，1988）。沿地面剪断茎秆，保留完整的旗叶以及穗下 3 - 4 节及其叶鞘。

Giese 等（1983）的研究表明，500mg/L 的氮素能满足大麦的正常生长。因此在培养液中设置了 7 种氮素（NH_4NO_3 为氮源）处理，分别是：0mg/L（N1）、412.5mg/L（N2）、825mg/L（N3）、1237.5mg/L（N4）、1650mg/L（N5）、3300mg/L（N6）和 4950mg/L（N7）。采用裂区试验设计，氮素处理为主区，品种为副区，重复 3 次。成熟籽粒用样品粉碎机粉碎，过 0.5mm 筛。依据 Shewry 等（1983）提出的方法利用 0.5g 样品顺序提取蛋白质组分，盐溶蛋白、醇溶蛋白和谷蛋白。提取的醇溶蛋白利用不连续的缓冲液系统用 10%（pH8.8）丙烯酰胺凝胶分离（Horward，等，1996）。凝胶在含有 0.5%（w/v）考马斯亮兰 R250 的溶液（甲醇: 乙酸: 水 = 25: 9: 65）中在 45℃下染色 45min，然后在 5%（v/v）乙酸溶液中在 60℃下脱色。

根据凯氏定氮法测定籽粒蛋白质含量。B、C、D 醇溶蛋白与考马斯亮兰结合的程度相似，因此可以通过扫描染色后的蛋白质条带的光密度来准确测定其含量（Rahman，等，1982）。采用 Glyko BandScan 来定量醇溶蛋白条带含量。各条带的含量用下式计算：

$$\text{醇溶蛋白组分含量(mg/g)} = \frac{V_1 \times 1000 / V_2 \times S}{W \times 1000}$$

V_1 为提取液总体积，ml；

V_2 为电泳样品上样量，μl；

S 为用 Glyko BandScan 定量的 B、C、D 醇溶蛋白各条带的总和，μg；

W 为样品重量，g；

β - 淀粉酶活性按 McCleary 等（1989）介绍的方法，用 β - 淀粉酶活性测定试剂盒分析。

一、氮素水平对籽粒蛋白质含量和粒重的影响

两个品种的籽粒蛋白质含量随着培养液中氮素浓度的提高而增加（图 7 - 1）。方差分析表明，籽粒蛋白质含量和粒重受培养液中氮素浓度和品种的显著影响，而氮素浓度和品种的互作效应不显著（表 7 - 1）。Logan 的籽粒蛋白质含量在各个氮素水平上始终低于 CDC Thompson。另外，粒重随着培养液中氮素浓度的增加而降低（图 7 - 2）。就两个品种而言，Logan 的粒重在各个氮素水平上始终高于 CDC Thompson。相关分析表明，籽粒蛋白质含量和粒重呈极显著的负相关（$r = -0.879$，$p < 0.01$）。

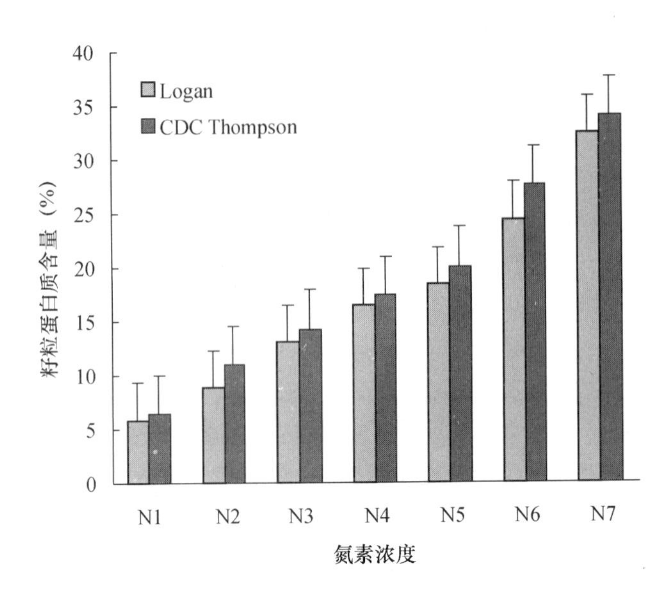

图7－1　不同氮素浓度水平下两个品种籽粒的蛋白质含量（齐军仓，2005）

表7－1　两个品种在7种氮素浓度处理下籽粒蛋白质含量、醇溶蛋白组分（B、C、D）含量、β－淀粉酶活性以及粒重的方差分析（齐军仓，2005）

	均方值						F值					
	GP	BH	CH	DH	AMY	GW	GP	BH	CH	DH	AMY	GW
氮素浓度（N）	44.44	15.23	73.15	1.44	1691.8	12.33	26.23**	19.75**	15.89**	37.15**	56.63**	13.06**
品种（V）	0.37	3.35	0.6	0.06	25.93	6.29	56.17**	81.47**	5.82*	42.10**	8.93**	101.28**
N×V	0.10	4.31	3.52	0.16	79.61	0.79	2.53	17.47**	5.69**	18.71**	4.57**	2.12

注：*和**分别表示在0.05和0.01水平上差异显著。

GP，籽粒蛋白质含量；BH，B醇溶蛋白组分含量；CH，C醇溶蛋白组分含量；DH，D醇溶蛋白组分含量；AMY，β－淀粉酶活性；GW，粒重。

二、氮素处理对籽粒醇溶蛋白组分含量和β－淀粉酶活性的影响

CDC Thompson的籽粒B、C、D醇溶蛋白各组分含量随着培养液中氮素浓度的增加而提高（图7－3），Logan也表现同样的趋势。表7－1的方差分析表明，品种、氮素浓度以及品种与氮素浓度的互作都显著影响B、C、D醇溶蛋白各组分含量。而且氮素浓度对B、C、D醇溶蛋白各组分含量比品种及品种与氮素浓度的互作效应要大。从图7－4可以看出，两个品种的B醇溶蛋白组分含量存在显著的差异，并且在每个氮素水平上Logan的B醇溶蛋白组分含量始终要比CDC Thompson的高。此外，这种差异随着氮素浓度增加更为明显。

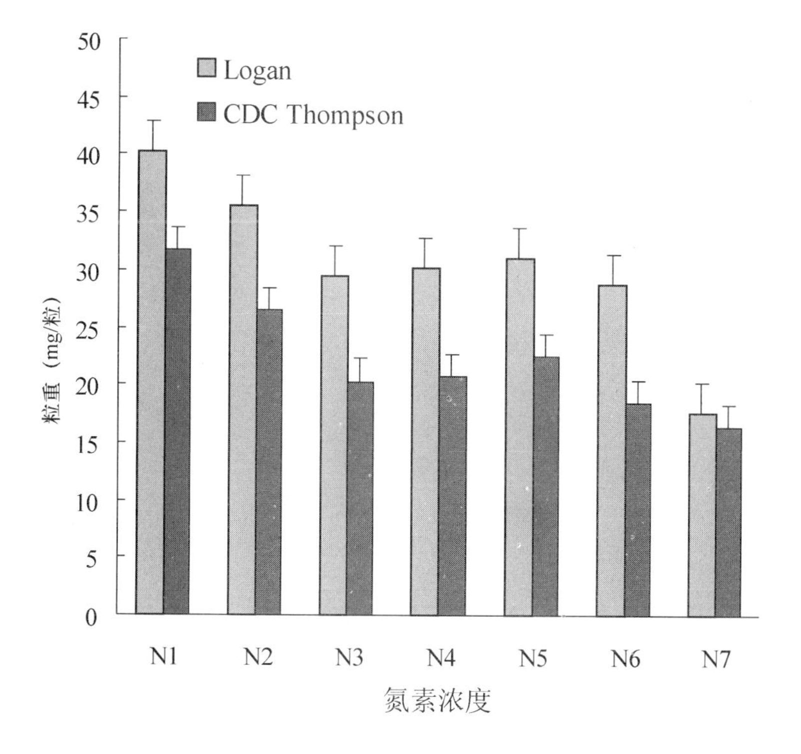

图 7－2　不同氮素浓度水平下两个品种的粒重（齐军仓，2005）

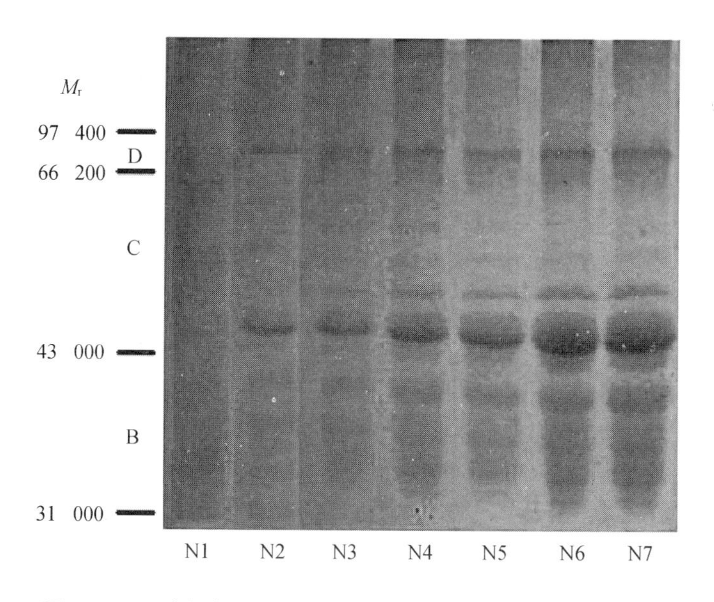

图 7－3　7 种氮素浓度水平下醇溶蛋白 SDS－PAGE 电泳图谱
（大麦品种 CDC Thompson）（齐军仓，2005）

尽管两个品种的 C、D 醇溶蛋白组分含量随着培养液中氮素浓度的增加而显著增加，但是在增加的程度上有差异。在较低的氮素浓度水平上，Logan 的 C、D 醇溶蛋白组分含量比 CDC Thompson 的高，而在较高的氮素浓度水平上，CDC Thompson 的 C、D 醇溶蛋白组分比

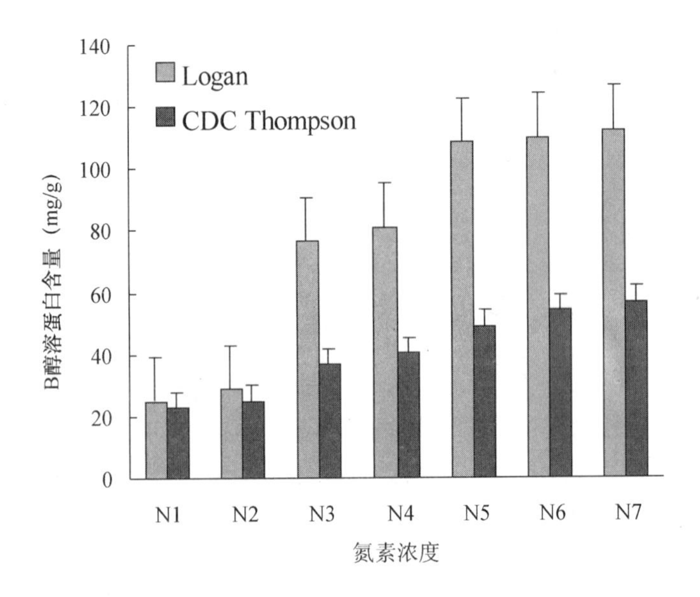

图 7-4　不同氮素浓度水平下两个品种的 B 醇溶蛋白组分含量（齐军仓，2005）

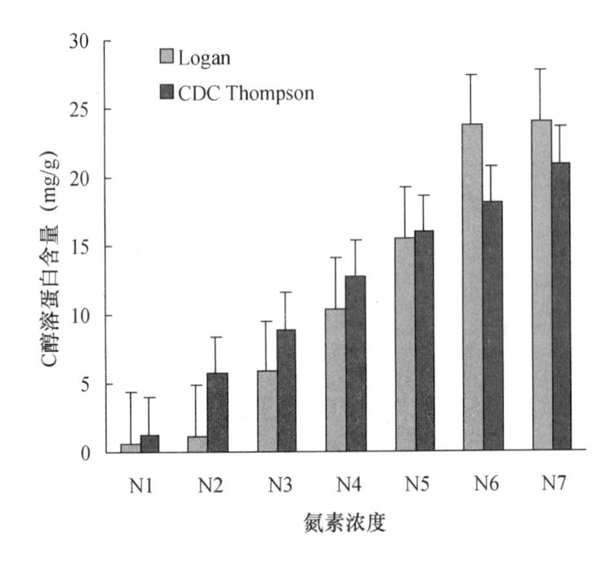

图 7-5　不同氮素浓度水平下两个品种的 C 醇溶蛋白组分含量（齐军仓，2005）

Logan 的高（图 7-5、图 7-6）。

从图 7-7 可以看出，B/C 醇溶蛋白的比率在两个品种间是不同的，并且随着氮素浓度水平增加，这个比率减小。另外，在每个氮素水平上 Logan 的 B/C 醇溶蛋白比率始终比 CDC Thompson 的高。相关分析表明，B/C 醇溶蛋白比率与籽粒蛋白质含量呈显著或极显著的负相关（Logan，$r=-0.808$，$p<0.05$；CDC Thompson，$r=-0.857$，$p<0.01$）。将所有氮素水平的 B/C 醇溶蛋白比率平均，Logan 为 14.37，CDC Thompson 为 5.44，品种间差异显著（$t=2.577$，$p<0.05$）。

两个品种的 β-淀粉酶活性随着培养液中氮素浓度的增加而显著提高（图 7-8，表 7-1）。虽然两个品种的 β-淀粉酶活性存在显著差异，且随着氮素浓度水平的提高增加的速度

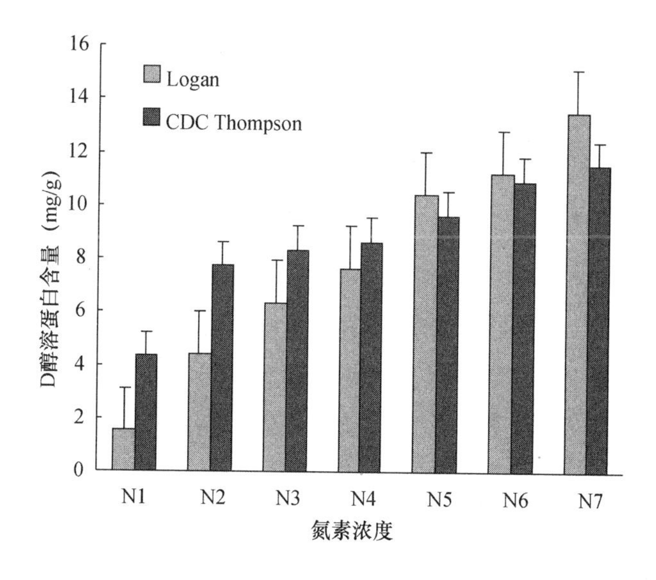

图 7－6　不同氮素浓度水平下两个品种的 D 醇溶蛋白组分含量（齐军仓，2005）

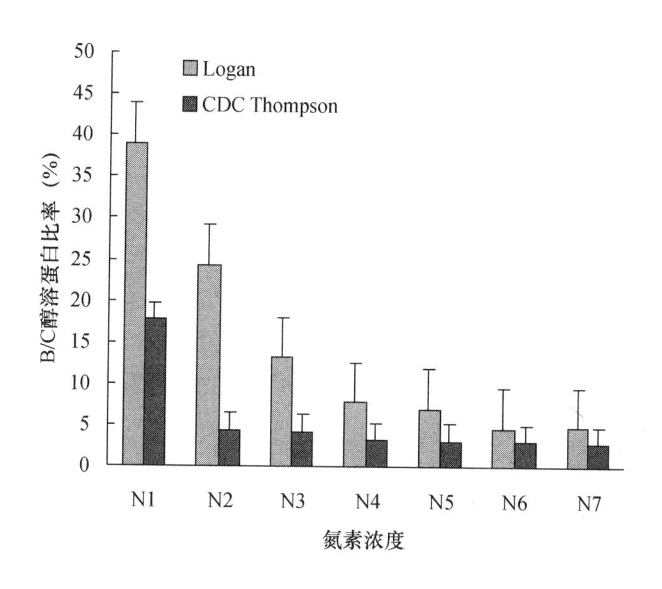

图 7－7　不同氮素浓度水平下两个品种的 B/C 醇溶蛋白比率（齐军仓，2005）

存在差异，但是氮素浓度处理是起主导作用的。从均方值来看，氮素浓度处理的均方值要比品种和品种与氮素浓度互作的均方值大得多，表明氮素浓度处理是影响籽粒 β－淀粉酶活性的主要因子。

三、醇溶蛋白组分含量与籽粒 β－淀粉酶活性之间的关系

籽粒 β－淀粉酶活性和醇溶蛋白组分含量之间的相关分析是为了确定特定醇溶蛋白组分含量和籽粒 β－淀粉酶活性之间的关系（表 7－2）。结果表明，籽粒 β－淀粉酶活性与籽粒蛋白质含量、D 醇溶蛋白组分含量呈极显著的正相关。另外，籽粒 β－淀粉酶活性分别与 B、C 醇溶蛋白组分含量呈显著的正相关，且 β－淀粉酶活性与 D 醇溶蛋白的相关系数最高。

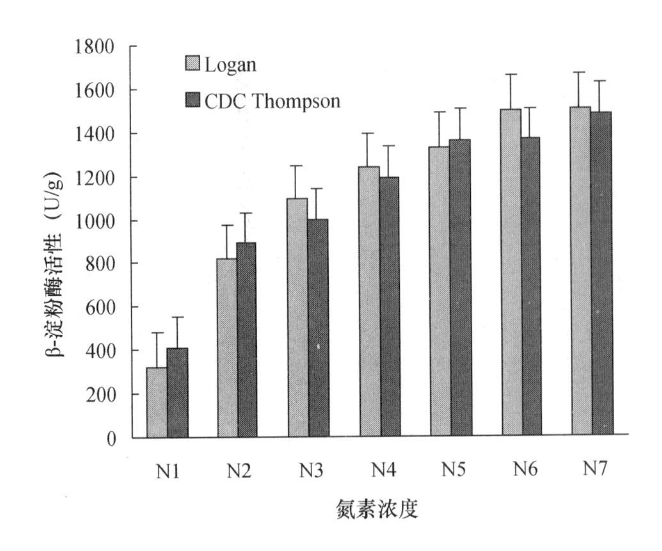

图7－8　不同氮素浓度水平下两个品种的β－淀粉酶活性（齐军仓，2005）

表7－2　籽粒蛋白质含量、醇溶蛋白组分含量与β－淀粉酶活性之间的相关系数（齐军仓，2005）

	相关系数
蛋白质	0.804**
B醇溶蛋白	0.752*
C醇溶蛋白	0.704*
D醇溶蛋白	0.936**

注：*和**分别表示在0.05和0.01水平上显著。

大麦籽粒醇溶蛋白组分含量存在着广泛的基因型和环境变异。Jonassen等（1981）观察到生长发育期间的环境，尤其是氮素营养，会影响大麦成熟籽粒中的醇溶蛋白组分含量的比例。Howard等（1996）和Molina－Cano等（2001）也得到相似的结果。齐军仓（2005）的研究结果表明，籽粒蛋白质含量受到氮素浓度处理和品种的显著影响，但是氮素浓度和品种的互作效应不显著。而B、C、D醇溶蛋白组分含量受到氮素浓度、品种以及互作的显著影响，这一结果与Jonassen等（1981）和Harold等（1988）的报道一致。

β－淀粉酶是在籽粒发育过程中合成和累积的（Kreis，等，1987），是粉质胚乳中一种重要的蛋白质（Hejgaard，等，1980）。β－淀粉酶的累积受到环境因子的显著影响（Giese，等，1984）。Yin等（2002）报道，播种密度和氮肥施用时期显著影响籽粒β－淀粉酶活性。β－淀粉酶在籽粒发育期间的合成受到氮素水平的调节（Giese，等，1984）。齐军仓（2005）的试验中，β－淀粉酶活性受到氮素浓度处理、品种及其二者互作的显著影响，且氮素浓度处理是影响β－淀粉酶活性最重要的因子。齐军仓（2005）同时发现β－淀粉酶活性与籽粒蛋白质含量之间存在显著正相关关系，与Giese等（1984）、Arends等（1995）和Yin等（2002）报道的结果一致。

Griffiths（1987）报道，B/C醇溶蛋白比率与籽粒总氮有关，并且高的B/C醇溶蛋白比率与优良的麦芽品质是有关的。与此相反，齐军仓（2005）的研究表明，B/C醇溶蛋白与两个品种（Logan，r = -0.887，P<0.01；CDC Thompson，r = -0.913，P<0.01）的β-淀粉酶活性呈极显著的负相关。Baxter 等（1979）曾报道，不同品种中的 B 醇溶蛋白比例与麦芽品质呈负相关，认为低的 B/C 醇溶蛋白比率对于β-淀粉酶活性来说是理想的。Peltonen 等（1994）发现，在提取液中不存在还原剂的情况下，可能会得到高的 B 醇溶蛋白组分含量与高的麦芽浸出率相关联的结果；而在有还原剂的情况下，B 醇溶蛋白组分含量的增加往往会引起库尔巴哈值的升高。应该注意到，以前的大多数研究都是围绕一个特定的麦芽品质性状和醇溶蛋白组分含量之间的关系。齐军仓（2005）研究了β-淀粉酶活性和醇溶蛋白组分含量之间的关系。实际上，麦芽品质性状之间是互相关联的。因此，有必要研究对多种主要麦芽品质性状和醇溶蛋白组分含量之间的关系。

齐军仓（2005）的实验中，大麦籽粒蛋白质含量和醇溶蛋白组分含量对培养液中氮素浓度增加的反应是一致的，即随着氮素浓度增加，蛋白质含量和醇溶蛋白组分含量也增加。因此，穗培养技术为研究氮素营养对某些植物生理性状和品质性状的影响提供了一个有效的途径。这一技术可以有效消除在大田试验条件下不同氮素水平处理后不同产量组分之间复杂的互作关系。

第三节　氮肥运筹对啤酒大麦籽粒蛋白质和醇溶蛋白组分含量的影响及其与β-淀粉酶活性的关系

齐军仓（2005）研究氮肥运筹方式对籽粒蛋白质及醇溶蛋白组分含量以及β-淀粉酶活性的调控效应以及相互间的关系，旨在为啤酒大麦的品质育种和优质栽培提供理论依据。

以 10 个生育期相近、籽粒蛋白质含量差异较大的二棱大麦品种为供试材料，它们分别是新引 D_9、Logan、法瓦维特、新引 D_5、新啤 1 号、Klages、新引 D_7、CDC Thompson、Celink 和 ND14636。氮肥用量试验：采用裂区试验设计，重复 3 次，氮肥用量为主区，品种为副区。设置三种氮肥（尿素）用量，$0kg/hm^2$（N1）、$150kg/hm^2$（N2）和 $300kg/hm^2$（N3），灌溉时撒播。氮肥施用时期试验：采用裂区试验设计，重复 3 次，氮肥施用时期为主区，品种为副区。设置三种氮肥施用时期，苗期（二叶一心）（T1）、拔节期（T2）和灌浆期（齐穗期）（T3）。三次施用的氮肥用量相同，为 $300kg/hm^2$，灌溉时撒施。成熟期以小区为单位收获，脱粒后测产、称千粒重。脱粒后的籽粒过分样筛，样品籽粒在 80℃下烘干，用 Tecator Cyclotec 样品磨粉碎后过 0.5mm 筛，备用。测定蛋白质含量、醇溶蛋白组分含量以及β-淀粉酶活性。

一、氮肥用量对籽粒蛋白质和醇溶蛋白组分含量的影响

不同氮肥用量之间籽粒蛋白质含量、B 醇溶蛋白和 C 醇溶蛋白组分含量差异显著，而 D 醇溶蛋白组分含量差异不显著（表 7-3）。10 个品种加权平均，N3 处理的籽粒蛋白质、B 醇溶蛋白、C 醇溶蛋白和 D 醇溶蛋白组分含量最高（表 7-4），说明增加氮肥用量导致籽粒蛋白质以及 B、C 和 D 醇溶蛋白组分含量提高。从均方值的大小上看，品种对籽粒蛋白质含量以及 C 和 D 醇溶蛋白组分含量的影响要比氮肥用量大，而 B 醇溶蛋白组分含量的变异主要归因为氮肥用量的差异。10 个参试品种中，法瓦维特的籽粒蛋白质含量最高，为 14.12%；Logan 的最低，为 11.49%，二者差异显著。三种氮肥用量下，10 个参试品种籽粒

蛋白质含量的变异系数变动于 Celink 的 2.94% 至新引 D_7 的 7.55%，由此显示出品种间对氮肥用量的反应存在着差异。

B 醇溶蛋白组分含量品种间的差异亦达显著水平。ND14636 最高，为 82.74mg/g；Logan 最低，为 70.29mg/g，变异系数变动于 CDC Thompson 的 5.09% 至新啤 1 号的 7.41%。C 醇溶蛋白组分含量品种间变动于 Logan 的 10.17mg/g 至 ND14636 的 17.04mg/g，差异显著；Logan 的变异系数最小，仅为 0.76%，而 Celink 达 21.86%，说明 C 醇溶蛋白组分对氮肥用量的反应品种间差异很大。D 醇溶蛋白组分含量相对较少，但品种间差异显著，ND14636 最高，为 1.60mg/g；Logan 最低，为 0.61mg/g。变异系数变动在 Logan 的 8.22% 至新啤 1 号的 36.17%。

表 7-3　三种氮肥用量下 10 个品种籽粒蛋白质含量和 B、C、D 醇溶蛋白组分含量的方差分析（齐军仓，2005）

	均方				F 值			
	GP	BH	CH	DH	GP	BH	CH	DH
氮肥用量（N）	2.81	724.40	13.07	0.04	36.72**	424.74**	14.62*	1.76
误差	0.07	1.705	0.89	0.02				
品种（V）	6.65	130.82	49.88	0.94	19.84**	86.85**	49.41**	28.17**
N×V	0.35	2.86	6.48	0.10	1.07	1.90*	6.42**	3.18**
总误差	0.33	1.50	1.00	0.03				

注：* 和 ** 分别表示在 0.05 和 0.01 水平上差异显著。

GP，籽粒蛋白质含量；BH，B 醇溶蛋白组分含量；CH，C 醇溶蛋白组分含量；DH，D 醇溶蛋白组分含量。

表 7-4　三种氮肥用量下 10 个品种籽粒蛋白质含量和 B、C、D 醇溶蛋白组分含量（齐军仓，2005）

	蛋白质		B 醇溶蛋白		C 醇溶蛋白		D 醇溶蛋白	
	平均（%）	CV%	平均（mg/g）	CV%	平均（mg/g）	CV%	平均（mg/g）	CV%
氮肥用量（N）								
N1	12.32c	8.07	68.43c	5.68	11.87b	15.54	0.88a	40.71
N2	12.59b	7.21	73.65b	5.86	12.67a	25.28	0.92a	48.49
N3	12.93a	8.46	78.26a	4.39	13.18a	20.90	0.95a	32.31
品种（V）								
新引 D_9	11.70d	5.65	71.28e	5.95	11.61c	8.06	0.79def	20.10
Logan	11.49d	3.38	70.29e	6.25	10.17e	0.76	0.61f	8.22
法瓦维特	14.12a	5.32	70.60e	6.16	10.54de	2.51	0.74def	19.40
新引 D_5	13.15b	4.75	70.34e	6.29	10.55de	1.65	0.63ef	13.44
新啤 1 号	12.44c	5.56	72.64d	7.41	12.19bc	8.77	0.80de	36.17
Klages	13.73a	4.58	74.73c	5.61	13.03b	8.17	0.99c	30.89

续表

	蛋白质		B 醇溶蛋白		C 醇溶蛋白		D 醇溶蛋白	
	平均（%）	CV%	平均（mg/g）	CV%	平均（mg/g）	CV%	平均（mg/g）	CV%
新引 D_7	12.48c	7.55	72.61d	6.11	12.91b	8.09	0.79de	26.43
CDC Thompson	11.79d	6.17	72.83d	5.09	11.47cd	6.17	0.85cd	11.73
Celink	12.76bc	2.94	76.39b	5.93	16.22a	21.86	1.39b	15.47
ND14636	12.50c	3.18	82.74a	5.74	17.04a	16.36	1.60a	24.70
N×V	ns		s		s		s	

注：同一列不同字母表示在0.05水平上差异显著；s，在0.05水平上差异显著；ns，在0.05水平上差异不显著。

二、氮肥用量对籽粒产量、千粒重和β-淀粉酶活性的影响

不同氮肥用量处理之间千粒重和β-淀粉酶活性存在着显著差异，而产量的差异不显著（表7-5）。10个品种加权平均，N3处理的β-淀粉酶活性最高（表7-6），说明增加氮肥用量对提高β-淀粉酶活性有积极作用，但在齐军仓（2005）试验条件下产量并未增加，这可能与供试土壤的肥力水平较高有关。从均方值的大小上看，品种对千粒重和β-淀粉酶活性的影响要比氮肥用量大，而品种和氮肥用量对产量的作用程度相当。在10个参试品种中，新引 D_9 的产量最高，为6431.76kg/hm^2；Klages的最低，为4948.88kg/hm^2，差异显著。三种氮肥用量下，10个参试品种产量变异系数的变幅为9.19%（ND14636）~19.93%（新啤1号），表明品种对不同氮肥用量的反应存在差异。千粒重在10个品种间也存在显著差异。Logan最高，为52.91g；Celink最低，为41.25g。千粒重变异系数的变幅为2.60%（Logan）~12.68%（Celink）。在β-淀粉酶活性方面，法瓦维特最高，为1506.61U/g；ND14636最低，为1031.14U/g，二者差异显著。变异系数变动为11.09%（CDC Thompson）~23.76%（Logan）。

表7-5　三种氮肥用量下10个品种小区产量、千粒重和β-淀粉酶活性的方差分析（齐军仓，2005）

	均方			F值		
	产量	千粒重	β-淀粉酶	产量	千粒重	β-淀粉酶
氮肥用量（N）	0.41	16.12	164276.70	2.71	9.67*	241.63**
误差	0.15	1.66	679.85			
品种（V）	0.50	161.50	293206.70	4.02**	18.23**	18.27**
N×V	0.13	5.55	26397.8	1.11	0.62	1.64
总误差	0.12	8.85	16045.51			

注：*和**分别表示在0.05和0.01水平上差异显著。

表7－6　三种氮肥用量下10个品种小区产量、千粒重和β－淀粉酶活性（齐军仓，2005）

	产量		千粒重		β－淀粉酶	
	平均（Kg）	CV%	平均（g）	CV%	平均（U/g）	CV%
氮肥用量（N）						
N1	3.26a	16.12	46.27a	10.82	1146.34c	23.70
N2	3.20a	15.07	46.20a	11.08	1262.81b	21.66
N3	3.03a	14.88	44.96b	12.11	1283.66a	23.42
品种（V）						
新引D_9	3.60a	11.53	52.41a	4.54	1165.79bc	20.80
Logan	3.17bc	9.20	52.91a	2.60	1269.98b	23.76
法瓦维特	3.00cd	11.22	41.71e	8.37	1506.61a	23.21
新引D_5	3.27abc	18.72	43.52de	7.78	1442.59a	19.59
新啤1号	3.05cd	19.93	46.84bc	4.07	1432.73a	23.16
Klages	2.77d	11.23	41.53e	9.98	1267.93b	16.21
新引D_7	3.21bc	17.07	44.60cd	11.21	1038.96d	12.81
CDC Thompson	3.40ab	14.80	47.79b	6.48	1064.98cd	11.09
Celink	2.96cd	16.88	41.25e	12.68	1088.67cd	12.26
ND14636	3.22bc	9.19	45.54bcd	2.90	1031.14d	15.00
N×V	ns		ns		ns	

注：同一列不同字母表示在0.05水平上差异显著；s，在0.05水平上差异显著；ns，在0.05水平上差异不显著。

三、氮肥施用时期对籽粒蛋白质含量及醇溶蛋白组分含量的影响

不同氮肥施用时期籽粒蛋白质含量、B醇溶蛋白和C醇溶蛋白组分含量存在显著差异，而D醇溶蛋白组分含量差异不显著（表7－7）。10个品种加权平均，N3处理具有最高的籽粒蛋白质、B醇溶蛋白、C醇溶蛋白和D醇溶蛋白组分含量（表7－8），说明大麦生育后期施用氮肥与前期施氮相比，更会导致籽粒蛋白质以及B、C和D醇溶蛋白组分含量的增加。从均方值的大小上看，品种对B、C醇溶蛋白含量的影响要比氮肥施用时期大，而籽粒蛋白质和D醇溶蛋白含量的差异主要是由氮肥施用时期的差异引起的。在10个参试品种中，法瓦维特的籽粒蛋白质含量最高，为14.49%；Logan的最低，为12.09%，二者差异显著。三种施氮时期下，10个参试品种籽粒蛋白质含量的变异系数变动在4.82%（新引D_5）～8.04%（Celink）。B醇溶蛋白组分含量以CDC Thompson的最高，为76.96mg/g；新引D_7的最低，为70.38mg/g；变异系数为0.26%（新引D_7）～3.92%（Logan和Celink）。C醇溶蛋白组分含量以Logan的最高，为12.04mg/g，新啤1号的最低，为10.70mg/g，二者差异显著；品种间变异系数为1.27%（CDC Thompson）～8.33%（Logan）。D醇溶蛋白组分含量以Celink的最高，为1.09mg/g；新引D_5的最低，为0.74mg/g，品种间差异不显著；变异系数为7.71%（新啤1号）～50.39%（新引D_7）。由此可见，在不同的氮肥运筹下，D醇溶蛋白含量变异最大，而B醇溶蛋白最小。

表7-7　三种氮肥施用时期10个品种籽粒蛋白质含量和B、C、D醇溶蛋白组分含量的方差分析（齐军仓，2005）

	均方				F值			
	GP	BH	CH	DH	GP	BH	CH	DH
施用时期（T）	14.12	9.13	1.06	0.21	25.65**	38.53**	74.96**	4.92
误差	0.55	0.23	0.01	0.04				
品种（V）	5.08	48.65	2.14	0.09	18.58**	37.09**	17.43**	0.85
T×V	0.73	7.84	0.43	0.09	2.69**	5.98**	3.53**	0.80
总误差	0.27	1.31	0.12	0.11				

注：** 表示在0.01水平上差异显著。

GP，籽粒蛋白质含量；BH，B醇溶蛋白组分含量；CH，C醇溶蛋白组分含量；DH，D醇溶蛋白组分含量。

表7-8　三种氮肥施用时期10个品种籽粒蛋白质含量和B、C、D醇溶蛋白组分含量（齐军仓，2005）

	蛋白质		B醇溶蛋白		C醇溶蛋白		D醇溶蛋白	
	平均（%）	CV%	平均（mg/g）	CV%	平均（mg/g）	CV%	平均（mg/g）	CV%
施用时期（T）								
T1	12.48c	6.39	72.89b	3.20	11.05c	3.83	0.80b	15.20
T2	13.05b	8.21	72.97b	3.45	11.24b	5.32	0.81ab	11.57
T3	13.84a	6.69	73.88a	4.45	11.42a	6.96	0.95a	57.01
品种（V）								
新引D_9	12.76d	5.28	74.33b	1.32	11.42b	1.62	0.84ab	12.03
Logan	12.09e	5.50	75.36b	3.92	12.04a	8.33	0.88ab	8.35
法瓦维特	14.49a	7.13	74.88b	2.59	11.62b	3.91	0.80ab	13.89
新引D_5	13.38bc	4.82	71.65cd	0.45	10.84cde	1.63	0.74b	8.94
新啤1号	12.46d	7.44	71.11cde	0.38	10.70de	1.89	0.75b	7.71
Klages	14.10a	7.40	70.68de	0.88	10.53e	2.87	0.78ab	11.94
新引D_7	13.55b	7.05	70.38e	0.26	11.05c	4.71	0.88ab	50.39
CDC Thompson	12.62d	5.10	76.96a	2.92	11.49b	1.27	0.81ab	9.62
Celink	12.91cd	8.04	75.05b	3.92	11.69b	4.96	1.09a	83.87
ND14636	12.87d	6.29	72.05c	1.80	10.98cd	2.12	0.94ab	8.35
T×V	s	6.56	s	2.27	s	3.80	ns	22.99

注：同一列不同字母表示在0.05水平上差异显著；s，在0.05水平上差异显著；ns，在0.05水平上差异不显著。

四、氮肥施用时期对籽粒产量、千粒重和β-淀粉酶活性的影响

不同氮肥施用时期处理之间β-淀粉酶活性差异显著，而产量和千粒重的差异不显著（表7-9）。10个品种加权平均，N3处理的β-淀粉酶活性最高（表7-10），说明后期施

氮有利于提高籽粒β-淀粉酶活性。从均方值的大小上看，品种对千粒重的影响要比氮肥施用时期大，而品种和氮肥施用时期对产量的影响相当，氮肥施用时期对β-淀粉酶活性的影响要比品种大。在10个参试品种中，新引D_9和CDC Thompson的产量最高，均为5788.58kg/hm^2；法瓦维特的最低，为5073.94kg/hm^2，二者差异显著。三种氮肥施用时期下，10个参试品种产量变异系数的变幅为6.81%（新引D_7）~17.62%（CDC Thompson），表明对氮肥施用时期的反应上品种间存在着差异。千粒重以Logan的最高，达52.42g；Celink的最低，为38.75g；变异系数为4.08%（ND14636）~8.75%（CDC Thompson）。β-淀粉酶活性以ND14636的最高，为1231.19U/g；Logan的最低，为853.74u/g，二者差异显著。10个参试品种中，β-淀粉酶活性的变异系数为12.19%（新引D_5）~22.63%（CDC Thompson）。可见，对氮肥施用时期的反应，β-淀粉酶活性变异最大，为19.68%；千粒重最小，为6.91%，说明氮肥施用时期对千粒重影响相对较小。

表7-9　三种氮肥施用时期10个品种小区产量、千粒重和β-淀粉酶活性的方差分析（齐军仓，2005）

	均方			F值		
	产量	千粒重	β-淀粉酶	产量	千粒重	β-淀粉酶
施用时期（T）	0.15	2.01	72730.93	0.71	0.12	15.94**
误差	0.21	16.06	4561.97			
品种（V）	0.17	139.17	96340.5	1.44	25.46**	19.04**
T×V	0.08	10.66	12802.5	0.72	1.95**	2.53**
总误差	0.12	5.46	5059.15			

注：* 和 ** 分别表示在0.05和0.01水平上差异显著。

表7-10　三种氮肥施用时期10个品种小区产量、千粒重和β-淀粉酶活性（齐军仓，2005）

	产量		千粒重		β-淀粉酶活性	
	平均（Kg）	CV%	平均（g）	CV%	平均（u/g）	CV%
施用时期（T）						
T1	3.09a	9.99	44.24a	9.08	964.10b	22.83
T2	3.02a	13.00	43.80a	10.35	1008.85b	21.83
T3	3.17a	11.58	44.26a	11.51	1062.45a	18.29
品种（V）						
新引D_9	3.24a	8.80	48.27b	6.92	919.47ef	19.28
Logan	3.13abc	10.09	52.42a	4.73	853.74f	18.24
法瓦维特	2.84c	13.10	41.27ef	5.45	999.71cd	21.66
新引D_5	3.18ab	10.21	42.56def	4.88	955.80de	12.19
新啤1号	3.17abc	12.37	45.18c	6.47	956.08de	19.36
Klages	2.87bc	10.42	40.69fg	5.38	1081.65b	17.71

续表

	产量		千粒重		β-淀粉酶活性	
	平均（Kg）	CV%	平均（g）	CV%	平均（u/g）	CV%
新引 D_7	3.11abc	6.81	43.32cde	4.70	1026.25bc	21.84
CDC Thompson	3.24a	17.62	44.19cd	8.75	1066.27bc	22.63
Celink	3.02abc	8.37	38.75g	7.57	1027.83bc	19.22
ND14636	3.12abc	11.50	44.39cd	4.08	1231.19a	20.48
T×V	ns	11.06	s	6.91	s	19.66

注：同一列不同字母表示在0.05水平上差异显著；s，在0.05水平上差异显著；ns，在0.05水平上差异不显著。

五、性状间的相关分析

从表7-11可知，籽粒蛋白质含量与产量和千粒重呈极显著的负相关，而千粒重和产量呈极显著的正相关。B醇溶蛋白含量与C、D醇溶蛋白含量呈显著正相关，C醇溶蛋白含量与D醇溶蛋白含量也呈显著的正相关。籽粒蛋白质含量与β-淀粉酶活性的相关关系不显著。

表7-11 籽粒蛋白质含量、醇溶蛋白组分含量（B、C、D）、β-淀粉酶活性、产量和千粒重之间的相关系数（齐军仓，2005）

	蛋白质	B醇溶蛋白	C醇溶蛋白	D醇溶蛋白	产量	千粒重
B醇溶蛋白	-0.01464					
C醇溶蛋白	-0.13343	0.74085**				
D醇溶蛋白	-0.01349	0.74885**	0.89607**			
产量	-0.67866**	-0.15509	-0.08196	-0.14249		
千粒重	-0.76457**	-0.09374	-0.08398	-0.22926	0.64407**	
β-淀粉酶活性	0.09002	-0.23652	-0.08086	-0.19047	-0.07298	-0.04323

注：*和**分别表示在0.05和0.01水平上差异显著。

土壤含氮量和氮肥施用量显著影响大麦籽粒蛋白质含量（Varvel，等，1987）。当土壤含氮量比较高或者施氮量超过最佳产量所必需的氮用量时，多余的氮素会显著提高籽粒蛋白质含量（Grant，等，1991）。陈锦新等（2001）在杭州进行的试验表明，秀麦3号的蛋白质含量由施氮量90kg/hm^2 的9.86%增加到180kg/hm^2 的11.5%。齐军仓（2005）的研究发现，籽粒蛋白质含量因氮肥用量而异，随着氮肥用量的增加，籽粒蛋白质含量显著增加；同时，B、C醇溶蛋白组分含量也随着氮肥用量增加而显著增加，D醇溶蛋白组分含量虽也有增加的趋势，但是氮肥用量处理之间的差异相对较小。这说明高氮水平下籽粒蛋白质含量的增加主要是归因于B和C醇溶蛋白组分含量的增加。齐军仓（2005）同时发现，产量和千粒重在不同氮肥用量处理之间差异不显著，随着氮肥用量的增加反而有下降的趋势。这种产量对氮肥的反应模式可能与供试土壤氮素水平较高有关。因此，在啤酒大麦栽培中，在保证合理产量的前提下，应减少氮肥用量，以降低籽粒蛋白质含量。

大麦生育前期施用氮肥，增产作用明显，对蛋白质含量的影响相对较小（王礼焦，等，

2000)；而孕穗期增施氮肥则显著提高籽粒的蛋白质含量（Therrien，等，1994）。张国平等（2002）的研究结果也表明，生育后期施用氮肥显著增加籽粒蛋白质含量。齐军仓（2005）试验发现，随着氮肥施用时期推迟，籽粒蛋白质含量和三种醇溶蛋白组分含量都显著增加；同时发现，三种氮肥施用时期之间，籽粒产量和千粒重没有显著差异。因此，在啤酒大麦生产中，在较高肥力的土壤上，氮肥宜作为基肥或者在苗期追肥，尽量减少生育后期氮肥的施用，这样有利于降低籽粒蛋白质含量。

齐军仓（2005）试验中籽粒β－淀粉酶活性随着氮肥用量增加和施用时期推迟而显著增加，这与前人的研究结果是一致的（Yin，等，2002）。相关分析表明，籽粒蛋白质含量与产量和千粒重呈极显著负相关，这与籽粒中淀粉的“稀释效应”有关（Henry，1990）。Arends 等（1995）研究澳大利亚大麦品种糖化力的基因型和环境变异时发现，β－淀粉酶活性与籽粒含氮量呈极显著正相关。但在齐军仓（2005）试验中，并未发现籽粒蛋白质含量和β－淀粉酶活性之间有显著的正相关关系，这与 Yin 等（2002）的研究结果一致。说明育种上选择高β－淀粉酶活性和低蛋白质含量品种是有可能的。

第四节　播期对啤酒大麦籽粒蛋白质和醇溶蛋白组分含量的影响及其与麦芽品质的关系

齐军仓（2005）通过设置不同的播期改变籽粒成熟的环境条件，试图探明播期对醇溶蛋白组分含量和麦芽品质的影响以及两种性状之间的关系。

以 10 个生育期相近、籽粒蛋白质含量不同的二棱大麦品种供试，分别是新引 D_9、Logan、法瓦维特、新引 D_5、新啤 1 号、Klages、新引 D_7、CDC Thompson、Celink 和 ND14636。试验采用裂区试验设计，重复三次，播期为主区，品种为副区。设置了三种播期，3 月 26 日（D1）、4 月 10 日（D2）和 4 月 25 日（D3）。成熟期收获脱粒，籽粒过分样筛。样品籽粒在 80℃下烘干，用样品磨粉碎后过 0. 5mm 筛，备用。测定蛋白质含量、醇溶蛋白组分含量与β－淀粉酶活性。样品籽粒过 2. 2mm 筛，留在 2. 2mm 筛上的籽粒 200g 置于 Joe White 微量制麦系统中制麦。按 EBC 法（1975）测定麦芽浸出率和糖化力。

一、播期对籽粒蛋白质含量和醇溶蛋白组分含量的影响

不同播期之间籽粒蛋白质含量和 B 醇溶蛋白组分含量存在着显著差异，而 C、D 醇溶蛋白组分含量在不同播期之间差异不显著（表 7－12）。参试的 10 个品种平均，D3 处理具有最高的籽粒蛋白质含量，D1 处理的 B 醇溶蛋白组分含量最低（表 7－13）。这说明播期推迟导致籽粒蛋白质含量和 B 醇溶蛋白组分含量增加。从均方值的大小可以看出，品种对籽粒蛋白质含量和 B 醇溶蛋白组分含量的影响要比播期的影响大。在 10 个参试品种中，Klages 的籽粒蛋白质含量最高，为 14. 57%；Logan 的最低，为 12. 56%，二者的差异显著。三种播期处理下，10 个参试品种籽粒蛋白质含量变异系数的变幅为 2. 01%（Klages）～7. 52%（ND14636）。B 醇溶蛋白组分含量在 10 个品种间也存在显著差异（表 7－13）。法瓦维特的 B 醇溶蛋白组分含量最高，为 127. 44mg/g；新引 D_7 的最低，为 34. 47mg/g。B 醇溶蛋白含量的变异系数的变幅为 0. 94%（Klages）～10. 18%（新引 D_9），表明品种对环境的反应存在明显的差异。

表 7-12 不同播期下籽粒蛋白质含量和 B、C、D 醇溶蛋白组分含量的方差分析（齐军仓，2005）

	均方				F 值			
	GP	BH	CH	DH	GP	BH	CH	DH
播期（D）	8.77	402.04	3.4	0.18	6.98*	8.50*	0.44	0.62
误差	2.51	94.58	15.44	0.58				
品种（V）	42.68	5445.21	502.23	13.64	19.67**	18.34**	28.18**	13.56**
D×V	6.03	889.39	131.68	9.01	1.39	1.49	3.69**	4.47**
总误差	13.01	1781.16	106.95	6.03				

注：*和**分别表示在 0.05 和 0.01 水平上差异显著。
GP，籽粒蛋白质含量；BH，B 醇溶蛋白组分含量；CH，C 醇溶蛋白组分含量；DH，D 醇溶蛋白组分含量。

表 7-13 三种播期下 10 个品种籽粒蛋白质含量和 B、C、D 醇溶蛋白组分含量（齐军仓，2005）

	蛋白质		B 醇溶蛋白		C 醇溶蛋白		D 醇溶蛋白	
	平均（%）	CV%	平均（mg/g）	CV%	平均（mg/g）	CV%	平均（mg/g）	CV%
播期（D）								
D1	13.19b	6.37	62.84b	13.34	9.60a	7.87	0.87a	15.46
D2	13.82a	6.11	63.85b	11.68	9.91a	6.84	0.80a	16.97
D3	13.83a	6.89	75.17a	12.92	9.44a	8.45	0.91a	17.99
品种（V）								
新引 D_9	13.16d	3.69	80.78c	10.18	6.44f	6.51	0.83bcd	16.21
Logan	12.56e	5.15	75.79c	10.15	8.36de	5.38	1.03b	11.73
法瓦维特	14.71a	3.75	127.44a	7.53	10.00c	6.31	1.02bc	3.05
新引 D_5	13.96b	4.46	90.49b	6.06	8.45de	3.58	0.79bcde	14.88
新啤 1 号	13.65bc	4.96	65.74d	2.47	9.61cd	3.79	1.82a	7.13
Klages	14.57a	2.01	42.19f	0.93	8.88cde	7.98	0.96bc	11.11
新引 D_7	13.77bc	4.76	34.47g	4.34	15.13a	2.88	0.70cde	10.88
CDC Thompson	12.58e	2.50	35.19g	6.73	7.97e	4.74	0.51ef	22.78
Celink	13.36cd	5.84	51.29e	9.14	12.58b	3.46	0.29f	14.60
ND14636	13.81bc	7.52	69.49d	2.11	9.08cde	3.84	0.63de	25.85
D×V	ns		ns		s		s	

注：同一列不同字母表示在 0.05 水平上差异显著；s，在 0.05 水平上差异显著；ns，在 0.05 水平上差异不显著。

C、D 醇溶蛋白组分含量的变化主要是由品种引起的。就 C 醇溶蛋白组分含量而言，新引 D_7 的最高，为 15.13mg/g；新引 D_9 的最低，为 6.44mg/g，二者差异显著。C 醇溶蛋白组分的变异系数的变幅为 2.88%（新引 D_7）~7.98%（Klages）。对于 D 醇溶蛋白组分含量来说，新啤 1 号的最高，为 1.82mg/g；Celink 的最低，为 0.29mg/g。D 醇溶蛋白组分含量的播期间和品种间的变异系数明显比籽粒蛋白质含量、B 醇溶蛋白组分含量以及 C 醇溶蛋白组分含量的大，表明 D 醇溶蛋白组分含量在环境间和品种间相对不稳定。

二、播期对β-淀粉酶活性、浸出率和糖化力的影响

播期对β-淀粉酶活性和糖化力有显著的影响，但对浸出率来说，播期的影响不显著（表7-14）。β-淀粉酶活性和糖化力随着播期的推迟而提高（表7-15）。D1处理具有最低的β-淀粉酶活性和糖化力，而D3处理的β-淀粉酶活性和糖化力最高。从浸出率的均方值来看，品种的均方值比播期的大得多，说明品种是影响浸出率的主要因子。品种与播期之间的互作效应对三个麦芽品质指标都是显著的。

表7-14　三种播期下10个品种β-淀粉酶活性、糖化力和浸出率的方差分析（齐军仓，2005）

	自由度			均方			F值		
	AM	DP	EX	AM	DP	EX	AM	DP	EX
播期（D）	2	2	2	1032477	3038.40	0.58	163.24**	46.86**	1.22
误差	4	4	4	12649.58	129.68	0.95			
品种（V）	9	9	9	623825	3576.72	122.43	6.48**	18.23**	58.98**
D×V	18	18	18	786207.6	3751.34	236.93	4.08**	9.56**	57.07**
总误差	54	54	54	577134.2	1177.2	12.45			

注：*和**分别表示在0.05和0.01水平上差异显著。
AM，β-淀粉酶活性；DP，糖化力；EX，浸出率。

表7-15　三种播期下10个品种β-淀粉酶活性、糖化力和浸出率（齐军仓，2005）

	AM		DP		EX	
	平均（U/g）	CV%	平均（WK）	CV%	平均（%）	CV%
播期（D）						
D1	999.9c	18.03	340.3c	11.28	76.2a	2.15
D2	1158.3b	12.73	365.2b	5.96	76.1a	4.05
D3	1260.2a	13.72	381.6a	11.27	76.0a	2.06
品种（V）						
新引D_9	1047.9e	22.69	333.4g	6.43	76.5b	1.36
Logan	1197.6abc	10.55	376.9c	3.13	76.4b	1.85
法瓦维特	1280.1a	18.34	368.7d	2.90	78.2a	5.71
新引D_5	1157.9bcd	14.15	323.2h	12.02	76.6b	2.07
新啤1号	1112.5cde	11.59	390.3b	4.86	75.6cd	1.43
Klages	1188.6abc	12.81	392.2b	8.65	73.3e	1.41
新引D_7	1022.0e	15.62	329.8g	16.79	73.4d	1.29
CDC Thompson	1076.0de	12.36	361.6e	4.87	76.5b	1.97
Celink	1066.8de	22.86	348.7f	12.14	76.5b	2.02
ND14636	1245.3ab	19.53	399.2a	4.61	76.0c	2.77
D×V	s		s		s	

注：同一列不同字母表示在0.05水平上差异显著；s，在0.05水平上差异显著；ns，在0.05水平上差异不显著。
AM，β-淀粉酶活性；DP，糖化力；EX，浸出率。

10 个品种间的三个麦芽品质指标存在显著差异（表 7 – 15）。法瓦维特的 β – 淀粉酶活性最高，为 1280. 1U/g；新引 D_7 的最低，为 1022. 0U/g。在三种播期下，10 个品种 β – 淀粉酶活性的变异系数的变幅为 10. 55%（Logan）~22. 86%（Celink）。就糖化力而言，ND14636 的最高，为 399. 2WK；新引 D_7 的最低，为 329. 8WK。三种播期下品种间的变异系数的变幅为 2. 90%（法瓦维特）~12. 02%（新引 D_5）。从浸出率来看，法瓦维特的最高，为 78. 2%；Klages 的最低，为 73. 3%。其变异系数的变幅为 1. 29%（新引 D_7）~5. 71%（法瓦维特）。

三、籽粒蛋白质含量、醇溶蛋白组分含量与麦芽品质之间的关系

表 7 – 16　籽粒蛋白质含量、醇溶蛋白组分含量（B、C、D）、β – 淀粉酶活性、糖化力和浸出率之间的相关系数（齐军仓，2005）

	GP[a]	BH	CH	DH	AM	DP	EX
GP	1						
BH	0. 3827 *	1					
CH	0. 1479	0. 1126	1				
DH	0. 0267	– 0. 0645	– 0. 5573 **	1			
AM	0. 2589	0. 2655	0. 1095	– 0. 0182	1		
DP	0. 1004	– 0. 1337	– 0. 3201	0. 3560	0. 4859 *	1	
EX	– 0. 4458 *	– 0. 4440 *	0. 0970	0. 1710	– 0. 2776	0. 0648	1

注：* 和 ** 分别表示在 0. 05 和 0. 01 水平上相关关系显著。

GP，籽粒蛋白质含量；BH，B 醇溶蛋白组分含量；CH，C 醇溶蛋白组分含量；DH，D 醇溶蛋白组分含量；AM，β – 淀粉酶活性；DP，糖化力；EX，浸出率。

表 7 – 16 列出了研究的 7 个性状间的相关系数。籽粒蛋白质含量与 B 醇溶蛋白组分含量呈显著的正相关，与 C 和 D 醇溶蛋白组分含量之间的相关系数不显著，表明 B 醇溶蛋白是影响籽粒蛋白质含量的主要组分。籽粒蛋白质含量与浸出率之间呈显著的负相关；籽粒蛋白质含量与 β – 淀粉酶活性之间以及籽粒蛋白质含量与糖化力之间的相关系数不显著。但是，β – 淀粉酶活性和糖化力之间存在显著的正相关。B 醇溶蛋白与浸出率呈显著的负相关，而 C 和 D 醇溶蛋白与三个品质性状之间的相关系数均不显著。

大麦籽粒蛋白质含量受遗传控制，但易受到环境条件的影响（Kaczmarek，等，1999）。齐军仓（2005）研究所得结果表明，大麦籽粒蛋白质含量品种间差异很大，但因播期而变化，这与 Yin 等（2002）和 Wang 等（2003）报道的结果是一致的。另外，播期与品种之间互作对籽粒蛋白质含量的影响不显著。Yin 等（2002）和 Wang 等（2003）曾报道，品种和播量之间的互作以及品种和地点之间的互作对籽粒蛋白质含量的影响不显著。相反，Molina – Cano 等（2001）发现，基因型和地点之间的互作以及品种和环境（包括地点和年份）的互作对籽粒蛋白质含量的影响是存在的。齐军仓（2005）的试验表明 B、C、D 醇溶蛋白组分含量在品种间的差异是显著的，这进一步肯定了 Molina – Cano 等（2001）报道的结果。但是，齐军仓（2005）试验中未发现品种和播期之间的互作对 B 醇溶蛋白含量的显著影响，

而 Molina－Cano 等（2001）报道这种互作是显著的。

大麦籽粒 β－淀粉酶活性在不同品种和不同环境下存在相当大的差异（Ahokas，等，1990）。Arends 等（1995）曾报道，β－淀粉酶活性在 11 个品种间的变幅为 501U/g～1100U/g，在 4 个地点之间的变幅为 389U/g～1290U/g，并指出环境效应比基因型效应对 β－淀粉酶活性的影响要大。Georg－Kraemer 等（2001）研究了 10 个巴西大麦品种的 β－淀粉酶活性，发现品种间 β－淀粉酶活性存在很大差异，变幅为 716.72U/g～1470.55U/g。Macnicol 等（1993）研究了在人工控制的环境条件下 β－淀粉酶活性的变化，发现籽粒灌浆中期的水分胁迫能够促进 β－淀粉酶的累积，而热胁迫的影响很小。齐军仓（2005）研究表明 β－淀粉酶活性在播期和品种间存在变化很大，并且播期和品种之间的互作效应也显著影响籽粒 β－淀粉酶活性。此外，浸出率和糖化力在品种间差异显著，这一结果与前人的报道一致（Molina－Cano，等，1997）。可以认为，β－淀粉酶活性和糖化力的提高是由于播期推迟导致籽粒蛋白质含量增加的结果，但是也引起了浸出率的降低。因此，对于特定品种在确定播期时，应当充分考虑到籽粒蛋白质含量和麦芽品质之间这种复杂的互作关系。

对于优质啤酒大麦生产和育种而言，有必要明确籽粒蛋白质含量、醇溶蛋白组分含量和麦芽品质之间的关系。齐军仓（2005）研究发现，籽粒蛋白质含量与浸出率呈显著的负相关，这与已有报道结果是一致的（Howard，等，1996）。齐军仓（2005）研究还表明，β－淀粉酶活性和糖化力之间呈显著的正相关，进一步证实了前人的研究结果（Gibson，等，1995）。据 Swanston（1980）报道，β－淀粉酶活性与籽粒蛋白质含量之间呈显著的正相关。但是，在齐军仓（2005）试验中，二者之间并不存在显著的正相关关系，这与 Wang 等（2003）报道的结果一致。这表明选育到高 β－淀粉酶活性和低蛋白质含量的品种是完全可能的。B 醇溶蛋白组分含量与浸出率之间呈显著的负相关，这显然与 B 醇溶蛋白是籽粒蛋白质含量的主要组成因子有关。C、D 醇溶蛋白组分含量与浸出率之间无显著的相关关系，这与 Brennan 等（1998）报道的结果一致，而与 Howard 等（1996）报道的结果不同。鉴于此，有必要作更深入的研究，以明确蛋白质组分和麦芽品质的关系。

第五节　啤酒大麦籽粒醇溶蛋白组分含量和主要麦芽品质性状的基因型和环境变异

齐军仓（2005）以 7 个二棱大麦品种为材料，种植在生态条件差异很大的 3 个地区，测定分析了籽粒蛋白质含量、醇溶蛋白组分含量、β－淀粉酶活性及其热稳定性以及 4 个麦芽品质性状，分析了这些性状的基因型和环境变异及其性状间的相关，旨在寻找与麦芽品质性状相关的醇溶蛋白组分，从而为品质性状的间接选择提供理论依据。

选用 7 个生育期相近、籽粒蛋白质含量差异明显的二棱春大麦品种（即 Samson、法瓦维特、CDC Stratus、CDC Thompson、新引 D_{10}、Sullence 和 ND15387）为供试材料。于 2004 年分别在新疆石河子大学农学院试验站、新疆生产建设兵团农六师 108 团（地处奇台县境内）和农二师 21 团（地处和静县境内）3 个生态条件差异较大的地区种植。栽培管理措施与当地大田生产相同。成熟期收获后，测定籽粒蛋白质含量、麦芽主要品质指标、醇溶蛋白组分含量以及 β－淀粉酶活性与热稳定性。

一、籽粒蛋白质含量及醇溶蛋白组分含量的基因型和环境变异

从表7-17可以看出，大麦籽粒蛋白质含量和醇溶蛋白组分含量试点间和品种间的差异达显著或极显著，并且试点和品种的互作效应也达极显著。

（一）籽粒蛋白质含量

表7-18列出了参试的7个大麦品种在3个试点的籽粒蛋白质含量。从表7-18中可以看出，籽粒蛋白质含量品种和试点间差异显著，所有品种和试点的总体加权平均为10.11%。从品种间来看，CDC Stratus最高，试点间平均为10.7%；新引D_{10}最低，为9.22%，与其余6个品种的差异显著，比最高的CDC Stratus低1.48个百分点。3个试点间差异显著，其中108团点最高，为10.98%；21团点最低，为8.94%，比石河子点低2.04个百分点。从变异系数上看，同一品种在不同试点的变异系数均值为10.53%，变幅为4.51%（CDC Thompson）~15.71%（CDC Stratus）；同一试点不同品种的变异系数均值为7.08%。可见，变异的试点效应要大于品种效应。

表7-17　蛋白质含量和醇溶蛋白组分含量的方差分析（F值）（齐军仓，2005）

	蛋白质	B醇溶蛋白	C醇溶蛋白	D醇溶蛋白
地点（L）	262.29**	36.70**	23.87**	13.51**
品种（C）	32.78**	13.93**	35.92**	3.34*
L×C	11.88**	6.85**	10.73**	4.94**

注：* 和 ** 分别表示在0.05和0.01水平上差异显著。

表7-18　7个品种在3个试点的蛋白质含量（%）（齐军仓，2005）

	石河子	108团	21团	平均	CV（%）
Samson	9.98	10.21	8.38	9.52d	10.47
法瓦维特	10.78	11.74	8.75	10.42ab	14.65
CDC Stratus	10.64	12.4	9.04	10.70a	15.71
CDC Thompson	10.5	10.65	9.78	10.31b	4.51
新引D_{10}	9.36	9.81	8.47	9.22e	7.4
Sullence	9.87	10.52	9.42	9.94c	5.56
ND15387	11.63	11.53	8.74	10.63a	15.43
平均	10.40b	10.98a	8.94c	10.11	10.53
CV（%）	7.09	8.46	5.7	7.08	

注：同一行或同一列不同字母表示在0.05水平上差异显著。

（二）B醇溶蛋白含量

由表7-19可知，籽粒B醇溶蛋白含量在品种间和试点间差异显著。参试的7个品种中，法瓦维特的B醇溶蛋白含量最高，试点间平均为77.62mg/g，显著高于其他6个品种；CDC Thompson最低，试点间平均为72.99mg/g，比最高的法瓦维特低4.63mg/g或5.96%。3个试点间差异显著，其中石河子点最高，为76.83mg/g；108团点最低，为73.56mg/g。

最高试点和最低试点相差3.27mg/g或4.26%。从变异系数上看，同一品种在不同试点间变异系数较小，平均为2.61%，7个品种变动于ND15387的6.66%至CDC Stratus的0.53%；而同一试点内不同品种的变异系数较大，平均为2.77%。说明影响B醇溶蛋白含量的基因型效应要略大于环境效应。

表7-19　7个品种在3个试点的B醇溶蛋白含量（mg/g）（齐军仓，2005）

	石河子	108团	21团	平均	CV（%）
Samson	75.56	74.89	74.3	74.92bc	0.84
法瓦维特	80.74	77.31	74.82	77.62a	3.83
CDC Stratus	75.4	74.76	75.49	75.22bc	0.53
CDC Thompson	74.17	71.99	72.82	72.99d	1.51
新引D_{10}	74.89	71.18	73.72	73.26d	2.59
Sullence	75.27	72.55	75.68	74.50c	2.28
ND15387	81.79	72.22	74.13	76.05b	6.66
平均	76.83a	73.56c	74.42b	74.94	2.61
CV（%）	4.01	2.95	1.35	2.77	

注：同一行或同一列不同字母表示在0.05水平上差异显著。

（三）C醇溶蛋白含量

从表7-20可以看出，品种间和试点间的C醇溶蛋白含量差异显著。所有品种与试点的总平均为11.17mg/g，7个品种中，ND15387的C醇溶蛋白含量最高，试点间平均为13.87mg/g，与其余6个品种差异显著；新引D_{10}最低，为8.54mg/g，显著低于其他6个品种，比最高的ND15387少5.33mg/g或38.4%。3个试点中，石河子点显著高于其他2个试点；其中108团点和21团点之间差异不显著；最高试点和最低试点之间相差1.83mg/g或15.65%。说明C醇溶蛋白品种间的差异要大于试点间的差异。同一品种在不同试点间的变异系数平均为12.32%，变幅为4.83%（新引D_{10}）~28.95%（ND15387）；同一试点不同品种的变异系数平均为17.99%。由此可知，基因型效应对C醇溶蛋白的影响要大于环境效应。

表7-20　7个品种在3个试点的C醇溶蛋白含量（mg/g）（齐军仓，2005）

	石河子	108团	21团	平均	CV（%）
Samson	9.08	10.96	8.95	9.66d	11.64
法瓦维特	13.45	12.97	10.55	12.32b	12.62
CDC Stratus	12.94	12.3	11.14	12.13b	7.52
CDC Thompson	11.38	10.51	9.72	10.53c	7.89
新引D_{10}	8.37	8.24	9.01	8.54e	4.83
Sullence	11.93	9.46	11.92	11.10c	12.82
ND15387	18.51	11.5	11.61	13.87a	28.95
平均	12.24a	10.85b	10.41b	11.17	12.32
CV（%）	27.31	15	11.66	17.99	

注：同一行或同一列不同字母表示在0.05水平上差异显著。

（四）D 醇溶蛋白含量

表 7－21 列出了 7 个品种在 3 个试点的 D 醇溶蛋白含量。可以看出，D 醇溶蛋白含量的品种间和试点间差异显著，总平均为 0.92mg/g。从参试的 7 个品种上看，ND15387 最高，3 个试点平均为 1.20mg/g；CDC Thompson 最低，为 0.73mg/g，显著低于最高的 3 个品种。3 个试点中，石河子点最高，为 1.17mg/g，显著高于其他 2 个试点；108 团点和 21 团点差异不显著；最低的 108 团点比石河子点少 0.44mg/g 或 37.6%。可知，D 醇溶蛋白含量的试点间差异大于品种间差异。同一品种在不同试点的变异系数的变幅为 6.75%（法瓦维特）～65.52%（ND15387），平均为 30.98%；而同一试点不同品种的变异系数平均为 27.96%。由此可见，环境效应对 D 醇溶蛋白含量的影响大于基因型效应。

表 7－21　7 个品种在 3 个试点的 D 醇溶蛋白含量（mg/g）（齐军仓，2005）

	石河子	108 团	21 团	平均	CV（%）
Samson	0.67	0.77	0.94	0.79bc	17.28
法瓦维特	0.82	0.75	0.72	0.76bc	6.75
CDC Stratus	0.84	0.75	1.34	0.98abc	32.43
CDC Thompson	0.78	0.74	0.66	0.73c	8.37
新引 D_{10}	1.53	0.86	0.67	1.02ab	44.29
Sullence	1.46	0.66	0.85	0.99abc	42.22
ND15387	2.09	0.6	0.91	1.20a	65.52
平均	1.17a	0.73b	0.87b	0.92	30.98
CV（%）	45.41	11.34	27.14	27.96	

注：同一行或同一列不同字母表示在 0.05 水平上差异显著。

二、籽粒蛋白质含量与醇溶蛋白组分含量之间的关系

蛋白质含量与醇溶蛋白组分含量之间的相关分析（表 7－22）表明，籽粒蛋白质含量与 B、C 醇溶蛋白组分含量的相关系数达显著或极显著，而与 D 醇溶蛋白组分含量的相关系数不显著。说明影响籽粒蛋白质含量的主要因子是 B 和 C 醇溶蛋白组分含量。B 醇溶蛋白含量和 C 醇溶蛋白含量之间呈极显著正相关。

表 7－22　10 个性状间的相关系数（齐军仓，2005）

	蛋白质	B 醇溶蛋白	C 醇溶蛋白	D 醇溶蛋白	β－淀粉酶	浸出率	糖化力	库尔巴哈值	α－氨基氮
B 醇溶蛋白	0.509*								
C 醇溶蛋白	0.897**	0.705**							
D 醇溶蛋白	0.119	0.045	0.371						
β－淀粉酶	0.844**	0.570*	0.610*	0.056					
浸出率	－0.684**	－0.551*	0.484	0.010	0.225				
糖化力	0.567*	0.517*	0.318	－0.110	0.901**	0.209			

续表

	蛋白质	B醇溶蛋白	C醇溶蛋白	D醇溶蛋白	β－淀粉酶	浸出率	糖化力	库尔巴哈值	α－氨基氮
库尔巴哈值	0.217	0.195	－0.061	－0.541*	0.553*	0.075	0.773**		
α－氨基氮	0.533*	0.173	0.180	－0.425	0.755**	－0.585*	0.773**	0.846**	
β－淀粉酶热稳定性	－0.251	0.607*	－0.233	0.160	－0.846**	－0.315	0.778**	0.548*	0.307

注：* 和 ** 分别表示在0.05和0.01水平上相关关系显著。

三、麦芽品质性状的基因型和环境变异

对几个麦芽品质性状的方差分析结果表明（表7－23），β－淀粉酶、浸出率、糖化力、库尔巴哈值、α－氨基氮和β－淀粉酶热稳定性试点间、品种间差异均达极显著水平，且试点和品种的互作效应也达极显著水平。

表7－23 各麦芽品质性状的方差分析（F值）（齐军仓，2005）

	β－淀粉酶	浸出率	糖化力	库尔巴哈值	α－氨基氮	β－淀粉酶热稳定性
地点（L）	240.67**	358.65**	150.84**	87.56**	162.69**	85.56**
品种（C）	52.28**	167.57**	169.06**	134.85**	106.55**	2.11**
L×C	8.52**	53.64**	12.56**	76.74**	38.15**	2.69**

注：* 和 ** 分别表示在0.05和0.01水平上差异显著。

（一）β－淀粉酶活性

表7－24 7个品种在3个试点的β－淀粉酶活性（u/g）（齐军仓，2005）

	石河子	108团	21团	平均	CV（%）
Samson	820.11	523.98	475.52	606.53c	30.76
法瓦维特	927.45	810.08	466.63	734.72b	32.59
CDC Stratus	1030.58	944.76	687.21	887.52a	20.13
CDC Thompson	936.9	805.98	555.38	766.08b	25.31
新引D_{10}	742.43	566.87	531.44	613.58c	18.41
Sullence	667.14	579.86	488.07	578.35c	15.48
ND15387	842.5	885.25	571.59	766.44b	22.19
平均	852.44a	730.97b	539.40c	707.60	23.55
CV（%）	14.53	23.3	14.2	17.34	

注：同一行或同一列不同字母表示在0.05水平上差异显著。

从表7－24可以看出，品种间和试点间籽粒β－淀粉酶活性差异显著，总平均值为707.60U/g。参试的7个品种中，CDC Stratus最高，3个试点间平均为887.52U/g，显著高于其他6个品种；Sullence最低，仅为578.35U/g，比CDC Stratus低309.17U/g或34.8%。

3 个试点中，石河子点最高，为 852.44U/g，21 团点最低，仅为 539.40U/g，二者相差达 313.04U/g 或 36.7%。同一品种在 3 个试点间的变异系数变动于 Sullence 的 15.48% 至法瓦维特的 32.59%，平均为 23.55%；而同一试点各品种的变异系数平均值为 17.34%，可见，变异的环境效应要大于基因型效应。

（二）浸出率

由表 7-25 可知，品种间和试点间浸出率差异显著，总平均值为 78.52%。7 个品种中，CDC Stratus 最高，试点间平均值为 79.94%，且显著高于其他 6 个品种；Sullence 位居第二，显著高于其他 5 个品种；Samson 最小，为 76.56%。3 个试点中，108 团点最高，21 团点最低，二者相差 2.13%。从变异系数上看，同一品种不同试点间变异系数平均值为 1.98%，变幅为 0.88%（Sullence）~3.03%（ND15387）；同一试点不同品种间的变异系数的平均值为 1.98%，其中 108 团点最大，21 团点最小。

表 7-25　7 个品种在 3 个试点的浸出率（%）（齐军仓，2005）

	石河子	108 团	21 团	平均	CV（%）
Samson	75.49	78.03	76.16	76.56f	1.72
法瓦维特	80.59	79.32	77.16	79.02c	2.19
CDC Stratus	79.01	81.83	78.99	79.94a	2.04
CDC Thompson	77.28	79.82	79.92	79.01c	1.89
新引 D_{10}	76.03	79.18	76.94	77.38e	2.1
Sullence	79.19	80.44	79.26	79.63b	0.88
ND15387	78.05	80.49	75.76	78.10d	3.03
平均	77.95b	79.87a	77.74c	78.52	1.98
CV（%）	2.33	1.51	2.1	1.98	

注：同一行或同一列不同字母表示在 0.05 水平上差异显著。

（三）糖化力

表 7-26　7 个品种在 3 个试点的糖化力（WK）（齐军仓，2005）

	石河子	108 团	21 团	平均	CV（%）
Samson	332.3	277.41	290.6	300.10d	9.55
法瓦维特	395.57	261.21	360.48	339.09b	20.55
CDC Stratus	402.08	381.54	402.93	395.52a	3.06
CDC Thompson	374.34	333.07	311.76	339.72b	9.37
新引 D_{10}	356.64	275.23	285.27	305.71d	14.52
Sullence	258.53	218.85	209.06	228.81e	11.45
ND15387	357.97	302.66	318.19	326.27c	8.74
平均	353.92a	292.85c	311.18b	319.32	11.03
CV（%）	13.68	17.96	19.64	17.1	

注：同一行或同一列不同字母表示在 0.05 水平上差异显著。

表 7－26 表明，糖化力品种间和试点间差异显著，总平均值为 319.32WK。参试的 7 个品种中，CDC Stratus 最高，试点间平均为 395.52WK，且与其他 6 个品种差异显著；Sullence 最低，为 228.81WK，显著小于其他 6 个品种，与最高的 CDC Stratus 相差达 166.71WK 或 42.1%。3 个试点中，石河子点最高，108 团点最低，二者相差 61.07WK 或 17.23%。同一品种不同试点间的变异系数平均为 11.03%，变幅为 3.06%（CDC Stratus）～20.55%（法瓦维特）；同一试点不同品种间的变异系数均值为 17.1%，说明糖化力差异的基因型效应要大于环境效应。

（四）库尔巴哈值

由表 7－27 可知，库尔巴哈值在品种间和试点间差异均显著。参试品种中，CDC Stratus 最高，试点间平均值为 42.67%，且显著高于其他 6 个品种；Sullence 最低，为 34.11%，显著低于其他 6 个品种，比最高的 CDC Stratus 低 8.49 个百分点。三个试点中，108 团点最高，21 团点最低，二者相差 4.72 个百分点。同一品种不同试点间的变异系数平均为 8.51%，变幅为 3.48%（CDC Thompson）～17.59%（Samson）；同一试点不同品种间的变异系数均值为 10.02%。说明引起库尔巴哈值差异的基因型效应大于环境效应。

表 7－27　7 个品种在 3 个试点的库尔巴哈值（%）（齐军仓，2005）

	石河子	108 团	21 团	平均	CV（%）
Samson	35.33	48.33	37	40.22b	17.59
法瓦维特	44.67	37.67	38.33	40.22b	9.61
CDC Stratus	40	48	40	42.67a	10.82
CDC Thompson	39	40	37.33	38.78c	3.48
新引 D_{10}	36	39.33	36	37.11d	5.18
Sullence	33.33	36	33	34.11f	4.82
ND15387	34	38.33	33	35.11e	8.07
平均	37.48b	41.10a	36.38c	38.32	8.51
CV（%）	10.7	12.15	7.2	10.02	

注：同一行或同一列不同字母表示在 0.05 水平上差异显著。

（五）α－氨基氮

α－氨基氮是反映大麦在发芽制作过程中受到蛋白酶分解后形成并积累在麦芽中的氨基酸及低肽量，既反映了麦芽中蛋白质的分解程度，也间接反映了麦芽中蛋白酶类的分解活性，因此是优质麦芽的重要指标之一。麦汁中的 α－氨基氮主要供给啤酒发酵时酵母的生长合成需要，也构成了啤酒的特有风味，所以对于啤酒质量来说，也是很重要的。由表 7－28 可知，α－氨基氮在品种间和试点间差异显著，所有品种和试点的总平均值为 135.33mg/L。在 7 个参试品种中，CDC Stratus 的最高，试点间平均为 165.71mg/L，且显著高于其他 6 个品种；ND15387 最低，为 117.87mg/L，显著低于其他 6 个品种，与最高的 CDC Stratus 相差 47.84mg/L 或 28.9%。3 个试点中，21 团点最高，品种间平均值为 143.30mg/L，108 团点最低，为 125.41mg/L，二者相差 17.89mg/L 或 12.5%。可见，α－氨基氮品种间差异大于试点间差异。同一品种不同试点间的变异系数平均值为13.37%，变幅为1.73%（Sullence）~30.77%（法瓦维特）；同一试点不同品种间的变异系数平均值为18.48%。反映出影响α-氨基氮含量的基因型效应大于环境效应。

表7-28　7个品种在3个试点的α-氨基氮含量（mg/L）（齐军仓，2005）

	石河子	108团	21团	平均	CV（%）
Samson	122	135.2	125.8	127.67c	5.32
法瓦维特	167.13	94.78	177.53	146.48b	30.77
CDC Stratus	151.97	155.63	189.53	165.71a	12.5
CDC Thompson	130.03	158.97	141.9	143.63b	10.13
新引D_{10}	153.87	102.2	114.33	123.47cd	21.88
Sullence	120.87	124.87	121.67	122.47d	1.73
ND15387	115.03	106.23	132.33	117.87e	11.27
平均	137.27b	125.41c	143.30a	135.33	13.37
CV（%）	14.67	20.54	20.23	18.48	

注：同一行或同一列不同字母表示在0.05水平上差异显著。

（六）β-淀粉酶热稳定性

从表7-29中可以看出，β-淀粉酶热稳定性在品种间和试点间差异显著，总的平均值为38.71%。品种间比较，新引D_{10}最高，试点间平均为40.32%；法瓦维特最低，为37.63%，与最高的新引D_{10}相差2.69个百分点。3个试点中，108团点最高，品种间平均值为43.57%，石河子点最低，为34.11%，二者相差9.46个百分点。同一品种不同试点间的变异系数平均值为12.71%，变幅为5.69%（Sullence）~18.13%（ND15387）；同一试点不同品种间的变异系数平均值为5.6%。说明影响β-淀粉酶热稳定性的环境效应大于基因型效应。

表7-29　7个品种在3个试点的β-淀粉酶热稳定性（%）（齐军仓，2005）

	石河子	108团	21团	平均	CV（%）
Samson	31.67	45	40.33	39.00ab	17.34
法瓦维特	34.57	41.67	36.67	37.63b	9.69
CDC Stratus	31.8	42	39.33	37.71b	14.03
CDC Thompson	36.03	42.67	36.17	38.29ab	9.91
新引D_{10}	34.3	45.67	41	40.32a	14.17
Sullence	37.77	42.33	40.33	40.14a	5.69
ND15387	32.67	45.67	35.33	37.89b	18.13
平均	34.11c	43.57a	38.45b	38.71	12.71
CV（%）	6.63	4.12	6.05	5.6	

注：同一行或同一列不同字母表示在0.05水平上差异显著。

四、麦芽品质性状之间的关系

由前面表7-22可知，β-淀粉酶活性与糖化力、库尔巴哈值、α-氨基氮呈显著或极显著正相关，与β-淀粉酶热稳定性呈极显著负相关。浸出率和α-氨基氮呈显著的负相关。糖化力与库尔巴哈值、α-氨基氮、β-淀粉酶热稳定性呈极显著正相关。此外，库尔巴哈值与α-氨基氮、β-淀粉酶热稳定性呈显著或极显著正相关。

五、籽粒蛋白质含量和醇溶蛋白组分含量与麦芽品质性状之间的关系

由前面表7-22可知，籽粒蛋白质含量与β-淀粉酶活性、糖化力、α-氨基氮呈显著或极显著正相关，与浸出率呈极显著负相关；B醇溶蛋白含量与β-淀粉酶活性、糖化力、β-淀粉酶热稳定性呈显著的正相关，与浸出率呈显著的负相关；C醇溶蛋白含量与β-淀粉酶活性呈显著的正相关。此外，D醇溶蛋白与库尔巴哈值呈显著的负相关。

浸出率、糖化力和库尔巴哈值是衡量麦芽品质的重要指标。浸出率是麦芽品质的一个重要指标，其高低直接影响到单位麦芽能生产啤酒数量的多少，因此是一个与经济效益密切相关的品质指标（Arends，等，1995）。糖化力是衡量淀粉水解酶类总活力的一个指标，它代表以β-淀粉酶为主的一系列酶作用于淀粉产生糖类和低分子量糊精的能力，是评价麦芽淀粉水解特性的指标，优质麦芽要求糖化力高（Swanston，等，2001）；而库尔巴哈值（库值）是指麦芽可溶性氮占总氮的比值，其值大，制啤品质佳。以上3个麦芽品质性状均与蛋白质及其组分有关。一般，随着籽粒蛋白质含量的升高，麦芽浸出率降低，糖化力提高，库值下降。由此可见，蛋白质含量的变化对麦芽品质具有很大的影响。另外，有研究表明，同一品种中糖化力与蛋白质含量呈正相关，但不同品种则无这种相关性，启示出特定蛋白质组分在决定糖化力上的作用（Yin，等，2002）。蛋白质含量的遗传与环境变异虽已有不少研究，但对于蛋白质组分的变异规律及其与麦芽品质的关系，目前尚鲜有报道。

齐军仓（2005）研究结果表明，籽粒蛋白质含量的变异来源主要系环境（试点）所致，这与Kaczmarek等（1999），Zhang等（2001）和Wang等（2001）报道的结果一致；在蛋白质组分中，B、C醇溶蛋白含量的变异基因型效应大于环境效应，这与Howard等（1996）的研究结果相反；而D醇溶蛋白含量的变异环境效应大于基因型效应，也与Molina-Cano等（2001）的研究结果相异。造成这种结果差异的原因很可能是研究者的供试材料与试验环境不同。齐军仓（2005）试验中β-淀粉酶活性的基因型和环境变异与前人的研究结果一致（Wang，等，2003）；β-淀粉酶热稳定性在品种间和试点间差异显著，且环境效应大于基因型效应；而Swanston等（2001）以大麦品种Triumph及其两个突变体为材料，分别种植在英格兰和西班牙，发现β-淀粉酶的热稳定性环境之间存在极显著差异，而基因型之间无差异。这一结果显然是与供试的3个试验材料具有基本相同的遗传背景有关。

Kaczmarek等（1999）利用30个加倍单倍体品系进行了多年多点试验，结果表明，环境、基因型及它们的互作对麦芽浸出率和库尔巴哈值有极显著的影响。Molina-Cano等（1997）报道，品种、环境以及品种与环境互作对麦芽浸出率和库尔巴哈值存在显著影响。Eagles等（1995）研究发现，品种间糖化力存在着显著的变异，且基因型与环境的互作效应也呈极显著。但是，Schildbach等（1992）未发现麦芽品质上存在着基因型和环境的显著互作。在齐军仓（2005）的试验中，4个麦芽品质的品种间差异和试点间差异均达到显著水

平；糖化力、库尔巴哈值和 α - 氨基氮这 3 个品质性状的变异基因型效应大于环境效应，而浸出率的变异基因型与环境效应相当。

齐军仓（2005）对蛋白质含量与麦芽品质性状进行了相关分析，其结果与前人报道的基本一致（Molina - Cano，等，2001）。由此可以认为，蛋白质与麦芽品质性状之间的关系十分复杂，在育种和生产实践上要同时提高所有品质性状相当困难。另外，这些品质性状与蛋白质含量及其组成以及一些水解酶活性等关系密切，因此通过基因工程的手段改变蛋白质的组成或酶的活性可以达到改良有关品质性状的目的，有望打破某些品质性状间的负相关。如齐军仓（2005）发现 B、C 醇溶蛋白含量与 β - 淀粉酶活性显著正相关；B 醇溶蛋白与糖化力显著正相关，而与浸出率呈显著负相关。一些研究也表明，糖化力与 β - 淀粉酶活性呈显著的正相关（Gibson，等，1995）。因此，有可能通过降低 B 醇溶蛋白含量和提高 C 醇溶蛋白含量增强 β - 淀粉酶活性和糖化力，并同时提高麦芽浸出率。

第八章

大麦籽粒酚酸的基因型差异及环境效应研究

酚酸是指具有某种羧酸功能的酚类，根据芳香环上所连的羟基和甲氧基的位置和数目不同，天然酚酸可以分为羟基苯甲酸衍生物和羟基肉桂酸衍生物两类（Stalikas，2007）。酚酸具有预防心血管疾病、抗癌抗肿瘤、抗菌、抗突变、消炎和抗艾滋病病毒等多种生物活性，是一种良好的抗氧化剂，广泛应用于医药和保健领域。啤酒中也含有丰富的酚酸成分，其对啤酒风味、色泽、收敛性和胶体稳定性有重要影响。

随着人们生活水平的提高，人工合成的药物和添加剂的安全性越来越引起人们的担忧，因此，绿色无害的天然产物则逐渐受到人们的青睐。酚酸广泛存在于植物体内，是仅次于黄酮的第二大植物次生代谢产物，含量丰富，从植物中提取天然酚酸应用于工业生产是可行的。大麦籽粒中酚酸含量较高，且种类丰富，将大麦作为一种提取天然酚酸的重要原料具有独特的优势，也有利于拓展大麦的附加值，因此，这一产业的发展前景十分广阔。国外对大麦酚酸开展了一定的研究，但国内的研究报道甚少。大麦酚酸的组成成分比较复杂，其中羟基苯甲酸衍生物主要有没食子酸、原儿茶酸、对羟基苯甲酸、间羟基苯甲酸、香草酸、丁香酸、藜芦酸、水杨酸、间没食子酰没食子酸等；羟基肉桂酸衍生物主要有绿原酸、咖啡酸、对香豆酸、邻香豆酸、阿魏酸等（Dudjak，等，2004）。

目前，水果、蔬菜、药用植物以及谷物中的小麦、水稻、燕麦、荞麦、黑麦、小黑麦和小米等多种植物酚酸的研究方兴未艾，相比较而言，大麦酚酸的研究相对薄弱。施用适当比例的生物有机肥可以提高大豆酚酸的含量（Taie，等，2008），但大麦叶片中的可溶性酚酸随着植株有机肥营养水平的增加而降低（Nørbæk，等，2003），说明栽培条件可以影响农作物中酚酸的含量，但栽培条件对大麦籽粒酚酸的影响尚未见公开报道。另外，基因型、环境及基因型与环境互作对大麦酚酸影响的研究目前也未见公开报道。

王祥军等（2011）首先建立了大麦籽粒中 13 种酚酸的反相高效液相色谱测定技术，这 13 种酚酸包括 8 种羟基苯甲酸衍生物（没食子酸、原儿茶酸、对羟基苯甲酸、间羟基苯甲酸、香草酸、丁香酸、藜芦酸和水杨酸）和 5 种羟基肉桂酸衍生物（绿原酸、咖啡酸、邻香豆酸、对香豆酸和阿魏酸），然后利用此方法，针对这 13 种酚酸的含量以及总羟基苯甲酸衍生物含量（各羟基苯甲酸衍生物含量之和，THBA）、总羟基肉桂酸衍生物含量（各羟基肉桂酸衍生物含量之和，THCA）和总酚酸含量（13 种酚酸含量之和，TPA）等指标，对大麦籽粒酚酸的基因型差异及环境效应进行了比较全面和系统的研究，其中着重探讨了氮素营养及其应用对大麦籽粒酚酸的影响。研究结果将为大麦优质栽培、育种和深加工提供理论参考。

第一节 大麦籽粒酚酸反相高效液相色谱测定方法的建立

目前，利用反相高效液相色谱法（RP - HPLC）测定酚酸已有很多报道（Hernanz，等，2001；刘江云，等，2002；Nardini and Ghiselli，2004；Kim，等，2006；刘群涛，等，2006；Ross，等，2009），但往往当所测定的酚酸种类较多时，分析条件复杂，分析时间较长，不利于大批量样品的测定。Yu 等（2001）开发了一种快速分析大麦籽粒中酚酸的 RP - HPLC 方法，但所测定酚酸种类较少。王祥军等（2011）采用 13 种酚酸的标准品，通过对分析条件的优化，建立了一种简单、快速、适合大批量样品中酚酸测定的 RP - HPLC 方法。

一、材料与方法

仪器：美国 Agilent 1200 高效液相色谱仪，包括 Agilent 1200 系列真空脱气机、四元泵、自动进样器、柱温箱、可变波长检测器和安捷伦化学工作站 B. 04. 01 版色谱数据处理系统；实验室专用超纯水机（台湾艾柯成都康宁实验专用纯水设备厂）；KQ - 500VDE 型超声波清洗器（昆山市超声仪器有限公司）；SENCO® R 系列旋转蒸发仪（上海申生科技有限公司）。

试剂：甲醇和甲酸为色谱纯，购自 Fisher 公司；其余试剂均为分析纯；实验用水为自制超纯水（电阻率 18. 25MΩ · cm）；没食子酸、原儿茶酸、绿原酸、对羟基苯甲酸、咖啡酸、香草酸、丁香酸、间羟基苯甲酸、对香豆酸、阿魏酸、藜芦酸、邻香豆酸和水杨酸 13 种酚酸标准品均购自 Sigma 公司，纯度 95% 以上。

供试材料：12 个大麦品种（系），即 2B98 - 5754 - d、2B98 - 5754 - c、99PD10、Z173U047V、G061T006U、G065T007U、94PJ107、A - 6、Empress、Fallon、Nobell 和 Jaeger。

样品制备：大麦籽粒 80℃ 下烘干 24h，粉碎，精确称取粉碎后的大麦粉 2. 000g，加入 120mL 80% 甲醇水溶液（用 0. 2mol/L HCl 调节 PH 值至 4. 2），并加入 0. 2g 抗坏血酸作为抗氧化剂，在超声频率 45KHz、超声功率 500W、70℃ 条件下提取 40min，然后迅速冰浴 10min 以终止酸解，4000g 离心 15min，上清液旋转蒸发至近干，残余物用甲醇溶解，15000g 离心 10min，上清液于棕色容量瓶中定容至 10mL，进样前过 0. 45μm 微孔滤膜。

色谱条件：色谱柱为 SUPELCO Ascentis C18 色谱柱（150mm × 4. 6mm，5μm）；流动相 A 为 100% 甲醇，流动相 B 为 0. 1% 甲酸水溶液；洗脱程序：0 ~ 20min，25% ~ 50% B；20 ~ 22min，50% ~ 25% B；22 ~ 27min，25% B；流速 0. 7mL/min；柱温 40℃；检测波长 275nm；进样量 10μl。定量采用峰面积外标法。

二、优化测定方法的建立

（一）流动相的选择

用甲醇 - 水做流动相时，13 种酚酸不能很好地分离，而且峰型拖尾严重。这是因为酚羟基、羧基在水溶液中易产生电离，极性增强，在固定相表面形成双重保留机制（吕海涛，等，2007）。在流动相中加入酸性抑制剂可以抑制此类化合物的电离，增大其分布系数，从而明显改善各色谱峰的峰形和分离度（刘江云，等，2002）。因此，选择甲醇 - 甲酸水溶液作为流动相。从图 8－1 可以看出，增加流动相的酸度可以明显改善分离度。当流动相 B 中甲酸浓度为 2% 时，各色谱峰均可以达到基线分离，但考虑到色谱柱的耐酸程度，流动相 PH 值过低对色谱柱不利，而且会导致基线严重漂移，0. 1% 的甲酸浓度已可满足分析要求。因此，流动相 B 中甲酸的浓度最终确定为 0. 1%，这也与 Ross 等（2009）和于东等（2010）的实验条件一致。

（二）洗脱条件的选择

由于 13 种酚酸的结构和极性差别较大，要达到组分间的完全分离必须采用梯度洗脱。采用甲醇－0. 1% 甲酸水溶液体系，经过多次实验比较，发现甲醇的体积分数在 0～20min 内由 25% 变化到 50% 的线性梯度条件分离效果最佳。

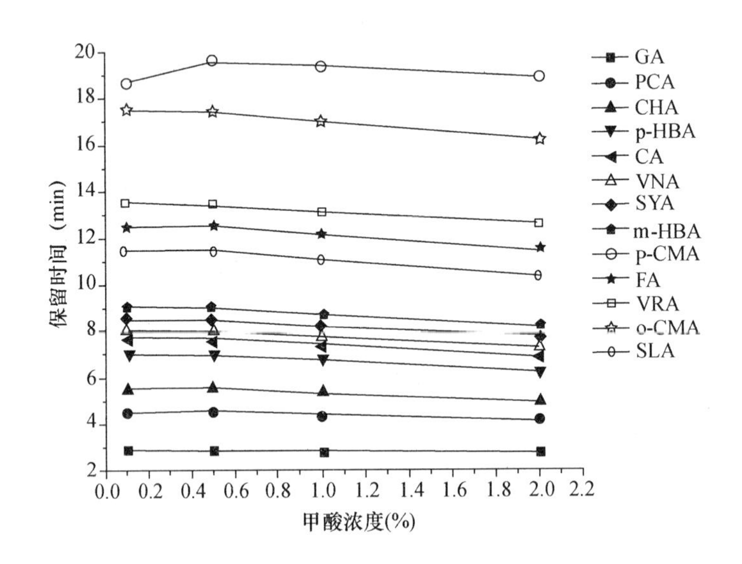

图 8－1 流动相 B 中甲酸浓度对保留时间的影响（王祥军，等，2011）

注：GA：没食子酸；PCA：原儿茶酸；CHA：绿原酸；p－HBA：对羟基苯甲酸；CA：咖啡酸；VNA：香草酸；SYA：丁香酸；m－HBA：间羟基苯甲酸；p－CMA：对香豆酸；FA：阿魏酸；VRA：藜芦酸；o－CMA：邻香豆酸；SLA：水杨酸。下同。

（三）柱温的选择

柱温对各组分的保留行为有很大影响（图 8－2），提高柱温可以明显改善各组分间的分离度。当柱温为 25℃和 35℃时，咖啡酸和香草酸两种组分无法分离，40℃时二者可以分离，且分离度已可满足定性定量分析的要求，继续提高柱温虽然可以有效缩短各组分的保留时间，但过高的温度对色谱柱不利，因此柱温最终确定为 40℃。

（四）流速的选择

提高流动相的流速也可有效缩短分析时间（图 8－3），但是流速过快组分间的分离效果变差。在 0. 8mL/min、1. 0mL/min 和 1. 5mL/min 的流速下，咖啡酸和香草酸两种组分无法分离。而在 0. 7mL/min 流速下，二者可以分离，且各组分保留时间较短。因此，最终确定流速为 0. 7mL/min，这与 Ross 等（2009）的实验条件一致。

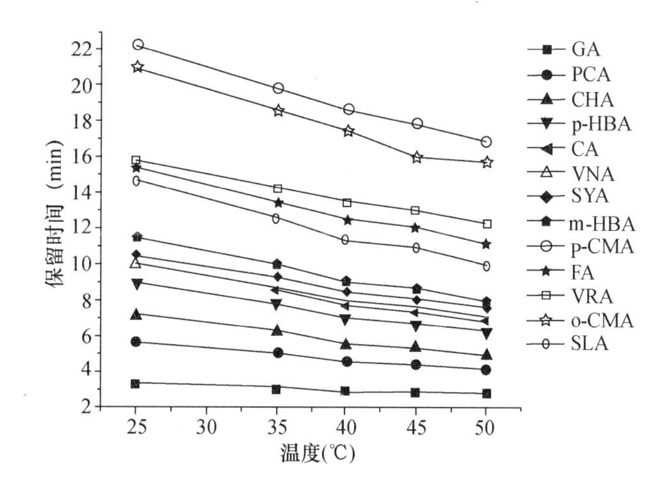

图 8 -2　柱温对保留时间的影响（王祥军，等，2011）

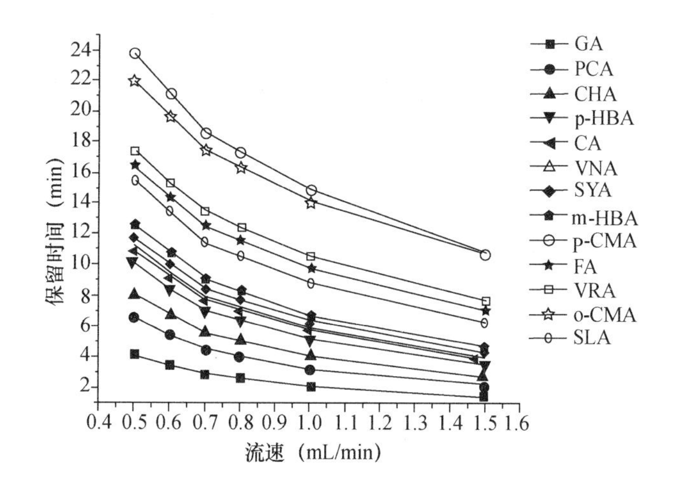

图 8 -3　流动相流速对保留时间的影响（王祥军，等，2011）

（五）色谱条件的确定

根据上述优化结果，确定了最终的色谱条件。图 8 -4 是 13 种酚酸混标和供试样品在此色谱条件下的色谱图，各酚酸组分的保留时间见表 8 -1。所有组分在 20min 内得到了很好的分离，而刘江云等（2002）分离 12 种酚酸约需 40min，Ross 等（2009）分离 11 种酚酸、Kim 等（2006）分离 12 种酚酸、Nardini 和 Ghiselli（2004）分离 14 种酚酸约需 50min 左右，Hernanz 等（2001）分离 18 种羟基肉桂酸衍生物和阿魏酸脱羟二聚物约需 80min。

（六）线性关系与检测限

分别配制含有 13 种酚酸组分的系列混合标准溶液，在确定的最终色谱条件下依次进样，重复 3 次，以峰面积为纵坐标（y），质量浓度为横坐标（x），计算各个酚酸组分的回归方程、相关系数和线性范围（表 8 -1）。由表 8 -1 可见，在一定样品浓度范围内各组分质量浓度与峰面积相关性良好，相关系数均在 0.999 以上。以信噪比（S/N）=3 确定各组分的检测限，结果见表 8 -1。

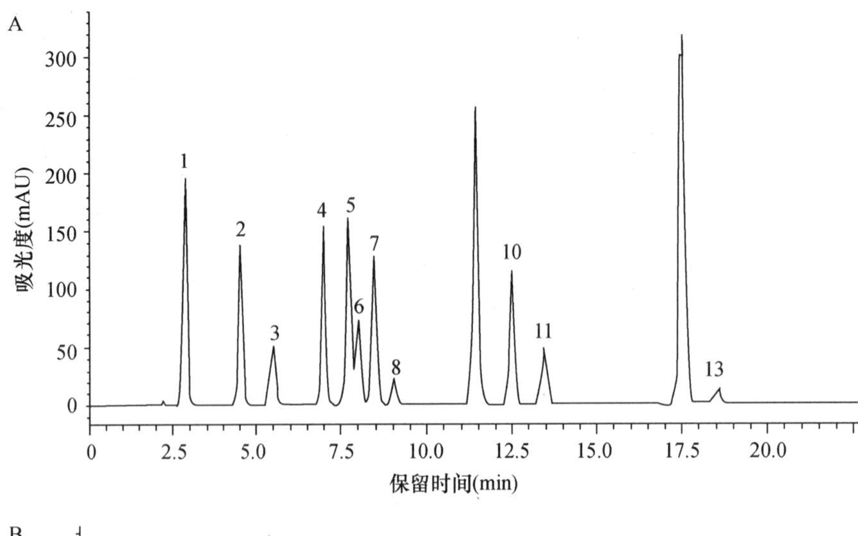

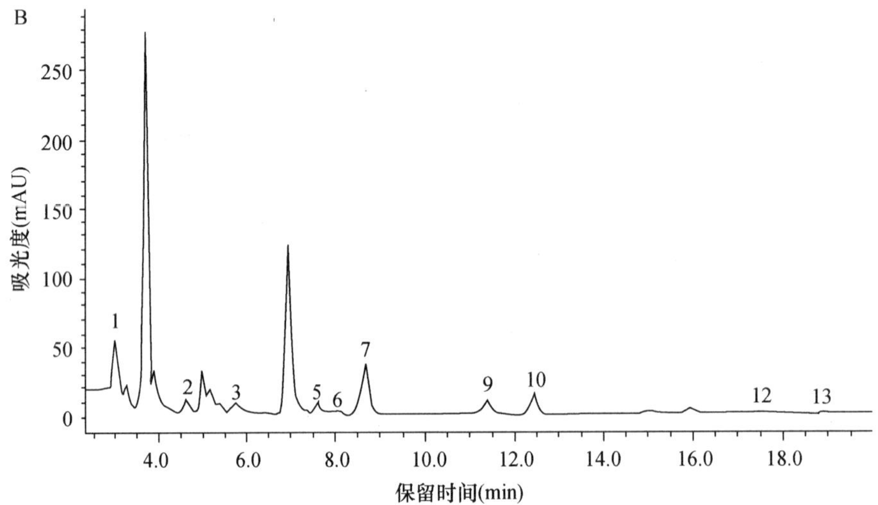

图 8－4　酚酸混标（A）和样品（B）的色谱图（王祥军，等，2011）

注：1. 没食子酸；2. 原儿茶酸；3. 绿原酸；4. 对羟基苯甲酸；5. 咖啡酸；6. 香草酸；7. 丁香酸；8. 间羟基苯甲酸；9. 对香豆酸；10. 阿魏酸；11. 藜芦酸；12. 邻香豆酸；13. 水杨酸。

表 8－1　13 种酚酸组分的保留时间、回归方程、相关系数、线性范围和检测限（王祥军，等，2011）

酚酸	保留时间（min）	回归方程	相关系数	线性范围（mg/L）	检测限（mg/L）
GA	2.90	y = 21584x + 0.0398	0.9995	1.00 – 100.00	1.70
PCA	4.53	y = 17474x + 0.6676	0.9999	1.00 – 300.00	1.41
CHA	5.52	y = 5325.3x + 4.5623	0.9999	1.00 – 400.00	3.61
p – HBA	6.98	y = 22061x + 5.4216	0.9998	1.00 – 100.00	0.94
CA	7.72	y = 53304x + 37.3700	0.9992	1.00 – 50.00	1.37
VNA	7.98	y = 21885x – 14.9510	0.9999	2.00 – 400.00	0.93
SYA	8.43	y = 17686x + 3.6745	1.0000	1.00 – 400.00	1.72

续表

酚酸	保留时间（min）	回归方程	相关系数	线性范围（mg/L）	检测限（mg/L）
m-HBA	9.02	y=1475.4x-1.9548	0.9998	4.00-400.00	4.99
p-CMA	11.42	y=20621x+5.3548	1.0000	1.00-400.00	3.52
FA	12.47	y=11778x+0.3147	1.0000	1.00-400.00	3.74
VRA	13.44	y=20222x+4.7735	1.0000	1.00-400.00	0.30
o-CMA	17.48	y=37453x+20.856	0.9991	1.00-100.00	2.27
SLA	18.55	y=11338x+12.585	0.9993	1.00-400.00	0.98

（七）加标回收率和精密度

在2.000g已知含量的大麦籽粒粉样中添加一定量的酚酸标准品，根据最终确定的方法进行提取和测定，重复6次，计算各组分的加标回收率和相对标准偏差（RSD），结果见表8-2。

从表8-2可以看出，各组分的平均回收率为86.99%～105.54%，RSD为0.04%～3.08%，说明该方法的重复性较好，准确度高。

表8-2 13种酚酸组分的加标回收率及方法的精密度（n=6）（王祥军，等，2011）

酚酸	样品中含量（mg/kg）	添加量（mg/kg）	测得量（mg/kg）	平均回收率（%）	RSD（%）
GA	10.60	50.00	54.76	88.32	0.44
PCA	36.51	30.00	65.40	96.32	0.69
CHA	2.45	50.00	50.28	95.67	2.68
p-HBA	nd	70.00	68.16	97.37	0.04
CA	nd	10.00	8.84	88.37	0.24
VNA	7.20	40.00	42.00	86.99	0.64
SYA	2.42	50.00	48.35	91.86	0.63
m-HBA	nd	50.00	48.67	97.33	3.08
p-CMA	4.44	40.00	46.18	104.36	0.27
FA	4.80	40.00	43.58	96.94	1.18
VRA	nd	40.00	40.49	101.24	0.36
o-CMA	nd	40.00	35.34	88.35	0.18
SLA	nd	40.00	42.21	105.54	0.66

注：nd表示未检测到。

从以上结果可以看出，该方法可以一次性测定13种大麦籽粒酚酸，而且分析时间较短，重复性和准确度均较好，可以满足生产中对大麦籽粒酚酸进行快速测定和评价的基本要求。

第二节　不同类型大麦籽粒中酚酸组分与含量的差异

大麦籽粒中不溶性结合酚酸，比如香草酸、对香豆酸和阿魏酸等，主要分布于籽粒外层部位（稃壳、果皮、种皮和糊粉层），胚乳中含量很少（Nordkvist，等，1984）。大麦胚乳细胞壁中存在着阿魏酸与阿拉伯木聚糖的结合体（Fincher，1976），而且不同大麦品种中阿魏酸的含量存在着显著的差异（Zupfer，等，1998）。另外，Holtekjølen 等（2006）的研究表明皮大麦中酚酸的含量显著高于裸大麦。王祥军等（2011）以不同类型的大麦品种（系）为材料，测定籽粒中 13 种酚酸的含量，以期更加系统地阐明不同类型大麦品种籽粒中酚酸组分与含量的差异。

供试材料为 15 个大麦品种（系）。2B98 – 5754 – d、2B98 – 5754 – c、99PD10 和 Z173U047V 为非黑色二棱皮大麦；Menghel 和 SDHP – X 为黑色二棱皮大麦；G061T006U、G065T007U、99PJ10 和 A – 6 为多棱皮大麦；Empress 和 SDLT – X 为二棱裸大麦，Fallon、Nobell 和 Jaeger 为多棱裸大麦。参试材料在 2009 年种植于新疆石河子大学农学院试验站，管理措施同大田，成熟期收获。

一、大麦籽粒酚酸的组成成分

15 个不同类型大麦品种籽粒酚酸的含量见表 8 – 3 和表 8 – 4。所测定的 13 种酚酸成分中，咖啡酸的含量未检测到，但是 Yu 等（2001）、Hernanz 等（2001）和 Weidner 等（1996）均报道了大麦籽粒中咖啡酸的存在，可能是研究中所选材料或实验方法不同所造成的。

对大麦籽粒中各酚酸成分含量占 TPA 的百分比进行方差分析表明，大麦籽粒中各酚酸成分的含量差异极显著（$p<0.01$）。Yu 等（2001）认为大麦籽粒中酚酸的主要成分是对羟基苯甲酸，Holtekjølen 等（2006）认为是阿魏酸。但是从图 8 – 5 可以看出，王祥军等（2011）测定的 12 个大麦品种（系）中，原儿茶酸的含量均最高，其含量甚至极显著高于其他酚酸成分含量之和，占 TPA 的 70.25%，其他酚酸成分占 TPA 的比例均未达到 10.00%，最低的为邻香豆酸，仅占 TPA 的 0.30%。研究结果的差异可能是由所选材料不同造成的。从表 8 – 4 可以看出，除 Menghel、SDHP – X 和 99PD10，其他 12 个大麦品种（系）的籽粒中均未检测到邻香豆酸。大麦籽粒中的酚酸主要是羟基苯甲酸衍生物，占 TPA 的 88.14%，THCA 仅占 TPA 的 11.86%，不及 THBA 的 1/7。大麦籽粒中最主要的羟基肉桂酸衍生物为阿魏酸，这与 Hernanz 等（2001）的结果一致。

二、大麦籽粒酚酸含量的品种间差异

方差分析结果表明，不同品种（系）大麦籽粒中各酚酸成分、THBA、THCA 和 TPA 差异均极显著（$p<0.01$）。从图 8 – 6 可以看出，大麦籽粒中 THCA 的品种间变异系数超过 90%，THBA 和 TPA 的品种间变异系数也均超过 20%。大麦籽粒中主要的酚酸成分（含量≥5.00mg/kg）中，绿原酸在品种间的变异程度最大，变异系数达 222.01%，主要是因为黑皮二棱大麦籽粒中绿原酸的平均含量（43.05mg/kg）几乎是裸大麦（0.34mg/kg）的 127 倍。

表 8-3　不同品种大麦籽粒中羟基苯甲酸衍生物的含量（王祥军，等，2011）

品种	羟基苯甲酸衍生物的含量（平均值±标准差，mg/kg）								
	GA	PCA	p-HBA	m-HBA	VNA	SYA	VRA	SLA	THBA
皮二棱									
SDHP-X	5.38±0.23	139.48±2.37	2.00±0.16	nd	9.20±0.91	10.54±0.37	9.35±0.57	0.74±0.08	176.69±3.02a
Menghel	6.58±0.34	132.42±2.99	1.37±0.29	nd	10.88±0.21	12.66±0.72	10.01±0.61	1.71±0.19	175.63±3.14a
2B98-5754-d	7.91±0.65	125.42±2.13	1.17±0.06	15.74±0.91	6.14±0.72	4.53±0.41	0.44±0.03	13.37±0.50	174.72±3.17ab
2B98-5754-c	3.44±0.44	127.61±2.17	0.62±0.10	nd	9.43±0.52	3.73±0.33	nd	2.98±0.32	147.80±2.55f
99PD10	5.05±0.46	85.96±1.61	1.27±0.07	nd	12.04±0.48	6.61±0.59	2.98±0.18	0.10±0.01	114.00±1.96i
Z173U047V	5.87±0.66	45.45±0.77	3.69±0.19	nd	6.35±0.33	7.59±0.68	0.76±0.05	nd	69.73±1.41k
皮多棱									
G065T007U	9.44±0.74	128.60±2.22	0.80±0.12	18.16±0.37	10.43±0.74	4.71±0.42	nd	0.77±0.08	172.92±3.28bc
G061T006U	8.76±0.42	135.05±2.34	0.09±0.00	nd	7.73±0.21	5.09±0.46	0.08±0.01	nd	156.79±2.71d
A-6	8.57±0.49	119.70±2.09	1.31±0.15	nd	8.42±0.17	11.02±0.99	1.14±0.13	nd	150.17±2.87f
94PJ107	7.28±0.68	107.64±1.84	0.55±0.03	nd	7.99±0.88	8.79±0.79	nd	nd	132.25±3.04h
裸二棱 VSDLT-X	9.57±0.16	143.37±3.31	nd	13.98±0.36	4.07±0.21	1.61±0.04	nd	nd	172.59±3.64bc
Empress	10.25±0.48	138.95±3.46	nd	14.48±0.45	6.51±0.44	0.60±0.05	nd	nd	170.80±3.57c
裸多棱									
Nobell	16.77±0.72	127.73±2.17	nd	nd	6.05±0.12	2.03±0.21	nd	nd	152.57±2.70e
Fallon	4.53±0.46	117.40±2.01	nd	12.63±0.89	5.14±0.34	0.47±0.04	nd	nd	140.16±3.04g
Jaeger	10.81±0.31	86.63±1.54	nd	nd	5 19±0.67	0.73±0.09	nd	nd	103.36±2.27j

注：GA：没食子酸；PCA：原儿茶酸；p-HBA：对羟基苯甲酸；m-HBA：间羟基苯甲酸；VNA：香草酸；SYA：丁香酸；VRA：藜芦酸；SLA：水杨酸；THBA：总羟基苯甲酸衍生物含量；nd：未检测到。同一列数据后所标示的字母不同表示在5%水平差异显著。下同。

表 8－4　不同品种大麦籽粒中羟基肉桂酸衍生物和总酚酸的含量（王祥军，等，2011）

品种	羟基肉桂酸衍生物和总酚酸的含量（平均值 ± 标准差，mg/kg）					
	CHA	p－CMA	o－CMA	FA	THCA	TPA
皮二棱						
Menghel	46. 17 ±0. 93	nd	1. 85 ±0. 11	20. 05 ±0. 39	68. 08 ±1. 15a	243. 70 ±4. 14a
SDHP－X	39. 93 ±1. 36	nd	5. 50 ±0. 10	17. 99 ±0. 44	63. 43 ±1. 13b	240. 12 ±4. 27b
2B98－5754－d	3. 00 ±0. 11	4. 64 ±0. 51	nd	8. 65 ±0. 94	16. 29 ±1. 27e	191. 02 ±4. 19c
2B98－5754－c	0. 71 ±0. 01	0. 16 ±0. 03	nd	4. 80 ±0. 52	5. 67 ±0. 46j	153. 47 ±2. 80i
99PD10	1. 57 ±0. 14	3. 42 ±0. 37	0. 07 ±0. 00	5. 45 ±0. 59	10. 52 ±0. 90g	124. 52 ±2. 25j
Z173U047V	1. 95 ±0. 05	3. 03 ±0. 33	nd	4. 11 ±0. 45	9. 09 ±0. 61h	78. 81 ±2. 011
皮多棱						
G065T007U	2. 05 ±0. 35	2. 14 ±0. 23	nd	9. 39 ±0. 16	13. 58 ±0. 52f	186. 50 ±3. 77d
A－6	2. 14 ±0. 09	8. 84 ±0. 97	nd	10. 56 ±0. 23	21. 54 ±0. 87d	171. 71 ±3. 73f
G061T006U	nd	5. 13 ±0. 56	nd	7. 87 ±0. 33	13. 01 ±0. 72f	169. 80 ±3. 20f
99PJ10	1. 04 ±0. 58	5. 52 ±0. 60	nd	17. 82 ±0. 97	24. 38 ±1. 75c	156. 63 ±4. 93h
裸二棱						
Empress	nd	0. 60 ±0. 07	nd	6. 03 ±0. 66	6. 63 ±0. 59i	177. 43 ±3. 31e
SDLT－X	0. 11 ±0. 02	0. 37 ±0. 03	nd	7. 16 ±0. 78	7. 64 ±0. 60i	180. 24 ±4. 20e
裸多棱						
Nobell	0. 90 ±0. 16	0. 43 ±0. 05	nd	12. 42 ±0. 41	13. 75 ±0. 27f	166. 32 ±2. 87g
Fallon	nd	0. 09 ±0. 01	nd	10. 56 ±0. 25	10. 64 ±0. 21g	150. 81 ±3. 07i
Jaeger	0. 71 ±0. 11	nd	nd	12. 42 ±0. 28	13. 13 ±0. 19ij	116. 49 ±2. 40k

注：CHA：绿原酸；p－CMA：对香豆酸；o－CMA：邻香豆酸；FA：阿魏酸；THCA：总羟基肉桂酸衍生物含量；TPA：总酚酸含量。

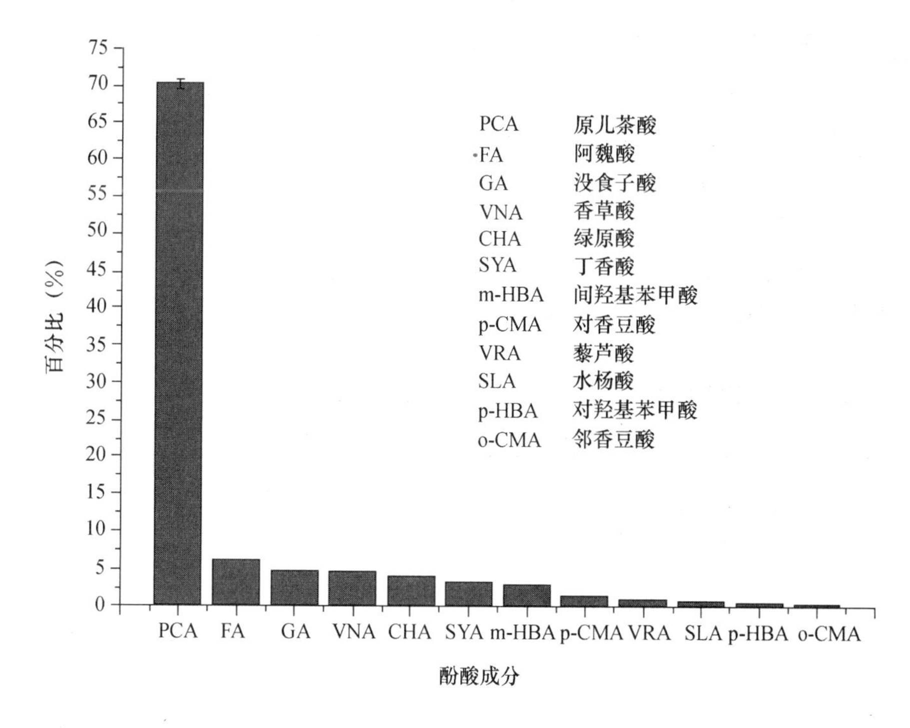

图8-5 大麦籽粒中各酚酸成分含量占总酚酸含量的百分比（王祥军，等，2011）

另外，间羟基苯甲酸的含量在品种间的变异程度也很大（CV = 148.16%），大麦籽粒中含量最高的原儿茶酸在品种间的变异程度较小（CV = 22.52%）。

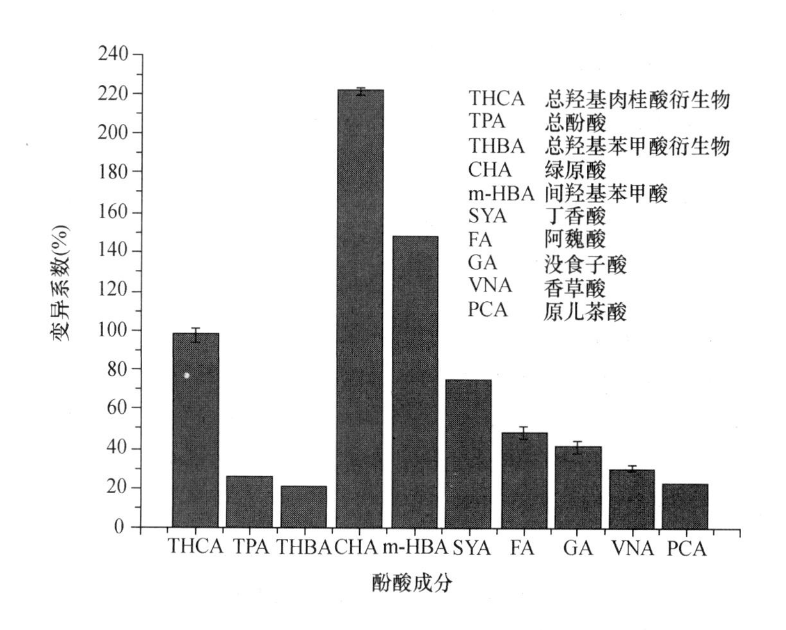

图8-6 大麦籽粒中主要酚酸成分含量的品种间变异（王祥军，等，2011）

三、不同类型大麦品种籽粒酚酸含量的差异

不同类型大麦籽粒 THBA 的方差分析表明其差异极显著（$p < 0.01$），变异系数达 9.10%。从表 8-5 可以看出，黑皮大麦的 THBA 高于其他类型。总体上，二棱大麦的 THBA 高于多棱大麦，但是在皮大麦中，二棱却低于多棱。另外，多棱皮大麦的 THBA 高于多棱裸大麦，但是二棱皮大麦的 THBA 低于二棱裸大麦，二棱皮大麦的 THBA 高于多棱裸大麦，但是二棱裸大麦的 THBA 高于多棱皮大麦，可能正是这种相互抵消的现象，导致总体上皮大麦与裸大麦中 THBA 的差异不显著（$p > 0.05$）。

表 8-5　不同类型大麦籽粒中总羟基苯甲酸衍生物、总羟基肉桂酸衍生物和总酚酸的含量（王祥军，等，2011）

大麦类型	酚酸含量（平均值 ± 标准差，mg/kg）		
	总羟基苯甲酸衍生物	总羟基肉桂酸衍生物	总酚酸
BH	176.16 ±3.01a	65.75 ±1.40a	241.91 ±4.14a
NBH	139.80 ±2.55g	14.26 ±1.08g	154.06 ±3.28f
TH	143.10 ±2.44f	28.85 ±1.05b	171.94 ±3.15d
PH	153.03 ±2.92c	18.12 ±1.18e	171.16 ±3.82d
THL	171.70 ±2.92b	7.14 ±0.73j	178.84 ±3.13b
PHL	132.03 ±2.28h	12.51 ±0.24h	144.54 ±2.47g
T	150.25 ±2.56d	23.42 ±0.96d	173.66 ±3.14c
P	144.03 ±2.52f	15.72 ±0.75f	159.75 ±3.01e
H	147.07 ±2.59e	24.56 ±1.09c	171.63 ±3.37d
HL	147.90 ±2.52e	10.36 ±0.40i	158.26 ±2.69e

注：BH：黑皮大麦；NBH：非黑皮大麦；TH：二棱皮大麦；PH：多棱皮大麦；THL：二棱裸大麦；PHL：多棱裸大麦；T：二棱大麦；P：多棱大麦；H：皮大麦；HL：裸大麦。

不同类型大麦籽粒中 THCA 含量的方差分析表明其差异极显著（$p < 0.01$），而且变异程度很大，变异系数达 76.05%。从表 8-5 可以看出，黑皮大麦 THCA 高于其他类型。总体上，二棱大麦 THCA 仍然高于多棱大麦，但是与 THBA 含量的情况相反，在皮大麦中，二棱大麦 THCA 高于多棱，而在裸大麦中，二棱大麦 THCA 却低于多棱。另外，无论棱形是否一致，皮大麦 THCA 均高于裸大麦。

不同类型大麦籽粒中 TPA 含量的方差分析表明其差异极显著（$p < 0.01$），变异系数为 15.40%。从表 8-5 可以看出，黑皮大麦 TPA 高于其他类型。总体上，二棱大麦 TPA 高于多棱大麦，但是在皮大麦中，二棱大麦 TPA 与多棱大麦无显著差异。另外，虽然二棱裸大麦 TPA 高于二棱皮大麦和多棱皮大麦，但是总体上皮大麦 TPA 仍然高于裸大麦。

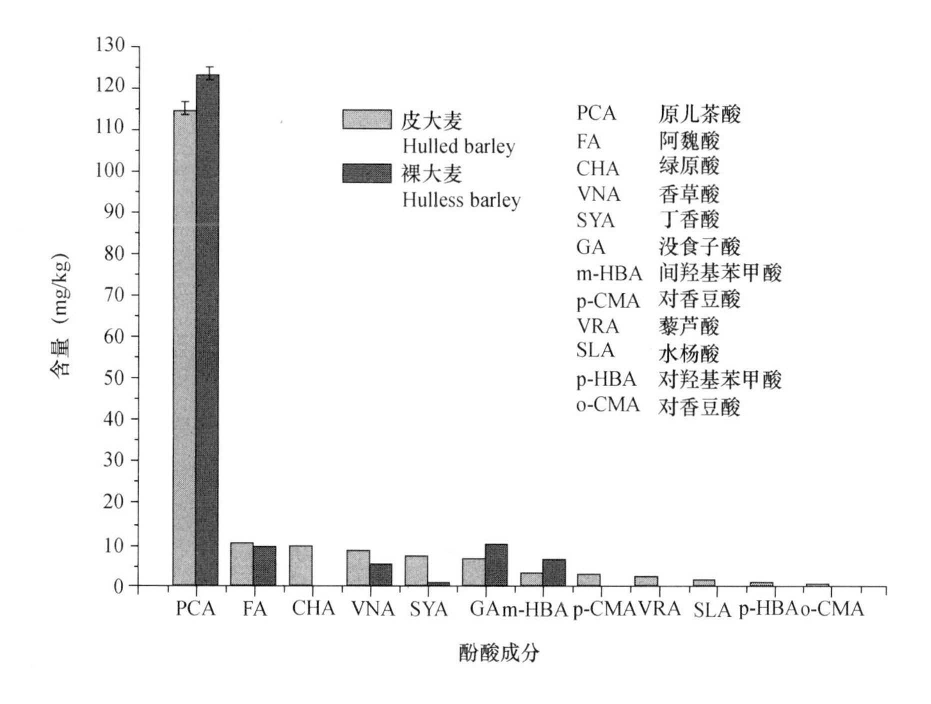

图 8-7　皮大麦和裸大麦籽粒中各酚酸成分含量的比较（王祥军，等，2011）

皮大麦和裸大麦籽粒中各酚酸成分含量的方差分析表明差异极显著（$p<0.01$）。从图8-7可以看出，裸大麦中没有检测到藜芦酸、水杨酸、对羟基苯甲酸和邻香豆酸这 4 种成分，说明这 4 种酚酸主要是在籽粒稃壳中合成的。皮大麦籽粒中阿魏酸、绿原酸、香草酸、丁香酸和对香豆酸的含量显著高于裸大麦（$p<0.01$），Holtekjølen（2006）等也报道皮大麦中阿魏酸和对香豆酸的含量显著高于裸大麦。皮大麦籽粒中绿原酸和丁香酸的含量分别是裸大麦中的 29 倍和 11 倍，但裸大麦中原儿茶酸、没食子酸和间羟基苯甲酸的含量显著高于皮大麦（$p<0.01$）。从这些结果可以看出，与裸大麦相比，皮大麦籽粒中含有更为丰富的酚酸种类，一些酚酸的含量也远高于裸大麦。因此，在工业生产中开发高酚酸含量的产品可以皮大麦为主要原料，而开发低酚酸含量的产品可以裸大麦为主要原料。

供试材料中，Menghel 和 SDHP-X 稃壳的颜色为黑色，其他品种（系）稃壳的颜色均为淡黄色。有研究表明，谷物中的黑色素属花青苷类色素，是黄酮类化合物（Nam，等，2006；宋艳和汪云，2008），而植物中黄酮类化合物与酚酸均来源于苯丙烷代谢途径（Weisshaar and Jenkins，1998），而且羟基肉桂酸衍生物是合成黄酮类化合物的重要前体（Neish，1960），苯丙烷代谢途径中的一些酶如 PAL，对羟基肉桂酸衍生物（Koukol and Conn，1961）和花青苷类色素（Neish，1960）的合成均具有催化作用。王祥军等（2011）发现，黑皮大麦籽粒中 TPA 显著高于非黑皮大麦，而且这种差异主要来源于 THCA 含量的变异。由此推测大麦籽粒中羟基肉桂酸衍生物的合成可能与稃壳黑色素有关，THCA 和 TPA 可能与稃壳色素存在一定的相关关系。另外，SDHP-X 是以 Menghel 为母本的一个杂交后代，其籽粒中羟基肉桂酸衍生物尤其是绿原酸的含量显著高于其他品种（系），但与 Menghel 比较接近，说明 SDHP-X 籽粒中控制羟基苯甲酸衍生物尤其是绿原酸合成的基因可能来自于 Menghel，而且这些基因很可能与籽粒中控制黑色素合成的基因连锁，或者二者的合成是由同一基因所控制，但是这一结论仍需进一步通过遗传学方面的研究加以证明。

从以上结果可以看出，不同品种和不同类型大麦籽粒中酚酸的含量存在极显著的变异，说明酚酸的含量是受遗传因素控制的。因此，可以通过育种手段改良大麦籽粒酚酸的组成和含量。

第三节 大麦籽粒酚酸含量的基因型与环境互作

关于不同生态条件下大麦籽粒中酚酸含量的变异，以及基因型与环境互作（G×E 互作）对大麦籽粒酚酸含量影响的研究，目前尚未见报道。G×E 互作是一个复杂的生物学现象，要揭示其规律还存在许多困难，以往对这种效应的分析多采用线性模型，但线性模型一般仅能解释很少一部分的互作变异。很多研究都已证明主效可加互作可乘模型（Additive Main Effects and Multiplicative Interaction Model，简称 AMMI 模型）（Zobel，等，1988；Gauch，1992；Gauch and Zobel，1995）是一种比方差分析和线性模型更有效的分析 G×E 互作的方法（常磊和柴首玺，2006；李艳艳，等，2008；宿飞飞，等，2009；董云，等，2010）。

AMMI 模型把方差分析和主成分分析成功地结合在一起，充分利用试验所获得的信息，最大限度地反映了互作变异，并通过绘制双标图来直观描述品种、地点及互作效应的大小。

选用 7 个生育期相近、籽粒蛋白质含量差异明显的二棱春大麦品种［即 Samson（TV1）、法瓦维特（TV2）、CDC Stratus（TV3）、CDC Thompson（TV4）、新引 D_{10}（TV5）、Sullence（TV6）和 ND15387（TV7）］为供试材料。于 2004 年分别在新疆石河子大学农学院试验站（R1）、新疆生产建设兵团农六师 108 团（地处奇台县境内）（R2）和农二师 21 团（地处和静县境内）（R3）3 个生态条件差异较大的地区种植。3 个试点的气候条件见表 8－6。栽培管理措施与当地大田生产相同。成熟期收获后，测定大麦籽粒中酚酸含量。

AMMI 模型分析利用 DPS 6.55 数据处理软件的有重复 AMMI 模型分析模块进行。

表 8－6 3 个试点的主要气候条件（王祥军，等，2011）

项目	试点		
	21 团	108 团	石河子
气候类型	中温带大陆性干旱气候	中温带大陆性干旱半干旱气候	温带大陆性气候
年平均气温（0℃）	8.8	4.7	6.5～7.2
年降水量（mm）	68	176	180～270
年蒸发量（mm）	2100	2141	1000～1500
无霜期（d）	183	156	168～171
年日照时数（h）	2942	2280～3230	2721～2818

一、多点试验中酚酸含量的聚类分析

各试点、各品种大麦籽粒中均未检测到间羟基苯甲酸和绿原酸。对其他 11 种酚酸在各试点、各品种大麦籽粒中的平均含量通过欧氏距离和离差平方和法进行系统聚类分析。

从图 8 -8 可以看出，11 种酚酸的含量可以分为高、中、低三类，其中原儿茶酸的含量（62.40mg/kg）远高于其他酚酸，为高含量酚酸；阿魏酸、对羟基苯甲酸、香草酸和丁香酸为中含量酚酸（变幅为 2.72 ~8.29mg/kg）；水杨酸、对香豆酸、邻香豆酸、咖啡酸、藜芦酸和没食子酸为低含量酚酸（变幅为 0.28 ~0.73mg/kg）。王祥军等（2011）仅对中、高含量的酚酸以及 THBA、THCA、THBA/THCA 和 TPA 的 G×E 互作效应进行分析。

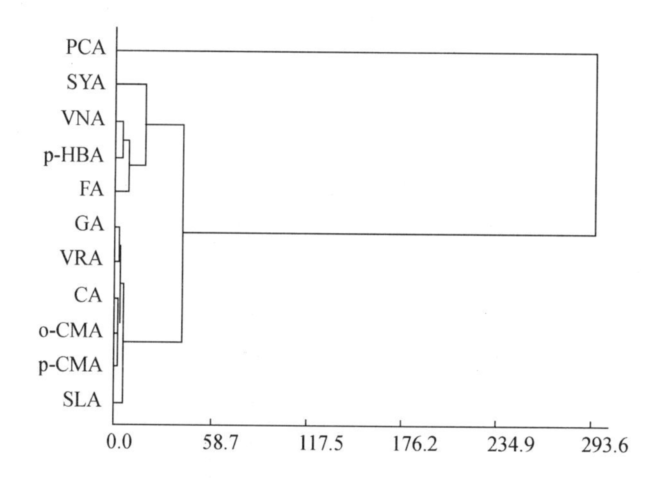

图 8 -8 多点试验 11 种酚酸含量的聚类分析（王祥军，等，2011）

二、羟基苯甲酸衍生物类酚酸含量的基因型与环境互作

（一）原儿茶酸含量

表 8 -7 大麦籽粒酚酸含量的 AMMI 模型分析（王祥军，等，2011）

	项目	总变异	基因型	环境	交互作用	IPCA1	残差	误差
	df	41	6	2	12	7	5	21
PCA	SS	42811.64	12755.20	14343.84	15569.70	14536.76	1032.94	142.90
	MS	1044.19	2125.87	7171.92	1297.47	2076.68	206.59	6.80
	F		312.40 **	1053.94 **	190.67 **	10.05 **		
SYA	SS	1265.23	282.42	383.81	581.26	557.58	23.67	17.75
	MS	30.86	47.07	191.90	48.44	79.65	4.73	0.85
	F		55.68 **	227.02 **	57.30 **	16.82 **		
VNA	SS	51.70	22.27	4.45	22.56	18.13	4.42	2.43
	MS	1.26	3.71	2.22	1.88	2.59	0.88	0.12

续表

	项目	总变异	基因型	环境	交互作用	IPCA1	残差	误差
	F		32.04**	19.20**	16.23**	2.93*		
p-HBA	SS	76.27	20.63	29.49	23.56	19.82	3.75	2.59
	MS	1.86	3.44	14.75	1.96	2.83	0.75	0.12
	F		27.89**	119.60**	15.93**	3.78**		
THBA	SS	55662.76	11722.42	27193.28	16595.59	14352.89	2242.70	151.47
	MS	1357.63	1953.74	13596.64	1382.97	2050.41	448.54	7.21
	F		270.87**	1885.05**	191.74**	4.57**		
FA	SS	56.51	23.37	13.20	19.24	16.11	3.13	0.70
	MS	1.38	3.89	6.60	1.60	2.30	0.63	0.03
	F		116.06**	196.73**	47.78**	3.67**		
THCA	SS	278.77	113.46	51.93	110.68	74.94	35.74	2.70
	MS	6.80	18.91	25.96	9.22	10.71	7.15	0.13
	F		147.13**	202.02**	71.76**	1.50		
THBA/THCA	SS	9485076.19	2801432.29	882026.17	5800197.71	5798406.36	1791.36	1420.02
	MS	231343.32	466905.38	441013.08	483349.81	828343.77	358.27	67.62
	F		6904.83**	6521.92**	7148.02**	2312.06**		
TPA	SS	52723.68	11710.18	24730.86	16112.35	15375.34	737.01	170.30
	MS	1285.94	1951.70	12365.43	1342.70	2196.48	147.40	8.11
	F		240.67**	1524.84**	165.57**	14.90**		

注：* 和 ** 分别表示在0.05 和0.01 水平上差异显著。

PCA：原儿茶酸；SYA：丁香酸；VNA：香草酸；p-HBA：对羟基苯甲酸；THBA：总羟基苯甲酸衍生物含量；FA：阿魏酸；THCA：总羟基肉桂酸衍生物含量；THBA/THCA：总羟基苯甲酸衍生物含量/总羟基肉桂酸衍生物含量比值；TPA：总酚酸含量。

从表8-7可以看出，基因型、环境和G×E互作对大麦籽粒原儿茶酸含量变异的影响均达到极显著水平。基因型、环境及G×E互作的平方和分别占总平方和的29.79%、33.50%和36.37%，说明对试验中原儿茶酸含量总变异起作用的因素依次为G×E互作、环境和基因型。由AMMI分析结果可以看出，原儿茶酸含量的AMMI模型分析乘积项IPCA1表现为极显著，解释了93.37%的交互作用平方和，而残差的平方和仅占互作平方和的6.63%。因此，考虑到第一项的交互作用就能考察到绝大部分的交互作用。

品种在试点上的特殊适应性是品种与试点交互作用的具体表现，可以用AMMI双标图形象地表示。AMMI双标图是以品种和试点的目标性状均值为x坐标，品种和地点的IPCA1值为y坐标所作的图形。在AMMI1双标图的水平方向，品种和地点的分布范围表明了相应的主效应。从图8-9（A）可以看出，水平方向上地点的分布较品种分散，直观地反映了原儿茶酸含量的环境变异大于品种间的变异。在AMMI1双标图中，如果以IPCA1=0作一条水平线，则品种与同在此水平线一侧的地点有正的互作，与另一侧地点的互作则为负。另外，靠近水平线的品种为较稳定的品种（唐启义，等，2006）。因此，从图8-9（A）可以看出，Sullence、Thompson 与石河子和 108 团环境的互作为正，即这两个试点的环境对原儿茶酸含量的提高有积极作用，而与 21 团环境的互作为负，即该试点的环境对原儿茶酸含量的提高不利；同样地，ND15387、CDC Stratus、Samson、法瓦维特和新引 D_{10} 与 21 团环境的互作为正，与石河子和 108 团环境的互作为负。7 个品种中，Sullence 原儿茶酸平均含量最高，其次为 ND15387，但二者在试点间的稳定性均较差；新引 D_{10} 原儿茶酸平均含量最低，其次为法瓦维特，二者的 IPCA1 值接近 0，表明这两个品种和试点互作很小，稳定性较好。3 个试点中，108 团的原儿茶酸含量最低，但品种间的稳定性最好。

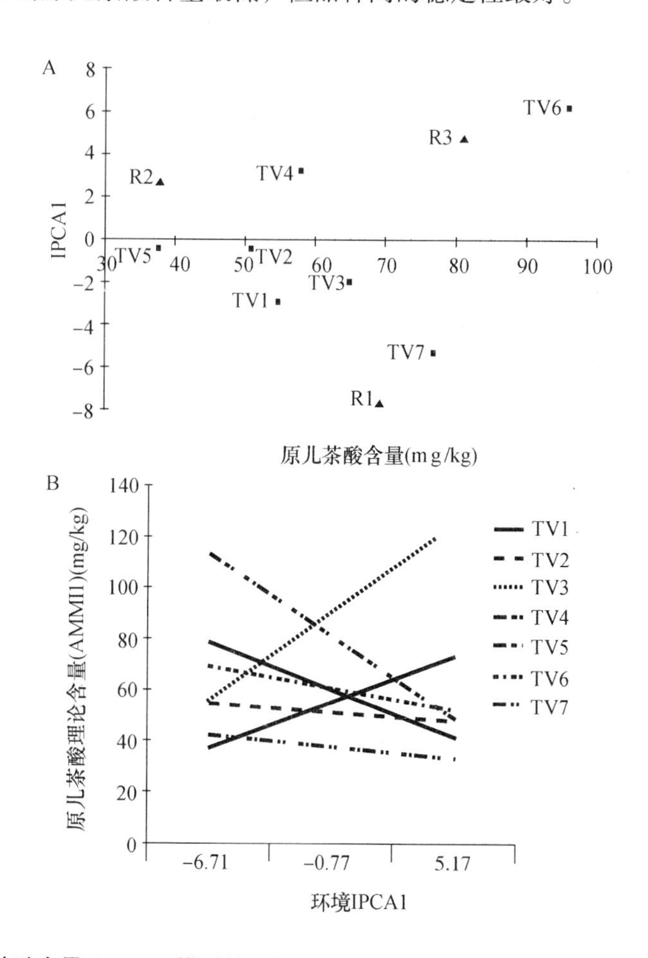

图 8－9　原儿茶酸含量 AMMI1 模型的双标图（A）和品种适应图（B）（王祥军，等，2011）

以 IPCA1 为 x 坐标，AMMI 分析的原儿茶酸理论含量为 y 坐标作 AMMI 品种适应图［图 8－9（B）］，从中可直观反映环境 IPCA1 与原儿茶酸含量 AMMI1 的变化趋势。图 8－9（B）表明 Sullence 和 Thompson 与环境的交互作用呈正向效应趋势，说明了二者对一般环境的广泛适应性；其他 5 个大麦品种与环境的交互作用呈负向效应趋势，说明了这些品种对特殊环境的适应性。从原儿茶酸含量水平角度来看，在参试环境范围内，Sullence 和 ND15387 这 2 个品种表现较佳。

（二）丁香酸含量

从表 8－7 可以看出，基因型、环境和 G×E 互作对大麦籽粒丁香酸含量变异的影响均达到极显著水平。基因型、环境及 G×E 互作的平方和分别占总平方和的 22.32%、30.34% 和 45.94%，说明试验中对丁香酸含量总变异起作用的因素依次为 G×E 互作、环境和基因型。丁香酸含量的 AMMI 模型分析乘积项 IPCA1 也表现为极显著，解释了 95.93% 的交互作用平方和，而残差的平方和仅占互作平方和的 4.07%。因此，考虑到第一项的交互作用就能考察到绝大部分的交互作用。

从图 8－10（A）的双标图可以看出，在水平方向，地点的分布比品种更分散，直观地反映了丁香酸含量环境的变异大于基因型的变异。Samson 和新引 D_{10} 与石河子环境的互作为正，与 21 团和 108 团环境的互作为负，其他品种与石河子环境的互作均为负，而与 21 团和 108 团环境的互作为正，说明多数品种在 21 团和 108 团有较好的适应性。Samson 丁香酸含量最高，但试点间的稳定性最差，其他 6 个品种的丁香酸含量都集中在 6.00mg/kg～9.00mg/kg 范围，但试点间的稳定性较好，尤其是新引 D_{10}，其丁香酸含量 IPCA1 的值接近 0，说明其与环境的互作很小。3 个试点中，石河子的丁香酸含量最高，但品种间的稳定性最差；在 108 团，品种间的稳定性最好，但丁香酸含量最低。

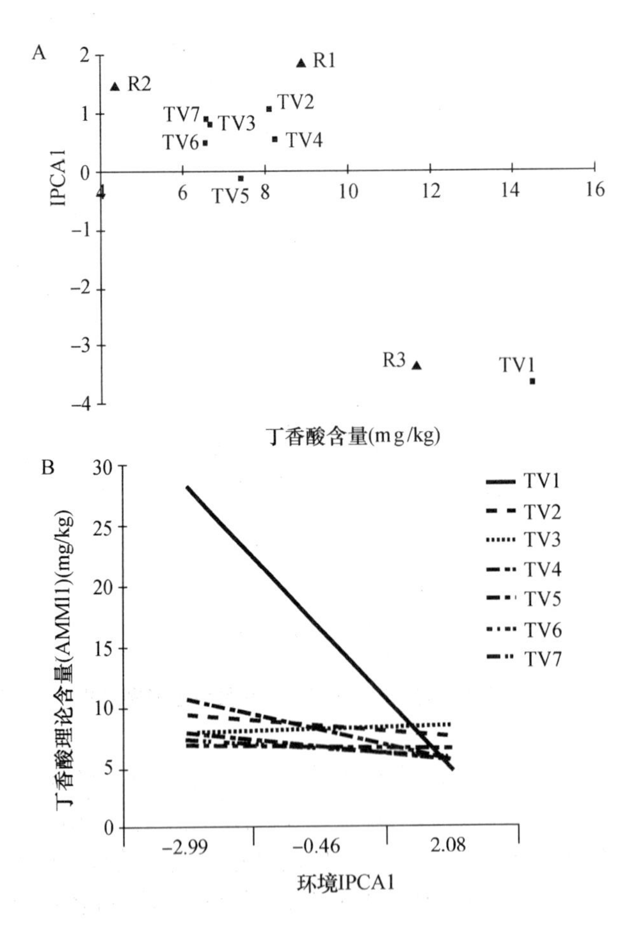

图 8－10　丁香酸含量 AMMI1 模型的双标图（A）和品种适应图（B）（王祥军，等，2011）

从图 8－10（B）的品种适应图可以看出，除 Samson 和新引 D_{10} 与环境的交互作用呈明显的负向效应趋势外，其他品种与环境的交互作用均较小。从丁香酸含量水平角度来看，在参试环境范围内，Samson 表现最佳。

（三）香草酸含量

从表 8 -7 可以看出，基因型、环境和 G×E 互作对大麦籽粒香草酸含量变异的影响均达到极显著水平。基因型、环境及 G×E 互作的平方和分别占总平方和的 43.08%、8.61% 和 43.64%，说明试验中对香草酸含量总变异起作用的因素依次为 G×E 互作、基因型和环境。香草酸含量的 IPCA1 表现为显著，解释了 80.36% 的交互作用平方和。因此，考虑到第一乘积项的交互作用就能考察到大部分的交互作用。残差的平方和占互作平方和的 19.59%，说明在 AMMI1 模型分析中被归为残差的其他乘积项的交互作用在 G×E 互作中仍占较大比例。

从图 8 -11（A）的双标图可以看出，在水平方向上，品种的分布比地点更分散，直观地反映了香草酸基因型的变异大于环境的变异。法瓦维特、新引 D_{10}、CDC Stratus 和 Sullence 与 108 团环境的互作为正，与 21 团和石河子环境的互作为负；ND15387、Samson 和 Thompson 与 21 团和石河子环境的互作为正，与 108 团环境的互作为负。法瓦维特香草酸含量最高，但试点间的稳定性最差；Sullence 香草酸含量最低，但试点间的稳定性最好。另外，石河子试点香草酸含量较高，IPCA1 值接近 0，说明该试点的环境比较适合大麦籽粒中香草酸的形成。

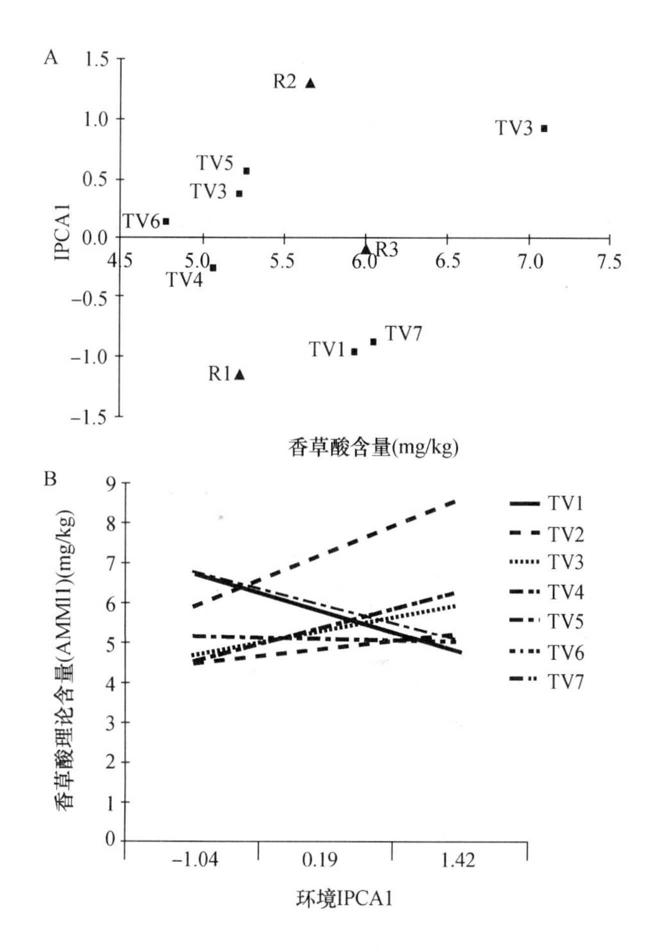

图 8 -11　香草酸含量 AMMI1 模型的双标图（A）和品种适应图（B）（王祥军，等，2011）

从图8－11（B）的品种适应图可以看出，法瓦维特、新引 D_{10}、CDC Stratus 和 Sullence 与环境的交互作用呈正向效应趋势，ND15387、Samson 和 Thompson 与环境的交互作用呈负向效应趋势。从香草酸含量水平角度来看，在参试环境范围内，法瓦维特的表现最佳。

（四）对羟基苯甲酸含量

从表8－7可以看出，基因型、环境和 G×E 互作对大麦籽粒对羟基苯甲酸含量变异的影响均达到极显著水平。基因型、环境及 G×E 互作的平方和分别占总平方和的27.05%、38.67%和30.89%，说明试验中对对羟基苯甲酸含量总变异起作用的因素依次为环境、G×E 互作和基因型。对羟基苯甲酸含量的 IPCA1 表现为差异显著，解释了84.13%的交互作用平方和。因此，考虑到第一项的交互作用就能考察到大部分的交互作用。残差的平方和占互作平方和的15.92%，说明在 AMMI1 模型分析中被归为残差的其他乘积项的交互作用在 G×E 互作中仍占一定比例。

从图8－12（A）的双标图可以看出，水平方向上地点的分布仍较品种分散，直观地反映了对羟基苯甲酸含量的环境变异大于基因型变异。ND15387、Samson、新引 D_{10} 和 Thompson 与石河子环境的互作为正，与21团和108团环境的互作为负；法瓦维特和 CDC Stratus 与21团和108团环境的互作为正，与石河子环境的互作为负。Sullence 的坐标点与 IPCA1 =

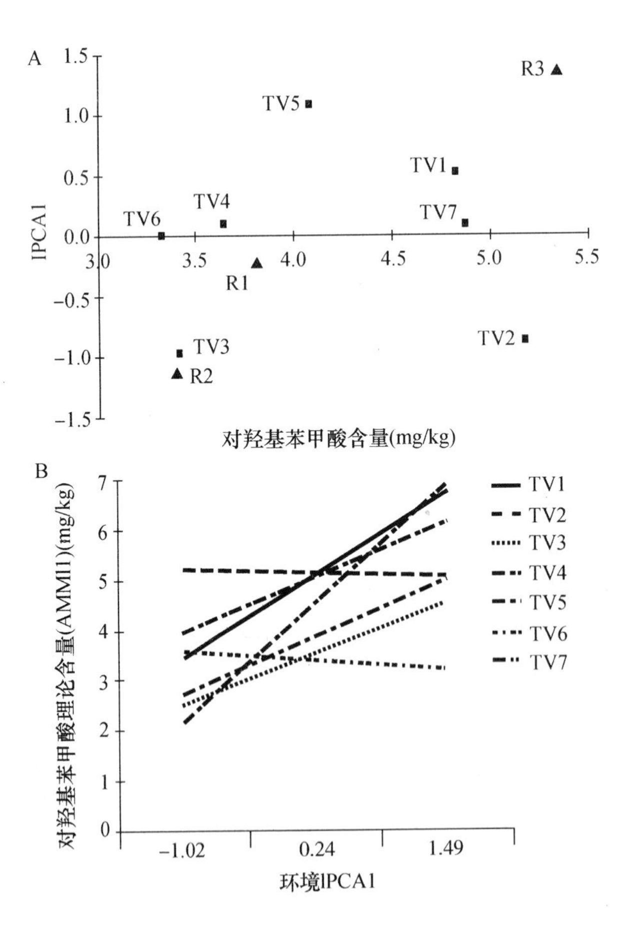

图8－12　对羟基苯甲酸含量 AMMI1 模型的双标图（A）和品种适应图（B）（王祥军，等，2011）

0 的水平线重合，说明 Sullence 的 G×E 互作几乎不存在，品种稳定性最好，但同时其对羟基苯甲酸的含量也最低。法瓦维特对羟基苯甲酸含量最高，但稳定性也最差。ND15387 对羟基苯甲酸含量仅次于法瓦维特，而且其 IPCA1 值接近 0，属于对羟基苯甲酸含量高且稳定的品种类型。3 个试点中，21 团的对羟基苯甲酸含量品种间稳定性最好，但含量较低。

从图 8－12（B）的品种适应图可以看出，除法瓦维特和 CDC Stratus，其他 5 个品种与环境的交互作用均呈正向效应趋势。从对羟基苯甲酸含量水平角度来看，在参试环境范围内，Samson、ND15387 和法瓦维特 3 品种的表现较佳，但相比其他品种的优势并不十分明显。

（五）THBA

从表 8－7 可以看出，基因型、环境和 G×E 互作对大麦籽粒 THBA 变异的影响均达到极显著水平。基因型、环境及 G×E 互作的平方和分别占总平方和的 21.06%、48.85% 和 29.81%，说明试验中对 THBA 总变异起作用的因素依次为环境、G×E 互作和基因型。THBA 的 IPCA1 表现为极显著，解释了 86.49% 的交互作用平方和。因此，考虑到第一项的交互作用就能考察到大部分的交互作用。残差的平方和占互作平方和的 13.51%，说明在 AMMI1 模型分析中被归为残差的其他乘积项的交互作用在 G×E 互作中仍占一定比例。

从图 8－13（A）的双标图可以看出，在水平方向，地点的分布仍较品种分散，直观地

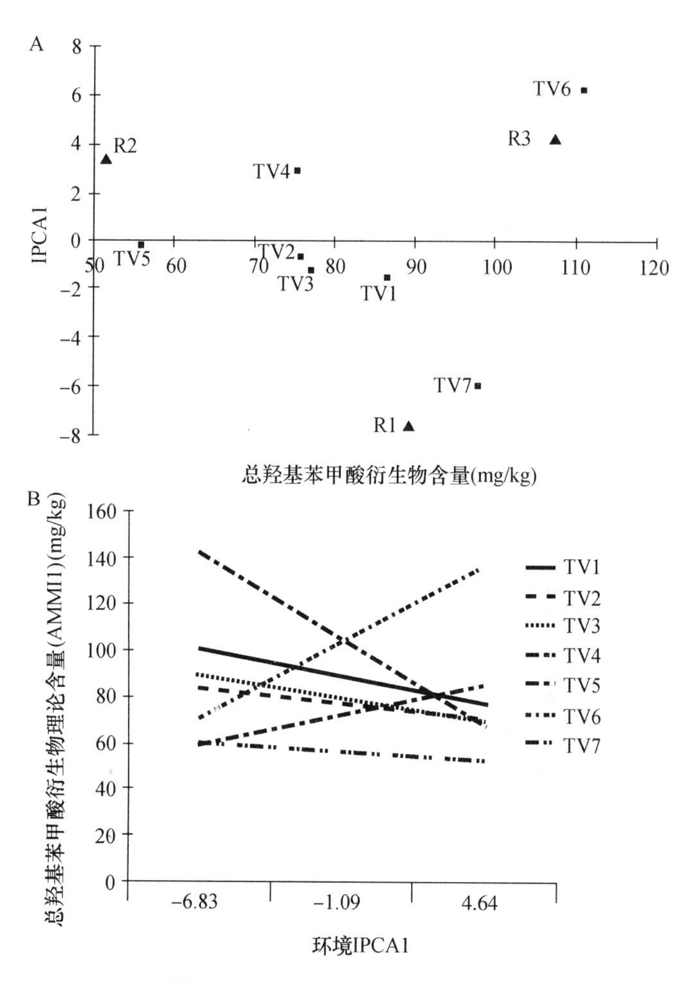

图 8－13　THBA AMMI1 模型的双标图（A）和品种适应图（B）（王祥军，等，2011）

反映了 THBA 的环境变异大于基因型变异。Sullence 和 Thompson 与 108 团和石河子环境的互作为正，而与 21 团环境的互作为负。其他 5 个品种与 21 团环境的互作为正，而与 108 团和石河子环境的互作为负。Sullence THBA 最高，但稳定性最差；新引 D_{10} THBA 最低，但稳定性最好，其 IPCA1 值接近 0，说明新引 D_{10} 与环境的互作很小。法瓦维特、CDC Stratus 和 Samson 的稳定性也较好。另外，在 3 个试点中，108 团 THBA 接近 0，而且 IPCA1 值较高，说明该试点的环境不利于大麦籽粒中 THBA 的提高。

从图 8－13（B）的品种适应图可以看出，大部分品种（包括 ND15387、Samson、CDC Stratus、法瓦维特和新引 D_{10}）与环境的交互作用呈负向效应趋势。从 THBA 水平角度来看，在参试环境范围内，Sullence、ND15387 和 Samson 3 品种的表现较佳，但相比其他品种的优势也并不十分明显。

三、羟基肉桂酸衍生物类酚酸含量的基因型与环境互作

（一）阿魏酸含量

从表 8－7 可以看出，基因型、环境和 G×E 互作对大麦籽粒阿魏酸含量变异的影响均达到极显著水平。基因型、环境及 G×E 互作的平方和分别占总平方和的 41.36%、23.36% 和 34.05%，说明试验中对阿魏酸含量总变异起作用的因素依次为基因型、G×E 互作和环境。阿魏酸含量的 IPCA1 表现为显著，解释了 83.73% 的交互作用平方和。因此，考虑到第一项的交互作用就能考察到大部分的交互作用。残差的平方和占互作平方和的 16.27%，说明在 AMMI1 模型分析中被归为残差的其他乘积项的交互作用在 G×E 互作中仍占一定比例。

从图 8－14（A）的双标图可以看出，在水平方向，品种的分布比地点更分散，直观地反映了阿魏酸含量的基因型变异大于环境变异。法瓦维特、Sullence 和 CDC Stratus 与 108 团环境的互作为正，与 21 团和石河子环境的互作为负；Thompson、Samson、ND15387 和新引 D_{10} 与 21 团和石河子环境的互作为正，而与 108 团环境的互作为负。Thompson 阿魏酸含量最高，稳定性也较好；新引 D_{10} 阿魏酸含量最低，稳定性也最差。3 个试点中，石河子的阿魏酸含量最高，品种间稳定性也最好。

从图 8－14（B）的品种适应图可以看出，法瓦维特、Sullence 和 CDC Stratus 与环境的交互作用呈正向效应趋势，而 Thompson、Samson、ND15387 和新引 D_{10} 与环境的交互作用呈负向效应趋势。从阿魏酸含量水平角度来看，在参试环境范围内，Thompson 的表现最佳。

（二）THCA

从表 8－7 可以看出，基因型、环境和 G×E 互作对大麦籽粒 THCA 变异的影响均达到极显著水平。基因型、环境及 G×E 互作的平方和分别占总平方和的 40.70%、18.63% 和 39.70%，说明试验中对 THCA 总变异起作用的因素依次为基因型、G×E 互作和环境。THCA 的 IPCA1 虽然表现不显著，但仍能解释很大部分的交互作用平方和（67.71%），其残差的平方和占互作平方和的 32.29%。因此，需综合考虑第一乘积项和其他乘积项才能对 G×E 的交互作用进行全面考察。

从图 8－15（A）的双标图可以看出，在水平方向，品种的分布比地点更分散，直观地反映了 THCA 的基因型变异大于环境变异。在 IPCA1 所解释的 G×E 互作中，Thompson、法瓦维特、Sullence 和 CDC Stratus 与 108 团环境的互作为正，与 21 团和石河子环境的互作为负；Samson、ND15387 和新引 D_{10} 与 21 团和石河子环境的互作为正，而与 108 团环境的互作

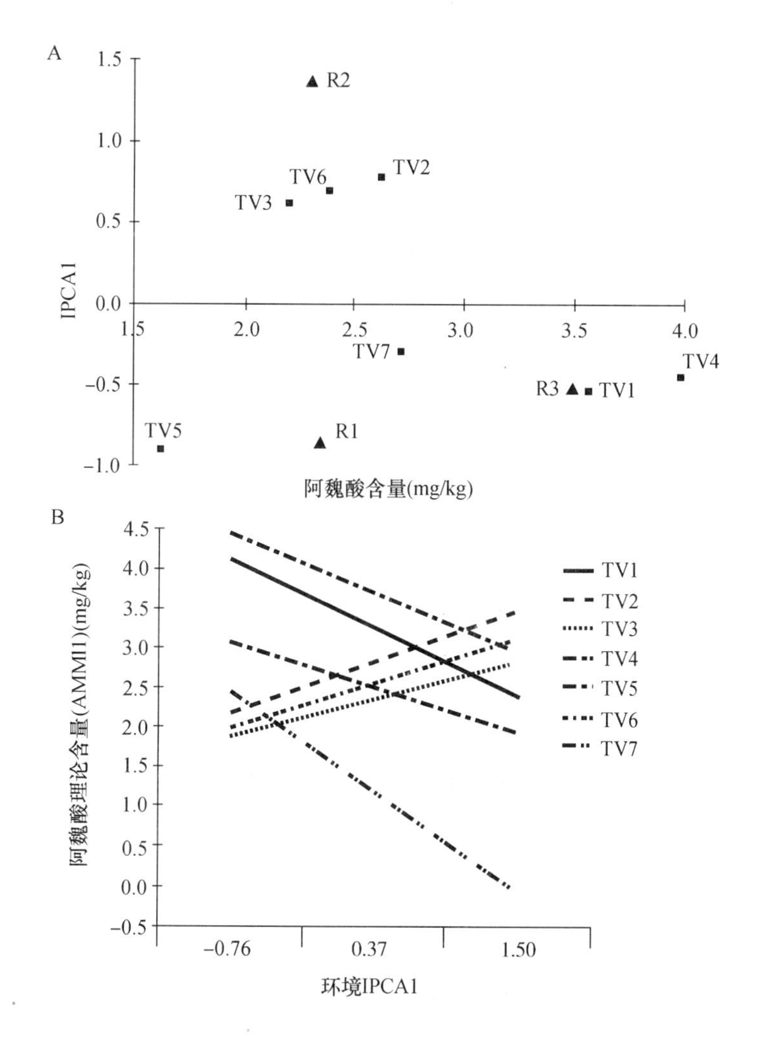

图 8－14　阿魏酸含量 AMMI1 模型的双标图（A）和品种适应图（B）（王祥军，等，2011）

为负。Samson THCA 最高，但稳定性最差；Thompson THCA 的 IPCA1 值接近 0，试点间稳定性最好，而且 THCA 也较高。3 个试点中，石河子的 THCA 最高，品种间稳定性也最好。

从图 8－15（B）的品种适应图可以看出，法瓦维特、Sullence 和 CDC Stratus 与环境的交互作用呈正向效应趋势；Samson、ND15387、Thompson 和新引 D_{10} 与环境的交互作用呈负向效应趋势。从 THCA 水平角度来看，在参试环境范围内，Samson 的表现最佳。

四、大麦籽粒 THBA/THCA 的基因型与环境互作

从表 8－7 可以看出，基因型、环境和 G × E 互作对大麦籽粒 THBA/THCA 变异的影响均达到极显著水平。基因型、环境及 G × E 互作的平方和分别占总平方和的 29.54%、9.30% 和 61.15%，说明试验中对 THBA/THCA 总变异起作用的因素依次为 G × E 互作、基因型和环境。THBA/THCA 的 IPCA1 表现为显著，解释了 99.97% 的交互作用平方和，残差的平方和仅占互作平方和的 0.03%。因此，考虑到第一项的交互作用就能考察到几乎全部的交互作用。

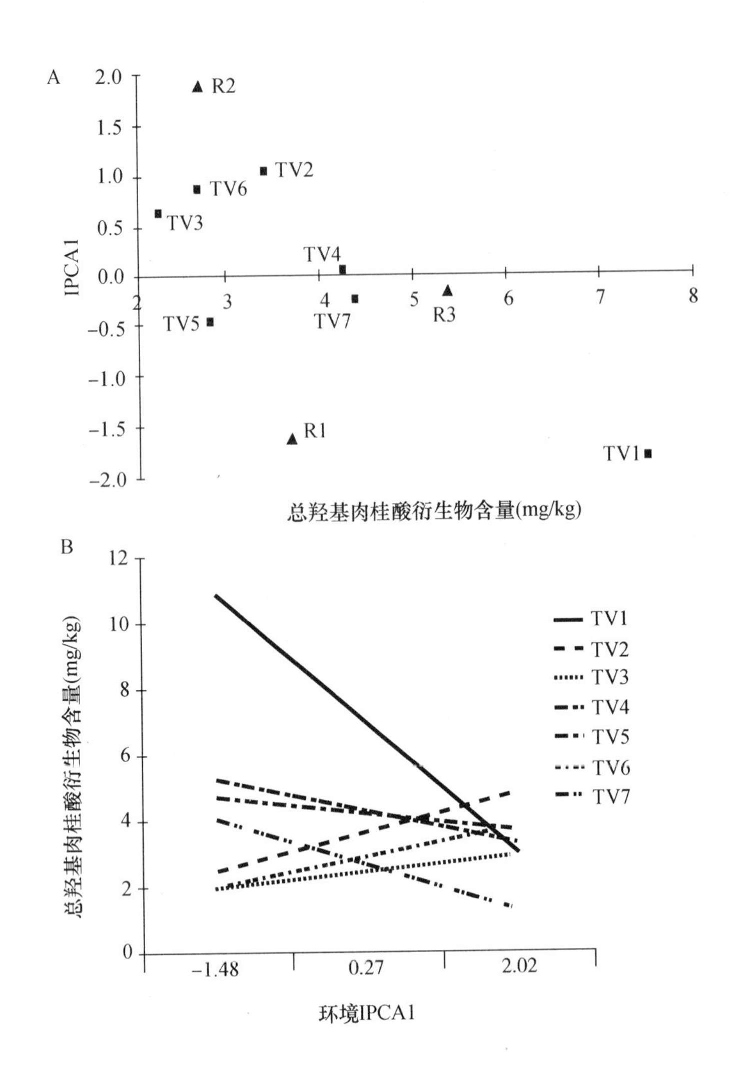

图 8－15　THCA AMMI1 模型的双标图（A）和品种适应图（B）（王祥军，等，2011）

从图 8－16（A）的双标图可以看出，由于坐标点重合或接近的原因，有 6 个品种几乎重合在一起。在水平方向，品种的分布比地点更分散，直观地反映了 THBA/THCA 的基因型变异大于环境变异。新引 D_{10} 与 108 团环境的互作为正，与 21 团和石河子环境的互作为负；其他 6 个品种与 21 团和石河子环境的互作为正，而与 108 团环境的互作为负。新引 D_{10} 的 THBA/THCA 极显著高于其他品种，但试点间的稳定性最差；除新引 D_{10} 外，其他 6 个品种的坐标几乎重叠在一起，虽然试点间稳定性较好，但是 THBA/THCA 较低。3 个试点中，108 团的 THBA/THCA 最高，但品种间稳定性最差；21 团和石河子的坐标接近，二者虽然品种间稳定性较好，但 THBA/THCA 较低。

从图 8－16（B）的品种适应图可以看出，新引 D_{10} 与环境的交互作用呈正向效应趋势。从 THBA/THCA 水平角度来看，在参试环境范围内，新引 D_{10} 的表现最佳，且与其他品种相比，优势十分明显。

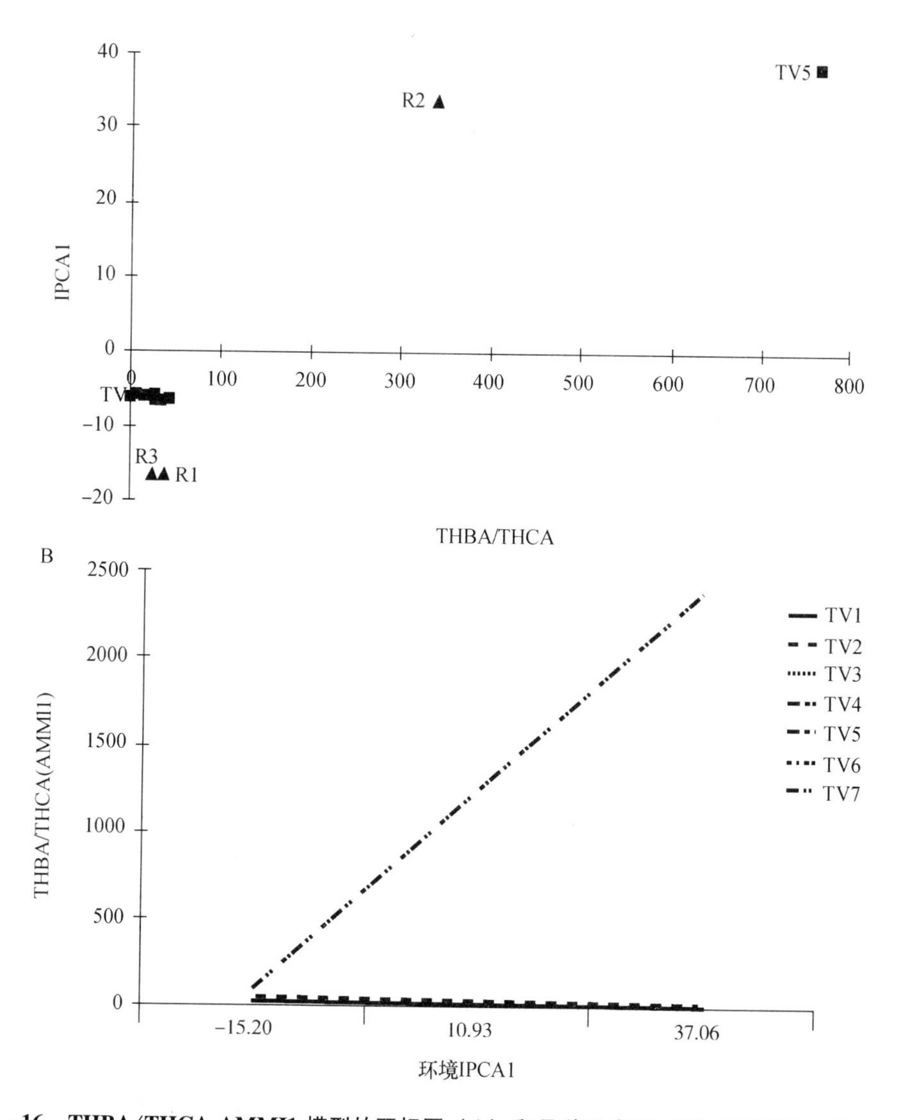

图 8－16　THBA/THCA AMMI1 模型的双标图（A）和品种适应图（B）（王祥军，等，2011）

五、大麦籽粒 TPA 的基因型与环境互作

从表 8－7 可以看出，基因型、环境和 G×E 互作对大麦籽粒 TPA 变异的影响均达到极显著水平。基因型、环境及 G×E 互作的平方和分别占总平方和的 22.21%、46.91% 和 30.56%，说明试验中对 TPA 总变异起作用的因素依次为环境、G×E 互作和基因型。TPA 的 IPCA1 表现为显著，解释了 95.43% 的交互作用平方和，残差的平方和仅占互作平方和的 4.57%。因此，考虑到第一项的交互作用就能考察到绝大部分的交互作用。

从图 8－17（A）的双标图可以看出，水平方向上地点的分布较品种更分散，直观地反映了 TPA 的环境变异大于基因型变异。Sullence 和 Thompson 与石河子和 108 团环境的互作为正，与 21 团环境的互作为负；其他 4 个品种与 21 团环境的互作为正，而与石河子和 108 团环境的互作为负。Sullence TPA 最高，但试点间的稳定性最差；新引 D_{10} TPA 最低，但试点间稳定性最好，其 IPCA1 值接近 0，说明其与环境的互作很小。另外，法瓦维特和 CDC Stratus TPA

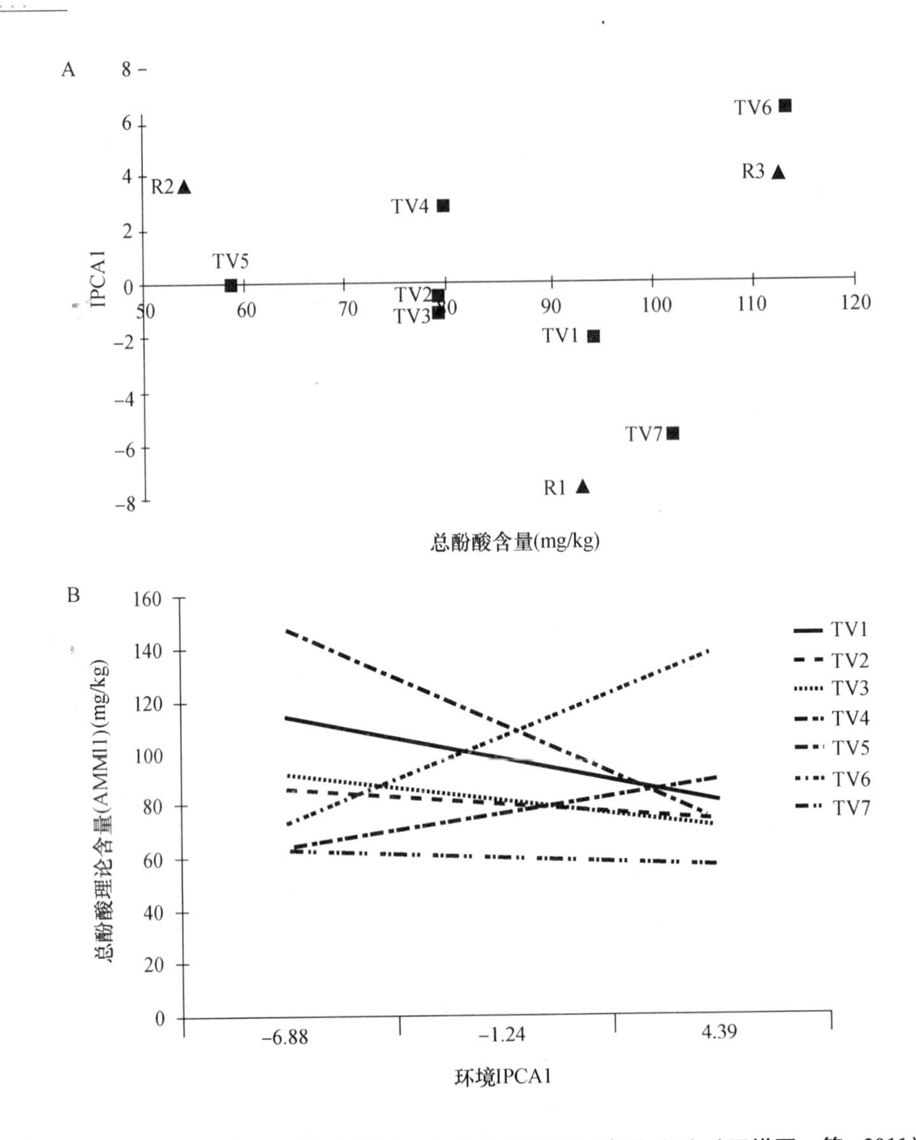

图 8－17　总酚酸 AMMI1 模型的双标图（A）和品种适应图（B）（王祥军，等，2011）

试点间的稳定性较好，含量也较新引 D_{10} 高。3 个试点中，石河子的 TPA 最高，品种间的稳定性也较好。

从图 8－17（B）的品种适应图可以看出，大部分品种（包括 ND15387、Samson、CDC Stratus、法瓦维特和新引 D_{10}）与环境的交互作用呈负向效应趋势。从 TPA 水平角度来看，在参试环境范围内，Sullence、ND15387 和 Samson 3 品种的表现较佳，但相比其他品种的优势也并不十分明显。

以上结果表明，基因型、环境以及 G × E 互作对各酚酸指标的影响均达到极显著水平。对于原儿茶酸、丁香酸和香草酸含量，以及 THBA/THCA、G × E 互作的影响均最大，但环境效应对原儿茶酸和丁香酸含量的影响大于基因型，而基因型效应对香草酸含量和 THBA/THCA 的影响大于环境；对于对羟基苯甲酸、总羟基苯甲酸衍生物和总酚酸含量，环境效应的影响最大，其次为 G × E 互作，基因型的影响相对最小；对于阿魏酸和 THCA，基因型效应的影响最大，其次为 G×E 互作，环境的影响相对最小。

在春小麦品种稳定性分析研究中，常磊和柴首玺（2006）认为生产上适应性好坏的判定既要考虑稳定性，也要考虑丰产性，这一原则同样也适用于大麦品种稳定性的分析。用于提取酚酸的专用大麦要求较高的酚酸含量，而啤酒大麦则要求较低的酚酸含量。因此，根据用途不同，只有在酚酸含量达标前提下稳定的品种才具有广泛的适应性，酚酸含量不达标的品种即使稳定性很好也不适宜在各地推广种植，也谈不上适应性好。有些多变环境下稳定性差的品种却在某些环境下表现突出，具有明显的特殊适应性，局部推广价值也大。另外有些品种尽管稳定性较差，但在较广泛的环境变化下仍可获得较好的酚酸含量，也符合生产实际的需求。

王祥军等（2011）的研究为一年多点试验，基本摸清了基因型、环境以及 G×E 互作对大麦籽粒酚酸含量的影响规律，但是环境是一个包括水、肥、气、热、光照等诸多因子的复杂综合体，各因子间不仅存在着复杂的互作，而且时空变化明显，不同年份间作物生长发育的差异较大，而且次生代谢物对环境因子的响应机制比较复杂。因此，还需进一步对多年多点试验的资料进行分析才能得出更可靠的结论。

第四节　氮素对大麦籽粒酚酸含量的影响及其与蛋白质含量的关系

氮是植物必需的营养元素之一，氮肥的合理施用是调控作物生长发育及产量品质形成的重要措施。氮缺乏不利于植物的生长发育并引起初级和次级代谢程序的重调（Scheible，等，2004），低氮供应限制植物初级代谢产物（蛋白质、氨基酸和叶绿素等）的合成，但可以增加次级代谢产物（酚酸和抗坏血酸盐等）的合成（Giorgi，等，2009；Bénard，等，2009）。在一定范围内，提高氮素水平可以提高谷类作物籽粒的蛋白质含量（Qi，等，2006；朱新开，等，2003），但是过高的氮素水平会导致籽粒产量（王月福，2003；Qi，等，2006；申玉香，等，2007，张亚洁，等，2008）、植株光合能力（董彩霞，等，2002）和抗旱能力（王琦，等，2009；朱维琴，等，2006）的下降。氮素尤其是高氮对作物经济性状和生理特性影响的研究较多，但其对作物次生代谢产物合成影响的研究少见报道。

酚酸是许多谷物籽粒中存在的一类重要次生代谢产物，在植物抵抗病虫侵害（Mckeehen，等，1999；郭春霞，等，2004）和逆境胁迫（李国婧、周燮，2001；张春光，等，2001）中发挥着重要作用。离体穗培养是研究氮素营养对谷类作物生理特性和品质性状影响的一个有效方法（Qi，等，2006），它可以有效消除大田试验条件下复杂环境因子的影响，还可以避免穗与其他器官之间的相互作用，且在新的“源”（培养基）－“库”（穗器官）系统中，“源”可以得到有效的控制。王祥军等（2011）借助离体穗培养的方法，分析了不同氮素浓度水平下大麦籽粒中酚酸和蛋白质含量的变化，以期初步阐明氮素尤其是高氮对大麦籽粒中酚酸和蛋白质含量的影响规律，从而为大麦生产中氮肥的合理施用提供理论依据。

供试材料为两个大麦品种，Celink 和新引 D_9，它们的生育期相似，但酚酸和蛋白质含量差异较大。2004 年种植在石河子大学农学院试验站，生育期间的栽培管理措施同大田。在抽穗期，选择生长一致的单穗进行穗培养（Corke，等，1988）。沿地面剪断茎秆，保留完整的旗叶以及穗下 3－4 节及其叶鞘。

Giese 等（1983）的研究表明，500mg/L 的氮素能满足大麦的正常生长。因此在培养液中设置了 7 种氮素（NH_4NO_3 为氮源）处理，分别是：0mg/L（N1）、412.5mg/L（N2）、825mg/L（N3）、1237.5mg/L（N4）、1650mg/L（N5）、3300mg/L（N6）和 4950mg/L（N7）。采用裂区试验设计，氮素处理为主区，品种为副区，重复 3 次。成熟籽粒用样品粉碎机粉碎，过 0.5mm 筛，备用。2009 年采用凯氏定氮法（AACC，2000）测定粗蛋白含量（CPC），参考靳正忠等（2005）的方法提取与测定籽粒蛋白质各组分含量，还测定了粒重及大麦籽粒中酚酸含量。

一、氮素浓度对粒重的影响

在穗培养条件下，随着培养基氮素浓度的升高，两个大麦品种的粒重总体上呈下降趋势（图 8－18）。在不同氮素浓度下，新引 D_9 的粒重均高于 Celink。相关分析表明，粒重与培养基氮素浓度呈极显著的负相关关系（r = －0.97）。

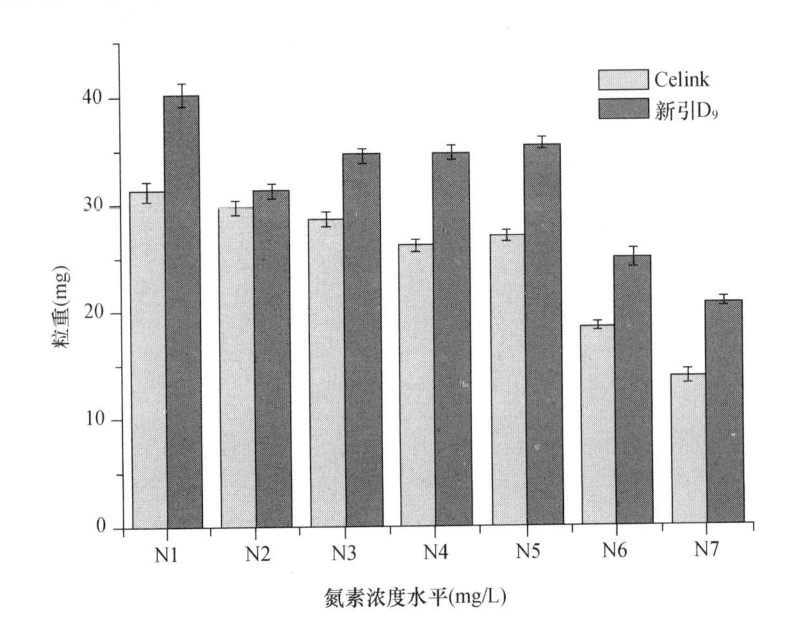

图 8－18　不同氮素浓度水平下两个大麦品种的粒重（王祥军，等，2011）

有报道指出在籽粒形成期对大麦籽粒全氮含量贡献最大的为旗叶（鞘）（齐军仓，等，1998），另外芒、穗轴和颖壳对籽粒建成和氮积累也起着一定的作用（徐寿军，等，2007）。在王祥军等（2011）的研究中，2 个品种粒重的最高值均出现在氮素浓度为 0 的 N1 处理，随着氮素浓度水平的提高，大麦的粒重总体上呈现下降的趋势，这与 Qi 等（2006）的结论一致。说明抽穗前这些器官中所积累的氮基本上已可以满足籽粒发育所需，抽穗后过量的氮素供应反而对籽粒发育不利。尤其在高氮素浓度水平（N6 和 N7）下，粒重降低幅度大，说明籽粒发育受到明显的胁迫。

二、氮素浓度对籽粒酚酸含量的影响

对 13 种酚酸在各氮素浓度水平、两个品种大麦籽粒中的平均含量通过欧氏距离和离差平方和法进行系统聚类分析（图 8－19）可以看出，13 种酚酸的含量可以分为高、中、低三类，其中原儿茶酸（64.63mg/kg）和间羟基苯甲酸（45.06mg/kg）为高含量酚酸；绿原酸、香草酸、对香豆酸和阿魏酸为中等含量酚酸（变幅为 19.79～35.15mg/kg）；丁香酸、没食子酸、咖啡酸、藜芦酸、对羟基苯甲酸、水杨酸和邻香豆酸为低含量酚酸（变幅为 0.13～7.37mg/kg）。王祥军等（2011）仅对中、高含量酚酸以及 THBA、THCA、TPA 和 THBA/THCA 进行分析。

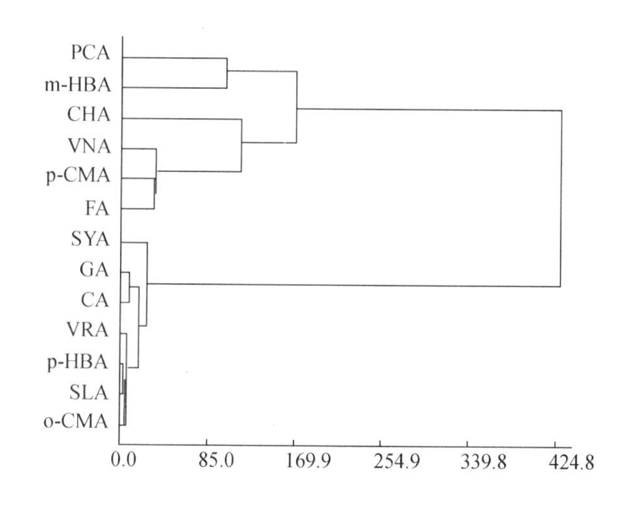

图 8－19　13 种酚酸含量的聚类分析（王祥军，等，2011）

方差分析（表 8－8）表明，氮素浓度对绿原酸、香草酸、间羟基苯甲酸、对香豆酸和阿魏酸含量的影响都达到极显著水平，但品种及氮素浓度与品种间的互作对这 5 种酚酸含量的影响均不显著。氮素浓度、品种及氮素浓度与品种间的互作对原儿茶酸含量的影响均不显著，但对 THBA、THCA、TPA 以及 THBA/THCA 的影响都达到了极显著水平。对于 THBA、THCA、TPA 以及 THBA/THCA 这 4 个指标来说，品种的均方值均大于氮素浓度的均方值，说明品种的影响大于氮素浓度的影响。对于 THBA 和 TPA，品种的影响最显著，其次是氮素浓度，氮素浓度与品种的互作影响最小；对于 THCA，品种的影响也最显著，其次是氮素浓度与品种的互作，氮素浓度的影响最小；对于 THBA/THCA，氮素浓度与品种的互作影响最显著，其次是品种，氮素浓度的影响最小。

相关分析表明，原儿茶酸、香草酸、间羟基苯甲酸、对香豆酸和阿魏酸含量，以及 THBA、THCA、TPA 和 THBA/THCA 均与培养基氮素浓度呈显著或极显著的正相关关系（PCA：$r=0.82$，$p<0.05$；VNA：$r=0.88$，$p<0.01$；m－HBA：$r=0.95$，$p<0.01$；p－CMA：$r=0.96$，$p<0.01$；FA：$r=0.93$，$p<0.01$；THBA：$r=0.97$，$p<0.01$；THCA：$r=0.86$，$p<0.05$；TPA：$r=0.95$，$p<0.01$；THBA/THCA：$r=0.86$，$p<0.05$）。

从图 8－20、图 8－21、图 8－22 和图 8－23 可以看出，随着氮素浓度水平的升高，两品种的香草酸、间羟基苯甲酸、对香豆酸和阿魏酸含量总体上均呈升高趋势，而且在高氮素浓度水平（N6 和 N7）下，香草酸、间羟基苯甲酸、对香豆酸和阿魏酸含量均大幅度升高。

从图 8－20 可以看出，在 N1～N4 处理下，香草酸含量差异不显著，从 N5 处理开始，香草酸含量显著升高。除N6处理外，其他氮素浓度水平下Celink的香草酸含量均显著高于新引D_9。

从图8-21可以看出，两品种的间羟基苯甲酸含量均在N7处理下达到最高值，在N1~N5处理下，间羟基苯甲酸含量差异不显著。在N3处理下，Celink与新引D_9的间羟基苯甲酸含量差异不显著，N1、N2、N4和N5处理下，新引D_9显著高于Celink，但在N6和N7处理下，Celink则显著高于新引D_9。

表8-8　7种氮素浓度水平下2个大麦品种各酚酸指标的方差分析（王祥军，等，2011）

项目	均方值			F值		
	氮素浓度（N）	品种（V）	N×V	氮素浓度（N）	品种（V）	N×V
PCA	1751.78	372.72	199.19	2.18	0.46	0.25
CHA	2034.89	493.42	146.41	7.35**	1.78	0.53
VNA	895.96	542.36	31.26	4.84**	2.93	0.17
m-HBA	13049.14	1029.09	795.48	9.97**	0.79	0.61
p-CMA	2433.93	39.76	27.07	20.04**	0.33	0.22
FA	2417.76	830.17	92.54	3.92**	1.34	0.15
THBA	33345.22	49980.86	9598.93	911.79**	1366.67**	43.75**
THCA	6053.61	36891.85	26402.49	169.09**	1030.47**	122.91**
TPA	65777.6	172753.7	9231.6	1630.72**	4282.82**	228.87**
THBA/THCA	1.55	2.09	2.32	41.56**	56.02**	62.31**

注：** 表示在0.01水平上差异显著。

THBA：总羟基苯甲酸衍生物含量；THCA：总羟基肉桂酸衍生物含量；TPA：总酚酸含量；THBA/THCA：总羟基苯甲酸衍生物含量/总羟基肉桂酸衍生物含量比值。

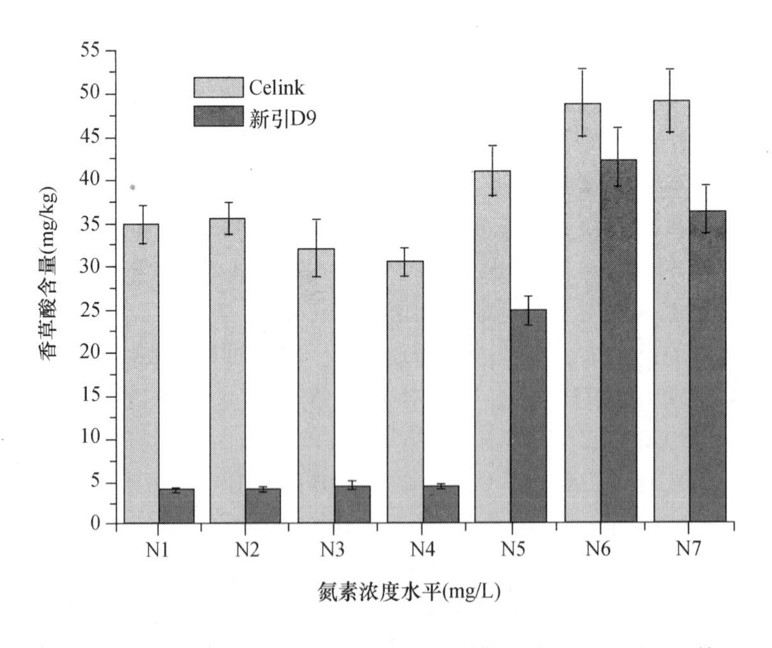

图8-20　不同氮素浓度水平下两个大麦品种的香草酸含量（王祥军，等，2011）

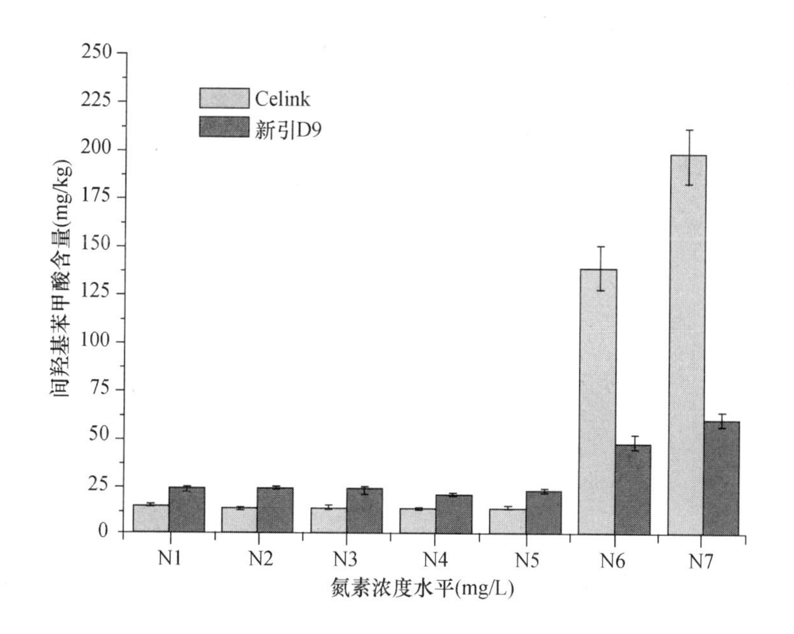

图 8-21　不同氮素浓度水平下两个大麦品种的间羟基苯甲酸含量（王祥军，等，2011）

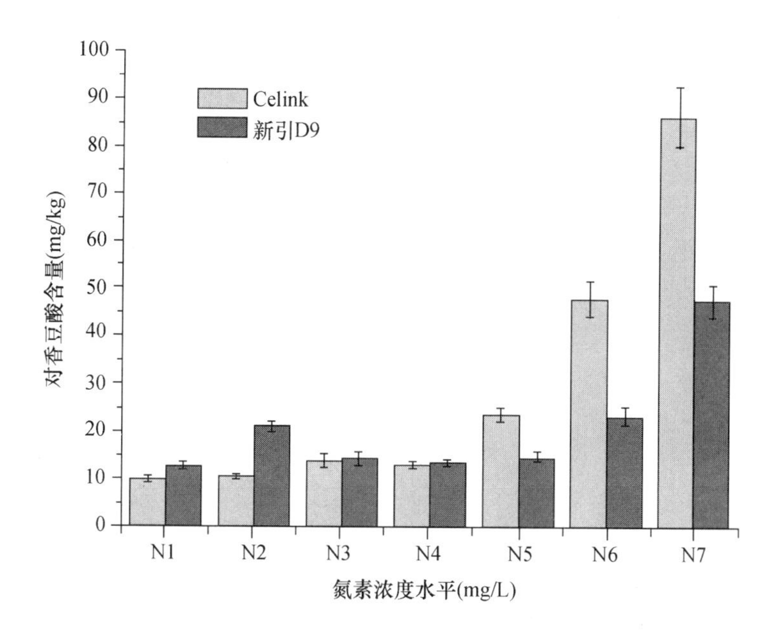

图 8-22　不同氮素浓度水平下两个大麦品种的对香豆酸含量（王祥军，等，2011）

从图 8-22 可以看出，两品种的对香豆酸含量均在 N7 处理下达到最高值。在 N1、N3 和 N4 处理下，对香豆酸含量差异不显著。N3 处理下，Celink 与新引 D_9 的对香豆酸含量差异不显著，N1、N2 和 N4 处理下，新引 D_9 显著高于 Celink，但在 N5、N6 和 N7 处理下，Celink 则显著高于新引 D_9。

从图 8-23 可以看出，N1～N3 处理下的阿魏酸含量差异不显著，但在 N5～N7 处理下，阿魏酸含量则显著升高。不同氮素浓度水平处理下，Celink 的阿魏酸含量均极显著高于新引 D_9。

从图 8-24、图 8-26 可以看出，两个品种的 THBA 和 TPA 均在 N7 处理下达到最高值，

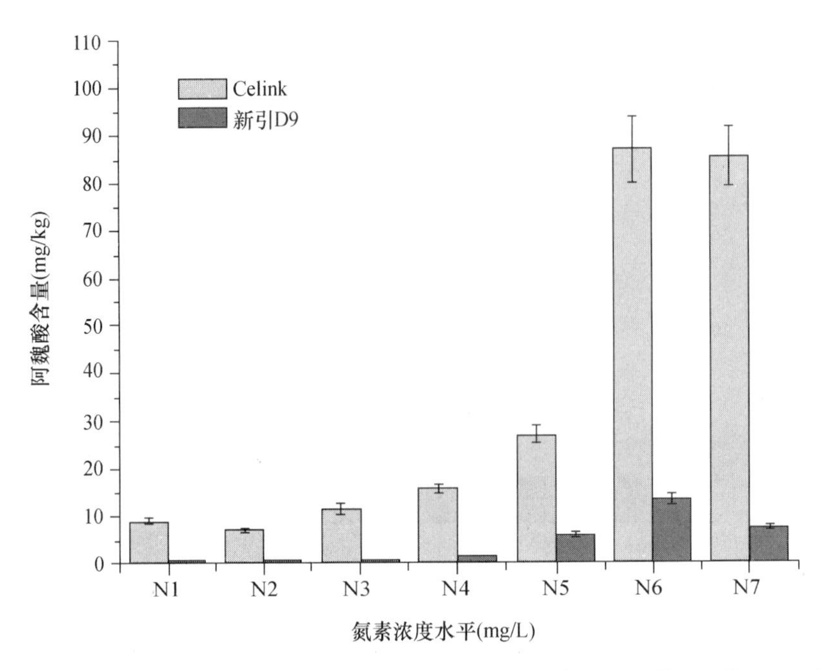

图 8-23 不同氮素浓度水平下两个大麦品种的阿魏酸含量（王祥军，等，2011）

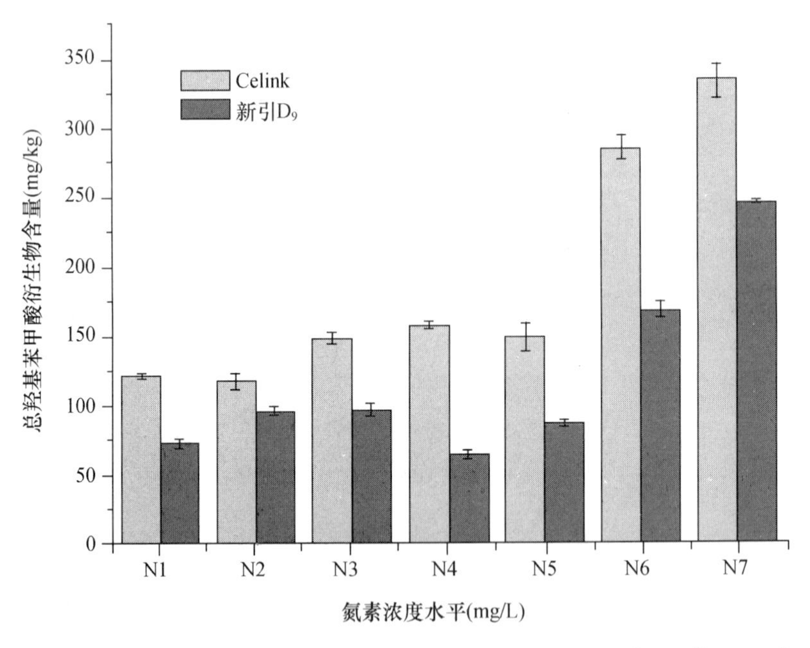

图 8-24 不同氮素浓度水平下两个大麦品种的 THBA（王祥军，等，2011）

其次为 N6，2 个处理的 THBA 和 TPA 值显著高于其他处理。不同氮素浓度水平下，Celink 的 THBA 和 TPA 均极显著高于新引 D_9，而且在 N1～N5 处理下，Celink 2 个指标值的变化趋势较新引 D_9 平缓。

从图 8-25 可以看出，THCA 对氮素浓度的响应因品种而异。Celink 的 THCA 在 N5 处理下最低，在 N7 处理下最高；而新引 D_9 的 THCA 在 N1 处理下最低，在 N2 处理下最高。在 N5～N7 处理下，Celink 的 THCA 差异显著，但新引 D_9 的 THCA 差异不显著。

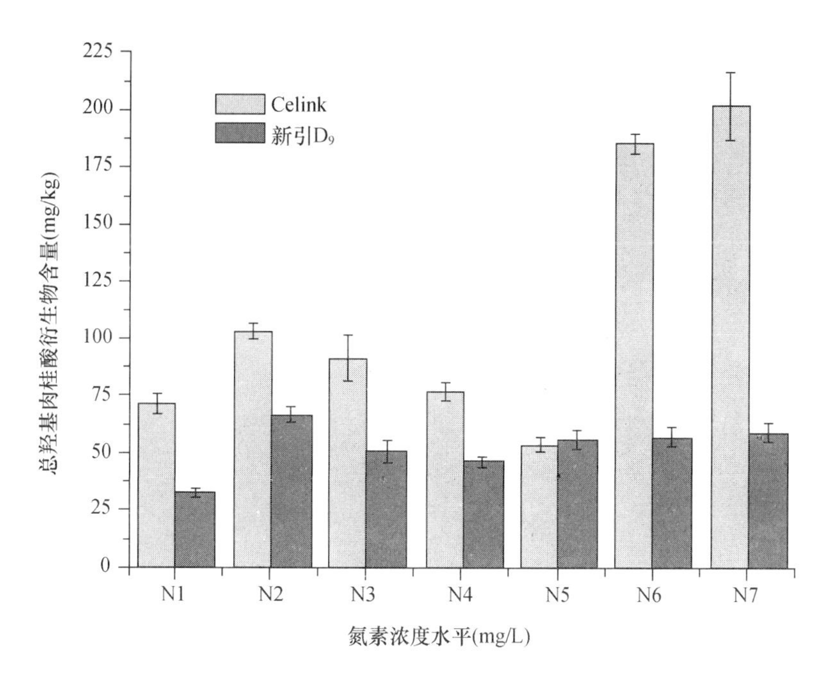

图 8－25　不同氮素浓度水平下两个大麦品种的 THCA（王祥军，等，2011）

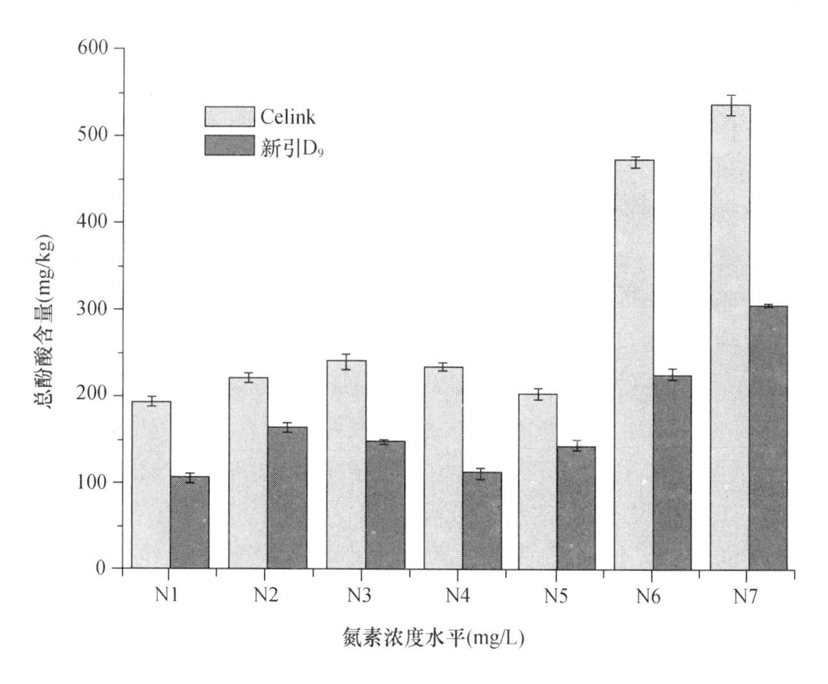

图 8－26　不同氮素浓度水平下两个大麦品种的 TPA（王祥军，等，2011）

随着氮素浓度的升高，两品种 THBA/THCA 的变化趋势相同，均呈“W”形（图 8－27）。从图 8－27 还可以看出，氮素浓度与品种的互作是影响 THBA/THCA 的主要因子，在低氮素浓度水平（N1 和 N2）下，新引 D_9 的 THBA/THCA 显著高于 Celink；在中氮素浓度水平（N3～N5），N3 处理下二者差异不显著，N4 和 N5 处理下 Celink 的 THBA/THCA 极显著高于新引 D_9；在高氮素浓度水平（N6 和 N7）下，新引 D_9 的 THBA/THCA 极显著高于 Celink。

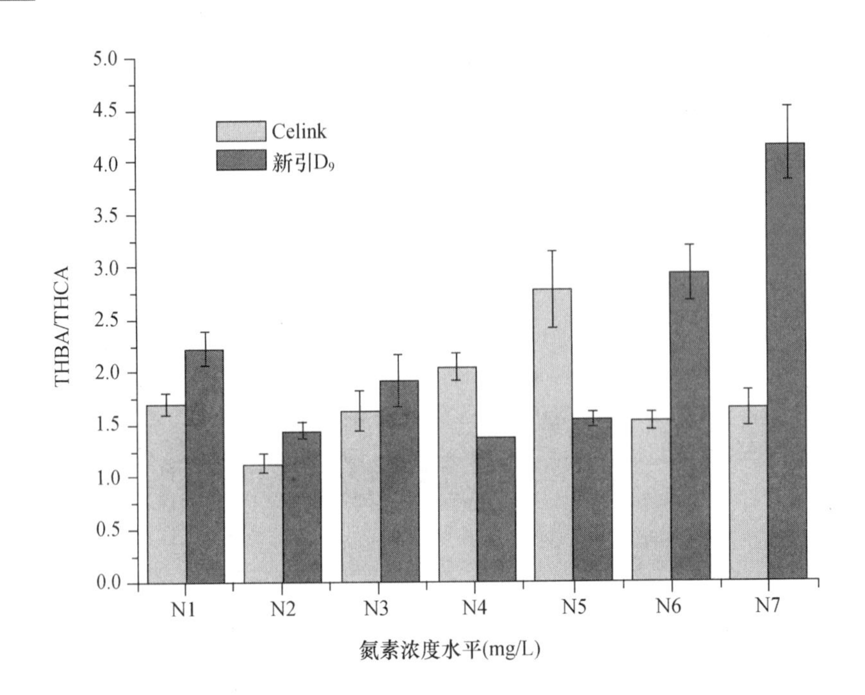

图 8－27　不同氮素浓度水平下两个大麦品种的 THBA/THCA（王祥军，等，2011）

大多数作物在铵态氮浓度高时会因其吸收速度超过同化速率而在体内积累，而铵态氮在植物体内的大量积累引起活性氧自由基的大量产生（孙朝晖，等，2002），积累的自由基引发膜脂的过氧化作用，造成细胞膜系统的损伤，干扰植物细胞的光合、呼吸及其他代谢过程，严重时导致植物细胞死亡（陈少裕，1991）。酚类化合物可能在清除自由基和其他氧化物质方面发挥着重要作用，而且作为一种响应机制，植物在受到胁迫时酚类化合物的合成和积累常常会增加（Giorgi，等，2009）。这一机制在王祥军等（2011）的试验中也得到了验证。酚酸是谷物中主要的酚类化合物（Amarowicz and Weidner，2001），在高氮胁迫下，大麦籽粒中 TPA 极显著增加（主要得益于 THBA 的增加）。高氮胁迫下，Celink 的 THCA 极显著增加，而新引 D_9 的 THCA 并未增加，这一现象表明羟基苯甲酸衍生物可能在籽粒抵抗高氮胁迫时发挥更大的作用。因此，THBA/THCA 可以反映大麦对高氮胁迫抵抗能力的大小。有研究表明低氮胁迫下酚酸合成增加（Giorgi，等，2009；Bénard，等，2009），说明低氮胁迫可以诱导酚酸的合成，而王祥军等（2011）证明了高氮胁迫也可以诱导植物酚酸的合成。

三、氮素浓度对籽粒蛋白质及其组分含量的影响

方差分析（表 8－9）表明，氮素浓度对粗蛋白含量、盐溶蛋白含量和谷蛋白含量的影响都达到极显著水平，但对醇溶蛋白含量的影响不显著。品种对盐溶蛋白含量的影响达到显著水平，对谷蛋白含量的影响达到极显著水平，但对粗蛋白含量和醇溶蛋白含量的影响不显著。氮素浓度与品种的互作对盐溶蛋白和谷蛋白含量的影响均达到极显著水平，但对粗蛋白含量和醇溶蛋白含量的影响不显著。比较三种效应的均方值可以看出，对于盐溶蛋白含量，氮素浓度的影响最大，其次为氮素浓度与品种的互作，品种的影响最小；对于谷蛋白含量，

品种的影响最大，其次为氮素浓度与品种的互作，氮素浓度的影响最小。

表 8-9　7 种氮素浓度水平下两个大麦品种籽粒粗蛋白含量、盐溶蛋白含量、醇溶蛋白含量和谷蛋白含量的方差分析（王祥军，等，2011）

项目	均方值				F 值			
	CPC	SSPC	HC	GC	CPC	SSPC	HC	GC
氮素浓度（N）	366.46	11.06	31.84	39.16	133.12**	136.88**	0.74	8.71**
品种（V）	2.48	0.54	179.84	1140.23	0.90	6.72*	4.20	253.63**
N×V	9.03	0.92	75.19	51.65	0.55	11.35**	1.75	11.49**

注：*和**分别表示在 0.05 和 0.01 水平上差异显著。CPC：粗蛋白含量；SSPC：盐溶蛋白含量；HC：醇溶蛋白含量；GC：谷蛋白含量。

相关分析表明，粗蛋白含量和盐溶蛋白含量均与培养基中氮素浓度呈极显著的正相关关系（粗蛋白含量：$r=0.98$；盐溶蛋白含量：$r=0.93$）。另外，由于品种对谷蛋白含量的影响远大于氮素浓度（表 8-9），虽然氮素浓度对谷蛋白含量的影响也达到极显著水平，但二者的相关性却并不显著（$r=0.33$）。

从图 8-28 可以看出，随着氮素浓度的升高，两品种粗蛋白含量增加，而且在同一氮素浓度水平处理下，两品种粗蛋白含量差异不显著。从图 8-29 可以看出，两品种的盐溶蛋白含量随着氮素浓度的升高，呈相同的变化趋势，但是在 N1、N2 和 N4 处理下，两品种盐溶蛋白含量差异显著，在 N5～N7 浓度处理下，两品种盐溶蛋白含量差异不显著。

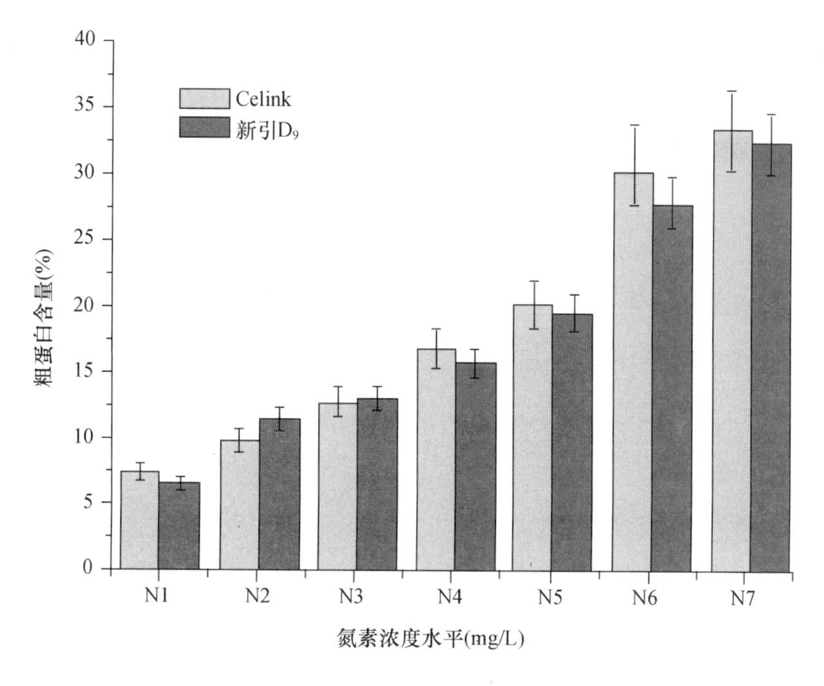

图 8-28　不同氮素浓度水平下两个大麦品种的粗蛋白含量（王祥军，等，2011）

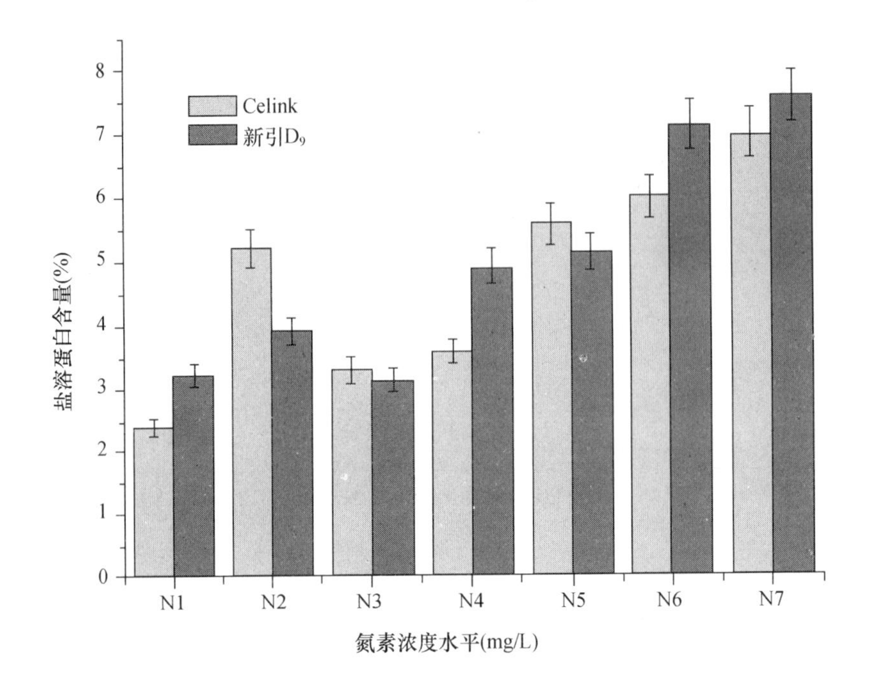

图 8－29　不同氮素浓度水平下两个大麦品种的盐溶蛋白含量（王祥军，等，2011）

四、籽粒酚酸含量与粒重、蛋白质及其组分含量之间的关系

从表 8－10 可以看出，除绿原酸含量和 THBA/THCA 外，其他酚酸指标均与粒重呈显著或极显著的负相关关系；除原儿茶酸和绿原酸含量，其他酚酸指标均与粗蛋白含量呈显著或极显著的正相关关系；除原儿茶酸和绿原酸含量，以及 THBA/THCA 外，其他酚酸指标均与盐溶蛋白含量呈显著或极显著的正相关关系；THCA 与醇溶蛋白含量显著负相关，其他酚酸指标与醇溶蛋白含量的相关性均不显著；10 个酚酸指标与谷蛋白含量的相关性均不显著。

表 8－10　籽粒酚酸含量与粒重、蛋白质及其组分含量之间的相关系数（r）（王祥军，等，2011）

项目	相关系数（r）				
Item	GW	CPC	SSPC	HC	GC
PCA	－0.82*	0.72	0.62	－0.52	0.33
CHA	0.56	－0.73	－0.63	－0.13	－0.16
VNA	－0.84*	0.92**	0.91**	－0.48	0.40
m－HBA	－0.96**	0.90**	0.86*	－0.63	0.56
p－CMA	－0.94**	0.89**	0.86*	－0.56	0.55
FA	－0.92**	0.95**	0.90**	－0.54	0.39
THBA	－0.97**	0.93**	0.87*	－0.62	0.49
THCA	－0.95**	0.82*	0.83*	－0.83*	0.54
TPA	－0.98**	0.91**	0.87*	－0.69	0.52
THBA/THCA	－0.73	0.81*	0.7	－0.2	0.39

注：＊和＊＊分别表示在 0.05 和 0.01 水平上差异显著。GW：粒重；其他缩写同表 8－8、表 8－9。

Jones 和 Hartley（1999）提出了一个预测陆生高等植物叶片中酚类分配及其浓度的蛋白质竞争模型（PCM）。根据 PCM 的理论，蛋白质与酚酸的合成竞争苯丙氨酸这一共同前体。因此，蛋白质与酚类的分配是负相关的。PCM 预测随着氮素供应的增加，蛋白质含量提高，而酚类含量下降。但是王祥军，等（2011）发现随着氮素浓度的提高，蛋白质和酚酸含量呈现协同增加的趋势，二者显著正相关。这与 PCM 的预测相悖，说明 PCM 并不适合解释穗培养下氮素处理后大麦籽粒中酚酸与蛋白质含量之间的关系，植物不同组织或器官中酚类与蛋白质分配的关系可能存在差异。可能在氮源充足或过量的条件下，籽粒能够合成充足的苯丙氨酸，从而既可以保证籽粒合成更多的酚酸用于抵抗高氮胁迫，又可以满足籽粒合成更多的蛋白质用于生长发育。

第五节　氮肥用量对大麦籽粒酚酸含量的影响

氮素直接或间接地影响着植物的光合作用（包括光合色素、光合速率、光能利用率、光合暗反应和光呼吸等）、呼吸作用和一些代谢酶（包括硝酸还原酶、膜脂过氧化酶促防御系统）（曹翠玲，等，1999）。作物所需的氮素主要通过肥料的形式供给，高的氮素营养水平有利于植物细胞的分裂和扩大，从而促进生长，扩大光合面积，提高根系活力，同时也有利于禾谷类作物花序和籽粒胚乳细胞的分化和发育。但氮素营养过量时，作物易徒长，叶面积过大，田间通风透光恶化，茎秆细软，易发生倒伏（张国平，等，1998）。因此，合理的用量对氮肥施用十分重要。

氮肥用量对谷物产量和品质影响的研究已经有过很多报道（齐军仓，等，2006；潘永东，等，2007；刘玉春，等，2007；蔡剑，等，2009；石玉，等，2010；段克斌，等，2011；谢以泽，等，2011），但以往氮肥用量对谷物籽粒品质影响的研究多集中于蛋白质组分及含量方面。目前随着人们生活水平的提高以及工业生产需求的变化，谷物的其他营养品质，如膳食纤维、抗性淀粉（庞欢，等，2010）、（β－葡聚糖、抗氧化物质（如母育酚（王仙，等，2010）、类黄酮（王仙，等，2010）和酚酸等）等含量也日益受到人们的关注，但有关氮肥用量对这些营养品质性状影响的研究少见报道。

王丹英等（2001）发现，适量施用氮肥可以增加大豆籽粒中维生素 C 的含量。张燕等（2005）发现，提高施氮水平对甘草甘草酸含量的增加有一定程度的促进作用。王爱华等（2005）发现，烤后烟叶多酚类物质的含量随施氮量的增加而增加。王柳等（2007）发现，随氮肥用量的增加，黄瓜果实的维生素 C、游离氨基酸、可溶性糖和有机酸含量均有增加的趋势。朱伟锋等（2009）发现，施用氮肥使白菜类黄酮、总酚、抗坏血酸等抗氧化物质含量下降。这些研究表明，除蛋白质外，谷物等作物的其他营养成分同样也受到氮素营养水平的调控，施肥中合理的氮肥用量对作物这些营养品质的改善同样也具有重要意义。王祥军，等（2011）在大田条件下研究不同氮肥用量对大麦籽粒酚酸含量的影响，旨在为大麦的优质栽培提供理论依据。

以 10 个生育期相近、籽粒酚酸含量差异较大的二棱大麦品种为供试材料，即新引 D_9（V1）、Logan（V2）、法瓦维特（V3）、新引 D_5（V4）、新啤 1 号（V5）、Klages（V6）、新引 D_7（V7）、CDCThompson（V8）、Celink（V9）和 ND14636（V10）。采用裂区试验设计，重复 3 次，氮肥用量为主区，品种为副区。设置三种氮肥（尿素）用量，0kg/hm^2（D1）、

150kg/hm^2（D_2）和300kg/hm^2（D_3），灌溉时撒播。成熟期以小区为单位收获，脱粒。样品籽粒在80℃下烘干，用Tecator Cyclotec样品磨（Tecator AB，Hoganas，Sweden）粉碎后，装入自封袋，密封保存于-20℃冰箱，待测。用高效液相色谱法测定籽粒酚酸含量。

一、酚酸含量的聚类分析

氮肥用量试验各处理、各品种大麦籽粒中均未检测到没食子酸、香草酸、间羟基苯甲酸、水杨酸、绿原酸和邻香豆酸。对其他7种酚酸在各处理、各品种大麦籽粒中的平均含量通过欧氏距离和离差平方和法进行系统聚类分析（图8-30）可以看出，7种酚酸的含量可以分为高、中、低三类，其中原儿茶酸（25.96mg/kg）为高含量酚酸；阿魏酸、丁香酸、对羟基苯甲酸和对香豆酸为中等含量酚酸（变幅为4.65~6.95mg/kg）；藜芦酸和咖啡酸为低含量酚酸（变幅为0.18~0.83mg/kg）。王祥军，等（2011）仅对中、高含量的酚酸以及THBA、THCA、THBA/THCA和TPA进行了分析。

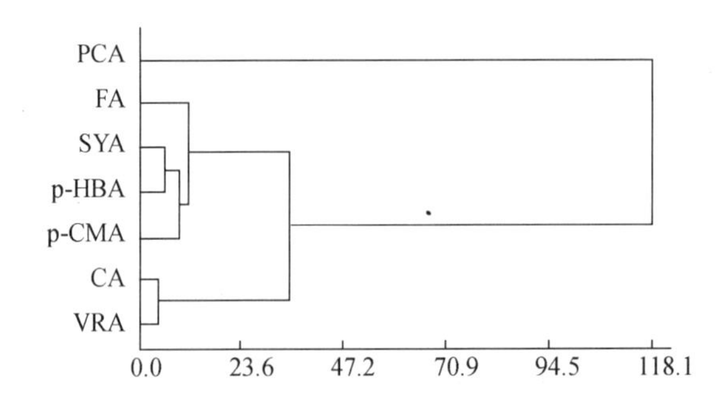

图8-30 氮肥用量试验7种酚酸含量的聚类分析（王祥军，等，2011）

二、氮肥用量对羟基苯甲酸衍生物含量的影响

（一）原儿茶酸含量

从表8-11可以看出，氮肥用量、品种和氮肥用量与品种互作（D×V互作）对大麦籽粒原儿茶酸含量变异的影响均达到极显著水平。氮肥用量、品种及D×V互作的平方和分别占总平方和的20.30%、28.09%和51.16%，说明对原儿茶酸含量总变异起作用的因素依次为D×V互作、品种和氮肥用量。原儿茶酸含量的IPCA1表现差异不显著，仅解释了8.00%的交互作用平方和，而残差的平方和占互作平方和的92.00%，说明AMMI模型分析中被归为残差的其他乘积项的交互作用起关键作用，仅考虑到第一乘积项的交互作用还无法全面考察原儿茶酸含量的D×V交互作用。

表8-11 氮肥用量试验大麦籽粒酚酸含量的AMMI模型分析（王祥军，等，2011）

	变异来源	总变异	氮肥用量D	品种V	交互作用D×V	PCA1	残差	误差
	df	89	2	9	18	10	8	60
PCA	SS	18106.67	3675.83	5085.42	9262.47	741.34	8521.13	82.95
	MS	203.45	1837.92	565.05	514.58	74.13	1065.14	1.38

续表

变异来源		总变异	氮肥用量 D	品种 V	交互作用 D×V	PCA1	残差	误差
	F		1329.34**	408.69**	372.19**	0.07		
SYA	SS	859.41	47.15	375.56	430.00	340.69	89.31	6.70
	MS	9.66	23.58	41.73	23.89	34.07	11.16	0.11
	F		211.17**	373.75**	213.96**	3.05**		
p-HBA	SS	820.78	73.59	171.25	567.20	528.44	38.75	8.74
	MS	9.22	36.80	19.03	31.51	52.84	4.84	0.15
	F		252.56**	130.61**	216.28**	10.91**		
THBA	SS	17847.10	3712.08	7172.29	6851.23	5671.43	1179.80	111.51
	MS	200.53	1856.04	796.92	380.62	567.14	147.47	1.86
	F		998.71**	428.81**	204.81**	3.85**		
FA	SS	1107.66	0.34	525.28	573.61	383.67	189.95	8.43
	MS	12.45	0.17	58.36	31.87	38.37	23.74	0.14
	F		1.20	415.18**	226.69**	1.62		
p-CMA	SS	2606.73	35.08	888.15	1679.54	1321.74	357.80	3.96
	MS	29.29	17.54	98.68	93.31	132.17	44.73	0.07
	F		265.95**	1496.23**	1414.73**	2.96**		
THCA	SS	6112.03	44.72	2567.62	3483.99	2609.70	874.29	15.71
	MS	68.67	22.36	285.29	193.56	260.97	109.29	0.26
	F		85.42**	1089.88**	739.43**	2.39*		
THBA/THCA	SS	711.86	85.08	441.45	179.95	154.59	25.36	5.38
	MS	8.00	42.54	49.05	10.00	15.46	3.17	0.09
	F		474.89**	547.53**	111.60**	4.88**		
TPA	SS	22412.07	2947.76	5562.72	13807.86	10354.85	3453.02	93.73
	MS	251.82	1473.88	618.08	767.10	1035.49	431.63	1.56
	F		943.48**	395.65**	491.05**	2.40*		

注：*和**分别表示在0.05和0.01水平上差异显著。PCA：原儿茶酸；SYA：丁香酸；p-HBA：对羟基苯甲酸；THBA：总羟基苯甲酸衍生物含量；FA：阿魏酸；p-CMA：对香豆酸；THCA：总羟基肉桂酸衍生物含量；THBA/THCA：总羟基苯甲酸衍生物含量/总羟基肉桂酸衍生物含量比值；TPA：总酚酸含量。

从图8-31的双标图可以看出，水平方向上品种的分布比氮肥用量的分布更分散，直观地反映了原儿茶酸含量在品种间的差异要大于氮肥用量处理间的差异。10个品种在三个氮肥用量处理下的原儿茶酸含量平均值，新引D5最高，法瓦维特最低，差异极显著。三个氮肥用量处理下10个品种原儿茶酸含量的平均值排序为 D2 > D1 > D3，处理间差异极显著，说明过低或过高的氮肥用量均不利于大麦籽粒中原儿茶酸含量的形成。

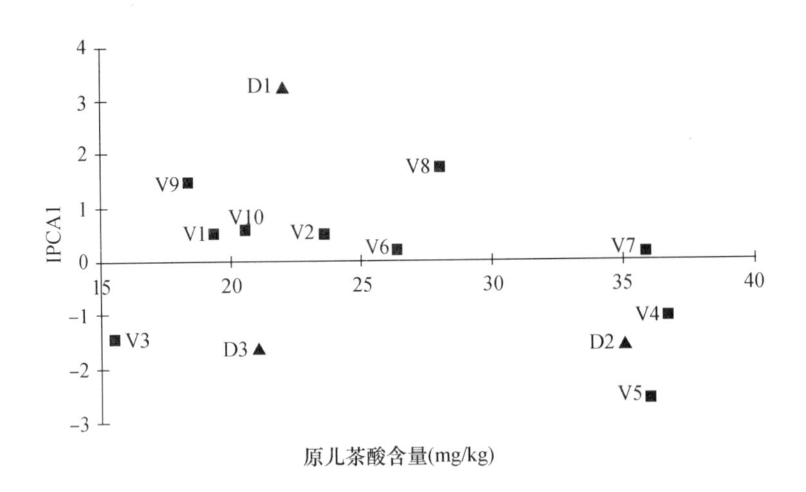

图 8-31　原儿茶酸含量 AMMI1 模型的双标图（王祥军，等，2011）

由于原儿茶酸含量的 IPCA1 不显著，因此不能根据 AMMI1 模型的双标图对原儿茶酸含量的 D×V 交互作用进行分析。

（二）丁香酸含量

从表 8-11 可以看出，氮肥用量、品种和 D×V 互作对大麦籽粒丁香酸含量变异的影响均达到极显著水平。氮肥用量、品种及 D×V 互作的平方和分别占总平方和的 5.49%、43.70% 和 50.03%，说明试验中对丁香酸含量总变异起作用的因素依次为 D×V 互作、品种和氮肥用量。丁香酸含量的 IPCA1 表现极显著，解释了 79.23% 的交互作用平方和，因此，考虑到第一项的交互作用就能考察到大部分的交互作用，但残差的平方和仍占互作平方和的 20.77%，说明 AMMI 模型分析中被归为残差的其他乘积项的交互作用在 D×V 互作中仍占较大比例。

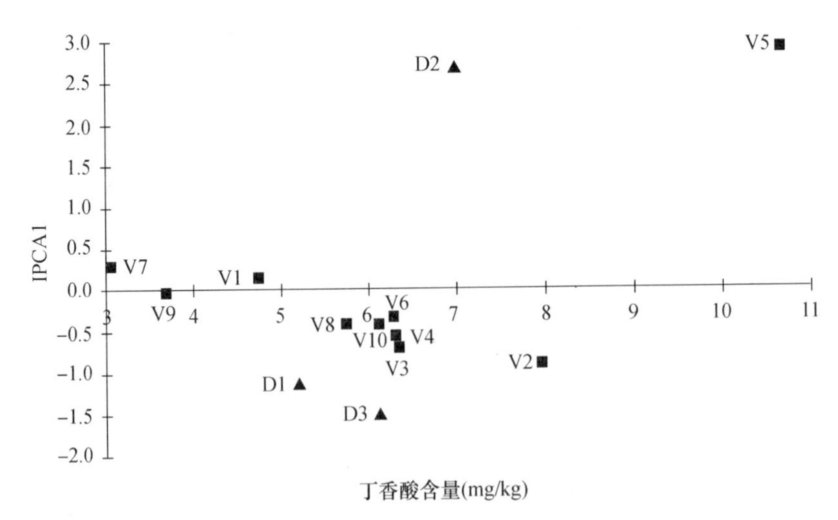

图 8-32　丁香酸含量 AMMI1 模型的双标图（王祥军，等，2011）

从图 8-32 的双标图可以看出，水平方向上品种的分布比氮肥用量的分布更分散，直观地反映了丁香酸含量在品种间的差异要大于氮肥用量处理间的差异。新啤 1 号、新引 D_9 和

新引 D_7 与氮肥用量 D2 的互作为正，与 D1 和 D3 的互作为负；Logan、法瓦维特、新引 D_5、Klages、ND14636 和 CDC Thompson 与氮肥用量 D1 和 D3 的互作为正，与 D2 的互作为负。品种 Celink 丁香酸含量的 IPCA1 值接近 0，说明 Celink 氮肥用量与品种的互作极小。10 个品种在三个氮肥用量处理下的丁香酸含量平均值，新啤 1 号最高，新引 D_7 最低，差异极显著。三个氮肥用量处理下 10 个品种丁香酸含量的平均值排序为 D2 > D3 > D1，处理间差异极显著，说明过低或过高的氮肥用量均不利于大麦籽粒中丁香酸含量的形成。氮肥用量 D1、D3 坐标点的 IPCA1 值比较接近，但均小于 D2，说明 D1 和 D3 处理下，D × V 互作均较 D2 小，因此 D1 和 D3 处理下对品种的选择余地均较 D2 大。

在 AMMI1 双标图中，坐标点离 IPCA1 = 0 的水平线越近，说明 G × E 互作效应越小，基因型对环境的变化越不敏感；坐标点离 IPCA1 = 0 的水平线越远，说明 G × E 互作效应越大，基因型对环境的变化越敏感。因此，从图 8 – 32 可以看出，除新啤 1 号对氮肥用量最敏感外，其他品种对氮肥用量均不太敏感，其中 Celink 对氮肥用量的响应最不敏感，新引 D_9 次之。

（三）对羟基苯甲酸含量

从表 8 – 11 可以看出，氮肥用量、品种和 D × V 互作对大麦籽粒对羟基苯甲酸含量变异的影响均达到极显著水平。氮肥用量、品种及 D × V 互作的平方和分别占总平方和的 8.97%、20.86% 和 69.10%，说明试验中对对羟基苯甲酸含量总变异起作用的因素依次为 D × V 互作、品种和氮肥用量。对羟基苯甲酸含量的 IPCA1 表现差异极显著，解释了 93.17% 的交互作用平方和，残差的平方和仅占互作平方和的 6.83%，因此，考虑到第一项的交互作用就能考察到绝大部分的 D × V 交互作用。

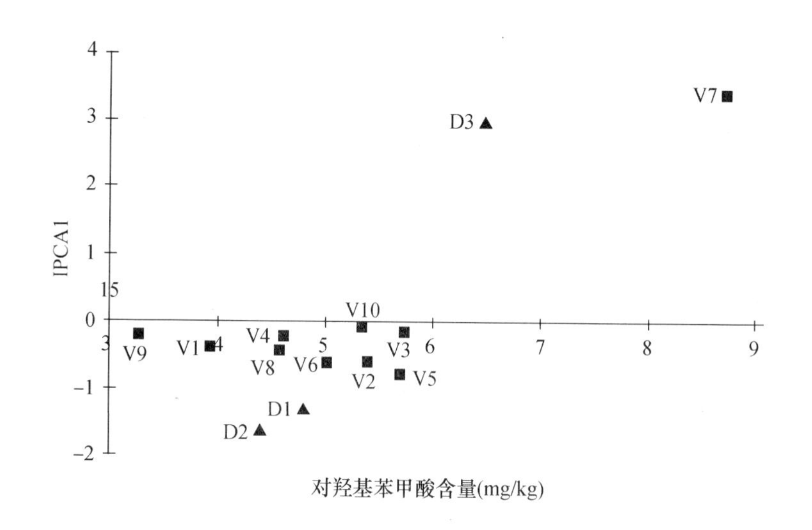

图 8 – 33　对羟基苯甲酸含量 AMMI1 模型的双标图（王祥军，等，2011）

从图 8 – 33 的双标图可以看出，水平方向上品种的分布比氮肥用量的分布更分散，直观地反映了对羟基苯甲酸含量在品种间的差异要大于氮肥用量处理间的差异。新引 D_7 与氮肥用量 D3 的互作为正，与 D2 和 D1 的互作为负；其他品种与氮肥用量 D2 和 D1 的互作为正，与 D3 的互作为负。10 个品种在三个氮肥用量处理下的对羟基苯甲酸含量平均值，新引 D_7

最高，Celink 最低，差异极显著。三个氮肥用量处理下 10 个品种对羟基苯甲酸含量的平均值排序为 D3 > D1 > D2，处理间差异极显著，说明在正常的氮肥营养水平基础上增加氮肥用量有利于大麦籽粒中对羟基苯甲酸含量的形成。氮肥用量 D1、D2 坐标点的 IPCA1 值比较接近，但均小于 D3，说明 D1 和 D2 处理下，D × V 互作均较 D3 小，因此 D1 和 D2 处理下对品种的选择余地均较 D3 大。

从图 8 – 32 还可以看出，除新引 D_7 对氮肥用量最敏感外，其他品种对氮肥用量均不敏感，其中 ND14636 对氮肥用量的响应最不敏感，法瓦维特次之。

（四）THBA

从表 8 – 11 可以看出，氮肥用量、品种和 D × V 互作对大麦籽粒 THBA 变异的影响均达到极显著水平。氮肥用量、品种及 D × V 互作的平方和分别占总平方和的 20.80%、40.19% 和 38.39%，说明试验中对 THBA 总变异起作用的因素依次为品种、D × V 互作和氮肥用量。THBA 的 IPCA1 表现极显著，解释了 82.78% 的交互作用平方和，因此，考虑到第一项的交互作用就能考察到大部分的 D × V 交互作用。残差的平方和占互作平方和的 17.22%，说明 AMMI 模型分析中被归为残差的其他乘积项的交互作用在 D × V 互作中仍占一定比例。

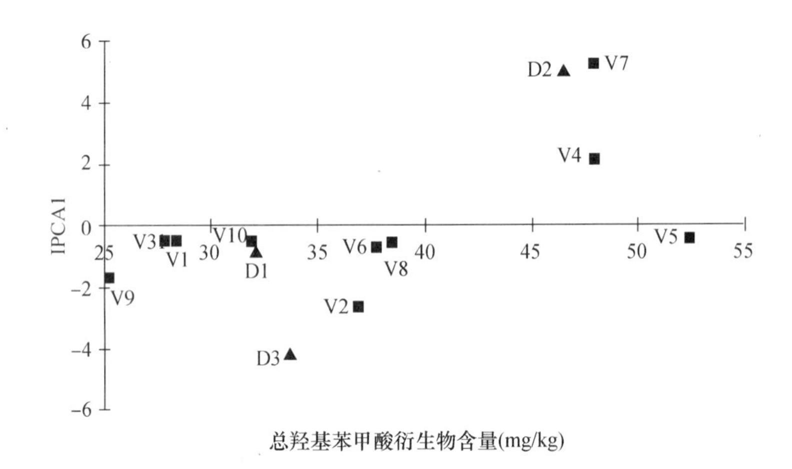

图 8 – 34　THBA AMMI1 模型双标图（王祥军，等，2011）

从图 8 – 34 的双标图可以看出，水平方向上品种的分布比氮肥用量的分布更分散，直观地反映了 THBA 在品种间的差异要大于氮肥用量处理间的差异。新引 D_7 和新引 D_5 与氮肥用量 D2 的互作为正，与 D1 和 D3 的互作为负；其他品种与氮肥用量 D1 和 D3 的互作为正，与 D2 的互作为负。10 个品种在三个氮肥用量处理下的 THBA 平均值，新啤 1 号最高，Celink 最低，差异极显著。三个氮肥用量处理下 10 个品种 THBA 的平均值排序为 D2 > D3 > D1，处理间差异极显著，说明过高或过低的氮肥用量均不利于大麦籽粒中 THBA 的形成。氮肥用量 D1 的坐标点接近 IPCA1 = 0 的水平线，说明在 D1 处理下，D × V 互作很小，对品种的选择余地大。

从图 8 – 34 还可以明显地看出，10 个大麦品种 THBA 对氮肥用量的响应可以分为三类：新引 D_7 为敏感类型；新啤 1 号、CDC Thompson、Klages、ND14636、新引 D_9 和法瓦维特为不敏感类型；新引 D_5、Logan 和 Celink 为中间类型。

三、氮肥用量对羟基肉桂酸衍生物含量的影响

（一）阿魏酸含量

从表 8－11 可以看出，氮肥用量对大麦籽粒阿魏酸含量变异的影响不显著，而品种和 D×V 互作的影响均达到极显著水平。品种及 D×V 互作的平方和分别占总平方和的 47.42% 和 51.79%，说明试验中阿魏酸含量总变异起作用的因素依次为 D×V 互作和品种。阿魏酸含量的 IPCA1 虽然表现差异不显著，但仍解释了 66.89% 的交互作用平方和，说明第一项的交互作用在 D×V 交互作用中占有最大的比例。残差的平方和占互作平方和的 33.11%，因此，需综合考虑第一项和其他乘积项之后才能对 D×V 互作进行全面的考察。

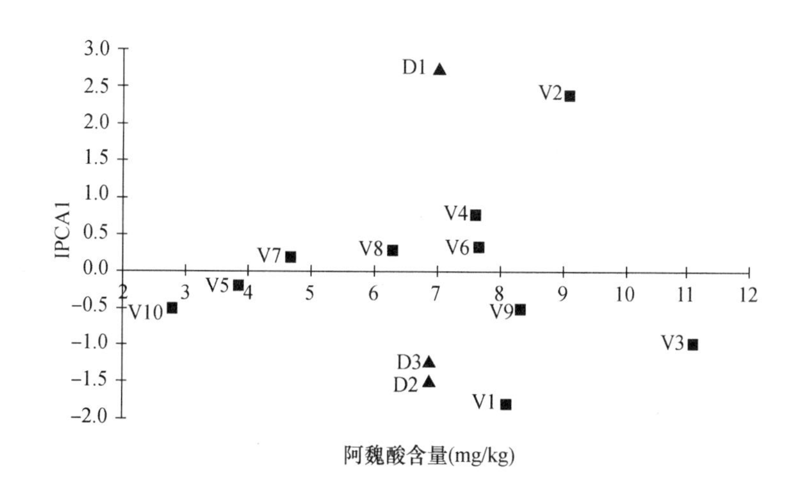

图 8－35　阿魏酸含量 AMMI1 模型的双标图（王祥军，等，2011）

从图 8－35 的双标图可以看出，水平方向上品种的分布比氮肥用量的分布更分散，直观地反映了阿魏酸含量在品种间的差异要大于氮肥用量处理间的差异。氮肥用量 D1、D2 和 D3 在水平方向上几乎重合，Tukey 法多重比较也表明三个处理阿魏酸含量的差异不显著，说明氮肥用量对大麦籽粒阿魏酸含量形成的影响几乎不存在。10 个品种在三个氮肥用量处理下的阿魏酸含量平均值，法瓦维特最高，ND14636 最低，差异极显著。

由于阿魏酸含量的 IPCA1 也不显著，因此不能根据 AMMI1 模型的双标图对阿魏酸含量的 D×V 交互作用进行分析。

（二）对香豆酸含量

从表 8－11 可以看出，氮肥用量、品种和 D×V 互作对大麦籽粒对香豆酸含量变异的影响均达到极显著水平。氮肥用量、品种及 D×V 互作的平方和分别占总平方和的 1.35%、34.07% 和 64.43%，说明试验中对对香豆酸含量总变异起作用的因素依次为 D×V 互作、品种和氮肥用量。对香豆酸含量的 IPCA1 表现极显著，解释了 78.70% 的交互作用平方和，因此，考虑到第一项的交互作用就能考察到大部分的 D×V 交互作用。残差的平方和占互作平方和的 22.30%，说明 AMMI 模型分析中被归为残差的其他乘积项的交互作用在 D×V 互作中仍占一定比例。

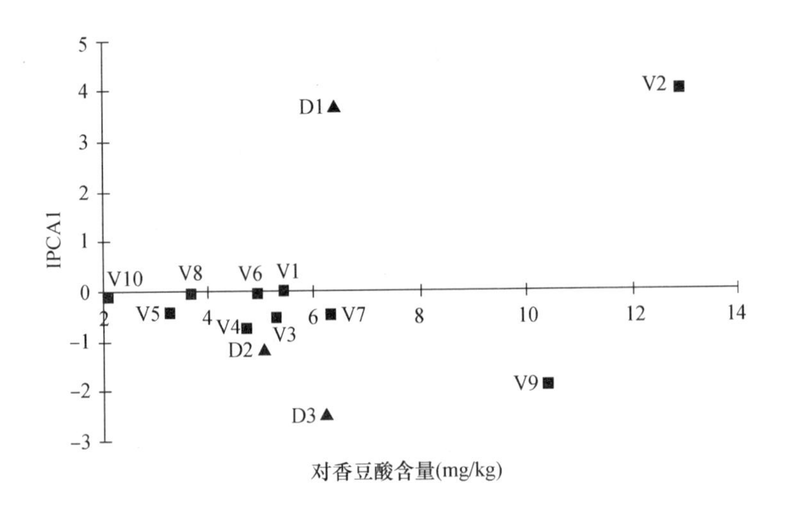

图 8-36 对香豆酸含量 AMMI1 模型的双标图（王祥军，等，2011）

从图 8-36 的双标图可以看出，水平方向上品种的分布比氮肥用量的分布更分散，直观地反映了对香豆酸含量在品种间的差异要大于氮肥用量处理间的差异。Logan 和新引 D_9 与氮肥用量 D1 的互作为正，与 D2 和 D3 的互作为负；Celink、新引 D_7、法瓦维特、Klages、新引 D_5、新啤 1 号和 ND14636 与氮肥用量 D2 和 D3 的互作为正，与 D1 的互作为负。另外，新引 D_9、Klages、CDC Thompson 和 ND14636 对香豆酸含量的 IPCA1 值接近 0，说明 4 个品种与氮肥用量的互作很小。10 个品种在三个氮肥用量处理下的对香豆酸含量平均值，Logan 最高，ND14636 最低，差异极显著。三个氮肥用量处理下 10 个品种对香豆酸含量的平均值排序为 D1 > D3 > D2，处理间差异极显著，说明缺氮或在正常的氮肥营养水平基础上减少氮肥用量有利于大麦籽粒中对香豆酸含量的形成。同时，氮肥用量 D2 坐标的 IPCA1 值最小，说明 D2 处理下，D × V 互作最小，对品种的选择余地最大。

从图 8-36 还可以明显地看出，10 个大麦品种对香豆酸含量对氮肥用量的响应可以分为三类：Logan 和 Celink 为敏感类型；新引 D_9、Klages、CDC Thompson 和 ND14636 为不敏感类型；新引 D_7、法瓦维特、新引 D_5 和新啤 1 号为中间类型。

（三）THCA

从表 8-11 可以看出，氮肥用量、品种和 D × V 互作对大麦籽粒 THCA 变异的影响均达到极显著水平。氮肥用量、品种及 D × V 互作的平方和分别占总平方和的 0.68%、42.01% 和 57.00%，说明试验中对 THCA 总变异起作用的因素依次为 D × V 互作、品种和氮肥用量。THCA 的 IPCA1 表现极显著，解释了 74.91% 的交互作用平方和，因此，考虑到第一项的交互作用就能考察到大部分的 D × V 交互作用。残差的平方和占互作平方和的 26.09%，说明 AMMI 模型分析中被归为残差的其他乘积项的交互作用在 D × V 互作中仍占一定比例。

从图 8-37 的双标图可以看出，水平方向上品种的分布比氮肥用量的分布更分散，直观地反映了 THCA 在品种间的差异要大于氮肥用量处理间的差异。Logan、Klages 和 CDC Thompson 与氮肥用量 D1 的互作为正，与 D2 和 D3 的互作为负；Celink、法瓦维特、新引 D_9、新引 D_5、新引 D_7、新啤 1 号和 ND14636 与氮肥用量 D2 和 D3 的互作为正，与 D1 的互作为负。另外，新引 D_5、Klages、和 CDC Thompson THCA 的 IPCA1 值接近 0，说明这 4 个品种籽粒 THCA 对氮肥用量的响应不敏感。10 个品种在三个氮肥用量处理下的 THCA 平均值，Logan 最高，ND14636 最低，差异极显著。三个氮肥用量处理下 10 个品种 THCA 的平均值排序为 D1 > D3 > D2，处理间差异极显著，说明缺氮或在正常的氮肥营养水平基础上减少氮肥用量有利于大麦籽粒中 THCA 的形成。氮肥用量 D2、D3 坐标点的 IPCA1 值非常接近，但均小于 D1，说明 D2 和 D3 处理下，D × V 互作均较 D1 小，因此 D2 和 D3 处理下对品种的选择余地均较 D1 大。

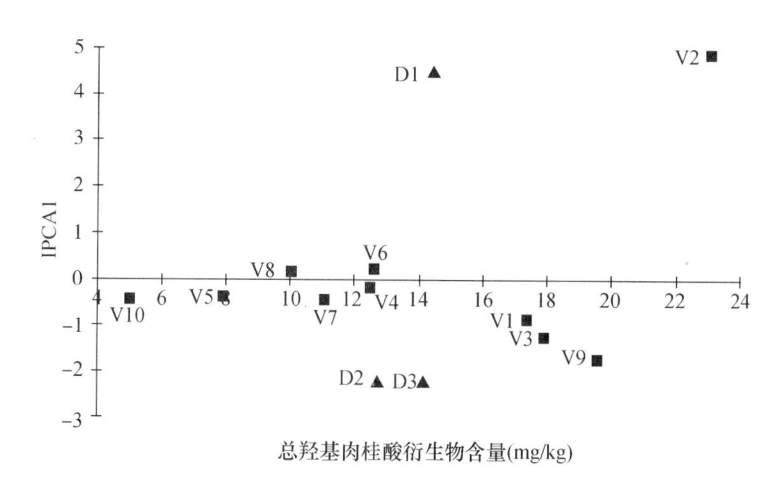

图 8-37　THCA AMMI1 模型双标图（王祥军，等，2011）

从图 8-37 还可以看出，Logan THCA 对氮肥用量的响应最敏感，新引 D_5、Klages 和 CDC Thompson 最不敏感。

四、氮肥用量对大麦籽粒 THBA/THCA 的影响

从表 8-11 可以看出，氮肥用量、品种和 D × V 互作对大麦籽粒 THBA/THCA 变异的影响均达到极显著水平。氮肥用量、品种及 D × V 互作的平方和分别占总平方和的 11.95%、62.01% 和 25.28%，说明试验中对 THBA/THCA 总变异起作用的因素依次为品种、D × V 互作和氮肥用量。THBA/THCA 的 IPCA1 表现极显著，解释了 85.91% 的交互作用平方和，因此，考虑到第一项的交互作用就能考察到大部分的 D × V 交互作用。残差的平方和占互作平方和的 14.09%，说明 AMMI 模型分析中被归为残差的其他乘积项的交互作用在 D × V 互作中仍占一定比例。

从图 8-38 的双标图可以看出，水平方向上品种的分布比氮肥用量的分布更分散，直观地反映了 THBA/THCA 在品种间的差异要大于氮肥用量处理间的差异。ND14636、新啤 1 号和新引 D_5 与氮肥用量 D2 的互作为正，与 D3 和 D1 的互作为负；新引 D_7、CDC Thompson、Klages、Logan、新引 D_9、法瓦维特和 Celink 与氮肥用量 D3 和 D1 的互作为正，与 D2 的互作为负。另外，新引 D_5 THBA/THCA 的 IPCA1 值接近 0，说明该品种与氮肥用量的互作很小。10 个品种在三个氮肥用量处理下的 THBA/THCA 平均值，ND14636 最高，Celink 最低，差异极显著。三个氮肥用量处理下 10 个品种 THBA/THCA 的平均值排序为 D2 > D1 > D3，处理间差异极显著，说明过高或过低的氮肥用量均不利于大麦籽粒中 THBA/THCA 的提高。氮肥用量 D1 坐标点的 IPCA1 值最小，说明 D1 处理下，D × V 互作最小，对品种的选择余地最大。

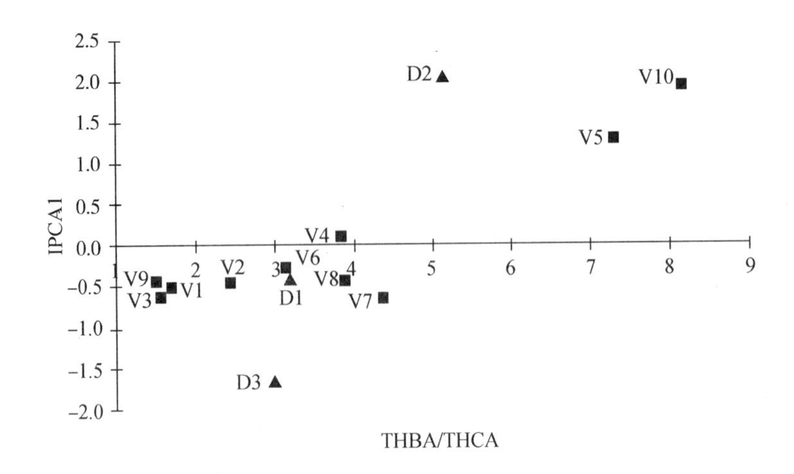

图 8－38　THBA/THCA AMMI1 模型双标图（王祥军，等，2011）

从图 8－38 还可以明显地看出，10 个大麦品种籽粒 THBA/THCA 对氮肥用量的响应可以分为三类：ND14636 和新啤 1 号为敏感类型；新引 D_5 为不敏感类型；新引 D_7、CDC Thompson、Klages、Logan、新引 D_9、法瓦维特和 Celink 为中间类型。

五、氮肥用量对大麦籽粒 TPA 的影响

从表 8－11 可以看出，氮肥用量、品种和 D×V 互作对大麦籽粒 TPA 变异的影响均达到极显著水平。氮肥用量、品种及 D×V 互作的平方和分别占总平方和的 13.15%、24.82% 和 61.61%，说明试验中对 TPA 总变异起作用的因素依次为 D×V 互作、品种和氮肥用量。TPA 的 IPCA1 表现显著，解释了 74.99% 的交互作用平方和，因此，考虑到第一项的交互作用就能考察到大部分的 D×V 交互作用。残差的平方和占互作平方和的 25.01%，说明 AMMI 模型分析中被归为残差的其他乘积项的交互作用在 D×V 互作中仍占一定比例。

从图 8－39 的双标图可以看出，水平方向上品种的分布比氮肥用量的分布更分散，直观地反映了 TPA 在品种间的差异要大于氮肥用量处理间的差异。新啤 1 号、Logan、Klages、CDC Thompson、新引 D_9、Celink 和 ND14636 与氮肥用量 D1 和 D3 的互作为正，与 D2 的互作为负；新引 D_5、新引 D_7 和法瓦维特与氮肥用量 D2 的互作为正，与 D1 和 D3 的互作为负。另外，新引 D_9 TPA 的 IPCA1 值接近 0，说明该品种与氮肥用量的互作很小。10 个品种在三个氮肥用量处理下的 TPA 平均值，新引 D_5 最高，ND14636 最低，差异极显著。三个氮肥用量处理下 10 个品种 TPA 的平均值排序为 D2＞D3＞D1，处理间差异极显著，说明过高或过低的氮肥用量均不利于大麦籽粒中 TPA 的提高。氮肥用量 D1 坐标点的 IPCA1 值最小，说明 D1 处理下，D×V 互作最小，对品种的选择余地最大。

从图 8－39 还可以看出，10 个大麦品种籽粒 TPA 对氮肥用量的响应可以分为三类：新引 D_7 为敏感类型；新啤 1 号、Klages、CDC Thompson、新引 D_9、法瓦维特和 ND14636 为不敏感类型；新引 D_5、Logan 和 Celink 为中间类型。

对于环境因子对作物产量和品质性状的影响，多数研究在试验中采用单一品种供试（张燕，等，2005；王爱华，等，2005；王柳，等，2007；李敏，2011；段克斌，等，2011；谢以泽，等，2011），从而避免了品种及品种与环境互作因素的影响。一些研究采用多个品

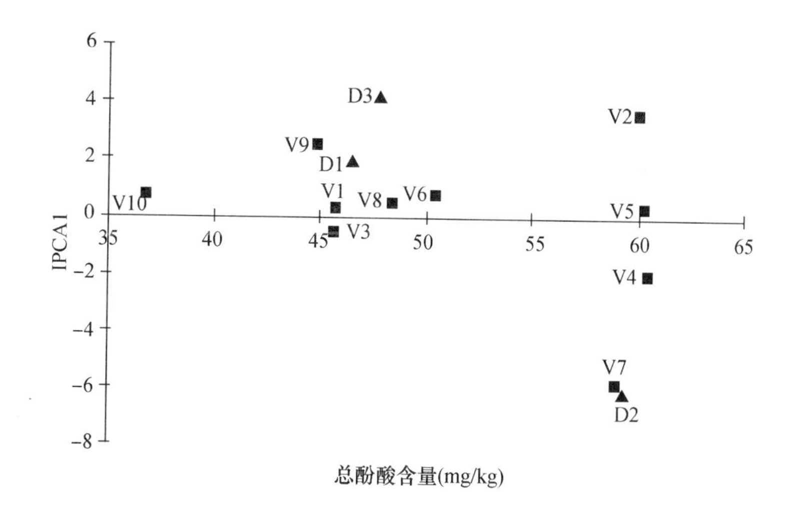

图 8-39　TPA AMMI1 模型双标图（王祥军，等，2011）

种供试（齐军仓，2006；刘玉春，等，2007；朱伟锋，等，2009；郭翠花和高志强，2010），但对试验中品种与环境因子互作影响的分析亦很少涉及。王祥军等（2011）指出了不同大麦品种在不同氮肥用量下的适应性。结果表明，除阿魏酸外，氮肥用量、品种及D×V 互作对其他酚酸指标的影响均极显著。除 THBA 和 THBA/THCA 两指标外，其他酚酸指标的影响因素排序均为 D×V 互作 > 品种 > 氮肥用量，而且氮肥用量的平方和占总平方和的比例均较小（变幅为 0.68% ~20.80%），说明在田间施肥实践中，为保证大麦籽粒酚酸的含量，仅考虑氮肥用量是不够的，必须注重品种与氮肥用量的合理搭配。

王祥军等（2011）研究结果表明，对羟基苯甲酸、对香豆酸和 THCA 外，其他酚酸指标的值均在氮肥用量 D2 处理下最高，说明在与本试验相似的环境及土地条件下，150kg/hm^2 是保证大麦籽粒中较高酚酸含量的合理施肥量，在此基础上增施和减施氮肥均对这些指标不利。高氮肥用量（300kg/hm^2）仅对对羟基苯甲酸含量有利，低氮肥用量仅对对香豆酸和 THCA 有利。

苯丙氨酸是酚酸和蛋白质生物合成的共同前体（Jones and Hartley，1999）。因此，植物组织中酚酸和蛋白质的合成存在一定的竞争关系。大麦籽粒中苯丙氨酸的含量随着施氮量的增加而提高（谢志新，1989a），蛋白质含量亦随着施氮量的增加而增加（齐军仓，等，2006；刘玉春，等，2007；王颢，等，2010），而在一定氮肥用量范围内，酚酸的含量随着施氮量的增加呈现先升高后降低的趋势，这可能与蛋白质合成的竞争有关。根据用途不同，生产中对大麦籽粒蛋白质含量的要求也不同。因此，栽培上采用氮肥用量调控大麦籽粒酚酸含量时，需注意平衡酚酸含量与蛋白质含量之间的关系。

第六节　氮肥施用时期对大麦籽粒酚酸含量的影响

氮素是限制作物生长和产量形成的主要因素，因此，氮肥的管理是小养分管理的核心和重点（刘晓燕，等，2010）。适宜的氮肥施用时期不仅可促进作物高产、优质，还能提高养分利用率（朱新开，2006）。谢志新（1989b）的研究认为大麦全生育期的氮素积累量有两个高峰：一是分蘖到拔节期，二是拔节到抽穗期，且以拔节至抽穗期这一阶段氮素日积累量最大。但陈锦新等（1998）的研究认为这两个高峰：一是分蘖至拔节期，二是抽穗至成熟期，且以抽穗至成熟期这一阶段的积累速度最快。二者的结论虽然不尽相同，但都表明了壮蘖肥和穗肥对大麦的重要性。

不同氮肥施用时期对谷类作物的产量和品质有显著影响，但是各种作物的最佳氮肥施用时期，目前仍然存在很大争论。蔡大同等（1994）的研究表明前期施氮相对提高醇溶蛋白组分的含量，而后期施氮则较多的增加碱溶蛋白组分的含量；Perez 等（1996）认为晚施氮肥（开花期）可以改善水稻的碾磨和营养品质；岳寿松等（1998）认为四分体形成期和雌雄蕊原基形成期施用氮肥可以显著提高冬小麦的产量和籽粒蛋白质含量；康国章等（2000）认为拔节期和孕穗期追氮有利于延缓小麦生育后期旗叶的 Chl 含量、P_n 与 RUBPcase 活性以及植株 LAI 和 CAP 的下降速率，增产效果十分显著，尤以拔节期追氮产量最高；靳正忠等（2005）的研究表明不同氮肥施用时期对大麦籽粒蛋白质含量的影响显著，在拔节期施氮，籽粒蛋白质含量最高。强筋小麦高产优质兼顾的最佳追氮时期，潘庆民和于振文（2002）认为是挑旗期，孙茂真等（2005）认为是拔节期，而李姗姗等（2008）则认为开花期追氮有利于强筋小麦产量和籽粒蛋白质含量的协同提高。

氮肥施用时期对谷类作物的影响，以往的研究多集中于产量和籽粒蛋白质含量等性状，而关于氮肥施用时期对谷类作物次生代谢影响的研究则少见报道。

供试材料同第五节，采用裂区试验设计，重复 3 次，氮肥施用时期为主区，品种为副区。设置三种氮肥施用时期，苗期（二叶一心）（DS1）、拔节期（DS2）和灌浆期（齐穗期）（DS3）。三次施用的氮肥用量相同，为 300kg/hm²，灌溉时撒施。成熟期以小区为单位收获，脱粒后测产、称千粒重。脱粒后的籽粒过分样筛，样品籽粒在 80℃下烘干，用 Tecator Cyclotec 样品磨粉碎后过 0.5mm 筛，备用，测定大麦籽粒的酚酸含量。

一、氮肥施用时期试验中酚酸含量的聚类分析

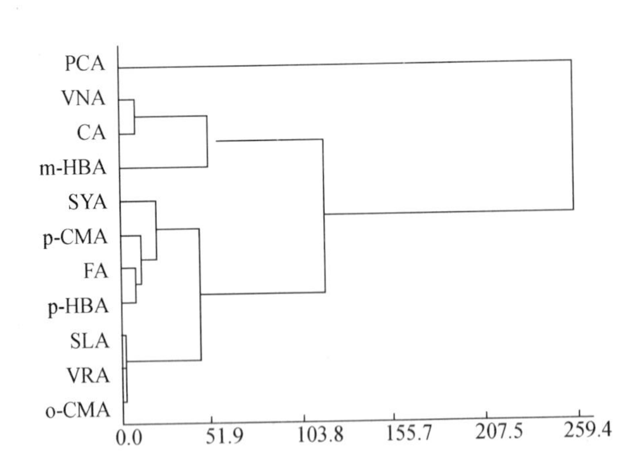

图 8－40　氮肥施用时期试验 11 种酚酸含量的聚类分析（王祥军，等，2011）

氮肥施用时期试验各处理、各品种大麦籽粒中均未检测到没食子酸和绿原酸。对其他 11 种酚酸在各处理、各品种大麦籽粒中的平均含量通过欧氏距离和离差平方和法进行系统

聚类分析（图 8－40）可以看出，11 种酚酸的含量可以分为高、中高、中低和低四类，其中原儿茶酸（45.53mg/kg）为高含量酚酸；间羟基苯甲酸、咖啡酸和香草酸为中高含量酚酸变幅为 6.73mg/kg（10.35mg/kg）；对羟基苯甲酸、阿魏酸、对香豆酸和丁香酸为中低含量酚酸变幅为 4.01mg/kg（6.91mg/kg）。邻香豆酸、藜芦酸和水杨酸为低含量酚酸变幅为 0.003mg/kg（0.15mg/kg）。王祥军，等（2011）仅对中低、中高和高含量的酚酸以及 THBA、THCA、THBA/THCA 和 TPA 进行分析。

二、氮肥施用时期对大麦籽粒羟基苯甲酸衍生物含量的影响

表 8－12　氮肥施用时期试验大麦籽粒酚酸含量的 AMMI 模型分析（王祥军，等，2011）

	变异来源	总变异	氮肥施用时期	品种	交互作用	PCA1	残差	误差
	df	89	2	9	18	10	8	60
PCA	SS	74573.69	99.65	56231.15	18193.34	13597.08	4596.26	49.55
	MS	837.91	49.82	6247.91	1010.74	1359.71	574.53	0.83
	F		60.33**	7565.66**	1223.92**	2.37*		
VNA	SS	16929.12	122.71	14288.80	2515.80	2036.54	479.26	1.81
	MS	190.21	61.36	1587.64	139.77	203.65	59.91	0.03
	F		2033.71**	52623.29**	4632.64**	3.40**		
SYA	SS	1530.36	14.44	1223.98	289.43	222.60	66.82	2.51
	MS	17.20	7.22	136.00	16.08	22.26	8.35	0.04
	F		172.41**	3246.76**	383.87**	2.66**		
m－HBA	SS	25260.49	2906.54	12217.04	10110.73	10092.20	18.53	26.19
	MS	283.83	1453.27	1357.45	561.71	1009.22	2.32	0.44
	F		3329.98**	3110.42**	1287.08**	435.68**		
p－HBA	SS	337.47	21.59	211.80	102.22	6.32	95.89	1.87
	MS	3.79	10.79	23.53	5.68	0.63	11.99	0.03
	F		346.35**	755.16**	182.23**	0.05		
THBA	SS	67359.85	3130.94	37038.99	27094.89	24782.96	2311.93	95.03
	MS	756.85	1565.47	4115.44	1505.27	2478.30	288.99	1.58
	F		988.45**	2598.52**	950.44**	8.58**		
p－CMA	SS	1611.80	4.98	1049.48	555.77	419.31	136.46	1.57
	MS	18.11	2.49	116.61	30.88	41.93	17.06	0.03
	F		95.35**	4461.79**	1181.41**	2.46*		
CA	SS	13377.60	123.39	11234.55	2017.96	1807.17	210.79	1.70
	MS	150.31	61.70	1248.28	112.11	180.72	26.35	0.03
	F		2176.52**	44036.58**	3954.94**	6.86**		
FA	SS	3638.48	52.39	1793.15	1791.96	1685.74	106.21	0.98
	MS	40.88	26.20	199.24	99.55	168.57	13.28	0.02

续表

	变异来源	总变异	氮肥施用时期	品种	交互作用	PCA1	残差	误差
	F		1601.70**	12182.33**	6087.10**	12.70**		
THCA	SS	27072.82	33.97	23248.74	3782.87	2718.81	1064.06	7.24
	MS	304.19	16.99	2583.19	210.16	271.88	133.01	0.12
	F		140.79**	21411.32**	1741.95**	2.04*		
THBA/THCA	SS	2376.31	53.10	1560.69	756.69	640.28	116.41	5.83
	MS	26.70	26.55	173.41	42.04	64.03	14.55	0.10
	F		273.05**	1783.45**	432.35**	4.40**		
TPA	SS	101838.90	3360.72	63522.05	34848.20	32333.78	2514.42	107.96
	MS	1144.26	1680.36	7058.01	1936.01	3233.38	314.30	1.80
	F		933.91**	3922.70**	1076.00**	10.29**		

注：*和**分别表示在0.05和0.01水平上差异显著。PCA：原儿茶酸；VNA：香草酸；SYA：丁香酸；m-HBA：间羟基苯甲酸；p-HBA：对羟基苯甲酸；THBA：总羟基苯甲酸衍生物含量；p-CMA：对香豆酸；CA：咖啡酸；FA：阿魏酸；THCA：总羟基肉桂酸衍生物含量；THBA/THCA：总羟基苯甲酸衍生物含量/总羟基肉桂酸衍生物含量比值；TPA：总酚酸含量。

（一）原儿茶酸含量

从表8-12可以看出，氮肥施用时期、品种和氮肥施用时期与品种互作（DS×V互作）对大麦籽粒原儿茶酸含量变异的影响均达到极显著水平。氮肥施用时期、品种及DS×V互作的平方和分别占总平方和的0.13%、75.40%和24.40%，说明试验中对原儿茶酸含量总变异起作用的因素依次为品种、DS×V互作和氮肥施用时期。原儿茶酸含量的IPCA1表现极显著，解释了74.74%的交互作用平方和，因此，考虑到第一项的交互作用就能考察到大部分的DS×V交互作用，但残差的平方和仍占互作平方和的25.26%，说明AMMI模型分析中被归为残差的其他乘积项的交互作用在DS×V互作中仍占较大比例。

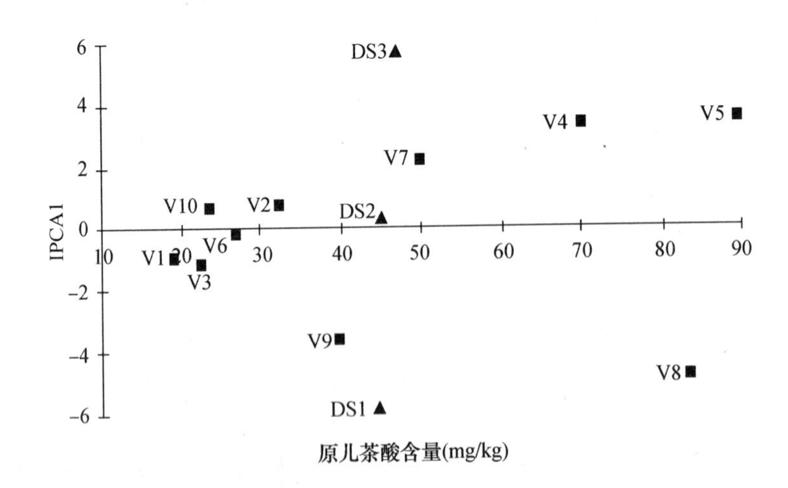

图8-41 原儿茶酸含量AMMI1模型的双标图（王祥军，等，2011）

从图 8-41 的双标图可以看出，水平方向上品种的分布比氮肥施用时期的分布更分散，直观地反映了原儿茶酸含量在品种间的差异要大于氮肥施用时期处理间的差异。新啤 1 号、新引 D_5、新引 D_7、Logan 和 ND14636 与氮肥施用时期 DS2 和 DS3 的互作为正，与 DS1 的互作为负；另外，Klages 原儿茶酸含量的 IPCA1 值接近 0，说明该品种与氮肥施用时期的互作很小。其他品种与氮肥施用时期 DS1 的互作为正，与 DS2 和 DS3 的互作为负。10 个品种在三个氮肥施用时期处理下的原儿茶酸含量平均值，新啤 1 号最高，新引 D_9 最低，差异极显著。三个氮肥施用时期处理下 10 个品种原儿茶酸含量的平均值排序为 DS3 > DS2 > DS1，DS3 处理与其他两个处理的差异极显著，但 DS2 与 DS1 两个处理的差异不显著，说明灌浆期施用氮肥最利于大麦籽粒中原儿茶酸含量的形成。氮肥施用时期 DS2 坐标点的 IPCA1 值接近 0，说明 DS2 处理下，DS × V 互作很小，对品种的选择余地大，另外两个处理下对品种的选择余地均较小。

从图 8-41 还可以看出，10 个大麦品种原儿茶酸含量对氮肥施用时期的响应可以分为三类：新啤 1 号、CDC Thompson、新引 D_5、新引 D_7 和 Celink 为敏感类型；Klages 为不敏感类型；Logan、ND14636、法瓦维特和新引 D_9 为中间类型。

（二）香草酸含量

从表 8-12 可以看出，氮肥施用时期、品种和 DS × V 互作对大麦籽粒香草酸含量变异的影响均达到极显著水平。氮肥施用时期、品种及 DS × V 互作的平方和分别占总平方和的 0.72%、84.40% 和 14.86%，说明试验中对香草酸含量总变异起作用的因素依次为品种、DS × V 互作和氮肥施用时期。香草酸含量的 IPCA1 表现极显著，解释了 80.95% 的交互作用平方和，因此，考虑到第一项的交互作用就能考察到大部分的 DS × V 交互作用，残差的平方和占互作平方和的 19.05%，说明 AMMI 模型分析中被归为残差的其他乘积项的交互作用在 DS × V 互作中仍占一定比例。

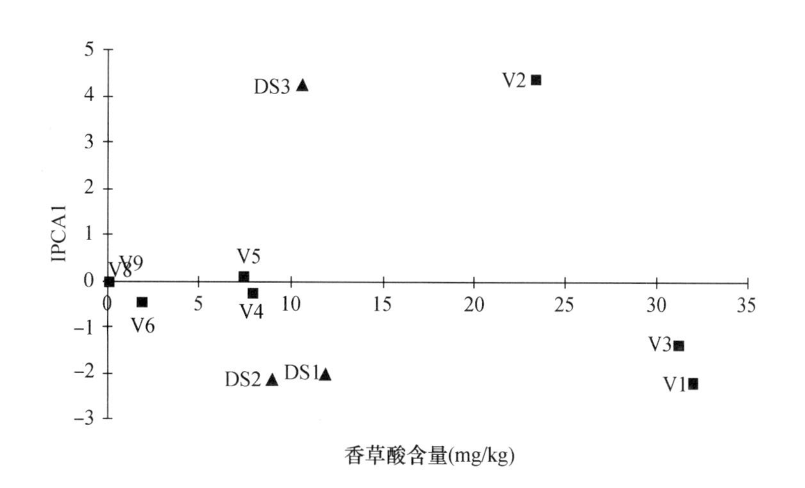

图 8-42　香草酸含量 AMMI1 模型的双标图（王祥军，等，2011）

从图 8-42 的双标图可以看出，水平方向上品种的分布比氮肥施用时期的分布更分散，直观地反映了香草酸含量在品种间的差异要大于氮肥施用时期处理间的差异。Logan 和新啤 1 号与氮肥施用时期 DS3 的互作为正，与 DS2 和 DS1 的互作为负；新引 D_9、法瓦维特、新

引 D_5 和 Klages 与氮肥施用时期 DS2 和 DS1 的互作为正，与 DS3 的互作为负。新啤 1 号的坐标几乎与 IPCA1 =0 水平线重合，因此，新啤 1 号与氮肥施用时期的互作很小。另外，由于新引 D_7、CDC Thompson、Celink 和 ND14636 中未检测到香草酸的含量，因此，在双标图中，这 4 个品种的坐标点重合在一起。6 个品种在三个氮肥施用时期处理下的香草酸含量平均值，新引 D_9 最高，Klages 最低（不包括未检测出香草酸含量的 4 个品种），差异极显著。三个氮肥施用时期处理下 10 个品种香草酸含量的平均值排序为 DS1 > DS3 > DS2，处理间差异极显著，说明苗期施用氮肥最利于大麦籽粒中香草酸含量的形成。氮肥施用时期 DS2 和 DS1 坐标点的 IPCA1 值接近，但均比 DS3 小，说明 DS2 和 DS1 处理下，DS × V 互作较 DS3 小，因此对品种的选择余地较 DS3 大。

从图 8 – 42 还可以看出，6 个大麦品种香草酸含量对氮肥施用时期的响应可以分为三类：Logan 为敏感类型；新引 D_5、新啤 1 号和 Klages 为不敏感类型；新引 D_9 和法瓦维特为中间类型。

（三）丁香酸含量

从表 8 – 12 可以看出，氮肥施用时期、品种和 DS × V 互作对大麦籽粒丁香酸含量变异的影响均达到极显著水平。氮肥施用时期、品种及 DS × V 互作的平方和分别占总平方和的 0. 94%、79. 98% 和 18. 91%，说明试验中对丁香酸含量总变异起作用的因素依次为品种、DS × V 互作和氮肥施用时期。丁香酸含量的 IPCA1 表现极显著，解释了 76. 91% 的交互作用平方和，因此，考虑到第一项的交互作用就能考察到大部分的 DS × V 交互作用。残差的平方和占互作平方和的 23. 09%，说明 AMMI 模型分析中被归为残差的其他乘积项的交互作用在 DS × V 互作中仍占较大比例。

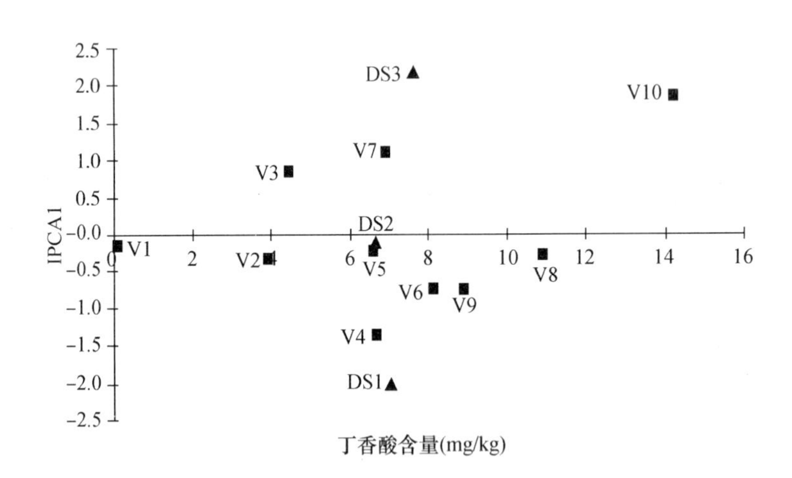

图 8 – 43　丁香酸含量 AMMI1 模型的双标图（王祥军，等，2011）

从图 8 – 43 的双标图可以看出，水平方向上品种的分布比氮肥施用时期的分布更分散，直观地反映了丁香酸含量在品种间的差异要大于氮肥施用时期处理间的差异。ND14636、新引 D_7 和法瓦维特与氮肥施用时期 DS3 的互作为正，与 DS2 和 DS1 的互作为负；其他品种与氮肥施用时期 DS2 和 DS1 的互作为正，与 DS3 的互作为负。10 个品种在三个氮肥施用时期处理下的丁香酸含量平均值，ND14636 最高，新引 D_9 最低，差异极显著。三个氮肥施用时期处理下 10 个品种丁香酸含量的平均值排序为 DS3 > DS1 > DS2，处理间差异极显著，说明灌浆期施用氮肥最利于大麦籽粒中丁香酸含量的形成。氮肥施用时期 DS2 坐标点的 IPCA1 值接近 0，说明 DS2 处理下，DS × V 互作很小，对品种的选择余地大，另外两个处理下对品种的选择余地均较小。

从图 8 -43 还可以看出，10 个大麦品种丁香酸含量对氮肥施用时期的响应可以分为三类：ND14636 为敏感类型；CDC Thompson、新啤 1 号、Logan 和新引 D_9 为不敏感类型；Celink、Klages、新引 D_7、新引 D_5 和法瓦维特为中间类型。

（四）间羟基苯甲酸含量

从表 8 -12 可以看出，氮肥施用时期、品种和 DS × V 互作对大麦籽粒间羟基苯甲酸含量变异的影响均达到极显著水平。氮肥施用时期、品种及 DS × V 互作的平方和分别占总平方和的 11. 51%、48. 36% 和 40. 03%，说明试验中对间羟基苯甲酸含量总变异起作用的因素依次为品种、DS × V 互作和氮肥施用时期。间羟基苯甲酸含量的 IPCA1 表现极显著，解释了 99. 82% 的交互作用平方和，而残差的平方和仅占互作平方和的 0. 18%，因此，考虑到第一项的交互作用就能考察到绝大部分的 DS × V 交互作用。

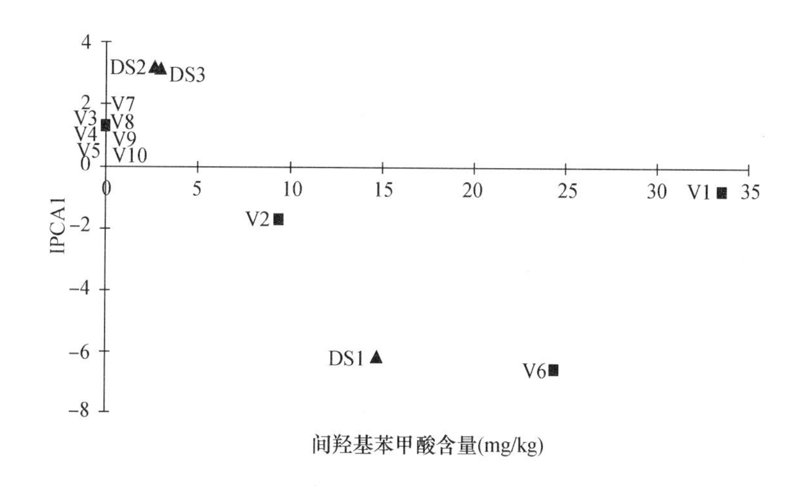

图 8 -44　间羟基苯甲酸含量 AMMI1 模型的双标图（王祥军，等，2011）

从图 8 -44 的双标图可以看出，水平方向上品种的分布比氮肥施用时期的分布更分散，直观地反映了间羟基苯甲酸含量在品种间的差异要大于氮肥施用时期处理间的差异。氮肥施用时期试验中，法瓦维特、新引 D_5、新啤 1 号、新引 D_7、CDC Thompson、Celink 和 ND14636 籽粒中均未检测出间羟基苯甲酸的含量，因此 7 个品种在双标图中的坐标点重合在一起。其余 3 个品种，即新引 D_9、Klages 和 Logan 均与氮肥施用时期 DS1 的互作为正，与 DS2 和 DS3 的互作为负。3 个品种在三个氮肥施用时期处理下的间羟基苯甲酸含量平均值，新引 D_9 最高，Logan 最低（不包括未检测出间羟基苯甲酸含量的 7 个品种），差异极显著。三个氮肥施用时期处理下 10 个品种间羟基苯甲酸含量的平均值排序为 DS1 > DS3 > DS2，DS1 处理与其他两个处理的差异极显著，但 DS2 与 DS3 两个处理的差异不显著，说明苗期施用氮肥最利于大麦籽粒中间羟基苯甲酸含量的形成。氮肥施用时期 DS2 和 DS3 坐标点的 IPCA1 值接近，但均比 DS1 小，说明 DS2 和 DS3 处理下，DS × V 互作较 DS1 小，因此对品种的选择余地较 DS1 大。

从图 8－44 还可以看出，3 个大麦品种间羟基苯甲酸含量对氮肥施用时期的响应，Klages 最敏感，其次为 Logan，新引 D_9 最不敏感。

（五）对羟基苯甲酸含量

从表 8－12 可以看出，氮肥施用时期、品种和 DS×V 互作对大麦籽粒对羟基苯甲酸含量变异的影响均达到极显著水平。氮肥施用时期、品种及 DS×V 互作的平方和分别占总平方和的 6.40%、62.76% 和 30.29%，说明试验中对对羟基苯甲酸含量总变异起作用的因素依次为品种、DS×V 互作和氮肥施用时期。对羟基苯甲酸含量的 IPCA1 表现不显著，仅解释了 6.18% 的交互作用平方和，残差的平方和占互作平方和的 93.82%，说明 AMMI 模型分析中被归为残差的其他乘积项的交互作用在 DS×V 互作中起关键作用。

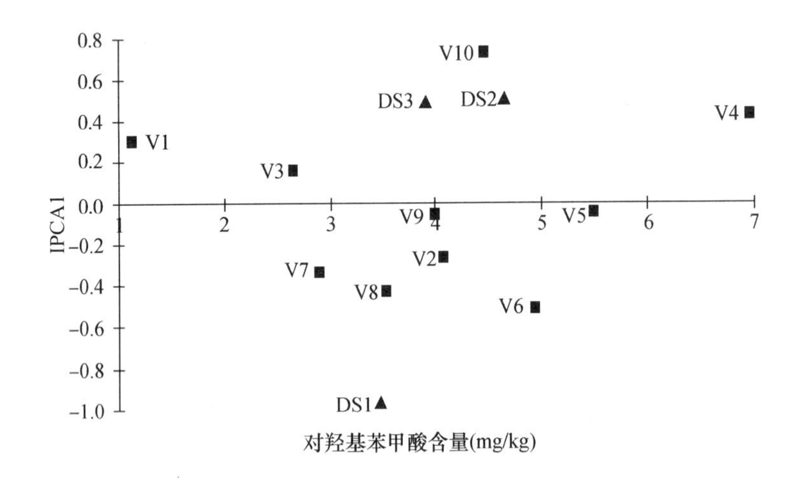

图 8－45　对羟基苯甲酸含量 AMMI1 模型的双标图（王祥军，等，2011）

从图 8－45 的双标图可以看出，水平方向上品种的分布比氮肥施用时期的分布更分散，直观地反映了对羟基苯甲酸含量在品种间的差异要大于氮肥施用时期处理间的差异。10 个品种在三个氮肥施用时期处理下的对羟基苯甲酸含量平均值，新引 D_5 最高，法瓦维特最低，差异极显著。三个氮肥施用时期处理下 10 个品种对羟基苯甲酸含量的平均值排序为 DS2 > DS3 > DS1，处理间差异极显著，说明拔节期施用氮肥最利于大麦籽粒中对羟基苯甲酸含量的形成。

由于对羟基苯甲酸含量的 IPCA1 不显著，因此不能根据 AMMI1 模型的双标图对对羟基苯甲酸含量的 DS×V 交互作用进行分析。

（六）THBA

从表 8－12 可以看出，氮肥施用时期、品种和 DS×V 互作对大麦籽粒 THBA 变异的影响均达到极显著水平。氮肥施用时期、品种及 DS×V 互作的平方和分别占总平方和的 4.65%、54.99% 和 40.22%，说明试验中对 THBA 总变异起作用的因素依次为品种、DS×V 互作和氮肥施用时期。THBA 的 IPCA1 表现极显著，解释了 91.47% 的交互作用平方和，残差的平方和仅占互作平方和的 8.63%。因此，考虑到第一项的交互作用就能考察到绝大部分的 DS×V 交互作用。

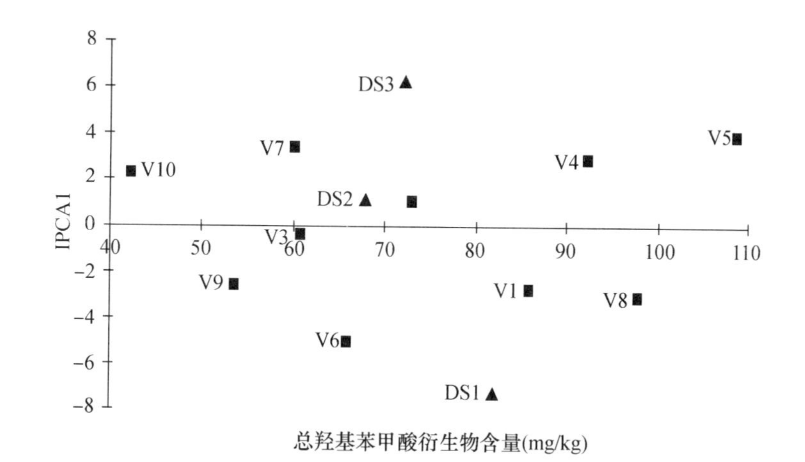

图 8－46　THBA AMMI1 模型双标图（王祥军，等，2011）

从图 8－46 的双标图可以看出，水平方向上品种的分布比氮肥施用时期的分布更分散，直观地反映了 THBA 在品种间的差异要大于氮肥施用时期处理间的差异。新啤 1 号、新引 D_5、Logan、新引 D_7 和 ND14636 与氮肥施用时期 DS2 和 DS3 的互作为正，与 DS1 的互作为负；其他品种与氮肥施用时期 DS1 的互作为正，与 DS2 和 DS3 的互作为负。10 个品种在三个氮肥施用时期处理下的 THBA 平均值，新啤 1 号最高，ND14636 最低，差异极显著。三个氮肥施用时期处理下 10 个品种 THBA 的平均值排序为 DS1 > DS3 > DS2，处理间差异极显著，说明苗期施用氮肥最利于大麦籽粒中 THBA 的形成。氮肥施用时期 DS2 坐标接近 IPCA1 = 0 的水平线，说明 DS2 处理下，DS × V 互作很小，对品种的选择余地大，另外两个处理下对品种的选择余地均较小。

从图 8－46 还可以看出，Logan 和法瓦维特 THBA 对氮肥施用时期响应的敏感程度均较其他品种差。法瓦维特的坐标接近 IPCA1 = 0 的水平线，说明该品种 THBA 对氮肥施用时期的响应最不敏感。

三、氮肥施用时期对大麦籽粒羟基肉桂酸衍生物含量的影响

（一）对香豆酸含量

从表 8－12 可以看出，氮肥施用时期、品种和 DS × V 互作对大麦籽粒对香豆酸含量变异的影响均达到极显著水平。氮肥施用时期、品种及 DS × V 互作的平方和分别占总平方和的 0.31%、65.11% 和 34.48%，说明试验中对对香豆酸含量总变异起作用的因素依次为品种、DS × V 互作和氮肥施用时期。对香豆酸含量的 IPCA1 表现极显著，解释了 75.45% 的交互作用平方和，因此，考虑到第一项的交互作用就能考察到大部分的 DS × V 交互作用。残差的平方和仍占互作平方和的 24.55%，说明 AMMI 模型分析中被归为残差的其他乘积项的交互作用在 DS × V 互作中仍占较大比例。

从图 8－47 的双标图可以看出，水平方向上品种的分布比氮肥施用时期的分布更分散，直观地反映了对香豆酸含量在品种间的差异要大于氮肥施用时期处理间的差异。新引 D_5、Celink、新啤 1 号、Logan、新引 D_7 和 ND14636 与氮肥施用时期 DS2 和 DS3 的互作为正，与 DS1 的互作为负；其他品种与氮肥施用时期 DS1 的互作为正，与 DS2 和 DS3 的互作为负。

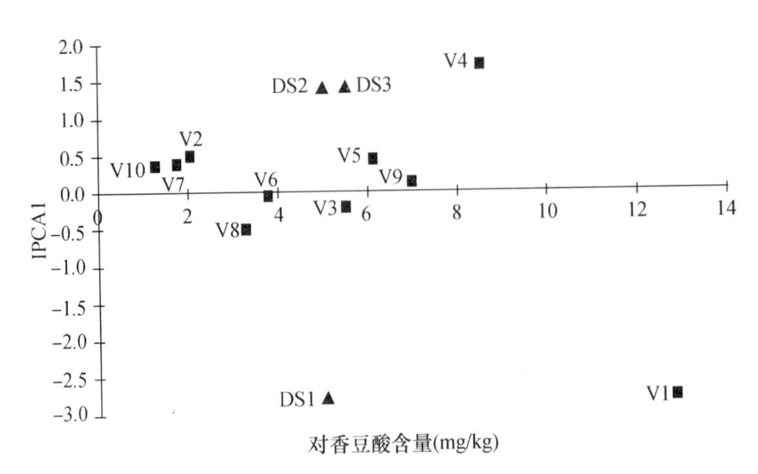

图 8-47 对香豆酸含量 AMMI1 模型的双标图（王祥军，等，2011）

Celink 和 Klages 对香豆酸含量的 IPCA1 值接近 0，说明两个品种与氮肥施用时期的互作很小。10 个品种在三个氮肥施用时期处理下的对香豆酸含量平均值，新引 D_9 最高，ND14636 最低，差异极显著。三个氮肥施用时期处理下 10 个品种对香豆酸含量的平均值排序为 DS3 > DS1 > DS2，DS3 处理与其他两个处理的差异极显著，但 DS1 与 DS2 两个处理的差异不显著（Tukey 法多重比较），说明灌浆期施用氮肥最利于大麦籽粒中对香豆酸含量的形成。氮肥施用时期 DS2 和 DS3 坐标点接近，但 IPCA1 值均小于 DS1，说明 DS2 和 DS3 处理下，DS × V 互作均较 DS1 小，对品种的选择余地较 DS1 大。

从图 8-47 还可以看出，10 个大麦品种对香豆酸含量对氮肥施用时期的响应可以分为三类：新引 D_9 和新引 D_5 为敏感类型；Celink 和 Klages 为不敏感类型；新啤 1 号、法瓦维特、CDC Thompson、Logan、新引 D_7 和 ND14636 为中间类型。

（二）咖啡酸含量

从表 8-12 可以看出，氮肥施用时期、品种和 DS × V 互作对大麦籽粒咖啡酸含量变异的影响均达到极显著水平。氮肥施用时期、品种及 DS × V 互作的平方和分别占总平方和的 0.92%、83.98% 和 15.08%，说明试验中对咖啡酸含量总变异起作用的因素依次为品种、DS × V 互作和氮肥施用时期。咖啡酸含量的 IPCA1 表现极显著，解释了 89.55% 的交互作用平方和，因此，考虑到第一项的交互作用就能考察到大部分的 DS × V 交互作用。残差的平方和仍占互作平方和的 10.45%，说明 AMMI 模型分析中被归为残差的其他乘积项的交互作用在 DS × V 互作中仍占一定比例。

从图 8-48 的双标图可以看出，水平方向上品种的分布比氮肥施用时期的分布更分散，直观地反映了咖啡酸含量在品种间的差异要大于氮肥施用时期处理间的差异。品种 Logan 与氮肥施用时期 DS3 的互作为正，与 DS2 和 DS1 的互作为负；其他品种与氮肥施用时期 DS2 和 DS1 的互作为正，与 DS3 的互作为负。10 个品种在三个氮肥施用时期处理下的咖啡酸含量平均值呈现向两极分化的趋势，新引 D_9、法瓦维特和 Logan 的咖啡酸含量均大于 20.00mg/kg，而其他品种均小于 5.00mg/kg，其中含量最高的为新引 D_9，最低的为 CDC Thompson，差异极显著。三个氮肥施用时期处理下 10 个品种咖啡酸含量的平均值排序为 DS1 > DS3 > DS2，DS1 与 DS3 两个处理的差异不显著，但二者与 DS2 处理的差异极显著，说明苗期和灌浆期施用氮肥均有利于大麦籽粒中咖啡酸含量的形成。氮肥施用时期 DS1 的

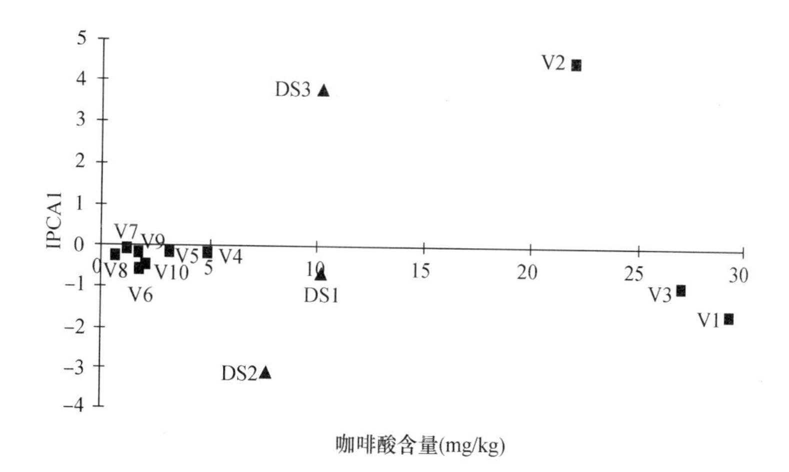

图 8-48　咖啡酸含量 AMMI1 模型的双标图（王祥军，等，2011）

IPCA1 值最小，说明 DS1 处理下，DS×V 互作较小，对品种的选择余地较其他两个处理大，因此，苗期是利于大麦籽粒中咖啡酸含量形成的最佳氮肥施用时期。

从图 8-48 还可以看出，其他品种咖啡酸含量对氮肥施用时期响应的敏感程度均远小于 Logan，尤其是 Celink 和新引 D_7，其咖啡酸含量的 IPCA1 值接近 0，说明这两个品种对氮肥施用时期的响应不敏感。

（三）阿魏酸含量

从表 8-12 可以看出，氮肥施用时期、品种和 DS×V 互作对大麦籽粒阿魏酸含量变异的影响均达到极显著水平。氮肥施用时期、品种及 DS×V 互作的平方和分别占总平方和的 1.44%、49.28% 和 49.25%，说明试验中对阿魏酸含量总变异起作用的因素依次为品种、DS×V 互作和氮肥施用时期，其中品种和 DS×V 互作的差异不显著。阿魏酸含量的 IPCA1 表现极显著，解释了 94.07% 的交互作用平方和，残差的平方和仅占互作平方和的 5.93%，因此，考虑到第一项的交互作用就能考察到绝大部分的 DS×V 交互作用。

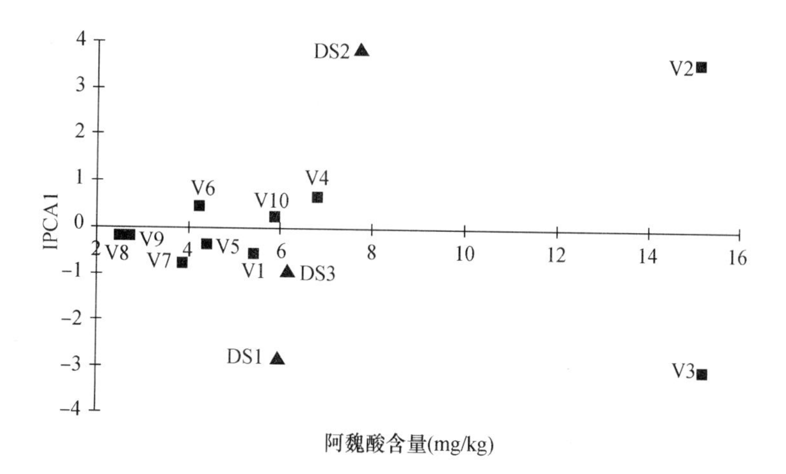

图 8-49　阿魏酸含量 AMMI1 模型的双标图（王祥军，等，2011）

从图 8-49 的双标图可以看出，水平方向上品种的分布比氮肥施用时期的分布更分散，直观地反映了阿魏酸含量在品种间的差异要大于氮肥施用时期处理间的差异。Logan、新引

D_5、ND14636 和 Klages 与氮肥施用时期 DS2 的互作为正，与 DS1 和 DS3 的互作为负；其他品种与氮肥施用时期 DS1 和 DS3 的互作为正，与 DS2 的互作为负。10 个品种在三个氮肥施用时期处理下的阿魏酸含量平均值同咖啡酸一样，亦呈现向两极分化的趋势，法瓦维特和 Logan 的阿魏酸含量均大于 15.00mg/kg，而其他品种均小于 7.00mg/kg，其中含量最高的为法瓦维特，最低的为 CDC Thompson，差异极显著。三个氮肥施用时期处理下 10 个品种阿魏酸含量的平均值排序为 DS2 > DS3 > DS1，处理间差异极显著，说明拔节期施用氮肥最利于大麦籽粒中阿魏酸含量的形成。氮肥施用时期 DS3 的 IPCA1 值最小，说明 DS3 处理下，DS × V 互作较小，对品种的选择余地较其他两个处理大。

从图 8 - 49 还可以看出，其他品种阿魏酸含量对氮肥施用时期响应的敏感程度均明显小于 Logan 和法瓦维特，尤其是 Celink 和 CDC Thompson，其阿魏酸含量的 IPCA1 值接近 0，说明这两个品种对氮肥施用时期的响应不敏感。

（四）THCA

从表 8 - 12 可以看出，氮肥施用时期、品种和 DS × V 互作对大麦籽粒 THCA 变异的影响均达到极显著水平。氮肥施用时期、品种及 DS × V 互作的平方和分别占总平方和的 0.13%、85.87% 和 13.97%，说明试验中对 THCA 总变异起作用的因素依次为品种、DS × V 互作和氮肥施用时期。THCA 的 IPCA1 表现极显著，解释了 71.87% 的交互作用平方和，因此，考虑到第一项的交互作用就能考察到大部分的 DS × V 交互作用。残差的平方和仍占互作平方和的 28.13%，说明 AMMI 模型分析中被归为残差的其他乘积项的交互作用在 DS × V 互作中仍占较大比例。

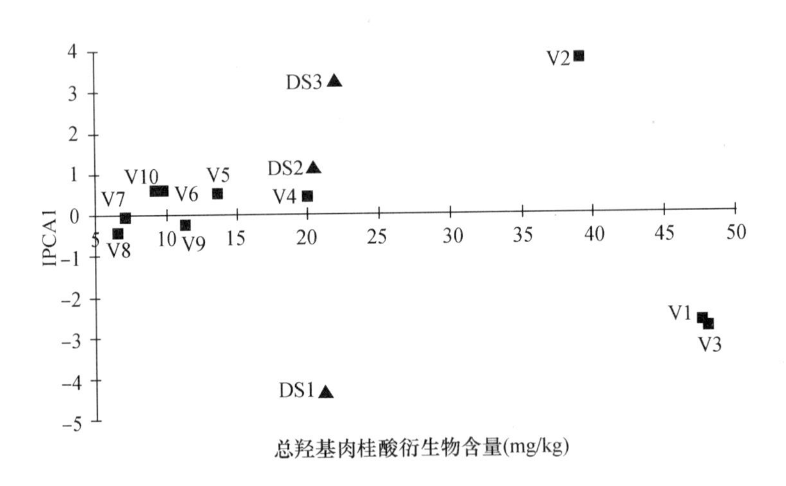

图 8 - 50　THCA AMMI1 模型双标图（王祥军，等，2011）

从图 8 - 50 的双标图可以看出，水平方向上品种的分布比氮肥施用时期的分布更分散，直观地反映了 THCA 在品种间的差异要大于氮肥施用时期处理间的差异。Logan、新引 D_5、新啤 1 号、Klages 和 ND14636 与氮肥施用时期 DS3 和 DS2 的互作为正，与 DS1 的互作为负；其他品种与氮肥施用时期 DS1 的互作为正，与 DS3 和 DS2 的互作为负。10 个品种在三个氮肥施用时期处理下的 THCA 平均值，法瓦维特最高，CDC Thompson 最低，差异极显著。三个氮肥施用时期处理下 10 个品种 THCA 的平均值排序为 DS3 > DS1 > DS2，处理间差异极显著，说明灌浆期施用氮肥最利于大麦籽粒中 THCA 的形成。氮肥施用时期 DS2 的 IPCA1 值最小，说明 DS2 处理下，DS×V 互作较小，对品种的选择余地较 DS1 和 DS3 大。

从图 8－50 还可以看出，其他品种的 THCA 对氮肥施用时期响应的敏感程度均明显小于法瓦维特、新引 D_9 和 Logan，尤其是新引 D_7，其 THCA 的 IPCA1 值接近 0，说明该品种对氮肥施用时期的响应不敏感。

四、氮肥施用时期对大麦籽粒 THBA/THCA 的影响

从表 8－12 可以看出，氮肥施用时期、品种和 DS×V 互作对大麦籽粒 THBA/THCA 变异的影响均达到极显著水平。氮肥施用时期、品种及 DS×V 互作的平方和分别占总平方和的 2.23%、65.68% 和 31.84%，说明试验中对 THBA/THCA 总变异起作用的因素依次为品种、DS×V 互作和氮肥施用时期。THBA/THCA 的 IPCA1 表现极显著，解释了 84.62% 的交互作用平方和，因此，考虑到第一项的交互作用就能考察到大部分的 DS×V 交互作用。残差的平方和仍占互作平方和的 15.38%，说明 AMMI 模型分析中被归为残差的其他乘积项的交互作用在 DS×V 互作中仍占一定比例。

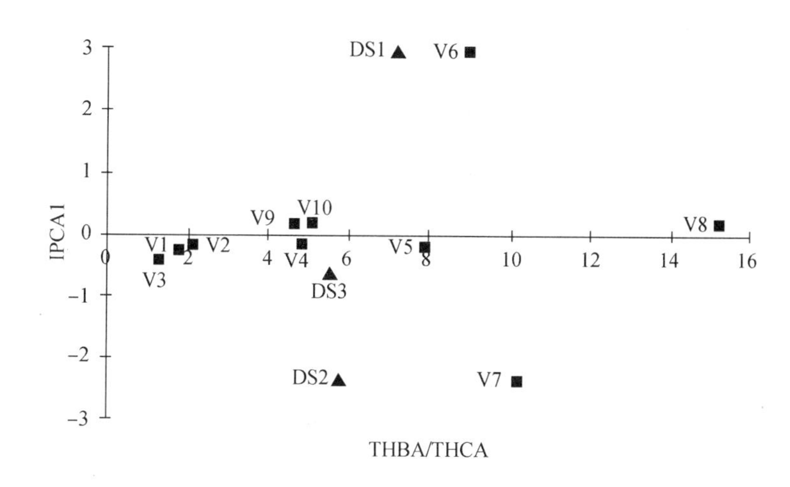

图 8－51 THBA/THCA AMMI1 模型双标图（王祥军，等，2011）

从图 8－51 的双标图可以看出，水平方向上品种的分布比氮肥施用时期的分布更分散，直观地反映了 THBA/THCA 在品种间的差异要大于氮肥施用时期处理间的差异。CDC Thompson、Klages、ND14636 和 Celink 与氮肥施用时期 DS1 的互作为正，与 DS3 和 DS2 的互作为负；其他品种与氮肥施用时期 DS3 和 DS2 的互作为正，与 DS1 的互作为负。10 个品种在三个氮肥施用时期处理下的 THBA/THCA 平均值，CDC Thompson 最高，法瓦维特最低，差异极显著。三个氮肥施用时期处理下 10 个品种 THBA/THCA 的平均值排序为 DS1 > DS2 > DS3，DS1 处理与其他两个处理的差异极显著，但 DS2 和 DS3 处理的差异不显著，说明苗期施用氮肥最利于大麦籽粒中 THBA/THCA 的形成。氮肥施用时期 DS3 的 IPCA1 值最小，说明 DS3 处理下，DS×V 互作较小，对品种的选择余地较 DS2 和 DS1 大。

从图 8－51 还可以看出，除新引 D_7 和 Klages 外，其他品种 THBA/THCA 对氮肥施用时期响应的敏感程度均很小，尤其是 CDC Thompson，该品种 THBA/THCA 较高，且对不同氮

肥施用时期的适应性较强。

五、肥施用时期对大麦籽粒 TPA 的影响

从表 8－12 可以看出，氮肥施用时期、品种和 DS×V 互作对大麦籽粒 TPA 变异的影响均达到极显著水平。氮肥施用时期、品种及 DS×V 互作的平方和分别占总平方和的 3.30%、62.38% 和 34.22%，说明试验中对 TPA 总变异起作用的因素依次为品种、DS×V 互作和氮肥施用时期。TPA 的 IPCA1 表现极显著，解释了 92.78% 的交互作用平方和，残差的平方和仅占互作平方和的 7.22%，因此，考虑到第一项的交互作用就能考察到绝大部分的 DS×V 交互作用。

从图 8－52 的双标图可以看出，水平方向上品种的分布比氮肥施用时期的分布更分散，直观地反映了 TPA 在品种间的差异要大于氮肥施用时期处理间的差异。新啤 1 号、新引 D_5、Logan、新引 D_7 和 ND14636 与氮肥施用时期 DS2 和 DS3 的互作为正，与 DS1 的互作为负；其他品种与氮肥施用时期 DS1 的互作为正，与 DS2 和 DS3 的互作为负。10 个品种在三个氮肥施用时期处理下的 TPA 平均值，新引 D_9 最高，ND14636 最低，差异极显著。三个氮肥施用时期处理下 10 个品种 TPA 的平均值排序为 DS1 > DS3 > DS2，处理间的差异极显著，说明苗期施用氮肥最利于大麦籽粒中 TPA 的形成。氮肥施用时期 DS2 的 IPCA1 值最小，说明 DS2 处理下，DS×V 互作较小，对品种的选择余地较 DS3 和 DS1 大。

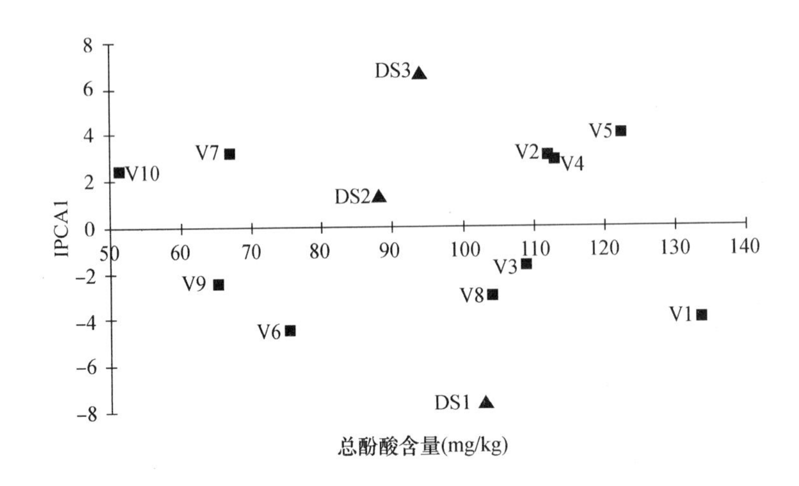

图 8－52　TPA AMMI1 模型双标图（王祥军，等，2011）

从图 8－52 还可以看出，各品种坐标点在双标图中的分布比较分散，因此很难根据品种 TPA 对氮肥施用时期响应的敏感程度对 10 个品种进行分类。

以上结果表明，氮肥施用时期、品种以及 DS×V 互作三种效应对 12 个酚酸指标的影响均达到极显著水平。除阿魏酸含量外，三种效应对其他酚酸指标影响的排序均为品种 > DS×V 互作 > 氮肥施用时期，品种以及 DS×V 互作对阿魏酸含量的影响差异不显著，但二者的效应仍然极显著高于氮肥施用时期。所有酚酸指标氮肥施用时期的平方和占总平方和的比例均较小（变幅为 0.13% ~11.51%），而品种以及 DS×V 互作的平方和占总平方和的比例均较大，说明在田间施肥实践中，只有在选择合适品种的基础上适期施用氮肥才能保证大

麦籽粒中酚酸的含量。以往关于栽培措施对作物影响的研究，往往侧重于措施本身的影响效应，而对品种的影响效应关注不多（孔清华，等，2010；胡育骄，等，2010；陈萍、何文寿，2011；宋小林，等，2011；彭良志，等，2011），因此在指导实际生产方面还存在一定的缺憾。王祥军等（2011）研究结果表明在通过栽培措施（如氮肥施用时期）等调控作物品质（如酚酸含量）过程中所发挥的重要作用，生产上只有通过品种和栽培措施的合理搭配，才能最大限度发挥栽培措施的调控效能。

在王祥军等（2011）的试验中，苗期施氮可以满足谢志新（1989b）和陈锦新等（1998）所指出的大麦全生育期第一个吸氮高峰期的氮素需求，拔节期施氮可以满足谢志新（1989b）认为的大麦全生育期第二个吸氮高峰期的氮素需求，而灌浆期施氮时大麦的生长正处于陈锦新等（1998）认为的第二个吸氮高峰期。从对结果的分析来看，苗期施氮最利于香草酸、间羟基苯甲酸、咖啡酸、THBA 和 TPA 的积累，另外，THBA/THCA 也在苗期施氮处理下最高；拔节期施肥最利于对羟基苯甲酸和阿魏酸含量的积累；灌浆期施肥最利于原儿茶酸、丁香酸、对香豆酸和 THCA 的积累。由此可见，氮肥早施（苗期）对中高含量酚酸的积累有利，而晚施（拔节期或灌浆期）对高含量和中低含量酚酸的积累有利。

一般认为氮肥后移有利于麦类作物籽粒蛋白质含量的提高（齐军仓，等，2007；李姗姗，等，2008），拔节期和灌浆期施氮大麦籽粒 THBA 和 TPA 低于苗期施氮，可能与酚酸和蛋白质合成竞争苯丙氨酸这一共同前体有关。但是拔节期和灌浆期施氮某些酚酸（如对羟基苯甲酸、阿魏酸、原儿茶酸、丁香酸和对香豆酸）含量高于苗期施氮的原因，仍需进一步研究才能解释。

第九章

大麦籽粒生育酚含量的基因型和环境变异

第一节 大麦籽粒生育酚含量的研究概况

生育酚（TCP）是主要表现出维生素 E 活性的一类化合物，这是一类含有被多甲基化的酚类有机化合物。因为其维生素活性首次在 1936 年针对大鼠繁殖力因素的实验中被鉴定出来，故被命名为“生育酚”。生育酚是母育酚的一种，母育酚是指具有维生素 E 生物学活性的一类化合物，又名维生素 E、抗不育维生素，主要包括生育酚、生育三烯酚以及具有 D－α－生育酚生理活性的衍生物，最初于 1936 年在小麦中发现和分离（Herbert，等，1936）。目前已经从植物资源中分离出 4 种生育酚（α、β、γ、δ）和 4 种生育三烯酚（α、β、γ、δ）。生育酚是维持机体正常代谢和机能的必需维生素。研究证明生育酚在抗氧化、抗自由基、提高免疫功能、抗衰老、抗癌变等过程中发挥重要作用；缺乏时会引起脱发、中枢神经系统变化和贫血等。生育酚广泛分布于高等植物的种子、叶子和绿色部位，尤其在麦胚油、玉米油、花生油及棉籽油中的含量较高，豆类和蔬菜中含量次之，而生育三烯酚主要分布在谷粒和其他一些种子的麸皮和胚芽中。动物自身不能合成生育酚，其体内的生育酚都是从食物中摄取的。目前已经发现大麦等谷类和蔬菜的油含有生育酚。Gianfranco 等（2003）测定了燕麦、硬质小麦、软质小麦、大麦和小黑麦等几种谷物籽粒中母育酚的含量，通过比较得出大麦是维生素 E 的最佳来源，且 8 种异构体都能检测到，总母育酚的含量最高，可达到 75mg/kg。

生育酚作为抗氧化剂和营养增补剂在医药、食品、化妆品和饲料工业中得到广泛应用，为此也越来越受到人们的关注与重视。

一、生育酚的结构和理化性质

生育酚和生育三烯酚是色满（苯并二氢吡喃）的衍生物，其分子结构如图 9－1 所示。它是由一个具氧化活性的 6－羟色环和一个类异戊二烯侧链所构成的。根据苯环上甲基数及位置的不同，可分为 α、β、γ 和 δ 4 种异构体。

生育酚为淡黄色油状物，具温和、特殊的气味和味道。易溶于正己烷、乙醇、乙醚、三氯甲烷等脂溶性溶剂，不溶于水。酸、碱、氢化过程以及高温都不会破坏生育酚的组成，但

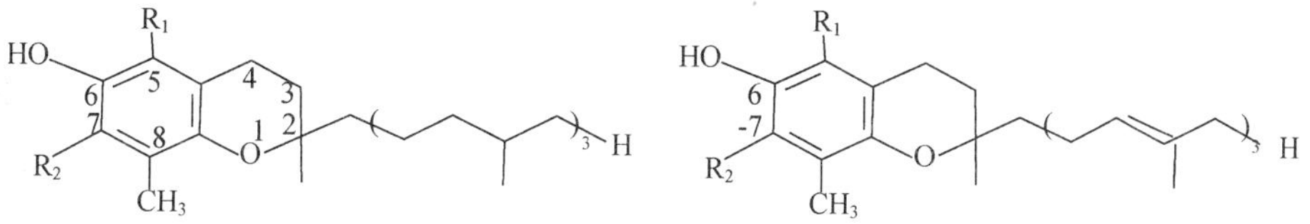

R_1	R_2	
H	H	δ—生育酚
CH_3	H	β—生育酚
H	CH_3	γ—生育酚
CH_3	CH_3	α—生育酚

R_1	R_2	
H	H	δ—生育三烯酚
CH_3	H	β—生育三烯酚
H	CH_3	γ—生育三烯酚
CH_3	CH_3	α—生育三烯酚

图 9－1　生育酚与生育三烯酚的基本结构（张彩丽，等，2005）

在空气中能被氧化，紫外线照射也能使其分解。在生育酚的 4 种异构体中，α 型生理活性最高，β、γ 型的效价为 α 的 50%，δ 型的仅为 α 型的 1%（郑集，等，1998）。生育三烯酚分子侧链的 3’、7’、11’ 位分别具有一个双键，其活性低于生育酚。

生育酚广泛分布于高等植物的种子、叶子的绿色部位，尤其在麦胚油、玉米油、花生油及棉籽油中的含量较高，蔬菜和豆类中含量次之。其中，β－生育酚主要含于棉籽油中，α、γ 和 δ－生育酚都不同程度地存在于各种植物油中。生育三烯酚主要分布在谷粒和其他一些种子的麸皮和胚芽中，大部分植物中的生育三烯酚含量远低于生育酚，但棕榈油含有高含量的生育三烯酚（Combs，1992）。

二、生育酚的主要功能

一般认为母育酚的主要功能是抗氧化作用。随着研究的深入，有证据表明生育酚在信号转导和基因调控中也起重要作用。另外，母育酚也能提高植物的抗逆性。

（一）抗氧化功能

不同的生育酚异构体，淬灭单线态氧、清除自由基等抗氧化能力不同。生育三烯酚大于相应的生育酚，这可能是与生育三烯酚的侧链上有 3 个双键有关。天然生育酚抗氧化能力大于合成的生育酚，但具体原因目前仍不清楚。

作为抗氧化剂，生育酚能保护不饱和脂肪酸，使其不被氧化为脂褐色素和自由基，从而保护细胞免受不饱和脂肪酸氧化所产生的有害物质的毒害，维护了细胞的完整结构与正常功能。生育酚是第一线的断链抗氧化剂，通过对其抗氧化机理的研究发现生育酚的苯并二氢吡喃环位于膜的极性表面，植物醇侧链在膜的非极性内部与磷脂层中的不饱和脂肪酸相互作用（张彩丽，等，2005）。由于生育酚具有产生酚氧基的结构，能淬灭单线态的氧，还可被超氧阴离子自由基和羟基自由基氧化，从而阻断了脂质过氧化链式反应，抑制了不饱和脂肪酸的氧化（Maeda，等，2006）。在高等植物中，生育酚是在叶绿体内膜上合成的，可以保护光合器官免受自由基的危害（Porfirova，等，2002）。

生育酚在动物体内的抗氧化功能主要表现为抗衰老，抗不育，提高机体免疫力等。研究还发现生育酚对结肠直肠癌细胞、前列腺癌细胞和乳腺癌细胞等有较强的抑制作用，临床上也取得了良好的效果。生育酚已被广泛地用于治疗神经紊乱症、心血管疾病以及对老年性疾病的预防。据报道生育酚还可以减少鸡、猪和人体内的血液胆固醇的低密度脂蛋白和动脉粥样硬化病变（Qureshi，等，1991a；Qureshi，等，1991b）。生育酚还被广泛用于化妆品中，在护发素、沐浴露、洗面奶和护肤品中加入适量天然生育酚 E，可以防止色素沉积、促进皮肤新陈代谢、滋润皮肤、改善皮肤弹性，起到护肤、防衰老的作用。

（二）信号调控

生育酚在信号转导和基因调控中起着重要作用。玉米蔗糖输出缺失突变体是生育酚作为植物体内信号分子和信号调控的第一个证据。Provencher 等（2001）在研究玉米蔗糖输出缺失突变体发现这种突变体中维管束鞘细胞和薄壁组织细胞间的胞间连丝发育异常，从而影响了叶部蔗糖向外运输。玉米蔗糖输出缺失基因位点已被克隆，该基因编码一种新型的叶绿体蛋白，这种蛋白可能在叶绿体分子信号转导中起重要作用。Sakurag 等（2006）研究发现，缺失生育酚的蓝细菌突变体积累了大量的蔗糖和糖原，生育酚在植物和光合细菌对碳水化合物的输出方面具有重要的功能，Nico Landes 等（2003）研究发现母育酚能通过药物代谢酶受体（孕烷 X 受体）调节基因表达。在人肝癌细胞株 ATCCHB8065 细胞中导入人类孕烷 X 受体，孕烷 X 受体与氯霉素醋酸转移酶基因结合后，在母育酚的协同作用下能够提高氯霉素醋酸转移酶基因的表达。不同形式生育酚的作用强弱依次是 δ、α 和 γ－生育酚。这说明生育酚可能作为药物代谢酶的受体从而影响人体药物的代谢过程。

（三）增强植物抗逆性

最新研究发现母育酚对植物抗逆性也有影响。Maeda 等（2006）研究发现天然维生素 E 能够增强植物对低温的适应性。此外，生育酚还可通过调节叶片中茉莉酸的含量而影响植物的发育和胁迫响应（Munne，等，2007）。Abbasi 等（2007）在拟南芥内通过表达 γ－生育酚提高了对渗透胁迫及甲基紫处理的抗性，同时发现总生育酚含量与植物抗日光紫外辐射有密切的联系。

三、生育酚的生物合成途径

高等植物的叶绿体内膜是生育酚合成的主要场所。第一步是前体尿黑酸和植基二磷酸的合成。尿黑酸来自于酪氨酸降解途径的对羟甲基丙酮酸在对羟甲基丙酮酸双加氧酶的催化下最终形成生育酚的芳香环头部（Daniel，等，2003）；植基二磷酸最终形成维生素 E 的疏水尾部，由牻牛儿基牻牛儿基二磷酸还原而成（Collakova，等，2001）。但是，最近 Valentin 等（2006）研究发现在蓝藻集胞藻细胞和拟南芥叶、种子中积聚的大多数生育酚合成中的植基二磷酸来自于植醇。

生育酚生物合成途径中，第二步的关键酶是尿黑酸植基转移酶。它催化尿黑酸与植基二磷酸缩合反应，生成 2－甲基－6－植基－1，4－苯醌。2－甲基－6－植基－1，4－苯醌是所有生育酚合成的公共中间体。Cahoon 等（2003）从大麦、水稻和小麦中鉴定出了尿黑酸植基转移酶突变体，它的序列明显与以前已鉴定的尿黑酸植基转移酶不同。该蛋白具有尿黑酸牻牛儿牻牛儿基转移酶活性，它催化一个和尿黑酸植基转移酶类似的反应，不同之处在于它的底物不是植基二磷酸，而是牻牛儿基牻牛儿基二磷酸。尿黑酸牻牛儿牻牛儿基转移酶是生育三烯酚合成中的一个限速酶。随后两步是环化和环的甲基化，分别由环化酶和甲基转移酶来催化（Della，等，2005）。

目前已从植物中克隆的与维生素 E 合成有关的酶基因有编码植醇激酶、尿黑酸植基转移酶、环化酶、甲基转移酶和尿黑酸牻牛儿牻牛儿基转移酶的基因。其中，编码植醇激酶、尿黑酸植基转移酶的基因通过调节合成途径的流向而影响生育酚的总量；环化酶、甲基转移酶主要是通过调节植物组织中生育酚的成分而影响生育酚的活性；尿黑酸牻牛儿牻牛儿基转移酶通过调控生育三烯酚流量而影响母育酚的总量（袁明雪，等，2008）。

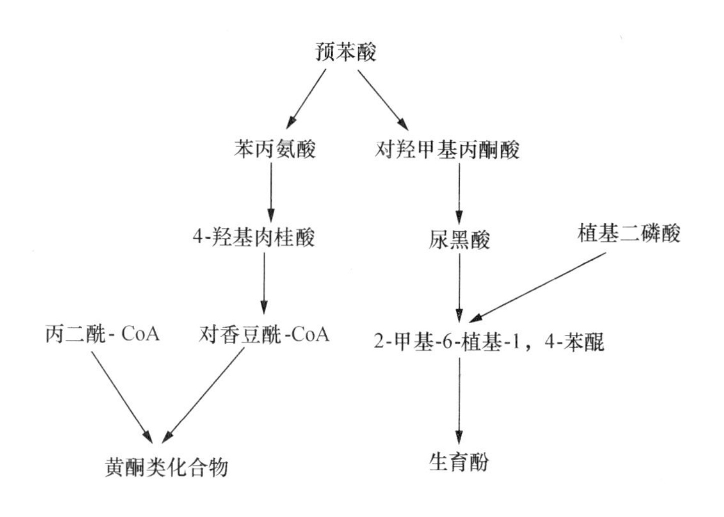

图 9－2　生育酚的合成途径（王仙，等，2009）

四、大麦籽粒生育酚研究进展

（一）大麦籽粒中生育酚的组成与分布

Soon－Nam Ko 等（2003）报道除精粉外，其他大麦磨粉组分中均含有全部 8 种母育酚的异构体，且其在不同磨粉组分中的分布较其他谷类均匀。Jaroslav 等（2007）报道大麦颖果中生育三烯酚的含量明显高于绿色植株部分。Jon Falk 等（2004）的研究发现胚芽中母育酚的含量占大麦籽粒总母育酚含量的 13%，果皮中占 50%，胚乳中占 37%。生育三烯酚的含量占大麦颖果总母育酚的 85%，80% 的生育酚分布于胚芽，20% 分布于果皮，生育三烯酚则平均分布于果皮和胚乳中。张玉红等（2007）发现大麦油中含有母育酚，其成分也包括 8 种异构体。大麦全麦籽粒的母育酚中，含量最多的是 α－生育酚和α－生育三烯酚，分别占各自总量的 65. 4% 和 70. 7%。制啤后大麦原料的母育酚中含量最多的是 γ－生育酚和 α－生育三烯酚，分别占各自总量的 51. 2% 和 68. 9%。

（二）大麦籽粒中生育酚的提取和测定

目前，大麦籽粒中生育酚的提取主要采用溶剂萃取法，测定主要采用高效液相色谱法。表 9－1 中列出了不同研究者采用高效液相色谱法测定时所采用的色谱条件。以上研究中，大麦生育酚的提取均采用溶剂萃取法。此外，夏向东等（2004）还研究了裸大麦中生育三烯酚的超临界 CO_2 流体萃取工艺。

五、大麦籽粒生育酚含量的基因型与环境变异研究

Peterson 等（1993）研究了大麦籽粒中生育酚的基因型与环境效应。结果表明基因型对生育酚含量有显著影响，环境对生育酚含量的影响不显著，二者互作的影响也很小。但是

表 9-1 大麦生育酚的高效液相色谱法测定（王仙，等，2010）

测定成分	固定相	流动相及色谱条件	参考文献
α、β和δ-生育酚；α、γ和δ-生育三烯酚；β-生育三烯酚+γ-生育酚	YWG-SiO_2 柱（250mm×4mm ID，5μm）	正己烷:异丙醇=99:1（v/v），等度洗脱，流速1.2mL/min	夏向东，等，2004
α、β、γ和δ-生育酚；α、β、γ和δ-生育三烯酚	LiChrosphere Si 100 column（10mm×250mm，5μm）	正己烷:异丙醇=99.5:0.5，等度洗脱，流速1.0mL/min	Jon Falk，等，2004
α、β、γ和δ-生育酚；α、β、γ和δ-生育三烯酚	Kromasil Phenomenex Si column（250mm×4.6mm ID，5μm）	正己烷:乙酸乙酯:乙酸=97.3:1.8:0.9（v/v/v），等度洗脱，流速1.6mL/min	Gianfranco，等，2003
α-生育酚、β+γ-生育酚、δ-生育酚和α-生育三烯酚、β+γ-生育三烯酚、δ-生育三烯酚	Nucleosil 120-5 C_{18}（250mm×4mm）	甲醇，等度洗脱，流速1.0mL/min，进样量20μl，荧光检测，λEX =290nm，λEM =330nm	Jaroslav Pryma，2007 Ehrenbergerov，2006

Cavallero 等（2004）的研究表明基因型与环境对大麦籽粒母育酚含量均有显著影响，但基因型的影响更大，而基因型与环境互作效应对6种母育酚异构体的影响显著，但对总生育酚和总生育三烯酚的影响不显著，而且基因型对大多数异构体的决定系数很高，由此判断在育种中对这些性状进行选择是可行的。Cavallero 等（2004）还发现皮壳有无与母育酚的含量呈正相关关系。Ehrenbergerova 等（2006）研究表明糯性的裸大麦其母育酚含量和α-生育三烯酚含量显著高于其他基因型的大麦，这一结论与 Cavallero 等（2004）的研究结果相反。他们还发现啤酒大麦的母育酚含量显著低于糯大麦，施用杀虫剂和化肥显著增加了大麦中总母育酚、α-生育酚和α-生育三烯酚的含量。

α-生育酚的高活性和常温下较强的抗氧化性使之备受青睐（鲁志成，等，2003；Jean-Marc，2007），Yusuf 等（2007）用 CaMV35S 启动子驱动γ-生育酚甲基转移酶基因，结果在芥菜型油菜中α-生育酚含量提高6倍，多数研究把提高α-生育酚含量作为重要育种目标之一。

近年来，母育酚尤其是生育三烯酚已经成为国外研究的热点之一，而我国目前对这方面的研究几乎是空白。夏向东等（2004）采用国产硅柱建立了同时测定生育酚和生育三烯酚的正相色谱法，各组分按照极性由低到高的顺序逐步洗脱出来，可以将α-生育酚、β-生育酚、δ-生育酚和α-生育三烯酚、γ-生育三烯酚、δ-生育三烯酚分开，但β-生育三烯酚和γ-生育酚色谱峰完全重叠没有分开，因此应当加强对生育三烯酚的分析检测和研究工作。

Peterson 和 Qureshi（1993）发现大麦籽粒总母育酚的含量为42mg/kg～80mg/kg，30个大麦品种种植在3种不同的环境中，发现环境差异和基因型与环境互作差异不显著。张玉红等（2007）研究了不同基因型大麦品种大麦油及其母育酚含量的变异规律，发现大麦油及其母育酚含量既受基因型的控制，又受生长环境条件的影响，至于环境中哪些因子起作用还不清楚，需要更详细的多因子试验分析。目前有关栽培措施对大麦籽粒生育酚含量的影响少见报道。因此研究栽培措施如灌水量、施肥量、施肥时期、播期等对大麦籽粒生育酚及4种生育酚含量的影响具有重要的实践意义。另外，随着对大麦生育酚的深入了解，大麦生育酚的开发和利用会大大增强，因此具有优良生育酚含量的大麦新品种的培育将成为一种必然趋势。但目前对大麦籽粒生育酚含量的遗传规律的研究较少，王仙等（2010）选用3个生育酚含量较高的大麦品种和3个生育酚含量较低的大麦品种进行双列杂交，探讨大麦生育酚含量的遗传规律，旨在为高生育酚含量的新型保健大麦新品种的选育提供理论依据。

第二节　大麦籽粒生育酚含量的提取和测定方法的建立

国内外对大麦生育酚的研究多见于其提取和检测方法的研究。生育酚提取的方法有很多种，提取方法的选择很大程度上影响着籽粒生育酚含量提取率的多少，提取量的多少也直接影响着测定的结果；而测定条件与药品试剂、仪器设备也有着密切的关系，测定方法及条件的确定关乎四种生育酚及其他杂质能否在较短的时间内分离的好坏，直接影响着数据的准确性和试验结果，因此籽粒生育酚含量的提取和测定方法的选择是试验顺利进行至关重要的前提和基础。

一、生育酚测定方法和条件的建立

生育酚结构复杂，异构体种类较多，分析测定困难，主要有以下3种测定方法：光谱法、电化学分析法、色谱法。这些方法各有优缺点，准确度、灵敏度与适用范围也不尽相同。

光谱法：刘云等（2005）研究了分光光度法对维生素E的测定，并与高效液相色谱法测定结果相比较，发现最大相对偏差不高于5%。曹健等（2007）通过采用一阶导数紫外法，测定慕颜胶囊中维生素E的含量。该方法操作简便、快速，准确度较好。

维生素E分子结构含有苯环，具有荧光，荧光强度与维生素E含量成正比。陈家华等（1986）实验表明：荧光法测定维生素E，前处理过程对分析结果影响很大，其中皂化提纯是最关键的步骤，同时实验得出了测定食品中维生素E的最佳皂化和萃取的条件。荧光法只能测定样品中总母育酚的含量，而不能测定其异构体的含量。荧光法干扰少、特异性强、灵敏，是测定样品中总母育酚含量的较好方法。

目前采用傅立叶红外吸收光谱的方法检测母育酚含量的报道较少。李秋玫等（2005）报道利用近红外漫反射技术快速检测125个多维饲料中维生素E的含量，并将20个多维预混料预测结果与高效液相色谱法的检测结果进行比较，表明用近红外漫反射技术预测多维预混料中维生素E的含量是可行的。Che Man等（2005）研究了利用傅立叶红外吸收光谱的方法测定不同浓度棕榈油酸甘油酯中生育酚的分析方法，通过比较标准品和样品的图谱，可以对样品中的α-生育酚进行分析。

电化学分析法：生育酚分子上的酚羟基可以在碳和电极上被不可逆地氧化，然后测其氧化还原电势。利用生育酚的这一电化学特性可以测定生物材料中母育酚的含量，具有比高效液相色谱法更快速的特点。Clough（1992）利用该方法，在固定玻璃碳电极上对生育酚进行氧化，然后测其电流，即可计算维生素 E 的浓度。该方法虽然快速，但灵敏度稍低，且要求样品中维生素 E 含量大于 20mg/L。

色谱法：在液相色谱技术开发之前，气相色谱技术是分析维生素 E 的主要方法。陈开波等（2005）采用超声波提取、毛细管气相色谱法测定烟草中的 α－生育酚，确定了烟草样品提取 α－生育酚的最佳条件，但样品需要衍生化处理。

高效液相色谱法是目前使用最普遍的测定生育酚的方法，应用范围广，灵敏度也高。高效液相色谱法具有简便、分辨率高等优点，但测定结果受生育酚异构体标准品和设备条件的影响。测定生育酚有反相色谱法和正相色谱法。Shin 等（1993）用改良的正相高压液相法分离和测定维生素 E 的异构体，8 种异构体可以得到完全分离，并在 30min 内全部出峰，色谱峰没有拖尾现象。Abidi 等（2000）讨论了由己烷－异丙醇－乙醚（或酯）3 种溶剂组成的流动相对生育酚与生育三烯酚中 β 和 γ 异构体分离效果的影响情况。李桂华等（2006）采用正相色谱法测定了不同来源大豆中生育酚的含量，4 种生育酚达到了较好的分离。李国营等（2009）利用反相色谱法对 446 份谷子初级核心种质资源进行了生育酚含量的测定与评价，但 β－生育酚和 γ－生育酚不能有效的分离。

以超临界流体替代传统的气体和液体流动相即超临界色谱法，适于天然活性物质的分析，具有高效、快速等优点。Yarita 等（1994）用超临界色谱法在 ODS 柱上测定了植物油中生育酚的含量，测定结果与高效液相色谱法测定的结果基本一致。Galuba 等（1996）用毛细管超临界流体色谱法测定了抗氧化剂 Tenox GT－2 中生育酚的含量。蒋崇文等（2005）用超临界流体色谱法分离和测定了 α、γ 和 δ 三种生育酚异构体的含量，三种生育酚在超临界流体色谱中的出峰时间小于 7min，相对标准偏差小于 3%，与液相色谱法测定的结果基本一致。

根据现有条件及各种测定方法的比较，王仙等（2010）选用高效液相色谱法进行测定，具体如下：

实验所用药品试剂：α、β、γ 和 δ－生育酚标准品购自美国 Sigma 公司，纯度均为 95% 以上；正己烷、异丙醇购自天津市光复精细化工研究所，色谱纯；正己烷购自天津市富宇精细化工有限公司，分析纯。

实验所用仪器设备：高效液相色谱仪 Agilent 1200（配有 Agilent 系列 G1321A 荧光检测器，G1311A 柱温箱，G1329A 自动进样器）系美国安捷伦公司生产。UP 5200 型超声波清洗器系南京垒君达超声电子设备有限公司生产。SENCO 系列旋转蒸发仪系上海申生科技有限公司生产。XT5108L－OV240 电热鼓风干燥箱系杭州雪中炭恒温技术有限公司生产。针筒式微孔滤膜和过滤器，直径 13mm，孔径 0.45μm。

色谱条件：色谱柱为 phenomenex 硅胶柱（4.6mm×250mm，5μm），色谱条件参考楼建华等（2006）的方法，四种生育酚不能够完全分离，在其基础上加以改进。具体为：流动相 A 为纯正己烷，B 为 0.5% 的异丙醇的正己烷溶液，梯度洗脱，0～7min，20% A，7～15min，10% A，15～16min，20% A；流速 1.8ml/min；荧光检测器激发波长 290nm，发射波长 330nm；柱温 35℃；进样量 20μL。

标准曲线的绘制：分别准确称取一定重量的 α、β、γ 和 δ－生育酚标准品，用正己烷分别溶解转移至 25mL 棕色容量瓶后定容至刻度，摇匀，得到母液。取一定体积的母液用正己烷稀释定容，得到 0.1mg/mL 的标准溶液，再分别准确吸取不同体积标准溶液于 7 只 10mL

的容量瓶中定容，得到浓度分别为 0.001、0.002、0.003、0.004、0.005、0.006、0.008mg/mL 的混标溶液，过 0.45μm 滤膜，在设定的色谱条件下分别进样，并以峰面积 A 为纵坐标，浓度 C 为横坐标作图，得到 α、β、γ 和 δ 4 种生育酚的标准曲线和回归方程，4 种生育酚的混合标样见图 9-3，回归方程见表 9-2。

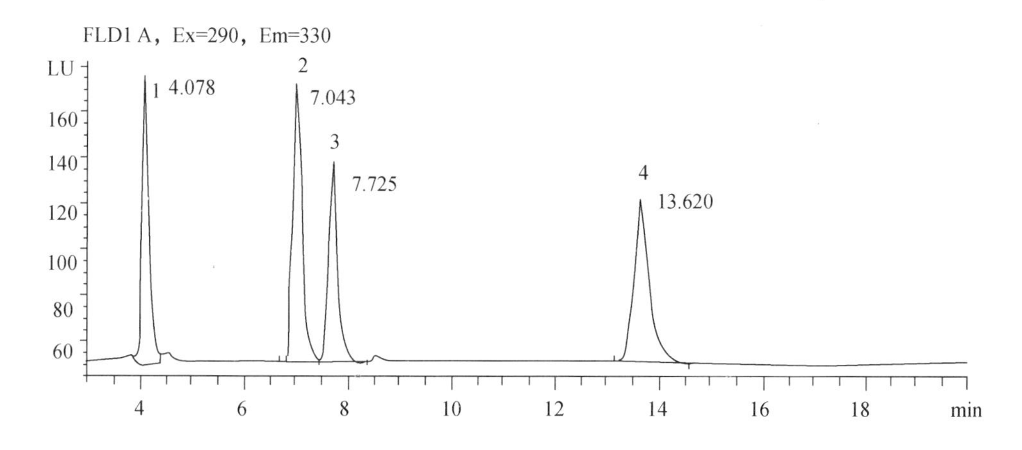

1：α-生育酚；2：β-生育酚；3：γ-生育酚；4：δ-生育酚

图 9-3　α、β、γ、δ-生育酚的混合标样色谱图（王仙，等，2010）

表 9-2　α、β、γ 和 δ-生育酚标样的回归方程（王仙，等，2010）

成分	回归方程	决定系数 R^2
α-生育酚	Y = 19987X + 3.8534	0.9990
β-生育酚	Y = 16275X + 1.4031	0.9994
γ-生育酚	Y = 26291X + 4.3021	0.9993
δ-生育酚	Y = 29884X - 0.4308	0.9998

二、生育酚提取方法的建立

天然生育酚一般是以维生素 E 含量丰富的植物油、油料作物、碱炼精制副产品的皂角以及精炼副产品的脱臭馏出物为原料，经过提取、分离和浓缩而得，常用的提取方法有以下几种：

溶剂提取法：采用溶剂提取法制备维生素 E，条件温和、工艺简单、提取时间短、能耗低，能够有效地保存维生素 E 的活性成分。赵妍嫣等（2004）用乙醇萃取分离菜籽油脱臭馏出物中的天然维生素 E 具有明显的效果，维生素 E 浓度提高近 3 倍。但该法的弱点是有机溶剂的残留不能够保证维生素 E 的纯天然性，而且回收溶剂温度较高，维生素 E 损失较大。

分子蒸馏法：分子蒸馏法是一种在高真空条件下进行液液分离操作的连续蒸馏的过程。该方法是目前国内外使用最多、工艺较成熟的天然维生素 E 的制备方法，适宜于高沸点、易氧化、热敏性物质的分离。Toshihiro 等（2005）先将大豆油进行预处理，蒸馏除去高沸点物质甘油酯，得到富集甾醇和生育酚的原料，然后采用生物酶对富集物进行酯化，2 步酯化完后进行 4 步短程蒸馏，生育酚在轻相中富集（生育酚含量为 72%，回收率 88%）。丁辉等（2007）用大豆油脱臭馏出物经皂化－甲酯化后的产物为原料采用刮膜式分子蒸馏设备对天然维生素 E 的粗产品原料进行提纯，分子蒸馏后的重相中天然维生素 E 的含量达到 56.1%，回收率 91.3%。采用分子蒸馏法浓缩天然维生素 E 具有维生素 E 损失少、工艺路线短、产品色味纯正、回收率高等优点，为获得高浓度的产品，分子蒸馏可重复进行。该方法的缺点是价格昂贵、设备结构复杂，使其应用受到限制。

超临界流体萃取：超临界流体萃取技术是指利用超临界流体的高选择性和溶解性，从液体和固体中提取出所需成分的过程，流体一般为 CO_2 气体。葛毅强等（2001）采用超临界 CO_2 萃取技术从小麦胚芽中萃取维生素 E，并优化得到维生素 E 的最佳萃取条件。罗仓学等（2007）通过试验证明超临界 CO_2 萃取的苹果籽油的提取率及油的色泽都好于溶剂提取。超临界 CO_2 萃取技术萃取效率高、工艺流程短、无溶剂残留，无污染，能够实现在低温无氧的环境下浓缩母育酚，避免母育酚的氧化，能够有效地保留其生理活性，最大限度地保留其纯天然性。但是，该方法的缺点是设备投资大、提取费用高。

超声波提取法：超声波提取技术是利用超声波具有的机械效应、空化效应及热效应，加强了胞内物质的释放、扩散和溶解，加速了有效成分的浸出。超声波提取以其操作简便快捷、提取温度低、提取率高、提取物的结构不易被破坏等特点，已广泛用于天然植物有效成分提取。采用超声波提取生育酚的报道较少，寇丽娟等（2006）采用超声波提取，用反相高效液相色谱法测定了 6 种植物油中的 α－生育酚的含量，发现采用超声波提取生育酚时样品预处理简单、快速，有机溶剂用量少，成本低。

王仙等（2010）采用饲料中维生素 E 的测定国标法（GB/T 17812—1999）提取大麦籽粒中的生育酚，提取液在设定的色谱分析条件下进行测定，测定结果与超声提取测定结果进行比较，发现超声提取实验条件下 4 种生育酚单体的提取率分别是国标提取率的 163.50%、111.66%、188.04% 和 82.41%，且超声提取方法操作简单，重复性好，对环境无污染。因此选择超声法提取大麦籽粒中的生育酚。

王仙等（2010）提取方法：将样品籽粒去除杂质后用样品粉碎机粉碎，80℃烘干 48h。称取 8.00g 大麦粉，按液固比 15∶1 加入纯正己烷溶液，于 50℃下超声处理 20min，然后将提取液离心、浓缩，用正己烷转移浓缩液至 10mL 棕色容量瓶中，定容摇匀后过 0.45μm 滤膜，滤液转入高效液相色谱仪专用小瓶中，在设定的色谱分析条件下进行测定，所得到的样品图见图 9－4。

三、生育酚含量的检测

（一）籽粒中 α、β、γ 和 δ－生育酚的定性检测

在设定的色谱条件下，分别对 α、β、γ 和 δ－生育酚标准品进行高效液相色谱分析，得到各成分色谱峰的保留时间，利用样品和标准品各成分保留时间的一致性进行定性。

（二）籽粒中 α、β、γ 和 δ－生育酚的定量检测

采用标准曲线法进行定量，大麦籽粒中 4 种生育酚异构体的含量由峰面积和回归方程计算，总生育酚的含量为各生育酚含量的总和，单位为 μg/g 干重。

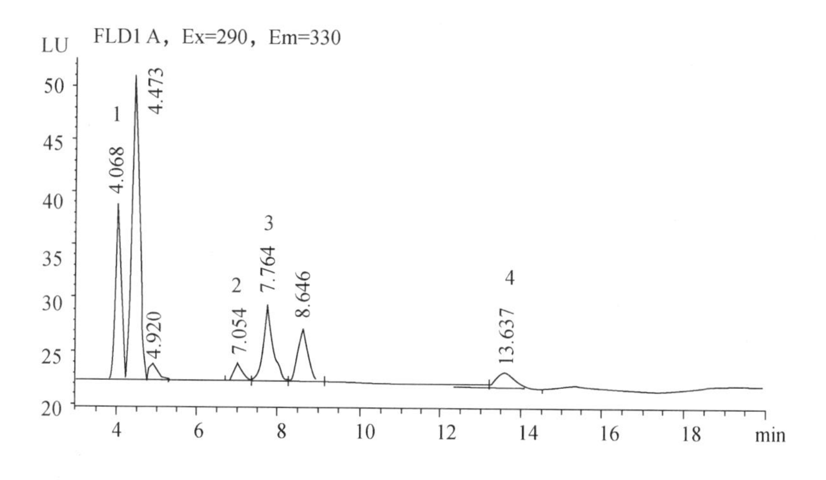

图 9-4　大麦样品 α、β、γ、δ-生育酚的色谱图（王仙，等，2010）

（三）精密度实验和加标回收率实验

向已知4种生育酚异构体含量的样品中添加一定含量的混合标准溶液，按照确定的方法制备大麦样品（n=6），在设定的色谱条件下分别进样20μL，根据测得样品中各成分的质量浓度分别计算相应的精密度和加标回收率，结果见表9-3。从表中可见四种生育酚的回收率均在96%以上，说明王仙等（2010）的测定方法和提取条件的建立是可行的。

表 9-3　精密度和回收率实验结果（n=6）（王仙，等，2010）

成分	已知含量（μg/mL）	添加量（μg/mL）	检测量（μg/mL）	相对标准偏差	回收率（%）
α-生育酚	7.27	1.00	8.12	1.09	98.11
β-生育酚	0.34	1.08	1.37	2.63	96.38
γ-生育酚	3.63	1.09	4.72	0.96	99.97
δ-生育酚	0.27	1.04	1.27	1.36	96.67

第三节　大麦籽粒生育酚含量的基因型和环境变异

生育酚是大麦籽粒中重要功能性成分之一，其组成与含量随品种和生长环境的不同而存在差异。张玉红等（2007）发现大麦油及其生育酚含量既受基因型的控制，又受生长环境条件的影响，不同基因型大麦品种生育酚含量存在显著的差异；蒋守华等（2007）研究表明，在环境效应上，关于α-生育酚和γ-生育酚合成的基因型反应取决环境条件。Fernandod等（2002）在所收集的油菜种质中分析了生育酚含量的遗传变异，证实了α-生育酚、γ-生育酚和总生育酚含量的基因型与环境效应间存在极显著的相关性。李卫东等（2007）研究发现幼苗期、分枝期和花荚期降水，花荚期昼夜温差，鼓粒成熟期日照；土壤磷含量和海拔及土壤速效氮含量、花荚期日照、花荚期日照的平方等9个生态因子与大豆维生素 E 含量显著相关。相关学者研究表明其他作物生育酚含量也受基因型和环境条件的影响。目前，有关基因型和环境变异对大麦籽粒生育酚含量影响的研究较少。

选用 7 个生育期相近的二棱春大麦品种（即 Samson、法瓦维特、CDC Stratus、CDC Thompson、新引 D_{10}、Sullence 和 ND15387）为供试材料。于 2004 年分别在新疆石河子大学农学院试验站、新疆生产建设兵团农六师 108 团（地处奇台县境内）和农二师 21 团（地处和静县境内）3 个生态条件差异较大的地区种植。栽培管理措施与当地大田生产相同。成熟期收获后，籽粒干燥后保存在 -20℃ 的冰柜中备用。各试验点的气象资料也为当年收集。

表 9-4　3 个试验地点的主要气象条件（王仙，等，2010）

地点	石河子	21 团	108 团
气候类型	温带大陆性气候	亚温带干旱性气候	大陆干旱性气候
年平均气温（℃）	6～6.6	8.3	2.4～6.6
无霜期（d）	160～170	177	130～150
年平均日照（h）	2493～2686	3049～3162	2743～3226
年降水量（mm）	170～260	50～75	120～170
年蒸发量（mm）	1000～1500	2408～2671	1884～2449.7

一、籽粒生育酚含量的方差分析

张玉红等（2007）研究了不同基因型大麦品种大麦油及其母育酚含量的变异规律，发现不同基因型母育酚含量存在显著差异；Peterson 等（1993）研究了大麦籽粒中生育酚的基因型与环境效应，结果表明基因型对生育酚含量有显著影响，环境对生育酚含量的影响不显著，二者互作的影响也很小。

王仙等（2010）对 3 个生态环境中 7 个大麦品种籽粒生育酚含量进行方差分析，结果见表 9-5。从表 9-5 可以看出各生育酚含量在基因型间、环境间及基因型和环境互作间差异均达到极显著水平。

表 9-5　大麦籽粒生育酚含量基因型和环境及其互作效应的方差分析（F 值）（王仙，等，2010）

变异来源	α-生育酚	β-生育酚	γ-生育酚	δ-生育酚	总生育酚
地点	86.90**	374.64**	117.87**	487.47**	272.64**
基因型	388.67**	294.83**	939.43**	707.04**	1071.64**
基因型×地点	207.18**	171.93**	393.79**	207.30**	443.75**

注：**表示在 0.01 水平上差异显著。

二、4 种生育酚含量的基因型和环境变异

（一）α-生育酚含量的基因型和环境变异

将参试的 7 个大麦品种在 3 个试点的 α-生育酚含量的基本统计量列于表 9-6。从表

9-6 可以看出：籽粒 α-生育酚含量品种和试点间差异显著，所有品种和试点的总体加权平均为1.98μg/g。从品种间来看，ND15387 最高，试点间平均为3.15μg/g；Samson 最低，为0.69μg/g，与其余6个品种的差异显著，比最高的 ND15387 低2.46μg/g 或 78.10%。3个试点间差异显著，其中21团点最高，为2.24μg/g；108团点最低，为1.65μg/g，比石河子点低0.59μg/g 或 26.34%。从变异系数上看，同一品种在不同试点的变异系数均值为40.60%，变幅为18.00%（法瓦维特）~75.02%（CDC Stratus）；同一试点不同品种的变异系数均值为63.46%。可见，变异的品种效应要大于试点效应。

表9-6　7个品种在3个试点的 α-生育酚含量（μg/g 干重）（王仙，等，2010）

	石河子	21团	108团	平均	CV（%）
Samson	0.84	0.24	0.99	0.69[f+]	49.84
法瓦维特	3.11	2.28	2.26	2.55[b]	18.00
CDC Stratus	2.64	5.98	0.68	3.10[a]	75.02
CDC Thompson	1.70	0.92	1.00	1.21[e]	33.07
新引 D_{10}	2.30	1.15	2.00	1.82[c]	30.08
Sullence	1.35	2.23	0.54	1.37[d]	53.80
ND15387	2.46	2.87	4.11	3.15[a]	24.37
平均	2.06[b]	2.24[a]	1.65[c]	1.98	40.60
CV（%）	37.50	80.10	72.77	63.46	

注：同一行或同一列不同字母表示0.05水平差异显著。

（二）β-生育酚含量的基因型和环境变异

表9-7　7个品种在3个试点的 β-生育酚含量（μg/g 干重）（王仙，等，2010）

	石河子	21团	108团	平均	CV（%）
Samson	0.14	0.17	0.03	0.12[f+]	55.11
法瓦维特	0.47	0.55	0.24	0.42[a]	34.53
CDC Stratus	0.41	0.39	0.07	0.29[b]	56.01
CDC Thompson	0.05	0.10	0.20	0.11[f]	60.41
新引 D_{10}	0.41	0.12	0.10	0.21[d]	71.07
Sullence	0.23	0.21	0.03	0.16[e]	58.94
Samson	0.14	0.17	0.03	0.12[f+]	55.11
ND15387	0.03	0.51	0.26	0.27[c]	78.98
平均	0.25[b]	0.29[a]	0.14[c]	0.23	59.29
CV（%）	24.66	61.37	67.68	51.24	

注：同一行或同一列不同字母表示0.05水平差异显著。

由表9-7可见，β-生育酚含量在品种间和试点间差异显著。参试的7个品种中，法瓦维特的 β-生育酚含量最高，试点间平均为0.42μg/g，显著高于其他6个品种；CDC

Thompson 最低，试点间平均为 0. 11μg/g，比最高的法瓦维特低 0. 31μg/g 或 73. 81%。3 个试点间差异显著，其中 21 团点最高，为 0. 29μg/g；108 团点最低，为 0. 14μg/g。最高试点和最低试点相差 0. 15μg/g 或 51. 72%。从变异系数上看，同一品种在不同试点间变异系数均值为 59. 29%，7 个品种变动于法瓦维特的 34. 53% 至 ND15387 的 78. 98%；而同一试点内不同品种的变异系数均值为 51. 24%。说明影响 β－生育酚含量的环境效应要略大于基因型效应。

（三）γ－生育酚含量的基因型和环境变异

从表 9－8 可以看出，品种间和试点间的 γ－生育酚含量差异显著。所有品种与试点的总平均为 1. 57μg/g，7 个品种中，CDC Stratus 的 γ－生育酚含量最高，试点间平均为 3. 22μg/g，与其余 6 个品种差异显著；Samson 最低，为 0. 33μg/g，显著低于其他 6 个品种，比最高的 CDC Stratus 少 2. 89μg/g 或 89. 75%。3 个试点中，21 团点显著高于其他 2 个试点；108 团点最低；最高试点和最低试点之间相差 0. 66μg/g 或 34. 2%。同一品种在不同试点间的变异系数较小，平均为 49. 87%，变幅为 26. 94%（法瓦维特）～71. 73%（Sullence）；同一试点不同品种的变异系数较大，平均为 86. 53%。由此可知，基因型效应对 γ－生育酚含量的影响要大于环境效应。

表 9－8　7 个品种在 3 个试点的 γ－生育酚含量（μg/g 干重）（王仙，等，2010）

	石河子	21 团	108 团	平均	CV（%）
Samson	0. 49	0. 24	0. 26	0. 33[e?]	36. 33
法瓦维特	2. 12	1. 14	1. 67	1. 64[c]	26. 94
CDC Stratus	2. 86	5. 91	0. 89	3. 22[a]	67. 99
CDC Thompson	1. 47	0. 27	0. 94	0. 89[d]	58. 20
新引 D_{10}	2. 15	1. 03	1. 45	1. 54[c]	31. 92
Sullence	0. 66	0. 39	0. 05	0. 37[e]	71. 73
ND15387	0. 84	4. 54	3. 65	3. 01[b]	56. 00
Average	1. 51[b]	1. 93[a]	1. 27[c]	1. 57	49. 87
CV（%）	56. 52	113. 61	89. 45	86. 53	

注：同一行或同一列不同字母表示 0. 05 水平差异显著。

（四）δ－生育酚含量的基因型和环境变异

表 9－9 列出了 7 个品种在 3 个试点的 δ－生育酚含量。可以看出 δ－生育酚含量的品种间和试点间差异显著，总平均为 0. 21μg/g。从参试的 7 个品种上看，ND15387 最高，3 个试点平均为 0. 56μg/g；Samson 和 Sullence 最低，均为 0. 08μg/g，显著低于其他几个品种。3 个试点中，21 团点最高，为 0. 31μg/g，显著高于其他 2 个试点；最低的石河子点比 21 团点少 0. 44μg/g 或 54. 84%。同一品种在不同试点的变异系数的变幅为 25. 77%（CDC Thompson）～77. 97%（Sullence），平均为 54. 47%；而同一试点不同品种的变异系数平均为 79. 99%。由此可见，基因型效应对 δ－生育酚含量的影响大于环境效应。

表 9-9　7 个品种在 3 个试点的 δ-生育酚含量（μg/g 干重）（王仙，等，2010）

	石河子	21 团	108 团	平均	CV（%）
Samson	0.11	0	0.13	$0.08^{e?}$	75.91
法瓦维特	0.12	0.20	0.10	0.14^{d}	32.15
CDC Stratus	0.24	0.43	0.11	0.26^{b}	54.32
CDC Thompson	0.18	0.16	0.10	0.15^{d}	25.77
新引 D_{10}	0.14	0.35	0.12	0.20^{c}	54.96
Sullence	0	0.10	0.13	0.08^{e}	77.97
ND15387	0.16	0.93	0.57	0.56^{a}	60.20
平均 Average	0.14^{c}	0.31^{a}	0.18^{b}	0.21	54.47
CV（%）	52.76	95.43	91.77	79.99	

注：同一行或同一列不同字母表示 0.05 水平差异显著。

三、总生育酚含量的基因型和环境变异

总生育酚含量与植物抗日光紫外辐射有密切的联系，研究基因型和环境对大麦籽粒总生育酚含量的影响很有意义。将参试的 7 个大麦品种在 3 个试点的总生育酚含量的基本统计量列于表 9-10。从表 9-10 可以看出，品种间和试点间籽粒总生育酚含量差异显著，总平均为 3.99μg/g。参试的 7 个品种中，ND15387 最高，3 个试点间平均为 6.98μg/g，与 CDC Stratus 差异不显著，显著高于其他 5 个品种；Samson 最低，仅为 1.22μg/g，比 CDC Stratus 低 5.76μg/g 或 82.52%。3 个试点中，21 团点最高，为 4.77μg/g，108 团点最低，为 3.24μg/g，二者相差达 1.53μg/g 或 32.08%。同一品种在 3 个试点间的变异系数变动于为 Favorit 的 17.79% 至 CDC Stratus 的 69.50%，平均为 39.02%；而同一试点各品种的变异系数平均值为 69.35%，可见，变异的基因型效应要大于环境效应。

表 9-10　7 个品种在 3 个试点的总生育酚含量（μg/g 干重）（王仙，等，2010）

	石河子	21 团	108 团	平均	CV（%）
Samson	1.59	0.66	1.41	1.22^{f+}	34.96
法瓦维特	5.82	4.17	4.27	4.75^{b}	17.79
CDC Stratus	6.15	12.70	1.75	6.87^{a}	69.50
CDC Thompson	3.39	1.45	2.24	2.36^{d}	36.51
新引 D_{10}	4.99	2.64	3.68	3.77^{c}	27.67
Sullence	2.24	2.93	0.76	1.98^{e}	48.87
ND15387	3.49	8.86	8.59	6.98^{a}	37.82
平均 Average	3.95^{b}	4.77^{a}	3.24^{c}	3.99	39.02
CV（%）	42.49	87.43	78.13	69.35	

注：同一行或同一列不同字母表示 0.05 水平差异显著。

有关基因型和环境变异对大麦籽粒生育酚含量的影响，不同学者研究得出的结论不同。而Cavallero等（2004）的研究表明基因型与环境对大麦籽粒生育酚含量均有显著影响，基因型的影响更大，而基因型与环境互作效应对除β-生育酚外的三种生育酚异构体和总生育酚含量的影响均达到极显著水平；而王仙等（2010）得出的结论为：基因型、环境及基因型和环境互作对生育酚含量的影响皆达到极显著水平，α-生育酚、γ-生育酚、δ-生育酚和总生育酚含量的基因型效应大于环境效应，β-生育酚含量的环境效应大于基因型效应。

张玉红等（2007）研究还发现大麦油及其母育酚的合成和积累还受生长环境条件的影响，并且不同基因型对环境的要求可能是有区别的。因此，王仙等（2010）与其他研究者造成这种结果差异的原因很可能与研究者所选取的试验点的生态条件和供试材料不同有关。但具体是哪些因子起作用还不清楚，需要进一步的研究。

第四节　栽培措施对大麦籽粒生育酚含量的影响

天然生育酚无论在营养、生理活性还是在安全性上均优于合成的生育酚。随着维生素E用途的不断扩大和人们对绿色食品、有机食品的日渐青睐，天然维生素E的需求量不断递增。据统计世界范围内仅天然生育酚作为抗氧化剂年需要量就在40000～50000t左右，而年产量仅800～1000t。由此可见，天然生育酚有着广阔的市场空间。

大麦产量和品质既受品种遗传特性的影响，又受环境条件和多项农艺措施综合作用的制约。实现高产优质，不仅要求适宜的气候、土壤条件，而且需要多项农艺措施的合理配合。大麦中各种母育酚的量的变化报道较多（Jon Falk，等，2007；张玉红，等，2007），但不同栽培措施下母育酚含量的变化鲜有报道。

王仙等（2010）测试所用籽粒材料均为2004年在石河子大学农学院试验站所安排的大麦品种不同栽培措施试验中收取，低温保存。供试材料为10个生育期相近的二棱大麦品种，它们分别是新引D_9、Logan、法瓦维特、新引D_5、新啤1号、Klages、新引D_7、CDC Thompson、Celink和ND14636。研究氮肥运筹方式对大麦籽粒生育酚含量的调控效应以及相互间的关系；通过设置不同的播期和灌水量，测定不同处理下籽粒生育酚含量的差异，以期探索播期、灌水量对大麦籽粒生育酚含量的影响。

氮肥用量试验：采用裂区试验设计，重复3次，氮肥用量为主区，品种为副区。设置三种氮肥（尿素）用量，$0kg/hm^2$（N1）、$150kg/hm^2$（N2）和$300kg/hm^2$（N3），灌溉时撒施。氮肥施用时期试验：采用裂区试验设计，重复3次，氮肥施用时期为主区，品种为副区。设置三种氮肥施用时期，苗期（二叶一心）（T1）、拔节期（T2）和灌浆期（齐穗期）（T3）。三次施用时期的氮肥用量相同，为$300kg/hm^2$，灌溉时撒施。播期试验：采用裂区试验设计，重复3次，播期为主区，品种为副区。设置了三种播期，3月26日（D1）、4月10日（D2）和4月25日（D3）。灌水量试验：试验采用裂区试验设计，重复3次，灌水量为主区，品种为副区，设置3个灌水量，分别为$0m^3/hm^2$（G1）、$2700m^3/hm^2$（G2）、$5400m^3/hm^2$（G3）。其他管理措施同大田。

以上4个试验材料均成熟期以小区为单位收获，脱粒后测产、称千粒重。样品籽粒在80℃下烘干，用Tecator Cyclotec样品磨（Tecator AB，Hoganas，Sweden）粉碎后过0.5mm筛，提取和测定生育酚。

一、氮肥用量对籽粒生育酚含量的影响

氮肥用量及运筹是大麦生产中最重要的栽培技术措施，但研究较多的是氮肥用量及运筹对啤酒大麦籽粒产量和蛋白质含量的影响（齐军仓，等，1999；张雪峰，等，2010；王祥军，等，2011）。有关肥力对大麦籽粒维生素 E 含量的影响，国内外尚少见报道，仅栾运芳等（2009）选择 4 个青稞品种，以播期、底肥施用量、追穗肥时期作为生产上的决策变量，以青稞维生素 E 含量为目标函数，研究了不同农艺措施对西藏青稞维生素 E 含量的影响。

表 9－11　三种氮肥用量下 10 个品种籽粒生育酚含量的方差分析（F 值）（王仙，等，2010）

	均方					F 值				
	α	β	γ	δ	T	α	β	γ	δ	T
氮肥用量（N）	8.43	0.04	3.68	0.01	24.12	656.17**	617.97**	358.37**	396.80**	1346.34**
误差	0.01	0.00	0.01	0.00	0.02					
品种（C）	22.02	0.12	18.34	0.05	66.48	705.02**	1344.03**	1628.661**	1381.18**	1654.25**
N×C	6.06	0.04	5.48	0.01	19.81	194.13**	438.01**	486.48**	284.09**	492.89**
总误差	0.03	0.0001	0.01	0.00	0.04					

注：* 和 ** 分别表示在 0.05 和 0.01 水平上差异显著。α，籽粒 α－生育酚含量；β，β－生育酚含量；γ，γ－生育酚含量；δ，δ－生育酚含量；T，总生育酚含量。

不同氮肥用量之间，籽粒 α、β、γ、δ 和总生育酚含量差异均极显著（表 9－11）。从均方值的大小上看，品种对籽粒 α、β、γ、δ 和总生育酚含量的影响要比氮肥用量大。

表 9－12　三种氮肥用量下 10 个品种籽粒生育酚组分含量（μg/g 干重）（王仙，等，2010）

	α－生育酚		β－生育酚		γ－生育酚		δ－生育酚		总生育酚	
	平均	CV%	平均	CV%	平均	CV%	平均	CV%	平均	CV%
氮肥用量（N）										
N1	$2.57^{b?}$	40.91	0.22^{c}	53.73	3.52^{c}	45.2	0.17^{a}	65.53	6.47^{c}	38.95
N2	3.46^{a}	48.22	0.26^{b}	54.28	4.07^{b}	45.87	0.15^{b}	54.29	7.94^{b}	40.3
N3	3.51^{a}	74.22	0.29^{a}	56.78	4.17^{a}	42.13	0.13^{c}	47.8	8.10^{a}	49.99
品种（C）										
新引 D_9	2.64^{e}	24.61	0.20^{g}	36.96	2.10^{g}	37.51	0.04^{j}	150.02	4.98^{h}	28.46
Logan	1.86^{g}	36.3	0.35^{c}	17.30	1.62^{h}	64.30	0.12^{g}	43.79	3.94^{j}	41.81
法瓦维特	2.31^{f}	56.56	0.09^{h}	40.38	3.24^{e}	47.90	0.16^{e}	33.57	5.81^{g}	48.40
新引 D_5	3.71^{c}	48.43	0.22^{f}	17.26	5.19^{b}	28.06	0.19^{c}	29.21	9.32^{b}	32.22
新啤 1 号	1.95^{g}	19.4	0.10^{h}	63.77	2.53^{f}	24.72	0.08^{h}	9.66	4.66^{i}	20.31
Klages	2.38^{f}	34.8	0.28^{e}	56.04	4.90^{c}	6.85	0.14^{f}	11.32	7.70^{f}	12.29
新引 D_7	3.93^{b}	47.03	0.45^{a}	30.56	4.22^{d}	44.38	0.07^{i}	82.54	8.67^{d}	44.94
CDCThompson	3.00^{d}	36.39	0.31^{d}	52.95	5.46^{a}	22.71	0.27^{a}	32.46	9.06^{c}	25.93
Celink	7.18^{a}	29.74	0.36^{b}	22.6	5.11^{b}	9.00	0.23^{b}	17.80	12.89^{a}	17.15
ND14636	2.81^{e}	13.45	0.20^{g}	29.99	4.86^{c}	23.84	0.18^{d}	16.11	8.04^{e}	16.99
N×C	s		s		s		s		s	

注：同一列不同字母表示在 0.05 水平上差异显著；s 表示在 0.05 水平上差异显著。

10个品种加权平均，N3处理的籽粒α、β、γ和总生育酚含量最高，N1处理的籽粒δ－生育酚含量最高（表9－12），说明增加氮肥用量导致籽粒α、β、γ和总生育酚含量的提高。10个参试品种中，Celink的籽粒α－生育酚和总生育酚含量最高，分别为7.18μg/g和12.89μg/g；Logan的最低，分别为1.86μg/g和3.94μg/g，二者差异显著。三种氮肥用量下，10个参试品种α－生育酚含量的变异系数变动于ND14636的13.45%至法瓦维特的56.56%，总生育酚含量的变异系数变动于Klages的12.29%至法瓦维特的48.40%，对氮肥用量的反应品种间存在着差异。β－生育酚含量品种间的差异亦达显著水平。新引D_7最高，为0.45μg/g；法瓦维特最低，为0.09μg/g，变异系数变动于新引D_5的17.26%至新啤1号的63.77%。γ－生育酚含量品种间变动于CDC Thompson的5.46μg/g至Logan的1.62μg/g，差异显著；Klages的变异系数最小，仅为6.85%，而Logan达64.30%。δ－生育酚含量相对较少，但品种间差异显著，CDC Thompson最高，为0.27μg/g；新引D_9最低，仅为0.04μg/g。变异系数变动在新啤1号的9.66%至新引D_9的150.02%，说明δ－生育酚含量对氮肥用量的反应品种间差异很大。

王仙等（2010）发现，大麦籽粒生育酚含量因氮肥用量而异。籽粒β、γ和总生育酚含量随着氮肥用量增加而显著增加，α－生育酚含量也随着氮肥用量增加而增加，但增加不显著；δ－生育酚含量随着氮肥用量增加而显著减少。这说明高氮水平下籽粒总生育酚含量的增加主要是归因于β－生育酚和γ－生育酚含量的增加。因此，在大麦作为提取生育酚工业原料的栽培中，应适当增加氮肥用量，以增加产量和籽粒生育酚的含量。

二、氮肥施用时期对籽粒生育酚含量的影响

不同氮肥施用时期之间，籽粒α、β、γ、δ和总生育酚含量差异均极显著（表9－13）。从均方值的大小上看，品种对α、β、γ和总生育酚含量的影响要比氮肥施用时期大，而籽粒δ－生育酚含量的差异主要是由氮肥施用时期的差异和品种共同引起的。10个品种加权平均，T2处理具有最高的籽粒α、β、γ、δ和总生育酚含量（表9－14），说明大麦拔节期施用氮肥与苗期和灌浆期施氮相比，会导致籽粒α、β、γ、δ和总生育酚含量的增加。

表9－13　三种氮肥施用时期下10个品种籽粒生育酚含量的方差分析（F值）（王仙，等，2010）

	均方					F值				
	α	β	γ	δ	T	α	β	γ	δ	T
施用时期（T）	14.79	0.08	2.6	0.02	33.24	5133.27**	235.48**	437.87**	373.99**	2716.24**
误差	0.003	0.0003	0.006	0.0001	0.02					
品种（C）	29.32	0.22	7.09	0.02	64.07	4004.75**	1889.67**	1664.11**	562.44**	5218.97**
T×C	2.88	0.06	1.05	0.004	5.96	393.60**	484.72**	245.24**	93.06**	485.59**
总误差	0.007	0.0001	0.004	0.00	0.01					

注：*和**分别表示在0.01和0.05水平上差异显著。α，籽粒α－生育酚含量；β，β－生育酚含量；γ，γ－生育酚含量；δ，δ－生育酚含量；T，总生育酚含量。

由表9－14可知，三种施氮时期下，10个参试品种中新引D_9的籽粒α－生育酚和总生育酚含量最高，分别为5.88μg/g和8.93μg/g；ND14636的最低，分别为0.23μg/g和

1.81μg/g，二者差异显著；α－生育酚含量的变异系数变动在11.26%（Logan）～67.73%（新引D_7），总生育酚含量的变异系数变动在5.08%（Celink）～42.38%（Klages）。β－生育酚含量以Logan的最高，为0.5μg/g；ND14636的最低，为0.03μg/g；变异系数为21.18%（新引D_9）～97.92%（新引D_7）。γ－生育酚含量以新啤1号的最高，为4.16μg/g，新引D_7的最低，为1.28μg/g，二者差异显著；品种间变异系数为7.18%（法瓦维特）～40.99%（新引D_9）。δ－生育酚含量以新啤1号的最高，为0.2μg/g；ND14636的最低，为0.06mg/g，变异系数为6.80%（Klages）～77.85%（ND14636）。由此可见，在不同的氮肥运筹下，β和δ－生育酚含量变异最大，而γ－生育酚最小。

表9－14 三种氮肥施用时期下10个品种籽粒生育酚组分含量（μg/g干重）（王仙，等，2010）

	α－生育酚		β－生育酚		γ－生育酚		δ－生育酚		总生育酚	
	平均	CV%	平均	CV%	平均	CV%	平均	CV%	平均	CV%
施用时期（T）										
T1	2.97[b?]	57.8	0.19[c]	70.18	2.29[b]	43.51	0.14[b]	36.18	5.59[b]	47.72
T2	3.92[a]	53.98	0.30[a]	69.24	2.73[a]	35.97	0.17[a]	35.46	7.11[a]	41.84
T3	2.55[c]	73.12	0.26[b]	78.06	2.17[c]	43.92	0.12[c]	44.52	5.10[c]	54.23
品种（C）										
新引D_9	5.88[a]	32.2	0.35[c]	21.18	2.56[d]	40.99	0.14[f]	16.95	8.93[a]	33.18
Logan	4.40[c]	11.26	0.50[a]	29.51	3.30[b]	18.75	0.17[d]	18.02	8.37[b]	12.91
法瓦维特	4.88[b]	23.74	0.29[e]	27.33	2.97[c]	7.18	0.16[e]	33.77	8.31[b]	16.30
新引D_6	3.71[d]	29.23	0.42[b]	27.80	2.46[e]	12.00	0.18[c]	11.35	6.77[c]	14.91
新啤1号	4.34[c]	21.69	0.31[d]	26.12	4.16[a]	10.52	0.20[a]	25.71	9.00[a]	15.68
Klages	2.43[f]	51.69	0.18[g]	92.24	1.92[g]	34.05	0.09[g]	6.80	4.62[e]	42.38
新引D_7	1.47[g]	67.73	0.25[f]	97.92	1.28[j]	30.40	0.15[f]	17.25	3.14[g]	38.36
CDCThompson	1.24[h]	38.34	0.11[h]	57.55	2.01[f]	34.31	0.19[b]	26.64	3.54[f]	34.24
Celink	2.90[e]	15.64	0.06[i]	28.95	1.79[h]	12.99	0.08[h]	22.11	4.83[d]	5.08
ND14636	0.23[i]	27.12	0.03[j]	51.94	1.50[i]	23.36	0.06[i]	77.85	1.81[h]	25.17
N×C	s		s		s		s		s	

注：同一列不同字母表示在0.05水平上差异显著；s表示在0.05水平上差异显著。

栾运芳等（2009）研究发现对西藏青稞维生素E含量影响的因素中，底肥施用量最明显，追穗肥时期次之，播期影响最小。张国平等（2002）研究发现，3种氮肥施用时期之间，籽粒产量和千粒重没有显著差异。王仙等（2010）发现3种氮肥施用时期对10个大麦品种的籽粒α、γ、δ和总生育酚含量影响的大小依次为拔节期施肥＞苗期施肥＞灌浆期施肥，而对籽粒β－生育酚含量影响的大小依次为拔节期施肥＞灌浆期施肥＞苗期施肥。由此可知，拔节期施肥可增加籽粒生育酚的含量。大麦生育前期施用氮肥，增产作用明显（Gately，1968；Birch，等，1997）。因此，在大麦生产中，在较高肥力的土壤上，氮肥宜在拔节期追肥，尽量减少生育后期氮肥的施用，这样有利于同时增加籽粒产量和籽粒生育酚的含量。

三、播期对籽粒生育酚含量的影响

大麦虽具有生育期短，早熟，抗逆性强，适应性广等生物特性，但在不同的生态种植区不同品种应有其适于自身品种特性的最佳播种期，以便在此条件下能够获得最高的经济产量。大麦适时播种不但可以充分利用光、热等资源，而且可为高产、优质打下基础。孙明法等（2009）通过研究发现，在内蒙古自治区东部旱作生态区，不同播期对大麦的生产潜力有明显的制约性，在生产中根据品种，选择与之相匹配的最佳播种期是获得品种最高产量表现的关键技术。

表 9－15 为不同播期下 10 个大麦品种籽粒生育酚含量的方差分析，从表中可知播期、品种以及播期与品种之间，籽粒 α、β、γ、δ 和总生育酚含量差异均达到极显著水平。从均方值的大小可以看出，品种对籽粒 α、β 和 δ－生育酚含量的影响要比播期的影响大。

表 9－15　不同播期下 10 个大麦品种籽粒生育酚含量的方差分析（F 值）（王仙，等，2010）

	均方					F 值				
	α	β	γ	δ	T	α	β	γ	δ	T
播期（D）	6.61	0.44	26.32	0.04	48.42	802.81**	7766.34**	5914.56**	301.50**	3127.85**
误差	0.01	0.00	0.01	0.00	0.02					
品种（V）	15.04	2.3	1.33	0.05	22.51	1611.67**	14635.12**	525.50**	1824.36**	2124.31**
D×V	17.11	0.88	1.73	0.02	22.87	1833.67**	5601.77**	684.93**	716.94**	2157.85**
总误差	0.01	0.00	0.00	0.00	0.01					

注：* 和 ** 分别表示在 0.01 和 0.05 水平上差异显著。α，籽粒 α－生育酚含量；β，β－生育酚含量；γ，γ－生育酚含量；δ，δ－生育酚含量；T，总生育酚含量。

表 9－16　不同播期下大麦籽粒生育酚含量（μg/g 干重）（王仙，等，2010）

	α－生育酚		β－生育酚		γ－生育酚		δ－生育酚		总生育酚	
	平均	CV%	平均	CV%	平均	CV%	平均	CV%	平均	CV%
播期（D）										
D1	3.84$^{a?}$	46.03	0.73^{a}	86.83	2.90^{a}	21.44	0.20^{a}	53.44	7.66^{a}	28.4
D2	3.05^{b}	64.93	0.55^{b}	136.22	1.59^{b}	43.35	0.16^{b}	67.23	5.35^{b}	37.45
D3	3.88^{a}	74.11	0.50^{c}	108.63	1.08^{c}	73.28	0.13^{c}	54.12	5.59^{c}	63.1
品种（V）										
新引 D_9	3.88^{c}	41.82	0.61^{d}	33.51	2.44^{a}	31.53	0.24^{b}	8.14	7.17^{b}	35.96
Logan	3.10^{e}	54.66	0.46^{f}	39.36	2.04^{c}	61.16	0.21^{d}	64.9	5.81^{f}	50.9
法瓦维特	3.09^{e}	50.43	0.68^{c}	46.42	1.96^{d}	62.57	0.15^{e}	30.46	5.88^{f}	34.99
新引 D_5	2.51^{f}	27.84	0.53^{e}	61.43	1.71^{f}	64.41	0.24^{c}	45.12	4.99^{g}	41.52
新啤 1 号	1.66^{g}	20.79	0.07^{j}	69.13	2.01^{c}	61.92	0.11^{h}	23.07	3.84^{i}	34.61
Klages	2.51^{f}	37.96	0.25^{h}	31.78	1.79^{e}	61.18	0.13^{g}	50.03	4.68^{h}	44.42
新引 D_7	5.46^{a}	66.01	0.36^{g}	76.98	0.96^{g}	115.82	0.04^{i}	150.03	6.82^{c}	61.38

续表

	α-生育酚		β-生育酚		γ-生育酚		δ-生育酚		总生育酚	
	平均	CV%	平均	CV%	平均	CV%	平均	CV%	平均	CV%
CDC Thompson	3.51[d]	17.43	1.06[b]	71.24	1.74[f]	52.99	0.27[a]	33.87	6.59[e]	8.62
Celink	5.54[a]	47.17	1.78[a]	60.13	2.11[b]	35.93	0.11[h]	35.54	9.54[a]	10.46
ND14636	4.62[b]	70.31	0.14[i]	77.19	1.79[e]	25.69	0.13[f]	38.4	6.69[d]	57.47
D×V	s		s		s		s		s	

注：同一列不同字母表示在0.05水平上差异显著；s表示在0.05水平上差异显著。

表9-16为3种播期下10个品种籽粒生育酚的含量。参试的10个品种加权平均，D1处理具有最高的籽粒β、γ、δ和总生育酚含量，D3处理具有最低的籽粒β、γ、δ和总生育酚含量，而D3处理的α-生育酚含量最高。这说明播期推迟导致籽粒β、γ、δ和总生育酚含量降低，α-生育酚含量先降低后升高。

在10个参试品种中，就α-生育酚含量而言，Celink的最高，为5.54μg/g；新啤1号的最低，为1.66μg/g，二者差异显著。α-生育酚含量的变异系数的变幅为17.43%（CDC Thompson）~70.31%（ND14636）。对于β-生育酚含量来说，Celink的最高，为1.78μg/g；新啤1号的最低，为0.07μg/g。β-生育酚含量的变异系数的变幅为31.78%（Klages）~77.19%（ND14636）。γ-生育酚含量在10个品种间也存在显著差异。新引D_9的γ-生育酚含量最高，为2.44μg/g；新引D_7的最低，为0.96μg/g。δ-生育酚含量在10个品种间也存在显著差异。其中CDC Thompson的δ-生育酚含量最高，为0.27μg/g；新引D_7的最低，为0.04μg/g。δ-生育酚含量的变异系数的变幅为8.14%（新引D_9）~150.03%（新引D_7），表明品种间δ-生育酚含量存在显著差异。3种播期处理下，Celink的籽粒总生育酚含量最高，为9.54μg/g；新啤1号的最低，为3.84μg/g，二者的差异极显著。10个参试品种籽粒总生育酚含量变异系数的变幅为8.62%（CDC Thompson）~61.38%（新引D_7）。从表9-16中还可以看出β-生育酚含量的播期变异系数明显比籽粒α、γ、δ以及总生育酚含量的大，表明β-生育酚含量在环境间相对不稳定。

栾运芳等（2009）研究发现播期对维生素E含量没有什么影响，几乎是一条直线。王仙等（2010）得到的结果表明，大麦籽粒生育酚含量品种间差异很大，籽粒生育酚含量因播期而异，随着播期的推迟，籽粒β、γ、δ和总生育酚含量均显著降低；α-生育酚含量在3种播期下，晚播含量最高，早播和晚播差异不显著。这说明早播下籽粒总生育酚含量的增加主要归因于β、γ、δ-生育酚含量的增加。

四、灌水量对籽粒生育酚含量的影响

新疆气候寒冷干旱，常年降水量有限。因此，平原地区种植的大麦只有通过人工灌水才能满足其生长发育的需要。不同灌水量之间籽粒α、β、γ、δ和总生育酚含量差异均显著或极显著（表9-17）。从均方值的大小上看，品种对β和δ-生育酚含量的影响要比灌水量大，而籽粒α、γ和总生育酚含量的差异主要是由灌水量的差异和品种共同引起的。

10个品种加权平均，G1处理具有最高的籽粒α、β、γ和总生育酚含量，而G3处理下籽粒δ-生育酚的含量最高，G2处理下几种生育酚含量均最低（表9-18），说明干旱或过量灌溉，更会导致籽粒α、β、γ、δ和总生育酚含量的增加。

表 9-17 不同灌水量下籽粒生育酚含量的方差分析（F 值）（王仙，等，2010）

	均方					F 值				
	α	β	γ	δ	T	α	β	γ	δ	T
灌水量（G）	16.83	0.001	11.44	0.02	56.91	2517.88**	9.94*	9594.30**	494.33**	8793.43**
误差	0.01	0.00	0.0012	0.00	0.0065					
品种（C）	11.42	0.025	10.37	0.04	45.24	1273.61**	404.77**	3038.80**	320.69**	2619.28**
G×C	3.09	0.029	1.32	0.03	8.07	344.83**	461.81**	388.58**	205.81**	467.46**
总误差	0.009	0.00	0.0034	0.0001	0.0173					

注：* 和 ** 分别表示在 0.01 和 0.05 水平上差异显著。α，籽粒 α-生育酚含量；β，β-生育酚含量；γ，γ-生育酚含量；δ，δ-生育酚含量；T，总生育酚含量。

在 10 个参试品种中，Celink 的籽粒 α、γ 和总生育酚含量最高，分别为 4.91μg/g、4.32μg/g 和 9.65μg/g；新引 D_9 的 β-生育酚含量最高，为 0.26μg/g，而 CDC Thompson 的 δ-生育酚含量最高，为 0.34μg/g；Klages 的 α-生育酚含量最低，为 1.14μg/g；ND14636 的 β、γ、δ 和总生育酚含量均最低，分别为 0.07μg/g、0.76μg/g、0.10μg/g 和 2.46μg/g，品种间每个生育酚含量差异均显著。3 种灌水量下，10 个参试品种籽粒 α-生育酚含量的变异系数变动在 23.60%（Celink）~76.56%（新啤 1 号）；β-生育酚品种间含量的变异系数变动在 12.79%（法瓦维特）~71.36%（ND14636）；γ-生育酚含量品种间变异系数为 20.50%（Celink）~81.64%（新啤 1 号）；δ-生育酚品种间变异系数为 8.42%（Klages）~78.25%（ND146361）；总生育酚含量的品种间变异系数为 22.06%（Celink）~74.70%（新啤 1 号）。由此可见，在不同的灌水量下，大麦籽粒几种生育酚含量的变异系数变动范围相差不大。

表 9-18 三种灌水量下 10 个品种籽粒生育酚含量（μg/g 干重）（王仙，等，2010）

	α-生育酚		β-生育酚		γ-生育酚		δ-生育酚		总生育酚	
	平均	CV%	平均	CV%	平均	CV%	平均	CV%	平均	CV%
灌水量（G）										
G1	3.14[a?]	48.16	0.20[a]	56.43	2.46[a]	56.93	0.18[b]	30.21	5.97[a]	49.77
G2	1.69[c]	70.65	0.19[b]	44.17	1.37[c]	73.91	0.14[c]	31.1	3.39[c]	63.21
G3	2.07[b]	64.34	0.19[b]	41.18	1.40[b]	73.5	0.19[a]	80.31	3.85[b]	61.67
品种（C）										
新引 D_9	3.23[b]	25.12	0.26[a]	24.79	2.37[b]	32.87	0.14[f]	9.41	6.00[b]	26.58
Logan	2.87[c]	31.71	0.23[b]	27.07	2.37[b]	35.94	0.21[b]	37.51	5.68[c]	25.21
法瓦维特	1.78[f]	72.23	0.17[f]	12.79	1.41[d]	79.27	0.14[ef]	28.87	3.50[e]	68.16
新引 D_5	1.69[g]	50.33	0.21[d]	30.33	0.99[g]	65.44	0.14[f]	11.51	3.03[g]	48.61
新啤 1 号	1.47[h]	76.56	0.16[g]	67.48	1.03[fg]	81.64	0.15[e]	21.28	2.81[h]	74.7
Klages	1.14[i]	41.56	0.17[f]	58.1	1.19[e]	30.88	0.17[c]	8.42	2.67[i]	24.36
新引 D_7	1.94[e]	71.37	0.20[e]	21.66	1.07[f]	77.38	0.12[g]	45.98	3.33[f]	67.25
CDC Thompson	2.44[d]	57.28	0.22[c]	55.97	1.93[c]	22.27	0.34[a]	63.22	4.92[d]	38.74

续表

	α-生育酚		β-生育酚		γ-生育酚		δ-生育酚		总生育酚	
	平均	CV%	平均	CV%	平均	CV%	平均	CV%	平均	CV%
Celink	4.91^{a}	23.60	0.24^{b}	47.21	4.32^{a}	20.5	0.20^{c}	12.84	9.65^{a}	22.06
ND14636	1.53^{h}	54.11	0.07^{h}	71.36	0.76^{h}	78.84	0.10^{h}	78.25	2.46^{j}	57.89
D×C	s		s		s		s		s	

注：同一列不同字母表示在0.05水平上差异显著；s表示在0.05水平上差异显著。

籽粒生育酚含量因灌水量多少而异。随着灌水量的增加，籽粒α、γ和总生育酚含量先显著降低后有所升高，灌水量为0m^3/hm^2的含量最高；β-生育酚在0m^3/hm^2灌水量下含量最高，在灌水量为2700m^3/hm^2和5400m^3/hm^2下含量差异不显著；而δ-生育酚含量在灌水量为5400m^3/hm^2下含量最高。这说明低灌水量下籽粒总生育酚含量的增加主要是归因于α和γ-生育酚含量的增加，通过控制灌水量来增加大麦籽粒生育酚含量是可行的。

第五节　大麦籽粒生育酚含量的数量遗传分析

目前有关大麦籽粒生育酚含量遗传规律的研究尚未见报道。因此，研究选用6个生育酚含量差异明显的大麦品种进行双列杂交，探讨大麦生育酚含量的数量遗传规律，旨在为高生育酚含量的新型保健大麦新品种的选育提供理论依据。

供试材料为甘啤4号、法瓦维特、新啤6号、大波16、Scailett和新引D_{10}6个大麦品种。

2007年利用6个供试材料配置6×6完全双列杂交组合，成熟期收获6个亲本种子和杂交种子。2008年种植15个杂种F_1代及6个亲本。每一材料种1行，随机区组排列，重复3次。小区行长1.5m，行距0.3m，株距6cm。成熟期按小区分别收获，脱粒，粉碎，测定其生育酚的含量。

一、亲本及F_1的生育酚含量分析

6个亲本和15个杂交F_1后代的总生育酚含量见表9-19。在供试的6个大麦品种中，新啤6号总生育酚含量最高，为10.98μg/g，新引D_{10}总生育酚含量最低，为4.42μg/g，其余4个亲本籽粒总生育酚含量介于上述两亲本之间。3个偏低含量亲本间的杂交组合F_1的总生育酚含量均高于双亲，而3个偏高含量亲本间的F_1后代中，仅有1个F_1后代的总生育酚含量高于双亲，其余2个均低于双亲。高生育酚含量和低生育酚含量间的9个杂种F_1后代中，有3个杂交后代的生育酚含量高于双亲，6个介于双亲之间。

表9-19　亲本及F_1的总生育酚含量（μg/g干重）（王仙，等，2010）

亲本	甘啤4号	法瓦维特	新啤6号	大波16	Scailett	新引D_{10}
甘啤4号	5.32	7.37	6.61	6.02	6.93	7.10
法瓦维特		6.70	7.10	6.88	8.01	6.26
新啤6号			10.98	9.68	7.99	8.53

续表

亲本	甘啤4号	法瓦维特	新啤6号	大波16	Scailett	新引 D_{10}
大波16				5.63	6.47	7.50
Scailett					6.53	5.29
新引 D_{10}						4.42

二、生育酚含量的配合力分析

采用DPS7.55和QGA Station软件中的加性—显性模型对6个亲本及15个杂交组合 F_1 进行方差分析和配合力分析。

（一）杂交组合间籽粒生育酚含量的方差分析

对大麦籽粒生育酚含量进行方差分析，结果见表9-20。从表9-20可以看出，大麦籽粒α、β、γ、δ和总生育酚含量在不同杂交组合间的差异均达到极显著水平，可进一步进行配合力和遗传模型的分析。

表9-20　大麦籽粒生育酚含量的方差分析（F值）（王仙，等，2010）

性状	自由度	平方和	均方	F值
α-生育酚	20	56.92	2.85	272.83**
β-生育酚	20	0.2476	0.0124	293.8630**
γ-生育酚	20	45.5873	2.2794	684.8139**
δ-生育酚	20	0.9986	0.0499	958.8678**
总生育酚	20	135.2958	6.7648	354.0081**

注：**表示在0.01水平上差异显著。

（二）一般配合力效应和特殊配合力效应

表9-21　配合力方差分析（F值）（王仙，等，2010）

	变异来源	自由度	平方和	均方	F值
α-生育酚	一般配合力	5	7.8926	1.5785	453.9777**
	特殊配合力	15	11.0808	0.7387	212.4532**
	误差	40	0.1391	0.0035	
β-生育酚	一般配合力	5	0.0685	0.0132	936.9407**
	特殊配合力	15	0.0167	0.0011	79.5038**
	误差	40	0.0006	0.0000	
α-生育酚	一般配合力	5	7.8926	1.5785	453.9777**
	特殊配合力	15	11.0808	0.7387	212.4532**
	误差	40	0.1391	0.0035	
γ-生育酚	一般配合力	5	11.7752	2.3550	2122.6590**
	特殊配合力	15	3.4205	0.2280	205.5323**
	误差	40	0.0444	0.0011	

续表

	变异来源	自由度	平方和	均方	F值
δ-生育酚	一般配合力	5	0.2487	0.0497	2865.2795**
	特殊配合力	15	0.0842	0.0056	323.3972**
	误差	40	0.0007	0.0000	
总生育酚	一般配合力	5	29.8128	5.9626	936.0786**
	特殊配合力	15	15.2858	1.0191	159.9845
	误差	40	0.2548	0.0064	

注：**表示在0.01水平上差异显著。

一般配合力主要是由基因的加性效应所致，而特殊配合力是基于杂交组合的显性、超显性和上位偏差所致。因此，利用一般配合力高的亲本杂交可望获得好的杂交效果，而特殊配合力是选取优良杂交组合的依据之一。

配合力方差分析（表9-21）表明，品种间α、β、γ、δ-生育酚含量的一般配合力和特殊配合力均达极显著差异，总生育酚含量的一般配合力差异极显著，特殊配合力差异不显著。一般配合力效应值的大小表明亲本的影响程度，这是亲本选择的依据之一。对差异显著的α、β、γ、δ和总生育酚含量进行各亲本一般配合力效应的多重比较（表9-22）。

表9-22 亲本生育酚含量的一般配合力效应值及多重比较（王仙，等，2010）

亲本	α-生育酚	β-生育酚	γ-生育酚	δ-生育酚	总生育酚
甘啤4号	0.1502[b?]	-0.0233[d]	-0.6575[f]	-0.0576[e]	-0.5882[d]
法瓦维特	0.4637[a]	-0.0401[f]	-0.3336[e]	-0.0355[d]	0.0544[b]
新啤6号	0.503[a]	0.0613[a]	0.9404[a]	0.1579[a]	1.6626[a]
大波16	-0.384[d]	0.0376[b]	0.1636[b]	-0.0105[b]	-0.1933[c]
Scailett	-0.1664[c]	-0.0294[e]	0.0170[c]	-0.0259[c]	-0.2047[c]
新引D_{10}	-0.5664[e]	-0.0062[c]	-0.1300[d]	-0.0284[c]	-0.7309[e]

注：同一列不同字母表示在0.05水平上差异显著。

从表9-22中可知，不同的生育酚异构体，各亲本一般配合力表现不同。亲本甘啤4号、法瓦维特、新啤6号的α-生育酚含量的一般配合力效应为正值，它们的子代表现优于群体平均值，法瓦维特和新啤6号与其他4个亲本差异显著；亲本新啤6号和大波16的β-生育酚含量的效应值为正，其中新啤6号与其他5个亲本差异达到显著水平；亲本新啤6号、大波16、Scailett的γ-生育酚含量的效应值为正，其中新啤6号与其他5个亲本差异达到显著水平；亲本新啤6号的δ-生育酚含量的效应值为正，且与其他5个亲本差异达到显著水平；亲本法瓦维特和新啤6号的总生育酚含量的效应值为正，其中新啤6号与其他5个亲本差异达到显著水平。综合分析以上结果，亲本新啤6号的一般配合力最好，甘啤4号只有α-生育酚含量的效应值为正，其他均为负值；法瓦维特在α-生育酚含量和总生育酚含量方面的效应值为正值，其他为负值；大波16的β-生育酚含量和γ-生育酚含量效应值为正值，其他为负值；Scailett仅有γ-生育酚含量的效应值为正值，而新引D_{10}的效应值均为负值。因此新啤6号是选育高生育酚含量的大麦品系的优良亲本，而其他5个品种不适宜作为选育高生育酚含量大麦品系的杂交亲本。

表9－23　15个杂交组合生育酚含量的特殊配合力效应值（王仙，等，2010）

杂交组合	α－生育酚	β－生育酚	γ－生育酚	δ－生育酚	总生育酚
甘啤4号×法瓦维特	0.4673	0.0409	0.3182	0.0268	0.8532
甘啤4号×新啤6号	－1.1231	－0.0535	－0.2426	－0.0978	－1.5169
甘啤4号×大波16	0.1142	－0.0268	－0.328	－0.009	－0.2496
甘啤4号×Scailett	0.6346	0.0233	－0.015	0.0259	0.6689
甘啤4号×新引D_{10}	1.7434	0.0221	－0.4179	0.0164	1.364
法瓦维特×新啤6号	0.3	－0.0283	－0.9785	－0.1715	－0.8783
法瓦维特×大波16	－0.2618	－0.0223	0.2261	0.0257	－0.0323
法瓦维特×Scailett	1.3635	0.0074	－0.2739	0.0067	1.1036
法瓦维特×新引D_{10}	－0.1336	－0.0558	0.0855	－0.0098	－0.1138
新啤6号×大波16	0.5098	0.0402	0.5005	0.1107	1.1612
新啤6号×Scailett	－0.1706	－0.0231	－0.2658	－0.0621	－0.5216
新啤6号×新引D_{10}	0.121	0.0482	0.3725	0.0073	0.549
大波16×Scailett	－0.0466	－0.0089	－0.1118	－0.0192	－0.1865
大波16×新引D_{10}	0.6349	0.014	0.6738	0.0516	1.3742
Scailett×新引D_{10}	－0.4729	0.0055	－0.3571	－0.0036	－0.8281

特殊配合力是某特定组合的表现与双亲平均表现的离差，特殊配合力效应值为正，表明该组合的表现优于双亲的平均表现，反之则劣于双亲的平均表现。由表9－23可见，特殊配合力效应值均为正的组合有4个，甘啤4号×法瓦维特、新啤6号×大波16、新啤6号×新引D_{10}和大波16×新引D_{10}，表现优良；甘啤4号×Scailett、甘啤4号×新引D_{10}和法瓦维特×Scailett的γ－生育酚含量的特殊效应值为负，其他均为正值，表现较优；而其他组合表现较差。

通过大麦6×6完全双列杂交的生育酚含量的配合力分析结果表明甘啤4号、法瓦维特和新啤6号的α－生育酚含量的一般配合力较好，亲本新啤6号和大波16的β－生育酚含量的一般配合力效应值最高，其中，新啤6号、大波16和Scailett的γ－生育酚含量一般配合力较高，亲本新啤6号的δ－生育酚含量的一般配合力高，而且亲本新啤6号的几种生育酚的配合力与其他几个品种的配合力差异达极显著水平。总体来看，新啤6号在高生育酚含量的育种中，有重要的利用价值。

三、生育酚含量的遗传效应分析

按照QGA Station软件中的加性—显性模型估算各性状的遗传方差（表9－24）。从表中可以看出籽粒几种生育酚含量的加性和显性效应都达到了极显著水平。其中总生育酚含量的加性方差比率与显性方差比率均较大，且相差不大，分别为0.5450和0.4466，这表明总生育酚含量的遗传同时受基因的加性和显性控制；α－生育酚含量的遗传主要受显性效应控制，其遗传方差分量比率为0.7694，约为加性遗传方差分量的3.5倍；β、γ和δ－生育酚含量的加性方差比率较大，说明其遗传方式主要以加性遗传为主。另外，α、β和总生育酚含量的机误方差比率为0.0084～0.0109，达到了显著或极显著水平，环境的影响较大；而γ和δ－生育酚含量加性效应较大、机误方差比率较小，这说明γ和δ－生育酚几乎不受环境的影响，可以在早代进行选择。

表9－24　生育酚含量的遗传方差分量比值估测（王仙，等，2010）

	加性方差比率	标准误	显性方差比率	标准误	环境方差比率	标准误
α－生育酚	0.2197**	0.0069	0.7694**	0.0088	0.0109*	0.0036
β－生育酚	0.7245**	0.005	0.2653**	0.004	0.0101*	0.0032
γ－生育酚	0.5317**	0.0132	0.2269**	0.0077	0.0033+	0.0016
δ－生育酚	0.6614**	0.0038	0.3355**	0.0042	0.0031	0.0020
总生育酚	0.5450**	0.0085	0.4466**	0.0088	0.0084**	0.0005

注：*和**分别表示在0.05和0.01水平上差异显著。

四、生育酚含量的遗传相关分析

表9－25　大麦籽粒生育酚含量的遗传相关分析（王仙，等，2010）

	β－生育酚	γ－生育酚	δ－生育酚	总生育酚
α－生育酚	0.1578±0.0152**	0.0705±0.0311	0.3393±0.0204**	0.7252±0.0112**
	0.1607±0.0138**	0.0727±0.0310	0.3368±0.0205**	0.7270±0.0109**
β－生育酚		0.7583±0.0174**	0.7635±0.0066**	0.6512±0.0003**
		0.7539±0.0167**	0.7593±0.0057**	0.6493±0.0002**
γ－生育酚			0.9015±0.00004**	0.7365±0.0003**
			0.8977±0.00003**	0.7361±0.0004**
δ－生育酚				0.8623±0.0001**
				0.8573±0.0002**

注：基因型相关系数在上，表现型相关系数在下。“**”表示在0.01水平上相关关系显著。

大麦籽粒生育酚含量的遗传相关见表9－25。从表中可以看出，除α与γ－生育酚含量的基因型和表现型相关系数不显著外，其他几种生育酚含量的基因型和表现型相关系数均达到了极显著水平。其中γ和δ－生育酚含量的基因型和表现型相关系数最高，分别为0.9015和0.8977，α与γ－生育酚含量的基因型和表现型相关系数最低分别为0.0705和0.0727。说明α与γ－生育酚含量的关系不是十分密切。

遗传相关系数是研究数量性状相关变异的一个重要参数，在间接选择和指数选择等方面有着重要应用。遗传相关系数并不是相关分量的简单相加，而是与性状的遗传力有一定的关系。加性相关集中反映两个相关性状累加效应的协同变化，是可以固定并遗传下来的相关，而显性相关则是集中反映两个相关性状显性效应的协同变化，虽然显性效应不能固定并遗传下来，但基因内部的这种相关是现实存在的，在杂种优势利用时是可以加以利用的。

表 9-26　大麦籽粒生育酚含量的遗传相关分量（王仙，等，2010）

性状 1	性状 2	加性效应	标准误	显性效应	标准误	机误	标准误
α-生育酚	β-生育酚	-0.0742*	0.0239	0.4110**	0.0068	0.4381	0.3542
	γ-生育酚	0.3029*	0.0444	-0.1017+	0.0270	0.3965*	0.0887
	δ-生育酚	0.5776**	0.0217	0.2299*	0.0239	-0.0306	0.5473
	总生育酚	0.6617**	0.0260	0.8346**	0.0085	0.9232**	0.0369
β-生育酚	γ-生育酚	0.8837**	0.0121	0.4426**	0.0368	0.1732	0.2840
	δ-生育酚	0.8363**	0.0005	0.6017**	0.0029	0.1384	0.578
	总生育酚	0.6775**	0.00008	0.6375**	0.0004	0.4502	0.394
γ-生育酚	δ-生育酚	0.9500**	0.0001	0.7995**	0.0001	-0.1087	0.868
	总生育酚	0.9142**	0.00004	0.4608**	0.0030	0.7126*	0.0243
δ-生育酚	总生育酚	0.9970**	0.000009	0.6685**	0.0022	-0.0093	0.935

注：+、*和**分别表示在0.1、0.05和0.01水平差异显著，下同。

为了进一步了解大麦籽粒生育酚含量之间的相关性，对遗传相关系数分解为加性相关分量、显性相关分量及误差（表 9-27）。从表中可以看出 α 与 β-生育酚含量的加性效应为显著负相关，显性效应为显著正相关；与 γ-生育酚含量的加性效应为显著正相关，显性效应为负相关，且不显著；与 δ 和总生育酚含量的加性效应和显性效应的相关性均为正相关，且都达到了显著或极显著水平；α 与 γ、δ 和总生育酚通过选择可以得到同步提高。β 与 γ、δ 和总生育酚含量，γ 与 δ 和总生育酚含量以及 δ 与总生育酚含量的加性效应和显性效应均为极显著的正相关，这表明 β、γ、δ 和总生育酚含量间的关系比较密切，在大麦籽粒高含量生育酚的育种过程中，β、γ、δ 和总生育酚含量通过选择可以得到同步提高。

五、生育酚含量的遗传力和杂种优势分析

（一）遗传力分析

表 9-27　大麦籽粒生育酚含量的遗传力分析（王仙，等，2010）

	狭义遗传力	标准误	广义遗传力	标准误
α-生育酚	0.2196**	0.0069	0.9891**	0.0036
β-生育酚	0.7245**	0.005	0.9899**	0.0032
γ-生育酚	0.6978**	0.0016	0.9956**	0.0022
δ-生育酚	0.6614**	0.0038	0.9969**	0.002
总生育酚	0.5450**	0.0085	0.9916**	0.0005

注：**表示广义遗传力在0.01水平上显著。

利用相关遗传力做分析能为育种提供较多的信息，由于选择是对表型进行的，故仅考虑各性状基因型值间的遗传相关还不够，有必要对相关遗传力进行分析。大麦籽粒生育酚分析结果见表9－27。从表9－27中可以看出，α、β、γ、δ和总生育酚含量的广义遗传力均达到了极显著水平，分别为98.91%、98.99%、99.56%、99.69%和99.16%。α、β、γ、δ和总生育酚含量的狭义遗传力也都达到了极显著水平，分别为21.96%、72.45%、69.78%、66.14%和54.50%。这说明α、β、γ、δ和总生育酚的变异主要是由遗传决定的，其中α－生育酚的狭义遗传力较低，说明在杂种的早期世代直接对它进行选择效果不会太好；β、γ、δ和总生育酚在杂种的早期世代进行选择，收效比较显著。

（二）杂种优势分析

对大麦 F_1 籽粒生育酚含量进行中亲优势和超亲优势的估算（表9－28）。从表9－28中可以看出，生育酚α、β、γ、δ和总生育酚均具有一定的杂种优势。α、γ、δ和总生育酚的中亲优势的差异均达到了极显著水平，其中α和总生育酚为正向优势，效应值分别为0.2569和0.1026；γ和δ生育酚为负向优势，效应值分别为－0.0739和－0.1326。在超亲优势表现上，α－生育酚表现出了极显著的正向超亲优势，效应值为0.0873，8个组合具有正向优势；β、γ、δ和总生育酚均表现出了极显著的负向超亲优势，分别有4、2、3和7个组合具有正向优势。这说明α－生育酚杂种优势最强，γ－生育酚杂种优势最弱。利用杂交育种提高籽粒生育酚的含量是可行的，可用杂交育种手段有效选育高生育酚含量的新型保健大麦新品种。

表9－28　大麦籽粒生育酚含量的杂种优势分析（王仙，等，2010）

	中亲优势				超亲优势			
	平均	变幅	+N	－N	平均	变幅	+N	－N
α－生育酚	0.2569**	－0.2257－0.8005	14（13）	1（1）	0.0873**	－0.4727－0.6289	8（8）	7（6）
β－生育酚	－0.0263+	－0.4053－0.3440	7（7）	8（5）	－0.3273**	－0.9653－0.1771	4（4）	11（8）
γ－生育酚	－0.0739**	－0.5011－0.3904	5（4）	10（10）	－0.3189**	－0.9942－0.3352	2（2）	13（10）
δ－生育酚	－0.1326**	－0.8963－0.5436	15（10）	0（0）	－0.6740**	－2.6161－0.1036	3（3）	12（9）
总生育酚	0.1026**	－0.2462－0.3965	11（11）	4（4）	－0.0918**	－0.6814－0.3036	7（7）	8（8）

注：*和**分别表示在0.05和0.01水平差异显著。

第十章 不同生态条件下大麦群体产量的源库特性

第一节 大麦群体产量源库特性研究的概况与意义

我国开展大规模研究作物群体始于1958年，是由大面积生产推动起来的。产量是大麦品种群体在一定环境条件下综合表现的反映，涉及品种的遗传特性及形态、生态、生理、生化、抗病虫、抗逆境等诸多方面。产量是由单位面积穗数、每穗粒数和平均粒重构成的，单位面积产量的提高取决于其构成因素的协调发展。同时，提高抗倒伏性和光合利用率、改善株型、协调源库关系及合理的水肥管理等都是提高产量的重要因素。不同的气候条件和不同的地理环境形成了大麦不同的产量特性，产量及其相关的农艺性状与环境的互作效应非常明显。

一、源库特征与作物产量

作物生产是一个群体生产过程。自1928年以来，人们就常从源库的角度去探讨提高作物群体产量的途径，为此限制作物产量的主要因素是库还是源，成了国内外学者争论不休的问题。持源限制观点的认为，源是籽粒产量形成的物质基础，群体光合速率高，产量就高，通过增加适宜叶面积系数可提高产量。光合源的强度与干物质生产、籽粒产量呈正相关，“库”性能的发挥高度依赖于源的强度，扩大库，常会导致结实率和粒重的下降，而缩小库或改善叶的受光势态，增强叶的光合效率（后期施肥或增加CO_2的浓度）可以提高结实率和粒重。要争取单位叶面积上有较大的库容能力，就必须从强化源的供给能力入手。因此主张增源是提高产量的主要途径。持库限制观点的认为，库是产量的直接构成者，提高产量必须依靠不断地扩大库，库对叶的光合强度和灌浆速率有促进调控作用。不同栽培条件下高的总粒数与高产密切相关，剪穗减库，最终产量也低。因此主张扩大库容是提高单产的主要途径。

源库学说认为：作物产量既取决于源的光合物质生产能力，又取决于库的大小。较大的库容可促进源的光合作用和光合产物运转。作物品种的源库特征与产量形成关系是在一定生态环境与栽培条件下的反映。

大麦各器官的增长并不是同时、等量的，而是按照一定次序，在不同发育时期有不同的增长分配中心，亦即不同时期各器官的增长速率不同，各器官占全株（茎）总干重的比例也不同。乔玉辉等（2002）对干物质在各器官中的分配和转化规律进行模拟后认为，一般在拔节即幼穗分化以前是营养生长阶段，光合产物主要分配给叶、茎、根等营养器官，拔节后的生长中心转移到茎秆，抽穗后，穗一直保持直线增长直到生育期结束。马青荣等（2006）对郑州市冬小麦叶、鞘、茎、穗不同生育期的干物质比率和增长分配规律进行分析，认为小麦抽穗之后，叶、鞘的增长分配率下降为负值，而叶、鞘是冬小麦光合作用的主要器官，说明叶和鞘在抽穗后干物质停止增长，并开始向穗部输送，这时穗的干物质增长分配率迅速上升，在乳熟到成熟之间，穗的增长分配率大于1，穗的增重超过了全茎增重，这是叶、鞘干物质向穗部输送的结果，因此营养器官中的储藏物质转移对穗部籽粒发育有一定影响。

二、麦类作物源、库、流之间的关系及其对产量的影响

高松洁等（2000）认为，源与库是相互依赖又相互制约的统一体，源库关系协调发展是小麦高产的基础，足够大的源和充实度较高的库，是小麦高产的必要条件。小麦开花后的源库关系分析结果表明，库容量的大小影响开花后光合产物的生产与分配，较大的库容可以促进叶片光合潜力的发挥和光合产物向穗部的运转。开花后绿叶面积的大小和光合强度的高低影响籽粒的灌浆速率，粒重受花后干物质积累量的制约。说明小麦开花后库对源有反馈作用，而源又影响库的充实，要达到作物高产必须源库协调发展。肖世和等（1995）认为，所谓源库协调，不应单纯用源或库的大小或所谓的活性来比较，更重要的是在整个植株发育方面的协调性。源的产物，不只是用于贮藏在库中，还要用于完善组织结构和维持各器官自身的生命活动。在灌浆期，如果利用先前合成的过剩产物维持植株生命活动，则当时源合成的产物可以过多贮藏在库里，表现为随着籽粒迅速增重而营养体变化不大；如果当时源合成的产物不能直接运往籽粒，则先前储存在营养器官里的源产物流运到库里的比例会增加，表现为伴随籽粒迅速增重而营养体干重骤降，这似乎是某些品种灌浆速率很高但并不高产的原因所在。

三、研究不同生态条件下大麦群体产量源库特性的意义

新疆种植饲料大麦的历史较长，近20多年来以种植啤酒大麦为主。由于大麦较小麦早熟、耐瘠、耐寒、耐旱和抗病，可适应复杂的生态环境条件，而且新疆许多地区具有生产大麦得天独厚的气候条件，所以在新疆许多生态条件各异的县和团场都曾先后大面积种植过大麦。为解决新疆大麦生产忽起忽落的问题，必须大力加强以引种和品种选育为重点的啤酒大麦科技工作，充分发挥新疆生产啤酒大麦的优势。

研究不同生态条件下大麦品种生长过程中源、库、流生理特性以及二者之间的相互关系，揭示光合产物在源、库之间的分配规律，是进一步挖掘大麦群体产量潜力的重要理论基础。闫洁等（2003）以新疆和江苏地区10个种植的大麦品种为材料，采用生理生化法结合田间农艺性状调查，研究库源调节对不同生态条件下大麦品种生育后期光合生理特性、营养物质积累与运转以及籽粒灌浆等方面的影响，为大麦高产育种和引种栽培提供理论依据。

第二节　大麦群体产量形成的灌浆特性

灌浆是影响大麦生长、发育的重要生理过程，其持续时间和速率决定着大麦籽粒大小和（或）粒重，但灌浆持续期易受温度、湿度等气象条件影响（Sayed，等，1983；Sanford，等，1985），而灌浆速率相对比较稳定。不同大麦品种间粒重差异很大，其差异主要是由灌浆速率不同引起的，而且灌浆速率主要受遗传因素控制（Nehemia，等，1994；李秀君，等，2005），是高产育种的重要选择指标。

闫洁等（2003）对不同生态类型大麦的灌浆特性进行了研究。供试材料为新疆的栽培品种新啤1号、法瓦维特及江苏的栽培品种苏B9602、通9075。

于2003年分别在新疆石河子大学农学院试验站和江苏扬州大学农科所试验基地进行田间试验。石河子大学农学院试验站田间试验地土壤含有机质1.87%，全氮0.121%，全磷0.208%，碱解氮107mg/kg，速效磷84.7mg/kg，速效钾184.8mg/kg。扬州大学农科所试验基地土壤含有机质0.92%，全氮0.24%，速效磷46.5mg/kg，速效钾136.3mg/kg。试验采用随机区组排列种植，3次重复。在新疆石河子于2003年春播，在江苏扬州为2002年秋播。详细记录各品种的开花期，并挂牌标记，每个品种至少标记40个单穗（穗型大小基本一致），从整穗开花后6d开始取样，以后每6d取一次样直至成熟。每品种每次取样5穗，取回后放入冰水中保鲜，剥粒并称其鲜重，于105℃杀青10min，最终60℃烘干至恒重，调查粒数和籽粒干重。

大麦籽粒灌浆特性的构成：以开花后天数为自变量，每次所得粒重为因变量，用Logistic方程 $Y=K/(1+ae^{-bt})$ 对籽粒灌浆过程进行拟和（莫惠栋，1992），其中，k为最大千粒重；t为抽穗后天数；a、b为回归参数，与灌浆持续时间和灌浆速率有关。对Logistic方程求一阶导数，得灌浆速率方程 $V(t)=-Kabe^{-bt}/(1+ae^{-bt})^2$。由Logistic方程和灌浆速率方程推导出一系列次级灌浆参数包括平均灌浆速率 GFR_{mean} 和最大灌浆速率 GFR_{max}；灌浆持续期（GFD）为从开花到成熟的天数；每个品种每次随机选取100粒称重，两次重复，进行千粒重的测定（g）。

一、大麦籽粒灌浆特性分析

从图10-1和图10-2中可以看出，籽粒灌浆过程呈典型的近“∧”型曲线变化。不同生态类型大麦品种的平均灌浆速率（GFR_{mean}）、最大灌浆速率（GFR_{max}）及出现的时间（GRT_n）存在显著差异，在新疆点，新疆的大麦品种新啤1号和法瓦维特的平均最大灌浆速率比江苏的大麦品种苏B9602和通9075高31%，灌浆持续时间平均延长6.4d，进而导致其最终千粒重平均高2.817g。在江苏点，两地品种的最大灌浆速率和灌浆持续时间比较接近，江苏品种的平均最终千粒重比新疆品种高1.125g（图10-3、图10-4）。两地的品种之所以分别在两地种植时最高灌浆速率和灌浆持续时间表现不同，是因为两地在大麦灌浆期的温、湿条件不同造成的。新疆石河子在大麦灌浆高峰期气候干热，后期还有干热风危害，江苏品种显然不适应，故灌浆受到严重影响；而江苏扬州在大麦灌浆期气候温凉、湿润，新疆品种也不能适应。

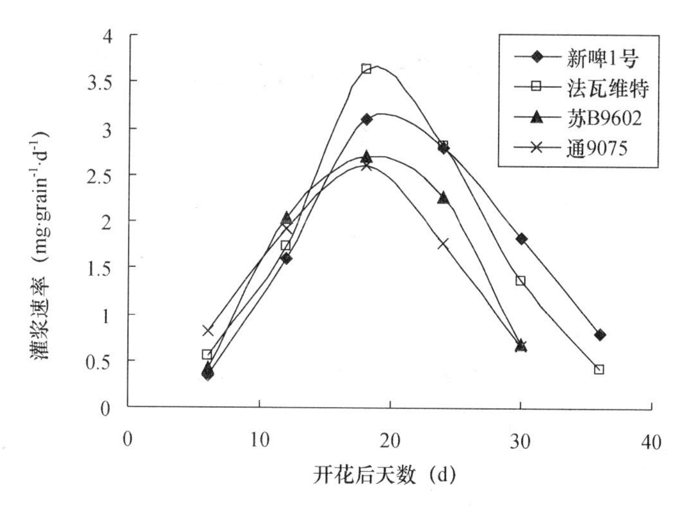

图 10-1　大麦籽粒灌浆速率动态变化曲线（2003 年新疆）（闫洁，等，2003）

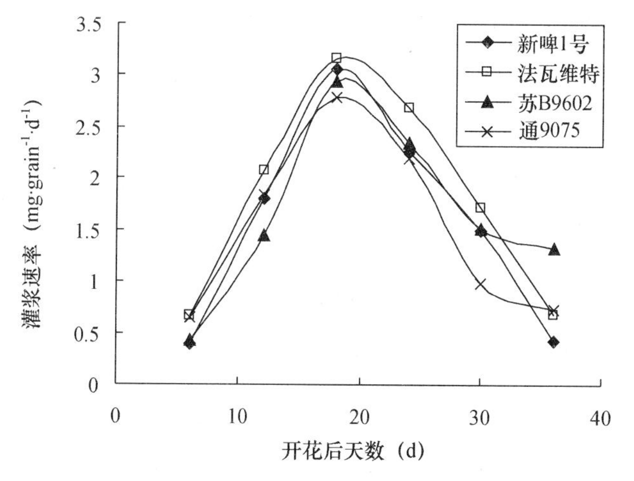

图 10-2　大麦籽粒灌浆速率动态变化曲线（2003 年扬州）（闫洁，等，2003）

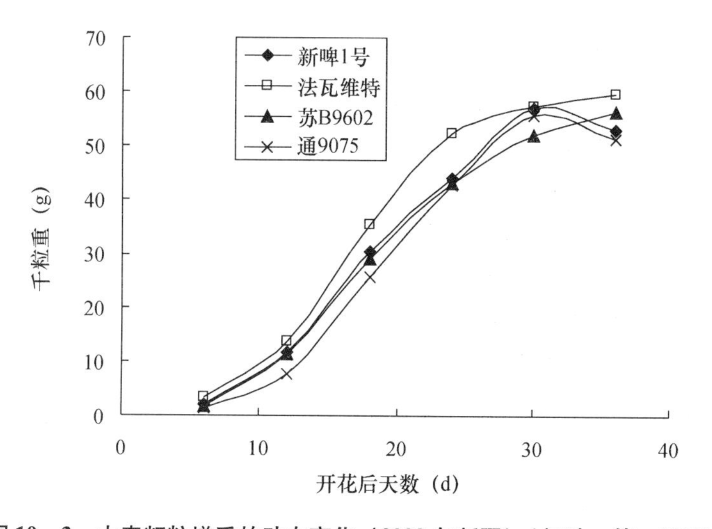

图 10-3　大麦籽粒增重的动态变化（2003 年新疆）（闫洁，等，2003）

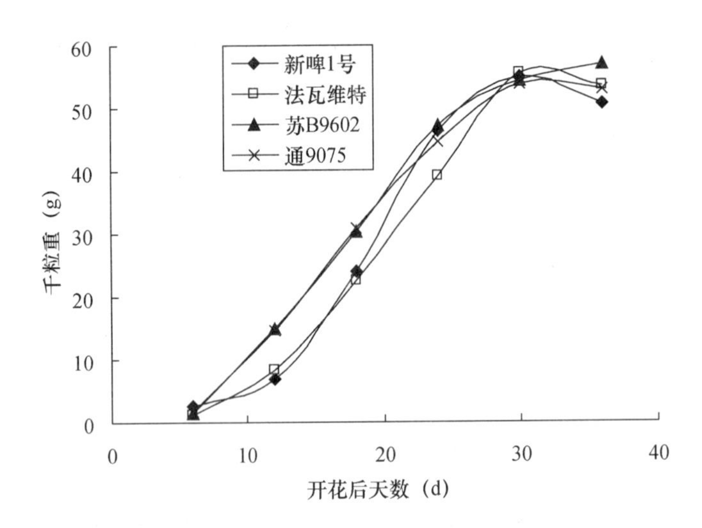

图 10－4　大麦籽粒增重的动态变化（2003 年扬州）（闫洁，等，2003）

大麦开花后，穗是积累干物质的主要场所，叶片的光合产物主要供给穗部籽粒的充实，灌浆过程是营养物质流进籽粒，以干物质积累促进粒重增长的过程。籽粒的发育过程可以分为籽粒形成（前期）、籽粒灌浆（中期）和籽粒蜡熟（后期）三个阶段。大麦籽粒灌浆过程中籽粒干物质累积增长趋势呈现“慢一快一慢”形式，其中以胚乳细胞充实为特征的籽粒灌浆期是决定最终产量的关键时期，该时期光合物质生产、同化物运转、籽粒发育对同化物的利用等综合决定了最终的产量。

从图 10－3 和图 10－4 中可以看出，在新疆和江苏不同生态环境条件下大麦籽粒增重的幅度、出现的时间前后、籽粒增重快增期的持续时间有所不同。综观 2 个不同的生态环境，新疆点本地种均比引进种的粒重增重幅度大，曲线变化明显；不同环境中快速增重期持续出现的时间也不一致。新疆试验点表现为灌浆前期籽粒增重较快，籽粒增重快增期的持续时间较长，这可能与新疆光照时间长、日照充分有关。江苏试验点，品种苏 B9602 表现为灌浆前期籽粒增重较快，灌浆中后期籽粒增重变化明显。结合两个生态环境的千粒重变化趋势发现，籽粒快增期的持续时间和强度共同决定着粒重的高低。

二、大麦籽粒灌浆特性与生态环境的关系

不同生态环境下大麦（以法瓦维特为例）平均灌浆速率、最大灌浆速率、灌浆持续期和千粒重的基本统计特征见表 10－1。法瓦维特的极值在不同环境之间差异较大（如灌浆持续期在江苏点平均比在新疆点长 9d），但变异趋势基本相同。除灌浆持续期（$H^2=16.6\%$）外，千粒重和平均灌浆速率均具有较高的遗传力，分别为 88.2% 和 71.5%，说明这 2 个性状受环境的影响比最大灌浆速率和灌浆持续期相对要小得多。

4 个性状之间的相关关系列于表 10－2 中，从表 10－2 中可以看出，千粒重与平均灌浆速率的相关性最高（$r=0.87$，$P<0.0001$），其次为平均灌浆速率与最大灌浆速率（$r=0.84$，$P<0.0001$），而千粒重与最大灌浆速率的相关性相对略低（$r=0.70$，$P<0.0001$）；千粒重、平均灌浆速率及最大灌浆速率与灌浆持续期的相关性均较低（$r=0.25\sim0.41$）。因此，除灌浆持续期外，各性状在不同环境下均显著相关，其中相关系数最高的是千粒重，这

表 10－1　法瓦维特灌浆速率、灌浆持续期和千粒重在两种生态环境中的表现（闫洁，等，2003）

性状	新疆（2003 年）		江苏（2003 年）		遗传力
	平均值	变化范围	平均值	变化范围	
GFR_{max}	2.50	1.56～5.64	2.11	0.87～4.12	61.3
GFR_{mean}	1.62	0.83～1.87	1.11	0.46～1.72	71.5
TGW	45.60	41.23～49.30	39.78	35.43～44.54	88.2
GFD	33	27～37	42	35～54	15.9

注：GFRmax：最大灌浆速率；GFRmean：平均灌浆速率；TGW：千粒重；GFD：灌浆持续期。

表 10－2　性状相关分析（闫洁，等，2003）

性状	千粒重	平均灌浆速率	最大灌浆速率	灌浆持续期
千粒重（TGW）	—			
平均灌浆速率（GFR_{mean}）	0.87****	—		
最大灌浆速率（GFR_{max}）	0.70****	0.84****	—	
灌浆持续期（GFD）	0.30****	0.41****	0.25*	—

注：****表示在 0.0001 水平上的显著；*表示在 0.05 水平上的显著。

与千粒重的高遗传力结果相一致，说明千粒重受环境的影响相对较小；而灌浆持续期在不同环境下无相关关系，这也与所研究的性状中灌浆持续期遗传力最小的结果相一致。

三、灌浆速率与灌浆持续期对籽粒产量的影响

通常灌浆过程由灌浆速率和灌浆持续期共同决定，但二者的作用大小仍存在争议（Gebeyehou，等，1982；Darroch and Baker，1990）。Mashiringwani 等（1992）认为禾谷类作物籽粒产量的差异主要受灌浆速率影响；Nass 等（1975）指出籽粒产量与灌浆速率呈显著正相关，且其与产量的关系远远大于灌浆持续期与产量的关系，在强度和时间两个因素中，强度总是起着更为重要的作用；Sanford 等（1985）认为灌浆持续期对粒重无决定性影响；而 Katsantonis 等（1986）却发现籽粒产量与灌浆持续期呈极显著正相关关系。闫洁等（2003）研究发现，灌浆持续期的遗传力非常低（$H^2=16.6\%$），并且在不同生态环境下的差异非常大（新疆平均为 33d 左右，江苏为 42d 左右），从而证实了灌浆持续期易受温度、湿度、光照等气象条件影响的结论（Nass 等，1975）。而平均灌浆速率的遗传力相对较高（$H^2=70.7\%$），且在不同环境中差异相对较小，证明其主要受遗传因素影响（Mou，等，1994）。此外，平均灌浆速率与最大灌浆速率和千粒重均具有较高的相关关系（$r=0.84$，$r=0.87$；$P<0.0001$），而灌浆持续期与千粒重的相关系数较小（$r=0.30$）。因此，就高产育种而言，在一定的生态地区，侧重于对高灌浆速率的选择比对长灌浆持续期的选择可能更为有效。

籽粒灌浆特性主要影响大麦的千粒重，而产量由穗数、穗粒数和千粒重三者共同决定，所以灌浆特征仅能说明大麦粒重的基因型差异，并不能直接决定大麦的最终产量。灌浆特性应和穗数、穗粒数综合起来考虑，才能对大麦品种作出全面的评价。可以通过建立群体灌浆参数的方法来研究灌浆特性和最终产量的关系，也就是把单纯的籽粒灌浆参数通过计算和转换，找出能代表大麦群体特征的群体灌浆参数，这样就会得出灌浆和产量的直接关系，而且

得来的数据更能反映大麦的生理特性和产量的关系，更具实际意义和参考应用价值。

第三节　大麦产量形成的品种差异与生态环境的关系

自 Masson 和 Maskell 提出作物产量的源库理论以来，许多学者对小麦的源库关系进行了研究。唐永金（1989）、郭文善等（1995）认为，源库是产量形成的两个方面，由于遗传和环境的差异，源库对产量形成的作用不等。源库能力的大小和功能上的相互作用是影响作物产量的重要因素，一些研究结果表明，源和光合能力与干物质生产呈正相关；而另一些研究结果认为，库的大小对器官同化物积累和转化及同化物运输、分配有显著的调节作用。闫洁等（2003）以新疆种植的大麦品种及江苏种植的大麦品种为材料，在新疆石河子和江苏扬州 2 个生态点分别进行大麦产量形成和源库特性的比较研究，旨在明确大麦产量生理的基因型差异及其与生态环境的关系，为大麦品种选用与高产栽培提供理论依据。

供试材料为 5 个新疆大麦品种（法瓦维特、新引 D_3、新啤 1 号、新引 D_5、新引 D_7）和 5 个江苏大麦品种（鉴 27（苏）、如东 44－31（苏）、苏 B9602、K95－122、通 9075）。分别于 2003 年在石河子大学农学院试验站和江苏扬州大学农科所试验基地进行了田间试验。试验地情况及试验设计与第一节相同。

定期观察大麦各品种的生育时期和生长动态，分别于三叶期、孕穗期、抽穗期和成熟期获取植株样本，各品种采 5 株进行测定干物质质量。于成熟期每小区收获 $5m^2$ 测产。

一、大麦品种产量特性与收获指数

由表 10－3 可知，不同生态环境下大麦产量差异明显，新疆点大麦平均产量比江苏点高 25%。这主要是由于新疆的光照、温度条件及人工灌溉措施更适合春性大麦的生长发育。育种地新疆的 5 个品种除法瓦维特外，其他各品种均表现为在江苏点低于新疆点。江苏的 5 个品种均表现为在新疆点高于江苏点。大麦产量的品种差异也达到了 1% 显著水平（数据未列出），在新疆和江苏两地变异系数分别为 16% 和 26%。两试验点分别以新引 D_5 和法瓦维特产量最高；在新疆种植的江苏品种中，鉴 27（苏）的产量显著高于其他品种；新引 D_3、苏 B9602、K95－122 和通 9075 在两地的产量都很低。

表 10－3　两生态点不同大麦品种的产量、干物质积累和收获指数（闫洁，等，2003）

品种	产量（kg/hm^2）		干物质积累量（kg/hm^2）		收获指数	
	新疆	江苏	新疆	江苏	新疆	江苏
新啤 1 号	4724.22	4562.11	10665	10378	0.46a	0.44ab
法瓦维特	4650.55	4867.45	10389	10732	0.47a	0.44ab
新引 D_3	4355.56	3712.30	10022	9029	0.45a	0.41ab
新引 D_5	5031.67	4776.23	11390	10484	0.44a	0.44ab
新引 D_7	4820.90	4756.32	10886	10786	0.45a	0.44ab
鉴 27（苏）	4866.67	4532.78	10226	10978	0.49a	0.42ab
如东 44－31（苏）	4423.87	4358.77	10203	10526	0.44a	0.41ab

续表

品种	产量（kg/hm²）		干物质积累量（kg/hm²）		收获指数	
	新疆	江苏	新疆	江苏	新疆	江苏
苏 B9602	4260. 43	4110. 34	9780	10230	0. 46a	0. 42ab
K95 - 122	4358. 23	3978. 66	10078	10075	0. 40a	0. 44ab
通 9075	4122. 22	3865. 12	9338	9027	0. 45a	0. 42ab
平均	4676. 66	4485. 15	10342	10654	0. 44	0. 42
标准差	1098	1075	1435	1865	0. 04	0. 06
变异系数（%）	16	26	12	18	9. 12	14. 03

由表 10 - 3 可以看出，新引 D_5 和鉴 27（苏）分别为两生态点干物质积累最高的品种，新引 D_7、新啤 1 号和法瓦维特在两生态点都表现了较高的干物质积累量，通 9075、苏 B9602、K95 - 122 和新引 D_3 干物质的积累量较低。两生态点干物质积累量差异达到了显著水平。

两生态点收获指数差异不大，新疆点高于江苏点。除 K95 - 122 外，其他品种均表现为新疆点较高。收获指数的品种差异较小，新疆点除 K95 - 122 较低外，其他各品种间的差异都未达到显著水平；江苏点各品种收获指数变化不大，品种间的差异也都未达到显著水平。

二、大麦品种不同生育时期干物质积累与群体生长速率

（一）干物质积累动态

表 10 - 4　两生态点不同大麦品种不同生育时期的干物质积累（闫洁，等，2003）

品种	TL - B		B - H		H - M	
	新疆	江苏	新疆	江苏	新疆	江苏
新啤 1 号	2674	5327	5123	5432	2875	2376
法瓦维特	2456	5122	4677	5104	4832	8755
新引 D_3	1754	4532	8795	6323	1675	6212
新引 D_5	2836	5072	8675	11259	3254	5432
新引 D_7	2632	5054	6879	6278	3674	5788
鉴 27（苏）	2116	4325	7241	7433	3543	5746
如东 44 - 31（苏）	2987	4756	5867	6176	1707	5021
苏 B9602	2306	3421	7896	5034	1523	4987
K95 - 122	2423	4365	6138	6887	2326	6012
通 9075	2341	4632	6544	6876	3241	5534
平均	2436	4612	6876	6856	3123	5763
标准差	476	632	1543	2121	1423	2213
变异系数（%）	18	13	21	30	43	36

注：TL：三叶期；B：孕穗期；H：抽穗期；M：成熟期。

由表10－4可见，三叶期至孕穗期两生态点分别以如东44－31（苏）和新啤1号的干物质积累量为最高；孕穗期至抽穗期，新引D_5、新引D_3和鉴27（苏）的干物质积累量高于其他品种，法瓦维特和新啤1号则较低。抽穗期至成熟期两点分别以法瓦维特干物质积累量最高，新引D_5、新引D_7、鉴27（苏）和通9075高于新啤1号、如东44－31（苏）和苏B9602。

生态环境对干物质积累有较大影响（表10－4），三叶期至孕穗期和抽穗期至成熟期江苏点各生育阶段的干物质量都要高于新疆点，尤其是抽穗期至成熟期，江苏点比新疆点高85%，这可能是两生态点产量差异的一个关键生理因素。

（二）群体生长速率（CGR）

大麦品种的群体生长速率（CGR）在后期差异明显，变异系数最大，而在生育中期差异较小（表10－5）。在三叶期至孕穗期，新引D_7、新啤1号、法瓦维特、新引D_5和K95－122的CGR较高，而新引D_3、鉴27（苏）和苏B9602的CGR较低。孕穗期至抽穗期，除新引D_5最高和如东44－31（苏）最低外，其他品种间差异不大。抽穗后法瓦维特的CGR最高，苏B9602最低。CGR的生态型差异也很明显，三叶期至孕穗期，江苏点平均比新疆高23%；孕穗期至抽穗期新疆略高于江苏；抽穗后江苏点几乎是新疆点的2倍。

表10－5　两生态点不同大麦品种不同生育时期的群体生长速率（闫洁，等，2003）

品种	TL－B		B－H		H－M	
	新疆	江苏	新疆	江苏	新疆	江苏
新啤1号	16.3	18.8	19.8	18.3	9.3	8.4
法瓦维特	18.5	17.7	22.3	19.7	11.6	20.7
新引D_3	8.7	15.7	23.6	17.9	6.3	17.4
新引D_5	13.2	18.1	27.4	22.4	9.7	18.5
新引D_7	20.5	19.7	19.3	20.8	9.2	18.1
鉴27（苏）	11.6	16.3	22.3	19.4	9.6	18.2
如东44－31（苏）	15.6	16.7	18.7	12.9	7.3	18.3
苏B9602	12.4	13.3	19.7	20.3	4.6	14.6
K95－122	14.2	18.6	22.3	22.1	8.9	18.0
通9075	13.6	17.4	20.7	20.2	6.3	15.3
平均	13.7	16.8	21.3	20.1	8.9	17.8
标准差	4	2	3	3	4	5
变异系数（%）	24	12	12	15	40	28

注：TL：三叶期；B：孕穗期；H：抽穗期；M：成熟期。

刘晓冰等（1995）认为，作物的产量和品质是基因型与环境条件共同作用的结果。闫洁等（2003）的研究表明，生态环境对大麦产量形成至关重要。新疆点的大麦产量普遍高于江苏点，说明新疆生态区与江苏生态区有较大的差异。有资料表明，籽粒成熟期间，凉爽和昼夜温差大的气候条件有利于千粒重的提高。结合新疆光照充足、昼夜温差大的生态环境，对大麦植株同化物的形成与转运十分有利，从而保证优良品种在高水平的栽培条件下高产性能的充分发挥。

第四节 大麦旗叶光合生理特性与产量性状的关系

光合作用是农作物产量形成的基础，作物干物质的95%以上是由光合作用制造。叶片光合速率的提高是作物进一步增产的重要途径。在长期的农业实践中，人们靠增水、施肥等措施来增加经济系数、叶面积以提高作物产量已经获得丰硕的成果，但这方面的潜力是有限的。要进一步提高单产，改善作物本身的光合性能，选育高光效品种，便显得越来越重要。

闫洁等（2003）对不同生态类型的大麦的光合生理特性进行了研究。供试材料为5个新疆大麦品种（法瓦维特、新引 D_3、新啤1号、新引 D_5、新引 D_7）和5个江苏大麦品种（鉴27（苏）、如东44－31（苏）、苏B9602、K95－122、通9075）。试验地点设在石河子大学农学院试验站，试验地情况与第一节相同。光合速率的测定采用中国农业大学研制的BAU光合测定系统测定。测定选择闭路式气路，容量2.5L。干物重等其他测定项目按常规方法进行。

一、不同生态类型的大麦光合生理特性

（一）新疆大麦旗叶光合速率的分析

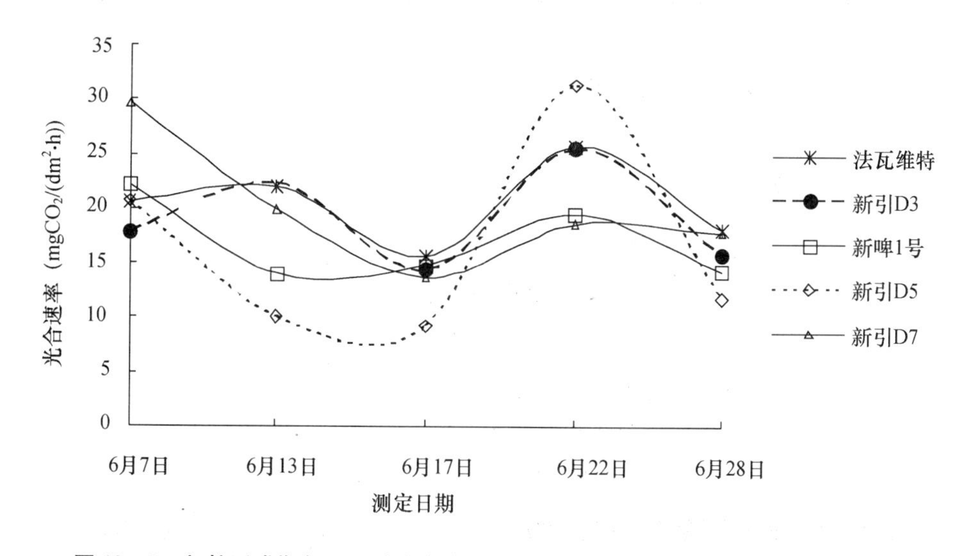

图10－5 籽粒形成期新疆品种大麦旗叶光合速率的动态变化（闫洁，等，2003）

由图10－5可以看出，新疆的大麦品种自抽穗以后，旗叶的光合速率都随抽穗进程而产生相应的变化。6月17日左右，大部分大麦旗叶的光合速率都处于最低，而在6月22日，光合速率达到籽粒形成期的最大值。之后，籽粒形成期至籽粒成熟阶段叶片的光合速率逐渐下降，且不同品种大麦下降的速度有差别。光合速率的这种变化差异，直接影响着这一品种的产量和千粒重的高低。这5个大麦品种中光合速率最为稳定的是新啤1号，该品种叶片的光合功能期时间长。但其光合速率最大为22.225 $mgCO_2/(dm^2 \cdot h)$，相对其他几个品种要低；而新引 D_5 的最大光合速率比较大，但由于它叶片的光合功能期比较短、光合速率衰减

得比较快，相对平均光合速率并没有法瓦维特高。新引 D_5 的最大光合速率最大，如果能够提高该品种叶片的光合功能期，并保持高光合速率状态，则产量就会得到大幅度的提高。

在5个新疆大麦品种中，平均光合速率和主穗粒重、产量基本是对应关系（表10－6）。法瓦维特的平均光合速率最高，但其产量比新啤1号、新引 D_5 和新引 D_7 都要低。主穗粒重最大的新啤1号的最大光合速率和平均光合速率均不是最高，这是由于这一品种的光合面积大、光合时间长、呼吸消耗少及经济系数大等因素共同作用的结果。因而选育高光效作物时还要避免不利因素的影响。同时由较为稳定且持续时间长的光合速率与产量之间的分析表明，光合的持续时间对产量的影响最为直接。

表10－6 新疆5个大麦品种旗叶最大光合速率、平均光合速率及产量（闫洁，等，2003）

	法瓦维特	新引 D_3	新啤1号	新引 D_5	新引 D_7
最大光合速率 $mgCO_2/(dm^2 \cdot h)$	22.050	25.575	22.225	31.350	29.719
平均光合速率 $mgCO_2/(dm^2 \cdot h)$	18.076	15.931	15.742	15.349	17.932
主穗粒重（g）	1.150	1.270	1.370	1.296	1.293
产量（kg/hm^2）	4650.55	4355.56	4724.22	5031.67	4820.90

（二）江苏大麦在新疆的旗叶光合速率分析

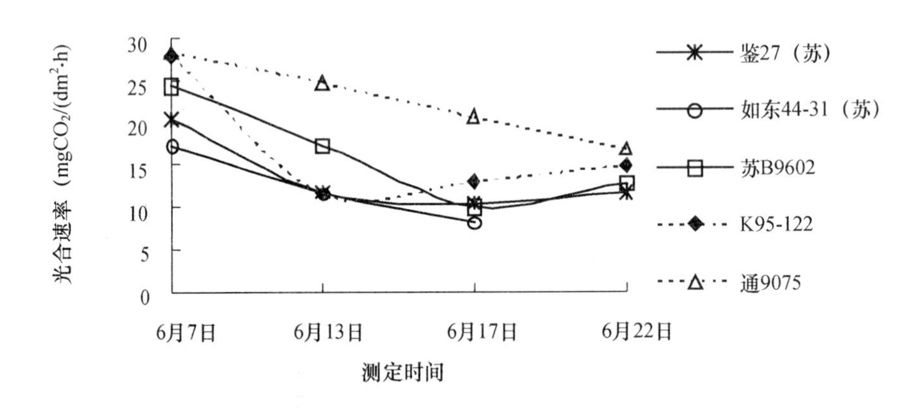

图10－6 籽粒形成期江苏大麦品种旗叶光合速率的动态变化（闫洁，等，2003）

由于江苏大麦品种5月22日左右就开始抽穗，比新疆大麦品种的抽穗时间早一个星期左右，因而自6月7日开始测定其光合速率（Pn）。从图10－6可见，这个时期内，江苏的5个大麦品种旗叶的光合速率均开始下降，而K95－122在6月13日后又有所回升，苏B9602和鉴27（苏）在6月17日后也有所回升。在5个江苏大麦品种中，通9075旗叶的光合速率下降的速率相对其他大麦品种要慢，说明通9075旗叶的光合功能期长。通9075的光合时间长，产量也相对较高，同样说明光合的持续时间对产量的影响最为直接。

从表10－7可以看出，江苏5个大麦品种旗叶的平均光合速率高，则对应的主穗粒重也高。而影响平均光合速率的因素最重要的是光合持续时间和最大光合速率。

表 10-7 江苏大麦品种旗叶最大光合速率、平均光合速率及产量（闫洁，等，2003）

	鉴 27（苏）	如东 44-31	苏 B9602	K95-122	通 9075
最大光合速率 $mgCO_2/(dm^2 \cdot h)$	20.381	17.494	24.506	27.925	28.406
平均光合速率 $mgCO_2/(dm^2 \cdot h)$	13.074	12.284	15.675	16.350	17.901
主穗粒重（g）	0.780	0.950	0.889	0.920	0.980
产量（kg/hm^2）	4866.67	4423.87	4260.43	4358.23	4122.22

（三）新疆大麦品种和江苏大麦品种间旗叶光合速率的比较

新疆大麦品种旗叶的最大光合速率和平均光合速率均比江苏大麦品种高；籽粒形成期新疆大麦品种比江苏大麦品种的光合功能期长；其旗叶的叶面积比江苏品种旗叶的叶面积大，则相应的光合面积较大。江苏大麦品种与新疆大麦品种同时在新疆播种，新疆品种成熟较晚。

从两地大麦品种的光合速率变化曲线图（图 10-5、图 10-6）可以看出，新疆品种大麦旗叶的光合速率在抽穗后的变化是由高到低再转高，最后在成熟期时，光合速率下降。而江苏品种大麦旗叶的光合速率在抽穗后就一直呈下降趋势；旗叶光合面积的差异，以及旗叶叶片光合功能期的差异使两地大麦的产量形成明显的差异。

二、大麦旗叶光合速率与作物产量的相关性分析

（一）大麦旗叶光合速率与株粒重的关系

由表 10-8 可以看出，新疆大麦品种旗叶的光合速率与株粒重呈正相关。株粒重与旗叶的光合速率之间的线性方程为 $Y=3.612+0.0976X$，其相关性达显著水平（$r=0.6088^*$）；旗叶的光合速率与株粒重之间的回归系数为 0.0976，从理论上讲，进行高光效育种，如果光合速率提高 $10mgCO_2/(dm^2 \cdot h)$，则株粒重相应提高 0.976g，产量也会提高 14.6%～20.3%。江苏品种大麦旗叶的光合速率与株粒重之间也呈正相关，线性方程为 $Y=2.220+0.0331X$，但两者之间的相关性不显著（$r=0.3272$），说明江苏品种大麦的株粒重受旗叶光合速率的影响小，受产量性状影响较大。

表 10-8 大麦旗叶光合速率与产量及产量性状的相关系数（闫洁，等，2003）

		株粒重	粒重	产量
大麦平均光合速率	新疆品种	0.6088*	0.2274	0.3177
	江苏品种	0.3272	0.3169	0.3014

注：* 表示在 0.05 水平上相关关系显著。

（二）大麦旗叶光合速率与产量的关系

新疆大麦品种和江苏大麦品种旗叶光合速率与粒重以及产量之间都呈正相关，但相关性都不显著。新疆大麦品种穗粒重的平均值为 1.276g，每穗的粒数为 25.069 粒，平均产量为 $4676.66kg/hm^2$；江苏大麦品种穗粒重的平均值为 0.904g，每穗的粒数为 19.00 粒，平均产量为 $4485.15kg/hm^2$。相对江苏的 5 个大麦品种，新疆的大麦品种具有穗长、粒重、产量高

的优点。

形成产量的有机质都直接或间接来自光合产物，光合作用是产量形成的基础。因此，人们认为，高光效速率导致高产。然而，不少关于叶片光合速率与作物产量关系的研究都没有表明他们之间存在正相关，相反还有两者负相关的报道。植物干物质的95%是来自光合作用同化的CO_2。这个基本事实决定叶片光合速率与作物产量之间只能存在正相关，而不可能产生负相关（邹琦，等，1994）。

从大麦旗叶的光合速率与产量及产量性状的相关性分析中，并不能得到光合速率与作物产量之间的直接关系。大麦经济产量的高低是由光合生产力和呼吸消耗及经济系数（又称收获指数，即籽粒总收获物或生物量中所占的比例）的大小决定，其中的光合生产力大小又以光合速率高低、光合面积大小和光合功能期的长短为转移，如果这些变量中的其他变量都不变，光合速率增加时，经济产量必然增加。新疆的大麦品种具有光合时间长、叶面积大的特点，光合生产力比江苏品种高，如果能降低新疆大麦品种的呼吸消耗，提高其经济系数，新疆大麦品种的产量将大大提高。特别是在灌浆后期，若旗叶叶片仍能保持高光效光合功能，并能符合籽粒灌浆需求是实现大麦高产的关键环节。

叶片光合速率与作物产量之间内在的正相关可能会被另一些因子复杂的变化所掩盖，造成这种正相关的真实现象被掩盖（李雁鸣，1997；董建连，等，2000）。例如，叶片光合速率高的品种因叶面积小、光合功能期短而产量低于光合速率低但叶面积大、功能期长的品种；一个叶片光合速率低的品种可以因为很高的经济系数而获得较高的产量。因此，在选育新疆与江苏大麦品种时，我们在考虑光合速率增加的同时，要避免其他不利因素的变动，如叶面积的减少、光合功能期短和收获指数下降以及呼吸速率增加等。综合各种因素考虑，从光合生理角度应选育叶片光合功能期长、光合速率高、光合效率高、叶面积大、低呼吸消耗、高经济系数的大麦品种。

第十一章

新疆大麦生长发育特点及优质高产栽培技术

第一节　新疆大麦生长发育特点

一、大麦的阶段发育

新疆栽培大麦以一年生春播为主，多分布在昭苏、塔城、奇台、巴里坤等温凉地区。据研究，大麦的个体发育周期由4~5个阶段组成，这些发育阶段有一定的顺序性和不可逆性。每个发育阶段都需要适宜的、特定的外界条件，才能完成这个阶段的发育。目前研究和了解较多的是第一阶段即春化阶段和第二阶段即光照阶段。

（一）春化阶段

大麦自种子萌发至茎生长锥进入伸长期前除需要有综合的生长条件外，还需要经过一段低温才能逐渐形成结实器官，这一发育阶段叫春化阶段。若不能满足低温要求，大麦将不能通过此阶段，植株只能处于分蘖阶段而不能抽穗结实。春性大麦对温度反应不敏感，春化阶段在不太低的温度和较短的时间内即可通过，一般是10~25℃，经过5~10d，可以通过春化阶段。

春化阶段主要分化叶片、节、节间、分蘖和次生根等营养器官。延长春化阶段，可使生长锥伸长缓慢，有利于增加主茎叶片数和单株分蘖数。影响春化的因素除温度外，还有一定的湿度、营养条件及光照强度等。

（二）光照阶段

大麦通过春化阶段之后，在适宜条件下进入光照阶段。幼茎生长锥开始伸长，光照阶段开始，到拔节前结束。这一阶段的主导因素是长日照。若满足不了这一条件，植株不能拔节抽穗。春性大麦在此阶段每天的光照时间为10~12h，须经过5~6d。大麦进入光照阶段后抗寒性减弱，若再遇低温，植株会遭受冻害。光照阶段是幼穗分化小穗和小花的主要时期。光照阶段延长，可以增加每穗的小穗数和小花数，促进大麦发育。

影响大麦光照阶段的因素除光照条件，还有温度、水分、营养条件等。低温能使光照阶段速度减慢，高温能加快光照阶段进程。水不足光照阶段进程加快。因为植株在缺水的情况下，生长过程虽减慢，但由于光合作用继续进行，营养物质向生长锥流动相对增强，所以光照阶段进程加快。土壤中氮素多会减缓光照阶段速度，而磷素增多则会加快光照阶段进行。

二、新疆大麦根、茎、叶、蘖的形态及生长特点

（一）根系

大麦的根系是须根系，由初生根和次生根组成。初生根是在种子萌发时，从胚根鞘里长出，形态细而长，呈纤维状，入土深，有的可深达1.5～1.8m，能吸收深层水分和养分，以满足生长需要。大麦初生根发根数目多少除与品种特性有关外，还与种子大小有关，籽粒大而饱满的发根数目多。据王荣栋等（1997）在新疆石河子对法瓦维特和新引D_3观察，两个品种初生根一般为5～6条，多者7～8条。大麦的次生根是在第一片真叶出现后由分蘖节产生的，每长一个分蘖可在分蘖节上长出1～2条次生根。次生根在形态上比初生根粗，入土较浅，但吸水、吸肥能力强，次生根多则有利于形成壮苗。

与小麦相比，大麦的根系发育较弱，主要分布在0～30cm土层中，其中约2/3的根系在0～20cm土层中。次生根一般发生于4～5叶龄期，随着植株的生长，发根数目逐渐增多，孕穗期达到最高峰，孕穗期以后次生根数量基本稳定，不再增加（表11－1）。根量和根冠比较小，因而大麦的吸水、吸肥能力较小麦弱，抗湿性较差。

表11－1　春大麦不同品种单株次生根发根情况（王荣栋，等，2007）

品种	次生根数（条）				
	分蘖期	拔节期	孕穗期	抽穗期	成熟期
法瓦维特	1.0	4.5	16.33	15.9	16.25
新引D_3	1.0	3.6	13.76	13.5	13.8

根系生长量的多少与入土深浅等多种因素有关。如种子大小、养分、水分、温度、耕层深浅等。采用大粒种子、精耕细作、增施有机肥等措施，可促使根系数量的增加和向土层纵深延伸，吸收能力增强。根系生长最适温度为16～20℃，过高、过低均不利于其生长发育。

（二）茎

大麦种子发芽后由胚芽向上生长而形成茎。拔节前茎由于缩生于分蘖节上，拔节后茎秆伸长。茎秆由节间和节组成。成熟的大麦茎秆是直立的圆柱形，表面光滑，浅黄色，也有少数品种带紫色。茎秆的主要功能是起输导和支持作用，将根系吸收的养分、水分和叶片制造的有机物质通过维管束上下传导，以维持植株的生命活动。茎秆还支撑着生在其上面的叶鞘和叶片，使之在空间分布，以保证通风透光和利用光能。

大麦茎秆表皮硅质细胞发育差，细胞壁上沉积的硅酸盐较少。茎秆内的机械组织细胞层数较少，茎壁较薄，空隙大。茎壁厚度、充实度和弹性、韧性都不如小麦，因而脆弱，抗倒伏能力差。

普通栽培大麦品种，主茎伸长节间数因品种而异，一般为5～6节，分蘖茎通常比主茎短，节间数也少。栽培条件对节间数有一定影响，播种早、肥水充足节间数增加。各节间的长度，从下而上依次增加，穗下节最长，但各节间长短差异较小（表11－2）。大麦抗倒伏能力与其株高、茎秆结构有着密切的关系。基部节间是否粗短与抗倒伏能力关系较大，生产上应尽可能通过合理栽培，使基部节间发育健壮，粗短而充实，以增强抗倒伏能力。粗壮的

茎秆还有利于形成大穗和增加粒重。

表 11－2　春大麦不同品种植株茎秆结构情况（王荣栋，等，2007）

品种	1		2		3		4		5		6		株高（cm）
	节长（cm）	占株高（%）	节长（cm）	占株高（%）	节长（cm）	占株高（%）	节长（cm）	占株高（%）	节长（cm）	占株高（%）	节长（cm）	占株高（%）	
法瓦维特	1.8	2.2	4.1	4.9	8.4	10.1	11.1	13.3	15.3	18.4	20.1	24.2	83.2
新引 D_3	3.1	3.3	7.2	7.8	11.4	12.3	14.2	15.3	16.0	17.2	19.6	21.1	92.9

（三）叶

大麦叶片比小麦叶片略宽而厚，叶色较淡，叶耳和叶舌比小麦大，叶耳上无茸毛。叶片下表皮光滑，上表皮有陷沟。大麦叶片宽阔，叶面积大，承风面和蒸腾面都比小麦大。大麦叶片含水量普遍比小麦高，再加上大麦根系发育比小麦差，所以大麦的耐湿性比小麦弱。大麦第一片真叶顶端比小麦钝，顶土能力弱，所以大麦出苗一般比小麦困难，因而出土较慢。大麦各叶片的面积，在一般情况下（六棱型品种除外），自下而上逐渐增大，但旗叶面积比小麦小，所以大麦的千粒重（二棱型品种除外）一般比小麦低。

大麦主茎叶片数比小麦稍多，不同的类型和品种之间，叶片数有所不同。新疆春大麦主茎叶片数一般为 9～10 片，多棱大麦的叶片数多于二棱大麦。同一品种在一定地区的生态条件下，主茎叶片数比较稳定。适期早播的或者生育期长的地区，主茎叶片数增多；肥水充足的高产田较低产田叶片数多。大麦出叶速度随气温高低、肥水条件和播期早晚而发生变化。每长出一片叶需≥0℃，积温比小麦少 5～10℃，出生速度比小麦快，出叶间隔的时间比小麦短。大麦叶鞘短，上下相邻两叶片的出叶先后重叠时间长，往往先抽出的叶片尚未定长，甚至尚未完全展开，而后出的叶片紧接着伸长抽出，再后一片叶亦已开始伸长，因此大麦出叶属“重叠生长型”。其中第 1、2 叶出叶速度较慢，第 3～6 叶出生较快，而第 7 叶后又较慢。出叶速度呈慢—快—慢的 S 形。大麦植株上部叶片功能期长，而下部较短。1～4 叶功能期较短，5 叶以后随叶位增高，功能期增长，后期生长的叶片功能期长达 35d 左右（生存期 40～50d）。尤其旗叶和倒 2 叶功能期最长，有利于籽粒灌浆成熟（表 11－3）。

表 11－3　春大麦不同品种主茎叶出生时间及功能期变化情况（王荣栋，等，1997）

品种	时间	1 叶	2 叶	3 叶	4 叶	5 叶	6 叶	7 叶	8 叶	9 叶	10 叶	平均
法瓦维特	出现日期（日/月）	29/3	4/4	7/4	10/4	13/4	17/4	21/4	27/4	3/5	8/5	27.5
	功能期（d）	21	22	23	24	28	29	31	32	32	33	
新引 D_3	出现日期（日/月）	30/3	3/4	9/4	14/4	18/4	24/4	29/4	4/5	7/5	17/5	26.1
	功能期（d）	20	21	22	24	26	27	29	30	31	31	

大麦的单叶面积比小麦小，在高产栽培的条件下，苗期叶面积指数与小麦接近，但拔节后则明显超过小麦，这是因为大麦分蘖能力强，分蘖高峰期后，全田总茎蘖数和单位面积上的有效穗数都比小麦多，所以大麦高产田后期群体比较大，使控制倒伏的难度增加。

（四）蘖

分蘖是叶腋间长出的侧茎，发自分蘖节。大麦在主茎叶龄 3～4 叶时开始分蘖，一般到拔节前后结束。在生产中并非所有的分蘖都能抽穗结实，能抽穗结实的分蘖叫有效分蘖；反之，叫无效分蘖。大麦分蘖能否成穗，主要取决于主茎进入拔节时分蘖本身根系的发育状况。在拔节时，具有自身根系的分蘖，能独立营养，该分蘖就有成穗的可能性；未发根的分蘖，一般均为无效分蘖。大麦分蘖的发根能力，常与分蘖本身的叶龄大小密切相关。发生时间早，分蘖节位低的分蘖发根能力强，叶片数多，成穗率较高。

大麦分蘖能力强，成穗率高，分蘖起点温度要求比小麦低，整个分蘖时间和有效分蘖期均大于小麦，二棱型春大麦分蘖一般可达 2～6 个。在晚播的情况下，大麦在苗期分蘖的能力比小麦强，所以，在水肥条件较差或迟播的情况下大麦比小麦稳产。大麦分蘖终止期随品种而异，出叶数量越多，分蘖终止期越晚。

据石河子大学农学院在新疆石河子对法瓦维特和新引 D_3 的观察，两个品种茎蘖数拔节期达到高峰，拔节后主茎和大分蘖生长加快，出生晚的分蘖开始死亡。抽穗后茎蘖总数基本稳定，但两品种开始稳定的时期有所差异（表 11－4）。

表 11－4　春大麦不同品种分蘖消长动态（王荣栋，等，1997）

品种	基本苗（$\times10^4/hm^2$）	分蘖消长情况（$\times10^4/hm^2$）） 5月5日	5月8日	6月13日	6月22日	6月28日	收获时	成穗率（%）	单株有效穗（个）
法瓦维特	255	1994.7	1954.8	1239.9	1124.9	995.0	869.9	56.58	2.93
新引 D_3	285	1484.7	1543.5	819.9	755.0	735.0	728.0	70.86	2.81

分蘖是形成产量的重要条件，它决定茎、穗密度大小，分蘖期延长和外界条件适宜，有利于穗多和穗大。大麦分蘖力的强弱和分蘖多少与多种因素有关，如品种特性、种子质量、温度、水分、光照和营养状况等。一般来说，二棱大麦分蘖早、能力强、成穗率比多棱大麦高。饱满的大粒种子因营养充足，发芽势强，其分蘖能力也强。小粒种子则分蘖力弱。分蘖适宜温度为 10～16℃，低于 2℃ 分蘖停止，高于 18℃ 分蘖受到抑制。春季适期早播因温度适宜有利于分蘖发生，而迟播则因温度高而使分蘖减少。土壤中适宜的水分状况有利于保持较高的分蘖力，土壤干旱或含盐碱过多使大麦吸水困难，分蘖力显著下降或不发生分蘖。土壤中养分充足有利于分蘖发生，尤其是氮素能促进多发分蘖，若氮、磷合理配合使用，则效果更好。土壤中氮、磷不足常使分蘖瘦弱和减少，但氮素过多又会造成分蘖猛增，群体过大。提高播种质量和合理密植是分蘖节深浅适宜、植株有较好的营养面积和光照条件，其分蘖力增强；播种质量差、密度过大、使分蘖节过深或过浅、植株营养面积小、光照不良，常使分蘖力减弱。

三、新疆大麦干物质积累、分配和产量形成

新疆春大麦干物质积累强度以拔节至灌浆盛期最大，全株、茎秆和穗的干物质积累动态呈 S 型曲线，叶片和叶鞘呈抛物线，叶片干物质积累和叶面积指数及单株叶面积消长动态一致。开花后伴随籽粒干物质积累增加，其他器官干物质呈有规律的向籽粒转移。前期良好的营养体是后期形成高产的基础。

（一）干物质积累动态

从出苗到成熟，大麦各个器官干物质积累动态有相似的规律，全株、穗、茎秆干物质积累呈 S 型曲线，而叶片和叶鞘干物质积累呈抛物线。

据王荣栋等（1999）在新疆石河子的研究结果表明，全株干物质质量从出苗到拔节增长速度缓慢，从拔节到抽穗增长最快（见表 11－5），在灌浆盛期到成熟前期增长速度又逐渐减慢。叶片、叶鞘干物质积累速度随株龄增加而加快，在出苗后 40d 左右出现高峰，以后干物质积累逐渐下降。而叶片干物质下降的速度又大于叶鞘，也就是说叶片后期在干物质再分配过程中转移量大于叶鞘，相对于叶鞘更活跃。籽粒形成期间植株各个营养器官干物质积累均缓慢，灌浆以后穗部干物质积累迅速，其积累速度比任何器官都快，并一直延续到蜡熟期。

表 11－5　不同生育期的干物质平均生长率（CGR g/M^2. d^{-1}）（王荣栋，等，1994）

品种	年份	全株或主茎	出苗～拔节	拔节～灌浆	全生育过程
蒙克尔	1989	全株	11.50	30.40	20.40
		主茎	10.30	20.60	16.60
	1992	全株	9.01	20.56	16.36
		主茎			
莫特 44	1989	全株	12.50	31.40	20.50
		主茎	10.60	27.30	18.12
	1992	全株	8.60	32.72	16.97
		主茎			

（二）干物质分配动态

大麦绿色组织器官通过光合作用，产生的能量通过一定规律的分配，流向不同的器官组织，成为干物质积累起来，在植物生长过程中，这些干物质又发生重新分配。开花以后籽粒增重期间，由于参与了籽粒增重的缘故，随着籽粒干物质积累的增加，其他器官干物质呈有规律的下降。

出苗到拔节期，光合产物的干物质主要积累于叶片和叶鞘中。拔节以后叶鞘分配增多，茎秆的分配比例显著上升。抽穗后由于叶片和叶鞘的光合产物不仅用于籽粒干物质的积累，而且它们自己积累的干物质也转移给了籽粒，因而叶片和叶鞘干物质的分配比例迅速下降。这一时期茎秆的分配比例仍然继续增加，直到灌浆开始后才迅速下降。灌浆开始后，不仅茎秆绿色组织的光合产物用于籽粒的增重，而且它本身积累贮存的物质也参与了籽粒增重。穗粒分配率在这个时候，由于茎秆、叶片等营养器官贮藏物质的输出及绿色组织器官的光合作用急剧上升，使其分配率上升。叶片、叶鞘、茎秆三者转移量依次为叶片 > 叶鞘 > 茎秆（表 11－6），它们转移总量占籽粒重量的 30% 左右。

大麦不同生育时期器官形成和生长中心不同，干物质在各器官中的积累、分配不同（表 11－7）。出苗到拔节前，地上部分干物质积累中心是叶片，拔节到抽穗前仍以叶片为中心。抽穗到灌浆前，茎秆和穗的干物质积累比重增加。从灌浆开始，穗部成为生长中心，干物质迅速转移至穗部，随着穗重的增加，非经济器官的干物质量逐渐降低。

表 11-6　春大麦开花后营养器官干物质向穗部转移情况（毫克/株）（王荣栋，等，1994）

品种	年份	叶片		叶鞘		茎秆	
		转移量	占粒重（%）	转移量	占粒重（%）	转移量	占粒重（%）
蒙克尔	1989	1.17	16.70	0.34	4.22	0.23	3.28
	1992	1.00	22.50	0.52	12.10	0.37	9.28
莫特 44	1989	0.90	9.02	0.50	5.01	0.43	4.31
	1992	0.68	16.60	0.45	10.9	0.34	8.30
合计		3.75	64.82	1.08	32.23	1.37	25.17
平均		0.94	16.21	0.45	8.06	0.34	6.29

表 11-7　春大麦不同生育时期植株各器官干物质的积累分配（%）（王荣栋，等，1992）

品种	器官	出苗前	分蘖期	拔节期	孕穗期	抽穗期	灌浆期	乳熟期	成熟期
蒙克尔	茎秆			10.5	22.9	29.8	22.1	18.6	15.0
	叶鞘		14.6	20.9	24.5	19.0	17.4	15.4	10.3
	叶片	100	85.4	68.6	44.3	25.5	18.8	12.2	8.7
	穗				8.3	25.7	41.7	53.8	66.0
	合计	100	100	100	100	100	100	100	100
莫特 44	茎秆			11.5	20.0	28.6	22.5	17.6	13.1
	叶鞘		13.5	18.5	26.2	19.8	14.6	13.4	9.0
	叶片	100	86.5	70.0	49.6	30.4	20.9	11.4	8.7
	穗				4.2	21.2	42.0	57.6	69.2
	合计	100	100	100	100	100	100	100	100

（三）干物质积累、分配与产量形成的关系

经济系数是衡量干物质产量、分配与利用情况的指标，它从宏观方面反映了作物干物质在经济器官和非经济器官之间的分配关系，反映了作物开花以后干物质的积累运输和分配。在一定的干物质积累的基础上，要想提高粒重和形成高产，就要提高经济系数，也就是说要高产必须要在一定的干物质基础上，要求营养器官有更多的贮存物质向籽粒输送。高的输出量和输出率是大麦高产的生理特征，前期良好的营养体建成，是后期形成高产的基础，物质向经济器官转移量的多少，对产量形成起关键作用。

四、新疆大麦幼穗分化进程

（一）幼穗分化进程的划分

大麦在完成春化阶段后，进入光照阶段期间，幼穗开始分化。幼穗发育程度关系到穗子大小、穗粒数多少，穗分化时间长、强度大，有利于穗大、粒多。大麦幼穗分化一般划分为伸长期、单棱期、二棱期、三联小穗分化期、内外颖分化期、雌雄蕊分化期、药隔分化期、

四分体分化期和抽穗期。

大麦幼穗分化过程和各个时期的形态，同小麦相比，有相似之处，但也有不同之处。大麦幼穗分化在二棱期以前与小麦相同，到小穗原基分化时与小麦则有差异，大麦每个穗轴节上分化出三个并列的小穗原基，每个小穗原基只分化一朵小花。以后每个小穗原基分化护颖、内外颖和形成雌雄蕊器官的过程，又与小麦相同。

1. 伸长期

茎生长锥开始伸长，长度开始大于宽度，分化成穗轴原始体。此时春化阶段结束，生长锥基部的叶原基尚未分化完毕，在生长锥上出现苞叶原基进入单棱期之后，叶原基数目不再增加。

2．单棱期

生长锥基部开始分节，并由下而上分化出像叶原基的环状突起，这就是苞叶原基。苞叶原基是叶的变态，着生在穗轴节上，形态上与叶原基相似，不同的是叶原基继续发育成叶，而苞叶原基生长到一定程度时即停止发育，并逐渐消失。每两片苞叶原基之间即为原始穗轴节片。每节只有一个苞叶原基，每个苞叶原基突起呈棱形，单行纵列，故称单棱期。单棱出现的多少与此期持续时间的长短有一定关系，时间越长，苞叶原基分化数目越多，穗轴节片也越多，从而小穗数目越多，将来长成的穗子可能越大。

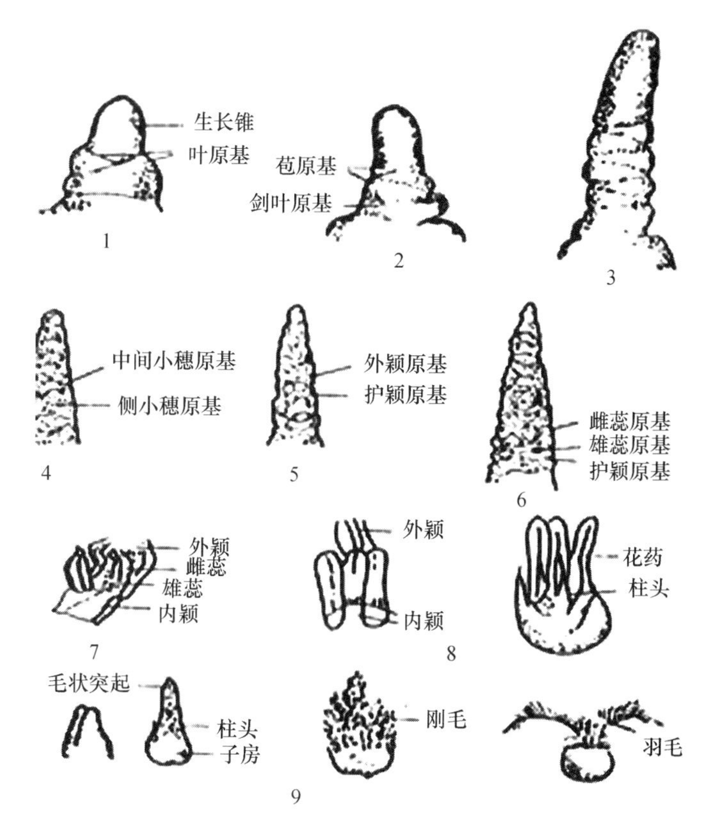

图 11－1　大麦幼穗各分化时期形态特征（引自王荣栋等著《作物栽培学》，1997）

注：1. 生长锥伸长期　2. 单棱期　3. 二棱期　4. 三联小穗原基分化期　5. 内外颖分化期　6. 雌雄蕊分化期　7. 药隔期 8. 雌蕊柱头分化期　9. 雌蕊柱头毛突刚毛羽化期

3. 二棱期

幼穗中部最早发生的苞叶原基发育速度减慢时，苞叶原基上方首次出现二次棱状突起，即小穗原基突起。在幼穗上可同时看到苞叶原基和小穗原基两个叠在一起的棱状体，故称为二棱期。由于小穗原基不断发育增大，包叶原基逐渐停止发育，最后小穗原基挤压并掩盖了苞叶原基，因此，苞叶原基消失。小穗原基最先出现于幼穗中部，尔后在上部和下部出现。

4. 三联小穗分化期

小穗原基进一步发育，体积迅速膨大隆起，在隆起部位逐渐分化三个峰状突起，从正面看，这三个隆起突出部分似笔架状，这就是并列着生的3个小穗原基，称为三联小穗。

5. 内外颖分化期

在三联小穗原基每一突起的基部两侧各出现一个小突起，这就是护颖原基。大麦的护颖分化期很短。几乎与外颖原基同时出现，在两个护颖中间出现一个棱状半月形突起，为外颖原基。在外颖的中央有圆形隆起，即为大麦花器原基。在内外颖分化期，基部第一节间伸长并进入生理拔节期。这时二棱大麦侧小穗的发育有不同程度的停滞，并逐渐落后于中间小穗。

6. 雌雄蕊分化期

幼穗进一步发育，在小穗内外颖之间出现三枚小球状的雄蕊原基，接着在其中间露出一枚略呈扁圆状的雌蕊原基。此时内颖原基明显可见，与外颖相对突出。二棱大麦在雌雄蕊分化盛期，其三联小穗两旁的侧小穗几乎停止发育，趋向退化。

7. 药隔形成期

三枚雄蕊原基分化形成后，发育加快，体积逐渐增大，呈圆球状。接着在每一圆球上发生纵向凹陷，形成药隔。药隔形成后，花药迅速伸长，性状由圆球状变为方柱形，并进一步发育，分为四室，即四个花粉囊。与此同时，雄蕊柱头也突起，植株群体进入拔节期，分蘖基本停止，第一节间将定长，小穗开始向两极分化，二棱大麦的侧小穗明显退化。

8. 四分体分化期

在柱头上开始出现刺状突起，接着呈刚毛状突起，随着柱头的伸长，逐步变成羽毛状突起。与此同时，雄蕊的花粉母细胞进行减数分裂，产生二分体，再经过有丝分裂，产生四分体。接着四分体散开，发育成幼年花粉粒，而后经过单核，二核花粉而发育成为成熟的花粉粒。

（二）大麦幼穗分化特点

与小麦相比，大麦幼穗分化特点是：

1. 幼穗分化起步早、进程快

不同类型品种的大麦，其幼穗分化过程均比小麦早。据王荣栋等（1995）在新疆石河子对法瓦维特观察，该品种一叶一心期生长锥开始伸长，三叶期进入单棱期，四叶期进入二棱期。大麦幼穗分化过程，前后各个时期均有重叠现象。由于幼穗分化早、出叶速度快，大麦生长前期需要养分较多。

2. 幼穗分化持续时间长

大麦幼穗分化为无限式，从生长锥开始伸长起，自上而下连续不断分化出穗轴节片，一直延续到小穗开始退化才停止，当幼穗中部分化雌雄蕊原基时，顶部还在分化苞叶原基。而小麦幼穗分化为有限式（其小花分化为无限式），小穗分化延续到二棱后期停止，以后小穗数不再增加，历时比大麦短。所以，大麦小穗数要比小麦多得多，可见大麦具有很大的增产潜力。

大麦的小穗数与小花数相同，在生产上促进大麦小穗数和小花数的栽培措施的时期是一致的，不像小麦那样有明显而严格的先后界限。

3. 小穗退化发生的时间晚

大麦小穗退化的部位主要集中在穗的顶部，退化的时间集中在抽穗前的15～20d，叶龄为倒3叶至倒2叶，防止大麦小穗和小花退化的措施在时间上是同步的，即在生育后期进行。而小麦小穗退化率高，退化的时间在生育前期。

（三）影响幼穗分化的因素

幼穗分化的程度与温度、光照、水分、养分等因素有关。在幼穗分化期，高温可加快幼穗分化进程，使分化的小穗数和小花数减少。相反，在低温情况下，延缓了幼穗发育进程，可促使穗头变大。幼穗发育所须用的光照条件是前期需用短光照，以延缓幼穗分化速度；后期则须用强光照，以使花粉和子房正常发育。若幼穗发育前期日照长度增加和后期光照不足，则使幼穗发育不正常，会造成穗部性状变劣，不孕小花增多。幼穗发育对水分的需求贯穿全过程，任何一个阶段缺少将会影响幼穗正常发育而使穗部性状变劣。如幼穗分化前期干旱会造成小穗数减少；中后期干旱将会造成小花数减少，结实率下降。养分对幼穗分化的作用表现在氮肥能促使幼穗分化较多的小穗；磷钾肥能增加幼穗各部分分化强度。由于大麦光照阶段通过快，前期发育也快，早施氮肥并配合磷钾肥将促使小穗小花的分化，提高结实率。

五、新疆大麦幼穗分化进程形态指标诊断

（一）幼穗分化进程与叶龄的对应关系

播种早、前期低温作用时间长、出叶数多的品种，幼穗分化跨越的叶龄数多；生育期短、出叶速度快，群体中叶龄与幼穗分化的对应关系往往相互交叉重叠（表11－8）。但随播期的变化，大麦主茎叶片数可相差1～2片，幼穗分化时期与叶龄的对应关系也相应地发生改变（表11－9）。

不同类型品种幼穗分化时间的长短差异较大。据陶光琏等（1988）在新疆石河子对沪麦4号、莫特44和哈密大麦3个品种的观察，幼穗分化持续天数最短的为哈密大麦（26d），最长的为莫特44（33d）。说明不同品种主茎出叶数虽然相同，而幼穗分化所经历的时间则有较大差异，叶龄与幼穗分化的对应关系也有变化。3个品种的幼穗分化均于二叶龄期开始，叶龄与幼穗分化具有同步关系。特别是二棱期以后，叶龄与幼穗分化的对应关系比较稳定，叶龄可作为判断幼穗分化进程的重要依据。拔节后期，可在田间取样徒手剥出叶龄余数，利用叶龄余数判断其内部结实器官的分化进程。倒一叶（即旗叶）抽出时为四分体期，倒二叶龄期为药隔期，倒三叶龄期为雌雄蕊分化期。

（二）幼穗分化进程与节间伸长的关系

幼穗分化进程与各节间伸长的关系相对稳定，各类品种和不同播期的变化趋势基本一致（表11－10）。当基部第1节间开始伸长时（生理拔节期），幼穗普遍进入内外颖分化期，少数为三联小穗分化期和雌雄蕊分化期；第2节间伸长时，则普遍进入雌雄蕊分化期；第3节间伸长时，第1节间长度为2～3cm，相当于大田拔节期，幼穗分化进入药隔期；第5节间

表 11－8　春大麦不同品种叶龄与幼穗分化对应关系（陶光琏，等，1989）

品种	叶龄期	各幼穗分化期出现的频率（%）							
		伸长	单棱	二棱	三联小穗	内外颖	雌雄蕊	药隔	四分体
丹麦 1 号	2	100							
	3	20	80						
	4		10	60	30				
	5				10	90			
	6					20	80		
	7							70	30
	8							20	80
莫特 44	2	100							
	3	15	85						
	4		25	45	30				
	5				15	85			
	6						60	40	
	7						20	50	30
	8							10	90
哈密大麦	2	100							
	3		85	15					
	4				65	35			
	5				10	50	40		
	6					10	80	10	
	7						30	50	20
	8							20	80

注：播种期为 3 月 30 日。

表 11－9　春大麦不同播期不同幼穗分化时期对应的叶龄（陶光琏，等，1987）

品种	播期（日/月）	主茎叶片数	伸长期	单棱期	二棱期	三联小穗分化期	内外颖分化期	雌雄蕊分化期	药隔分化期	四分体期
沪麦 4 号	31/3	8	1.6	2.4	3.5	4.4	5.0	5.4	6.5	7.6
	28/4	8	1.5	2.3	3.4	4.6	5.0	5.5	6.4	7.5
蒙克尔	31/3	8	1.7	2.6	3.6	4.3	4.8	5.3	6.4	7.5
	28/4	7	1.8	2.7	3.5	4.0	4.3	4.7	5.4	6.5
昭苏大麦	31/3	9	2.4	2.8	3.7	5.0	6.0	6.5	7.5	8.5
	28/4	8	1.9	2.9	3.5	4.5	5.0	5.4	6.5	7.5

（部分品种为第 6 节间）开始伸长时，第 2 节间固定，第 3、4 节间（部分品种为第 5 节间）显著伸长，植株处于孕穗期，幼穗进入四分体期。麦穗抽出后，穗下节间迅速伸长。

表 11－10　春大麦不同品种不同播期不同幼穗分化期各节间长度（厘米）（陶光琏，等，1989）

穗分化期	节间	沪麦 4 号		蒙克尔		昭苏大麦	
		3 月 31 日	4 月 28 日	3 月 31 日	4 月 28 日	3 月 31 日	4 月 28 日
内外颖分化期	1	1.36	1.13	1.98	1.75	0.84	0.78
	2	0.18	0.11	0.59	0.18	0.15	0.10
雌雄蕊分化期	1	2.57	2.81	3.21	2.80	1.80	1.40
	2	3.09	2.14	2.24	1.94	0.90	0.80
	3	1.48	1.10	1.33	1.34	0.18	0.10
药隔形成期	1	3.71	3.52	3.72	3.60	3.38	2.20
	2	6.47	4.19	6.39	5.16	5.63	4.00
	3	5.28	2.42	3.75	2.09	1.80	1.49
	4	1.95	1.04	1.79	1.70	0.36	0.39
	5	0.26	0.31	0.16	0.21	0.03	0.02
四分体期	1	3.20	3.53	3.60	3.51	3.20	3.18
	2	7.01	5.41	7.75	6.77	8.43	5.47
	3	8.25	7.19	6.43	7.75	7.13	6.79
	4	6.07	6.66	5.14	6.88	5.91	5.26
	5	1.99	1.48	1.19	1.18	1.26	1.50
	6					0.48	0.52

（三）幼穗分化与幼穗长度的关系

幼穗分化时期与幼穗长度的对应关系是较为稳定的（表 11－11）。幼穗分化在内外颖时期幼穗长度为 0.2～0.3cm，雌雄蕊分化时期为 0.3～0.4cm，药隔形成期长度为 0.4～0.7cm。无论是二棱或多棱大麦，这一趋势基本一致。四分体形成期二棱和多棱大麦的幼穗长度出现差异，二棱大麦（沪麦 4 号和蒙克尔）较多棱大麦（昭苏大麦）长。

表 11－11　春大麦不同幼穗分化期与幼穗长度对应关系（陶光琏，等，1989）

幼穗分化时期	不同品种幼穗长度（cm）		
	沪麦 4 号	蒙克尔	昭苏大麦
内外颖分化期	0.20～0.30	0.28～0.30	0.22～0.24
雌雄蕊分化期	0.30～0.40	0.35～0.40	0.30～0.35
药隔形成期	0.50～0.70	0.40～0.60	0.41～0.50
四分体形成期	3.00～5.50	1.60～3.50	1.00～2.50

注：播期为 3 月 31 日。

在幼穗分化进程与形态对应关系的诊断方法中，单独采用某一方法均有一定局限性，多种指标综合应用则结果更为准确（见表 11－12）。

表 11-12　新疆春大麦幼穗分化进程与形态诊断指标一览表（陶光琏，等，1991）

月	4		5			6		
旬	中	下	上	中	下	上	中	下
平均气温（℃）	12.17	13.95	16.61	18.95	19.70	21.03	23.70	23.72
生育时期	苗期	分蘖期		拔节期	孕穗期	抽穗期	灌浆期	
叶龄期	1	2	3	4	5	6	7	8
分蘖动态		始		盛	枯			
节间伸长						1	2　3	4　5
幼穗分化	伸长	单棱	二棱	三联小穗	内外颖	雌雄蕊	药隔	四分体

注：1. 本表根据石河子地区春大麦多年观察材料综合整理；

2. 本表适用于各类型品种的 8 片叶植株；

3. 1986～1990 年平均气温资料，由石河子气象局提供。

第二节　新疆啤酒大麦优质高产栽培技术

啤酒大麦的栽培技术是围绕优质、高产、低投入三个主要目标制定，其目的在于以最少或最经济的劳动和资金获取尽可能高的产量，而收获的籽粒品质要符合啤酒酿造的需要，这对啤酒大麦来说是至关重要的一条。因为，啤酒酿造工业要求大麦籽粒不仅要符合啤酒酿造的理化指标，而且还必须具备一系列特定的性能。因此，在啤酒大麦的栽培过程中，除了选择适宜的优质高产品种外，还要采取适当的栽培措施，促使其籽粒的化学成分特别是蛋白质含量应符合酿造啤酒的需要。

新疆大麦种植历史悠久，以春大麦种植为主，分布区域广，生长期间气候冷凉，籽粒综合性状好，酿造品质优良。由于过去新疆啤酒工业不发达，大麦种植区域分散且规模小，产品主要供饲用，生产重视不够，多种植在较差的土地上，投入少、栽培管理粗放，其优势未能充分发挥，产量低、品质差。20 世纪 80 年代中后期以来，新疆大麦以种植啤用为主。

在生产实践过程中，许多种植者对啤酒大麦的栽培技术未能很好掌握，致使本来在适宜种植啤酒大麦的地区，生产出来的啤酒大麦却未能符合啤酒酿造的需要。当前科学地、因地制宜地制定合理的生产措施。选用优良品种是发展新疆优质高产啤酒大麦的关键。

一、选用良种

选用优良的品种，是一项行之有效的而且是最经济的增产措施，良种须具备四个条件：一是丰产性要好，增产潜力要大；二是对当地的病虫草害及不良的自然条件有较强的抗御能力；三是要适应当地的生态环境、耕作制度和生产水平；四是理化品质要符合啤酒酿造的基本要求。在大面积生产中往往有这种情况：有的耐肥高产品种在较高的肥水条件下表现高产，但在一般肥力条件下就不一定高产；反之，有的耐瘠品种，在水肥条件差的条件下产量不错，但在高水肥条件下则容易引起倒伏而减产甚至降低酿造品种。因此，选用优良品种要因地制宜，产量和品质才有保障。

一个生产单位选用的品种不宜多，品种多不利于发挥主要品种的增产作用，而且容易发生混杂。麦芽加工企业制造工艺对品种质量均有稳定性的需要，原料品种的混杂给制造工艺造成困难，生产不出优质的麦芽，制不成优质的啤酒。

目前，新疆可供选择的啤酒大麦优良品种主要是甘啤系列、新引系列、新啤系列和垦啤系列等。从长远看，新疆应当建立育种和良繁基地，立足新疆生态条件，积极选育新品种。当前当务之急是在原有工作的基础上，广泛征集国内外大麦品种资源，筛选优质高产抗逆新品种，良种良法配套，实行区域化和规格化种植，使啤酒大麦产量和品质再上新台阶。

二、种子处理

播前应做好种子精选，选用大粒饱满的种子发芽率高、发芽势强、无病虫害、无杂质，这样的种子播后出苗快、出苗整齐，而且根系发达、幼苗叶片健壮、分蘖好，有利于培养壮苗。

（一）晒种与选种

晒种能加速种子后熟，改善种皮通透性，从而增强种子活力，提高种子发芽率和发芽势。通过晒种还可以杀死种子表面的病菌，驱赶和杀死种子害虫。晒种一般可以提高发芽率5%～10%，并且使种子出苗快而健壮，提高产量。新疆气候干燥，大麦成熟时含水量低，脱粒过程中由于机械损伤，籽粒破碎影响出苗。

（二）种子包衣

种子包衣是在种子外表均匀地包上一层药膜。所用的药膜称为种衣剂。种衣剂以种子为载体，借助于成膜剂黏住在种子上，固化成均匀的一层药膜，不易脱落。播种后，这层药膜对种子形成一个保护屏障，随着种子萌动、发芽、出苗、成长，有效成分逐渐被植物根系吸收并传导到幼苗植株各部位。使幼苗植株对种子带菌、土壤带菌及地下害虫起到治虫防病作用，促进幼苗生长，增加大麦产量，减少环境污染，省种、省药，降低成本。

三、土地选择

大麦对土壤适应范围较广，壤土、沙壤土、轻壤土和粘土均可种植，但良好的土壤结构及化学成分对大麦生长发育更为有利。大麦耐旱、耐盐碱能力比小麦强，在某些较干旱、较瘠薄、小麦生长比较困难的土地上种植大麦，也可以获得一定的产量。大麦在轻度盐碱条件下（土壤含盐总量不超过0.3%）种植，一般比种植小麦产量提高10%～20%。大麦耐湿性较弱，不宜在沼泽地种植。土壤水分状况对大麦根系影响较大，水分过多，空气不足，根系生理机制受阻，活力下降，容易造成僵苗、烂根。相反，土壤干旱缺水，根系细胞质壁分离，根毛脱落，根系停止生长。大麦种在新开垦的荒地和土壤条件较差的土地上，要严格搞好土地平整，以便提高播种质量，保证全苗壮苗，防止低洼处水渍苗或淹死苗，而高处受旱，生长不良。

大麦对前茬要求不严格，多种作物之后都可以种植，但应尽量避免大麦连作（重茬）。

连作地力消耗大、病虫害多，影响啤酒大麦的产量和品质。为使大麦高产优质，正确选择茬口是一项重要的种植技术。前作对大麦的产量影响很大，大麦的优良前茬是玉米、甜菜、油菜、马铃薯、豆类、瓜类及向日葵等中耕作物。因为中耕作物收获后，田间杂草少，同时由于中耕作物一般施肥较多，收获后的土壤中养分相对比较充足。但在旱作地区，玉米、向日葵等大棵高秆作物由于田间耗水量大，土壤水分匮乏，若遇干旱年份将会导致大麦减产。在灌溉地区和雨量比较充沛的地区，将啤酒大麦安排在中耕作物之后，不但能保证高产，而且为优质籽粒的形成创造了先决条件。甜菜茬后种植大麦，比以其他作物为前作的蛋白质含量降低 0.3～1.6 个百分点。而连作 3 年和 6 年的大麦，蛋白质含量分别比新茬大麦提高 0.49 和 1.02 个百分点，但产量却分别降低 8.32% 和 42.45%。同时，病、虫、草害加重，即连作大麦的产量降低，蛋白质含量提高，而且随着连作年限的延长，产量降低的幅度增大，蛋白质含量提高明显。在豆类及绿肥作物和苜蓿茬之后，种植大麦时，必须少施氮肥，增加磷肥、钾肥的施用量，以保证土壤中氮、磷、钾的平衡。在轮作中，大麦是一种很好的前茬作物，与小麦相比能提高后作产量 5%～10%。大麦与甜菜轮作，既能使甜菜含糖量提高，又能使啤酒大麦蛋白质含量降低，互惠互利。

精细整地是种好大麦的基础，为其他技术措施创造了有利的平台。大麦生育期短，根系发育弱，胚芽顶土能力差。麦田整地要精细，以便全苗、匀苗和壮苗打好基础。为争取适期早播，临冬前麦田应做成“待播状态”。

四、适期播种

（一）适期早播增产的原因

新疆广大麦区开春较晚，开春后气温上升快，土壤蒸发量大，容易失水跑墒，保苗困难，影响全苗壮苗。适期早播，有利于抢墒播种，获得全苗壮苗，为丰产打下基础。盐碱地在返浆之前播种，既不会因机车不能进地而延误播种，又有利于争取全苗壮苗。

1. 分蘖好，成穗率高，穗大粒多

大麦种子萌发需要温度起点较低，≥1℃胚根萌发，≥3℃叶片生长。适期早播有利于春化阶段和光照阶段进行，苗期低温时间长，根、茎、叶、蘖、穗等营养器官和生殖器官能发育好。适期早播，从播种到出苗的时间延长，有利于多根壮根，提高抗旱和吸收肥力，分蘖增多，成穗率提高，幼穗分化的时间长，有利于形成大穗，增加穗粒数。

2. 生育期延长，产量增加

春大麦生育天数与产量一般呈正相关，晚播因气温高、日照长，生育进程缩短，有机物质积累减少，产量降低。

3. 生育期提前，自然灾害减轻，抗病能力增强

春大麦适期早播，其抽穗期和成熟期相应提前，在新疆平原地区可以减轻后期高温和干热风的影响，有利于灌浆，增加粒重，在温凉山区可以提前成熟，提高籽粒品质和减少冰雹等灾害。适期早播，大麦在较低的温度下发芽，初生根发育好、入土深、吸收肥水能力强，能提高抗旱和抗倒伏能力，有利于增产稳产。

春大麦的播种期，也不是越早越好。如播种过早土壤解冻过浅，机械播种时作畦质量不能得到保障，达不到全苗壮苗的目的。同时，种子在低温条件下长期捂在土里，容易烂种，影响出苗，或者出苗后长势弱，反而达不到增产的目的。

（二）适期播种的措施

播前准备工作从头一年开始，临冬前应将麦田整成“待播状态”。新疆开春晚，开春后气温上升快，土壤水分蒸发失水严重，适播期短，来不及精细整地。准备工作包括土地耕翻、平整、贮水灌溉、施足基肥等。保证适期早播、提高播种质量，保证全苗壮苗的基础和前提。

1. 顶凌播种

冬季积雪较少的麦区，土壤经过冬天的冻融、蒸发，地表均有2～3cm的干土层。春季当土壤表层解冻5～7cm而下层土壤仍旧结冻时，机车即可进地播种，俗称“顶凌播种”。“顶凌播种”的适宜时间不长，一般仅一周左右。“顶凌播种”最适宜的时期是当地气温稳定在2～3℃，北疆沿天山一带麦区播期一般在3月中旬，其他温凉地区多在3月下旬进行。但该法不适于冬季积雪较厚的地区，因为春季融雪后地面泥泞，无法进行。

2. 破坏雪层

在积雪较多的年份和地区，为发挥适期早播的增产效果，可人工破除雪层，机车提前下地播种。人工破除雪层的方法应因地制宜，如用机车耙耢、撒粪土、撒煤灰和沙土等，人工破雪播种一般可以提前一周时间。

3. 种“包蛋麦”

在一些早春干旱、夏季高温、春季较短的春麦区，为延长春大麦生育时期，力争适期早播增产，可因地制宜，种植一部分“包蛋麦”（土里捂）。这种种植方法，只要掌握得当，可获得较好的增产效果。因为临冬前将种子播在干燥土壤中，使种子保持休眠状态越冬，或种子播在潮湿的土壤中，冬前吸水后呈萌动状态。开春后利用雪墒，提早出苗，分蘖好，成穗率高。种“包蛋麦”的关键是掌握好播期和提高种子出苗率。播期以当地地温降到5℃左右时为宜。播种过早，因气温高，冬前易出苗，越冬期间受冻死亡。反之，种子如不能萌动或越冬期间处湿土中易霉烂。种“包蛋麦”的适宜时间仅为一周左右，应事先做好准备，突击完成。

为提高“包蛋麦”的出苗率，应注意：

（1）适当浅播，播种深度一般为3～5cm，超过6cm则出苗缓慢，苗弱、不整齐，播种过浅则早春易受旱，已萌动的种子易回芽，失水死亡。

（2）增加播种量，防止烂种，确保出苗数量。

（3）开春后及时耙地保墒，破除板结，减少土壤水分蒸发，以利于出苗。

五、提高播种质量

（一）严格掌握适宜的播种深度和播种均匀度

大麦比小麦芽鞘软而短，顶土能力弱，出苗率较低。因此，适宜的播种深度是大麦苗早、苗全、苗壮的关键。大麦籽粒小，胚乳中贮藏的养分少，如果播种过深，出苗前要形成很长的地中茎，消耗养分多，幼苗细弱，叶片细而长，分蘖发生晚。如果适当浅播，在土壤水分正常情况下，不形成地中茎或地中茎很短，养分消耗少，出苗迅速，出苗整齐，很快发根、分蘖形成壮苗。但播种过浅，如果遇到土壤表层水分不足，种子容易落干，影响出苗，生育后期容易发生倒伏或早衰现象。

确定大麦适宜的播种深度，应从防旱和抓全苗、促早苗、育壮苗方面考虑。既要防止地中茎过长，又要避免分蘖节过浅，播种深度一般要求在3～4cm为宜。在同等条件下，旱地宜深些，灌溉地宜浅些；土地肥沃、土壤质地好的可深些，反之则浅些；沙质土壤可深些，盐碱地和黏性大的土壤可浅些；土壤墒情差可深些，墒情好可浅些；大粒种子可深些，小粒种子可浅些。播种时应深浅一致，下籽均匀，有利全苗壮苗。尽量用播种机播种，以便掌握播种深度。

（二）播前镇压、播后耙耱

新疆早春多风，土壤蒸发失水严重，往往影响出苗。播前播后应镇压保墒，压碎土块，沉实土壤，弥住裂缝，连接土壤毛细管，有利于土壤下层水分上升，镇压使种子与土壤紧密接触，便于吸水发育，有利于苗早、苗齐、苗壮。在土壤墒情较差、土壤不能充分沉实的情况下，进行播前镇压，不仅有利于提墒，还能较好地控制播深，提高播种质量。在干旱地区大麦播后应及时镇压和耙耱平整，给幼苗创造一个“上虚下实”的土壤环境，有利保墒出苗。

六、合理密植

合理密植，就是要达到个体健壮，群体合理。个体与群体、营养器官与结实器官生长相互协调，才能充分有效地利用地力、阳光和空气，提高光合生产率，达到穗多、穗大、粒多、粒饱，争取高产的目的。

合理密植首先要根据不同气候、不同土壤、不同品种和不同产量水平，确定基本苗数、总茎数、分蘖成穗数和单穗重，促使群体和个体协调发展，是春大麦合理密植的核心问题。

播种量是确定群体大小和合理密植的起点，播种量与基本苗数、分蘖成穗数及产量高低有密切关系。播种量的确定主要依据基本苗的多少，还要考虑千粒重、发芽率及田间出苗率等因素。

在具体确定播种量的时候，还需要考虑3个方面的因素。①地力条件。随着土壤肥力水平由低向高和向更高肥力的发展，大麦的适宜播种量则应是稀—密—稀。即由少到多，再适当减少的过程。因为土壤肥料水平过高时，若播种量也加大，则容易造成群体过大，田间通风透光差，产生倒伏而减产。反之，在肥力水平较低的旱薄地，若播量过大，土壤营养不足，植株生长不起来，也会导致减产。②播种期。同一品种在早播情况下，分蘖成穗率高，播量可适当少播；反之，晚播分蘖成穗率低，播种量应加大。③品种。早熟品种和成穗率低的品种，应适当多播；晚熟品种、成穗率高的品种，应适当少播。

当前北疆产量较低的麦田，提高产量的主要矛盾是收获穗数不足，增加播种量和提高田间出苗率，增加收获穗数是增产的关键所在。但高产地区若盲目增加播种量，势必造成群体过大，茎秆细弱，导致倒伏减产，应在保证基本苗数的基础上，提高分蘖成穗率，以增加收获穗数，提高粒重，达到高产的效果。大麦类型不同，在产量构成因素的主攻方向也有不同，二棱大麦一般较矮，穗粒数少，千粒重较高，播种密度应适当增加；而多棱大麦，穗大粒多，单位面积容纳穗数较少，播量不宜过大，应通过调节肥水管理等减少小花退化，主攻穗粒数。根据新疆各地经验，二棱大麦单产5250～6000kg/hm^{2}水平，一般要求基本苗为330～390万株/hm^2。以法瓦维特为例，播种量为165～195 kg/hm^2，基本苗330×10^4～375×10^4株/hm^2，最高茎蘖数1500×10^4～1650×10^4个/hm^2，收获穗数630×10^4～750×10^4穗/hm^2，千粒重38～40g，单产5250kg/hm^{2}左右。

播种深度以2～3cm为好，浅播有利于胚芽顶土出苗和壮苗早发。干旱多风地区和干旱年份，以及防除野燕麦用药剂封闭土壤的地块，应适当增加播种量和播种深度。

七、合理施肥

啤酒大麦的施肥，除考虑提高单位面积产量外，更重要的是以生产出符合质量要求的优质原料为主要目标。啤酒大麦的诸多品质性状中，从农业栽培措施方面考虑的是保证籽粒的蛋白质含量不能超标。肥料种类、肥料组合、施肥数量、施肥时间等对蛋白质含量的高低有一定的影响。即使在适宜种植啤酒大麦的地区，如果片面追求高产量，而大量施用氮素肥料，会提高蛋白质含量，导致酿造品质下降。

（一）啤酒大麦的需肥特点和施肥原则

大麦与其他作物相比，具有在土壤中吸收养分早而时间短的特点。在孕穗以前，需要吸收全生育期大约2/3的钾、约1/2的磷以及大量的氮。在始花期以前，已经从土壤中吸收了80%～85%的养分。大麦对氮、磷、钾的吸收表现为分蘖前缓慢，分蘖盛期至孕穗期出现高峰，以后又逐渐减慢以至完全停止。大麦生育期短，前期生长发育快，干物质积累较多，吸收养分迫切。据试验大麦分蘖初期对氮、磷、钾的吸收量，分别比小麦高6.2%、7.5%和8.4%。大麦在不同生育阶段吸收氮、磷、钾的数量不同。前期以营养生长为主，对氮的吸收量相对较多；拔节至孕穗期是茎秆急剧伸长，对钾的吸收量相对较多；孕穗至开花期，对磷的吸收量相对较多。因此，从苗期至分蘖盛期，土壤中足够的速效性氮素和适量的磷、钾营养，对促进幼苗早发根、早分蘖和加快幼穗分化进程具有重要意义。大麦幼穗分化比小麦早，前期要求充足的养分，施足基肥，早期追肥，培育壮苗，对提高大麦产量和质量具有重要意义。因此，为获得高产，从生长开始就要保障其所需要的养分，而且这些养分无法在以后各阶段来补充前一阶段的不足。

大麦生育期间所需氮、磷、钾数量及比例，因自然条件、品种、栽培技术、施肥方法和水平而不同。在单产4500～5250kg/hm^2水平下，每生产100g籽粒，需要从土壤中吸收纯氮2.6～3.0kg，磷（P_2O_5）1.2～1.5kg，钾（K_2O）2.0～2.2kg。与小麦相比，大麦籽粒需要养分量较少。在不同生产条件及产量水平下，大麦吸收三要素的量不同，产量越高，吸收三要素的总量越多，但随着大麦单产的提高，形成籽粒所需的三要素的比例有所变化，氮吸收的比例下降，而磷、钾吸收的比例有所增加，其中钾吸收量的增加更明显。因此，在大麦高产栽培情况下，磷、钾用量和比例应相应增多。

土壤养分平衡能使啤酒大麦优质高产，若养分供应不平衡或单一，将导致产量和品质下降。氮素和产量关系密切，在一定范围内供氮多，产量高；但生育后期过量施用氮肥，会明显提高蛋白质含量，降低酿造品质。磷素可促使营养器官生长和产量形成，施足磷肥防止籽粒中蛋白质积累量过多，提高淀粉含量和浸出率，从而提高出酒率和酿造品质。施足磷肥也有助于发挥氮肥的增产作用。新疆啤酒大麦施肥，一般应掌握“适度施氮，增施磷肥”的原则。

根据大麦生育期短、分蘖发生快、幼穗分化开始早而且发育迅速、需肥期应提前和单位面积有效穗数的容量比小麦大、根系浅、茎秆软、易倒伏的发育特点，其施肥的原则，应该重视土壤的基础肥力，施足基肥，促进壮苗早发，对夺取啤酒大麦高产比小麦更加重要。大麦在生育后期施用氮肥，会明显造成贪青晚熟，提高蛋白质含量，降低酿造品质。在适量施氮的基础上，增施磷肥，不仅有助于发挥氮肥的增产作用，而且可以降低蛋白质含量。

（二）肥料种类

啤酒大麦与饲用大麦、食用大麦及小麦相比，籽粒中蛋白质的含量要低，而淀粉含量要高。啤酒工艺要求大麦蛋白质含量一般为9%~12%，淀粉含量要求不低于70%。氮肥用量与籽粒产量和籽粒中蛋白质含量呈正相关。

氮肥对籽粒品质具有调节作用，前期施足氮肥能增加大麦产量，后期追施氮肥，在不发生倒伏的情况下，也能起到增加粒重的作用，但其增加的成分主要是蛋白质，而使籽粒碳氮比下降。通过增施氮肥，可以防止大麦早衰，但若用量过多，则能使植株对氮吸收过量，引起高氮降低品质。

足够的磷肥促使淀粉形成，有利于干物质的积累，使粒重增加，能提高籽粒饱满度，改善啤酒大麦的加工品质。磷肥能促使大麦早分蘖，提高成穗率，增加千粒重，降低含氮的百分率和提高淀粉含量。

钾肥供应不足，淀粉的合成速率降低，合成时间增长，积累时间延迟，在钾素营养供应不足的土壤中，增施钾肥能提高大麦淀粉含量和碳水化合物的总量，使粒重增加。在有效钾含量低的土壤施用钾肥，大麦产量不但可大幅度提高，而且能明显地降低籽粒中的蛋白质含量。氮、磷肥配合施用，不仅能提高啤酒大麦的产量，而且能降低籽粒中蛋白质含量。

新疆的土壤一般有效钾不缺，因此，应根据具体情况注意氮、磷、钾肥施用，其合理配合，不仅能提高啤酒大麦产量，而且能提高啤酒大麦品质。

（三）施肥措施

啤酒大麦重施基肥，用好种肥，早追苗肥，中后期严格控制氮肥用量。由于春大麦生育期短，基肥增产效果比小麦显著。基肥采用有机肥和无机肥结合。无机肥中，氮肥80%以上作基肥，磷肥除留10%左右做种肥外，其余全做基肥施用。临冬前用有机肥作基肥时，肥料应充分腐熟，并补充适量化肥，效果更好。如施用未腐熟的有机肥或翻压绿肥过晚，早春肥效不能很好发挥，苗期生长微弱、发黄。施用化肥和油渣、羊粪等有机料作基肥时，秋季翻地时在犁架前安装施肥箱，边撒肥边耕地，一次性进行；或在秋收作物收获后，用条播机将化肥、油渣等肥料施在地面，再翻耕。而小麦、油菜等夏熟作物收获后，要进行耕晒、平整，临冬前将肥料用机器施入土壤，但作业要保证质量，施肥深度应保持8~10cm，施肥时间要在土壤结冻之前进行，以防施肥过早，温度高，肥效挥发损失重。

种肥施用时，播种机应有播肥箱，种子和肥料应分开播。如是临播前深施化肥作基肥的，播种时则不必再单施种肥。在施足基肥，用好种肥的基础上，早追苗肥。和春小麦相比，春大麦幼苗断乳早，苗期需肥多，比例大，追肥应提前。大麦二叶期种子胚乳中的营养物质基本耗尽，幼穗开始分化，随后分蘖，次生根陆续发生，需肥迫切，应及早供足肥料，促进分蘖生长和幼穗分化，为穗多、穗大打下基础。追氮肥应在三叶期进行。对土质差、基肥少的麦田，尤其是山坡瘠薄的旱田，除拔节前结合灌水在补施氮肥外，其他麦田中、后期均应严格控制氮肥施用，防止倒伏和籽粒中蛋白质含量增加。大麦抽穗后期，不管哪类麦田，每亩喷施200g磷酸二氢钾或络合微肥，均能起到延长旗叶寿命，提高抗御干热风能力和增加千粒重的作用。

八、水分调控

（一）需水特点和灌溉原则

大麦种子吸水相当于自身重量约50%时，开始萌发。在水分适宜的情况下，经过24h后籽粒开始膨胀，在水分不足的情况下，籽粒膨胀所需时间随着水分减少而推迟。

大麦需水量从出苗到抽穗不断增加，孕穗至抽穗期需水量达到高峰。这个时期，若水分不足则对产量影响严重。乳熟阶段水分缺乏引起茎叶干缩，籽粒中淀粉形成中止，籽粒的大小和整齐度也降低。这个阶段应保证水分的充分供应。

大麦虽为旱生作物，但大麦一生中的耗水量并不少。在耗水量中除少部分用来合成碳水化合物和新陈代谢外，大部分通过植物蒸腾或株间蒸发到空气中去。植株蒸腾到空气中去的水分要比小麦高出8%～48%，麦田群体越大，消耗的水分越多。大麦生长最适宜的田间持水量为65%～70%，田间持水量60%是大麦生长的下限，当持水量下降到40%时，大麦就会凋萎枯死；当田间持水量超过90%时，根系易遭渍害，大麦苗期，极易受淹死亡。

大麦根系发育差，初生根扎得浅，次生根数量少，吸水能力弱，生育期灌水要采取“早灌、勤灌、轻灌”的原则，增加灌水次数，减少灌水用量，适当延长停水时间。啤酒大麦根系容易早衰，停水过早，植株容易受旱，影响灌浆，粒重下降，蛋白质含量增加。

（二）灌溉措施

生育期灌水，应抓住幼苗、拔节、孕穗和灌浆成熟四个时期。春大麦生育期短，生长发育速度快，田管措施要适当提前，早管促早发。大麦的生长发育比小麦早而快，发苗快、分蘖早、开花早。特别是新疆地处西北内陆地区，气候干燥，光照充足，啤酒大麦在抽穗的同时就已经开花，更有早者，当麦芒露出叶鞘后实际已经开始散粉了。根据啤酒大麦生长发育的这种特点，灌溉措施也应相应提前。新疆啤酒大麦灌头水应在二叶一心期。第一次灌水的水量不宜太大，水量大了容易造成肥料流失，同时，容易造成田间积水时间长，不仅造成土壤严重板结，降低地温，使大麦幼苗窒息烂根而死亡。第一次灌水时间和灌水量对啤酒大麦的影响很关键。大麦后期灌溉可以起到以水调肥的作用，满足大麦旺盛的蒸腾需要。大麦开花灌浆期需水量约占全生育期的1/3以上，及时灌好灌浆水，对产量的作用是十分重要的。为节约用水，应缩短灌水周期，提高灌水质量。在防止缺水受旱的同时，也要防止大水漫灌和发生渍水现象。

在气候十分干燥，有干热风危害的地区，灌好麦黄水对维持根系生命力、调节田间小气候、防止早衰和干热风危害有良好的作用。灌麦黄水不能过晚，一般在麦穗绿色渐退、茎叶开始转黄时为宜。

九、防止倒伏

大麦在高产的情况下，尤其在中、后期容易产生倒伏现象，且倒伏越早，对产量和品质影响也越大。造成倒伏的原因，除自身因素（根系少，根系分布浅，地上部分比例大，茎秆机械组织不发达等）外，还与品种抗倒能力弱、栽培管理不当有关。如氮肥用量过多，氮磷肥比例失衡，播种量多群体大，耕层浅，整地粗放、灌水量过多等，均可造成倒伏。

防止倒伏应采取综合措施。第一，选用高产优质抗倒品种。株高适中、茎秆粗壮抗倒伏能力强。第二，采用良好的栽培措施。创造良好的耕层，提高整地质量，苗期蹲苗，促使根系下扎。合理密植，控制群体发育，无效分蘖不宜过多，孕穗期最大叶面积指数控制在6.0～6.5。应适当控制氮肥用量，防止生长过旺，茎秆变软。生育期灌水量不宜过大。灌水量过多容易造成土壤松软，引起倒伏。灌溉前应注意天气情况，防止刮风倒伏。第三，适时化控。大麦在5叶龄期前后，即拔节前，若麦苗旺盛、群体过大时，应酌情喷施矮壮素，控制其基部第一、二节间长度。如植株已倒伏，应分析原因迅速采取挽救措施，如排除田间积水等。

十、防除杂草

杂草是影响新疆大麦生长和产量及品质提高的重要原因之一。新疆大麦田间杂草种类较多，以野燕麦为主。野燕麦是新疆大麦主产区最主要的恶性杂草，发生普遍。气候温凉的山区尤为普遍，北疆海拔800m以上的麦田更为严重。

（一）野燕麦

野燕麦属禾本科，燕麦属，俗称乌麦、黑燕麦、燕麦草等。

1. 野燕麦形态特征

（1）幼苗。地中茎明显、细长，嫩白。芽鞘短，一般不延伸至地表；分蘖节浅，靠近地表1～2cm。叶片初出时卷成筒状，细长，扁平，叶尖钝圆，叶片灰绿色，正背面均疏生柔毛，叶缘有倒生短毛。叶舌大，乳白色，膜质透明，先端具不规则齿裂。无叶耳，叶鞘上着生有短柔毛及稀疏长纤毛，地中茎细长。

（2）成株。茎丛生或单生，直立，光滑，株高40～150cm，主茎伸长节间由4～6节组成。叶互生，扁平，长条形，长15～30cm，宽0.5～0.8cm，叶片表面着生稀疏茸毛。叶鞘松弛光滑，叶舌较大，透明膜质，无叶耳。圆锥花序，开展，长10～30cm，花序散开或稍贴紧，呈塔形。小穗长2.0～2.5cm，含2～3朵花，穗柄弯曲下垂。

（3）籽实。每小穗含2～3朵小花结出的颖果，第一颖果大、籽粒饱满、颜色深、毛多；第二颖果次之，第三颖果小、颜色浅，少毛或无毛，多数空秕。颖果纺锤形，底部有“蹄口”状关节，周围生茸毛。腹面有一纵沟，有淡棕色柔毛。外稃背面中部稍下，有一个粗壮麦芒，长约2～4cm，棕、黄相间，扭曲似花色绳股。种子为内外稃所包裹而不分离，成熟时一同脱落。

2. 野燕麦生物学特征

（1）恶性。新疆春大麦田的杂草中野燕麦占有绝对优势，且具有恶性杂草的三个特点，即繁殖量多、难以清除、生产上危害大。

（2）休眠性。野燕麦种子休眠期的长短和休眠程度的强弱与种子成熟度、籽粒大小和环境条件有关。一般大粒种子休眠期短、休眠程度弱，而小粒种子则相反。野燕麦种子在田内分布在不同土层中，在条件不适应的情况下，休眠期可以保持多年。

（3）不一致性。种子发芽、出苗、抽穗、成熟不一致，因此难以铲除。当年落地的种子一般不发芽，来年发芽的仅为20%～50%，一般经三年后，才完全出苗。野燕麦的萌发出苗与土壤5cm地温有明显关系。当5cm地温达到10℃时开始出苗。土壤过干过湿都不能发芽出苗。种子在表层者发芽率高，距土表越深发芽率越低。此外，大粒种子发芽早，出苗率高。野燕麦抽穗期延续时间长，一般抽穗后2～3d开花，开花后3～5d灌浆，从抽穗到成熟，最短13d，最长29d。

（4）竞争性。野燕麦混生在大麦中，生活力强，生长繁茂，发育快，生长占有优势。野燕麦根系发达，植株高大，繁殖系数高，同大麦争水、争肥、争空间能力强，苗期野燕麦生长缓慢，主要扩展根系，与大麦争水、争肥。孕穗到抽穗以后则生长迅速，与大麦争光、争空间，抑制大麦生长。

（5）落粒性。野燕麦种子由穗顶端向下依次成熟，边成熟边脱落。至大麦收获时，野燕麦有80%以上种子已脱落地面，从开始至全部脱落历时13～15d，导致野燕麦在麦田中再次侵染。

（6）移动性。野燕麦种子外稃上着生的芒，受潮时易吸水，成顺时针转动，带动种子位移，若干燥时，芒失水，则按反时针旋转，带动种子反向移动。这样反复的位移，能使种子转移到土壤中，有利于种子保持。

（7）再生性。野燕麦的再生能力很强，拔除时如果分蘖节残留地中，仍能再生新蘖，继续生长发育、开花、结实。因此，对野燕麦必须连根拔除，麦收后应及时浅耕灭茬，以免产生分蘖，繁殖后代。

（8）抗逆性。野燕麦种子抗旱、抗高温能力强，种子在50～60℃的热水中浸种，仍有一定的发芽能力，经牲畜吞食后排出的种子和已经被火烧焦壳的种子仍有一定的发芽力。

（二）其他杂草

新疆大麦产区除野燕麦外危害严重的杂草还有：稗草、灰绿藜、麦家公、野荞麦、冰麦、播娘蒿、块茎香豌豆、苦苣菜、苣荬菜、刺儿菜、狗尾草、野花生等单子叶和双子叶杂草。土壤含盐量的不同能引起麦田杂草群落发生结构变化：当土壤含盐量为0.3%以上时，黎科杂草为优势种；当土壤含盐量为0.1%左右时，黎科杂草下降，狗尾草上升；当土壤含盐量为0.04%～0.05%时，稗草上升为优势种。

田间杂草发生与早春气温和降水量密切相关。早春气温高、降雨多、化雪解冻早，杂草发生早而重；反之，则晚而轻。杂草盛发期在4月中下旬，5月上旬为杂草化学防治适期。

（三）杂草防除措施

农田杂草的防除应贯彻“预防为主，综合防除”的方针。一方面根据各地气候，掌握杂草的发生规律，在杂草发生危害之初或未明显造成危害之前防除。另一方面，要尽可能防止杂草扩散蔓延。

1. 农业防除

（1）合理轮作。在温凉山区，作物结构单一，春大麦连作，野燕麦种子逐年落粒不断，是造成野燕麦连续发生的重要原因。因此，应搞好大麦与油菜等作物轮作。油菜不仅吸收利用土壤中难溶性磷的能力强，并且油菜可以适当晚播，使野燕麦种子先萌发，然后浅耕灭除。在油菜田中也便于采用麦田中不能使用的杀伤力较强的除草剂，以提高区域性防除杂草的整体效果。

（2）深翻整地。通过深翻将散落于地表的杂草种子翻埋于土壤深层20cm以下，以有效抑制其萌发出苗，同时又可防除田旋花、芦苇、刺儿菜等多年生杂草，切断其地下根茎或将根茎翻于地表暴晒使其死亡。

（3）休闲灭草。在人少地多、杂草危害严重的地区，可采用休闲灭草。休闲地早春耙磨保墒，诱发各类杂草出苗，经过几次春浅耕、伏深耕，可以诱发不同土层内的各种杂草种子出苗予以消灭。

（4）人工防除。一锄、二拔、三捋籽。即在大麦2～4叶期用锄头锄去麦行间的各种杂草幼苗，当苗高18～20cm时再用铲子铲除；在杂草成熟前，抓紧时机拔除植株或捋去草籽。

（5）加强管理，严防传播。第一，加强植物检疫。做好植物检疫工作，严防在调运种子过程中，将杂草种子从外地传入，或本地杂草种子传到外地。第二，严格精选种子。混入大麦种子内的杂草种子必须彻底清除。同时，建立种子田，杜绝杂草种子混入。第三，在灌溉区，应改变大水漫灌或串灌习惯。第四，适时消灭田埂、路旁、渠道杂草。在杂草种子成熟以前予以割除，以避免落地杂草种子随风或流水传入农田。第五，杂草种子必须严格集中进行处理。不能随意丢弃，应集中烧毁或深埋，以防扩散。

2. 化学防除

（1）土壤处理。播种前将地整平，用40%燕麦畏乳油2250～3000ml/hm^2，兑水150～225kg，或25%绿麦隆可湿性粉剂4.5～6.0kg/hm^2，或75%异丙隆可湿性粉剂1.0～1.5 kg/hm^2，机械喷雾。喷后2h内须用钉齿耙双对角线耙地，使药剂均匀分布在10cm土层内，然后播种。

（2）茎叶处理。用25%燕麦枯水剂，于大麦拔节前野燕麦3～5叶期，用量3450～3900ml/hm^2，加水150～225kg喷雾。防治野燕麦效果可达90%左右。苗期施用的除草剂还有大骠马和麦极等。麦田中除野燕麦之外，若有单子叶和双子叶杂草混生，可用绿麦隆或燕麦枯与2，4－D丁酯或二甲四氯混合，在大麦3～4叶时喷施，以收兼治之效。另外，75%巨星可湿性粉剂0.18 kg/hm^2＋6.9%大骠马乳剂900ml/hm^2或5.8%麦喜乳油225ml/hm^2＋6.9%大骠马乳剂900ml/hm^2也具有较好的防治效果。

需要注意的是，在粮棉混作区、小麦与油菜、小麦与打瓜等其他双子叶作物相邻种植时，原则上不适宜2，4－D丁酯及其混配除草剂，以免雾滴漂移产生或喷雾器未清洗干净造成药害。

十一、适时收获

适期收获对提高大麦产量和品质具有重要意义。在同样的生态条件下，春大麦成熟比春小麦早，蜡熟末期至完熟初期收获，产量高，质量好，籽粒色泽、香味均佳，是大麦收获适期。二棱大麦成熟时，穗轴脆硬，容易折断，造成损失，应提前收获。酿造用的二棱大麦在完熟期收获最佳，因乳熟期收获的大麦，籽粒中含氮化合物较多，制成的啤酒浑浊，品质降低。田间收割时，倒伏、霉变的植株要单收单放，其籽粒不能用做啤酒原料。收获期间若有阴雨或受雨水淋湿发生霉烂时，籽粒要单独晾晒，不能和干籽粒混合装袋。扬场时，最好采用扬场机，经过扬场机的机械摩擦，可使部分麦芒搓掉，减少杂质含量，提高籽粒等级。

十二、啤酒大麦的贮藏

啤酒大麦收获以后，需要安全贮藏，防止变质和损耗，维持种子较高的发芽率。安全贮藏能保持和延长啤酒大麦种子存活年限。在一般情况下，大麦种子可保存2～3年，若贮藏好，寿命可大大延长，保存10年仍有较高的发芽率。在同样贮存条件下，不同品种存活利用年限有所差异。多棱大麦种子存活期比二棱大麦种子长；皮大麦种子又比裸大麦种子年限长。贮藏条件是影响种子存活年限的重要因素。影响种子贮藏的最重要因素是温度和湿度。温度与种子呼吸作用及微生物活动有直接关系，安全贮藏要求的温度是0～4℃。温度升高，籽粒呼吸作用增强，一方面消耗养分，另一方面呼吸产生的有害物质会降低种子发芽率。附在种子上的微生物活动也加强，造成籽粒霉烂变质。在低温条件下，可以避免或者减轻这些不利情况，从而延长种子安全贮藏期。湿度是影响种子贮藏的另一个重要因素。麦粒湿度越大，对其生命危害越大。当种子含水量从14%提高到16%时，其呼吸作用提高5倍。若高温加高湿，其呼吸作用更强，霉菌活动更猖獗，籽粒霉变和丧失生命力现象更严重。所以，低温、干燥是大麦籽粒安全贮藏的关键因子。麦收时应利用夏季烈日暴晒籽粒，使含水量降低到 14% 以下，趁热装袋贮藏或者粮堆贮藏。籽粒进仓后，要保持通风，防止麦堆温度升高、吸潮，使含水量增加。麦粒在贮藏过程中，会受到多种害虫侵袭、蛀食，生命力和发芽率降低，所以进仓前或出仓后，应对库房进行熏蒸剂灭虫。常用的熏蒸剂有“敌敌畏”等。在贮藏期间，还应利用磷化锌等药剂防治鼠害。

啤酒大麦种子的包装，应用通气良好的编织袋，保证清洁，无杂物。啤酒大麦种子的运输工具应清洁、干燥，不能用装过化肥、农药的车船装运。装运时要有防雨设备，防止受潮、雨淋和污染。

第十二章

新疆大麦病虫害的防治

第一节 新疆大麦病害及其防治

随着新疆啤酒工业的兴起，大麦商品化生产日益受到重视，在大麦生长发育过程中，常会遭受各种病害危害而导致大麦减产和品质变劣，严重影响了啤酒酿造的价值。目前，全世界记载的大麦病害 70 多种，其中我国已见报道的大麦病害约有 11 种，在新疆发生比较普遍、为害比较严重的有大麦条纹病、大麦散黑穗病、大麦坚黑穗病、大麦云纹病、大麦白粉病。

一、大麦病害种类及发生特点

（一）大麦条纹病

大麦条纹病是我国大麦的重要病害之一，凡种大麦的地方均有发生，我国以长江流域中、下游的江苏、浙江及湖北等省大麦种植区以及西藏高原青稞栽培区发生较为普遍。新疆大麦种植区也普遍发生此病，但轻重程度差异较大，一般发病率为 5% ~10%，有时个别重病田发病率达 50% 以上。

大麦条纹病主要为害叶片和叶鞘，大麦地上部其他部位也可受害。幼苗 1、2 片叶时即可发病，但 4 ~5 片叶以后发生较多。幼叶上产生淡黄色斑点或短条纹，以后随着叶片长大，病斑逐渐扩展。分蘖期病株产生典型的症状，植株近基部老叶上斑点连结成与叶脉平行的黄至黄褐色条纹，叶鞘和茎秆上发生的条纹较小。一般 1 个叶片显症后，此后的新生叶片也依次发病。病株分蘖通常全部发病，但也有个别分蘖不发病，分蘖发病严重的，很早就枯死。拔节期至抽穗期，大多数病斑中央草黄色，边缘褐色，并产生很多灰黑色的霉状物（病菌的分生孢子梗和分生孢子）。后期病叶破裂干枯，往往引起植株枯死。发病植株矮小，多不抽穗或呈歪曲畸形穗，不能结实，或虽结实而籽粒秕瘦。有芒品种，芒常被夹持于鞘内而呈拐曲状。

大麦条纹病病原有性态为麦类核腔菌 Pyrenophora graminea（Rabenh.）Ito et Kurib.，属子囊菌菌门，在自然条件下很少见。无性态为禾内脐蠕孢 Drechslera graminea（Rab. & Schlecht.）Shoem. 属无性菌类。在自然条件下常见，病菌分生孢子梗 3 ~5 个丛生，顶端直或膝状曲折，基部较宽大，有2～10个隔膜，深橄榄色或黄褐色，大小（90～180）μm×（7.5～12）μm，梗上顶生或侧生1～9个分生孢子。分生孢子单生，淡橄榄色或灰褐色，圆筒形，直或稍弯曲，两端钝圆，大小为（50～125）×（14～22.5）μm。具隔膜1～7个，脐点明显，凹入基部细胞内，菌丝在培养基上生长发育温度以25℃最适宜，但分生孢子在培养基上难以生成。

病菌以休眠菌丝潜伏在种子里越冬，一般可存活2年以上，因此带菌种子是病害的初次侵染源，也是病害传播的主要来源。带菌种子发芽后，休眠菌丝长出芽管侵入幼芽，后随植株生长进入幼叶，菌丝在叶片内扩展蔓延，形成长条状病斑，最后侵入穗部。大麦扬花期，分生孢子经风雨传播，侵入花器雌蕊，沿着柱头蔓延到内颖与种子之间，或进入种皮。一部分菌丝侵入子房，最后以休眠菌丝体潜伏于种子内越夏或越冬。大麦抽穗扬花期，连续阴雨天气或高温高湿的气候有利于分生孢子萌发和侵入，使种子带菌率高，来年发病重。春大麦早播或冬大麦晚播，生长前期气温低，湿度大，发病重。

（二）大麦散黑穗病

大麦散黑穗病普遍发生于新疆。一般发病较轻，为1%～5%，个别发生较重的地区，发病率可高达10%左右。

大麦散黑穗病主要为害穗部，病株抽穗时间常略早于健株。初期病穗外面包有一层灰白色薄膜。病穗在未出苞叶以前，内部就已完全变成黑粉（病菌的厚垣孢子），病穗露出苞叶后，薄膜破裂，黑粉随风雨吹散，只剩1个空穗轴。病穗上的小穗在大多数情况下全部被毁，有时只有下部的小穗被毁，上部留有少数健全小穗。一株发病，往往主茎穗和分蘖穗都表现为病穗，但也有个别分蘖穗未被侵染而正常结实，这种现象在抗病品种中比较常见。

大麦散黑穗病菌为裸黑粉菌 Ustilago nuda（Jens.）Rostr.，属担子菌门真菌。黑粉是病菌的冬孢子，冬孢子球形或近球形，直径约5～9μm，棕褐色，一半较暗，一半较亮，表面生有细刺。冬孢子在适宜的条件下，24小时后即能萌发，萌发的最适温度为20～25℃。菌丝生长的最适温度为24～30℃，最高为35℃。冬孢子在自然条件下只能存活几个星期，无法作为初侵染源。

大麦散黑穗病是气流传播、花器侵染的系统性病害，在大麦的1个生长季中只侵染1次。带菌种子是唯一的初侵染菌源，种子带菌率是发病程度的重要决定因素。病原以菌丝体的形式潜伏在种子的胚部越冬，种子外表无症状。大麦播种后，当带菌种子萌发时，潜伏在胚部的菌丝也开始萌动，菌丝随着大麦的生长点伸长而向上蔓延。到大麦孕穗期间，菌丝体在整个穗部迅速发展增殖，破坏花器，形成冬孢子。成熟的厚垣孢子随风吹散，落到健穗花器上，冬孢子萌发产生的侵染菌丝由大麦雌蕊柱头侵入。入侵的菌丝并不妨碍子房和胚的生长发育。当大麦种子形成时，菌丝已进入胚部和子叶盘，随着大麦种子的成熟，菌丝的细胞壁略有加厚而进入休眠状态。播种用的种子带菌率高，田间发病重。大麦抽穗扬花期间若空气湿度大、多雾或经常下小雨，则有利于病菌孢子的萌发和侵入，当年种子带菌率就高，次年发病就重。

（三）大麦坚黑穗病

大麦坚黑穗病是大麦常见的病害之一，在国内各大麦产区均有发生，有些地方危害较重。在新疆地区，凡种植大麦的地方都有发生，但轻重程度因种子来源、环境条件不同，差异较大。

大麦坚黑穗病主要危害穗部，在抽穗期表现症状，病穗全部受害。病株最上一节的节间长度缩短，株高一般较健株稍矮，病穗抽出时间较健株稍迟。有时，穗子下半部被叶鞘包裹，不能完全抽出。抽穗后，病穗上的小花、小穗均被破坏，变成一团黑粉状物，外被一层薄膜，膜初为青灰色，后变为灰白色，一般不易散开。

大麦坚黑穗病菌 Ustilago hordei (Pers.) Lagerh. 属担子菌门。冬孢子圆形至椭圆形，直径 5~9μm，褐色，半边色较浅，表面光滑无刺。冬孢子在 5~35℃均能萌发，以 20℃为最适。冬孢子抗干热能力强，抗湿热能力弱。冬孢子的寿命较长，在干燥状态下一般可存活 2~5 年，最长可存活 23 年。

大麦坚黑穗病是幼芽侵染的系统性病害，每年只在苗期大麦胚芽出土侵染一次。病原菌以菌丝在颖壳及种皮内越夏或越冬，也可以厚垣孢子粘附在种子表面越冬。带菌的种子播种后，种子表面的病菌或潜伏在种子内部的病菌开始萌发并进入生长点，随麦苗生长向上扩展。大麦抽穗前，病菌为害花器或种子，又形成大量冬孢子，出现病穗。病菌只能在芽鞘未出土以前侵染，因此一切延缓麦苗出土的因素，都有利于病害发生。

（四）大麦云纹病

大麦云纹病在我国西北、西南的春麦区发生较多，华东冬麦区也有发生，浙江个别地区年发病率可达 50% 左右。新疆大麦种植区也有零星发生。

大麦云纹病主要为害叶片和叶鞘。发病初期在叶片上形成白色透明小斑，后扩大变为青灰至淡褐色，边缘色较深，长椭圆形，病斑较多时合并呈云纹状，叶片枯黄致死。高湿条件下，病斑上形成灰色霉层（分生孢子梗和分生孢子）。大麦云纹病多发生在大麦分蘖期。抽穗后，气温升高，病情即显著减轻。

大麦云纹病菌为黑麦喙孢 Rhynchosporium secalis (Oudem.) Davis，属无性菌类。分生孢子梗无色，短小。分生孢子楔状，有 1 个横隔，无色，大小（12~20）μm ×（2~4）μm。

大麦云纹病菌主要以分生孢子和菌丝体在被害大麦组织上越冬越夏。大麦播种出苗后，病菌孢子借风雨传播侵染幼苗。在大麦生长期间，被害部位不断产生分生孢子，多次再侵染。孢子萌发适温 10~20℃，25℃以上基本不萌发。18℃，相对湿度 92%，孢子 6 小时内即侵入寄主。20℃潜育期 11d。因此低温、高湿有利于病害的发生和发展。植株生长茂密和嫩弱时，发病较重。

（五）大麦白粉病

大麦白粉病发生普遍，全国各地都有发生，以长江流域和西南地区发生较多，被害植株生长发育受到严重影响，使产量大大降低，一般流行田减产 3% ~5%，重病田则减产 10% 以上。新疆大麦种植区也有零星发生。

大麦白粉病主要为害叶片、叶鞘、茎秆和穗部。发病初期先在叶面上产生褪绿的黄色小点，后逐渐扩大成圆形或椭圆形，同时叶面上产生白色粉状霉层。一般叶正面的病斑比叶背面的多，下部叶片比上部叶片被害重。发病最重时，整个植株从下到上均为灰白色的霉层覆盖。以后，白粉状霉层逐渐变为灰白色至淡褐色，并散出许多黄褐色至黑褐色的小点，即病菌有性阶段产生的闭囊壳。随着病情的发展，叶片发生褪绿、发黄乃至枯死。发病严重的植株矮而弱，不能抽穗或抽出的穗短小，使产量大大降低。

大麦白粉病菌为禾谷类白粉菌大麦专化型 Erisiphe graminis. f sp. hordei E. Marshal，属子

囊菌门真菌。大麦白粉菌为体表寄生，依靠吸器从寄主表皮细胞吸收养分。分生孢子梗直立，从菌丝体垂直生出，基部球形，不分枝，无色，顶端串生 10～20 个分生孢子。分生孢子椭圆形，单胞，无色，大小（25～30）μm×（8～10）μm。病菌的闭囊壳黑色球形，直径（163～219）μm，内含子囊 9～30 个，外有 18～52 根丝状附属丝。子囊长圆形或卵形，内含子囊孢子 8 个，有时 4 个。子囊孢子卵形至椭圆形，有明显的柄，单胞，无色，大小（18.8～23）μm×（11.3～13.8）μm。大麦白粉病菌对温度和湿度的适应范围很广，分生孢子萌发适温为 10～18℃，在最适温度条件下，相对湿度 0～100% 均可萌发，但湿度越大，萌发率越高。大麦白粉菌在不同地理生态环境中与寄主长期相互作用下，能形成不同的生理小种，毒性变异很快。

大麦白粉病菌的越夏方式有两种。一是以分生孢子阶段在夏季气温较低地区的自生麦苗或夏播小麦上继续侵染繁殖或以潜育状态度过夏季；另一种是以病残体上的闭囊壳在干燥和低温条件下越夏。大麦白粉病菌靠分生孢子或子囊孢子借气流传播到感病大麦叶片上，侵入寄主后，在组织细胞间扩展蔓延，并向寄主体外长出菌丝，产生分生孢子梗和分生孢子，分生孢子成熟后脱落，随气流传播蔓延，进行多次再侵染。由于大麦白粉菌分生孢子含水量高，因此即使在低湿、干燥条件下，仍能萌发侵染寄主，但是湿度较高对白粉病的发生更为有利。所以麦田密度过高、氮肥偏多、茎叶茂密隐蔽、光照条件差的田块最易严重发生。

（六）大麦网斑病

大麦网斑病在我国长江流域普遍发生，以四川、华东地区发生最重，东北及陕西、新疆也有发生，但年份、地区间差异较大。网斑病造成大麦产量损失和质量下降，高感品种严重发病时产量损失可达 100%，但一般损失为 10%～40%。此外，因病株碳水化合物含量减少导致麦芽糖产量降低，从而影响其酿造质量。

从大麦幼苗至成株期均可发生，主要为害叶片和叶鞘，较少侵染茎。幼苗发病，病斑多在距叶尖 1～2cm 处。成株发病多从基叶开始，叶尖先变黄。初期在叶片上先出现微小斑点或细条纹，渐扩大呈狭细暗褐色纵、横条纹的网状斑，叶围褪绿。也有病斑先发展成大的水浸状绿色斑，后呈现显著的暗褐色网状，严重受害病叶可完全干枯，病斑上可产生少量孢子。颖壳受侵染后也产生褐色病斑，但无网纹。

大麦网斑病病原的有性态为圆核腔菌 Pyrenophora trers（Died.）Dreechs.，属子囊菌门真菌。无性态为大麦网斑内脐蠕孢 Drechslera teres（Sacc.）Shoem.，属无性菌类。病菌分生孢子淡橄榄色，圆柱状，有 1～10 个隔膜，大小（30～175）×（15～22.5）μm。分生孢子梗多单生，也有 2～3 根束生的，直，仅顶端微弯。病残体上形成子囊壳。子囊壳黑褐色，近椭圆形，大小（430～800）μm×（300～600）μm，子囊无色，棍棒形，内含 8 个子囊孢子，有时 4 个。子囊孢子黄褐色，近椭圆形，大小（40～62.5）μm×（17.5～27.5）μm。

大麦网斑病菌以分生孢子、菌丝体或子囊壳在种子及病残体上越冬或越夏。大麦播种后，病菌孢子萌发侵入幼苗，以后在病部产生分生孢子，靠风、雨传播，引起再侵染。在抽穗扬花期间，花部也可局部受害，使种子带菌。低温、高湿、日照少有利于网斑病发生，在 20℃、相对湿度 100% 条件下，网斑发展迅速，特别是大麦孕穗至成熟期雨水多时病害发展快。冬大麦播种较晚发病重，品种间发病程度有较大差异。

（七）大麦赤霉病

大麦赤霉病是大麦的主要病害之一，该病害主要分布于春季温暖多雨的长江中下游冬麦区及东北局部春麦区。陕西、甘肃、山东等地也有分布，新疆有零星发生。

大麦整个全生育期都可受赤霉病为害，主要有苗枯、基腐、穗腐和秆腐等症状，以穗腐发生普遍和为害大。

穗腐：在大麦开花或开花后发生，乳熟期盛发。发病初期，麦壳上或小穗基部有水浸状褐色病斑，逐渐扩大，变成枯黄色，以后发病部位生出一层粉红色霉层，此为病原菌的分生孢子和分生孢子座。最后在粉红色霉层处形成黑色小粒，即病菌的子囊壳。麦穗得病后，麦粒干瘪，全穗枯腐，种子丧失发芽力。在一个麦穗上，一般是少数小穗先发病，然后扩展到穗轴，使病部呈褐色坏死，致使上部无病小穗枯死。

秆腐：在大麦生长中后期，叶鞘和茎秆受感染而使病部呈黄色秆腐状，其上生有粉红色霉层，极易折断而倒伏。

基腐：幼苗至成熟期均可发生。植株受害后，茎基变褐腐烂，以致全株枯死。拔起病株时，常自茎基腐烂处折断，病部有时可见白色或粉红色霉状物。

苗枯：幼苗出土前或出土后发生，根芽变褐色，轻者麦苗生长衰弱，重者麦苗枯死。

大麦赤霉病的病原菌主要是玉蜀黍赤霉菌 Gibberella zeae（Schw.）Petch，属于子囊菌门真菌，其无性世代主要为禾谷镰刀菌 Fusarium graminearum Schwabe。禾谷镰刀菌大型分生孢子多为镰刀形，稍弯曲，顶端钝，基部有明显足胞。一般有 3 ~ 5 个隔膜，大小（25 ~ 61）μm ×（3 ~ 5）μm，单个孢子无色，聚集成堆时呈粉红色。一般不产生小型分生孢子和厚垣孢子，禾谷镰刀菌对温度的适应范围很广，菌丝生长的最适温度范围为 22 ~ 28℃；分生孢子产生的最适温度为 24 ~ 28℃，分生孢子萌发的最适温度为 28℃，低于 4℃萌发缓慢，高于 37℃则不能萌发。在不同大麦产区还有其他镰刀菌也可引起大麦赤霉病，目前能引起大麦赤霉病的镰刀菌共有 11 种。

大麦赤霉病菌主要以菌丝体或子囊壳在麦株残体越冬。第二年条件适宜时产生分生孢子、子囊孢子侵染正在开花的麦穗上，从而造成穗腐。病部产生的分生孢子又可借风雨传播进行再侵染，使病害得以迅速扩展和蔓延。大麦赤霉病的发生与流行程度与品种、菌源量、气候条件、栽培管理及作物生育期都有密切的关系。若菌源量充足、气候条件适宜（高温高湿），又适逢抽穗扬花期，赤霉病就会大流行。有时早期菌源量虽多，但抽穗扬花期气候条件不利于病菌孢子的传播和侵入，病害发生也轻。有时早期菌源量虽少，但大麦抽穗扬花期气候条件适合，病菌孢子能在短时间内迅猛增加，也可导致病害大发生。

（八）大麦黄矮病

大麦黄矮病在全世界大麦产区普遍发生，为害最大的大麦病毒病，一般减产 20% ~ 30%，严重时可减产 50% 以上。我国华北、西北、东北、华东的大麦产区有发生，新疆零星发生。

小麦从出苗到成株期均可感病。大麦黄矮病的症状常因品种、生育期及环境条件的不同而不同，其共同特性是叶片黄化。在幼苗和拔节期发病，以新叶表现的症状最为明显，病株分蘖显著增多，植株矮缩显著，节间缩短呈丛簇状。叶片黄化，一般变黄从顶叶叶尖开始，沿叶缘向下延伸，直到全叶变黄，无花叶症状，病叶直立刚硬。在抽穗后发病，一般剑叶变黄，自尖端向下逐渐延伸，根系不健全，主根短，次生根少，矮化不明显。虽能抽穗但籽粒不饱满。

病原为大麦黄矮病毒 Barley yellow dwarf virus（BYDV），属黄症病毒属 Luteovirus 病毒粒

体球形，直径为（24～30）nm。大麦黄矮病毒的寄主范围较广，除了大麦外还有小麦、燕麦、玉米、谷子等作物，马唐草、狗尾草等杂草寄主。

大麦黄矮病主要通过蚜虫传播，包括麦二叉蚜、麦长管蚜、禾谷缢管蚜等14种蚜虫，但不同的蚜虫传染效率不同。带毒蚜后代还能继续传播，使病毒不断扩大，具有间歇性和持久性的特点。病害的发生和蚜虫的消长规律是一致的，而病害的发生、流行和蚜虫的消长又受气候条件的影响，其中温度则是病、虫发生迟早、轻重的决定因素。一般来讲，秋季天旱温度高，春季气温回升快，为重病流行年；秋季多雨而春季旱，为轻病年；如秋春季都多雨，则一般发病较轻。

二、新疆大麦病害的综合防治

大麦病害的防治应坚持"预防为主，综合防治"的原则，以农业防治为基础，以药剂处理为主导，选用抗病品种，加强栽培管理，培育适龄壮苗，平衡施肥，协调运用多种技术和措施，有效控制大麦病害的发生与危害，将病害控制在经济允许水平以下，从而保障大麦产业安全发展。

（一）选育和种植抗病品种

选育和种植抗病品种是防治大麦病害最经济有效的措施，尤其对白粉病、赤霉病、网斑病、云纹病等气流传播的病害效果非常明显。各地可根据以往的病情，选择适宜当地种植的抗病丰产品种。新疆目前种植大麦品种：甘啤3号、甘啤4号、垦啤3号、新引D_5、新引D_6、新引D_7、新引D_8、新引D_{10}、法瓦维特、新啤3号、新啤4号、新啤5号等品种的综合抗病性较好，各地可根据具体情况考虑推广应用。在推广利用抗病品种时，还要注意对不同抗病基因的品种合理布局，减缓品种抗病性丧失速度。

（二）选用无病种子和播前种子处理

把好种子质量关，是防治大麦种传病害的关键。首先建立大麦无病留种田，繁育无病种子，保证播种无病种子。其次采用三唑醇、戊唑醇、多菌灵、立克秀、萎锈灵等药剂拌种或用抑霉唑水剂、071生物水剂、福戊唑种衣剂进行种子包衣，可有效控制大麦条纹病、大麦散黑穗、大麦坚黑穗、大麦网斑病等种传病害的发生。针对大麦病毒病发生严重的地区，可用吡虫啉等进行拌种，防治蚜虫、灰飞虱等害虫，控制病毒病的发生。

（三）适时适量播种，加强栽培管理

根据品种特性及水肥条件，科学合理地确定品种、播期和播量。尽量在土温15℃以上播种，避免过早和过量播种，控制田间植株群体数量。精细整地，浇足底墒，提高播种质量。播前要清除自生麦苗及麦田周围杂草，消灭越夏菌源。播种前晒种1～2d，可提高发芽势和发芽率，早出苗，减轻发病。注意氮、磷、钾配合使用，增施有机肥，培育壮苗健苗，提高植株抗逆能力。

（四）药剂防治

药剂防治是大麦病害防治的重要手段。在做好播种期种子处理的基础上，在病害发生初期选用合适的药剂及时防治。如用粉锈宁、烯唑醇、多菌灵、敌力脱等防治大麦白粉病、锈病、纹枯病均有较好防治效果。扬花期如天气情况有利于大麦赤霉病的发生，可用多菌灵、代森锰锌、甲基硫菌灵、灭病威等进行防治，同时对大麦云纹病也有作用。

第二节　新疆大麦虫害及其防治

一、虫害种类及发生特点

（一）小麦皮蓟马

小麦皮蓟马，又称小麦管蓟马，属缨翅目，管蓟马科。南、北疆都有分布。

1. 寄主及为害

小麦皮蓟马寄主范围广泛，主要为害禾本科作物及杂草，还为害豆科、菊科、十字花科、茄科、旋花科等植物的花器。作物包括小麦、大麦、黑麦、燕麦、苜蓿、向日葵、芥菜等，杂草有看麦娘、狗尾草、芦苇、苦豆子、甘草等。

以成、若虫的锉吸式口器进行为害，不同生育期及不同部位的为害状如下：

（1）为害旗叶及护颖、外颖，吸食汁液造成皱缩、枯萎，被害部位发黄发白，麦芒卷曲。

（2）为害花器（扬花期），破坏雌雄蕊，影响授粉，造成白穗。

（3）为害籽粒（灌浆期），消耗养分，造成秕籽，同时由于挫伤表皮细胞组织，使表皮增厚，麦粒上留下黄褐色斑痕，从而降低麦类品质及出粉率。

2. 形态特征

成虫全体黑色，长1.5～2mm，头部略呈长方形，触角8节，第2节上有感觉孔，第3节黄色，有2个感觉锥，第4节最大，有4个感觉锥。前翅仅有一条不明显的纵脉，不延伸至翅顶，翅面光滑无微毛，腹部10节，末节延伸呈管状，端部环生6根细长尾毛，其间各生短毛1根；卵长椭圆形，乳黄色，直径0.2mm，一端较长；若虫共5龄，初孵若虫淡黄色，随龄期增长逐渐变为橙色至鲜红色，但触角和尾管始终略呈黑色，第三龄出现翅芽，有称之为“前蛹”；伪蛹淡红色，着生白色绒毛，触角分节不明显，紧贴于头两侧。

3. 生活史及习性

小麦皮蓟马一年发生1代（一化性昆虫）。以若虫在麦茬、麦根、麦场等地土壤下10～15cm处越冬，以1～5cm处密度最大。北疆在4月上、中旬平均气温达8℃时，越冬若虫开始活动，活动场所一般在麦苗上发黄的叶鞘处或在麦茬地黄萎而湿润的叶鞘内。平均气温达14.5℃左右时，大量上升到土表和麦茬内化蛹。平均温度15℃左右为盛期（大麦孕穗期），平均气温18℃左右羽化为成虫，冬麦上成虫出现高峰常在5、6月之交；春麦上出现高峰为6月中旬，两者相距约半月之久，由于皮蓟马成虫羽化高峰常与春麦抽穗期相吻合，故春麦受害往往重于冬麦。

成虫羽化后，首先集中于旗叶内侧叶耳、叶舌、叶面活动取食，行动是暴露的，在大麦孕穗吐芒期，特别是孕穗末期外包叶裂开期（俗称破肚）时，成虫大量侵入麦穗隐蔽为害，因此大麦孕穗始期未破肚前是化学防治小麦皮蓟马的第一个关键时期。

成虫羽化后7～10d开始产卵，冬春麦上虫卵高峰都在抽穗扬花期，每雌产卵约20粒，卵粒大多呈不规则的块状，被胶质粘固，卵块着生于小穗基部和左右两护颖的尖端内侧，在麦穗顶端2～3个小穗，以及麦穗基部的一个小穗上往往不产卵。卵期平均7～8d。扬花时卵大量孵化，初孵若虫要在穗上活动3～5d后才转入颖壳内为害。而灌浆期是若虫在麦穗中为害的高峰期，因此大麦扬花期、若虫未钻入麦穗前是药剂防治大麦皮蓟马的第二个关键时期。

实践证明，此时喷药，当年若虫可减少95.9%～99.9%，而且9、10月间，越冬基数也比对照减少81.5%～87.7%，如此连续几年大面积防治，可达到控制该虫为害的目的。

麦收时，部分若虫由黄熟的麦穗内爬出落入麦田，部分在收割时震落麦田，爬入土壤裂缝或集中于麦堆中，大部分爬入麦茬或叶鞘处，还有少数随麦捆进入麦场，潜伏于麦衣堆下或杂草、土壤中越夏、越冬。

与耕作措施关系密切，麦收后先浅耕灭茬后，深翻的防效可使虫口减少97.7%。不同耕作处理小麦皮蓟马的虫口情况见下表。

表12－1　麦收后不同耕作处理小麦皮蓟马虫口减少率比较（《农业昆虫学》，石河子农学院，1995）

耕作方法	基本虫口（头/m^2）	灭茬7～9cm的虫口密度（头/m^2）	虫口减少率（%）	深翻27cm虫口密度（头/m^2）	虫口减少率（%）
耕器浅耕	645	275.4	57.3	103.6	83.9
双排圆盘耙切翻	608	166.2	73.3	44.6	92.7
CK	653	未灭茬	未减少	173	73.5

（二）麦蚜

蚜虫，又叫腻虫、蜜虫、油虫等，属半翅目蚜科。新疆为害麦类作物叶片的蚜虫种类有麦长管蚜、麦二叉蚜、麦双尾蚜、禾谷缢管蚜、玉米蚜、红腹缢管蚜、麦无网蚜等，为害根部的除红腹缢管蚜外，还有秋四脉绵蚜、麦拟根蚜、菜豆根蚜等。其中以麦二叉蚜、麦长管蚜为害严重，麦双尾蚜仅局部地区发生。

1. 分布与为害

麦二叉蚜和麦长管蚜全疆各地均有发生。麦双尾蚜目前仅发生在新疆的阿勒泰、哈巴河、福海、布尔津、塔城、额敏、伊犁、霍城、昭苏及乌恰、叶城等地。

冬小麦是麦二叉蚜、麦长管蚜的第一寄主，春小麦、春大麦、自生麦苗、高粱、糜子和水稻为侨居寄主。麦双尾蚜最适寄主为大麦、小麦，而黑麦、燕麦、稻等仅为可食寄主。杂草寄主有芦苇、野燕麦、碱草、白茅、冰草等。

麦蚜主要以成、若虫为害。麦二叉蚜集中在苗期为害，主要在植株叶片背面取食，叶受害后，易产生黄色枯斑，黄斑连片易起全叶黄化枯死。麦长管蚜主要在穗期为害，多在穗部取食，如在叶片上则在叶正面，不易造成黄化现象。麦双尾蚜首先取食未展开叶，使叶从一侧纵卷成筒状，躲入其中繁殖为害，因取食时注入毒素，被害2d左右全叶呈现明显退绿斑和花叶，冷凉条件下叶出现深红至紫红条纹。

2. 形态特征

蚜虫一生形态多样，在田间主要危害的有翅胎生雌蚜及无翅胎生雌蚜，其形态特征见表12－2。

表 12-2　三种麦蚜形态的主要区别（《农业昆虫学》，石河子农学院，1985）

类型	特征＼种类	麦二叉蚜	麦长管蚜	麦双尾蚜
有翅胎生蚜	体长（mm）	1.8～2.3	0.4～2.8	狭长，2.5，长约为宽的3倍
	体色	头胸部灰黑，腹部绿色，背面中央有一条深绿色纵线，复眼黑褐色	头胸部暗绿或暗褐色，腹部黄绿色至浓绿色，腹背两侧有褐斑4～5个，复眼红色	头胸部黄褐色，胸部黄褐色，背面有3个明显的黑斑，腹部也有3个黑斑，复眼黑色
	额瘤	不明显	明显、外倾	中额瘤与额瘤隆起呈“W”形
	触角	比体短，第3节有5～8个感觉孔	比体长，第3节有6～18个感觉孔	不及体长1/2，第3节有4～6个感觉孔
	前翅中脉	分二叉	分三叉	分三叉
	腹管	中等长，淡绿色，端部暗褐色，末端缢短，向内倾斜	极长，全部黑褐色，端部有网状纹	很短，黄色，顶端和四周黑色
	尾片	圆锥状，中等长，黑色，有2对长毛	管状，极长，黄绿色，有3～4对长毛（有时两侧不对称）	指状，较长，黄褐绿色，中部稍膨大，上有4根毛，其上方有明显上尾片，黄褐色大于腹管而小于尾片，顶端黑色，略膨大
无翅胎生蚜	体长（mm）	1.4～2	2.3～2.9	狭长，1.6
	体色	淡黄绿色至绿色，背面中央有条深绿色的纵线	淡绿色或黄绿色，背侧有褐色斑点，复眼赤褐色	胸部草绿色至米黄色，上覆一层白色蜡粉，体乳白色，腹部腹面末端黑色
	触角	为体长的一半或稍长	与体等长或超过体长，黑色，第3节有0～4个感觉孔，第6节鞭部长为基部的5倍	不及体长之半，鞭部黑色

3. 生活史及习性

麦二叉蚜和麦长管蚜一年发生10～20代以上（新疆喀什地区麦二叉蚜一年发生28～30代），以卵在麦苗枯叶、残茬、杂草上越冬，着卵率达85.8%，其次是当年麦苗，着卵率达11.8%，土缝内着卵率仅2.2%。按麦长管蚜和麦二叉蚜迁飞为害规律分为以下三个基地：

（1）以冬麦为主的发生基地。越冬卵翌年春天冬麦返青时开始孵化（此时平均气温达2～4℃或旬平均气温达2.8～5.6℃），孵化期30d左右，之后以孤雌胎生方式繁殖后代（干雌）为害麦苗，尤其在拔节孕穗期，造成严重为害，严重时不能拔节，孕穗期受害时轻则旗叶发生扭曲，不易抽穗，重则心叶枯死不能孕穗。5月上、中旬平均气温达18～23℃时，蚜量直线上升，5月底出现第一次为害高峰。此时出现有翅迁移蚜，迁至过渡基地。

（2）以高梁和部分春小麦、春大麦为主的过渡基地。第一次为害高峰后，开始向高梁、春麦上迁飞。5月底为麦二叉蚜的迁飞高峰，6月初～6月中在高梁上出现第一次为害高峰，高梁被害后，叶片变红，植株生长受抑制，8月则不能抽穗。此后由于气温升高，蚜量逐渐下降。7月平均温度在25℃以上，蚜量很少。从8月上旬起，蚜量再次增多，在高梁上形成第二次为害高峰。9 月中下旬，随着营养条件恶化，气温下降，产生有翅迁移蚜，迁至越冬基地。

（3）以冬麦秋苗为主的越冬基地。9 月中旬后，正值冬麦播种出苗，蚜虫则大部分从高粱上迁回，9 月下旬，在冬麦秋苗上出现一次为害小高峰。由于短日照来临出现性母，如日照短于 12h 以下，5 ~ 10d 则产生性蚜进行交配产卵越冬。一般 11.3℃开始产卵。因此，麦蚜在穗期和秋苗期形成一大一小两个高峰，在春小麦和春大麦上形成一个高峰，高粱上麦二叉蚜的为害有两次为害高峰。

麦双尾蚜在麦类不同发育阶段都造成危害，受害越早，危害的程度越重，其中麦类拔节至开花期是无翅蚜扩散和有翅蚜迁飞扩大期，抓住关键期，才能有效提高防效。

麦二叉蚜耐寒耐旱性强，5℃以上即能繁殖，13℃时可产生有翅蚜，一般适温为 20℃ ~ 28℃，最喜干燥，相对湿度为 35% ~67%。麦长管蚜较喜温暖潮湿，6℃以上开始活动，最适温度为 12℃ ~20℃，相对湿度 40% ~80%，28℃以上生育停滞。麦双尾蚜最适温区为 15℃ ~20℃；麦蚜繁殖率高，一头蚜虫可活 30 多天，每天平均产仔 2 ~5 头，条件适宜时，所产若蚜经 4 ~6d 又能繁殖后代。

（三）麦秆蝇

麦秆蝇俗称麦钻心虫、麦蛆等，属于双翅目、秆蝇科。新疆主要有两种：麦秆蝇（又称黄麦秆蝇、绿麦秆蝇）、黑麦秆蝇（又称瑞典蝇、欧洲麦秆蝇、燕麦秆蝇）。

1. 分布与为害

麦秆蝇是我国小麦的重要害虫之一，两种秆蝇南北疆均有分布，其中黑麦秆蝇对麦类为害较重。

麦秆蝇为害小麦、大麦、黑麦、燕麦和玉米。杂草寄主冰草、赖草、碱草、蚊子草、佛子茅、狗尾草、偃麦草、狗牙根。以幼虫钻入寄主茎内蛀食为害，初孵幼虫从叶鞘或茎节间钻入麦茎，或在幼嫩心叶及穗节基部 1/5 ~ 1/4 处呈螺旋状向下蛀食，形成枯心、白穗、烂穗，不能结实。不同时期的为害症状分别表现为：

（1）苗期造成“枯心”。幼苗主茎被咬食，造成心叶枯黄而死，之后继续为害分蘖，以致分蘖丛生。

（2）拔节期造成“坐罢”（不着穗的庄稼）。由于麦杆主茎被害，养分用于后期丛生的无效分蘖，很少孕穗，称“坐罢”，即使孕穗也极短小，无法收获。

（3）孕穗初期造成“烂穗”或“坏穗”。幼虫侵入幼穗咬食形成环状切口阻碍穗生长造成“烂穗”或为害部分小穗，被害的则变白，其他小穗仍不能正常扬花、结实，造成“坏穗”。

（4）孕穗末期或抽穗初期造成“白穗”。此时幼虫从麦穗下部蛀入穗节，造成“白穗”，而穗节外部叶片仍为正常绿色。

2. 形态特征

麦秆蝇雄成虫体长 3.0 ~3.5mm，雌虫 3.7 ~4.5mm。体黄绿色，复眼黑色，有青绿色光泽。单眼区褐斑较大，边缘越出单眼之外，下颚须基部黄绿色，端部 2/3 部分膨大成棍棒状，黑色。翅透明，翅脉黄色。胸部背面有 3 条纵纹，中央的纵纹直达棱状的末端，其末端的宽度大于前端宽度的 1/2，两侧纵纹各在后端分叉为二。足黄绿色，跗节暗色。后足腿节明显膨大，内侧有黑色刺列；后足胫节显著弯曲；老熟幼虫体长 6.0 ~6.5mm，体细长，体色黄绿或淡黄绿，口钩黑色，前气门分枝和气门小孔数为6~9个，多数为7个；围蛹体长雄虫4.3~4.8mm，雌虫5.0~5.3mm。体色初期较淡，后期黄绿，通过蛹壳可见复眼、胸部及腹部纵纹和下颚端部的黑色部分，口钩色泽及前气门分枝数和气门小孔数与幼虫同。

3. 生活史及习性

麦秆蝇在新疆一年发生3~4代，以幼虫在麦苗心叶内越冬。第一代及末代幼虫是主要为害代。在北疆麦区，第一代幼虫于5~6月出现为害。第二代幼虫于7~8月出现，为害自生麦苗及禾本科杂草。第三代8月底为害早播冬麦。9~10月为害冬麦主茎，在南疆喀什等地区，麦秆蝇发生早于黑麦秆蝇15~30d，所以第一代幼虫在3~4月为害刚返青分蘖的冬麦。

麦秆蝇在白天羽化，以早6~8时羽化量最大，成虫在天气晴朗无风之日最活跃，在麦株顶部附近飞翔求偶，多在叶鞘处交配，早晚、夜间、午后强光高温或阴雨大风天时，多潜伏于植株下部叶背停息。对糖蜜有较强趋性，常在苜蓿、油菜上取食花蜜，有时取食蚜虫蜜露。

卵散产，对产卵部位有明显的选择性。麦秆蝇卵多产在麦茎及叶片下面基部近叶舌处；黑麦秆蝇则产于地面麦茎基部叶鞘内外或土表下茎杆四周土中，小麦的生育期、长势、品种、小气候都对着卵率有一定影响。小麦拔节期着卵量最多，抽穗、扬花期最少。生长势强、发育整齐的着卵率低，一般生长茂密、通风透光差的麦田着卵少。春麦品种中凡茎、叶多毛，叶片狭窄的着卵率小，冬麦中苗株直立或半直立形，引蝇产卵差。

幼虫孵化后即向叶舌处爬去，以口钩伸缩来寻找入侵点，苗期由心叶入侵，拔节后由叶鞘与茎秆间缝隙入侵。幼虫有转株为害习性，一头幼虫可为害4个分蘖。

（四）黑角负泥虫

黑角负泥虫，俗称背屎虫、红颈虫等，属鞘翅目，负泥虫科。

1. 分布及为害

黑角负泥虫分布于天山北麓和阿尔泰山区的阿勒泰、塔城、伊犁、石河子、昌吉和乌鲁木齐等，以凉爽湿润的山地发生最多。小麦受害最重，其次为害大麦、燕麦和黑麦等。成虫、幼虫取食叶片，幼虫为害严重，取食叶肉仅留下表皮，呈透明薄膜状，严重时叶肉全被吃光，经太阳暴晒，叶片失水而卷曲干枯，影响抽穗，或形成秕粒，使千粒重降低。

2. 形态特征

成虫体长4~4.5mm，宽2mm左右。头、触角、足跗节为黑色，触角11节。前胸背板和足的腿节和胫节均为橙红色。鞘翅为兰绿色带金属光泽。每鞘翅上有5排较为稀疏近圆形的刻点；卵长1.0~1.2mm，宽0.2~0.3mm，长椭园形，淡黄色。初产时为橙黄色，孵化前为橙红色或灰褐色，卵聚产或成链状排列，平行于叶脉；幼虫体长4.4~5.0mm。头小，褐色。胸部污黄色，较细。胸部膨大隆起，尤以3~5节为最甚。3对胸足，黄褐色，无腹足。各体节多皱纹和明显的褐色气孔分布于体侧。背负一堆褐色稠粘液，故名负泥虫。蛹长3~4mm，黄褐色，椭圆形。老熟幼虫在土茧中化蛹，茧4.0~4.5mm，土色。

3. 生活史及习性

麦负泥虫在伊犁垦区一年发生1代，以成虫在土中作土室越冬。当冬麦返青时越冬成虫即出蛰取食活动。5月上、中旬是产卵盛期，幼虫于5月中下旬至6月上旬达为害盛期，5月下旬至6月上中旬为蛹期。蛹羽化为成虫在7月上旬至8月上旬初，少数成虫羽化后不出土，在土中直接越夏越冬。新羽成虫为害盛期在7月中、下旬。麦收割后在杂草处可找到成虫，直至9月以后，成虫陆续进入越冬状态。

成虫夜间取食活动，喜食幼嫩叶片。不善飞翔，具假死性，以气温在18℃～25℃，受惊时表现尤为明显。成虫以夜间交配产卵为主，一雌可行多次交配产卵，每雌可产卵达300粒左右。卵块多产叶片正面，卵期13～15d，卵多在上午孵化，初孵幼虫有群集性。幼虫共4龄，行动迟缓，气温高时多转移到叶片背面静伏。幼虫多沿着叶脉啃食叶肉，残留薄膜。使被害叶呈长条状，严重受害田，远望一片白色景状。幼虫期约15d。老熟幼虫多选择小洼坑及土中化蛹。化蛹时先吐腊絮状物将裸露虫体覆盖，后吐腊絮状物作茧，在土茧中化蛹，蛹期为15～22d。凡是生长旺盛、密度大、田间湿度大的麦田，虫口密度大，为害亦重。

（五）麦田蝽类

麦田蝽类主要为斑须蝽和西北麦蝽，同属半翅目，蝽科。斑须蝽俗称臭大姐。两者全疆均有分布。

1. 斑须蝽

（1）寄主与为害。寄主包括大麦、小麦、粟（谷子）、玉米、白菜、油菜、甘蓝、萝卜、豌豆、胡萝卜、葱和其他农作物。成虫和若虫刺吸嫩叶、嫩茎及穗部汁液。茎叶被害后，出现黄褐色斑点，严重时叶片卷曲，嫩茎凋萎，影响生长，造成减产。

（2）形态特征。成虫体长8～13.5mm，宽约6mm，椭圆形，黄褐或紫色，密被白绒毛和黑色小刻点；触角黑白相间；喙细长，紧贴于头部腹面。小盾片末端钝而光滑，黄白色。

（3）生活史及习性。一年发生2代，以成虫在田间杂草、枯枝落叶、植物根际、树皮及屋檐下越冬。4月初开始活动，4月中旬交尾产卵，4月底5月初幼虫孵化，第一代成虫6月初羽化，6月中旬为产卵盛期；第二代于6月中、下旬至7月上旬幼虫孵化，8月中旬开始羽化为成虫，10月上中旬陆续越冬。卵多产在作物上部叶片正面或花蕾、果实的苞片上，多行整齐纵列。初孵若虫群聚为害，2龄后扩散为害。

2. 西北麦蝽

（1）寄主与为害。寄主包括麦类、水稻等禾本科植物。成、若虫刺吸寄主叶片汁液，受害麦苗出现枯心或叶面上出现白斑，后扭曲成辫子状，出现白穗和瘪粒。

（2）形态特征。成虫体长9～11mm，黄褐色，具黑纵条纹，头向下倾，前端尖且分裂。小盾片特别发达似舌状，长度超过腹背中央。卵馒头形，红褐色；若虫体大部乃至全体黑色，复眼红色，腹节之间为黄色。

（3）生活习性。一年发生2～3代，成虫在芨芨草基部越冬。翌年4月下旬开始活动，5月初迁进麦田为害麦苗，5月上旬在麦苗下部叶尖或地表的枯枝残叶上产卵，11～12粒排成单列，5月中旬孵化成若虫继续为害，小麦成熟时成虫又飞回越冬杂草上，进入10月间开始潜伏越冬。

（六）黄地老虎

黄地老虎又名切根虫、夜盗虫，属鳞翅目，夜蛾科。

1. 分布与为害

黄地老虎在新疆各地均有发生，干旱地区发生严重，南疆重于北疆。幼虫食性很杂，危害大麦、小麦、高粱、棉花、玉米、甜菜、马铃薯、芝麻、瓜菜、树苗等。

以幼虫蚕食叶片和嫩茎，造成缺刻和孔洞，严重可将麦苗吃光。

2. 形态特征

成虫体长14~19mm，翅展32~43mm，灰褐至黄褐色。额部具钝锥形突起，中央有一凹陷。前翅黄褐色，全面散布小褐点，各横线为双条曲线但多不明显，肾纹、环纹和剑纹明显，且围有黑褐色细边，其余部分为黄褐色；后翅灰白色，半透明。卵扁圆形，底平，黄白色，具40多条波状弯曲纵脊，其中约有15条达到精孔区，横脊15条以下，组成网状花纹。老熟幼虫体长33~45mm，头部黄褐色，体淡黄褐色，体表颗粒不明显，体多皱纹而淡，臀板上有两块黄褐色大斑，中央断开，小黑点较多，腹部各节背面毛片，后两个比前两个稍大。蛹长16~19mm，红褐色，5~7腹节背面有很密的小刻点9~10排，腹末生粗臀棘一对。

3. 生活史及习性

在南疆一年发生3代（部分地区4代）；北疆发生2代（个别3代），多以老熟幼虫为主的各龄幼虫在田埂或沟渠边向阳坡的杂草中7~10cm深土穴中越冬。

南疆越冬幼虫4月上旬达化蛹盛期，第一代成虫盛蛾期在4月底到5月上旬，5月上旬为卵高峰期，5月中、下旬为幼虫猖獗为害期，玉米、棉花等春作物幼苗为害重；第二代幼虫为害期为7月上、中旬，发生为害轻，成虫于8月中旬盛发；第三代幼虫为害期为8月下旬至9月上旬，以秋菜及早播冬麦受害较为严重。石河子地区第一代成虫约在5月中旬左右出现，对应的物候谚语有：洋槐花初见，黄蛾就出现。5月下旬至6月上旬为卵孵化期，6月中、下旬为幼虫为害期。第二代成虫于7月中旬至8月上旬进入羽化盛期（伊犁新源为7月下旬至8月上旬），8月上中旬为卵高峰，同时也是幼虫为害期。南北疆一般到10月中、下旬幼虫陆续进入越冬场所。

成虫昼伏夜出，对黑光灯有一定趋性，对糖、醋、酒液无明显趋性，喜在大葱花蕊上取食，补充营养。平均卵量400~500粒/♀（最多1300粒），常10~30粒为一堆。各代对产卵寄主趋性有一定的差异：第一代卵主要产在野生苘麻上，其次产在灰藜、旋花等杂草上，再次产在玉米、谷茬的须根和地面细小林枝上；第二代卵主要产在冬白菜地靠近地面的叶片背面。在一年发生3代地区，第一代与上相同，第二代卵产在休闲地和夏播作物地中，因受高温的影响，发生量小，为害也轻；第三代卵产在秋播作物，如冬麦及冬白菜和冬油菜地中，卵期一周左右。

初孵化的幼虫耐饥时间可达72~96h，为害时将嫩叶咬成小孔，或为害心叶形成排孔，龄期稍大的幼虫，多在苗茎基部贴土表咬断或蛀一小孔，造成枯苗。幼虫共6龄，有群集现象，常在一颗苗的主干，可见几头到10多头幼虫。

二、新疆大麦虫害综合防治技术

（一）大麦播种期和苗期虫害的防治

1. 农业防治法

（1）合理调整作物布局，实行轮作倒茬。冬、春麦混作区，应量分别集中种植或单一种植，进行麦、棉、油轮作倒茬，切断食物联系，减轻蚜虫为害。此外，麦二叉蚜严重常发区，夏季扩大玉米、谷子面积，减小高梁、糜子面积或尽量远离，可减少桥梁寄主，相应减低秋季虫源。新老麦田尽可能远离也可减轻小麦皮蓟马的为害。大麦与棉、油等进行轮作，也可对地下害虫等有一定抑制作用。

（2）选育抗虫品种。选育高产、优质、抗虫的良种，是最经济有效的防治措施。抗麦秆蝇的品种主要表现为不选择性问题，一是叶片狭窄、茸毛多的品种，不适于麦秆蝇成虫产卵，茎秆细而坚韧的品种，幼虫入侵率低；二是生育期短，尤其是拔节到抽穗期短的品种着卵率低，受害轻。早熟品种的受害程度一般都较轻。

（3）改进大麦栽培管理技术。因地制宜地进行深翻土地或麦收后伏耕灭茬，使落粒入土发芽，引诱麦秆蝇成蝇产卵，再秋翻消灭越冬幼虫，铲除自生苗和杂草。精耕细作，加强水肥管理，合理密植，增强抗虫能力，减轻为害。

（4）调整作物播种时期。适当调节播种期，可减轻或避过为害。早播麦田地老虎为害轻，同时也可避开麦秆蝇越冬代成虫着卵，减轻一代为害。

2. 化学防治

（1）药剂拌种。用50%辛硫磷乳油按种子重量的0.2%拌种，或用辛硫磷微胶囊剂按有效成分的0.05%～0.1%拌种、50%的二嗪磷乳油、40%乐果乳油，每0.5kg兑水20～30kg，拌麦种250～300kg，可有效防治地下害虫及苗期地面害虫。

（2）毒饵。用90%敌百虫5kg加水3～5kg，拌铡碎的鲜草或鲜菜叶50kg，配成青饵，傍晚撒在植株附近诱杀地老虎幼虫效果不错。

3. 物理机械防治

用糖醋液诱杀器或黑光灯诱杀地老虎成蛾。糖醋液配方：糖6份、醋3份、白酒1份、水10份、90%敌百虫1份调匀，或用泡菜水加适量农药，在成虫发生期设置，均有诱杀效果。

（二）大麦拔节至成熟期虫害的防治

1. 农业防治法

（1）夏收后宜行浅耕灭茬，以减少越冬虫源。

（2）灌水灭虫。结合秋耕进行冬灌，消灭黄地老虎越冬幼虫，可以减轻来年的发生为害。

（3）铲埂灭蛹。田埂面积虽小，却聚积了大量的幼虫。只要铲去了3cm左右一层表土，即可杀死很多蛹。铲埂时间以在黄地老虎化蛹率达90%时进行为宜。要在5～7d内完成。

2. 物理机械防治法

在负泥虫成、幼虫发生盛期，于麦田人工网捕，收效良好；麦收后及时伏耕再秋耕，破坏小麦皮蓟马越冬越夏的场所，清理麦场麦糠，消灭若虫。

3. 药剂防治

主要采用药剂喷雾的方法，依据不同防治对象看选用不同药剂。

黄地老虎幼虫3龄前暴露在寄主植物或地面上，是药剂防治的适期。可喷撒90%敌百虫800～1000倍液或菊酯类农药等。

麦蚜发生期，必要时喷洒20%灭扫利乳油2000倍液或50%抗蚜威超微可湿性粉剂2000倍液、40.7%乐斯本乳油1500倍液、2.5%保得乳油2500倍液。

小麦皮蓟马防治关键时期：孕穗始期破肚前防治成虫，扬花期防治初孵若虫。孕穗期用20%丁硫克百威乳油或10%吡虫啉可湿性粉剂、1.8%爱比菌素乳油、10%除尽乳油2000倍液，666.7m^2喷兑好的药液75kg。在扬花期可喷洒2.5%保得乳油2500倍液或10%大功臣可湿性粉剂，每666.7m^2用44%多虫清乳油30ml，兑水60kg喷雾。

（三）生物防治

麦田的有益生物资源较为丰富，包括多种瓢虫、草蛉、食蚜蝇、寄生蜂、寄生蝇、蜘蛛、捕食性螨类等，不仅可较好控制麦蚜等麦田害虫，而且是同期及后茬作物田害虫天敌的重要虫源地，因此应尽量减少农药的使用，改进施药方法，选择高效低毒的杀虫剂及生物农药，如多应用细菌、真菌、病毒制剂和生物源农药及除虫脲类、昆虫激素等，以扩大天敌利用面积，要充分发挥自然天敌的控害作用，提高生态效益。

附录

新疆啤酒大麦品种简介

1989～2011 年，由新疆各单位引育成功，并先后经新疆农作物品种审定委员会通过审（认）定，及经新疆非主要农作物品种登记办公室通过品种登记的大麦品种共 25 个，全部为啤酒专用品种。

新引 D_1

1. 品种来源

新引 D_1 是新疆农业大学从中国农业科学院转引的美国品种 Steptoe。1989 年经新疆维吾尔自治区农作物品种审定委员会审定命名。

2. 品种特征特性

（1）生育期：春性，中早熟，生育期 80～90d。

（2）植株性状：株高 80～90cm，分蘖力中等。

（3）穗部性状：穗长芒，多棱型，穗粒数 34～38 粒，千粒重 40～45g。

（4）籽粒性状：籽粒淡黄色，种皮稍厚。

（5）抗性：抗倒伏能力中等，耐干旱、耐盐碱能力较强，抗大麦条纹病。

（6）产量水平：在适宜种植区域内的中上等水肥条件下，一般籽粒单产 300～380kg/667m^2，最高可达 600kg/667m^2 以上。

（7）品质：籽粒蛋白质含量 10.9%～12.0%。

3. 栽培技术要点

（1）播种期：该品种中早熟，应在适宜的播期内力争早播，早春人工化雪，采用“顶凌播种”，有利于植株生长发育，提高产量。

（2）播种量：由于分蘖成穗率较高，因此播量不宜过大，基本苗以 20 万～22 万株/667m^2 为宜。

（3）施肥：为防止倒伏，并获得最佳的籽粒品质，施肥量应控制在同类地块小麦施肥量的 2/3 左右，有机肥与化肥配合使用，最好做基肥一次性施入。或只留少量的氮肥在头水时追施，后期视苗情酌情补施叶面肥。

（4）灌水：全生育期一般灌水 4～5 次，头水应在 2 叶 1 心至 3 叶期灌，二水与头水间隔不宜超过 15d，长势旺的田块拔节期适当控水，以后各水保证田间不受旱为原则。

（5）收获：适期收获，在晴好天气进行，籽粒晒至含水量在 12% 以下，防雨淋，保证麦粒原色。

4. 适宜栽培地区

适宜在新疆气候较冷凉的春大麦区种植，也适宜于我国西北春大麦类似地区种植。

新引 D_2

1. 品种来源

新引 D_2（原名嘎尔）是新疆农业大学从中国农业科学院转引的美国品种，1989 年经新疆维吾尔自治区农作物品种审定委员会审定命名。

2. 品种特征特性

（1）生育期：春性，中早熟，生育期 80～90d。

（2）植株性状：株高 100～110cm，茎秆较细软。

（3）穗部性状：穗长芒，多棱型，穗粒数 33～39 粒。

（4）籽粒性状：籽粒淡黄色，种皮较厚，千粒重 40～45g。

（5）抗性：由于植株较高，茎秆细软，该品种抗倒伏能力较弱，抗大麦条纹病。

（6）产量水平：在适宜种植区域内的中上等水肥条件下，一般籽粒单产 300kg/667m^2 左右。

（7）品质：蛋白质含量 12% 左右。

3. 栽培技术要点

（1）播种期：该品种中早熟，应在适宜播期内力争早播，早春人工化雪，可采用“顶凌播种”。

（2）播种量：该品种播量不宜过大，基本苗 20 万株/667m^2 左右为宜。

（3）施肥：为防止倒伏，并获得最佳的籽粒品质，施肥量应根据土壤肥力状况酌情施用，一般控制在同类地块小麦施肥量 2/3 左右，有机肥与化肥配合使用，最好做基肥一次性施入。

（4）灌水：全生育期一般灌水 4～5 次，头水应在 2 叶 1 心至 3 叶期灌，二水与头水间隔不宜超过 15d，长势较旺的田块拔节期应适当进行控水。

（5）化控：因该品种植株偏高，高产田应在拔节前喷施矮壮素，防止倒伏。

（6）收获：适期收获，在晴好天气进行，籽粒晾晒至含水量在 12% 以下，并防雨淋，保证麦粒原色。

4. 适宜栽培地区

适宜在新疆气候较冷凉的春大麦区种植，也适宜于我国西北春大麦类似地区种植。

新引 D_3

1. 品种来源

新引 D_3（原名 Kracuj）是新疆农业大学 1979 年从原轻工业部转引的南斯拉夫品种，1989 年经新疆维吾尔自治区农作物品种审定委员会审定命名。

2. 品种特征特性

（1）生育期：春性，中早熟，生育期 84～94d。

（2）植株性状：株高 90～100cm，株型半紧凑，分蘖力强，成穗率高。
（3）穗部性状：穗纺锤形，长芒，二棱型，穗长 7～9cm，穗粒数 22～25 粒。
（4）籽粒性状：籽粒短圆，淡黄色，千粒重 40～45g。
（5）抗性：由于株高较高，抗倒伏能力较弱。抗大麦条纹病。
（6）产量水平：在适宜种植区域内的中上等水肥条件下栽培，一般籽粒单产 300kg/667m^2 左右。
（7）品质：蛋白质含量为 10%～13%。
3. 栽培技术要点
（1）播种期：该品种为中早熟品种，应在适宜播期内力争早播，早春人工化雪，采用“顶凌播种”。
（2）播种量：分蘖力强，成穗率高，播量不宜过大，基本苗以 20 万株/667m^2 左右为宜。
（3）施肥：为防止倒伏，并获得最佳的籽粒品质，施肥量应控制在同类地块小麦施肥量 2/3 左右，有机肥与化肥配合使用，最好做基肥一次性施入。
（4）灌水：全生育期一般灌水 4～5 次，头水应在 2 叶 1 心至 3 叶期灌，长势旺的田块拔节期适当控水，以后各水保证田间不受旱为原则。
（5）化控：因植株偏高，高产田应在拔节前喷施矮壮素，防止倒伏。
（6）收获：适期收获，在晴好天气进行，籽粒晾晒至含水量在 12% 以下，并防雨淋，保证麦粒原色。
4. 适宜栽培地区
该品种引入新疆较早，分布较广，20 世纪 90 年代前中期曾是新疆各啤酒厂的主要原料，90 年代后期种植面积逐年减少。适宜在新疆气候较冷凉的春大麦区种植。

新引 D_4

1. 品种来源
新引 D_4 是 1986 年石河子种子公司引进的德国啤酒大麦品种 Lerche（曾用名石引 1 号），经新疆农垦科学院多年试验、鉴评，表现良好，1995 年经新疆维吾尔自治区农作物品种审定委员会审定命名。
2. 品种特征特性
（1）生育期：在石河子地区生育期 80～82d。
（2）植株性状：植株生长健壮整齐，株高 80cm 左右，分蘖力强，成穗率高。
（3）穗部性状：穗长芒，二棱型，千粒重 40～45g。
（4）抗性：抗倒伏能力较强。
（5）产量水平：在中上等水肥条件下，一般籽粒单产 300～350kg/667m^2 左右。
（6）品质：籽粒蛋白质含量为 9%～10%。
3. 栽培技术要点
（1）播种期：该品种中熟，应适期早播，在北疆一般在 3 月下旬至 4 月上旬播种。
（2）播种量：因分蘖成穗率高，基本苗以 20 万～25 万株/667m^2 左右为宜。

（3）施肥：全部磷素化肥和大部分氮素化肥做基肥，少量氮肥在头水时追施，后期根据苗情适当补施叶面肥。

（4）灌水：全生育期一般灌水4~5次，2叶1心至3叶期应灌头水。

（5）收获：适期收获，收时要防止雨淋。

4. 适宜栽培地区

适宜在新疆各春大麦区种植。

新引D_5

1. 品种来源

新引D_5是石河子大学麦类作物研究所1994年从广东转引进美国20世纪90年代推广的主要啤酒大麦品种B1202，1999年经新疆维吾尔自治区农作物品种审定委员会审定命名。

2. 品种特征特性

（1）生育期：春性，中熟，生育期79~99d。

（2）植株性状：幼苗直立，长势较强，叶耳紫色，茎叶蜡粉较多，旗叶较小，株高85~95cm，茎粗中等，基部节间短。

（3）穗部性状：穗长方形，淡黄色，疏二棱型，直长芒，芒上有细齿，穗长8cm左右，主穗粒数23~25粒。

（4）籽粒性状：籽粒淡黄色，椭圆形，种皮薄，颖壳上皱纹较多，千粒重42~46g。

（5）抗性：抗倒伏能力中等，高抗白粉病和条纹病。

（6）产量水平：在适宜种植区域内中上等水肥条件下栽培，一般籽粒单产350~450kg/667m^2。

（7）品质：籽粒粗蛋白含量11.7%，麦芽无水浸出率79.4%，蛋白质含量11.4%，库尔巴哈值44.5%，α-氨基氮182mg/100g，糖化力420°WK。

3. 栽培技术要点

（1）播种期：应在适宜的播期内，力争早播，以避免减少后期高温影响，早春土壤解冻5~7cm即可播种，“顶凌播种”更有利于增产。

（2）播种量：因该品种分蘖成穗率较高，播量不宜过大，基本苗以20万~22万株/667m^2为宜。

（3）施肥：尽量少施早施氮素化肥，一般结合头水追施氮肥3~5kg/667m^2，中后期不施氮。

（4）灌水：全生育期一般灌水4~5次，灌水应根据“早灌、勤灌、轻灌”的原则进行。两叶一心灌头水，拔节期应延迟灌水时间，适当减少灌水量以控制基部1~2节间伸长，后期应保证土壤水分，确保酿造品质优良。

（5）化控：在高水肥条件下，应于拔节前喷施矮壮素防止倒伏。

（6）收获：成熟后及时收获，防止穗头过干造成折断，降低产量。

4. 适宜栽培地区

适于在新疆气候较冷凉的春大麦区种植。

新引 D_6

1. 品种来源

新引 D_6 是新疆农业科学院粮作所1998 年从河北保定麦芽公司转引的法国引进的优质啤酒大麦品种 PYRAMID，由新疆农科院奇台试验场经过一系列比较鉴定，2002 年经新疆维吾尔自治区农作物品种审定委员会审定命名。

2. 品种特征特性

（1）生育期：属春性中熟品种，生育期 90 ~ 110d。

（2）植株性状：单株分蘖力强，分蘖成穗率高，株高 84 ~ 92cm。

（3）穗部性状：穗长方形，二棱型，长芒，穗长 7. 15 ~ 8. 19cm，穗粒数 23 ~ 26 粒。

（4）籽粒性状：籽粒淡黄色，卵圆形，表皮有细小皱纹，千粒重 46 ~ 50g。

（5）抗性：抗倒伏能力较强，抗旱、抗干热风能力较强，抗病性较好。

（6）产量水平：在适宜种植区域内中上等水肥条件下栽培，一般籽粒单产 350 ~ 450kg/667m^2。

（7）品质：蛋白质含量 12. 6%，浸出率 78. 5%，库尔巴哈值 40. 1%，糖化力 379°WK，β－葡聚糖含量 4. 29%。

3. 栽培技术要点

（1）播种期：开春后一般播种机能进地即可播种，在适墒情况下，播种期越早越好。新疆北疆地区一般在 3 月中下旬至 4 月上旬，山区旱地一般在 4 月中下旬至 5 月上旬。

（2）播种量：播种量不宜过大，基本苗以 20 万 ~22 万株/667m^2 为宜。

（3）施肥：注意有机肥与化肥配合使用。产量在 500kg/667m^2 中等以上肥力的土壤，一般施底肥磷酸二铵 15kg/667m^2 左右，种肥磷酸二铵 15kg/667m^2 左右，头水追施尿素 10kg/667m^2 左右，以后视苗情酌情补施叶面肥。

（4）灌水：掌握“早灌、轻灌、勤灌”原则。一般在 2 叶 1 心期灌头水，以后各水以保证不受旱为原则，整个生育期灌水 4 ~5 次。

（5）收获：注意适期收获，在晴好天气进行，含水量在 12% 以下，防雨淋，保证麦粒原色。

4. 适宜栽培地区

适于在北疆气候较冷凉的春大麦区种植。

新引 D_7

1. 品种来源

新引 D_7 是石河子大学农学院麦类作物研究所与兵团种子管理总站分别从甘肃转引的丹麦品种 CA_2-1。2002 年经新疆维吾尔自治区农作物品种审定委员会审定命名。

2. 品种特征特性

（1）生育期：属春性中熟品种，生育期 81 ~ 110d。

（2）植株性状：幼苗半匍匐，株高 85 ~95cm，茎粗中等，分蘖力强，成穗率较高。

（3）穗部性状：二棱型，长芒，穗长8~9cm，主穗粒数23~28粒。

（4）籽粒性状：籽粒淡黄色，千粒重46~50g。

（5）抗性：抗倒伏能力中等，对条纹病高抗。

（6）产量水平：在适宜种植区域内的中上等水肥条件下，一般籽粒单产400~450kg/667m^2，具有籽粒单产550kg/667m^2的潜力。

（7）品质：蛋白质含量12%以下。

3. 栽培技术要点

（1）播种期：适期早播，开春后土壤解冻5cm以上，即可利用中午解冻时间进行“顶凌播种”。

（2）播种量：播量不宜过大，基本苗以20万~22万株/667m^2为宜。

（3）施肥：尽量少施早施氮素化肥，全部磷素化肥和大部分氮素化肥做基肥，一般结合头水追施氮肥5~7kg/667hm^2，中后期不施氮，防止籽粒蛋白质含量偏高。

（4）灌水：为了促进有效分蘖，增加穗粒数，头水应尽量早浇。可在2叶1心至3叶期灌头水。

（5）收获：成熟后应在晴朗天气及时收获，尽快脱粒晾晒，当籽粒含水量不超过12%时及时包装入库，避免受潮、霉变和粒色加深，影响酿造品质。

4. 适宜栽培地区

适宜在新疆气候较冷凉的春大麦区种植，表现丰产稳产。

新引 D_8

1. 品种来源

新引D_8是新疆农业科学院奇台试验场从北京麦芽公司引进的法国优质啤酒大麦品种Ricarda，进行了一系列比较鉴评。2005年经新疆维吾尔自治区非主要农作物品种登记办公室通过品种登记。

2. 品种特征特性

（1）生育期：春性，中熟，生育期92d，在山区生育期可达105d。

（2）植株性状：叶鞘紫色，分蘖力强，成穗率高，茎秆韧性好，株高72~85cm，抗倒伏能力中等。

（3）穗部性状：穗长芒，二棱型，穗长8.4cm，抽穗后穗向下弯，单株成穗2.8个，主穗粒数24~26粒。

（4）籽粒性状：籽粒长卵形，皮薄淡黄色，千粒重40~46g。

（5）抗性：抗倒伏能力中等，具有一定耐盐碱、耐瘠薄能力，对条纹病高抗。

（6）产量水平：在适宜种植区域内中上等水肥条件下栽培，一般籽粒单产350~450kg/667m^2。

（7）品质：蛋白质含量12.12%。

3. 栽培技术要点

（1）播种期：适期早播，开春后土壤解冻5cm以上，即可利用中午解冻时间进行“顶凌播种”。

（2）播种量：播种量不宜过大，基本苗以20万~22万株/667m^2 为宜。

（3）施肥：全部磷素化肥及80%的氮素化肥做基肥，播前一次性施入，两叶一心至3叶期灌头水时，一次性施入尿素5~7kg/667m^2。

（4）灌水：生育期灌水要采取“早灌、勤灌、轻灌”，宜在2叶1心时灌头水，后期灌水要注意天气，避开风雨天，以防倒伏。

（5）收获：成熟后应在晴朗天气及时收获，尽快脱粒晾晒，当籽粒含水量不超过12%时及时包装入库。

4. 适宜栽培地区

适于在新疆气候较冷凉的春大麦区种植。

新引 D_9

1. 品种来源

新引 D_9 是石河子大学农学院麦类作物研究所从中国农业科学院品种资源研究所转引的美国优质啤酒大麦新品种Stark。2007年经新疆非主要农作物品种登记办公室登记命名。

2. 品种特征特性

（1）生育期：春性，中熟，生育期81~110d。

（2）植株性状：幼苗半匍匐，株高84~92cm，茎粗中等，茎叶蜡粉较多，分蘖力强，成穗率较高。

（3）穗部性状：疏二棱型，长芒，穗长9~10cm，主穗粒数25~29粒。

（4）籽粒性状：籽粒淡黄色，椭圆形，粉质，千粒重45~52g。

（5）抗性：抗倒伏能力较强，具有一定耐盐碱、耐瘠薄能力，对条纹病高抗。

（6）产量水平：在适宜种植区域内的中上等水肥条件下栽培，一般籽粒单产可达400~500kg/667m^2，具有籽粒单产600kg/667m^2 以上的潜力。

（7）品质：麦粒粗蛋白质含量11.28%，麦芽糖化力374°WK，麦芽微粉无水浸出率80.3%，库尔巴哈值42%，α-氨基氮171mg/100g。

3. 栽培技术要点

（1）播种期：适期早播，开春后土壤解冻5cm以上，即可利用中午解冻时间进行“顶凌播种”。

（2）播种量：基本群体不宜过大，中上等肥力条件下基本苗以22万~25万株/667m^2 为宜。

（3）施肥：尽量少施氮肥，全部磷肥和大部分氮肥应作为基肥深施，氮磷比以1:(0.8~1)为宜，尽量不追施氮肥。

（4）灌水：全生育期一般灌水4~5次，灌水应根据“早灌、勤灌、轻灌”的原则进行。应在2叶1心至3叶期早灌头水，其余各水以保证麦田不受旱为原则。

（5）化控：因植株稍偏高，高产田应在拔节初期喷施矮壮素150~200g/667m^2，防止倒伏。

（6）收获：成熟后应在晴朗天气及时收获，尽快脱粒晾晒，当籽粒含水量不超过12%时及时包装入库。

4. 适宜栽培地区

适宜在新疆气候较冷凉的春大麦区种植。

新引 D_{10}

1. 品种来源

新引 D_{10} 是中国农业科学院作物科学研究所引进的美国优质啤酒大麦品种 Vivar，经石河子大学麦类作物研究所转引进新疆。2010 年经新疆非主要农作物品种登记办公室登记命名。

2. 品种特征特性

（1）生育期：春性，中熟，生育期 76～110d。

（2）植株性状：幼苗直立，株高 80～90cm，茎粗中等，茎叶披蜡粉，分蘖成穗率中等。

（3）穗部性状：多棱型，长芒，穗长 6.5～7.3cm。

（4）籽粒性状：籽粒淡黄色，椭圆形，粉质，主穗粒数 40～50 粒，千粒重 42～46g。

（5）抗性：抗倒伏能力较强，具有一定耐盐碱、瘠薄能力，对条纹病高抗。

（6）产量水平：适宜在中上等水肥条件下栽培，一般籽粒单产 400～500kg/667m^2。

（7）品质：籽粒粗蛋白质含量 10.8%，麦芽糖化力 344°WK，麦芽微粉无水浸出率 79.1%，库尔巴哈值 37%，α－氨基氮 112.3mg/100g。

3. 栽培技术要点

（1）播种期：适期早播，开春后土壤解冻 5cm 以上，即可利用中午解冻时间进行“顶凌播种”。

（2）播种量：基本群体不宜过大，基本苗以 22 万～28 万株/667m^2 为宜。

（3）施肥：全部磷肥和大部分氮肥应作为基肥深施，氮磷比以 1:（0.8～1）为宜，少量氮肥在灌头水时根据苗情追施，中后期不追施氮肥。

（4）灌水：全生育期一般灌水 4～5 次，灌水应根据“早灌、勤灌、轻灌”的原则进行。应在 2 叶 1 心至 3 叶期早灌头水，其余各水以保证麦田不受旱为原则。

（5）化控：因植株稍偏高，高产田应在拔节初期喷施矮壮素 150～200g/667m^2，防止倒伏。

（6）收获：成熟后应在晴朗天气及时收获，尽快脱粒晾晒，当籽粒含水量不超过 12% 时及时包装入库。

4. 适宜栽培地区

适宜在新疆气候较冷凉的春大麦区种植。

新啤 1 号

1. 品种来源

新啤 1 号是石河子大学麦类作物研究所与日本专家石村·实合作，以新引 D_3 为母本，野洲 2 条 6 号为父本配置杂交组合，后代经南繁北育，用系谱法选育而成。1997 年经新疆维吾尔自治区农作物品种审定委员会审定命名。

2. 品种特征特性

（1）生育期：春性，中熟品种，在石河子生育期75～85d。

（2）植株性状：幼苗直立，叶片绿色，叶耳紫色，茎叶上蜡粉较多，旗叶较小，株高85～95cm，茎粗中等，分蘖力较强，成穗率较高。

（3）穗部性状：穗长方形，穗色淡黄，成熟时穗颈弯曲，二棱型，直长芒，芒上有细齿。主穗长9～11cm，主穗粒数24～28粒。

（4）籽粒性状：籽粒淡黄色，椭圆形，带颖壳，颖上皱纹较多，千粒重43～47g。

（5）抗性：高抗白粉病和条纹病。

（6）产量水平：在适宜种植区域内的中上等水肥条件下，一般籽粒单产350～450kg/667m^2。

（7）品质：籽粒蛋白质含量9%～10%，麦芽总蛋白10%，浸出率82.2%，糖化力242°WK，库尔巴哈值40%。

3. 栽培技术要点

（1）播种期：该品种为中早熟，应在适宜播期内力争早播，早春人工化雪，可采用“顶凌播种”。

（2）播种量：因分蘖成穗率高，播量不宜过大，基本苗以20万～22万株/667m^{2}为宜。

（3）施肥：应重施基肥，无机肥中磷肥全部作基肥，氮肥除少量做苗肥，其余均作基肥。

（4）灌水：全生育期一般灌水4～5次，头水应在2叶1心至3叶期灌，长势旺的田块拔节期适当控水，以后各水保证田间不受旱为原则。

（5）化控：因植株偏高，高产田应在拔节前喷施矮壮素，防止倒伏。

4. 适宜栽培地区

适宜在新疆气候较冷凉的春大麦区种植。

新啤2号

1. 品种来源

新啤2号是石河子大学麦类作物研究所与日本专家石村·实合作，以新引D_3为母本，以野洲2条2号为父本配置杂交组合，后代经过南繁北育及多次单株选择而育成。2004年经新疆维吾尔自治区非主要农作物品种登记办公室进行品种登记命名。

2. 品种特征特性

（1）生育期：春性，中熟品种，生育期80～90d。

（2）植株性状：株高90～95cm，茎粗中等，茎叶腊粉较多，分蘖力较强，成穗率较高。

（3）穗部性状：二棱型，长芒，穗长9cm，主穗粒数22～25粒。

（4）籽粒性状：籽粒淡黄色，千粒重42～46g。

（5）抗性：抗条纹病能力强，抗倒伏能力中等。

（6）产量水平：在适宜种植区域内的中上等水肥条件下，一般籽粒单产350～450kg/667m^2。

（7）品质：籽粒粗蛋白质含量12%，麦芽糖化力385°WK，麦芽无水浸出率80.6%，库尔巴哈值41%，α－氨基氮173mg/100g。

3. 栽培技术要点

（1）播种期：在当地春大麦最适宜的播种期内尽量争取早播，北疆地区一般在3月中下旬至4月上旬播种。

（2）播种量：因分蘖成穗率较高，播量不宜过大，基本苗以20万～22万株/667m^2为宜。

（3）施肥：尽量少施、早施氮肥，全部磷肥和大部分氮肥做基肥深施，少部分氮肥在拔节前酌情追施。

（4）灌水：在灌浆期要避免土壤缺水，以保证产量和酿造品质优良。全生育期一般灌水4～5次，头水应在2叶1心至3叶期灌，长势旺的田块拔节期适当控水，以后各水保证田间不受旱为原则。

（5）化控：由于植株稍偏高，抗倒伏能力中等，所以在高水肥条件下种植时应于拔节前喷施矮壮素。

4. 适宜栽培地区

适宜在新疆气候较冷凉的春大麦区种植。

新啤3号

1. 品种来源

新啤3号是由新疆农业科学院奇台试验场用原23做母本，（早熟3号×瑞士）作父本配置杂交组合，后代经系统选育而成。2006年经新疆维吾尔自治区非主要农作物品种登记办公室进行品种登记命名。

2. 品种特征特性

（1）生育期：春性，中熟品种，生育期87～120d。

（2）植株性状：株型紧凑，植株生长势强，幼苗直立，叶色黄绿，株高85～100cm，植株分蘖力强，分蘖成穗率高。

（3）穗部性状：穗长方形，长芒，二棱型，主穗长8.5cm，主穗粒数25.8粒。

（4）籽粒性状：籽粒淡黄色，皮薄，长卵形，颖壳上皱纹多，千粒重40～46g，容重672g/L。

（5）抗性：抗条纹病能力强，抗倒伏能力中等。

（6）产量水平：在适宜种植区域内的中上等水肥条件下，一般籽粒单产350～450kg/667m^2，有600kg/667m^2的潜力。

（7）品质：籽粒蛋白质含量11.8%，麦芽蛋白质含量11.5%，微粉浸出物80.6%，粗粉浸出物80.1%，库尔巴哈值49%，糖化力309°WK，α－氨基氮197mg/100ml。

3. 栽培技术要点

（1）播种期：该品种中熟，应在冬前将土壤整成待播状态，开春后在适宜播期内尽量早播，北疆地区一般在3月下旬至4月上旬，山旱地一般在4月中下旬至5月上旬播种。

（2）播种量：分蘖成穗率较高，播量不宜过大，基本苗以19万～22万株/667m^2为宜。种子应在播前药剂处理。

（3）施肥：为防止倒伏，并获得最佳的籽粒品质，施肥量应控制在同类地块小麦施肥量2/3左右，有机肥与化肥配合使用，最好做基肥一次性施入。或只留少量的氮肥在头水时追施，后期视苗情酌情补施叶面肥。

（4）灌水：全生育期一般灌水4～5次，头水应在2叶1心至3叶期灌，长势旺的田块拔节期适当控水，以后各水保证田间不受旱为原则。

（5）收获：适期收获，在晴好天气进行，含水量在12%以下，防雨淋，保证麦粒原色。

4. 适宜栽培地区

适宜在新疆春大麦区种植。

新啤4号

1. 品种来源

新啤4号是新疆农业科学院奇台试验场1994年以红日啤麦做母本，耶费欧做父本配置杂交组合，后代经系统选育而成。2007年经新疆非主要农作物品种登记办公室通过品种登记命名。

2. 品种特征特性

（1）生育期：春性，中熟品种，全生育期84～124d。

（2）植株性状：幼苗直立，叶色淡绿，拔节后基部叶鞘紫色，株高85～98cm。分蘖力强，分蘖成穗率高，单株成穗2.2～3.8个。

（3）穗部性状：穗长方形，长芒，二棱型，主穗长9cm，主穗粒数22～26粒。

（4）籽粒性状：籽粒淡黄色，长卵形，颖壳上皱纹多，皮薄，千粒重41～45g。

（5）抗性：抗条纹病能力强，抗倒伏能力中等。

（6）产量水平：在适宜种植区域内的中上等水肥条件下，一般籽粒单产350～450kg/667m^2。

（7）品质：籽粒蛋白质含量11.73%，麦芽蛋白质含量11.49%，微粉浸出物80.8%，库尔巴哈值45%，糖化力377°WK。

3. 栽培技术要点

（1）播种期：该品种中熟，应在冬前将土壤整成待播状态，开春后在适宜播期内尽量早播，北疆地区一般在3月下旬至4月上旬，山旱地一般在4月中下旬至5月上旬播种。

（2）播种量：分蘖成穗率较高，播量不宜过大，基本苗以20万～22万株/667m^{2}为宜。种子应在播前药剂处理。

（3）施肥：施肥量应控制在同类地块小麦施肥量2/3左右，有机肥与化肥配合使用，最好做基肥一次性施入。或只留少量的氮肥在头水时追施，后期视苗情酌情补施叶面肥。

（4）灌水：全生育期一般灌水4～5次，头水应在2叶1心至3叶期灌，长势旺的田块拔节期适当控水，防止后期群体过大发生倒伏。

（5）收获：适期收获，在晴好天气进行，籽粒晒至含水量在12%以下，防雨淋，保证麦粒原色。

4. 适宜栽培地区

适宜在新疆春大麦区种植。

新啤 5 号

1. 品种来源

新啤 5 号是新疆农业科学院奇台试验场 1992 年以 Poland 做母本，Harrington 做父本配置杂交组合，后代经系统选育而成。2008 年经新疆非主要农作物品种登记办公室通过品种登记命名。

2. 品种特征特性

（1）生育期：春性，中早熟，生育期 96 ~ 101d。

（2）植株性状：植株生长势强，幼苗直立，叶色淡绿，拔节后基部叶鞘紫色，株高 83 ~ 96cm 左右，株型较紧凑，分蘖力较强，分蘖成穗率较高。

（3）穗部性状：穗长方形，二棱型，长芒，主穗长 8.5cm，主穗粒数 22 ~ 27 粒。

（4）籽粒性状：籽粒淡黄色，长卵形，颖壳上皱纹多，皮薄，千粒重 41 ~ 45g。

（5）抗性：抗条纹病能力强，抗倒伏能力较强。

（6）产量水平：在适宜种植区域内的中上等水肥条件下，一般籽粒单产 350 ~ 450kg/667m^2。

（7）品质：籽粒蛋白质含量 12.2%，微粉浸出物 78.9%。

3. 栽培技术要点

（1）播种期：该品种中早熟，应在冬前将土壤整成待播状态，开春后在适宜播期内尽量早播，北疆地区一般在 3 月下旬至 4 月上旬，山旱地一般在 4 月中下旬至 5 月上旬播种。

（2）播种量：分蘖成穗率较高，播量不宜过大，基本苗以 20 万 ~ 22 万株/667m^2 为宜。种子应在播前药剂处理。

（3）施肥：施肥量应控制在同类地块小麦施肥量的 2/3 左右，有机肥与化肥配合使用，最好做基肥一次性施入。或只留少量的氮肥在头水时追施，后期视苗情酌情补施叶面肥。

（4）灌水：全生育期灌水 4 ~ 5 次，头水在 2 叶 1 心至 3 叶期灌，长势旺的田块拔节期适当控水，防止后期群体过大发生倒伏。

（5）收获：在晴好天气，适期收获，防雨淋，保证麦粒原色。

4. 适宜栽培地区

适宜在新疆春大麦区种植。

新啤 6 号

1. 品种来源

新啤 6 号（原代号 I109M050M）是石河子大学麦类作物研究所从中国农科院作物科学研究所转引的美国啤酒大麦高代品系中，选株纯化并经一系列鉴定比较试验选育而成。2010 年经新疆非主要农作物品种登记办公室通过品种登记命名。

2. 品种特征特性

（1）生育期：春性，中熟，生育期 95 ~ 105d。

（2）植株性状：幼苗直立，株高 70 ~ 75cm，分蘖力强，分蘖成穗率高。

（3）穗部性状：二棱型，长芒，穗长 8 ~9cm，主穗粒数 21 ~24 粒。

（4）籽粒性状：籽粒淡黄色，椭圆形，粉质，千粒重 46 ~48g。

（5）抗性：高抗条纹病，具有一定耐盐碱能力，抗倒伏能力较强。

（6）产量水平：在适宜种植区域内的中上等水肥条件下，籽粒单产可达 400 ~450kg/667m^2，具有籽粒单产 600kg/667m^2 以上的潜力。

（7）品质：籽粒蛋白质含量 12.3%，麦芽无水浸出率 79.9%。

3. 栽培技术要点

（1）播种期：该品种中早熟，应在冬前将土壤整成待播状态，开春后在适宜播期内尽量早播，北疆地区一般在 3 月下旬至 4 月上旬，山旱地一般在 4 月中下旬至 5 月上旬播种。

（2）播种量：分蘖成穗率较高，播量不宜过大，基本苗以 20 万 ~22 万株/667m^2 为宜。种子应在播前药剂处理。

（3）施肥：为防止倒伏，并获得最佳籽粒品质，应有机肥与化肥配合使用，全部有机肥和磷素化肥及大部分氮素化肥做基肥全层深施。或只留少量的氮肥在头水时追施，后期视苗情酌情补施叶面肥。

（4）灌水：全生育期灌水 4 ~5 次，头水在 2 叶 1 心至 3 叶期灌，长势旺的田块拔节期适当控水，防止后期群体过大发生倒伏。

（5）收获：在晴好天气，适期收获，防雨淋，保证麦粒原色。

4. 适宜栽培地区

适宜在新疆春大麦区种植。

新啤 7 号

1. 品种来源

新啤 7 号是由农四师农科所和甘肃隆源农科所合作育成。2010 年经新疆非主要农作物品种登记办公室通过品种登记命名。

2. 品种特征特性

（1）生育期：春性，中早熟，生育期 90 ~100d。

（2）植株性状：苗期半匍匐，茎秆较粗，有蜡质层，株型紧凑，叶片浅绿色，株高 101cm。该品种成熟后穗弯而不易折断，田间落穗率低。

（3）穗部性状：穗长方形，二棱型，稍弯曲，长芒，黄色，有锯齿，穗层整齐，穗长 8.1cm 左右。

（4）籽粒性状：粒色淡黄，种皮薄，粒径大，皱纹细腻，籽粒椭圆形，穗粒数 25.7 粒，千粒重在 46g 左右。

（5）抗性：该品种抗条纹病，抗黑穗病、网斑病和根腐叶斑病。

（6）产量水平：在适宜种植区域内的中上等水肥条件下，一般籽粒单产 300 ~400kg/667m^2，具有籽粒单产 600kg/667m^2 的潜力。

（7）品质：籽粒蛋白质含量为 11%，麦芽无水浸出率 81.2%，a－氨基氮 170.5mg/100g。

3. 栽培技术要点

（1）播种期：该品种中早熟，应在冬前将土壤整成待播状态，开春后在适宜播期内尽量早播，北疆地区一般在3月下旬至4月上旬，山旱地一般在4月中下旬至5月上旬播种。

（2）播种量：由于该品种分蘖成穗率较高，播种量不宜过大，基本苗以20万～22万株/667m^2为宜。

（3）施肥：为防止倒伏，并获得最佳籽粒品质，应有机肥与化肥配合使用，全部有机肥和磷素化肥及大部分氮素化肥做基肥全层深施。只留少量的氮肥在头水时追施，后期视苗情酌情补施叶面肥。

（4）灌水：全生育期灌水4～5次，头水在2叶1心至3叶期灌，长势旺的田块拔节期适当控水，防止后期群体过大发生倒伏。

（5）收获：在晴好天气，适期收获，防雨淋，保证麦粒原色。

4. 适宜栽培地区

适宜在新疆春大麦区种植。

I090M066M

1. 品种来源

I090M066M是石河子大学麦类作物研究所从中国农科院作物科学研究所转引的美国啤酒大麦高代品系，通过选株纯化及一系列鉴定比较试验选育而成。2011年经新疆非主要农作物品种登记办公室通过品种登记。

2. 品种特征特性

（1）生育期：春性，中熟，在北疆各地生育期81～112d不等。

（2）植株性状：幼苗直立，株高80～90cm，茎粗中等，分蘖成穗率高，茎叶蜡粉中等。

（3）穗部性状：为二棱长芒皮大麦，穗长7.5～8.5cm，主穗粒数21～27粒。

（4）籽粒性状：籽粒淡黄色，椭圆形，粉质，千粒重45～50g。

（5）抗性：抗倒伏能力较强，具有一定耐盐碱、耐瘠薄能力，对条纹病高抗。

（6）产量水平：在适宜种植区域内的中上等水肥条件下，一般单产可达400～500kg/667m^2，具有亩产650kg/667m^2以上的潜力。

（7）品质：麦粒粗蛋白质含量12.1%，麦芽糖化力305°WK，麦芽微粉无水浸出率80.3%，库尔巴哈值42%，α－氨基氮148mg/100g。

3. 栽培技术要点

（1）播种期：适期早播，开春后土壤解冻5cm以上，即可利用中午解冻时间进行“顶凌播种”。北疆地区一般在3月中下旬至4月上旬，山旱地一般在4月中下旬至5月上旬。

（2）播种量：中等肥力土壤，基本苗以20万～22万株/667m^2，基本群体不宜过大。

（3）施肥：氮磷比以1:0.8为宜，全部磷肥和大部分氮肥应作为基肥深施，尽量早追施氮肥，可在灌头水时追施尿素5～7kg/667m^2。

（4）灌水：全生育期一般灌水4～5次，应在2叶1心期至3叶期早灌头水。

（5）收获：成熟后应在晴朗天气及时收获，尽快脱粒晾晒，当籽粒含水量不超过12%时及时包装入库。

4. 适宜栽培地区

适宜在新疆气候较冷凉的春大麦区种植。

2005C/18

1. 品种来源

2005C/18 是新疆农业科学院奇台试验场以 0873 做母本，TR139 做父本通过有性杂交用系谱法选育而成。2011 年经新疆非主要农作物品种登记办公室通过品种登记命名。

2. 品种特征特性

（1）生育期：春性，中熟，生育期 80 ~ 108d。

（2）植株性状：幼苗直立，叶色淡绿，株高 93 ~ 97cm，株型紧凑，茎杆弹性好，穗层整齐，分蘖力较强，分蘖成穗率高。

（3）穗部性状：穗长方形，主穗长 9.0cm，主穗粒数 24 ~ 26 粒，长芒。

（4）籽粒性状：籽粒淡黄色，卵形，种子表皮有细小皱纹，千粒重 47 ~ 58g。

（5）抗性：抗条纹病，抗倒伏能力中。

（6）产量水平：适宜在中上等水肥条件下栽培，一般籽粒单产 450 ~ 550kg/667m^2。

（7）品质：蛋白质含量 10.4%，浸出率 79.1%，库尔巴哈值 43.3%，糖化力 307°WK。

3. 栽培技术要点

（1）播种期：冬前将土地整成待播状态，开春后一般播种机能进地即可播种，在适墒情况下，播种期越早越好。北疆平原区一般在 3 月中下旬至 4 月上旬，山区一般在 4 月中下旬至 5 月上旬。

（2）播种量：在中等肥力条件下，每 667m^2 保苗 19 万 ~ 22 万株左右为宜。肥力差的地块可适当增加播种量。

（3）施肥：注意有机肥与化肥配合使用，施肥量应控制在同类地块小麦施肥量的 2/3，可作为基肥一次性施入。或留少量氮素化肥，灌头水时追施尿素 5 ~ 7kg/667m^2。

（4）灌水：头水应在 2 叶 1 心至 3 叶期灌水，二水与头水间隔不宜超过 15d，以后各水保证田间不受旱为原则，全生育期一般灌水 3 ~ 5 次。

（5）收获：注意适期收获，在晴好天气进行。最好蜡熟末期收获为宜。

4. 适宜栽培地区

适宜新疆各春大麦区种植。

黑引瑞

1. 品种来源

黑引瑞（原名 Harry）是由中国农业科学院 1979 年从瑞典引入我国，新疆农业大学转引进新疆，1986 年经黑龙江省农作物品种审定委员会审定命名为黑引瑞，1989 年经新疆维吾尔自治区农作物品种审定委员会予以认定。

2. 品种特征特性

（1）生育期：春性，中早熟，生育期 85 ~ 95d。

（2）植株性状：株高80~90cm，株型半紧凑，分蘖力强，成穗率高。

（3）穗部性状：长芒，穗长方形，二棱型，长7~9cm，穗粒数21~25粒，小穗排列较密。

（4）籽粒性状：籽粒淡黄色，大小均匀，千粒重48~50g。

（5）抗性：高抗白粉病和条纹病。

（6）产量水平：在适宜种植区域内的中上等水肥条件下，一般籽粒单产350kg/667m^{2}以上。

（7）品质：蛋白质含量11%左右。

3. 栽培技术要点

（1）播种期：该品种为中早熟品种，应在适宜播期内力争早播，早春人工化雪，采用“顶凌播种”，有利于植株生长发育，提高产量。

（2）播种量：播量不宜过大，基本苗以20万~22万株/667m^{2}为宜。

（3）施肥：为防止倒伏，并获得最佳的籽粒品质，施肥量应控制在同类地块小麦施肥量2/3左右，有机肥与化肥配合使用，最好做基肥一次性施入。或只留少量的氮肥在头水时追施，后期视苗情酌情补施叶面肥。

（4）灌水：全生育期一般灌水4~5次，头水应在2叶1心至3叶期灌，长势旺的田块拔节期适当控水，以后各水保证田间不受旱为原则。

（5）收获：适期收获，在晴好天气进行，含水量在12%以下，防雨淋，保证麦粒原色。

4. 适宜栽培地区

适宜在我国西北春大麦区种植。

法瓦维特

1. 品种来源

法瓦维特（原名Favorit，曾用名匈84-62）是荷兰育成的春性二棱长芒皮大麦，1984年由甘肃省农科院从匈牙利转引入我国，经甘肃省农作物品种审定委员会认定并命名为甘啤1号。1994年又通过全国农作物品种审定委员会认定。

2. 品种特征特性

（1）生育期：春性，中早熟品种，生育期80~85d。

（2）植株性状：幼苗匍匐，叶色浓绿，茎秆被蜡粉，粗细中等，株高75~85cm，分蘖力较强，成穗率较高。

（3）穗部性状：二棱型，长芒，穗长8cm左右，穗粒数22~26粒。

（4）籽粒性状：籽粒淡黄色，种皮有三条明显的黄条纹，皮薄有光泽，千粒重42~46g。

（5）抗性：抗倒伏能力强，抗白粉病和条纹病。

（6）产量水平：在适宜种植区域内的中上等水肥条件下，一般籽粒单产350~400kg/667m^2，最高单产可达600kg/667m^{2}以上。

（7）品质：籽粒蛋白质含量11.9%，无水浸出物78.9%，库尔巴哈值44.78%，糖化力256.6~280.0°WK。

3. 栽培技术要点

（1）播种期：该品种中早熟，应在适宜播期内力争早播，早春人工化雪，采用“顶凌播种”。

（2）播种量：由于分蘖力较强，分蘖成穗率较高，播种量不宜过大，基本苗以20万～22万株/667m^2为宜。

（3）施肥：为防止倒伏，并获得最佳的籽粒品质，施肥量应控制在同类地块小麦施肥量的2/3左右，有机肥与化肥配合使用，最好做基肥一次性施入。或只留少量的氮肥在头水时追施，后期视苗情酌情补施叶面肥。

（4）灌水：全生育期一般灌水4～5次，头水应在2叶1心至3叶期灌，长势旺的田块拔节期适当控水，防止后期群体过大发生倒伏影响产量和品质，以后各水保证田间不受旱为原则。

（5）收获：适期收获，在晴好天气进行，含水量在12%以下，防雨淋，保证麦粒原色。

4. 适宜栽培地区

适于在我国西北地区种植。尤其适合在西北灌溉农业区的甘肃、宁夏、青海、新疆及内蒙古西部河套地区种植。

甘啤3号

1. 品种来源

甘啤3号（原系号8759－12－1－2－1）由甘肃省农业科学院于1987年以S－3为母本，法瓦维特为父本配制杂交组合，经多年选育而成，1999年经甘肃省农作物品种审定委员会审定命名。又经新疆农科院奇台试验场、石河子大学农学院、新疆农科院粮作所联合引进新疆，2006年经新疆非主要农作物品种登记办公室通过品种登记。

2. 品种特征特性

（1）生育期：春性，中熟品种，生育期90～100d。

（2）植株性状：幼苗半匍匐，叶色深绿，分蘖力强，成穗率高，株高70～80cm，茎秆粗细中等，茎秆黄色，地上茎一般为5节，穗茎节较长。

（3）穗部性状：穗长方形，灌浆后期穗下茎弯曲，二棱型，穗层整齐，穗长8cm左右，穗粒数22～24粒，穗长芒，黄色有锯齿。

（4）籽粒性状：籽粒淡黄色，皮薄，腹径较大，皱纹细腻，籽粒椭圆形、饱满、粉质，千粒重45～48g。

（5）抗性：抗倒伏能力强，抗干热风，抗大麦条纹病。

（6）产量水平：在适宜种植区域内中上等肥力条件下种植，一般籽粒单产300～350kg/667m^2，最高产量500kg/667m^2以上。

（7）品质：籽粒含蛋白质10.5%，浸出率81.9%，α－氨基氮为163.9mg/100g，库尔巴哈值为40.2%，糖化力为298.1°WK。

3. 栽培技术要点

（1）播种期：在甘肃河西和沿黄灌区，当土壤解冻10cm左右时即可“顶凌播种”，一般在3月中旬播种为宜，在北疆地区一般在3月中下旬至4月上旬播种，在山旱地一般在4

月中下旬至5月上旬播种为宜。

（2）播种量：因分蘖成穗率较高，播量不宜过大，基本苗以20万～22万株/667m^{2}为宜。

（3）施肥：施肥原则是重施基肥，氮磷配合，适当增施磷肥。氮肥一般低于小麦的施肥水平，磷肥和钾肥略高于小麦的施肥水平，最好将各种肥料于播前一次性分层施入。若苗期出现缺肥现象，可结合灌头水追施尿素3～5kg/667m^2。

（4）灌水：为了促进有效分蘖，增加穗粒数，头水应尽量早浇，可在2叶1心至3叶时灌头水。

（5）收获：成熟后应在晴朗天气及时收获，尽快脱粒晾晒，当籽粒含水量低于12%时及时包装入库。

4. 适宜栽培地区

该品种适宜在中上等水肥条件下栽培，适宜在甘肃省河西走廊及沿黄灌区种植，也适宜在北疆春大麦区和西北类似地区种植。

甘啤4号

1. 品种来源

甘啤4号（原系号8810－3－1－3）由甘肃省农业科学院于1988年以法瓦维特为母本、八农862659为父本配制杂交组合，经多年选育而成的春性二棱弯穗长芒皮大麦，2002年12月通过甘肃省农作物品种审定委员会审定命名。石河子大学农学院、新疆农科院粮作所、新疆农科院奇台试验场联合引进新疆，2006年经新疆非主要农作物品种登记办公室通过品种登记。

2. 品种特征特性

（1）生育期：春性，中熟，生育期100～105d。

（2）植株性状：幼苗半匍匐，叶色深绿，株高75～80cm，茎秆黄色，地上茎5节，穗茎节较长，分蘖力强，成穗率高。

（3）穗部性状：灌浆后期穗轴略有弯曲，穗长方形，穗层整齐，二棱型，穗长8.5cm左右，长芒，黄色有锯齿。

（4）籽粒性状：籽粒淡黄色，种皮薄，皱纹细腻，椭圆形，粉质。穗粒数22粒左右，千粒重45～48g。

（5）抗性：该品种抗倒伏，抗干热风，抗大麦条纹病。

（6）产量水平：在适宜种植区域内中上等水肥条件下栽培，一般籽粒单产400～450kg/667m^2。

（7）品质：蛋白质含量11.7%，麦芽浸出率80.0%，α－氨基氮156.3mg/100g，库尔巴哈值39.4%，糖化力367.6°WK。

3. 栽培技术要点

（1）播种期：在甘肃根据海拔高度不同，于3月上旬至4月下旬播种；在北疆地区一般在3月中下旬至4月上旬播种，在山旱地一般在4月中下旬至5月上旬播种为宜。应适期早播，当土壤解冻10cm左右时即可“顶凌播种”。

（2）播种量：因该品种分蘖成穗率较高，播种量不宜过大，基本苗以20万～22万株/

$667m^2$ 为宜。

（3）施肥：施肥原则是重施基肥，氮磷配合，适当增施磷肥。氮肥一般低于小麦的施肥水平，磷肥和钾肥略高于小麦的施肥水平，最好将各种肥料于播前一次性分层施入。若苗期出现缺肥现象，可结合灌头水追施尿素 $3\sim5kg/667m^2$。

（4）灌水：生育期灌水3~5次，头水应尽量早浇。可在2叶1心至3叶期灌头水。

（5）收获：成熟后应在晴朗天气及时收获，尽快脱粒晾晒，当籽粒含水量不超过12%时及时包装入库。

4. 适宜栽培地区

适宜在甘肃河西走廊及中部沿黄灌区种植，也适宜在北疆春大麦及西北同类地区种植。

垦啤2号

1. 品种来源

垦啤2号由甘肃省农垦农业研究院，1995年从田间国外引进材料中选择优良变异单株中经多年鉴定选育而成。新疆农业科学院粮食作物研究所与新疆啤酒集团奇台制麦有限公司转引进新疆。2006年经新疆非主要农作物品种登记办公室通过品种登记。

2. 品种特征特性

（1）生育期：春性，中熟，在各试点生育期83~115d不等。

（2）植株性状：株高69.0~80.0cm，茎杆黄色，地上节一般为4~5节，穗下节长19.5~24.1cm，叶片开张角度大，冠层透光好，分蘖力强，成穗率高。

（3）穗部性状：穗长方形，二棱型，长芒，黄色有锯齿。成熟时穗直立，穗层整齐，穗长7.2~8.0cm，单穗粒数21.0~24.0粒。

（4）籽粒性状：籽粒黄色，种皮薄，腹径大，皱纹细腻，籽粒椭圆型、饱满、半硬质，千粒重48.0~52.0g。

（5）抗性：该品种抗倒伏，抗大麦条纹病，抗干热风能力强。

（6）产量水平：在适宜种植区域内的中上等水肥条件下，一般籽粒单产 $380\sim450kg/667m^2$。

（7）品质：麦芽蛋白质含量10.7%，浸出率80.1%，α-氨基氮101mg/100g，库尔巴哈值33%，糖化力406°WK。

3. 栽培技术要点

（1）播种期：在适宜地区应适当早播，北疆春大麦区在3月中下旬至4月初播种为宜，以争取更长的生长发育时间。

（2）播种量：分蘖力极强，主要依靠分蘖成穗夺高产。播种密度应掌握肥地稀，薄地适当稠的原则，基本苗20万~22万株/$667m^2$ 为宜。

（3）施肥：施肥原则是重施基肥，氮磷肥配合，适当增加磷肥。氮磷比例为1∶0.75，全部磷素化肥和大部分氮素化肥作为基肥或播前一次深施，留少量氮肥在灌水时追施，避免后期追肥。

（4）灌水：在灌溉地区应早灌头水，可在3叶期灌头水为好。全生育期灌水3~5次为宜。

（5）收获：大麦成熟后，应在天气晴朗，无露水时及时收割，收获时间应在蜡熟或完熟期为宜。收获后应尽快风干及时脱粒，充分晾晒，使籽粒水分含量达到12%以下时即可装包入库。

4. 适宜栽培地区

适宜在甘肃省河西灌区及沿黄灌区海拔1100～2800m的广大地区种植，也适宜于北疆春大麦区和我国北方春大麦类似地区种植。

垦啤3号

1. 品种来源

垦啤3号是1997年甘肃省农垦农业研究院从中国农业科学院转引的德国高代材料，经系统选育而成。后又经新疆农业科学院粮食作物研究所与新疆啤酒集团奇台制麦有限公司转引进新疆，2006年经新疆非主要农作物品种登记办公室通过品种登记。

2. 品种特征特性

（1）生育期：春性，中熟品种，生育期在各地82～115d不等。

（2）植株性状：株高70～81cm左右，茎秆黄色，株型紧凑，茎叶繁茂，基部节间短，地上5节，茎粗中等。叶片开张角度大，冠层透光好。

（3）穗部性状：穗长方形，直穗，二棱型，穗层整齐，穗长7.0～8.0cm，疏穗，有侧小穗，每穗结实粒数20～23粒，长芒，有锯齿。

（4）籽粒性状：籽粒椭圆形，粒淡黄色，种皮薄，皱纹多而细腻，腹径略大，粉质，千粒重49.0～54.0g。

（5）抗性：抗倒伏能力强，较抗白粉病、锈病、网斑病、胡麻斑病和黑穗病，轻感条纹病。

（6）产量水平：垦啤3号产量结构协调，具备了丰产稳产特征，在适宜种植区域内中上等肥力条件下一般籽粒单产300～400kg/667m^2。

（7）品质：籽粒蛋白质含量11.27%，麦芽蛋白质含量10.8%，浸出率80.3%，α－氨基氮115.0mg/100g，库尔巴哈值36.0%，糖化力406°WK。

3. 栽培技术要点

（1）播种期：该品种中熟，应适期早播。地温稳定在－2～0℃，表土化冻到适宜的播种深度时播种为宜。在北疆地区一般在3月中下旬至4月上旬播种，在山旱地一般在4月中下旬至5月初播种为宜。

（2）播种量：该品种分蘖成穗率较高，播量不宜过大，基本苗以20万～22万株/667m^2为宜。

（3）施肥：除了施用农家肥料做基肥外，化肥施用量在同等条件下应略低于小麦，但应注意化肥中的氮磷比（1:0.75），并在播前作底肥或播种时一次性分层施入。若苗期发现缺肥时，可结合第1次浇水追施速效氮（如尿素5～7kg/667m^2）。

（4）灌水：早灌头水，第1次灌水在2叶1心进行，以促进有效分蘖，增加单穗粒数。全生育期灌水3～5次。

（5）收获：及时收获，充分晾晒，保证酿造品质。使籽粒水分含量达到12%以下时即可装包入库。

4. 适宜栽培地区

适宜在甘肃省河西灌区及沿黄灌区海拔 1100 ~ 2800m 的广大地区种植，也适宜于在北疆春大麦区及我国北方春大麦类似地区种植。

BD65/T 2918—2008

ICS65.020.20
B22
备案号：

DB65

新疆维吾尔自治区地方标准

DB65/T 2919—2008

啤酒大麦原种生产技术规程

Barley production technology of the original point of order

2008-10-01 发布　　　　2008-11-01 实施

新疆维吾尔自治区质量技术监督局 发布

前　言

本标准依据 GB/1.1－2000《标准化工作导则第一部分：标准的结构和编写规则》要求编写。

本标准由新疆农业科学院提出。

本标准由新疆维吾尔自治区农业厅归口。

本标准起草单位：新疆农业科学院奇台麦类试验站。

本标准主要起草人：俞天胜　李培玲　胡　锐　何立明　邵新文　艾比布拉·买买提。

啤酒大麦原种生产技术规程

1　范围

本规程规定了啤酒大麦原种生产地环境条件要求、产量指标、栽培管理措施、质量管理措施等。

本规程适用于啤酒大麦原种生产。

2　规范性引用文件

下列文件中的条款通过本标准的引用而成为本标准的条款。凡是注日期的引用文件，其随后所有的修改单（不包括勘误的内容）或修订版均不适用于本标准，然而，鼓励根据本标准达成协议的各方研究是否可使用这些文件的最新版本。凡是不注日期的引用文件，其最新版本适用于本标准。

GB4404.1 粮食作物种子　禾谷类

GB/T3543.1～3543.7 农作物种子检验规程

3　术语和定义

下列术语和定义适用于本标准。

原种

原种（basic seed）是指用育种家种子繁殖的1～3代，或按国家颁布的原种生产技术规程生产、达到原种质量标准的种子，其纯度在99.9%以上。

4　产地环境

4.1　环境条件

啤酒大麦原种应在海拔2000m以下，光照充足，≥0℃的积温在1800℃以上，无霜期140d以上，有灌溉条件的地区生产。

4.2　茬口要求

前茬最好为瓜类、豆科、蔬菜、马铃薯、玉米、油菜以及甜菜等，避免麦类连作和大麦重茬。

4.3　土壤条件

应选择在地势平坦、土层深厚、易于排灌的壤土和沙壤土地，水肥条件好的田块。

4.4　肥料要求

以有机肥为主，无机肥为辅。

5　产量指标

6000kg/hm^2 以上。

6 原种生产

6.1 原种生产方法

6.1.1 重复繁殖法（保纯法）

由育种者提供已批准推广品种的一定数量的单株或单穗。由株（穗）行、株系等繁殖3~4代成基础种，由基础种生产成合格种子用于大田生产。

6.1.2 循环选择法（提纯法）

大麦是典型的自花授粉作物，一般采取两年两圃制，两圃制原种生产的流程是单株选择、株行比较、混系繁殖。

6.2 单株（穗）选择

6.2.1 单株（穗）选择的材料

来源于本地或外地的原种圃、种子繁殖田。也可专门设置选择圃，进行稀条播种植，以供选择。

6.2.2 单株（穗）选择的重点

所选单株（穗）必须具有原品种的典型性和丰产性。

6.2.3 田间及室内选择

6.2.3.1 株选

分两步进行，抽穗至灌浆阶段根据株型、株高、抗病性和抽穗期等进行初选，做好标记。成熟阶段对初选的单株再根据穗部性状、抗病性、抗逆性和成熟期等进行复选。

6.2.3.2 穗选

在成熟阶段根据上述综合性状进行一次选择即可。

对田间入选的单株（穗）材料，考察穗型、种皮、粒型、粒色、籽粒饱满度五个项目。在考种过程中，有一项不合格即行淘汰。

6.2.4 选择数量

根据所建株（穗）行圃的面积而定，每公顷需15000个株行或50000个穗行。田间初选时应考虑到复选、决选和其他损失，适当留有余地。

保存

对入选单株（穗）在室内脱粒、考种、单株（穗）编号保存。

6.3 株（穗）行圃

6.3.1 建圃

经室内考种入选的单株（穗）的种子在同一条件下按单株（穗）分行种植，建立株（穗）行圃。

6.3.2 播种

采用单粒点播或稀条播，单株播四行区，单穗播一行区，行长1~2m，行距20~30cm，株距3~5cm或5~10cm，按行长划排，排间及四周留50~60cm的田间走道。每隔9个或19个穗行设一对照，四周围设保护行和25m以上的隔离区。对照和保护区均采用同一品种的原种。播前绘制好田间种植图，按图种植，编号插牌，严防错乱。

6.3.3 田间观察记载、鉴定

6.3.3.1 生育期间在幼苗阶段、抽穗阶段、成熟阶段分别与对照进行鉴定选择，并做标记。收获前综合评价，选优去劣。

6.3.3.1.1　幼苗阶段

鉴定幼苗生长习性、叶色、生长势、抗病性、耐寒性等。

6.3.3.1.2　抽穗阶段

鉴定株型、叶型、抗病性和抽穗期等。

6.3.3.1.3　成熟阶段

鉴定株高、穗部性状、芒长、整齐度、抗病性、抗倒伏性、落黄性和成熟期等。对不同的时期发生的病虫害、倒伏等要记明程度和原因。

6.3.3.2　通过鉴定，对符合原品种典型性的株（穗）行混合收获，混合脱粒、保管，下年种原种圃。

6.4　原种圃

将当选株（穗）行的种子混合稀播于原种圃，进行扩大繁殖，在抽穗阶段和成熟阶段分别进行纯度鉴定，严格拔除杂株、弱株，并携出田外。所产种子应达到 GB 4404.1 规定的原种标准。

6.5　用育种家种子生产原种，可直接稀播于原种圃，进行扩大繁殖。

6.6　田间管理

6.6.1　播种前搞好种子精选、晾晒和药剂处理工作。精细整地，合理施肥，适时播种，确保苗全、齐、匀、壮。

6.6.2　各项栽培管理技术措施要合理、及时和精细一致。

6.7　种子收获、保管和检验

6.7.1　入选的行、系和原种圃收获后，应在专场及时晒干脱粒。在收获、运输、晾晒和脱粒等过程中，严防机械混杂。

6.7.2　入库前整理好风干（挂藏）室或仓库，备好种子架、种子袋等用具。脱粒后将当选的种子分别装入种子袋，袋内外各附一个标签，并根据田间排列号码，按顺序挂藏。

6.7.3　风干（挂藏）室或仓库要专人负责。储藏期间保持室内干燥，种子水分不超过 12%。应注意防止虫蛀、霉变和混杂以及鼠、雀等危害。

6.7.4　原种生产单位要搞好种子检验，并由种子检验部门根据 GB/T 3543.1～3543.7 进行复检。对符合 GB 4404.1 原种标准的签发合格证书；对不合格的原种，可根据情况，提出处理意见。

BD65/T 2918—2008

ICS65. 020. 20
B22
备案号：

DB65

新疆维吾尔自治区地方标准

DB65/T 2919—2008

优质、高产啤酒大麦栽培技术规程

High quality, high production brewer' s barley cultural technique reglations

2008 - 10 - 01 发布　　　　2008 - 11 - 01 实施

新疆维吾尔自治区质量技术监督局 发布

前　　言

本标准依据GB/1.1－2000《标准化工作导则第一部分：标准的结构和编写规则》要求编写。

本标准由新疆农业科学院提出。

本标准由新疆维吾尔自治区农业厅归口。

本标准起草单位：新疆农业科学院奇台麦类试验站。

本标准主要起草人：俞天胜　李培玲　胡锐　何立明　邵新文　艾比布拉·买买提。

优质、高产啤酒大麦栽培技术规程

1　范围

本标准规定了新疆大麦的产量指标、质量指标及栽培技术要求。

本技术规程适用于新疆春大麦种植区。

2　产量指标

每hm^2产量6000～7500kg。

3　质量指标

啤酒大麦质量标准。

表1　感观要求

项目	优级	一级	二级
外观	淡黄色具有光泽	淡黄色或黄色，稍有光泽，无病斑料	黄色，无病斑料
气味	有原大麦固有的香气，无霉味和其他异味	无霉味和其他异味	无霉味和其他异味
此处指检疫对象年规定的病斑粒			

表2　二棱大麦理化要求

项　　目		二棱大麦		
		优级	一级	二级
夹杂物/%	≦	1.0	1.5	2.0
破损率/%	≦	0.5	1.0	1.5
水分/%	≦	12.0		13.0
千粒重（以干基计）	≧	38.0	35.0	32.0
三天发芽率/%	≧	95	92	85
五天发芽率/%	≧	97	95	90
蛋白质（以干基计）/%		10.0～12.5		9～13.5
饱满粒（腹径≧2.5㎜）/%	≧	85.0	80	70
瘦小粒（腹径＜2.2㎜）/%	≦	4.0	5.0	6.0

表3　多棱大麦理化要求

项　　目		多棱大麦		
		优级	一级	二级
夹杂物/%	≤	1.0	1.5	2.0
破损率/%	≤	0.5	1.0	1.5
水分/%	≤	12.0		13.0
千粒重（以干基计）	≥	37.0	33.0	28.0
三天发芽率/%	≥	95	92	85
五天发芽率/%	≥	97	95	90
蛋白质（以干基计）/%		10.0～12.5		9.0～13.5
饱满粒（腹径≧2.5mm）/%	≥	80.0	75.0	60.0
瘦小粒（腹径＜2.2mm）/%	≤	4.0	6.0	8.0

4　栽培技术规程

4.1　选择茬口

最适宜的前茬为瓜类、玉米、油菜、甜菜等，避免麦类连作和大麦重茬。

4.2　土地准备

前作物收获后，应及时深耕晒垡（耕深25～30cm），做好灌溉蓄墒。秋水地在泡地后要及时浅耕、耙耱、做好冬春季的镇压耙耱保墒工作。平整土地，破碎土块，达到地平墒足、上虚下实，为保证全苗、齐苗和壮苗创造良好的土地环境。

4.3　合理施肥

根据大麦生育期短，前期需肥多的特点，应该重施基肥，一般每hm^2施农家肥45000～75000kg；合理施用化肥，每hm^2施尿素120～180kg，最高不应超过225kg，磷酸二铵120～270kg，氮磷比1∶1～1.5，并少量施用钾肥以利于品质的改善。在海拔1500m以上的地区，应适当降低氮肥施量，增加磷肥施量。氮磷肥最好做底肥或基肥一次性施入，必要时结合浇头水可少量撒施氮肥，一般45～75kg/hm^2即可，中后期一般不施用氮肥，以防贪青晚熟，造成倒伏和蛋白质含量超标。

4.4　精选种子

应购买正规种子公司经过精选加工或包衣的种子，或本单位用谷物精选机械精选过的优质种子。若用自留种子则应剔除土块、沙粒、秸秆、杂草种子和秕、瘦小粒种子，选用大小一致，籽粒饱满，无霉变，无虫害的种子。

4.5　种子处理

新疆大麦条纹病发病较普遍，播前须对种子进行药剂处理，其方法有如下多种：①25%粉锈宁以种子量的0.3%湿拌种子；②15%羟锈宁以种子量的0.1%～0.3%湿拌种子或0.1%羟锈宁加0.05%的拌种双湿拌种子；③15%速保利以种子量的0.1%～0.3%湿拌种子；④70%代森锰锌和6%立克秀（1∶1）混合后，按种子量0.15%包衣。

4.6　适期播种

适期播种是大麦丰产的前提。大麦的适宜播期范围与海拔有一定关系，海拔1100m以下地区适宜播期范围为3月中、下旬；海拔1100~1500m地区适宜播期范围为4月上旬；海拔1500m以上地区为4月下旬至5月上旬。当土壤解冻10cm左右时即可顶凌播种，以利攻大穗多穗和增加穗粒数。

4.7 合理密植

我区海拔在1500m以上的种植区，适宜播量为每$hm^2$375万~450万粒；海拔在1500m以下的种植区，适宜播量为每$hm^2$450万~525万粒。当土壤肥力较高，管理措施较好，土壤墒情充足的条件下，可取播量的中下限；在土壤瘠薄，水肥条件较差，土壤墒情欠佳的情况下，可取播量的上限。

4.8 播种方式

最好采用机播，根据墒情播深在3~5cm范围内调整。墒情好宜浅播，墒情差应深播，播后立即耙磨复土。

4.9 合理灌水

根据啤酒大麦分蘖早、穗分化早的特点，适期早灌头水可促进分蘖成穗和增加穗粒数。因此，头水应于二叶一心期浇灌，二水于拔节期浇灌，三水于挑旗前至挑旗浇灌，四水于开花至灌浆初期浇灌，有条件地区可灌一次麦黄水。一般全生育期灌水4~5次，但各地要根据降雨多少，土壤保水能力确定灌水次数和灌水量。中后期灌水，最好选择无风晴天灌水，以防倒伏。

4.10 防杂除草

作为啤酒原料的大麦生产，应将防止品种混杂和防除杂草贯穿于生产的全过程，种子田更应注意这一点，以保持品种种性和保证啤酒原料大麦的纯度。大麦田间双子叶杂草用2.4-D丁酯，每hm^2用量750~1050g，于大麦苗4叶时喷洒。野燕麦用64%的野燕枯，每hm^2用量900~1500g，或用禾草灵，每hm^2用量2400ml，于大麦4叶龄时均匀喷洒。对野燕麦较多的地块应采取轮作倒茬等综合农业措施，以减轻杂草危害。

4.11 防治害虫

大麦的田间虫害主要有蚜虫和金针虫，其防治方法是在蚜虫在发生初期，用40%乐果乳油进行防治。金针虫是土壤害虫，在播种时可用50%的辛硫磷乳油120~150g加水50倍，拌种子50kg。

4.12 适时收获

及时收割、减少雨淋、防止色泽变黄变深是啤酒大麦收获期间应十分注意的问题。采用人工收获时应在蜡熟末期（即75%以上的植株茎叶变成黄色，籽粒具有本品种正常大小和色泽），机械收获时应在完熟期（即所有植株茎叶变黄）进行。

4.13 充分晾晒、加工精选

收获后尽快脱粒晾晒，当籽粒含水量低于12%时，及时进行精选包装入库，避免受潮、霉变和粒色啤酒大麦原咱生产技术规程加深，并且不同品种分别入库存放，严防混杂，影响酿造品质。

参考文献

[1] D. C. 拉斯姆逊. 大麦 [M]. 北京：农业出版社，1992.

[2] 蔡大同，苑泽圣，杨桂芬，等. 氮肥不同时期施用对优质小麦产量和加工品质的影响 [J]. 土壤肥料，1994 (2)：19－21.

[3] 蔡剑，姜东，戴廷波，等. 施氮水平对啤酒大麦植株氮素吸收与利用及籽粒蛋白质积累和产量的影响 [J]. 作物学报，2009，35 (11)：2116－2121.

[4] 曹翠玲，李生秀，苗芳. 氮素对植物某些生理生化过程影响的研究进展 [J]. 西北农业大学学报，1999，27 (4)：96－100.

[5] 曹健，黄林清，王芳，等. 一阶导数光谱法测定慕颜胶囊中维生素 E 的含量 [J]. 中国药房，2007，18 (22)：1732－1733.

[6] 曹连莆，齐军仓，张薇，等. 优质、高产啤酒大麦新品种新啤 1 号 [J]. 大麦科学，1999 (3)：34－35.

[7] 曹连莆. 充分发挥新疆农垦优势，加快发展啤酒大麦生产 [J]. 大麦科学，1994 (4)：42－45.

[8] 常金花，王定义. 氮肥供应对啤酒大麦品质及产量的影响 [J]. 河北农业大学学报，2000，23 (4)：26－28.

[9] 常磊，柴守玺. AMMI 模型在旱地春小麦稳定性分析中的应用 [J]. 生态学报，2006，26 (11)：3677－3684.

[10] 陈家华，严罗美. 荧光法测定食品中维生素 E——多因素正交试验的应用尝试 [J]. 食品科学，1986 (7)：43－44.

[11] 陈健，乔海龙，陈和，等. 大麦病害及其特征 [J]. 江西农业学报，2009，21 (5)：77－80.

[12] 陈锦新，陈叶平，陈培玉，等. 大麦籽粒产量和氮积累的农艺因素效应 [J]. 大麦科学，1998，55 (2)：5－8.

[13] 陈锦新，张国平. 氮钾肥用量与配比对大麦籽粒品质的影响 [J]. 浙江农业学报，2001 (12)：74－77.

[14] 陈泌，刘友良. 谷胱甘肽对盐胁迫大麦叶片活性氧清除系统的保护作用 [J]. 作物学报，2005，26 (5)：365－373.

[15] 陈萍，何文寿. 不同施肥配比对宁夏盐碱土壤油用向日葵产量的影响 [J]. 干旱地区农业研究，2011，29 (1)：108－114.

[16] 陈荣敏，杨学举，梁凤山，等. 利用隶属函数法综合评价冬小麦的抗旱性 [J]. 河北农业大学学报，2002，25 (2)：7 -9.

[17] 陈少裕. 膜脂过氧化对植物细胞的伤害 [J]. 植物生理学通讯，1991，27 (2)：84 -90.

[18] 陈永亮，李修岭，周晓燕. 低磷胁迫对落叶松幼苗生长及根系酸性磷酸酶活性的影响 [J]. 北京林业大学学报，2006，28 (6)：46 -50.

[19] 丁辉，徐世民，孙龙江，等. 分子蒸馏浓缩天然维生素E的研究 [J]. 粮油加工，2007 (10)：98 -100.

[20] 丁毅，宋运淳. 大麦染色体G—带核型研究 [J]. 植物学报，1989，31 (9)：684 -688.

[21] 董彩霞，赵世杰，田纪春，等. 不同浓度的硝酸盐对高蛋白小麦幼苗叶片叶绿素荧光参数的影响 [J]. 作物学报，2002，28 (1)：59 -64.

[22] 董建力，任贤，许兴，等. 春小麦光合速率与产量的关系研究 [J]. 甘肃农业科技，2001 (6)：10 -12.

[23] 董树连，王卫国，李春茂，等. 旱地高产小麦光合速率与产量变化的研究 [J]. 莱阳农学院学报，2000，17 (3)：194 -195.

[24] 段克斌，胡双全，曹进，等. 鄂东南地区晚稻不同氮肥施用量与病虫发生及产量的关系 [J]. 湖北农业科学，2011，50 (1)：39 -41.

[25] 樊明寿，张福锁. 植物磷吸收效率的生理基础 [J]. 生命科学，2001，13 (3)：129 -131.

[26] 范士靖，李建粤，张国荣，等. 高蛋白、高赖氨酸大麦的筛选及遗传距离分析 [J]. 上海农业科学，2002，18 (1)：29 -34.

[27] 冯伯文，刘再新. 大麦品种鉴定及其应用 [J]. 广州食品工业科技，1998，14 (4)：67 -70.

[28] 冯宗云，李宏，张立立，等. 西藏野生大麦醇溶蛋白的遗传多样性 [J]. 四川大学学报 (自然科学版)，2004，41 (2)：440 -445.

[29] 部战宁，宋巍. 河南省大麦主要病害的发生及防治 [J]. 大麦与谷类科学，2008 (4)：37 -39.

[30] 葛毅强，孙爱东，倪元颖. 麦芽中天然维生素E的SFE -CO2最佳提取工艺的研究 [J]. 中国油脂，2001，26 (5)：52 -56.

[31] 龚江，李绍长，夏春兰，等. 低磷胁迫下玉米自交系磷高效基因型筛选 [J]. 新疆农业科学，2002，39 (2)：77 -81.

[32] 顾自奋，黄志仁，许如根，等. 近10年世界大麦生产概况 [J]. 大麦科学，2001 (1)：1 -4.

[33] 郭春霞，傅大煦，周铜水，等. 银杏外种皮中银杏酚酸对小菜蛾幼虫的拒食及毒杀作用 [J]. 复旦学报 (自然科学版)，2004，43 (2)：255 -259，266.

[34] 郭翠花，高志强. 氮肥运筹对不同穗型小麦产量形成及籽粒品质的影响 [J]. 山西农业大学学报 (自然科学版)，2010，30 (1)：33 -37.

[35] 郭望模，傅亚萍，孙宗修. 水稻芽期耐盐性指标的选择研究 [J]. 浙江农业科学，

2004（1）：28－30.

［36］郭文善，封超年，严六零，等．小麦开花后源库关系分析［J］．作物学报，1995，21（3）：334－340.

［37］郭兴章，陈柔，张振太，等．优质啤酒大麦的农业气候生态［J］．新疆农业科学，1988（2）：67－69.

［38］国家质量技术监督局，GB/T17812．饲料中维生素E的测定——高效液相色谱法．中华人民共和国，1999.

［39］何生根，陈升枢，李明启．缺磷对甘薯离体叶细胞光合作用和光呼吸的影响［J］．植物生理学通讯，1992，28（5）：342－344.

［40］何仲佩．农作物化学控制实验指导［M］．北京：北京农业大学出版社，1993.

［41］侯永翠，郑有良，魏育明．青藏高原近缘野生大麦醇溶蛋白遗传多样性分析［J］．西南农业学报，2004，17（5）：545－551.

［42］胡延吉，赵檀方．不同播期下大麦品种（系）产量及有关性状差异的研究［J］．大麦科学，1996（6）：15－17.

［43］胡育骄，王小彬，赵全胜，等．海冰水灌溉对不同施肥方式下土壤盐分运移及棉花的影响［J］．农业工程学报，2010，26（9）：20－27.

［44］黄润，茹思博，张安恢，等．新疆春小麦品种的磷营养差异研究［J］．麦类作物学报，2008，28（5）：824－829.

［45］黄志仁，周美学，黄友圣．大麦籽粒蛋白质含量的配合力研究［J］．遗传学报，1990，18（3）：263－270.

［46］黄志仁．20世纪大麦生产与科研的回顾［C］．中国大麦文集（第五集），2001：1－7.

［47］黄志仁．国外大麦生产与科研近况［J］．国外农学——麦类作物，1988（6）：12－15.

［48］黄祖六，潘裕平．大麦品质和农艺性状的通径分析［J］．扬州大学学报（自然科学版），2003，3（1）：36－40.

［49］蒋崇文，何德文．超临界流体色谱法分析天然维生素E［J］．粮食与油脂，2005（3）：6－37.

［50］蒋守华，刘葛山，徐美琴．油料作物维生素E含量的研究进展［J］．安徽农业科学，2007，35（17）：5042－5043.

［51］金剑，王光华，刘晓冰，等．不同施磷量对大豆苗期根系形态性状的影响［J］．大豆科学，2006，25（4）：361－364.

［52］靳正忠，李东广，齐军仓，等．灌水量对大麦籽粒蛋白质及其组分含量的影响［J］．种子，2007，26（10）：18－20.

［53］靳正忠，齐军仓，石国亮，等．不同生态条件对大麦籽粒蛋白质及其组分含量的影响［J］．石河子大学学报（自然科学版），2006，24（5）：538－542.

［54］康国章，郭天财，朱云集，等．不同生育时期追氮对超高产小麦生育后期光合特性及产量的影响［J］．河南农业大学学报，2000，34（2）：103－106.

［55］康华．小麦穗粒发育过程内源激素动态及其调节［D］．北京：中国农业大

学，1996.

［56］柯玉琴，潘廷国．鉴定水稻种子成苗过程中耐盐性的琼脂固定法［J］．植物生理学报，2001，37（5）：432－434.

［57］孔清华，李光永，王永红，等．不同施肥条件和滴灌方式对青椒生长的影响［J］．农业工程学报，2010，26（7）：21－25.

［58］寇丽娟，李兰晓，王明林．反相高效液相色谱法快速测定植物油中的维生素E［J］．中国食物与营养，2006（12）：2－43.

［59］兰海燕，李立会．蛋白质凝胶电泳技术在作物品种鉴定中的应用［J］．中国农业科学，2002，35（8）：916－920.

［60］黎秀卿，王文正，吕潇．北方春大麦区大麦蛋白质含量与生态条件的关系［J］．山东农业科学，1998（2）：20－21.

［61］李诚，艾尼瓦尔，李兰珍，等．AMMI模型对啤酒大麦品种稳定性的分析［J］．种子，2005，24（10）：73－75.

［62］李锋，潘晓华，刘水英．低磷胁迫对不同水稻品种根系形态和养分吸收的影响［J］．作物学报，2004，30（5）：438－442.

［63］李桂华，代红丽，傅黎敏．高压液相色谱法测定我国大豆种子中维生素E含量［J］．中国粮油学报，2006，21（3）：92－95.

［64］李国婧，周燮．水杨酸与植物抗非生物胁迫［J］．植物学通报，2001，18（3）：295－302.

［65］李国营，范志影，陆平，等．谷子初级核心种质生育酚的组分及其评价［J］．植物遗传资源学报，2009，10（3）：378－384.

［66］李慧明，高志强，张永清．苗果园不同基因型春小麦根系对低磷胁迫的生物学响应［J］．山西农业大学学报，2006，26（2）：138－140.

［67］李继云，刘秀娣，周伟．有效利用土壤营养元素的作物育种新技术研究［J］．中国科学B辑，1995，25（1）：41－48.

［68］李磊，赵檀方，胡延吉．大麦苗期耐盐性鉴定指标的研究［J］．莱阳农学院学报，1998，15（4）：253－257.

［69］李敏．氮肥运筹对泽泻产量、品质和氮肥利用率的影响［J］．作物杂志，2011（1）：74－77.

［70］李培玲，俞天胜，曹连莆，等．新疆啤酒大麦生产的现状与对策［J］．新疆农垦科技，2003（2）：36－38.

［71］李秋玫，饶宏英，阮静．利用近红外漫反射（NIR）技术快速检测多维饲料中维生素E的含量［J］．中国饲料，2005（4）：6－37.

［72］李姗姗，赵广才，常旭虹，等．追氮时期对强筋小麦产量、品质及其相关生理指标的影响［J］．麦类作物学报，2008，28（3）：461－465.

［73］李生秀．植物营养与肥料学科的现状与展望［J］．植物营养与肥料学报，1999，5（3）：193－205.

［74］李守明，梁维，魏凌基，等．利用两种电泳技术分析大麦品种的醇溶蛋白差异及亲缘关系［J］．石河子大学学报（自然科学版），2011，29（1）：15－19.

[75] 李守明，梁维，魏凌基，等．新疆大麦种质资源农艺性状和醇溶蛋白遗传多样性分析 [J]．新疆农业科学，2009，46 (2)：269－274.

[76] 李守明．大麦种质资源的遗传多样性研究 [D]．石河子：石河子大学，2010.

[77] 李天银，任农辉．玉门地区啤酒大麦不同播期处理试验 [J]．大麦科学，1997 (2)：30－31.

[78] 李天银．玉门地区啤酒大麦氮肥施用方式研究 [J]．甘肃农业科技，1999 (3)：39.

[79] 李卫东，卢卫国，梁慧珍，等．大豆籽粒维生素 E 含量与生态因子关系的研究 [J]．作物学报，2007，33 (7)：1094－1099.

[80] 李尉霞，齐军仓，石国亮，等．NaCl 胁迫对不同大麦品种种子发芽的影响 [J]．大麦与谷类科学，2007 (1)：22－25.

[81] 李尉霞，齐军仓，石国亮，等．大麦苗期耐盐性生理指标的筛选 [J]．石河子大学学报（自然科学版），2007，25 (1)：23－26.

[82] 李尉霞，齐军仓，张莉，等．大麦的耐盐性研究进展 [J]．福建稻麦科技，2006 (12)：42－44.

[83] 李尉霞．NaCl 胁迫对大麦种子萌发及幼苗生理生化特性的影响 [D]．石河子：石河子大学，2007.

[84] 李昀，沈禹颖，阎顺国．NaCl 胁迫下 5 种牧草种子萌发的比较研究 [J]．草业科学，1997，14 (2)：50－53.

[85] 李志洪，陈丹，曹亚军．磷胁迫不同基因型大豆根系生长和吸磷动力学反应[J]．吉林农业大学学报，1995，17 (2)：54－57.

[86] 李卓夫，金正勋，兰丽芬．春小麦品种间单杂交 F_1 代若干农艺性状优势效应的遗传分析 [J]．东北农业大学学报，1995，26 (1)：20－26.

[87] 梁巧玲．新疆伊犁河谷春小麦田杂草发生现状及防除技术研究 [D]．乌鲁木齐：新疆农业大学，2007.

[88] 梁维，李守明，王金玲，等．大麦苗期磷高效基因型筛选 [J]．石河子大学学报（自然科学版），2009，27 (5)：4536－4540.

[89] 梁维．大麦磷高效种质资源筛选及生理特性研究 [D]．石河子：石河子大学，2010.

[90] 刘大群，董金皋．植物病理学导论 [M]．北京：科学出版社，2007.

[91] 刘慧，刘景福，刘武定．不同磷营养油菜品种根系形态及生理特性差异研究 [J]．植物营养与肥料学报，1999，5 (1)：40－45.

[92] 刘江云，杨学东，徐丽珍，等．天然酚酸类化合物的反相高效液相色谱分析 [J]．色谱，2002，20 (3)：245－248.

[93] 刘群涛，李崎，武千钧，等．反相高效液相色谱法测定啤酒中的酚酸 [J]．分析实验室，2006，25 (12)：68－72.

[94] 刘三才，朱志华，张京，等．美国不同棱型大麦种质资源品质分析 [J]．植物遗传资源学报，2004，(2)：139－141.

[95] 刘晓燕，何萍，金继运．我国小麦最佳养分管理研究进展 [J]．高效施肥，2010，

24 (1): 2 -16.

[96] 刘亚，李自超，米国华，等. 水稻耐低磷种质的筛选与鉴定 [J]. 作物学报，2005，31 (2): 238 -242.

[97] 刘友良，汪良驹. 植物对盐胁迫的反应和耐盐性 [M]. 北京：科学技术出版社，1998.

[98] 刘玉春，沈会权，陈小霖，等. 施氮量对不同大麦品种产量和蛋白质含量的影响 [J]. 大麦与谷类科学，2007 (4): 43 -45.

[99] 刘云，丁霄霖，胡长鹰. 分光光度法测定天然维生素 E 总含量 [J]. 粮油食品科技，2005，13 (4): 47 -49.

[100] 刘贞琦，刘振业，马达鹏. 水稻叶绿素含量与光合速率关系的研究 [J]. 作物学报，1984，10 (1): 57 -61.

[101] 刘振业. 光合作用的遗传与育种 [M]. 贵州：贵州人民出版社，1987.

[102] 刘仲齐，吴兆苏，俞世蓉，等. IAA 和 ABA 对小麦籽粒灌浆进程的影响 [J]. 种子，1992 (1): 8 -11.

[103] 楼建华，吴彩娟，杨亦文，等. 棕榈油中生育酚和生育三烯酚的 HPLC 测定 [J]. 食品工业科技，2006，27 (6): 177 -178.

[104] 卢良恕. 中国大麦学 [M]. 北京：中国农业出版社，1996.

[105] 陆炜，孙立军，张京. 中国大麦品种资源研究及发展方向 [C]. 中国大麦文集 (第二集)，1991: 28 -31.

[106] 吕海涛，孙海峰，曲宝涵，等. 高效液相色谱法同时测定苹果汁中 6 种酚类物质 [J]. 分析化学，2007，35 (10): 1425 -1429.

[107] 吕潇，林澄菲. 中国大麦品种资源蛋白质含量的生态分析 [C]. 中国大麦文集 (第三集). 南昌：江西科学技术出版社，1993.

[108] 栾运芳，赵慧芬，王建林，等. 施肥和播期对西藏青稞维生素 E 含量的影响 [J]. 麦类作物学报，2009，29 (4): 685 -689.

[109] 罗仓学，张勇，雷学锋，等. 苹果籽油中维生素 E 含量的测定及提取方法比较 [J]. 粮油加工，2007 (1): 55 -56.

[110] 马得泉. 中国西藏大麦遗传资源 [M]. 北京：中国农业出版社，2000.

[111] 毛培春. 18 种多年禾草种子萌发期和幼苗期的耐盐性比较研究 [D]. 内蒙古农业大学，2004.

[112] 孟庆伟，赵世杰，许长成，等. 田间小麦叶片光合作用的光抑制和光呼吸的防御作用 [J]. 作物学报，1996，22 (4): 470 -475.

[113] 米海莉，许兴，马雅琴，等. 小麦品种耐盐性的研究 [J]. 干旱地区农业研究，2003，21 (1): 134 -138.

[114] 莫惠栋. 农业试验统计 (第二版) [M]. 上海：上海科技出版社，1992.

[115] 聂石辉，齐军仓，张海禄，等. PEG6000 模拟干旱胁迫对大麦幼苗丙二醛含量及保护酶活性的影响 [J]. 新疆农业科学，2011，48 (1): 11 -17.

[116] 聂石辉. 大麦抗旱的生理生化机理研究及种质资源抗旱性评价 [D]. 石河子：石河子大学，2011.

[117] 牛锋，赵宗蕃，杨宪孝，等. 杂交酸模耐盐性鉴定的生理指标筛选 [J]. 西北民族大学学报，2003，12 (51)：56 –58.

[118] 潘波，王宝铃，于常春，等. 春大麦的光合特性与干物质生产 [J]. 莱阳农学院学报，1995，12 (1)：31 –34.

[119] 潘庆民，于振文. 追氮时期对冬小麦籽粒品质和产量的影响 [J]. 麦类作物学报，2002，22 (2)：65 –69.

[120] 潘永东，王效宗，包奇军，等. 氮素肥料对啤酒大麦产量和麦芽品质的影响 [J]. 农业现代化研究，2007，28 (4)：480 –482.

[121] 齐军仓，慕自新. 大麦籽粒蛋白质及其组分含量的遗传研究 [J]. 石河子大学学报，1997，1 (4)：265 –269.

[122] 齐军仓，靳正忠，王鹏，等. 氮肥用量对啤酒大麦籽粒蛋白质和醇溶蛋白组分含量的影响及其与 β –淀粉酶活性的关系 [J]. 石河子大学学报 (自然科学版)，2006，24 (6)：661 –666.

[123] 齐军仓，王鹏，汪飞，等. 大麦籽粒醇溶蛋白组分的基因型和环境变异及其与 β –淀粉酶活性的关系 [J]. 石河子大学学报 (自然科学版)，2007，25 (3)：153 –157.

[124] 齐军仓，王鹏，汪飞，等. 氮肥施用时期对啤酒大麦籽粒醇溶蛋白组分含量和 β –淀粉酶活性的影响 [J]. 大麦与谷类科学，2007 (1)：28 –32.

[125] 齐军仓，张莉，曹连莆. 大麦籽粒蛋白质及其组份含量的配合力研究 [J]. 麦类作物，1999，19 (1)：35 –38.

[126] 齐军仓. 大麦籽粒蛋白质含量的影响因素及其动态变化综述 [J]. 大麦科学，1999 (1)：1 –3.

[127] 全国农业技术推广服务中心编. 小麦病虫草害发生与监控 [M]. 中国农业出版社，2008.

[128] 任东涛，赵松岭. 水分胁迫对半干旱区小麦旗叶蛋白质代谢的影响 [J]. 作物学报，1997，23 (4)，468 –474.

[129] 邵启全. 栽培大麦的起源与进化 [J]. 遗传学报，1975，(2)：123 –127.

[130] 申玉香，郭文善，周影，等. 氮素和基本苗对宁盐一号小麦籽粒产量、群体质量与蛋白质及其组分含量的影响 [J]. 麦类作物学报，2007，27 (1)：134 –137.

[131] 沈裕琥，王海庆，杨天育，等. 甘、青两省春小麦遗传多样性演变 [J]. 西北植物学报，2002，22 (4)：731 –740.

[132] 石玉，张永丽，于振文. 施氮量对不同品质类型小麦子粒蛋白质组分含量及加工品质的影响 [J]. 植物营养与肥料学报，2010，16 (1)：33 –40.

[133] 史庆华，朱祝军. NaCl 胁迫对番茄光合作用的影响 [J]. 植物营养与肥料学报，2004，35 (1)：27 –31.

[134] 宋建民，田纪春，赵世杰. 中午强光胁迫下高蛋白小麦旗叶的光合特性 [J]. 植物学报，1999，25 (3)：209 –213.

[135] 宋小林，刘强，宋海星，等. 密度和施肥量对油菜植株碳氮代谢主要产物及籽粒产量的影响 [J]. 西北农业学报，2011，20 (1)：82 –85.

[136] 宋艳，汪云. 黑玉米中黑色素的提取工艺及组分研究 [J]. 天然产物研究与开

发，2008，20（6）：1084－1087.

［137］孙朝晖，程斐，赵玉国，等．铵态氮促进水培番茄膜质过氧化产物形成［J］．园艺学报，2002，29（1）：4.

［138］孙军利，董贵民，杨万勇．环境条件对啤酒大麦品质的影响［J］．大麦科学，2003（2）：29－30.

［139］孙立军，陆炜，张京．中国大麦种质资源鉴定评价及其利用研究［J］．中国农业科学，1999，3（22）：24－31.

［140］孙立军．赴美国、加拿大啤酒大麦考察［J］．大麦科学，2001（3）：1－4.

［141］孙立军．中国大麦遗传资源目录［M］．北京：农业出版社，1994.

［142］孙立军．中国栽培大麦变种及其分布［J］．中国农业科学，1988，21（2）：25－31.

［143］孙立军．中国栽培大麦品种资源及其特点［J］．作物品种资源，1990（3）：12－16.

［144］孙茂真，刘延涛，刘仲兰，等．不同追氮时期对强筋小麦产量和品质的影响［J］．山东农业科学，2005（3）：55－56.

［145］孙岩，王广金，李忠杰，等．小麦高效利用磷素基因型的筛选及其指标的初步研究［J］．黑龙江农业科学，2002（4）：1－3.

［146］唐慧慧，丁毅，胡耀军．中国近缘野生大麦醇溶蛋白的遗传多态性研究［J］．武汉植物学研究，2002，20（4）：251－257.

［147］唐钧．基施无机和有机氮肥的最佳配比研究［J］．大麦科学，2000（1）：14－16.

［148］唐启义，冯明光．DPS 数据处理系统——实验设计、统计分析及模型优化［M］．北京：科学出版社，2006：485.

［149］田中民．根系分泌物在植物磷营养的作用［J］．咸阳师范学院学报，2001，16（6）：60－63.

［150］吐尔逊娜依，高辉远，安沙舟，等．8 种牧草耐盐性综合评价［J］．中国草地，1995（1）：30－32.

［151］汪军妹，张国平，陈锦新．啤酒大麦蛋白质含量的品种和环境效应（英文）［J］．浙江大学学报（农业与生命科学版），2001，27（5）：503－507.

［152］汪军妹，张国平．大麦籽粒蛋白质含量的研究进展［J］．大麦科学，1999（3）：9－11.

［153］汪沛洪．基础生物化学实验指导［M］．西安：陕西科学技术出版社，1986.

［154］王爱华，王松峰，宫长荣．氮素用量对烤烟上部叶片多酚类物质动态的影响［J］．西北农林科技大学学报（自然科学版），2005，33（3）：57－60.

［155］王宝山，姚郭义．盐胁迫对沙枣愈伤组织膜性、膜脂过氧化和 SOD 活性的影响［J］．河北农业大学学报，1993，16（3）：20－24.

［156］王丹英，汪自强．播期、密度、氮肥用量对菜用大豆产量和品质的效应［J］．浙江大学学报（农业与生命科学版），2001，27（1）：69－72.

［157］王颢，潘永东，包奇军，等．氮肥施用量对河西走廊啤酒大麦产量及品质的影

响［J］. 甘肃农业科技，2010（1）：18－20.

［158］王建林，吴德宽. 西藏裸大麦叶片受旱衰老及其与膜脂过氧化关系的研究［J］. 国外农学——麦类作物，1995（6）：35－37.

［159］王礼焦，鲍继友，孙承军，等. 不同施肥水平和施肥方式对港啤 1 号产量及麦芽品质的影响［J］. 大麦科学，2000（2）：32－35.

［160］王礼焦，徐大勇. 啤酒大麦品种资源酿造品质特性鉴定结果及评价［J］. 大麦科学，1999（3）：14－18.

［161］王柳，张福墁，魏秀菊. 不同氮肥水平对日光温室黄瓜品质和产量的影响［J］. 农业工程学报，2007，23（12）：225－229.

［162］王琦，孙永胜，王田涛，等. 灌溉与施氮对黑河中游新垦沙地春小麦生长特性、耗水量及产量的影响［J］. 干旱区地理，2009，32（2）：240－248.

［163］王庆仁，李继云，李振声. 植物高效利用土壤难溶态磷研究动态及展望［J］. 植物营养与肥料学报，1998，4（2）：107－116.

［164］王庆亚，刘敏，张守栋. 盐胁迫对盐角草种子萌发与幼苗生长效应的研究［J］. 江苏农业科学，2002（2）：69－71.

［165］王荣栋，曹连莆，李国英. 啤酒大麦栽培［M］. 乌鲁木齐：新疆人民出版社，1997.

［166］王荣栋，曹连莆，吕新，等. 麦类作物栽培育种研究［M］. 乌鲁木齐：新疆科技卫生出版社，2002.

［167］王荣栋，曹连莆. 新疆啤酒大麦栽培技术［J］. 新疆农业科技，2003（1）：37.

［168］王荣栋，陶光琏，康慧仁，等. 新疆春大麦干物质积累、分配和产量形成的研究［J］. 大麦科学，1994（4）：21－23.

［169］王荣栋，尹经章. 作物栽培学［M］. 乌鲁木齐：新疆科技卫生出版社，1997.

［170］王荣栋. 啤酒大麦的合理施肥［J］. 安徽农业科学，1996：21.

［171］王万里. 植物对水分胁迫的反应. 植物生理学专题讲座［M］. 北京：科学出版社，1986.

［172］王仙，齐军仓，曹连莆，等. 大麦籽粒生育酚含量的基因型和环境变异研究［J］. 麦类作物学报，2010，30（5）：853－857.

［173］王仙，王祥军，曹连莆，等. 大麦籽粒总黄酮超声辅助提取工艺的优化［J］. 石河子大学学报（自然科学版），2010，28（2）：152－157.

［174］王祥军，齐军仓，贾力群，等. 氮素对大麦籽粒中酚酸和蛋白质含量的影响［J］. 核农学报，2011，25（1）：162－168.

［175］王祥军，齐军仓，贾力群，等. 反相高效液相色谱法快速测定大麦籽粒中 13 种酚酸类化合物［J］. 分析试验室，2011，30（11）：5－10.

［176］王祥军，齐军仓，王仙，等. 不同类型大麦品种籽粒中酚酸类化合物含量的差异［J］. 麦类作物学报，2010，30（5）：847－852.

［177］王祥军. 大麦籽粒酚酸及其组分含量的基因型差异及环境效应研究［D］. 石河子：石河子大学，2011.

［178］王小娟，覃新程. 盐胁迫下小麦新品系 89122 的抗氧化酶活性变化的研究［J］. 兰

州大学学报，1999，35（1）：140－143.

［179］王效宗，潘永东．啤酒大麦优质高产栽培技术［M］. 兰州：甘肃科学技术出版社，2006.

［180］王信理．在作物干物质积累的动态模拟中如何合理Logistic方程［J］. 农业气象，1986，7（1）：14.

［181］王延铨．野燕麦的生物学特性研究和燕麦畏防效试验［J］. 新疆农垦科技，1992（2）：17－18.

［182］王艳，孙杰，王荣萍，等．玉米自交系磷效率基因型差异的筛选［J］. 山西农业科学，2003，31（1）：7－10.

［183］王亦勤．播期对啤酒大麦产量及蛋白质含量的影响［J］. 大麦科学，2003（2）：16－17.

［184］王远利．麦田杂草的综合防治［J］. 新疆农垦科技，2003（4）：30－31.

［185］王月福，姜东，于振文，等．氮素水平对小麦籽粒产量和蛋白质含量的影响及其生理基础［J］. 中国农业科学，2003，36（5）：513－520.

［186］魏凌基，靳万贵，武丽蓉，等．啤酒大麦穗的离体培养及氮素对穗粒数的调节作用［J］. 石河子大学学报（自然科学版），2001，5（3）：173－175.

［187］魏亦农，曹连莆．二棱啤酒大麦品种资源农艺性状的聚类分析和主成分分析［J］. 种子，2003（3）：69－70.

［188］文勇林，闫品，韩顺涛，等．新疆塔城地区农作物主要病虫害种类及发生［J］. 新疆农业科技，2008（4）：72－73.

［189］仵均祥．农业昆虫学（北方本）［M］. 中国农业出版社，2002.

［190］夏向东，吕飞杰，台建祥，等．裸大麦中生育三烯酚的超临界CO_2流体萃取工艺［J］. 农业工程学报，2004，20（5）：191－195.

［191］孝雯，贾恢先．几种盐生植物抗盐生理指标的研究［J］. 西北植物学报，2000，20（5）：818－825.

［192］谢以泽，张银华，叶信祥，等．密度与氮肥水平对早籼稻中嘉早17生长及产量的影响［J］. 浙江农业科学，2011（1）：80－82.

［193］谢志新．大麦氮、磷、钾吸收动态初报［J］. 大麦科学，1989，19（2）：29－35.

［194］谢志新．氮肥用量对大麦氮代谢和籽粒品质的效应［J］. 浙江农业大学学报，1989，15（1）：1－7.

［195］辛忠民，郑佰成，张宝辉，等．防治啤酒大麦综合病害药剂筛选试验［J］. 内蒙古农业科技，2011（3）：65－67.

［196］新疆农业科学院植物保护研究所．新疆粮食作物病虫害防治［M］（科技兴农技术丛书）．乌鲁木齐：新疆科技卫生出版社，1994.

［197］徐寿军，顾小莉，卜义霞，等．冬大麦花后穗部氮素积累的特征分析及动态模拟［J］. 生物数学学报，2007，22（4）：740－744.

［198］徐廷文．中国栽培大麦的分类及品种鉴定变种鉴定［J］. 中国农业科学，1982（6）：39－46.

[199] 许大全. 光合速率、光合效率与作物产量 [J]. 生物学通报，1999，34 (8)：8－10.

[200] 许峰. 氮肥对啤酒大麦蛋白质含量及产量的影响 [J]. 大麦科学，2003 (3)：32－35.

[201] 许兴，李树华，惠红霞. NaCl 胁迫对小麦幼苗生长、叶绿素含量及 Na^+、K^+ 吸收的影响 [J]. 西北植物学报，2002，22 (2)：278－284.

[202] 薛雁，胡辉林. 电泳技术在作物品种鉴定中的应用 [J]. 西北农林科技大学学报 (自然科学版)，2003，31 (增)：197－201.

[203] 闫洁，曹连莆，刘伟，等. 花后土壤水分胁迫对大麦旗叶蛋白质代谢及内源激素变化的影响 [J]. 安徽农业科学，2006，34 (1)：1－2，53.

[204] 闫洁，曹连莆，沈军队，等. 干旱胁迫对大麦籽粒灌浆特性及内源激素的影响 [J]. 安徽农业科学，2006，34 (3)：435－439.

[205] 闫洁，曹连莆，沈军队，等. 花后干旱胁迫对大麦子粒碳、氮化合物积累的影响 [J]. 湖北农业科学，2006，45 (3)：288－292.

[206] 闫洁，曹连莆，沈军队，等. 啤酒大麦籽粒形成期蛋白质含量和内源激素之间动态变化的研究 [J]. 石河子大学学报 (自然科学版)，2004，22 (1)：20－23.

[207] 闫洁，曹连莆，沈军队，等. 土壤水分胁迫下大麦籽粒形成期碳氮代谢及其互作效应 [J]. 石河子大学学报 (自然科学版)，2004，22 (6)：465－470.

[208] 闫洁，曹连莆，张薇，等. 花后大麦籽粒蛋白质的贮积变化和内源激素之间的关系 [J]. 种子，2006，25 (3)：63－66.

[209] 闫洁，曹连莆，张薇，等. 土壤水分胁迫对大麦籽粒内源激素及灌浆特性的影响 [J]. 石河子大学学报 (自然科学版)，2005，23 (1)：30－38.

[210] 杨素欣，王振镒. 盐胁迫下小麦愈伤组织生理生化特性的变化 [J]. 西北农业大学学报，1999，27 (2)：48－51.

[211] 杨文治，余存祖. 黄土高原区域治理与评价 [M]. 北京：科学出版社，1992.

[212] 杨煜峰，陆定志. 大麦剑叶形态生理性状的遗传分析 [J]. 中国农业科学，1991，24 (1)：20－26.

[213] 叶信璋. 大麦生产发展概况及其展望 [J]. 农牧情报研究，1984 (8)：1－15.

[214] 殷琛. 大麦穗内各粒位发芽整齐度及若干品质性状的品种与环境效应 [D]. 浙江杭州：浙江大学，2002.

[215] 尹玉琦，李国英. 新疆农作物病害 [M]. 新疆：新疆科技卫生出版社，1995.

[216] 于东，方忠祥，杨海花，等. 紫山药酚酸类化合物鉴定及含量测定 [J]. 中国农业科学，2010，43 (12)：2527－2532.

[217] 俞志隆，黄培忠. 大麦遗传与改良 [M]. 上海：上海科学技术出版社，1994.

[218] 袁力行，傅骏骅，张世煌，等. 利用 RFLP、SSR、AFLP 和 RAPD 标记分析玉米自交系遗传多样性的比较研究 [J]. 遗传学报，2000，27 (8)：725－733.

[219] 袁明雪，黄象男，韩绍印，等. 天然维生素 E 的研究进展 [J]. 生物学杂志，2008，25 (3)：13－15.

[220] 岳寿松，于振文，余松烈. 不同生育期施氮对冬小麦氮素分配及叶片代谢的影

响［J］．作物学报，1998，24（6）：811－815.

［221］曾亚文．啤酒大麦源库性状的全息生物学研究［J］．大麦科学，1998（1）：4－6.

［222］翟德昌，赵金枝．大麦育种工作的回顾与展望［J］．大麦科学，1999（3）：5－8.

［223］张炳炎．中国西部农田杂草与综合防除原色图谱［M］．兰州：甘肃文化出版社，2010.

［224］张彩丽，贺学礼．天然生育酚的结构、生物合成和功能［J］．生物学杂志，2005（4）：38－41.

［225］张春光，荆红梅，郑海雷，等．水杨酸诱导植物抗性的研究进展［J］．生命科学研究，2001，5（3）：185－189.

［226］张福锁．植物磷营养基因型差异的机理——土壤与植物营养研究新动态［M］．北京：北京农业大学出版社，1992.

［227］张福锁．植物营养生态生理学和遗传学［M］．北京：北京农业大学出版社，1993.

［228］张桂珍，邱以孝．啤酒大麦品质性状的研究［J］．河北农业技术师范学院学报，1998（3）：46－48.

［229］张国平，陈锦新，蔡仁祥．氮肥运筹和烯效唑对小麦干物质和氮积累的影响［J］．浙江农业大学学报，1998，24（2）：174－178.

［230］张国平，陈锦新，汪军妹，等．中国大麦β－葡聚糖含量的品种和环境变异研究［J］．中国农业科学，2002，35（1）：53－58.

［231］张想平，魏玉杰．影响甘肃啤酒大麦品质的主要技术因素分析［J］．大麦科学，1999（2）：29－30.

［232］张雪峰，靳正忠，齐军仓，等．播期对大麦籽粒蛋白质及其组分含量的影响［J］．种子，2010（7）：12－15.

［233］张玉红，巴桑玉珍，寿建昕，等．不同基因型大麦品种大麦油及其母育酚含量的变异规律［J］．麦类作物学报，2007，27（4）：721－724.

［234］赵会杰，邹琦，于振文．叶绿素荧光分析技术及其在植物光合机理研究中的应用［J］．河南农业大学学报，2000，34（3）：248－251.

［235］郑炳松．现代植物生理生化研究技术［M］．气象出版社，北京：2006.

［236］郑慧琴，李培玲，俞天胜．大麦田杂草的发生与防治［J］．农村科技，2008（8）：33.

［237］郑集，陈钧辉．普通生物化学（第三版）［M］．北京：高等教育出版社，1998.

［238］郑涛．大麦不同光合器官对籽粒灌浆及产量的影响［J］．莱阳农学院学报，1999（1）：23－26.

［239］中国科学院上海植物生理研究所，上海市植物生理学会编．现代植物生理学实验指南［M］．北京：科学出版社，1999.

［240］周桂莲，杨慧霞．小麦抗旱性鉴定的生理生化指标及其分析评价［J］．干旱地区农业研究，1996，14（2）：65－71.

[241] 周静文，万平，陈佩度，等．麦胚乳贮藏蛋白组分遗传研究进展 [J]. 麦类作物学报，2000，20（2）：78－83.

[242] 朱睦元，黄培忠．大麦育种与生物工程 [M]. 上海：上海科学技术出版社，1999.

[243] 朱维琴，吴良欢，陶勤南．氮营养对干旱逆境下水稻生长及抗氧化性能的影响 [J]. 浙江农业学报，2006，18（2）：67－71.

[244] 朱新开．不同类型专用小麦氮素吸收利用特性与调控 [D]. 扬州：扬州大学，2000.

[245] 邹琦，王学臣．作物高产高效生理学研究 [M]. 北京：科学出版社，1994.

[246] AACC. Approved methods of the American association of cereal chemists, 10th edn. St Paul, MN: American Association of Cereal Chemists, Inc., 2000.

[247] Ahokas H, Naskali L. Geographic variation of α－amylase, β－amylase, β－glucanase, pullulanase and chitinase activity in germinating Hordeum spontaneum barley from Israel and Jordan [J]. Genetica, 1990, 82 (2): 73－78.

[248] Akihiro U, Weiming S, Toshihide N, et al. Analysis of salt－inducible genes in barley roots by differential display [J]. Journal of Plant Research, 2002, 115 (2): 119－130.

[249] Amarowicz R, Weidner S. Content of phenolic acids in rye caryopses determined using DAD－HPLC method [J]. Czech Journal of Food Science, 2001, 19 (6): 201－205.

[250] Anghinoni I, Barber S A. Phosphorus influx and growth characteristics of corn roots as influenced by phosphorus supply [J]. Agronomy Journal, 1980, 72 (4): 685－688.

[251] Arends A M, Fox G P, Henry R J, et al. Genetic and environmental variation in the diastatic power of Australian barley [J]. Journal of Cereal Science, 1995, 21 (1): 63－70.

[252] Bamforth C W, Milani C. The foaming of mixtures of albumin and hordein protein hydrolysates in model systems [J]. Journal of the Science of Food and Agriculture, 2004, 84 (9): 1001－1003.

[253] Bénard C, Gautier H, Bourgaud F, et al. Effects of low nitrogen supply on tomato (Solanum lycopersicum) fruit yield and quality with special emphasis on sugars, acids, ascorbate, carotenoids, and phenolic compounds [J]. Journal of Agricultural and Food Chemistry, 2009, 57 (10): 4112－4123.

[254] Bernstein N, Silk W K, Lauchli A. Growth and development of sorghum leaves under conditions of NaCl stress [J]. Plant Physiology, 1993, 191 (4): 433－439.

[255] Brennan C S, Smith D B, Harris N, et al. The production and characterisation of Hor 3 null lines of barley provides new information on the relationship of D hordein to malting performance [J]. Journal of Cereal Science, 1998, 28 (3): 291－299.

[256] Cavallero A, Gianinetti A, Finocchiaro F, et al. Tocols in hull－less and hulled barley genotypes grown in contrasting environments [J]. Journal of Cereal Science, 2004, 39 (2): 175－180.

[257] Corke H, Atsmon D. Effect of nitrogen nutrition on endosperm protein synthesis in wild and cultivated barley grown in spike culture [J]. Plant Physiology, 1988, 87 (2): 523－528.

[258] Delcour J A, Verschaeve S G. Malt diastatic activity. Part II. A modifed EBC diastatic power assay for the selective estimation of beta – amylase activity, time and temperature dependence of the release of reducing sugars [J]. Journal of the Institute of Brewing, 1987, 93 (4): 296 – 301.

[259] Doyle A D, Kingston R W. Effect of sowing rate on grain yield, kernel weight, and grain protein percentage of barley (Hordeum Vulgare L.) in northern new south wales [J]. Australian Journal of Experimental Agriculture, 1992, 32 (4): 465 – 471.

[260] Dudjak J, Lachman J, Miholová D, et al. Effect of cadmium on polyphenol content in young barley plants (Hordeum vulgare L.) [J]. Plant Soil Environment, 2004, 50 (11): 471 – 477.

[261] Eagles H A, Beddggood A G, Panozzo J F. Cultivar and environmental effects on malting quality in barley [J]. Australian Journal of Agricultural Research, 1995, 46 (5): 831 – 844.

[262] Ehrenbergerova J, Belcrediova N, Pryma J, et al. Effect of cultivar, year grown, and cropping system on the content of tocopherols and tocotrienols in grains of hulled and hulless barley [J]. Plant Foods for Human Nutrition, 2006, 61 (3): 145 – 150.

[263] Epstein E. Crop tolerance to salinity and other mineral stresses. Ciba Foundation Symposium 97. Better Crops for Food [M]. Pitman, 1983, 61 – 68.

[264] Evans D E, Collins H M, Eglinton J K, et al. Assessing the impact of the level of diastatic power enzymes and their thermostability on the hydrolysis of starch during wort production to predict malt fermentability [J]. Journal of the American Society of Brewing Chemists, 2005, 63 (4): 185 – 198.

[265] Fincher G B. Ferulic acid in barley cell walls: A fluorescence study [J]. Journal of the Institute of Brewing, 1976, 82 (S): 347 – 349.

[266] Föhse D, Claassen N, Jungk A. Phosphorus efficiency of plants Ⅱ. Significance of root radius and cation – anion balance for phosphorus influx in seven plant species [J]. Plant and Soil, 1991, 132 (2): 261 – 272.

[267] Fortmeier R, Schubert S. Salt tolerance of maize (zea may L): the role of sodium exclusion [J]. Journal of Plant Cell and Environment, 1995, 18 (9): 1041 – 1047.

[268] Gabelman H W, Longhman B C. Genetic aspects of plant mineral nutrition [M]. Drdrecht/Boston/Lancaster: Martinus Nijhoff Publishers, 1987, 299 – 307.

[269] Gahoonia T S, Nielsen N E. Variation in root hairs of barley cultivars doubled soil phosphorus uptake [J]. Euphytica, 1997, 98 (3): 177 – 182.

[270] Galmes J, Medrano H, Flexas J. Photosynthetic limitations in response to water stress and recovery in Mediterranean plants with different growth forms [J]. New Phytologist, 2007, 175 (1): 81 – 93.

[271] Georg – Kraemer J E, Mundstock E C, Cavalli – Molina L. Developmental expression of amylase during barley malting [J]. Journal of Cereal Science, 2001, 33 (3): 279 – 288.

[272] Gianfranco P, Alessandra F, Mario I. Normal phase high – performance liquid chromatography method for the determination of tocopherols and tocotrienols in cereals [J]. Journal of Ag-

ricultural and Food Chemistry, 2003, 51 (14): 3940 -3944.

[273] Gibson T S, Solah V, Glennie - Holmes M R, et al. Diastatic power in malted barley: contributions of malt parameters to its development and the potential of barley grain beta - amylase to predict malt diastatic power [J]. Journal of the Institute of Brewing, 1995, 101 (2): 277 -280.

[274] Giese H B, Ersen H D. Synthesis of the major storage protein, hordein, in barley [J]. Planta, 1983, 159 (1): 60 -65.

[275] Giese H, Hopp E E. Influence of nitrogen nutrition on the amount of hordein protein Z and beta - amylase messenger RNA in developing endosperms of barley [J]. Carsberg Research Communication, 1984, 49 (3): 365 -383.

[276] Giorgi A, Mingozzi M, Madeo M, et al. Effect of nitrogen starvation on the phenolic metabolism and antioxidant properties of yarrow (Achillea collina Becker ex Rchb.) [J]. Food chemistry, 2009, 114 (1): 204 -211.

[277] Gonzalez A, Martn I, Ayerbe L. Barley yield in water - stress conditions. - The influence of precocity, osmotic adjustment and stomatal conductance [J]. Field Crops Research, 1999, 62 (1): 23 -34.

[278] Grant C A, Gauer L E, Gehl D T, et al. Protein production and nitrogen utilization by barley cultivars in response to nitrogen fertilizer under varying moisture conditions [J]. Canadian Journal of Plant Science, 1991, 71 (4): 997 -1009.

[279] Grieve C M, Francois L E, Mass E V. Salinity affects the timing of phasic development in spring wheat [J]. Crop Science, 1994, 34 (6): 1544 -1549.

[280] Griffiths D W. The ratio of B to C hordeins in barley as estimated by high performance liquid chromatography [J]. Journal of the Science of Food and Agriculture, 1987, 38 (3): 229 - 235.

[281] Hejgaard J, Boisen S. High - lysine proteins in Hiproly barley breeding: identification, nutritional significance and new screening methods [J]. Hereditas, 1980, 93 (2): 311 -320.

[282] Henry R J. Barley quality: an Australian perspective [J]. Aspects of Applied Biology, 1990, (25): 5 -14.

[283] Hernanz D, Nufiez V, Sancho A I, et al. Hydroxycinnamic acids and ferulic acid dehydrodimers in barley and processed barley [J]. Journal of Agriculture and Food Chemistry, 2001, 49 (10): 4884 -4888.

[284] Hoffland E, Fndenegg G R, Nelemans J A. Solubilization of rock phosphate by rape II. Local root exudation of organic acids as a response to P - starvation [J]. Plant and Soil, 1989, 113 (2): 161 -165.

[285] Holtekjôlen A K, Kinitz C, Knutsen S H. Flavanol and bound phenolic acid contents in different barley varieties [J]. Journal of Agricultural and Food Chemistry, 2006, 54 (6): 2253 -2260.

[286] Horst W J, Abdou M, Wiesler F. Genotypic differences in phosphorus efficiency of wheat. In: Plant nutrition - from genetic engineering to field practice. Proceedings of the Twelfth

International Plant Nutrition Colloquium, Barrow, N. J. (Ed.), 1993, 367 – 370.

[287] Howard K A, Gayler K R, Eagles H A, et al. The relationship between D hordein and malting quality in barley [J]. Journal of Cereal Science, 1996, 24 (1): 47 – 53.

[288] Iegler, P. Cereal beta – amylases [J]. Journal of Cereal Science, 1999, 29 (3): 195 – 204.

[289] Jaroslav P, Jaroslava E, Natálie B, et al. Tocol content in barley [J]. Acta Chimica Slovenica Abbreviation. 2007, 54: 102 – 105.

[290] Jon F, Alice K, Thomas A W, et a1. Tocopherol and tocotrienol accumulation during development of caryopses from barley (Hordeum vulgare L.) [J]. Phytochemistry, 2004, 65 (22): 2977 – 2985.

[291] Jonassen I B, Ingversen J, Brandt A. Synthesis of SPII albumin, β – amylase and chymotrypsin inhibitor CI – 1 on polysomes from the endoplasmic reticulum of barley endosperm [J]. Carlsberg Research Communications, 1981, 46 (3): 175 – 181.

[292] Jones C G, Hartley S E. A protein competition model of phenolic allocation [J]. Oikos, 1999, 86 (1): 27 – 44.

[293] Jongdee B, Fukai S, Cooper M. Leaf water potential and osmotic adjustment as physiological traits to improve drought tolerance in rice [J]. Field Crops Research. 2002, 76 (2 – 3): 153 – 163.

[294] Kaczmarek K, Adamski T, Surma M, et al. Genotype – environment interaction of barley doubled haploids with regard to malting quality [J]. Plant Breeding, 1999, 118 (3): 243 – 247.

[295] Kim K – H, Tsao R, Yang R, et al. Phenolic acids profiles and antioxidant activities of wheat bran extracts and the effect of hydrolysis conditions [J]. Food Chemistry, 2006, 95 (3): 466 – 473.

[296] Kreis M, Williamson M, Buxton B, et al. Primary structure and differential expression of β – amylase in normal and mutant barleys [J]. European Journal of Biochemistry, 1987, 169 (3): 517 – 525.

[297] Lipton D S, Blancher R W, Blevins D G.. Citrate, malate, and succinate concentration in exudates from P – sufficient and P – stressed Medicago sativa seedlings [J]. L. Plant Physiology, 1987, 85 (2): 315 – 317.

[298] Macnicol P K, Jacobsen J V, Keys M M, et al. Effects of heat and water stress on malt quality and grain parameters of Schooner barley grown in cabinets [J]. Journal of Cereal Science, 1993, 18 (1): 61 – 68.

[299] Matthews J A, Miflin B J. In vitro synthesis of barley storage proteins [J]. Planta, 1980, 149 (3): 262 – 268.

[300] McCleary B V, Codd R. Measurement of β – amylase in cereal flours and commercial enzyme preparations [J]. Journal of Cereal Science, 1989, 9 (1): 17 – 33.

[301] Mckeehen J D, Busch R H, Fulcher R G. Evaluation of wheat (Triticum aestivum L.) phenolic acids during grain development and their contribution to Fusarium resistance [J]. Journal

of Agricultural and Food Chemistry, 1999, 47 (4): 1476-1482.

[302] Molina-Cano J L, Francesch M, Perez-Vendrell A M, et al. Genetic and environmental variation in malting and feed quality of quality [J]. Journal of Cereal Science, 1997, 25 (1): 37-47.

[303] Molina-Cano J L, Polo J P, Romera E, et al. Relationships between barley hordeins and malting quality in a mutant of cv. Triumph I. Genotype by environment interaction of hordein content [J]. Journal of Cereal Science, 2001, 34 (3): 285-294.

[304] Munck L, EKarlson K, Hagberg A, et al. Gene for improved nutritional value in barley seed protein [J]. Science, 1970, 168 (3934): 985-987.

[305] Nam S H, Choi S P, Kang M Y, et al. Antioxidative activities of bran extracts from twenty one pigmented rice cutivars [J]. Food Chemistry, 2006, 94 (4): 613-620.

[306] Nardini M, Ghiselli A. Determination of free and bound phenolic acids in beer [J]. Food Chemistry, 2004, 84 (1): 137-143.

[307] N? rb? k R, Aaboer D B F, Bleeg I S, et al. Flavone c-glycoside, phenolic acid, and nitrogen contents in leaves of barley subject to organic fertilization treatments [J]. Journal of Agriculture and Food Chemistry, 2002, 51 (3): 809-813.

[308] Nordkvist E, Salomonsson A C, Aman P. Distribution of insoluble bound phenolic acids in barley grain [J]. Journal of the Science of Food and Agriculture, 1984, 35 (6): 657-661.

[309] Peltonen J, Rita H, Aikasalo R, et al. Hordein and malting quality in northern barleys [J]. Hereditas, 1994, 120 (3): 231-239.

[310] Peltzer D, Dreyer E, Polle A. Differential temperature dependencies of antioxidative enzymes in two contrasting species: Fagus sylvatica and Coleus blumei [J]. Plant Physiology and Biochemistry, 2002, 40 (2): 141-150.

[311] Perez C M, Juliano B O, Liboon S P, et al. Effects of late nitrogen fertilizer application on head rice yield, protein content, and grain quality of rice [J]. Cereal Chemistry, 1996, 73 (5): 556-560.

[312] Peterson D M, Qureshi A. Genotype and environment effects on tocols of barley and oats [J]. Cereal Chemistry, 1993, 70 (2): 157-162.

[313] Qi J C, Zhang G P, Zhou M X. Protein and hordein content in barley seeds as affected by nitrogen level and their relationship to beta-amylase activity [J]. Journal of Cereal Science, 2006, 43 (1): 102-107.

[314] Rahman S, Shewry P R, Miflin B J. Differential protein accumulation during barley grain development [J]. Journal of Experimental Botany, 1982, 33 (4): 717-728.

[315] Robert C. Ackerson, Richard R H. Osmo-regulation in cotton in response to water stress. I. Alteration in photosynthesis, leaf conductance, translocation, and ultrastructure [J]. Plant physiology, 1981, 67 (3): 484-488.

[316] Ross K A, Beta T, Arntfield S D. A comparative study on the phenolic acids identified and quantified in dry beans using HPLC as affected by different extraction and hydrolysis methods [J]. Food Chemistry, 2009, 113 (1): 336-344.

[317] Sanada Y, Veda H, Kuribayashi K, et al. Novel light – dark change of proline levels in halophyte and glycophytes leaves and roots under salt stress [J]. Plant Cell Physiology, 1995, 36 (6): 965 – 970.

[318] Santacruz A, Acosta M, Rus A, et al. Short term salt tolerance mechanisms in differentially salt tolerant tomato species [J]. Plant Physiology Biochemistry, 1999, 37 (1): 65 – 71.

[319] Savin R S, Nicolas M E. Effects of short periods of drought and high temperature on grain growth and starch accumulation of two malting barley cultivars [J]. Australia Journal of Plant Physiology, 1996, 23 (2): 201 – 210.

[320] Sawada S, Igarashi T, Miyachi S. Effects of phosphate nutrition on photosynthesis, starch and total phosphorus levels in single rooted leaf of dwarf bean [J]. Photosynthetica, 1983, 17 (4): 484 – 490.

[321] Sawahel W A, Hassan A H. Generation of transgenic wheat plants producing high levels of the osmoprotectant proline [J]. Biotechnology Science, 2002, 24 (9): 721 – 725.

[322] Scheible W R, Morcuende R, Czechowski T, et al. Genome – wide reprogramming of primary and secondary metabolism, protein synthesis, cellular growth processes, and the regulatory infrastructure of Arabidopsis in response to nitrogen [J]. Plant Physiology, 2004, 136 (1): 2483 – 2499.

[323] Schildbach R, Burbidge M. Barley varieties and their malting and brewing qualities [M]. In 'Barley Genetics Ⅳ, Proceeding of the 6th International Barley Genetics Symposium', Helsingborg, Sweden, 1992, 953 – 968.

[324] Shewry P R, Franklin J, Parmar S, et al. The effects of sulphur starvation on the amino acid and protein compositions of barley grain [J]. Journal of Cereal Science, 1983, 1 (1): 21 – 31.

[325] Shewry P R, Kreis M, Parmar S, et al. Identification of γ – type hordeins in barley [J]. FEBS Letters, 1985, 190 (1): 61 – 64.

[326] Sinebo W. Trade off between yield increase and yield stability in three decades of barley breeding in a tropical highland environment [J]. Field Crops Research, 2005, 92 (1): 35 – 52.

[327] Soon N K, Chul J K, Hakryul K, et a1. Tocol Levels in milling fractions of some cereal grains and soybean [J]. Journal of the American Oil Chemists' Society, 2003, 80 (6): 585 – 589.

[328] Soussi M, Ocana A, Liuch C. Effects of salt stress on growth photosynthesis and nitrogen fixation in chick – pea [J]. Journal of Experimental Botany, 1998, 49 (325): 1329 – 1337.

[329] Stalikas C D. Extraction, separation, and detection methods for phenolic acids and flavonoids [J]. Journal of Separation Science, 2007, 30 (18): 3268 – 3295.

[330] Swanston J S, Molina – Cano J L. Beta – amylase activity and thermostability in two mutants derived from the malting barley cv. Triumph [J]. Journal of Cereal Science, 2001, 33 (2): 155 – 161.

[331] Taie H A A, El – Mergawi R, Radwan S. Isoflavonoids, flavonoids, phenolic acids

profiles and antioxidant activity of soybean seeds as affected by organic and bioorganic fertilization [J]. American – Eurasian Journal of Agricultural & Environmental Science, 2008, 4 (2): 207 – 213.

[332] Therrien M C, Carmichael C A, Noll J S, et al. Effect of fertilizer management, genotype, and environmental factors on some malting quality characteristics in barley [J]. Canadian Journal of Plant Science, 1994, 74 (3): 545 – 547.

[333] Thompson D S, Wilkinson S, Bacon M A, et al. Multiple signals and mechanisms that regulate leaf growth and stomatal behaviour during water deficit [J]. Physiologia Plantarum, 1997, 100 (2): 303 – 313.

[334] Varvel G E, Severson R K. Evaluation of cultivar and nitrogen management options for malting barley [J]. Agronomy Journal, 1987, 79 (3): 459 – 463.

[335] Victor Q, Santiago G M, Pedro P, et al. Genetic architecture of NaCl tolerance in Arabidopsis [J]. Plant Physiology, 2002, 130 (2): 950 – 963.

[336] Wang J M, Zhang G P, Chen J X, et al. Genotypic and environmental variation in barley beta – amylase activity and its relation to protein content [J]. Food Chemistry, 2003, 83 (2): 163 – 165.

[337] Wang J M, Zhang G P, Chen J X. Cultivar and environmental effects on protein content and grain weight of malting barley [J]. Journal of Zhejiang University, 2001, 27 (5): 503 – 507.

[338] Wang L, Li X, Chen S, et al. Enhanced drought tolerance in transgenic Leymus chinensis plants with constitutively expressed wheat TaLEA [J]. Biotechnology Letters, 2009, 31 (2): 313 – 319.

[339] Weidner S, Paprocka J, Lukaszewicz D. Changes in free, esterified and glycosidic phenolic acids in cereal grains during the after – ripening [J]. Seed Science and Technology, 1996, 24 (1): 107 – 114.

[340] Yin C, Zhang G P, Wang J M, et al. Variation of beta – amylase activity in barley as affected by cultivar and environment and its relation to protein content and grain weight [J]. Journal of Cereal Science, 2002, 36 (3): 307 – 312.

[341] Yin Y Q, Ma D Q, Ding Y. Analysis of genetic diversity ofhordein in wild close relatives of barley from Tibet [J]. Tag Theoretical and Applied Genetics, 2003, 107 (5) : 837 – 842.

[342] Yoshiro M, Haruhiko N, KaZuYo Shi T. Varietal variation and effects of some major genes on salt tolerance at the germination stage in barely Breeding Science. Indian Journal of Agriculture Science, 1996, 46 (3): 227 – 233.

[343] Yu J, Vasanthan T, Temelli F. Analysis of phenolic acids in barley by high – performance liquid chromatography [J]. Journal of Agricultural and Food Chemistry, 2001, 49 (9): 4325 – 4358.

[344] Zhang G P, Chen J X, Wang J M, et al. Cultivar and environmental effects on β – glucan and protein content in malting barley [J]. Journal of Cereal Science, 2001, 34 (3):

295 - 301.

[345] Zupfer J M, Churchill K E, Rasmusson D C, et al. Variation in ferulic acid concentration among diverse barley cultivars measured by HPLC and microspectrophotometry [J]. Journal of Agriculture and Food Chemistry, 1998, 46 (4): 1350 - 1354.